Licht

W0037815

Martin Pohl

Licht

Ideen zu seiner Natur und Nutzung von der Antike bis zur modernen Wissenschaft

 Springer

Martin Pohl
Hamburg, Deutschland

ISBN 978-3-662-70485-1   ISBN 978-3-662-70486-8 (eBook)
https://doi.org/10.1007/978-3-662-70486-8

Die Deutsche Nationalbibliothek verzeichnet diese Publikation in der Deutschen Nationalbibliografie; detaillierte bibliografische Daten sind im Internet über https://portal.dnb.de abrufbar.

© Der/die Herausgeber bzw. der/die Autor(en), exklusiv lizenziert an Springer-Verlag GmbH, DE, ein Teil von Springer Nature 2025

Das Werk einschließlich aller seiner Teile ist urheberrechtlich geschützt. Jede Verwertung, die nicht ausdrücklich vom Urheberrechtsgesetz zugelassen ist, bedarf der vorherigen Zustimmung des Verlags. Das gilt insbesondere für Vervielfältigungen, Bearbeitungen, Übersetzungen, Mikroverfilmungen und die Einspeicherung und Verarbeitung in elektronischen Systemen.
Die Wiedergabe von allgemein beschreibenden Bezeichnungen, Marken, Unternehmensnamen etc. in diesem Werk bedeutet nicht, dass diese frei durch jede Person benutzt werden dürfen. Die Berechtigung zur Benutzung unterliegt, auch ohne gesonderten Hinweis hierzu, den Regeln des Markenrechts. Die Rechte des/der jeweiligen Zeicheninhaber*in sind zu beachten.
Der Verlag, die Autor*innen und die Herausgeber*innen gehen davon aus, dass die Angaben und Informationen in diesem Werk zum Zeitpunkt der Veröffentlichung vollständig und korrekt sind. Weder der Verlag noch die Autor*innen oder die Herausgeber*innen übernehmen, ausdrücklich oder implizit, Gewähr für den Inhalt des Werkes, etwaige Fehler oder Äußerungen. Der Verlag bleibt im Hinblick auf geografische Zuordnungen und Gebietsbezeichnungen in veröffentlichten Karten und Institutionsadressen neutral.

Planung/Lektorat: Caroline Strunz
Springer ist ein Imprint der eingetragenen Gesellschaft Springer-Verlag GmbH, DE und ist ein Teil von Springer Nature.
Die Anschrift der Gesellschaft ist: Heidelberger Platz 3, 14197 Berlin, Germany

Wenn Sie dieses Produkt entsorgen, geben Sie das Papier bitte zum Recycling.

…was, durch die Berührung feuchter und ungleichartiger Theile erweckt, in allen Organen der Thiere und Pflanzen umtreibt; was die weite Himmelsdecke donnernd entflammt, was Eisen an Eisen bindet und den stillen wiederkehrenden Gang der Nadel lenkt; alles, wie die Farbe des getheilten Lichtstrahls, fliesst aus Einer Quelle; alles schmilzt in eine ewige, all-verbreitete Kraft zusammen.
Alexander von Humboldt, Ansichten der Natur, *Stuttgart 1849*

Wenn du aufwärts gehst und dich hochaufatmend umsiehst, was du doch für ein Kerl bist, der solche Höhen erklimmen kann, du, ganz allein: dann entdeckst du immer Spuren im Schnee. Es ist schon einer vor dir dagewesen.
Kurt Tucholsky, Es gibt keinen Neuschnee, Weltbühne, *1931*

Du must nicht glauben, dass du uns etwas beibringen kannst.
§10 Jante-Gesetz, *aus Aksel Sandemose,* Ein Flüchtling kreuzt seine Spur *[575], 1933*

Vorwort

Das Thema Licht beschäftigt mich seit meinem Physikstudium und dem ersten Kontakt mir der Maxwellschen Theorie, der Quanten- und der Quantenfeldtheorie. Als Teilchenphysiker habe ich mit Licht gearbeitet, von den Photonkonversionen in Elektron-Positron-Paare und den Schauern auf Blasenkammerbildern am CERN, über virtuelle Photonen bei den Speicherringen PETRA (DESY, Hamburg) und LEP (CERN, Genf) bis zu kosmischen Photonen mit dem AMS-Experiment auf der Internationalen Raumstation ISS und dem POLAR-Experiment auf der chinesischen Raumstation Tiangong. Der Plan eines Buches über Licht hat mich seit Jahren begleitet und verschiedene Phasen durchlaufen. Ursprünglich hatte ich einen kurzen, populärwissenschaftlichen Inhalt geplant, der mit Vorurteilen und urbanen Legenden über elektromagnetische Strahlung aufräumen sollte, wie z. B. der Katze in der Mikrowelle und den Schäden durch Strahlung des Mobiltelefons.

Was Sie jetzt in Händen halten ist ein völlig anderes Buch. Es führt Sie durch mehr als zwei Jahrtausende von Ideen über Licht, von der griechischen Antike bis heute. Das Buch richtet sich an naturwissenschaftlich interessierte Laien und setzt eine gewisse Affinität zu wissenschaftlicher Herangehensweise voraus. Es kommt zwar nur ein absolutes Minimum an mathematischen Formeln vor, die meisten schamhaft in Fussnoten und Abbildungen versteckt. Die Auseinandersetzung mit dem Thema Licht verlangt aber die Bereitschaft, sich auf nicht immer einfache Argumente und Gegenargumente einzulassen, die manchmal gewundenen Pfade wissenschaftlicher Methodik und Erkenntnis mit mir zusammen zu verfolgen.

Dabei werden wir vielen faszinierenden Persönlichkeiten begegnen und ihr sehr verschiedenes Umfeld wenigstens ansatzweise kennenlernen. Das Umfeld ist mir sehr wichtig, auch wenn mein Text darüber zuweilen recht feuilletonistisch daherkommt. Die gesellschaftlichen, politischen, ökonomischen Bedingungen, unter denen Licht studiert worden ist, haben nach meiner Überzeugung auch das naturphilosophische Denken zu allen Zeiten geprägt. Das Leben mischt sich eben immer in die Wissenschaft ein.

Viele Freunde und Kollegen haben mir zu verschiedenen Zeiten als Informationsquellen und Sparringspartner gedient. Das Deutsche Museum in München, die *Royal Society* und die *Royal Institution* in London waren hilfreich, ebenso wie die *École polytechnique* in Palaiseau bei Paris. Dank gebührt ausserdem der Staats- und Universitätsbibliothek Hamburg, die mich bei meinen Recherchen unterstützt hat. Und meinem ehemaligen Kollegen am CERN, Sir Tim Berners-Lee, der den Grundstein für das World Wide Web gelegt hat. Er hat zwar nicht wissentlich zum Manuskript beigetragen, aber ohne die Ressourcen, die das Internet uns allen jederzeit am Schreibtisch zugänglich macht, ist ein Buch wie dieses schwer vorstellbar.

Dr. Rolf Nahnhauer aus Berlin hat die Geduld aufgebracht, meinen Text zur Probe zu lesen. Seine fundierte Kritik und seine Ratschläge haben das Manuskript vielfältig verbessert und bereichert. Dafür kann ich ihm gar nicht genug danken. Natürlich verbleiben viele Fehlinterpretationen und Ungereimtheiten, sie liegen offensichtlich allein in meiner Verantwortung. Wenn Sie Kritik und Ideen für Verbesserungen mit mir teilen wollen, würde ich mich über eine Nachricht an martin.pohl@cern.ch freuen.

Hamburg 2024   Herbst

Inhaltsverzeichnis

1

Leitmotive

Sie interessieren sich für Licht? Da sind Sie in allerbester Gesellschaft:

- Sie wollen wissen, wie der Sehvorgang zu verstehen ist, eher aktiv wie der Tastsinn oder eher passiv wie das Gehör? Darüber haben schon die antiken Naturphilosophen nachgedacht.
- Sie wollen wissen, wie Licht und Wärme zu uns gelangen? Da haben Descartes und Newton verschiedene Antworten anzubieten.
- Es lässt Ihnen keine Ruhe, ob Licht nun aus Wellen besteht oder aus Teilchen oder gar aus beidem? Die Forscher vergangener Jahrhunderte haben verschiedene Standpunkte vertreten und die Diskussion ist nicht etwa beendet.
- Der Zusammenhang mit elektrischen und magnetischen Phänomenen interessiert Sie? Dazu hat James Clerk Maxwell sehr viel zu sagen, und natürlich Max Planck, Albert Einstein und Richard Feynman.
- Ob abstrakte Konzepte wie Symmetrie bei alledem eine Rolle spielen? Und ob! Emmy Noether, Martinus Veltman und Gerard t'Hooft haben das herausgefunden.
- Lässt sich das alles auch auf andere Naturkräfte übertragen? Mindestens für den radioaktiven Zerfall und die Kernkraft ist das der Fall, ob es auch für die Schwerkraft gilt, wissen wir leider immer noch nicht.
- Sie haben über das rätselhafte Phänomen der quantenmechanischen Verschränkung gelesen und fragen sich, was das bedeuten mag? Da haben die Nobelpreisträger von 2012 und 2022, vor allem Serge Haroche und Alain Aspect, gute Antworten parat.

© Der/die Autor(en), exklusiv lizenziert an Springer-Verlag GmbH, DE,
ein Teil von Springer Nature 2025

M. Pohl, *Licht*, https://doi.org/10.1007/978-3-662-70486-8_1

Gemessen und nachgedacht wird, und wie! Und Anwendungen von Licht erleben als Werkzeug eine neue Renaissance.

Darum also ein Buch über Licht, über elektromagnetische (und andere) Wellen (oder Teilchen), sichtbare und unsichtbare. Aber warum ausgerechnet dieses Buch, ein systematische Revue der Ideen über Licht? Und das auch noch von der Antike bis heute? Sie haben es wohl befürchtet: „Schon die alten Griechen …". Hier ein paar meiner Argumente:

Unsere wohl am weitesten entwickelten Sinnesorgane sind schließlich die Augen. Direkt mit dem Gehirn verbunden, speisen die hundert Millionen Lichtrezeptoren unserer Netzhaut geschätzte zehn Megabits pro Sekunde in unser Gehirn ein, so viel wie Ihr Internet zu Hause leistet (wenn Sie Glück haben). Das ist etwa fünfzigmal mehr, als unser Gehörsinn an Informationen überträgt, und dabei sind die Augen auch noch beweglich. Damit nicht genug. Das faszinierende neuronale Netz unseres Gehirns verarbeitet all diese Informationen in Echtzeit, reduziert sie auf das im Moment Wesentliche, vergleicht sie mit bekannten Mustern und lässt uns in Sekunden motorisch reagierten. So erlaubt uns das visuelle System seit frühester Kindheit, unsere Umwelt zu erfassen und zu interpretieren. Schon früh lernen wir, unsere Mutter von anderen Menschen zu unterscheiden, ein Lächeln zu erkennen. Man muss schon sehr nüchtern veranlagt sein, um von Lichtphänomenen wie dem Polarlicht, dem Regenbogen oder dem Blitz nicht fasziniert zu sein. Und nicht beeindruckt von Anwendungen wie der Röntgenaufnahme oder der Laserzange.

Die elektromagnetische Kraft ist eine der vier bekannten Naturkräfte, die anderen sind die schwache, die starke Kraft und die Schwerkraft. Etwas Besonderes ist aber, dass wir – ähnlich wie für die Gravitation – Organe für die Wahrnehmung elektromagnetischer Phänomene haben! Elektron und Photon sind die einzigen Elementarteilchen, die wir sehen und fühlen können. Elektromagnetische Wellen sind eben wichtige Akteure in unserer Umwelt: Wärme, Licht und Informationen werden damit übertragen. Licht ist auch die einzige Strahlung, die in der Öffentlichkeit gemeinhin wenigstens nicht durchgehend negativ besetzt ist.

Denkende Menschen haben sich also zu allen Zeiten mit Licht und dem Sehvorgang beschäftigt. Eben „schon die alten Griechen", wahrscheinlich viele *vor* ihnen, von denen wir nichts wissen. Und sicher sehr viele *nach* ihnen, über die wir besser informiert sind. Die Vielfalt der Ideen und die Auseinandersetzungen um ihre Gültigkeit geben faszinierende Einblicke in die Denkweise verschiedener Epochen. Die Entwicklung der Wissenschaft, wie wir sie heute kennen, lässt sich anhand des Leitmotivs Licht gut nachzeichnen. Und genau das möchte ich in diesem Buch versuchen.

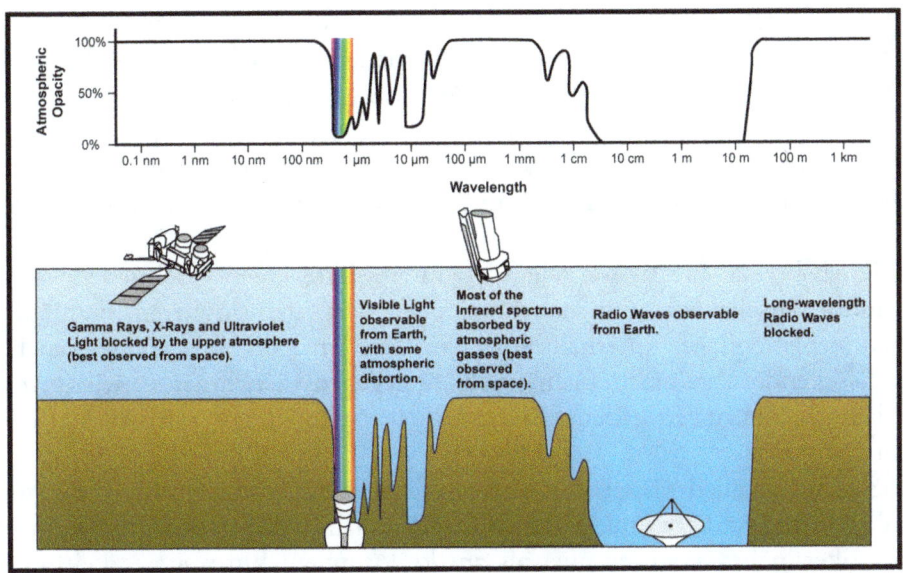

Abb. 1.1 Beschattung der Erdoberfläche durch die Atmosphäre als Funktion der Wellenlänge. (Bildnachweis: Wikimedia Commons)

Elektromagnetische Wellen sind Licht. Photonen sind die Quanten dieser Strahlung, die kleinsten Einheiten, aus denen sie sich zusammensetzt. Die Wellenlänge des Lichts, mit anderen Worten die Energie der Photonen, bestimmt ihre Wirkungsweise. Wir können nur einen kleinen Teil ihres Spektrums sehen und fühlen. Das hat seine Gründe in der Evolutionsbiologie. Wie die Grafik Abb. 1.1 zeigt, ist die Erdatmosphäre für weite Teile des elektromagnetischen Spektrums undurchsichtig. Zwei Fenster bleiben offen: das erste im Bereich des sichtbaren Lichts und der infraroten Wärmestrahlung. Das zweite im Bereich der Radiowellen, für die wir kein Organ haben, die wir aber z. B. für Telekommunikation und Radioteleskope nutzen. Dass uns die Atmosphäre vor Gamma- und Röntgenstrahlen schützt, ist ein Glücksfall, der uns zu überleben erlaubt. Und den Elon Musk und Jeff Bezos auf der Mars-Oberfläche schmerzlich vermissen werden.

Licht und verwandte Boten geben Auskunft über so faszinierende Phänomene wie die Babyjahre des Universums, Vergangenheit und Gegenwart entfernter Himmelskörper und die Beschaffenheit der mikroskopischen Welt. Sie sind also ein Werkzeug in z. B. Kosmologie, Astronomie, Teilchenphysik und Medizin. Und in neuerer Zeit auch Werkzeuge, die uns erlauben, Quantensysteme zu manipulieren.

Wir verstehen die elektromagnetische Kraft seit über hundert Jahren als Wechselwirkung zwischen elektrisch geladenen Teilchen, vermittelt durch Photonen, also Lichtteilchen. Diese Art von Mechanismus dient auch zum tieferen Verständnis anderer Naturkräfte, etwa der Kernkraft und der schwachen Kraft, die für die Radioaktivität verantwortlich ist. Gibt es am Ende vielleicht nur eine einzige universelle Naturkraft? Wir werden uns auch damit beschäftigen.

Ich habe für naturwissenschaftlich interessierte Laien geschrieben, mich bemüht, anschaulich und manchmal überspitzt zu formulieren, damit der Text sich möglichst unterhaltsam lesen lässt. Ich habe aber auch versucht, verfälschende Vereinfachungen von – zugegeben manchmal schwierigen – Erkenntnissen zu vermeiden. Ob dieser Spagat gelungen ist, müssen Sie selber entscheiden.

Sie müssen auch wissen, dass Sie es mit einem Experimentalphysiker zu tun haben. Also nicht etwa mit einem Wissenschaftshistoriker, sondern mit einem Praktiker, näher am Klempner als am Philosophen. Ein weiteres Leitmotiv dieses Buches wird also sein, wie sich Ideen und Werkzeuge gegenseitig bedingen und beeinflussen. Unter Werkzeugen verstehe ich nicht nur wissenschaftliche Instrumente, sondern eben auch Methodik und natürlich den mathematischen Werkzeugkasten.

Ich erlaube mir deshalb immer wieder Abschweifungen, z. B. in die Astronomie, die Licht seit jeher als Informationsträger verwendet. In die damit verbundene Geometrie und andere mathematische Disziplinen. In die Kinematik, die Lehre von der Bewegung, die Dynamik, die das Wirken der Kräfte beschreibt, und die damit verbundene Infinitesimalrechnung. Und immer wieder zu den Durchbrüchen in der Technologie, die mit den hier ausgebreiteten Ideen so eng verwoben sind. Damit sind wir bei einem weiteren Leitmotiv, der Entwicklung in der Naturbeobachtung von Augenschein und Alltagserfahrung hin zum wissenschaftlichen Experiment.

Eine wichtige und möglicherweise falsche Entscheidung zu Beginn war aber, dass das Buch ohne Formeln auskommen soll. Das ist total unverträglich mit der naturwissenschaftlichen Methode, die uns stets leitet, und die in drei Schritten vorgeht:

- die Natur zu beobachten,
- das Beobachtete vollständig und wahrheitsgetreu zu beschreiben und
- das Beschriebene in Naturgesetze zu verdichten, die im günstigsten Fall neue Phänomene vorhersagen.

Natürlich hält die wirkliche Entwicklung der Naturwissenschaften diese Reihenfolge nie ein, die drei Schritte sind eng miteinander verwoben. Die Schritte sind aber vollständig undenkbar ohne die unverzichtbaren Werkzeuge der Mathematik. Ihre strikten Regeln verpflichten automatisch zur Disziplin; ihr Werkzeugkasten ermöglicht oft erst, Muster im Beobachteten zu erkennen und ihre universelle Sprache erlaubt besser als alle Worte, das Erkannte zu kommunizieren.

Versucht man also, ohne mathematische Formeln Naturwissenschaft zu erklären, so fühlt man sich als Naturwissenschaftler wie amputiert. Nicht nur, dass das wichtigste Kommunikationsmittel nicht zur Verfügung steht. Die Phantomschmerzen verhindern manchmal, dass man mit Worten herausbringt, was man sagen will. Das artet ab und zu in eine Art Wortmathematik aus. Deshalb mag Ihnen die eine oder andere Erklärung gewunden und weit hergeholt erscheinen. Seien Sie getröstet, mir geht es ebenso. Sollten Sie eine bessere, direktere Erklärung finden, wäre ich für eine E-Mail dankbar.

Vor einer weiterer Tendenz Ihres Autors müssen Sie gewarnt sein. Meine ganze wissenschaftliche Sozialisation fand in mehr oder minder großen internationalen Forschungsgruppen statt, die man Kollaborationen nennt (heute ohne den Beigeschmack aus dem Dritten Reich). Nach meiner Beobachtung machen Individuen in der Wissenschaft einen großen Unterschied. Sie können Paradigmenwechsel vollenden, die in der Luft lagen. Sie können Paradigmenwechsel einleiten, aus Opposition zum herrschenden Zeitgeist. Aber was in der Luft liegt – *l'air du temps* ist mein Lieblingsausdruck dafür –, spielt bei beidem eine große Rolle, auch was das Schicksal der Protagonisten angeht. Virginia Woolf schreibt 1929 in *Orlando*: „Der Geist der Zeit aber ist von so unzähmbarer Gewalt, daß er jeden, der sich gegen ihn zu stemmen versucht, weit wirksamer zu Boden schlägt als die Fügsamen, die auf seinen Wegen wandeln".[1] Sollten Sie sich bei meinen Bemerkungen dazu an die vermischten Meldungen aus dem Feuilleton erinnert fühlen, ist das keineswegs unbeabsichtigt. Wenn Sie einen Abriss der Kulturgeschichte wollen, sollten Sie sich wohl einen kundigeren Autor suchen. Aber es gibt Ereignisse jenseits der Wissenschaft, die die Epochen prägen. Und niemand, auch René Descartes nicht, sitzt in einem Zimmer mit Kachelofen und revolutioniert die Physik.

Aber damit genug geschwätzt: Es werde Licht!

---

[1] Siehe https://www.projekt-gutenberg.org/woolf/orlando/orlando.html.

2

Schlaglichter

*Wenn wir heute über Tradition sprechen, meinen wir nicht mehr, was das
achtzehnte Jahrhundert gemeint hat, eine Arbeitsweise, die von einer auf die
nächste Generation weitergereicht wird; wir meinen ein Bewusstsein, dass die
gesamte Vergangenheit in der Gegenwart da ist. Originalität bedeutet nicht länger
eine leichte persönliche Veränderung unmittelbarer Vorgänger [...]; sie bedeutet
die Fähigkeit, in irgendeinem Werk aus irgendeiner Zeit oder Gegend Schlüssel zu
finden für die Behandlung unserer eigenen Thematik.*

Wystan Hugh Auden, *Criticism in a Mass Society*, 2002 [477]

In diesem Kapitel möchte ich vorwegnehmen, was wir *heute* über Licht wissen.
Das ist, was man einen *Spoiler* nennt. Wäre dieses Buch ein Kriminalroman,
würde ich Ihnen den ganzen Spaß verderben. Wenn Sie sich also die Spannung
erhalten wollen – oder einfach keine Lust auf die nüchterne und abstrakte
Sprache dieses Kapitels haben –, rate ich Ihnen, ein paar Seiten weiterzublät-
tern bis zu den alten Griechen.

Wenn Sie das nicht tun, finden Sie im Folgenden moderne Antworten
auf drei Fragen: Was ist Licht, wie entsteht es und wie wirkt es auf Materie?
Und zwar absichtlich in nummerierten Paragrafen, wie in einem Gesetzestext.
Damit will ich die apodiktische Bestimmtheit moderner Wissenschaft kennt-
lich machen. Die Statements sind alle durch Experimente sehr gut unterfüt-
tert. Aber kein ernst zu nehmender Wissenschaftler würde sie für überall und
ewig gültig erklären. Jedes neue Experiment birgt in sich die Möglichkeit,
scheinbar in Stein gemeißelte Wahrheiten zu widerlegen oder wenigstens in

© Der/die Autor(en), exklusiv lizenziert an Springer-Verlag GmbH, DE,
ein Teil von Springer Nature 2025

M. Pohl, *Licht*, https://doi.org/10.1007/978-3-662-70486-8_2

ihrer Gültigkeit zu begrenzen. Jeder neue theoretische Ansatz kann bekannte Phänomene in einem neuen Licht erscheinen lassen. Warum sollte man sonst fortfahren zu experimentieren und zu theoretisieren?

Sie sind herzlich eingeladen, mir zu widersprechen, wenn Sie mich bei Ungenauigkeiten oder Verkürzungen erwischen, die bei diesem Format schwer vermeidbar sind. Meine folgende Liste erhebt auch keinen Anspruch auf Vollständigkeit, sie orientiert sich vielmehr an den Themen, die im Rest dieses Buches behandelt werden sollen. Keine Sorge, wenn Sie irgendetwas hier nicht verstehen sollten. Zur Klärung von Begriffen und Zusammenhängen dient eben gerade dieses Buch, entlang von historischen Leitplanken.

Was ist Licht?

§1 Licht ist eine elektromagnetische Welle, bestehend aus elektrischen und magnetischen Feldern, die sich in Raum und Zeit periodisch verändern. Ein Feld ist ein Zustand des Raumes, hier eine elektrische und eine magnetische Feldstärke. Beide sind durch Betrag und Richtung charakterisiert, stellen Sie sich zwei Pfeilchen an jedem Raum- und Zeitpunkt vor wie in der Skizze Abb. 2.1.

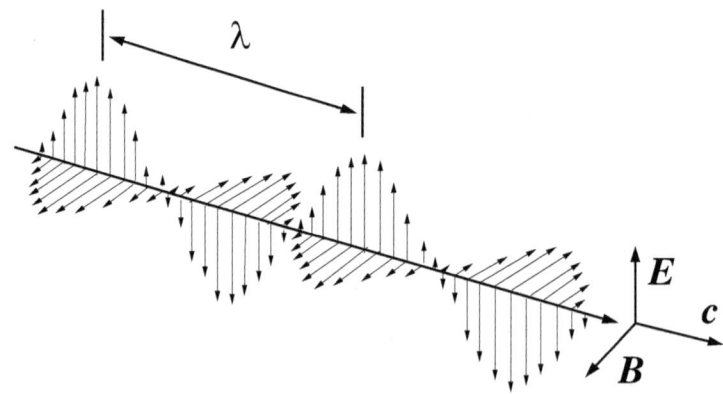

Abb. 2.1 Momentaufnahme einer elektromagnetischen Welle, bestehend aus Schwingungen von elektrischen Feldern E und magnetischen B. Deren Maximum, das man Amplitude nennt, ihre zeitliche Periode T und die räumliche Wellenlänge λ charakterisieren eine Welle. Sie pflanzt sich fort in Richtung der Geschwindigkeit c. Deren Betrag entspricht dem Produkt aus Wellenlänge und Frequenz v, dem Inversen der Periode

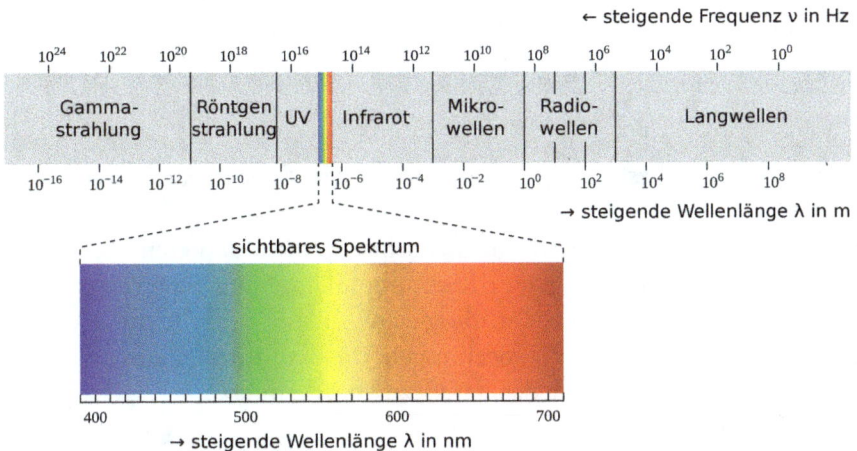

Abb. 2.2 Nomenklatur des Spektrums elektromagnetischer Wellen. Das Spektrum ist auf beiden Seiten unbegrenzt. (Bildnachweis: Wikimedia Commons)

§2 Die Welle wird charakterisiert durch ihre Amplitude, Wellenlänge, Frequenz und Ausbreitungsrichtung. Die Grafik Abb. 2.2 zeigt das Spektrum elektromagnetischer Wellen, von denen sichtbares Licht nur ein kleiner Teil ist. Das Spektrum ist auf beiden Seiten unbegrenzt.

§3 Bei einer Lichtwelle stehen elektrisches und magnetisches Feld senkrecht aufeinander. Die Ausbreitungsrichtung der Welle steht wiederum senkrecht auf beiden. Die Schwingungen beider Felder sind in Phase, d. h., Maxima und Minima werden zur gleichen Zeit am gleichen Ort erreicht. Elektrische und magnetische Amplitude stehen in einem festen Verhältnis, ihr Quotient ist die Lichtgeschwindigkeit. Wellenlänge und Frequenz sind ebenfalls nicht unabhängig, ihr Produkt ist wieder die Lichtgeschwindigkeit.

§4 Die Lichtgeschwindigkeit im Vakuum ist eine universelle Konstante $c = 299.792.458$ m/s, unabhängig vom Bewegungszustand der Lichtquelle und des Beobachters. Sie definiert gleichzeitig die maximale Geschwindigkeit, die ein Objekt erreichen kann. In unserem modernen Einheitensystem ist sie eine feste Zahl und definiert – zusammen mit der jeweils genauesten Uhr – die Längeneinheit Meter. In Materie ist die Lichtgeschwindigkeit kleiner als im Vakuum.

§5 Seine geradlinige Ausbreitung und unveränderliche Geschwindigkeit weisen dem Licht eine tragende Rolle bei der Vermessung von Raum und Zeit zu. Uhren müssen über Lichtsignale synchronisiert werden, Lichtlineale dienen zur Messung von Längen und Bewegung. Eine absolute Zeit und einen absoluten Raum gibt es nicht, also auch keinen im Universum ruhenden Punkt. Man fasst diese Befunde unter dem Begriff der Relativität zusammen.

§6 Die Felder zweier elektromagnetischer Wellen addieren sich komponentenweise, also in Betrag und Richtung analog zum Parallelogramm der Kräfte. Haben die Wellen nicht die gleiche Ausbreitungsrichtung oder sind sie asynchron, kommt es zu Schwebungen, die man Interferenzen nennt. Das Auftreten von Interferenzen ist geradezu die definierende Eigenschaft von Wellenphänomenen.

§7 Licht wird einerseits beschrieben durch eine klassische Feldtheorie. Darin ist die elektromagnetische Welle kontinuierlich in Zeit und Raum. Andererseits sind elektromagnetische Wellen quantisiert, d. h., sie bestehen aus kleinsten Einheiten, die man Photonen nennt. Das spielt eine Rolle, wenn man Abstände von weniger als ungefähr einem Atomradius betrachtet. Jedes Photon hat eine bestimmte Energie, proportional zur Frequenz der Welle, mit der Planck'schen Konstante als Proportionalitätsfaktor. Die Masse der Photonen ist null, alle bewegen sich mit Lichtgeschwindigkeit. Sie sind punktförmig, haben keine Ausdehnung.

§8 Die makroskopische Lichtintensität ist definiert als die Energie, die das Licht pro Zeiteinheit durch eine gedachte Einheitsfläche transportiert. Sie ist proportional zum Quadrat der Amplitude von elektrischem oder magnetischem Feld und zur Lichtgeschwindigkeit. Mikroskopisch gesehen ist sie proportional zum Energiefluss der Photonen, d. h. zum Produkt ihrer Energiedichte[1] und der Lichtgeschwindigkeit.

§9 Eine Entscheidung zwischen Lichtwelle und Photon ist weder möglich noch sinnvoll. Licht ist beides. Die Gesamtheit der Photonen bildet die Lichtwelle, auch ein einzelnes Photon kann das schon. Welcher Aspekt bei der Darstellung von Lichteigenschaften überwiegt, hängt ausschließlich von der Fragestellung ab. In der klassischen Physik unterscheidet man Wellen von Teilchen durch das Auftreten von Interferenz. Aber Interferenz tritt eben auch

---

[1]Die Energiedichte ist die Gesamtenergie der Photonen pro Volumen.

für Teilchen auf. Auf dem Quantenniveau reisen alle als Welle und kommen als Teilchen an.

§10 Im Zusammenhang mit den Quanteneigenschaften des Lichts ergibt sich eine Beziehung zwischen den kinetischen Eigenschaften (Energie und Impuls, beide durch Frequenz oder Wellenlänge bestimmt) und der Lokalisierung der Wellen. Man nennt das unglücklicherweise die Unschärferelation. Sie gilt für alle Quantenobjekte, hat aber mit der Unschärfe im umgangssprachlichen (optischen) Sinne nichts zu tun. Sie bedeutet vielmehr: Je stärker der Frequenzbereich einer Welle eingeschränkt ist, umso größer ist der räumliche und zeitliche Bereich, den sie einnimmt. Eine idealisierte Welle mit fester Frequenz wäre dann überall im Raum präsent und müsste für alle Zeiten existieren.

Wie entsteht Licht?

§11 Die länger bekannte Methode zur Lichterzeugung ist die schnelle, beschleunigte Bewegung von elektrischen Ladungen. Beispiele für die Energiequelle solcher Bewegungen sind etwa die Kernfusion im Inneren der Sonne oder chemische Redox-Reaktionen bei Feuer. Die einfachste Elementarquelle ist ein schwingender Dipol, bestehend aus einer positiven und einer negativen Ladung. Ein solcher Dipol strahlt eine elektromagnetische Welle senkrecht zu seiner Achse ab. Und zwar unabhängig davon, ob sich die Ladungen im Vakuum oder in Materie befinden, wie bei einer Antenne.

§12 Zu dieser Klasse von Lichtquellen gehören auch elektromagnetische Bugwellen. Sie werden durch geladene Teilchen erzeugt, die sich in Materie schneller bewegen als Licht.[2] Man nennt das so erzeugte Licht Cherenkov-Strahlung. Auch die Bremsstrahlung gehört dazu. Sie entsteht als elektromagnetische Stoßwelle, wenn geladene Teilchen abrupt gebremst oder abgelenkt werden. So erzeugt man z. B. Röntgenlicht oder Synchrotron-Strahlung.

§13 Die erst seit dem 19. Jahrhundert bekannte zweite Lichtquelle besteht aus zeitlich veränderlichen elektrischen und magnetischen Feldern. Ein variables elektrisches Feld löst ein magnetisches Feld aus und umgekehrt. Durch diesen

---

[2] Seien Sie nicht irritiert: Nichts kann sich schneller bewegen als Licht *im Vakuum*. Wohl aber können Teilchen *in Materie* schneller sein als die reduzierte Lichtgeschwindigkeit im gleichen Medium.

Mechanismus kann sich das elektromagnetische Feld von seinen Ladungsquellen lösen und in Zeit und Raum selbsttätig fortpflanzen.

§14 Der Übergang eines geladenen Teilchens von einem höheren Energiezustand in einen tieferen – etwa eines Elektrons in einem Atom – führt zur Aussendung eines Photons. Dessen Energie entspricht dem Unterschied zwischen Ausgangs- und Endenergie des Übergangs. Der Übergang erfolgt im Allgemeinen spontan. Er kann aber auch durch ein elektromagnetisches Feld angeregt werden.

§15 Kollektive Anregungen einer großen Anzahl von Elektronen können zur Aussendung von Licht führen, das man Laserlicht nennt.[3] Das Licht ist dabei kohärent, alle Photonen schwingen in Phase. Die Elektronen können in Atomen gebunden sein – wie bei einem Laserpointer – und monochromatisches sichtbares Licht erzeugen. Sie können sich aber auch in einem Beschleuniger frei in einer Vakuumröhre bewegen und Blitze energiereichen Röntgenlichts erzeugen.

Wie wirkt Licht?

§16 Allgemein gesprochen überträgt Licht Energie und Information durch Raum und Zeit. Die frequenzabhängige Energie des Lichts kann bei Kontakt mit Materie in andere Energieformen umgewandelt werden. Man kann Lichtwellen Informationen aufprägen, die beim Empfänger wieder entschlüsselt werden können. Dabei kann auch der nicht lokale Charakter von Lichtwellen ausgenutzt werden.

§17 Auf subatomarem Niveau übertragen Photonen die elektromagnetischen Kräfte zwischen geladenen (Elementar-)Teilchen. Die Quantenfeldtheorie beschreibt, wie das funktioniert. Der Mechanismus der Wechselwirkung über den Austausch von Kraftteilchen lässt sich auch auf andere Naturkräfte übertragen.

§18 Makroskopisch betrachtet kann Materie Licht absorbieren, reflektieren und brechen. Im Allgemeinen treten alle drei Effekte gleichzeitig auf,

---

[3] Das Kunstwort Laser ist entstanden aus der Abkürzung für *Light Amplification by Stimulated Emission of Radiation*, also Lichtverstärkung durch stimulierte Emission von Strahlung.

unterhalb eines streifenden Grenzwinkels aber nur noch Reflexion. Die Fortpflanzungsgeschwindigkeit von Licht ist in Materie geringer als im Vakuum. Das hängt mit der Anregung der geladenen Komponenten der Materie durch das elektromagnetische Wechselfeld zusammen.

§19 Mikroskopisch gesehen üben elektromagnetische Felder auf elektrisch geladene Teilchen eine Kraft aus. Elektrische Felder beschleunigen Ladungen entlang ihrer Richtung, proportional zu Ladung des Teilchens und elektrischer Feldstärke.

§20 Magnetische Felder üben nur auf bewegte Ladungen eine Kraft aus. Diese steht senkrecht auf der Bewegungsrichtung der Ladung und der Richtung des Magnetfeldes. Magnetfelder lenken also geladene Teilchen ab, ohne sie schneller zu machen oder zu bremsen. Die Magnetkraft ist proportional zur magnetischen Feldstärke sowie zu Ladung und Geschwindigkeit des Teilchens.

§21 Die Wechselwirkung elektromagnetischer Strahlung mit Materie ist abhängig von der Wellenlänge des Lichts. Bei statischen oder sehr langwelligen Feldern hängt sie von Eigenschaften der Materialien ab. Sie können elektromagnetische Felder verstärken oder schwächen. Umgekehrt können die Felder Materie polarisieren oder magnetisieren.

§22 Radio- und Mikrowellen dienen der Telekommunikation, da die Erdatmosphäre für sie durchlässig ist. Im Mikrowellenbereich liegen aber auch Resonanzfrequenzen von Wasser, Ihr Mikrowellenofen nutzt das aus.

§23 Im Infrarotbereich liegt, was wir gemeinhin als Wärmestrahlung bezeichnen. Abhängig von Materialeigenschaften wie der Farbe kann Materie einen Teil dieser Strahlung absorbieren, was zur Erwärmung des Materials führt. Infrarote Strahlung ist auch prominent im Sonnenlicht enthalten.

§24 Licht im sichtbaren Bereich des Spektrums wird von den Zapfen und Stäbchen der Retina in elektrische Signale umgewandelt. Dabei sind Zapfen auf die Lichtintensität empfindlich, Stäbchen dienen der Farbwahrnehmung. Der Sehnerv leitet die Impulse an das Gehirn weiter, wo sie zu einem Bild verarbeitet werden.

§25 Im Allgemeinen ist das Auflösungsvermögen von Licht proportional zur Wellenlänge. Man kann also mit kurzwelligem Licht kleinere Strukturen beobachten, mit fotografischer Bildgebung oder geeigneten Detektoren.

§26 Ultraviolettes Licht ist im kurzwelligen Bereich des Sonnenlichts enthalten. Es wirkt auf unsere Haut und führt zu Pigmentbildung, bei zu hohen Intensitäten zu Schäden. Es wirkt außerdem keimtötend. Unterhalb einer Wellenlänge von etwa 200 nm ist die Energie hoch genug, um Atome zu ionisieren.

§27 Treffen Elektronen nach einer Beschleunigung durch Hochspannung von ca. 20 bis 120 kV auf eine Metallplatte auf, senden sie Bremsstrahlung im Bereich der Röntgenstrahlung aus. Diese ist kurzwellig genug, um organisches Material und viele andere Materialien zu durchdringen. Durch diese Durchleuchtung ist eine hochauflösende Darstellung der inneren Struktur möglich. Organisches Gewebe wird durch längere oder häufige Exposition geschädigt.

§28 Im extrem kurzwelligen Bereich der Gammastrahlung kann elektromagnetische Strahlung Atome ionisieren. Bei ausreichender Energie setzen auch Kernreaktionen ein. Auch dieser Frequenzbereich ist für organisches Material schädlich, insbesondere durch Beeinträchtigung des Erbguts.

§29 Licht lässt sich einsperren, allerdings nur kurzzeitig. Transversale Wellenleitung durch Totalreflexion wird z. B. in Glasfasern ausgenutzt. Longitudinale Begrenzung, etwa durch parallele Spiegel, führt bei geeigneter Geometrie zu stehenden Lichtwellen, analog den Schwingungen einer Saite. Dann bewegen sich Bäuche (Maxima-Minima der Felder) und Knoten (Nullstellen) nicht oder nur langsam. Man kann das ausnutzen zu Speicherung und Studium geladener Teilchen, etwa von Elektronen oder ionisierten Atomen.

So weit der heutige Blick auf Licht. Aber jetzt alles zurück auf Anfang. Und mein Anfang ist die griechische Antike. Ich gebe zu, dass diese Wahl auf meinen persönlichen Vorlieben und meinem begrenzten Bildungshorizont beruht. Natürlich haben Menschen auch vorher schon über Licht nachgedacht und Ideen formuliert. Aber darüber weiß ich noch weniger als über antike Denker.

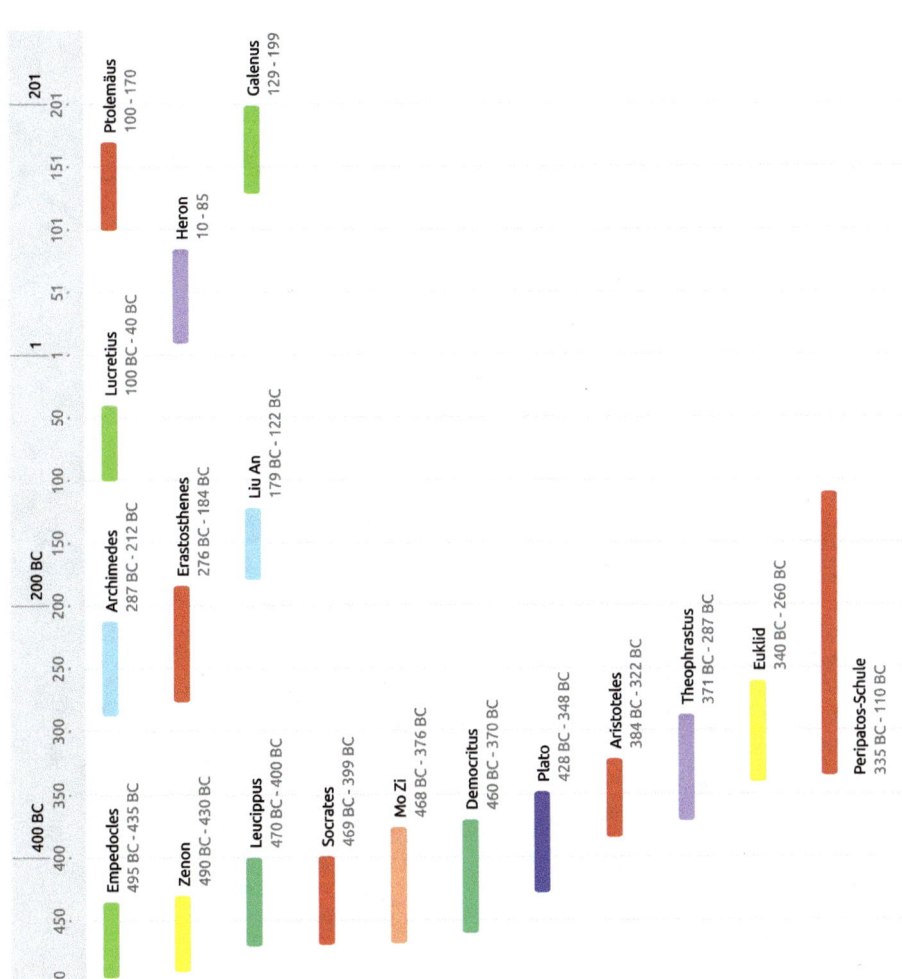

3

Augenlicht

*Am Anfang schuf Gott den Himmel und die Erde. Die Erde war aber wüst und
öde, und Finsternis lag auf der Urflut, und der Geist Gottes schwebte über den
Wassern. Und Gott sprach: Es werde Licht! Und es ward Licht. Und Gott sah, dass
das Licht gut war, und Gott nannte das Licht Tag und die Finsternis nannte er
Nacht. Und es ward Abend und ward Morgen: ein erster Tag.*

Die Bibel, Moses 1:1–5

Nicht umsonst beginnt die Schöpfungsgeschichte der Bibel, wie viele andere
Schöpfungsmythen auch, mit der Erschaffung des Lichts. Es erlaubt uns
schließlich das Sehen, unseren wohl direktesten Zugang zur Welt. Für unsere
Zwecke aber wollen wir die Zeit, wo nichts als Mythen die Welt erklären
konnten, hinter uns lassen und beginnen mit den Lichtideen der klassischen
Antike, in der griechischen und hellenistischen Naturphilosophie. Autoren
und Werke, die im Text eine Rolle spielen, sind auf der Zeitachse der
vorhergehenden Seite verortet, soweit man die Daten wenigstens ungefähr
kennt.

Ich muss gestehen, ich fühle mich unwohl, wenn ich über die Antike schreibe. Das Lebensgefühl, dominiert vom Augenschein, einem heillos
übervölkerten Olymp und wilder Spekulation, ist mir ziemlich fremd. Das
liegt wohl zum Teil daran, dass ich Altgriechisch allenfalls wortklauberisch
entziffern kann. Und dass mein Latein in den über 50 Jahren seit dem Großen
Latinum mehr als eingerostet ist. Ich bin also für das Folgende auf Sekun-
därliteratur angewiesen. Das ist allerdings verzeihlich, weil die Überlieferung

© Der/die Autor(en), exklusiv lizenziert an Springer-Verlag GmbH, DE,
ein Teil von Springer Nature 2025
M. Pohl, *Licht*, https://doi.org/10.1007/978-3-662-70486-8_3

der antiken Naturphilosophie alles andere als direkt und vollständig ist. Die meisten Schriften sind im Original wenn überhaupt nur bruchstückhaft als Fragmente auf Papyrus zugänglich. Mehr wissen wir aus der sogenannten doxografischen Tradition, also aus den Kommentaren und Kritiken späterer Autoren über die Lehren ihrer Vorgänger. Doxografie ist der Fachausdruck für eine Sprechweise wie „A hat uns gelehrt, dass...". Sie ist Ihnen vielleicht in antiken und antikisierenden Schriften schon aufgefallen und hat Sie (wie mich) misstrauisch gemacht. Ich rate also sehr dazu, was ich schreibe, mit den Autoritäten kritisch zu vergleichen, etwa mit Egon Friedells klassischer *Kulturgeschichte des Altertums* [531] von 1936, die sich vergnüglich liest. Aus neuerer Zeit empfehle ich Gábor Á. Zempléns *The History of Vision, Colour, & Light Theories* [504] oder Igal Galilis *Scientific Knowledge as a Culture* [593], die ich beide sehr schätze.

Trotz Ihres berechtigten Misstrauens ist ein Kapitel über antike Lichtideen nützlich und erforderlich. Nützlich deshalb, weil viele der dort verfolgten naturphilosophischen Ansätze dem kindlichen Verständnis von Licht und Sehen ziemlich ähnlich sind. Jean Piaget hat diese Parallelen in seinen Forschungen herausgearbeitet. Und erforderlich, weil wir verstehen müssen, wie weit man kommt, wenn im Wesentlichen nur rudimentäre Messinstrumente und die Geometrie als Werkzeuge zur Verfügung stehen. Mit der Methode des reinen Nachdenkens über die Natur, der Naturphilosophie eben.

In der Antike waren Licht und Sehvorgang nicht voneinander zu trennen. Die erste uns bekannte Theorie gründet sich wohl auf die Lehre des Pythagoras aus dem 6. Jahrhundert v. u. Z., an dessen Satz von den Seiten eines rechtwinkligen Dreiecks Sie sich sicher erinnern. Die seiner Schule zugerechneten Hippokrates und Archytas entwickelten im 5. und 4. Jahrhundert v. u. Z. das, was man heute die Extramissionstheorie des Sehprozesses nennt. Danach lodert im Auge die *opsis*, ein internes Feuer, das aus dem Auge des Betrachters auf das betrachtete Objekt trifft. Damit wird der Sehvorgang analog zum Tastsinn als vom Betrachter ausgehend – extramitiert – betrachtet. Und „leuchten" nicht auch die Augen der Katze im Dunkeln? Vielleicht erinnert Sie die Extramission auch an die kindliche Vorstellung, dass man unsichtbar wird, wenn man sich die Augen zuhält. Allerdings war schon damals diese Theorie eines aktiven Sehvorgangs nicht unumstritten. Warum etwa können wir im Dunkeln nicht sehen?

Die zweite Theorie des Sehvorgangs kehrt die Richtung der Aktion um. Sie gründet sich auf die Schule der Atomisten, Leucippus und Democritus folgend. Überliefert ist sie durch Theophrastus' *De sensibus*. Ihre Verteidigung durch Epicurus' *De natura* gegen Attacken von Plato und Aristoteles kennen wir wiederum aus der Doxografie von Lucretius *De rerum natura*. Es lebe die

Doxografie! Nach dieser Theorie lösen sich von den Objekten unaufhörlich kleine Bildchen, *eidolon* genannt, und begeben sich auf die Reise, an deren Ende sie in unser Auge eintreten. Sie bestehen in der Tat aus dünnen Schichten der Atome, aus denen nach den Atomisten die Materie besteht. Es ist die Farbe der Objekte, die für die Emission der *eidola* verantwortlich ist. Da sie ins Auge eintreten, wird diese Denkrichtung auch als Intromissionstheorie bezeichnet. Ein Argument dafür sahen die Anhänger in der Tatsache, dass man im Auge eines Gegenübers ein verkleinertes Bild der Umgebung gespiegelt sieht. Unklar bleibt, wo *eidola* bleiben, die nicht auf unser Auge treffen. Und wie Bildchen von großen Objekten in unser kleines Auge passen. Und natürlich auch, warum die Aussendung bei Dunkelheit ausbleibt.

Empedocles in Sizilien und Plato in Athen boten im 5. und 4. Jahrhundert v. u. Z. eine Synthese dieser verschiedenen Denkansätze an. Empedocles kennen Sie vielleicht als den Verfechter der vier Elemente – Luft, Feuer, Wasser und Erde – aus seiner *Physica*. Plato mag Ihnen wegen seiner in der Schule viel besprochenen Gleichnisse erinnerlich sein. In seiner *Politeia* erklärt er seine Erkenntnistheorie anhand der Linien-, Höhlen- und Sonnengleichnisse. Im Letzteren steht die Sonne als Sinnbild des allem anderen übergeordneten Guten. Im siebten Buch werden vier Lehrfächer zum Studium der Philosophie vorgeschrieben, die noch im Mittelalter das *Quadrivium* der damaligen Universität bilden: Arithmetik, Geometrie, Harmonielehre und Astronomie. Im *Timaeus*-Dialog assoziiert Plato die Elemente mit den regelmäßigen Polyedern: das Tetraeder mit dem Feuer, das Oktaeder mit der Luft, das Ikosaeder mit dem Wasser und schließlich das Dodekaeder mit dem Universum als Ganzes.

Der Sehvorgang resultiert nach dieser Theorie aus dem Zusammenwirken dreier Feuer: dem „reinen Feuer" des Tageslichts, dem internen Feuer des Auges und dem externen Feuer, das die Objekte aussenden. Alle drei strömen zusammen – Gleiches zu Gleichem – verschmelzen und bilden einen homogenen Körper zwischen dem Auge und dem Objekt. Dem Sonnenlicht fällt dabei die Rolle des Auslösers zu. Farbeindrücke werden ausgelöst durch Teilchen verschiedener Größe im Feuer. Sie sehen, das Denken wird komplexer.

Und damit nicht genug, legte Aristoteles noch eins drauf, indem er sich im Detail mit dem Medium beschäftigt, das zwischen Beobachter und Objekt vermittelt. Nach seinem Werk *De anima* ist das reine Licht „weder ein Feuer noch überhaupt ein Körper, noch Ausfluss irgendeines Körpers, sondern die Anwesenheit von Feuer oder etwas Derartigem" in potenziell transparenten Körpern. „Reines Licht" ist dabei meine Wortwahl, nicht die des Aristoteles. *Potenziell* transparent sind z. B. der alles durchdringende Äther, Wasser, Luft und gewisse Kristalle. Sie werden *tatsächlich* transparent gemacht, indem das reine Licht sie im Ganzen in einen transparenten Zustand versetzt. Nicht etwa allmählich, Schritt für Schritt, sondern im Ganzen, so wie nach seiner Vorstellung ein Eimer Wasser nicht sukzessive gefriert, sondern plötzlich und überall gleichzeitig. Bei Gegenständen wirkt das reine Licht ähnlich: Sie werden von einem *potenziell* illuminierten Zustand in einen *aktuell* illuminierten Zustand versetzt, durch die pure Anwesenheit einer Lichtquelle. Licht bewegt sich also nicht von A nach B, kann kein Teilchen sein, weil im Äther kein Platz dafür ist, auch kein Veränderungsprozess (*kinesis*) oder dessen Verwirklichung (*energeia*). Vielmehr löst es eine positive Vervollkommnung der potenziellen Transparenz aus. Licht als der große Ermöglicher, der Form oder Qualität eines Objekts sichtbar macht.

Wenn Ihnen diese Erklärung, wie das reine Licht funktioniert, zu komplex und weit hergeholt erscheint, so mag das am Begriff des Äthers liegen, auf den wir noch gar nicht eingegangen sind. Seine Annahme ist allen antiken Theorien vom Licht zu eigen und wirkt bis in die Neuzeit nach, wie wir noch sehen werden. Es handelt sich um eine meist nicht näher spezifizierte Substanz, die den Raum ausfüllt, ja die den Raum definiert. Raum ohne Inhalt, Vakuum, ist in der Antike nicht vorstellbar. In Platos *Thimaeus* wird den vier irdischen Elementen ein fünftes hinzugefügt: „Ebenso gibt es viele Arten der Luft, die reinste, welche mit dem Namen Äther, und die trübste, welche Nebel und Gewölk benannt wird, und noch andere, welche keinen besonderen Namen führen". Aristoteles verwendete den Begriff zwar nicht, unterschied aber ein unwandelbares und zeitloses „erstes Element", das die himmlische Sphäre oberhalb des Mondes ausfüllt, von den vier irdischen, wandelbaren Elementen. Nach ihm kann der Äther sich nicht linear bewegen wie die übrigen Elemente, sondern nur kreisförmig. Er teilt mit den irdischen Elementen keinerlei Eigenschaften, ist weder heiß noch kalt, weder feucht noch trocken. Licht wird durch lokale Rotationen des Äthers übertragen. Er hält die Himmelskörper an ihrem Platz.

Es mag Sie auch stören, dass hier Ingredienzien einer Theorie hinzugefügt werden, um Lücken in der Kette von Argumenten zu füllen oder Ungereimtheiten zu beheben. Das widerspricht einer gewissen wissenschaftlichen Ideologie, die heute viele Menschen teilen. Es handelt sich um die reduktionistische Forderung, dass eine bessere Theorie mehr Phänomene mit weniger Zutaten erklären sollte. Damit würde wissenschaftlicher Fortschritt durch eine immer weitergehende Reduktion der Elemente und Kräfte gekennzeichnet sein. Auch ich hänge dieser Ideologie an. Wenn Sie Näheres wissen wollen, finden Sie Argumente in meinem Buch *Particles, Fields, Space-Time* [600] über die Entwicklung der Teilchenphysik. Bedenken Sie aber, dass Ideologien in der Wissenschaft nichts zu suchen haben.

Abschweifung: Aristoteles' Physik der Bewegung

Der Physik des Aristoteles und seiner Peripatos-Schule kann man nicht vorwerfen, dass sie heute übermäßig populär wäre. Vielmehr wird sie oft als nur intuitiv begründet oder schlicht falsch abqualifiziert. Darüber hinaus wird behauptet, sie habe eine Ideologie begründet, von der sich die Wissenschaft über tausend Jahre nicht habe befreien können. Ein Beispiel dieser gängigen Lehrmeinung liefert die ChatGPT von PocketAI auf meine Frage, ob die Physik des Aristoteles falsch sei:[1]

> „Die Physik des Aristoteles, insbesondere sein Konzept der Bewegung, ist weitgehend ersetzt worden durch die Newton'sche Mechanik, die die Basis der modernen Physik bildet. Mit Fortschritten in experimenteller Technik und wissenschaftlicher Erkenntnis sind die meisten von Aristoteles' Konzepten ersetzt oder modifiziert worden. Daher kann die Physik des Aristoteles im Kontext moderner Wissenschaft generell als falsch angesehen werden."

Der von mir hoch geschätzte Physiker und geniale Autor Carlo Rovelli ist vollkommen anderer Meinung. In einem Artikel von 2015 [560] (den Sie unbedingt lesen sollten!) verteidigt er vehement die aristotelische Lehre von der Bewegung. Wir fassen einige ihrer Lehrsätze kurz zusammen, wie man sie in Aristoteles' Schriften *Physica*, *De caelo* und *De generatione et corruptione* findet. Aristoteles unterscheidet zwischen natürlicher und erzwungener Bewegung. Mit natürlicher Bewegung streben die Elemente und Körper ihrem natürlichen Ort zu. Für den Äther ist diese Bewegung kreisförmig um ein Zentrum herum, das sich im Mittelpunkt der kugelförmigen Erde befindet. Für die übrigen Elemente ist die natürliche Bewegung vertikal und strebt ihrem natürlichen Platz im Kosmos zu. Die Elemente sind schalenförmig angeordnet, beginnend mit der sphärischen Erde, umgeben von den Sphären des Wassers und der Luft, und zuletzt mit der des Feuers. Alles in allem sind diese irdischen Sphären aber viel kleiner als die des Äthers, der die Gestirne trägt. Feste Körper streben der Erde zu, ihrem natürlichen Platz. Ebenso das Wasser, das aus den Wolken herunterfällt. Luft steigt im Wasser dagegen auf, weil ihr natürlicher Platz darüber liegt. Dass Feuer in der Luft nach oben strebt, kann man an jeder Flamme beobachten.

---

[1] *Aristotle's Physics, particularly his concept of motion, has been largely superseded by the theories of Newtonian mechanics, which form the basis of modern physical science. With advances in experimentation and scientific knowledge, most of Aristotle's conceptions have been replaced or modified. Therefore, in the modern scientific context, Aristotle's Physics can be considered generally wrong.*

Die aristotelische Physik ist nicht quantitativ, sondern qualitativ ausgerichtet und begnügt sich mit relativen Eigenschaften der Phänomene. So ist die natürliche Fallbewegung schwerer Körper nach ihm schneller als die von leichteren. Und gleiche Körper fallen langsamer in dichteren Medien, also etwa in Wasser verglichen mit Luft. Nun weiß natürlich jeder Viertklässler, dass alle Körper nach Newton gleich schnell fallen! Also ist die aristotelische Theorie falsch? Nein, das ist sie nicht. Sie beruht auf Augenschein und Erfahrung auf unserer Erde. Machen Sie einen Versuch mit einer Münze aus Metall und einer gleich großen aus Plastik, wie Sie sie im Schloss Ihres Einkaufswagens benutzen können. Ja, die Metallmünze fällt schneller. Beider Bewegung ist bei näherer Betrachtung nicht gleichförmig. Nach einer recht kurzen Phase von Beschleunigung stellt sich aufgrund des Luftwiderstandes eine konstante Geschwindigkeit ein, die in der Tat für schwerere Objekte größer ist als für leichte. Sie haben das beim Unterschied von Regentropfen und Hagelkörnern vielleicht schon bemerkt. Gäbe es keinen Luftwiderstand, wären Regentropfen in der Lage, ein Loch in Ihren Schirm zu reißen. Gott sei Dank bremsen die Reibungskräfte der Luft kleine Tropfen auf etwa 5 km/h. Kleine Hagelkörner sind etwa doppelt so schnell, große können bis zu 60 km/h schnell sein und Ihr Autodach verbeulen. Und dass Gegenstände in Wasser (Dichte ungefähr $1000 \, kg/m^3$) langsamer fallen als in Luft (Dichte ungefähr $1 \, kg/m^3$), ist Ihnen sicher auch schon aufgefallen.

Mit den Werkzeugen der Antike war es nicht möglich, den anfänglichen Beschleunigungsvorgang zu beobachten. Geschwindigkeiten waren nur vergleichbar über lange Strecken und gleichzeitige Vorgänge. Läufer im Stadion waren schneller oder langsamer im selben Wettkampf. An aufeinanderfolgenden Tagen wurde der Vergleich schon eher subjektiv. Die Länge von Strecken war gut messbar, das *stadion* eine gängige Maßeinheit von etwa 150 m. Aber Zeitmessung für schnelle Vorgänge war nicht möglich. Sonnen- oder Wasseruhren geben nicht einmal Minuten an, geschweige denn die hundertstel Sekunden aus den heutigen Sportberichten. Mithin beschreibt Aristoteles seine natürliche Bewegung – also den freien Fall in Luft und Wasser – qualitativ korrekt.

Ein interessanter Aspekt der natürlichen aristotelischen Bewegung ist, dass sie im Vakuum unendlich schnell verlaufen sollte. Der Grund ist, dass ein perfektes Vakuum keine Materie enthält, also Dichte null hat. Damit sollte die natürliche Fallgeschwindigkeit im Vakuum unendlich groß werden. Aristoteles schloss daraus, dass es das Vakuum nicht geben kann.

Die erzwungene Bewegung ist vielfältiger. Als Beispiel mag uns die Wurfbewegung dienen, die natürlich auch in der Antike interessiert hat. Nach Aristoteles bewirkt mein Arm beim Wurf eine Bewegung des Steins, die nicht seiner natürlichen Bewegung entspricht. Wenn meine Aktion endet, kehrt der Stein allmählich zu seiner natürlichen Bewegung zurück, er beginnt zu fallen. Erzwungene Bewegung endet, wie Aristoteles behauptet. Wieder ein Erfolg, natürlich unter den realen Bedingungen seiner Beobachtung, nicht unter den idealisierten unseres Schulunterrichts, die die Wurfparabel als Flugbahn ergeben. Allerdings hatte Aristoteles eine sehr wortreiche, aber wenig überzeugende Erklärung dafür, dass der Übergang von erzwungener zu natürlicher Bewegung beim Wurfgeschoss allmählich und nicht abrupt erfolgt. Irgendwie sollte die verdrängte Luft die erzwungene Bewegung verlängern.

Wir werden auf die Parallelen zwischen Bewegungskategorien bei Aristoteles, Newton und Einstein noch eingehen. Wir halten aber hier schon mit Rovelli fest, dass die natürliche Bewegung beim einen und die Trägheitsbewegung bei den anderen durchaus konzeptuelle Parallelen aufweisen. Die Tatsache, dass man eine Kraft aufwenden muss, um aus der natürlichen in die erzwungene Bewegung zu kommen, überlebt ebenfalls. Mit Rücksicht auf den qualitativen Charakter antiker Physik kann man also – wieder mit Rovelli – durchaus sagen, dass die aristotelische Physik unter alltäglichen Bedingungen eine nützliche Approximation von Newtons Bewegungstheorie enthält. Die Nützlichkeit erklärt ihre Langlebigkeit, nicht etwa ein dogmatischer Charakter.

Hellenistische Optik

In dem entweder von Aristoteles selbst oder seinem Schüler Theophrastus verfassten Werk *De coloribus* wird Farbe als diejenige Eigenschaft von Stoffen beschrieben, die das Sehen ermöglicht. So sind Luft und Wasser weiß, Feuer und Sonne gelb, Rauch schwarz. Dunkelheit ist die Abwesenheit von Licht, schwarze Objekte reflektieren entweder „schwarzes Licht" oder gar keines. Darum ist der Schatten schwarz. Transmutationen wie Verbrennung oder Verrottung führen Farbe in Dunkelheit über. Wenn Ihnen hier Erinnerungen an Goethes Farbenlehre aufscheinen, haben Sie recht. Goethe war von dem Werk tief beeindruckt und hat es in seinem Werk *Zur Farbenlehre* [40] Wort für Wort übersetzt.

Die Extramissionstheorie ist aber damit nicht etwa erledigt. Euklid war der große Lehrmeister der nach ihm benannten Geometrie in *Stoikheia* (Elemente), auf die wir noch zurückkommen müssen, wenn wir über antike mathematische Werkzeuge sprechen. In seiner *Optika* aus dem 3. Jahrhundert verfeinert er die Extramissionstheorie, indem er den Sehstrahl einführt (*radius visualis*), der in gerader Linie vom Auge aus das Objekt abtastet. Damit trug er dem Augenschein Rechnung, dass sich Licht, was immer es auch sei, in einer geraden Linie vom Objekt zum Auge bewegt … oder eben umgekehrt.

Und damit sind wir in der sogenannten hellenistischen Epoche angelangt, also derjenigen, wo das Denken und die Lebensweise des antiken Griechenlands noch den Mittelmeerraum beherrschte. Sie wird oft datiert auf die Zeit zwischen dem Regierungsantritt Alexanders des Großen 336 v. u. Z. und der Schlacht von Actium 31 v. u. Z., die die letzte griechische Kolonie in Ägypten dem römischen Reich einverleibte. In Wirklichkeit reichte der dominante Einfluss der griechischen Naturphilosophie aber weit ins Römische Reich und ins Mittelalter hinein.

Aus dieser Zeit stammen einige Doxografien und Übersetzungen auf Latein, mit denen ich mich etwas leichter tue. Das ist auch der Grund, warum in diesem Text Werktitel und Autorennamen oft in latinisierter Form auftauchen. Man kann die hellenistische Ära und ihre römische Verlängerung als den Höhepunkt der antiken Wissenschaft in Europa auffassen. Euklid, Archimedes, Lucretius, Heron und Ptolemäus verkörpern das kumulierte Wissen ihrer Zeit. Als Symbol mag die berühmte Bibliothek von Alexandria in Ägypten dienen. Sie wurde im 3. Jahrhundert v. u. Z. gegründet und bestand mindestens bis kurz von Christi Geburt, wie lange genau, ist nicht klar. Sie beherbergte die bedeutendste Sammlung von Schriftrollen der Antike und stand in unmittelbarer Verbindung zum *Museion* von Alexandria, dem Zentrum antiker Gelehrsamkeit bis ins 7. Jahrhundert unserer Zeitrechnung. All diese Tatsachen haben den italienischen Mathematiker Lucio Russo dazu veranlasst, in seinem Buch *Die vergessene Revolution* [503] in der hellenistischen Epoche eine veritable wissenschaftliche Revolution zu verorten.

Die alexandrinischen Wissenschaftler standen während des gesamten römischen Reichs in höchstem Ansehen. So hat z. B. Gaius Julius Caesar[2] (100–44 v. u. Z.) die Ausarbeitung des nach ihm benannten Julianischen Kalenders dem Sosigenes von Alexandria anvertraut. Dieser anhand von astronomischen Beobachtungen aufgestellte Kalender, der das Schaltjahr einführte, wurde im Jahr 44 v. u. Z. offiziell und bis ins 16. Jahrhundert benutzt.

Die Karte Abb. 3.1 zeigt die damals dokumentierte Welt rund um das *Mare nostrum*. Edward H. Bunbury hat sie 1883 gezeichnet, nach Angaben des Eratosthenes von Kyrene (276–194 v. u. Z.). Dieser war Mathematiker, Astronom, Geograf und 50 Jahre lang der Leiter der Bibliothek von Alexandria. Eratosthenes war auch der erste uns bekannte Geograf, der mithilfe von Sonnenlicht und euklidischer Geometrie den Durchmesser der Erde

---

[2]Sie erinnern sich: *„Gallia est omnis divisa in partes tres, quarum unam incolunt Belgae, aliam Aquitani, tertiam qui ipsorum lingua Celtae, nostra Galli appellantur"*. Ich kann das immer noch auswendig …

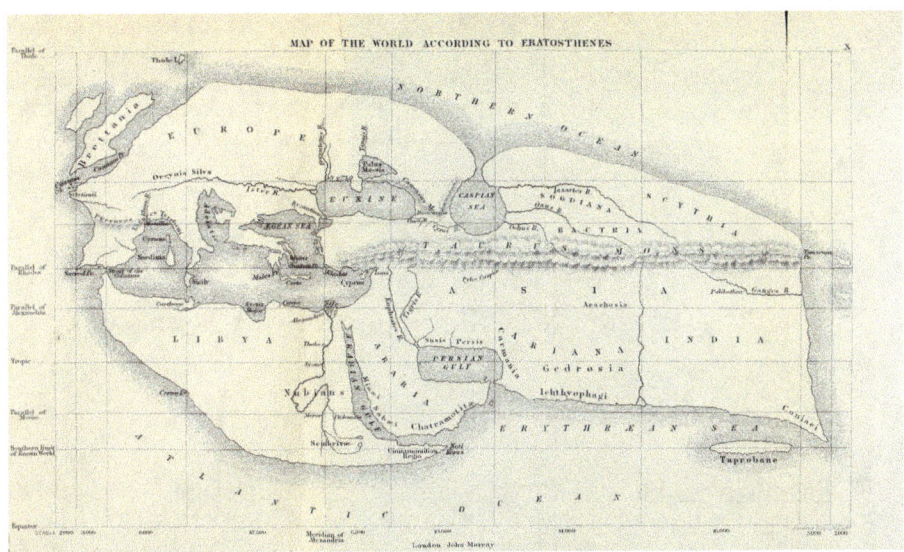

Abb. 3.1 Karte der bekannten Welt um 200 v. u. Z., von E.H. Bunbury nach Angaben des Eratosthenes von Kyrene. (Bildnachweis: Wikimedia Commons)

abschätzte. Seine eigene Beschreibung der Methode ist nicht erhalten, sein Doxograf Cleomedes, der irgendwann kurz nach Beginn unserer Zeitrechnung gelebt haben soll, beschreibt sie so, wie es in Skizze Abb. 3.2 dargestellt ist [192].[3]

Die ägyptische Stadt Syene (heute Assuan) liegt ungefähr auf dem nördlichen Sonnenwendekreis, $23°26'05''$ nördlicher Breite. Alexandria liegt weiter nördlich ungefähr auf dem gleichen Längenkreis. Zur Sommersonnenwende steht die Sonne also in Syene genau im Zenit, in Alexandria dagegen nicht. Mit einem senkrechten Stab kann man aus dem Schatten am Erdboden den Sonnenwinkel bestimmen. Eratosthenes findet etwa $7°$. Da Sonnenstrahlen parallel die Erdoberfläche treffen, finden wir nach Euklids Satz über geschnittene Parallelen (siehe die Abschweifung auf Seite 27), dass die Lage beider Städte sich ebenfalls um sieben Breitengrade unterscheidet. Nimmt man also – wie Eratosthenes nach Cleomedes – an, dass die beiden Städte 5000 Stadien voneinander entfernt sind, findet man den Erdumfang als $(360°/7°) \cdot 5000 =$ 250.000 Stadien. Nun wissen wir nicht genau, wie lang ein *stadion* war, aber wenn man 150 m ansetzt, bekommt man einen polaren Erdumfang von

---

[3]Sie können sein Buch *De motu circulari corporum caelestium* auf Griechisch und in lateinischer Übersetzung von Hermann Ziegler hier nachlesen: https://books.google.de/books?id=QFY2wDM6 Ha8C&redir_esc=y.

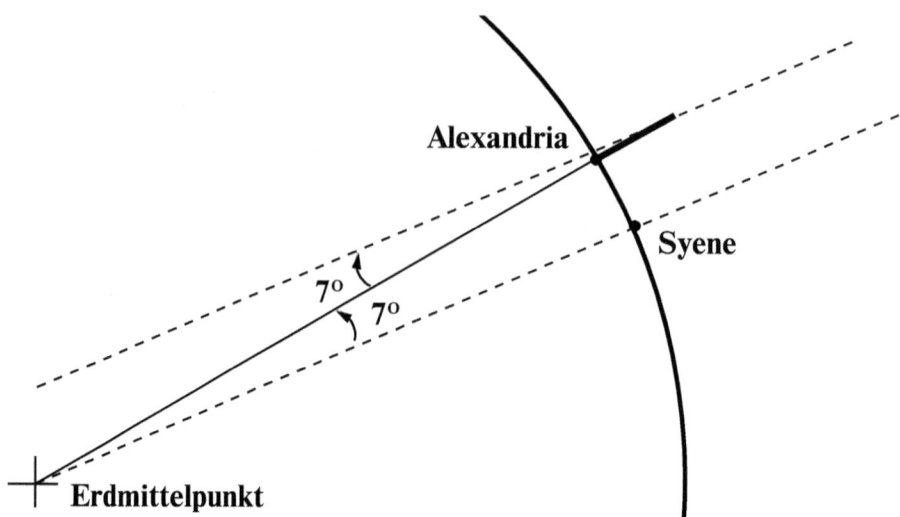

Abb. 3.2 Messung des Erdumfangs nach Eratosthenes. Die gestrichelten Linien skizzieren den Einfall des Sonnenlichts zur Sommersonnenwende. Die Länge des Schattenstabes bei Alexandria ist offensichtlich maßlos übertrieben, der Rest ungefähr maßstäblich

37.500 km. Das ist nicht weit weg vom tatsächlichen Wert von ca. 40.000 km und zeigt, dass man mit Lichtlineal und Zirkel mit einfachen Mitteln gute Ergebnisse erzielen konnte. Übrigens zeigt die Messung nebenbei auch, dass die Erdoberfläche keineswegs flach ist. Sonst stünde die Sonne ja an beiden Orten gleichzeitig im Zenit. Und die Kugelform der Erden war in der Tat schon in der Antike und im Mittelalter eine gängige Alternative zum Dogma der flachen, runden Erdscheibe.

Das römische Reich der Kaiserzeit umfasste unter Titus im 2. Jahrhundert u. Z. fast die gesamte Region, die wir auf Eratosthenes' Karte Abb. 3.1 sehen. Der Rest der Welt war von „Barbaren" bewohnt. Das römische Reich war mit Landwegen und Schifffahrtsrouten erschlossen, einigermaßen befriedet mit *Pax Romana*. Freie römische Bürger hatten einen Lebensstandard, der in Europa nach dem Zusammenbruch des Reiches erst Jahrhunderte später wieder erreicht werden sollte. Allerdings auf dem Rücken von Sklaven und unterjochten Völkern.

Aber zurück zu unserem Thema. Die Geometrie des Euklid passte gut zu den Vorstellungen der Extramission. Er unterschied Lichtstrahlen und Sehstrahlen. Beim Sehen werden Sehstrahlen ausgesendet, die sichtbare Objekte abtasten.

Damit geht der amorphe Sehfluss in ein strukturiertes Strahlenbündel über. Lichtstrahlen verhalten sich genauso, sie gehen von leuchtenden Objekten aus und fallen geradlinig auf beleuchtete Gegenstände. Aus dem pharaonischen Ägypten ist uns eine viel ältere grafische Darstellung überliefert, die Sonnenstrahlen wie Spieße oder Pfeile darstellt. Die Abb. 3.3 zeigt eine Zeichnung aus dem 19. Jahrhundert nach einer Wandmalerei, die Echnaton bei der Anbetung des Sonnengottes Ra darstellt. Das wird Sie an die Sonne aus Kinderzeichnungen erinnern, von der auch oft solche Strahlen ausgehen.

Die Methodik der Strahlen ist ein exzellentes Hilfsmittel zur grafischen Darstellung. Mit Linien lässt sich zum Beispiel erklären, warum gleich große Gegenstände kleiner erscheinen, wenn sie weiter entfernt sind. Die Perspektive ist damit geklärt, man versteht, wie sich räumliche Gegebenheiten zweidimensional so darstellen lassen, dass ein dreidimensionaler Eindruck entsteht.

Abschweifung: Euklids Elemente

An dieser Stelle brauchen wir eine Abschweifung, um uns den Satz mathematischer Werkzeuge in Erinnerung zu rufen, der in der Antike und bis zum Ende des Mittelalters zur Verfügung stand. Die euklidische Geometrie und Arithmetik kamen natürlich nicht aus dem Nichts. Große Vorgänger hat Proclus Diadochus in seinem Kommentar zum ersten Buch von Euklids Elementen aufgelistet. Euklid hat aufbauend auf diese vorhergehenden Werke ein Standardwerk verfasst, eben die dreizehn Bücher seiner *Elemente*. Sie behandeln die ersten beiden Inhalte des *Quadriviums*. Das Werk ist ein Kompendium von Teilen mit unterschiedlichem mathematischem Niveau, Wiederholungen eingeschlossen.

Im ersten Buch finden wir zunächst die grundlegenden Definitionen. Linie, Punkt, Gerade, Flächen und Winkel werden definiert. Insbesondere werden rechter Winkel, Rechteck und Kreis eingeführt. Was Parallelen sind, wird erklärt mit dem berühmten Satz, dass sie sich auch im Unendlichen nicht schneiden.

In fünf Postulaten wird erklärt, wie man eine geometrische Konstruktion durchzuführen hat. Eine Linie verbindet zwei Punkte, verlängert man sie, erhält man eine Gerade. Mittelpunkt und Radius definieren den Kreis. Alle rechten Winkel sind gleich. Dazu gehört auch das Parallelaxiom, mit dem man Sie schon im Mathematikunterricht gequält hat. Es besagt, dass es zu jeder Geraden eine (und nur eine) Parallele gibt, die durch einen gegebenen Punkt führt.

Fast schon philosophische Axiome betreffen das, was man eine Lehre von der Gleichheit nennen kann. Was demselben gleich ist, ist auch untereinander gleich. Addiert oder subtrahiert man Gleiches, so erhält man wiederum Gleiches. Was sich deckt, ist gleich, und das Ganze ist größer als seine Teile. Gleichheit ist also eine geometrische Eigenschaft. Allerdings kann man nicht sagen, dass die euklidische Geometrie im heutigen Sinne vollständig aus Axiomen hergeleitet sei. Das ist erst David Hilbert im 19. Jahrhundert gelungen.

Der Rest des ersten Buches enthält das, was Sie als ebene Trigonometrie kennen: Anweisungen zur Konstruktion von Dreiecken und Parallelogrammen. Und Sätze zu deren grundlegenden Eigenschaften. Wie z. B., dass die Summe der Winkel im Dreieck 180° ergibt und dass Wechselwinkel an geschnittenen Parallelen gleich sind. Natürlich kommt auch der Satz des Pythagoras vor.

Das zweite Buch enthält Definitionen, Lehrsätze und Aufgaben der geometrischen Algebra, also Rechenregeln für geometrische Formen. So wird erklärt, wie man Strecken aneinanderlegt, also addiert und multipliziert. Oder sie unterteilt, also subtrahiert oder dividiert. Das alles aber ohne algebraische Symbole und Operationen, wie wir sie seit René Descartes Erfindung der analytischen Geometrie kennen. Im dritten Buch wird ausführlich die Geometrie des Kreises behandelt. Was es heißt, dass eine Gerade oder eine andere geometrische Figur einen Kreis berührt; was eine Sehne, ein Abschnitt und ein Ausschnitt ist. Danach gibt es wiederum eine lange Reihe von Propositionen, die der Reihe nach bewiesen werden. Buch vier beschäftigt sich mit den regulären Polygonen (Vielecken), ihren In- und Umkreisen.

Im fünften Buch geht es um die Lehre von den Proportionen. Heute würden wir sagen, die Arithmetik der reellen Zahlen. Gleiche Proportionen haben vier Größen, wenn das Verhältnis der ersten beiden gleich ist mit dem Verhältnis der letzten beiden. Allerdings sind bei Euklid diese Größen geometrisch, sie sind keine Zahlen. Man kann also mit Dreiecken, Kreisen und Polyedern rechnen, aber nicht mit den Zahlen, die sie repräsentieren. Größen besitzen ein Verhältnis, wenn sie vervielfältigt einander übertreffen. Im sechsten Buch wird die Proportionenlehre auf die Geometrie angewandt, es folgt eine Lehre von der Ähnlichkeit geometrischer Formen. Man nennt sie ähnlich, wenn die auftretenden Winkel gleich sind, die entsprechenden Seiten in einem festen Verhältnis stehen. Die Lösung quadratischer Gleichungen, wie sie z. B. im Satz von Pythagoras auftreten, wird behandelt.

Folgerichtig beschäftigt sich das siebte Buch mit der Teilbarkeit von Zahlen, ohne eine veritable Bruchrechnung zu entwickeln. Es werden aber grundlegende Begriffe eingeführt wie gerade und ungerade Zahlen, Primzahlen, quadratische und kubische Zahlen, die man zur Bestimmung von Flächeninhalt und Volumen braucht. Die achten und neunten Bücher beschäftigen sich mit geometrischen Folgen, also solchen, deren Glieder zueinander in einem festen Verhältnis stehen. Ein Beispiel gefällig? Mit Ihrer Erlaubnis benutze ich Zahlen in arabischen Ziffern: 1, 2, 4, 8, 16, 32 … Alles klar? Antike Leser der Elemente hätten vermutlich eine Skizze wie in Abb. 3.4 besser verstanden.

Das zehnte Buch versucht sich an einer Behandlung irrationaler Größen, die man zur Konstruktion der platonischen Körper braucht. Irrationale Zahlen lassen sich nicht als Verhältnis zweier ganzer Zahlen darstellen, sie haben unendlich viele Stellen hinter dem Komma, die sich nicht wiederholen. Pi (π) ist ein gutes Beispiel. Ein besonders kompliziertes und schwer zu verstehendes Kapitel, nicht besonders klar erklärt, eher zur Verschleierung geeignet. Bartel van de Waerden gibt in seinem Buch *Erwachende Wissenschaft* [369] eine erhellenden Kurzfassung, wenn es Sie interessiert.

Mit diesem Rüstzeug macht sich das elfte Buch an die Raumlehre, das zwölfte an die Bestimmung von Volumina. Und zwar ohne die Infinitesimalrechnung und ohne die Kugel, deren Volumen erst Archimedes berechnet

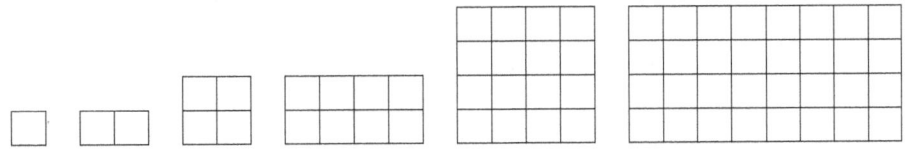

Abb. 3.4 Geometrische Reihe

hat. Als Abschätzungsmethode wird die Zerlegung in Polyeder benutzt. Und schließlich im letzten Buch treffen wir auf die fünf platonischen Körper, ihre Konstruktion und Berechnung. In der Nachfolge sind noch zwei Bücher von anderen Autoren hinzugefügt worden, die weitere Eigenschaften der Polyeder beschreiben.

Und das fasst im Wesentlichen den mathematischen Werkzeugkasten zusammen, der bis zur Infinitesimalrechnung von Newton und Leibniz zur Verfügung stand. Absolut geeignet zur Beschreibung statischer Verhältnisse. Erdvermessung und Astronomie lassen sich damit betreiben. Einfache mechanische Maschinen können konstruiert werden. Und was wir heute geometrische Optik nennen, braucht auch nicht mehr an mathematischem Rüstzeug.

Bei der Beschreibung von Bewegungen stößt diese Mathematik aber an ihre Grenzen. Die Beschreibung von Kurven, gekrümmten Flächen und krummlinig begrenzten Körpern ist nur näherungsweise möglich. Eine Ausnahme bilden Kreis und Kugel, die darum bis in die Neuzeit als die perfekten geometrischen Figuren schlechthin galten. Das Verständnis von Bewegung ist ebenfalls faktisch unmöglich, selbst für geradlinige Bewegungen mit konstanter Geschwindigkeit tauchen Probleme auf.

Ein gutes Beispiel für diese Beschränkung sind die berühmten Paradoxien des Zeno. Wohl die bekannteste ist diejenige vom Wettlauf des Helden Achilles mit der Schildkröte, die Abb. 3.5 zeigt. Großzügig lässt Achilles seiner Gegnerin einen Vorsprung, den er bald eingeholt hat. Während dieser Zeit

Abb. 3.5 Wettlauf zwischen Achilles und der Schildkröte, eine der Paradoxien des Zeno

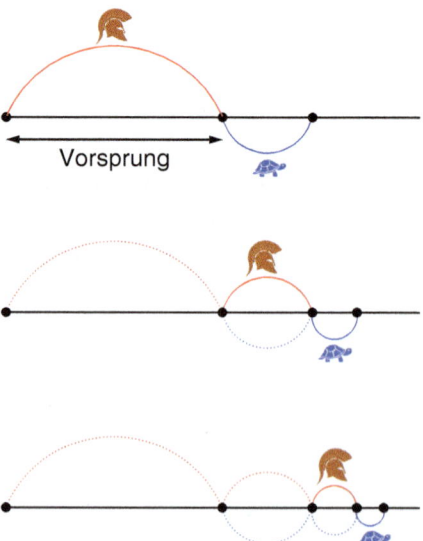

Abb. 3.6 Weg-Zeit-Diagramm des Wettlaufs zwischen Achilles und der Schildkröte

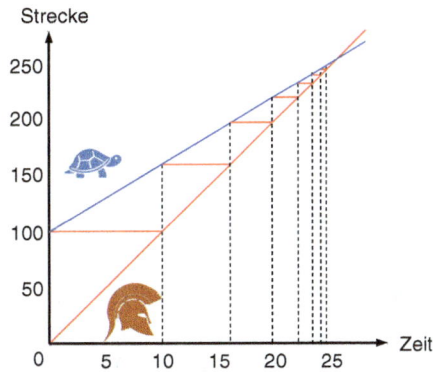

aber hat die Schildkröte eine weitere, kleinere Wegstrecke zurückgelegt. Wenn Achilles diese wiederum eingeholt hat, ist die Schildkröte wieder ein Stück weitergekrochen. Und so weiter. Es scheint also paradoxerweise so, als könne Achilles die Schildkröte niemals einholen, ein offensichtlicher Unsinn.

Den Grund für diesen Fehlschluss sieht man leicht, wenn man die zurückgelegte Strecke als Funktion der Zeit in einem Weg-Zeit-Diagramm wie Abb. 3.6 aufträgt; allerdings gibt es ein solches Diagramm erst seit Nicole Oresme im 14. Jahrhundert. Da Achilles schneller läuft als die Schildkröte, ist seine Linie steiler als die ihre. Beide schneiden sich, egal wie viel Vorsprung die Schildkröte bekommt.

Die Treppenstufen im Weg-Zeit-Diagramm zeigen die falsche Argumentation der Paradoxie auf. Obwohl die Breite der Treppenstufen immer kleiner wird, wird am Ende in immer winzigeren Schritten sehr wohl der Punkt erreicht, wo sich beide Geraden treffen. Die Breiten der Treppenstufen bilden eine geometrische Folge, ihre Summe strebt der Distanz bis zu dem Punkt zu, wo Achilles die Schildkröte einholt. Man nennt solch eine Summe eine konvergierende Reihe. Dass die Summe immer kleiner werdender Summanden einem endlichen Wert zustreben kann, war aber zu dieser Zeit unvorstellbar. Mit dem unendlich Kleinen und dem unendlich Großen hatten die Philosophen Mühe, nicht nur zu dieser Zeit.

Abschweifung: Archimedische Wägung

Das aristotelische Verbot, etwas unendlich Kleines oder Großes als konkret realisierbar anzusehen, hat Archimedes elegant umschifft und so die Möglichkeit geschaffen, Volumina zu berechnen, auch wenn sie von gekrümmten Flächen begrenzt sind. Das Geheimnis seiner Methode, das er wohl nur

Abb. 3.7 Archimedische Waage zur Bestimmung der Fläche von Dreieck und Quadrat

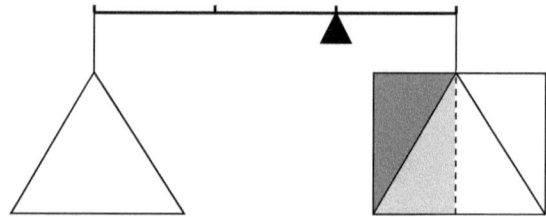

wenigen offenbart hat, beruhte auf seinem Hebelgesetz. Sie erinnern sich: Last × Lastarm = Kraft × Kraftarm.

Ein Beispiel zeigt die Skizze Abb. 3.7 einer „Waage", an der ein Viereck und ein ihm einbeschriebenes, gleichschenkliges Dreieck hängen. Natürlich hat eine Fläche keine Dicke, genauso wenig wie eine Linie eine Breite hat. Das sagen auch die euklidischen Axiome. Mithin haben Flächen auch kein Gewicht. Aber Archimedes hat darüber großzügig hinweggesehen und angenommen, dass das „Gewicht" irgendwie proportional zum Flächeninhalt sei.

In diesem Beispiel erkennt man natürlich sofort, dass der Flächeninhalt des Dreiecks die Hälfte des Rechtecks beträgt: Betrachten Sie das hellgraue und das dunkelgraue Teildreieck. Und bedenken Sie mit Euklid: Was sich deckt, ist gleich. Deshalb bedeutet Gleichgewicht, dass der Hebelarm auf der Seite des Dreiecks doppelt so lang sein muss wie auf der Seite des Rechtecks.

Der geniale Schritt des Archimedes war nun, diese Art von Methodik auf dreidimensionale Körper anzuwenden. Dazu muss man sich diese Körper in Scheibchen zerlegt denken wie in der Skizze Abb. 3.8. Wenn es gelingt, eine Beziehung zwischen Flächeninhalt × Hebelarm verschiedener Körper geometrisch zu berechnen, kann man ihre Volumina zueinander in Beziehung setzen. Betrachten wir eine Kugel mit einem bestimmten Durchmesser; einen Kegel mit gleicher Höhe, aber einer Grundfläche mit doppeltem Durchmesser und einen Zylinder doppelter Höhe und der gleichen Grundfläche wie der Kegel.

Dann ist die Summe der beiden grauen Flächen in Kugel und Kegel, die am vollen linken Hebelarm angreift, halb so groß wie die Schnittfläche durch den Zylinder, die am durch den Pfeil angedeuteten rechten Hebelarm angreift. Vorausgesetzt, die senkrechten Abstände links sind die gleichen wie die waagerechten Abstände rechts. Wenn das für alle Abstände gilt, ist es auch für die Volumina wahr. Die Kugel hat ein Sechstel des Zylindervolumens.

Noch ästhetischer wird das Ergebnis, wenn dem Zylinder die Kugel und der Kegel einbeschrieben werden wie in Abb. 3.9. Die Volumina stehen dann im Verhältnis 3:2:1. Das hat Archimedes laut Plutarch so sehr beeindruckt, dass er sich einen Schnitt durch die drei Körper für seinen Grabstein gewünscht hat.

Abb. 3.8 Archimedische Waage zur Bestimmung des Rauminhalts von Kugel, Kegel und Zylinder

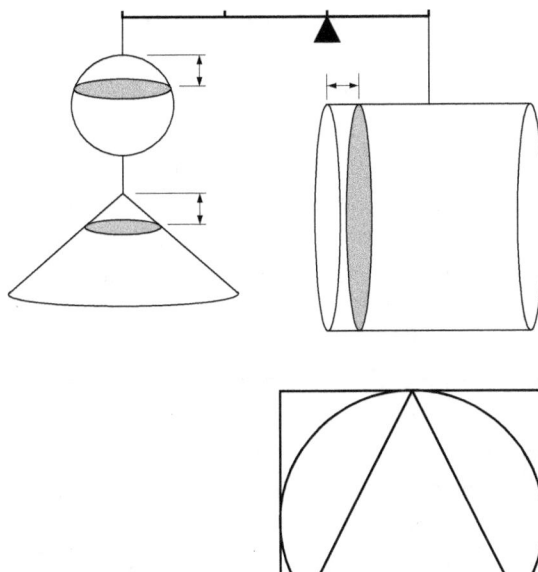

Abb. 3.9 Diagramm von Quadrat, Kreis und Dreieck auf dem Grabmal des Archimedes

So hat sich Archimedes also daran vorbeigemogelt anzuerkennen, dass eine unendliche Summe unendlich kleiner Summanden einer endlichen Größe zustreben kann. Das ist unter anderem die Grundlage der Integration, die er hier quasi vorweggenommen hat, allerdings mit ausschließlich geometrischen Argumenten. Sie haben sicher bemerkt, dass die Methode der Wägung nur relative Volumina bestimmen kann, nur solche von Körpern mit sehr speziellen Dimensionen. Die Methode der Infinitesimalrechnung hat noch das Ende des Mittelalters abwarten müssen, bevor sie mithilfe von Newton und Leibniz ans Licht kam.

Optik als angewandte Geometrie

Geometrie erlaubt es, das Verhalten von Sehstrahlen auf dem Weg zwischen Objekt und Auge zu beschreiben, unabhängig davon, ob sie vom Auge oder vom Objekt ausgehen. Und so teilte sich die optische Wissenschaft in drei Teilbereiche: die Optik selbst (*optica*), also die jeweilige Theorie der Sehstrahlen, die Katoptrik (*catoptrica*), also die Lehre von der Lichtreflexion, und die Dioptrik (*dioptrica*), die Lehre von der Lichtbrechung. Die Quellen aus der Zeit enthalten durchweg nicht nur theoretische Überlegungen, sondern auch praktische Anwendungen wie Brenngläser und -spiegel, optische Illusionen und natürlich militärische Anwendungen.

Euklid formulierte als einer der Ersten das Reflexionsgesetz, nachdem Einfalls- und Ausfallswinkel an einem Spiegel gleich sind. Eine mathematische Betrachtung läge nahe, wenn man wie Euklid annimmt, dass sich die Sehstrahlen geradlinig ausbreiten, ist aber nicht erhalten. Man kann daher annehmen, dass Euklid das Gesetz eher aus der Beobachtung abgeleitet hat. Seine dazu passende Theorie war analog der elastischen Reflexion z. B. eines Steines an einer glatten Oberfläche. In seiner *Catoptrica* formuliert er das Reflexionsgesetz sowohl für plane wie konkave und konvexe Spiegel. Bei Letzteren natürlich mit Bezug auf die Tangente am Auftreffpunkt des Sehstrahls.

Geometrische Optik war aber nicht etwa nur im europäischen Mittelmeerraum beheimatet. Um etwa dieselbe Zeit in China waren zum Beispiel die Lehren von Mo Zi (468–376 v. u. Z.), Autor des *Mo Jing* (Mohistischer Kanon), auf ähnlichem Stand wie Euklids Optik, basierend auf experimentellen Beobachtungen. Die Schriften von Liu An (179–122 v. u. Z.) enthalten praktische Anwendungen wie das Periskop oder Brenngläser aus Eis.

Die Skizze Abb. 3.10 – aus einem Artikel von Ling-An Wu und Mitarbeitern zum Internationalen Jahr des Lichts 2015 [563] – zeigt ein Periskop aus einem Spiegel und einer Wasserfläche zur Überwachung von Feldarbeiten außerhalb des ummauerten Wohnbereichs. Wie man an den Pfeilen auf der Zeichnung sieht, war Mo Zi überzeugt, dass Licht strahlenförmig vom Objekt ausgeht und auf das Auge des Betrachters fällt. Ein frühes Beispiel für eine intromissionistische Theorie des Sehens.

Basierend auf seinem mathematischen Werkzeugkasten bedient sich auch Euklids *Optica* einer axiomatischen Methode zur Untersuchung optischer Phänomene. Das Werk ist daher ganz ähnlich strukturiert wie seine *Elemente*,

Abb. 3.10 Skizze eines Periskops nach Mo Zi. (Bildnachweis: Ling-An Wu [563])

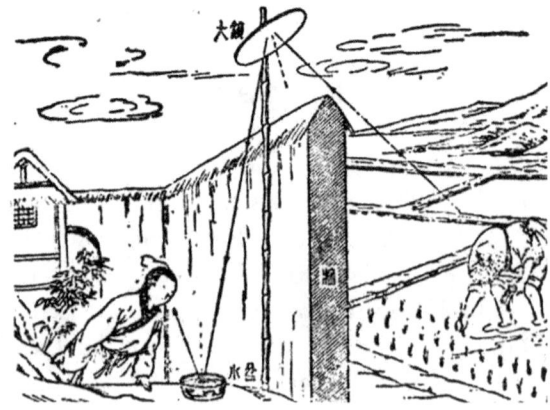

mit Definitionen, Axiomen, Sätzen und Beweisen. Der Ansatz bleibt dabei extramissionistisch: Geradlinige einzelne Sehstrahlen verlassen kegelförmig das Auge und analysieren Objekte. Sie bilden einen Konus oder eine Pyramide, an deren Spitze das Auge steht und deren Öffnung das Sehfeld begrenzt. Euklid formuliert das anhand von sieben Postulaten:

„Es sei angenommen:

1. Die vom Auge ausgehenden geradlinigen Strahlen divergieren auf unbestimmte Zeit.
2. Dass die in einer Reihe von visuellen Strahlen enthaltene Figur ein Kegel ist, dessen Scheitelpunkt sich am Auge und dessen Basis sich an der Oberfläche der gesehenen Objekte befindet.
3. Dass jene Dinge gesehen werden, auf die visuelle Strahlen fallen, und jene Dinge nicht gesehen werden, auf die visuelle Strahlen nicht fallen.
4. Dass Dinge, die unter einem größeren Winkel gesehen werden, größer erscheinen, Dinge unter einem kleineren Winkel kleiner erscheinen und solche unter gleichen Winkeln gleich erscheinen.
5. Dass Dinge, die von höheren visuellen Strahlen gesehen werden, höher erscheinen, und Dinge, die von niedrigeren visuellen Strahlen gesehen werden, niedriger erscheinen.
6. Dass in ähnlicher Weise Dinge, die von Strahlen weiter rechts gesehen werden, weiter rechts erscheinen, und Dinge, die von Strahlen weiter links gesehen werden, weiter links erscheinen.
7. Dass Dinge, die unter mehr Winkeln gesehen werden, klarer gesehen werden."

Das letzte Postulat ist mehrdeutig: Was soll es bedeuten, von „mehr Winkeln" gesehen zu werden? Zunächst bezieht sich das wohl auf den Abstand zum Objekt. Je näher es liegt, desto mehr Sehstrahlen treffen es. Es kann sich aber auch auf die Lage im Gesichtsfeld beziehen, wie es z. B. al-Kindi interpretiert hat. Wir kommen darauf zurück, wenn wir über Optik im arabischen Mittelalter sprechen.

Die Sehstrahlen sind in der Tat voneinander getrennt und treten einzeln aus dem Auge aus. Sie scannen das Objekt aber sehr schnell. Daraus folgt seine erste Proposition:

„Nichts, was gesehen wird, wird auf einmal ganz gesehen. Es scheint aber, dass es auf einmal gesehen wird, weil die Strahlen schnell vorübergetragen werden."

Ein wichtiger Aspekt scheint mir dabei, dass sich im Hellenismus auch der methodische, argumentative Werkzeugkasten verändert. Antike Werke standen noch in der Tradition der mündlichen Überlieferung und wurden als fiktive Dialoge formuliert, etwa zwischen Lehrmeister und Schüler. Andere als Lehrgedichte mit einer eher poetischen Bildsprache und Metaphorik. Dagegen entwickelt sich hier das strenge Korsett der mathematischen Argumentation. Wenn Sie diesen Teil Ihres Mathematikunterrichts verschlafen oder verdrängt haben sollten, hier eine kleine Erinnerung. In Definitionen werden den Elementen eines Problems Worte zugeordnet, die in den Problemstellungen verwendet werden (und keine anderen). Bei Euklid etwa: Punkt, Linie, Winkel. Axiome sind grundlegende Prämissen, die nicht bewiesen werden müssen, weil sie evident sind oder *a posteriori* durch die Erfolge in der Beweisführung gerechtfertigt werden sollen. Etwa, wenn Euklid erklärt, was Gleichheit ist. In den darauffolgenden Sätzen, auch Propositionen, Vorschläge genannt, wird das gewünschte Ergebnis einer Beweisführung formuliert. Zum Beispiel der berühmte Satz des Pythagoras.[4]

Sie erinnern sich: Die Summe der Quadrate über den Katheten eines rechtwinkligen Dreiecks ist gleich dem Quadrat über der Hypotenuse. Die Beweisführung folgt dann entweder argumentativ – also mit Wortalgebra – oder geometrisch z. B. durch eine Skizze wie Abb. 3.11. Für mathematische Größen Symbole zu verwenden, war nicht üblich. Und das sollte auch noch jahrhundertelang so bleiben.

Warum das so war, kann man nachvollziehen. Geometrie ist im wahrsten Sinne des Wortes anschaulich. Für Geometrie im rechtwinkligen, dreidimensionalen Raum, eben die euklidische Geometrie, die wir im täglichen Leben verwenden, braucht man nur Zirkel und Lineal. Man kann zurücktreten und

Abb. 3.11 Geometrische Veranschaulichung für den Satz des Pythagoras

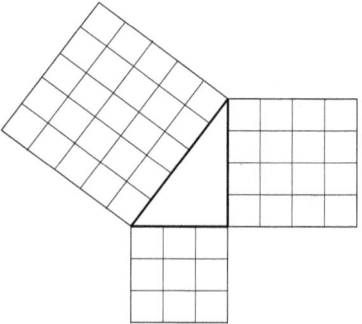

[4]Die Beweise hat Elisha S. Loomis in seinem Buch *The Pythagorean Proposition* [314] analysiert und klassifiziert. Er hielt alle Beweise, die auf Trigonometrie beruhen, für Zirkelschlüsse. In jüngster Zeit haben die Highschool-Studentinnen Calcea Rujean Johnson und Ne'Kiya D. Jackson von der St. Mary's Academy in New Orleans mit einem neuen Beweis Aufsehen erregt [611], der auf einer unendlichen Reihe ähnlicher Dreiecke beruht.

das Ergebnis betrachten. Algebra, also das Rechnen mit Symbolen und das Lösen von Gleichungen, ist nicht anschaulich. Man kann nicht zurücktreten und sie betrachten. Algebra basiert auf Handlungen, Operationen an und mit ihren Elementen. Das erfordert einen Grad an Abstraktion, den man erst einmal erreichen muss.

Ein bekannter Vertreter der hellenistischen Epoche, der in unserer mathematischen Abschweifung schon aufgetreten ist, war der Mathematiker und Erfinder Archimedes aus Siracusa auf Sizilien. Seine Bronzestatue können Sie in seiner Heimatstadt bewundern; sie trägt einen Hohlspiegel. Zum Studium reiste Archimedes nach Alexandria, kehrte aber in seine Heimat zurück, die damals ein Zentrum von Politik, Handel und Künsten war. Er war ein genialer Ingenieur und wandte die Erkenntnisse der Geometrie seiner Zeit auf Probleme wie das Hebelgesetz, den Auftrieb und das Pumpen von Flüssigkeiten an. Sie werden sich an das sprichwörtliche *heureka* erinnern, das ihm zugeschrieben wird. Es gibt noch einige andere Bonmots, die etwa Pappus und Plutarch überliefert haben, so sein Kommentar zum Hebelgesetz – „Gib mir einen Punkt, wo ich hintreten kann, und ich bewege die Erde"[5] –, oder der unvorsichtige Ausspruch, der zu seiner Ermordung durch einen römischen Soldaten bei der Eroberung von Siracusa geführt haben soll – „Störe meine Kreise nicht"![6] Pappus von Alexandria hat übrigens im 4. Jahrhundert u. Z. in seiner *Synagoge* (Sammlung) nicht nur diese Zitate, sondern auch die Mathematik der hellenistischen Zeit wohl noch anhand der Originalmanuskripte zusammengefasst. Die lateinische Übersetzung von Federico Commandino aus dem Jahr 1589 hat René Descartes, Pierre de Fermat und Issac Newton beeinflusst. Wir kommen auch darauf zurück.

Die Hauptwerke von Archimedes sind mathematischer Natur, wir haben seine Wägemethode schon erwähnt, eine Art antikes Integral. Wie es scheint, hat er seine Ingenieursleistungen selbst geringer geachtet, unsere Hauptquelle Plutarch behauptet das jedenfalls. Dabei sind seine Maschinen zur Verteidigung von Siracusa gegen römische Angriffe während der Punischen Kriege (264–146 v. u. Z.) legendär. Seine *Catoptrica*, die Theon von Alexandria und Apuleius erwähnten, ist nicht erhalten. In seinen mathematischen Abhandlungen taucht aber eine Betrachtung über Parabeln – quadratische Kurven – und Paraboloide auf.

Die Letzteren entstehen, wenn man eine Parabel um ihre Achse rotieren lässt. Da er auch Euklids Reflexionsgesetz kannte, kann man daher anneh-

---

[5] *Dos moi pou sto kai kino taen gaen.*
[6] *Noli turbare circulos meos!*

men, dass er mindestens mit dem Prinzip des Parabolspiegels vertraut war. Ein solcher Spiegel konzentriert ein einfallendes Strahlenbündel auf einen Brennpunkt F hin, wie in Skizze Abb. 3.12 gezeigt. Je flacher die paraboloide Oberfläche gehalten ist, desto weiter ist der Brennpunkt vom Spiegel entfernt.

Die Legende behauptet, dass Archimedes dieses Prinzip eines Brennspiegels dazu verwendet hätte, römische Schiffe, die Siracusa angriffen, in Brand zu setzen. Ein Fresko (Abb. 3.13), das Giulio Parigi ca. 1599 für das *Stanzino delle Matematiche* der Uffizien in Florenz gemalt hat, zeigt, wie sehr diese Legende über Jahrhunderte die Fantasie angeregt hat.

Das gilt selbst für die Gegenwart. Im Jahre 2005 hat David Wallace, Ingenieurwissenschaftler vom MIT, mit seinen Mitarbeitern eine moderne Rekonstruktion versucht. Aber natürlich nicht mit einem einzigen Hohlspiegel, sondern mit 127 ebenen Spiegeln, die in parabolischer Form angeordnet waren. Es gelang ihnen in der Tat, ein ungefähr 100 Fuß entferntes Holzmodell einer römischen Galeere in Brand zu setzen. Ein Ausschnitt aus der amerikanischen Fernsehsendung *The Daily Planet* zeigt den Versuch.[7] Natürlich ist damit nicht gezeigt, dass Archimedes tatsächlich so zur Verteidigung von Siracusa beigetragen hat, und das behauptet auch niemand. Aber im Prinzip wäre es wohl möglich gewesen, allerdings mit noch viel mehr Spiegeln antiker Machart. Genutzt hat es eh' nichts, die Römer haben Siracusa erobert und in den Punischen Kriegen die Ausdehnung ihres Reiches auf das östliche Mittelmeer eingeleitet. Soweit zur Legende.

Abb. 3.12 Konstruktion des Brennpunktes F einer Parabel. Bei Rotation um eine mittige vertikale Achse entsteht ein Paraboloid

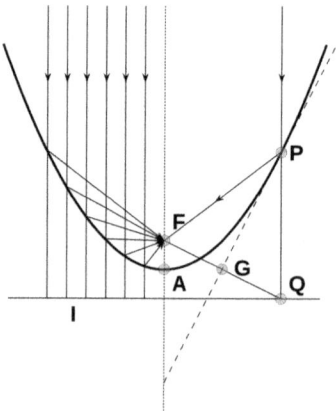

---

[7] Siehe   https://web.mit.edu/2.009_gallery/www/2005_other/archimedes/10_archimedesMovies/daily PlanetLarge.mov.

Abb. 3.13 Fresko von Giulio Parigi in den Uffizien. (Bildnachweis: Wikimedia Commons)

Was uns eher weiterbringt in unserer Diskussion, ist die *Catoptrica* des Heron von Alexandria, auch Mechanicus genannt, der irgendwann zwischen dem 1. und dem 3. Jahrhundert u. Z. gelebt hat. Dies ist die älteste überlieferte Abhandlung, die eine axiomatische Ableitung des Reflexionsgesetzes enthält. Sie können eine deutsche Übersetzung der entsprechenden Abschnitte nachlesen.[8] Er postuliert, dass Licht stets den kürzesten Weg zwischen dem Sehorgan und dem Gesehenen nimmt. Wir nennen die Verallgemeinerung dieser Hypothese heute das Prinzip von Fermat, aber die Anwendung auf die Reflexion stammt aus hellenistischer Zeit.

Die Skizze Abb. 3.14 verdeutlicht, dass in der Tat der kürzeste Weg zwischen Auge und Objekt dann erreicht ist, wenn Eintritts- und Austrittswinkel am Spiegel gleich sind. Alle anderen potenziellen Wege wären länger. Heron äußerte sich auch zur Geschwindigkeit, in der sich Sehstrahlen ausbreiten. Als Beweis für ihre sofortige Wirkung führte er an, dass man den Himmel erblickt, sobald man die Augen öffnet.

Neben den Elementen des Euklid gehören die Werke des Claudius Ptolemäus von Alexandria zu den einflussreichsten Büchern bis zur wissenschaftlichen Revolution der beginnenden Neuzeit. Er lebte im 2. Jahrhundert u. Z. und hat wohl Alexandria in seinem Leben nie verlassen. Wie sein lateinischer Vorname vermuten lässt, war er nicht nur Ägypter und griechischer Staats-

---

[8]https://www.uni-due.de/imperia/md/content/didmath/ag_jahnke/heronkatopt.pdf.

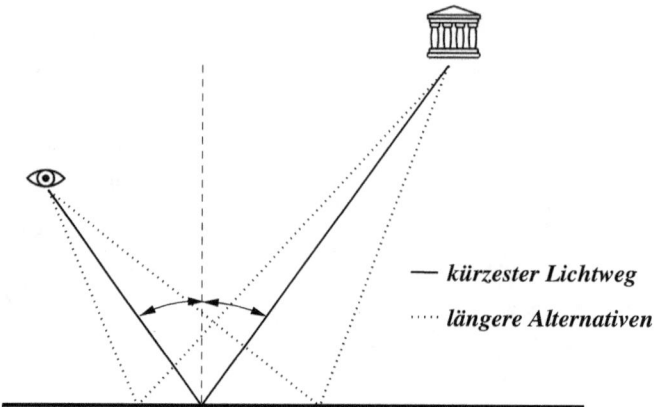

Abb. 3.14 Das Argument des kürzesten Lichtwegs begründet die Gleichheit von Einfalls- und Ausfallswinkel bei der Reflexion

bürger, sondern auch römischer Bürger. Seine *Mathematike Syntaxis*, nach der arabischen Tradition auch als *Almagest* bekannt, fasst in dreizehn Büchern die mathematische Astronomie seiner Zeit zusammen. Er unterscheidet zwischen Sternen, die ewig dieselbe Lage zueinander haben, und den umherirrenden Planeten, für die dies nicht gilt. In aristotelischer Tradition wird ein geozentrisches Weltbild beschrieben mit platonischen, kreisförmigen Bahnen, auf denen sich die Planeten gleichförmig bewegen. Auch seine Kosmologie ist ganz der aristotelischen verhaftet.

Die astronomischen Beobachtungen dieser Zeit hatten allerdings längst gezeigt, dass eine Kreisbewegung mit konstanter Geschwindigkeit die Positionen von Sonne, Mond und Planeten nicht korrekt beschribt. Um das platonische Dogma zu retten, ergänzt Ptolemäus die einfache geozentrische Kreisbewegung um exzentrische Mittelpunkte und epizyklische Bewegungen um einen Hilfskreis, den man Deferenten nennt. Die Bewegung wird weiter dadurch kompliziert, dass sie nicht etwa gleichförmig um den Mittelpunkt der Deferenten ist, sondern relativ zu einem Äquanten. Diese komplexe Überlagerung von gleichförmigen Kreisbewegungen ist überaus erfolgreich. Sie erlaubt es, astronomische Phänomene im Sonnensystem einigermaßen korrekt vorauszuberechnen. Wieder beobachten wir, dass die Langlebigkeit dieser Astronomie mehr durch ihre Nützlichkeit als durch dogmatische Ideologie gerechtfertigt werden kann. Die Frage, warum die Natur solche Tricks braucht, um ideale Bewegungen auszuführen, stellte sich ebenso wenig wie die Frage nach einem physikalischen Mechanismus, der Himmelskörper auf ihren Bahnen hält. Ihnen war schließlich göttlicher Charakter eigen und die launischen Götter machen sowieso, was sie wollen.

Ptolemäische Optik

Claudius Ptolemäus fügte der antiken Optik einige quantitative Aspekte hinzu, sowohl in der Theorie der Sehstrahlen als auch experimentell. Er beschrieb und untersuchte Themen wie binokulares Sehen, Reflexion und Brechung, Farben und optischen Illusionen. Zu Sehstrahlen führte er aus, dass sie umso kräftiger ausfallen, je näher das Objekt dem Auge ist, aber auch je näher es der Achse des Sehkegels kommt. Das deckt sich mit alltäglicher Erfahrung. Für ihn sind Sehstrahlen streng geordnet, jedem gesehenen Punkt liegt ein einzelner Strahl zugrunde. Eine Seitwärtsbewegung der Sehstahlen findet nicht statt. Man kann also scherzhaft sagen, dass Ptolemäus das Pixel erfunden hat. Allerdings hielt Ptolemäus Sehstrahlen für eine mathematische Abstraktion, die den Sehvorgang unzulässig diskretisiert. Die Wirklichkeit war für ihn aber kontinuierlich.

Interessanter finde ich, dass von Ptolemäus antike optische Messmethoden und Ergebnisse von systematischen Experimenten überliefert sind. Für die Winkelmessung verwendete man das sogenannte Goniometer, eine polierte Bronzescheibe mit eingeritztem Winkelmaß. Ein Senkblei stellt sicher, dass die Scheibe korrekt ausgerichtet ist. Im Mittelpunkt positioniert man horizontal einen planen, konkaven oder konvexen Spiegel aus poliertem Eisen, wie in der Skizze Abb. 3.15 angedeutet.

Man fixiert einen Diopter[9] auf dem oberen linken Viertelkreis bei einem bestimmten Winkel. Dann verschiebt man einen Marker auf dem rechten oberen Viertelkreis, bis sein Bild im Diopter zu sehen ist. Mit der damaligen Genauigkeit von schätzungsweise einem halben Grad stellt man fest, dass Einfalls- und Ausfallswinkel gleich sind, und zwar für alle Spiegelformen, die mit horizontaler Tangente am Mittelpunkt anliegen.

Goniometer dieser Art sind bis in die Neuzeit verwendet worden. Die Abb. 3.15 zeigt ein solches Instrument aus den 1830er-Jahren, aus französischer Produktion von Hippolyte Pixii. Es trägt die Gradmarkierungen auf der Randfläche und verbessert die Winkelauflösung durch eine Nonius-Schraube. Man benennt diese Art optischer Goniometer nach William Hyde Wollaston,

---

[9]Ein Diopter ist eine Visiereinrichtung, die aus genau ausgerichteten Schlitzen oder Löchern besteht. Denken Sie an Kimme und Korn auf einem Gewehrlauf.

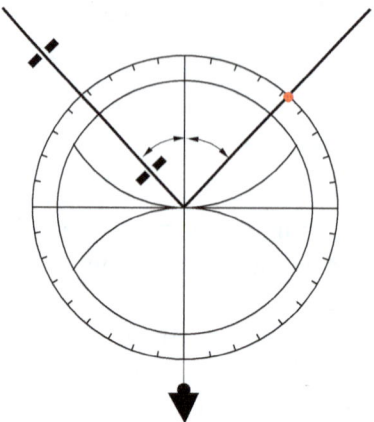

Abb. 3.15 Links: Skizze eines Goniometers. Man betrachtet eine waagerechte reflektierende Fläche durch einen Diopter (links). Der anvisierte Punkt ist rechts rot gekennzeichnet. Die Scheibe hat eine Gradeinteilung. Rechts: Goniometer aus der Sammlung der Smithsonian Institution. (Bildnachweis: Div. Med. and Sci., NMAH, Smithsonian Institution)

der diese „Erfindung" 1809 in den *Philosophical Transactions of the Royal Society of London* publiziert hat. Unser Exemplar befindet sich im Besitz des Smithsonian National Museum of American History.

Claudius Ptolemäus ist auch der erste uns bekannte Naturphilosoph, der das Brechungsgesetz quantitativ untersucht hat. Brechung tritt auf, wenn ein Lichtstrahl von einem transparenten Medium in ein anderes eintritt. Qualitativ war seit Langem bekannt, dass der Strahl beim Übertritt von Luft in Wasser oder Glas hin zum Lot auf die Grenzfläche gebrochen wird. Ptolemäus verwendet wieder ein Goniometer, ohne Spiegel und bis zur Mittellinie in Wasser eingetaucht. Der Marker befindet sich nun im unteren rechten Viertelkreis, wie in Abb. 3.16 gezeigt.

Ptolemäus zeigt uns in seinem Buch Tabellen von Eintritts- und Austrittswinkeln für Luft-Wasser-, Luft-Glas- und Wasser-Glas-Übergänge. Die Grafik Abb. 3.16 zeigt als Punkte, was Ptolemäus uns in der *Optica* als seine Messresultate für Luft und Wasser auflistet. Die durchgehende Kurve entspricht unserem heutigen Brechungsgesetz, nach dem der Sinus des Austrittswinkels um einen festen Faktor kleiner ist als der Sinus des Eintrittswinkels. Wie das entdeckt wurde, kommentieren wir später.

Wie man sieht, liegen die Werte bei Winkeln bis zu 60° recht gut auf der Kurve, wenn man bedenkt, dass die Messgenauigkeit nicht besser als etwa ein halbes Grad sein konnte. Bei großen Winkeln gibt es aber eine

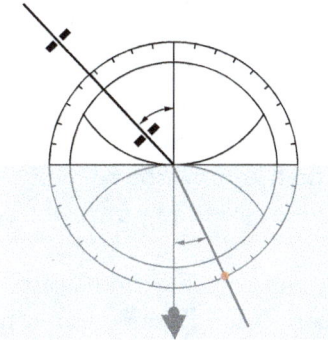
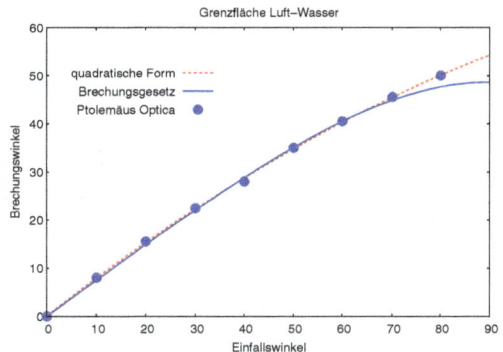

Abb. 3.16 Links: Messung der Lichtbrechung beim Eintritt von Luft in Wasser. Rechts: Messergebnisse des Brechungswinkels in Abhängigkeit vom Eintrittswinkel, die Ptolemäus in der *Optica* berichtet (Punkte und gestrichelte Kurve), verglichen mit dem tatsächlichen Verlauf (blaue Kurve)

charakteristische Abweichung. Anscheinend war Ptolemäus der Überzeugung, dass die Werte auf einer quadratischen Kurve (wie z. B. der Parabel) liegen sollten. Allem Anschein nach hat er die letzten beiden Messwerte diesem Vorurteil angepasst.[10] Für kleinere Winkel ist die quadratische Form von unserem heutigen Reflexionsgesetz mit dieser Auflösung nicht zu unterscheiden.

Nach Harald Sieberts *Die Ptolemäische Optik in Spätantike und byzantinischer Zeit* [556] gibt es vierzehn verschiedene Versionen von Euklids Optik, auf Griechisch, Arabisch und als lateinische Übersetzung aus dem Arabischen oder dem Griechischen. Sie unterscheiden sich zum Teil nicht unerheblich. Daraus erkennt man, dass diejenigen, die zu späterer Zeit Handschriften kopiert und übersetzt haben, nicht etwa sklavisch die Vorlage abgeschrieben haben, sondern durchaus vor ihrem eigenen Wissenshintergrund den Text interpretiert, korrigiert und erklärt haben. Wie das Werk Euklids so ist auch das griechische Original von Ptolemäus Optik nicht erhalten. Eine arabische Übersetzung aus dem 10. Jahrhundert ist ebenfalls verloren. Sie soll im 12. Jahrhundert von einem gewissen Admiral Eugenius von Palermo ins Lateinische übertragen worden sein. Allerdings gibt es nur eine erhaltene lateinische Version aus dem 14. Jahrhundert, von der wir also nicht wissen können, inwieweit sie dem Original entspricht. Von den insgesamt fünf Büchern des Originals fehlt das

---

[10] Bei einer quadratischen Form nehmen die Differenzen aufeinanderfolgender Werte gleichmäßig ab, Differenzen dieser Differenzen sind konstant. In moderner mathematischer Sprache: Die zweite Ableitung der Funktion ist konstant.

erste vollständig, das fünfte ist verstümmelt. Und für Modifikationen blieb in den 1200 Jahren dazwischen wahrlich genug Zeit und Gelegenheit. Die erste gedruckte Version stammt von 1885. Albert Lejeune [342] hat 1956 eine kritische Ausgabe auf Französisch herausgegeben, in der er anhand verschiedener Fragmente versucht hat, das erste Buch teilweise zu rekonstruieren. Basierend auf seiner Arbeit hat A. Mark Smith 1996 eine kritisch kommentierte englische Ausgabe verfasst [449], auf die ich mich hier beziehe, allerdings im Licht der minutiösen Analyse von Harald Siebert [556].

Das erste Buch der ptolemäischen Optik soll seine eigentliche Naturphilosophie von Seh- und Lichtstrahl enthalten haben. Nach Lejeune waren für Ptolemäus (oder seine späteren Interpreten) beide weitgehend identisch, ja ihre Identität sei ein Leitmotiv des verlorenen Buches gewesen. Siebert ist damit nicht einverstanden. Leider ist alles, was wir halbwegs authentisch darüber wissen, in der Einleitung zum zweiten Buch der *Optica* enthalten, zudem in der lateinischen Übersetzung von Eugenius aus zweiter Hand. Ich zitiere nach Siebert [556]:

> „In dem vorangehenden Buch haben wir gewiss alles dargelegt, damit jemand das darin zusammenfügen kann, was es mit Sehen und Licht auf sich hat, dass sie aneinander teilhaben, und wie sie sich zueinander ähnlich machen, und wie sie sich in ihren Kräften und Bewegungen unterscheiden und was jedes Einzelne von beiden nach Art ihrer Verschiedenheit ausmacht und was damit geschieht."

Daraus lässt sich nicht viel Definitives schließen. Interessanter ist aber die folgende Betrachtung über die Natur der Farben und wie wir sie wahrnehmen. Nach Ptolemäus existieren sie unabhängig von Licht und Sehen, sie sind eine Eigenschaft der Dinge. Über die Geometrie hinaus wird hier also Farbe zu einer weiteren, notwendigen Ingredienz des Sehens. Allerdings kann über ihre eigene Natur nichts gesagt werden, weil nun einmal Licht zur Wahrnehmung der Farben vonnöten ist, sie werden durch Licht leuchtend gemacht. Sie sehen, Farbe ist ein uraltes Problem, die Autoren bleiben gern schwammig. Das wird auch noch einige Jahrhunderte so bleiben. Wiederholt vergleicht Ptolemäus den Gesichts- mit dem Tastsinn. Beide würden durch eine leitende Kraft, *virtus regitiva*, wahrgenommen. Auch diese Vorstellung hatte ein langes Leben.

Für die geometrische Optik spielt es keine Rolle, ob die Abbildung durch einen vom Auge ausgehenden Sehstrahl oder einen vom Objekt reflektierten Lichtstrahl ausgelöst wird. Der geometrische Strahlengang ist in beiden Fällen derselbe.

Obwohl die Gelehrten dieser Periode – wie Euklid, Archimedes, Heron und Ptolemäus – sich weiter im eng gesteckten Rahmen der antiken griechisch geprägten Philosophie bewegten, entwickelte sich doch in dieser Zeit ein Streben nach konkreteren Zugängen zum Phänomen des Sehens. Ein gutes Beispiel sind die Arbeiten des Claudius Galenus von Pergamon, eines griechischen Arztes und Chirurgen mit römischer Staatsbürgerschaft aus dem 2. Jahrhundert u. Z. Er beschrieb wohl als Erster die Struktur des Auges mit Hornhaut, Iris, Pupille, Linse, Glaskörper und Netzhaut. Er erkannte die Verbindung des Auges zum Gehirn und trug damit dazu bei, dass das Gehirn als Sitz der visuellen Wahrnehmung anerkannt wurde. Er hing aber weiter einer Extramissionstheorie des Sehvorgangs an. Bei ihm übernahm es die *pneuma*, eine Mischung aus Luft und Feuer, den Sehfluss vom Gehirn aus zum Auge und zum Objekt zu übertragen. Also noch ein neuer Stoff. Galenus schien die Intromission unplausibel, denn wie sollte das *eidolon* eines hohen Berges durch die enge Öffnung der Pupille passen?

Wir hatten es also mit verschiedenen Ansätzen zu einer Naturphilosophie von Licht und Sehen zu tun. Plato und seine Anhänger interessierten sich für die verschiedenen Komponenten des Sehflusses, die Atomisten nur für die Richtung vom Objekt zum Auge. Aristoteles und seine Schule interessierten sich vor allem dafür, was Licht mit dem Medium macht, das den Sehfluss transportiert. Mathematische Beschreibung und Eigenschaften des Auges haben ihn wenig interessiert. Euklid und seine Anhänger haben eine geometrische Beschreibung der optischen Abbildung geliefert. Galenus dagegen hat sich im Detail mit der Anatomie und Physiologie des Auges beschäftigt. Eine Gesamtschau des Sehvorgangs sucht man in der Antike vergeblich. Und die Übermittlung antiken Wissens an spätere Epochen hat zahlreiche Umwege genommen.

Gaius Plinius Secundus Maior (23–79 u. Z., genannt Plinius der Ältere) hatte es unternommen, das Wissen seiner Zeit über die Natur in den 37 Bänden seiner *Naturalis historia* enzyklopädisch zusammenzutragen. Die Spanne reicht von der Kosmologie bis zu Botanik und Ackerbau, nach seinen eigenen Angaben sind 2000 Werke in die Kompilation eingegangen. In seinem zweiten Buch schreibt er (Wittsteins Übersetzung von 1881 [165]):

„Auch über die Existenz von vier Elementen scheint kein Zweifel zu obwalten. Das höchste ist das Feuer; davon entstand jene gleich Augen schimmernde Menge von Sternen. Demnächst kommt die Luft, welche die Griechen und wir mit ein und demselben Worte Äther nennen. Sie ist das belebende, alles durchdringende, und mit allem in Verbindung stehende; durch ihre Kraft getragen schwebt die Erde in der Mitte der Welt, mit dem vierten Elemente, dem Wasser. So wird durch wechselseitige Verbindung Verschiedenartiges verknüpft, das Leichtere durch Gewichte verhindert zu entfliehen und das Schwere, damit es nicht herabstürze, in leichter Spannung in der Luft gehalten. Ein gleichmäßiges Streben nach verschiedenen Richtungen bewirkt, dass jedes der 4 Elemente durch seine eigene Kraft besteht und durch den ununterbrochenen Umschwung der Welt selbst zusammengehalten wird."

Die Naturgeschichte des Plinius war durch das ganze Mittelalter verfügbar und die Hauptquelle der damaligen Kenntnisse von antiker Naturphilosophie. Für die Mathematik des Euklid und die Logik des Aristoteles war die Kompilation des römischen Senators Anicius Manlius Severinus Boethius (480–524) von ähnlicher Bedeutung. Boethius schreibt über den Platz des Menschen im Weltall (zitiert nach Crombie [362]):

„Du hast aus astronomischen Beweisen gelernt, dass die ganze Erde, verglichen mit dem Weltall, nicht größer ist als ein Punkt, d. h., verglichen mit der Sphäre der Himmel hat sie sozusagen überhaupt keine Ausdehnung. Von diesem winzigen Eckchen nun ist nach Ptolemäus nur ein Viertel für Lebewesen bewohnbar. Wenn man von diesem Viertel die Meere, Sümpfe und anderen wüsten Gegenden abzieht, dann verdient der Raum, der für Menschen übrig bleibt, sogar kaum noch, unendlich klein genannt zu werden."

Erzbischof Isidorus Hispalensis (560 636), auch Isidor von Sevilla genannt, und der Benediktiner Beda Venerabilis (675–735) setzten diese enzyklopädische Tradition fort. Die meisten antiken Schriften, die wir kennen, stammen mithin mindestens aus dem frühen Mittelalter und sind durch die Brille ihrer Kopisten, Kommentatoren und Interpreten gesehen. Es ist also in unserem Interesse, uns in diese Epoche und ihre Naturphilosophie vorzuarbeiten, auch wenn sie wenig neue Erkenntnisse zu bieten hat.

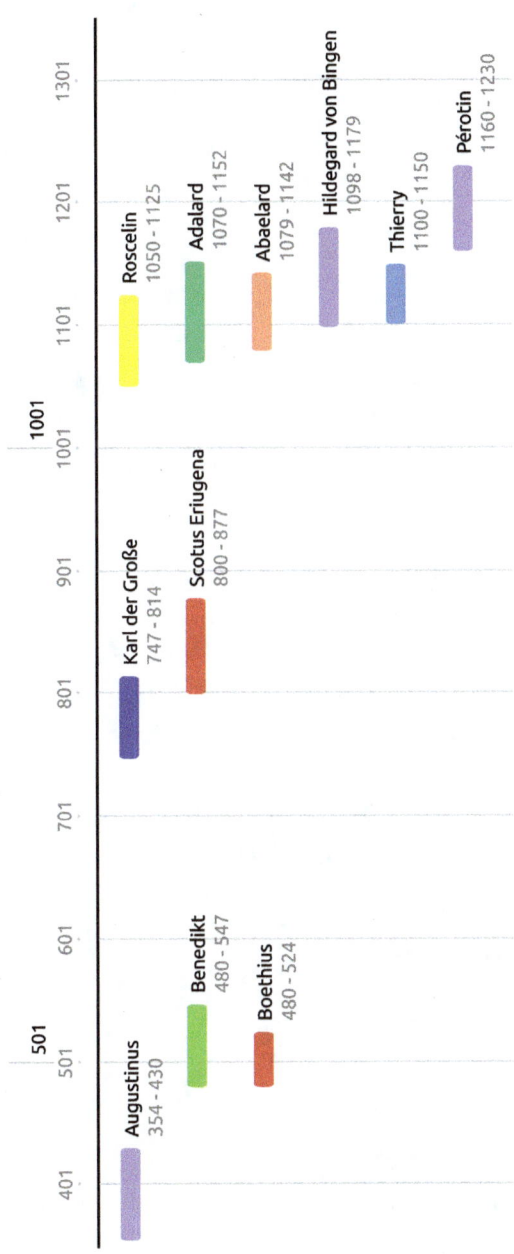

4

Göttliches Licht

*Denn die Philosophen sagen, der Sonnenstrahl sei für geschöpfliche Sinne
unerfasslich, weil sie die Feinheit seiner Natur zu empfinden außer Stand sind.
Sobald er jedoch vom Sonnenkörper allmählich zu den niedrigen Elementen
herabsteigt, fängt er nach und nach an sichtbar zu werden … Aber aus dem
Strahle selbst erfüllt der herrlichste Glanz die ganze Welt und zeigt sich auf der
Oberfläche aller Körper in mannichfaltigem Farbenspiele. Er selber würde auch
durch seine natürliche Zartheit den leiblichen Sinnen entgehen, wenn er sich nicht
mit den körperlichen Elementen mischte.*

Johannes Scotus Eriugena, *Über die Eintheilung der Natur*,
9. Jahrhundert [146]

In der Spätantike zerfiel das römische Reich Ende des 4. Jahrhunderts in einen
West- und einen Ostteil. Im Lauf des 5. Jahrhunderts war das weströmische
Reich Opfer endloser Bürgerkriege und Invasionen unserer Vorfahren, Hun-
nen, Vandalen, Franken und Goten. Anders im Osten. Dieser Teil überstand
die Wirren der Völkerwanderung, war wirtschaftlich erfolgreicher, intern
stabiler und diplomatisch geschickter. Er wurde erst durch die islamische
Expansion im 7. Jahrhundert als antikes Reich beendet und das Ende der
Antike damit eingeläutet. Die Idee eines römischen Imperiums im Osten mit
Byzanz (Konstantinopel) als Hauptstadt blieb aber erhalten, bis sie 1453 von
den Osmanen endgültig beseitigt wurde. Seit dem 19. Jahrhundert spricht
man vom Byzantinischen Reich, ein Begriff, den seine Einwohner wohl nicht
verstanden hätten.

© Der/die Autor(en), exklusiv lizenziert an Springer-Verlag GmbH, DE,
ein Teil von Springer Nature 2025
M. Pohl, *Licht*, https://doi.org/10.1007/978-3-662-70486-8_4

Dass im Westen inmitten all dieses Chaos überhaupt antikes Wissen bewahrt werden konnte, ist vor allem der Gründung von Klöstern und den ihnen angeschlossenen Schulen und Bibliotheken zu verdanken. Nach der letzten großen Christenverfolgung unter Kaiser Diokletian konnte man im römischen Reich ab dem Frühjahr 311 frei die christliche Religion ausüben. Unter Kaiser Theodosius wurde sie im 4. Jahrhundert Staatsreligion. Die Spätantike war aber gekennzeichnet durch eine Vielfalt von Religionen, Kulten und Sekten, die nur langsam vom Christentum verdrängt wurden.

Im Jahr 529 gründete Benedikt von Nursia das erste Kloster auf dem Monte Cassino. Im 6. und 7. Jahrhundert kam es so zu einer Wiederbelebung antiker Naturphilosophie, die allerdings auf den Klerus und auf die Schriften der Enzyklopädisten beschränkt blieb. Der fränkische König Karl der Große wurde in Rom im Jahr 800 als erster westeuropäischer Kaiser gekrönt. Er sah sich in der Nachfolge der römischen Kaiser, was zu diplomatischen Verwicklungen mit dem byzantinischen Basileus führte, der diese Ehre für sich beanspruchte. Auch spätere europäische Reiche bezogen sich in der einen oder anderen Form auf das römische Imperium. Karl betrieb die Gründung von Domschulen, die unabhängig von Klöstern etwas freier forschen und lehren konnten. Das Studium beschränkte sich auf die sieben freien Künste: Grammatik, Logik und Rhetorik (*Trivium*), Geometrie, Arithmetik, Astronomie und Musik (*Quadrivium*).

Aurelius Augustinus (354–430), Bischof von Hippo und wohl der bedeutendste Kirchenvater des Westens, führte platonische und neoplatonische Ideen in das christliche Denken ein. Er lehrte, dass „ewige Ideen" (wie im *Timaios)* existieren, unabhängig von materiellen Gegenständen. Formen, die über das Individuelle hinausgehen wie etwa die Mathematik, können vom menschlichen Geist erfasst werden. Ein Beispiel aus seinem *De libero arbitrio* macht den Begriff anschaulich (zitiert nach Crombie [362]):

> „Wenn ich Zahlen wahrnehme durch ein körperliches Sinnesorgan, so bin ich doch nicht imstande, durch das körperliche Sinnesorgan auch das Wesen des Trennens und Kombinierens von Zahlen wahrzunehmen … Und ich weiß nicht, wie lange irgendetwas, was ich mit dem körperlichen Sinnesorgan berühre, bestehen wird, wie z. B. dieser Himmel und diese Erde und was immer ich für andere Körper in ihnen wahrnehme. Aber 7 und 3 sind 10, nicht nur jetzt, sondern immer; auch sind 7 und 3 auf keine Weise und zu keiner Zeit nicht 10 gewesen, noch werden 7 und 3 zu irgendeiner Zeit nicht 10 sein. Darum habe ich gesagt, dass diese unzerstörbare Wahrheit der Zahl allgemein ist, für mich und für jeden, der überhaupt denkt."

Allerdings diente für ihn und seine christlichen Zeitgenossen Naturphilosophie vornehmlich zur Stärkung des Glaubens. Man suchte in der Natur eindrückliche Symbole für geistliche Wahrheiten und moralische Gebote. So ist Licht in der Bibel und bei den Kirchenvätern ein Symbol für Gott selbst. Bei Augustinus ist Licht eines der am meisten diskutierten Themen, insbesondere in seinen *Sermones ad populum*, Predigten zu den alttestamentarischen Propheten, und seinen Lehrbriefen *Epistulae*. Aber dabei ging es um etwas anderes (ich übersetze ausnahmsweise selbst, für irgendetwas muss das große Latinum ja gut gewesen sein[1]):

> „Gott ist Licht und in ihm keine Dunkelheit. Aber Licht ist nicht körperlich, sondern geistig. Nicht so, dass es durch Erleuchtung hervorgerufen werde … sondern das Licht, das den ganzen Menschen erleuchtet, Gott selbst und seine höchste Weisheit."

Hier geht es nicht darum, Naturphänomene zu verstehen, sondern um Gott. Wissenswert ist nur, was uns näher zu Gott bringt. In Zeiten, wo der Alltag von Hunger, Seuchen und Krieg dominiert wird, ein verständlicher Ansatz. Andererseits hat Augustinus seine ganze Beredsamkeit aufgewandt, um Astrologie zu bekämpfen. Nicht die Sterne bestimmen das Schicksal des Menschen, sondern sein freier Wille. Allerdings hat Astrologie überlebt, wie Sie in Ihrer Zeitung vermutlich täglich demonstriert bekommen.

Den moralisierenden Symbolismus in der Naturanschauung zu überwinden, hat Jahrhunderte gedauert. Erst im 11. Jahrhundert attackierten Johannes Roscelin und sein Schüler Peter Abaelard diesen vorherrschenden Ansatz à la Plato. Sein Ungestüm trug Letzterem den Spitznamen *Rhinoceros indomitus* ein. Im „Universalienstreit" vertraten sie die Ansicht, dass man sich mit der materiellen Wirklichkeit beschäftigen und sie nicht nur als Abglanz einer ewigen Idee sehen solle. Eine wachsende Zahl von Abhandlungen über praktische Themen zeugt von diesem Wandel. In seinem Dialogwerk *Quaestiones Naturales* sagt Adelard von Bath, ein Zeitgenosse Abaelards (zitiert nach Crombie [362]):

> „Ich ziehe von Gott nichts ab. Alles, was ist, ist von ihm und durch ihn. Aber [die Natur] ist nicht verworren und systemlos, und soweit die menschliche Erkenntnis vorgedrungen ist, sollte man auf sie hören. Nur wenn sie gänzlich versagt, sollte man zu Gott seine Zuflucht nehmen."

---

[1] *Deus autem lumen est, et tenebrae in eo non sunt ullae.* Und an anderer Stelle: *Lumen vero non corporale sed spiritale, neque ita spiritale ut inluminatione factum sit… sed lumen quod inluminat omnem hominem, ea ipsa et summa sapientia deus.*

Gleichzeitig begann griechische Naturphilosophie mithilfe griechischer „Originale" und arabischer Werke in den Westen einzusickern. Abelard hat einige davon ins Lateinische übersetzt. Diese neue Art zu denken war besonders in der Domschule von Chartres vertreten. Wir nehmen ihren Vertreter Thierry von Chartres als Beispiel, auch um die Kräfte zu demonstrieren, die jeder Art Veränderung entgegenstanden. Nicht nur im Mittelalter, aber eben doch besonders damals. Berthe Widmer hat in einem Artikel von 1965 analysiert [361], wie aus dem beinahe peinlich sorgfältigen Studium der antiken *auctores* gelernt wurde, den eigenen Standpunkt zu festigen. So säuberten die Grammatiker das Latein der Zeit. Ärzte, bis dahin vorwiegend Praktiker und Analphabeten, studierten Hippokrates und Galenus, sezierten selbst Tiere. Und Schulen vermittelten das überkommene und neue Wissen, daher der Name Scholastik für die damalige Zeit, ihre Denkweise und Methode der Beweisführung. Heute hat das einen etwas abschätzigen Klang, aber im 12. Jahrhundert war es fast revolutionär. An Domschulen trugen Lehrer wie Schüler die Tonsur, aber selbst den Nicht-Klerikern wurde Schulbildung langsam zugänglich. Allerdings beileibe nicht in den Klosterschulen, die dem Klerus vorbehalten blieben. Argwöhnisch kritisierten die Mönche die *curiositas* der Weltkleriker an den Kathedralen. Nichtsdestoweniger lösten etwa im Frankreich des 12. Jahrhunderts die Schulen von Chartres und Paris, die sich langsam in Richtung Universität entwickelten, eine kulturelle Blüte aus. Die Wertschätzung für die sieben *artes liberales* drückt sich z. B. in den Skulpturen des Portail Royal der Kathedrale von Chartres aus, die Abb. 4.1 zeigt. In den äußeren Bogenrundungen finden wir in sieben Frauenfiguren die freien Künste und ihre sieben männlichen Repräsentanten: Cicero, Pythagoras, Aristoteles, Ptolemäus, Euklid, Boethius und den Grammatiker Aelius Donatus.

Thierry, eigentlich Theodericus Brito, stammte aus der Bretagne, wie auch Peter Abaelard. Meisterschaft in der lateinischen Sprache, also das *Trivium*, war Thierry besonders wichtig. Originalton: „Der Philosoph bedarf zweier Instrumente, nämlich des Verstandes und der Sprache. Das *Quadrivium* erhellt den Geist und das *Trivium* schenkt den gewählten, verständigen und schönen Ausdruck". Aber er war auch einer der ersten Vulgarisatoren der neu verfügbaren Schriften des Aristoteles, wie dessen *Physika*. Durch seine Beziehungen zu Arabern in Spanien und Süditalien war er auch mit arabischer Mathematik vertraut, insbesondere mit der Verwendung der Null und ihrem Symbol. Auch das *Planisphaerium* des Claudius Ptolemäus war ihm zugänglich in lateinischer Übersetzung, ein Werk, in dem die Projektion der Himmelskugel auf die Ebene behandelt wird. Die Werke antiker Naturphilosophie waren Teil seines Lehrkanons, als „Schlüssel zur Kenntnis des Himmels". Wer selbstständig gedacht hat wie Thierry, war allerdings regelmäßig dem Vorwurf

Abb. 4.1   Portail Royal der Kathedrale von Chartres. (Bildnachweis: Alamy)

der Häresie ausgesetzt, so auch die Mitglieder und Kanzler der Schulen von Paris und Chartres. Laut ihren Widersachern gab es einen mühelosen Weg zum Glauben, sprachliche und naturphilosophische Bildung war überflüssig. Allerdings versteckten sich diese Widersacher in der Anonymität, wir wissen von ihnen nur durch die zum Teil beißend sarkastischen Gegenreden etwa von Johannes von Salisbury. Sicher ist aber, dass sie aus den Reihen der Mönche kamen. Zuerst kam Peter Abaelard im Konzil von 1141 neuerlich auf die Anklagebank und wurde zu Klosterhaft verurteilt. Thierry hatte ihn zwanzig Jahre früher noch gegen den Vorwurf der Häresie verteidigt. Jetzt war er so beeindruckt, dass von ihm keine Äußerung auf diesem und dem folgenden Konzil von Reims 1148 protokolliert ist. Und auch keine weitere. Wie André Vernet entdeckt hat [399], wurde er Mönch in einem Kloster der Zisterzienser, der damals strengsten Ordensrichtung. In einem Epitaph lobt ihn der Orden als herausragenden Kosmologen: „Hoch vom Himmelspol/schaute er alles zugleich".

Die Schule von Chartres blieb von großem Einfluss bis zu Denkern wie Roger Bacon, auf den wir noch zu sprechen kommen. Argwöhnisch beäugt von der klerikalen Hierarchie, später unter der Kontrolle der Inquisition. Im Osten und im islamisch dominierten Mittelmeerraum war man interessanterweise damals toleranter gegenüber Wissensdurst und Naturphilosophie. Überset-

zungen antiker Schriften ins Arabische hatte schon im 9. Jahrhundert ihren
Höhepunkt erreicht. Arabische Naturphilosophen haben aber nicht nur antike
Schriften bewahrt, sondern durchaus eigenes beigetragen, wie wir im nächsten
Kapitel sehen werden.

Um etwa die Zeit, aus der wir oben berichtet haben, entstanden die
Chorwerke *a capella* der Benediktiner-Äbtissin Hildegard von Bingen (1098–
1179) und des Meisters Pérotin (um 1200), dem prominenten Vertreter der
Polyphonie-Schule von Notre Dame de Paris. Mich erreicht diese Musik nicht
nur aus einer lange vergangenen Zeit, sondern geradezu aus einer fremden
Welt. Ich gebe zu, dass mein Mittelalterbild zum großen Teil vom Roman
Der Name der Rose von Umberto Eco beeinflusst ist, unvergesslich ins Bild
gesetzt von Jean-Jacques Arnaud im gleichnamigen Film. Ich kann mir vorstellen, dass auch Sie die eindrücklichen Bilder vom Klosterleben, klerikalem
Prunk und dem umgebenden Leben in Dreck, Krankheit und Armut nicht
vergessen haben. Roman und Film spielen zwar im 13. Jahrhundert, aber
die Auseinandersetzung zwischen kirchlicher Hierarchie und Mönchsorden
wie Franziskanern und Benediktinern hat das ganze späte Mittelalter geprägt.
Auch hat sich Ihnen vielleicht das Bild des William von Baskerville eingeprägt,
brillant gespielt von Sean Connery, wie er mit einer Brille alte Handschriften
studiert. Das führt uns zu einer weiteren Abschweifung.

Abschweifung: Linsen

Linsen sind aus geschliffenem durchsichtigem Material geformte Scheiben,
von denen mindestens eine Oberfläche gekrümmt ist. Licht wird an den
Oberflächen gebrochen und bei entsprechender Form der Oberfläche zu
einem Brennpunkt hin oder davon weg abgelenkt. George Sines und Yannis
A. Sakellarakis berichten in einem Aufsatz von 1987 [425] über die Funde
antiker Linsen in einer Höhle auf Kreta. Sie bestehen aus Quarz und weisen
erstaunliche optische Qualität auf. Eine Datierung ist schwierig, aber sie stammen wohl aus einer Zeit vor dem 6. Jahrhundert v. u. Z. Das Archäologische
Museum in Herakleion verfügt über eine ganze Sammlung antiker Linsen, die
meisten sind plankonvex geschliffen. Die erste Erwähnung eines Brennglases
stammt aus der Komödie *Die Wolken* von Aristophanes, die 423 v. u. Z
aufgeführt wurden, aber im Komödienwettbewerb in Athen nur den dritten
Platz belegte. Manche Linsen, z. B. die von Heinrich Schliemann im antiken
Troia gefundenen, hatten ein zentrales Loch zum Durchführen eines Bandes,
waren also ziemlich sicher entweder Schmuckstücke oder Brenngläser. Ob
Linsen auch zur optischen Vergrößerung benutzt wurden, ist nicht gesichert.

Sines und Sakellarakis argumentieren, dass die erhaltenen sehr kleinen und detailreichen antiken Gravuren ohne Vergrößerungsgläser schwer herzustellen gewesen wären.

Im 11. Jahrhundert u. Z. vergruben die Wikinger auf Gotland einen Schatz, der aus Bergkristall gefertigte asphärische Linsen exzellenter optischer Qualität enthält. Diese sogenannten Visby-Linsen konnten bislang nicht datiert werden. Sines und Sakellarakis spekulieren, dass handbetriebene Drehbänke bei der Herstellung antiker Linsen verwendet wurden. Es ist erstaunlich, dass Linsen in der schriftlichen Überlieferung aus der Antike praktische keine Rolle spielen.

Im Mittelalter wurden mit Wasser gefüllte Glaskugeln benutzt, unter anderem um Wassertropfen bei der Erzeugung von Regenbögen zu simulieren und um die Verzerrung und Vergrößerung von Bildern zu studieren. Erst in den Werken der arabischen Autoren, von denen wir im folgenden Kapitel berichten werden, findet sich eine geometrische Optik, die Anwendungen zur Verbesserung der Sehschärfe erlaubt. So im Pionierwerk von ibn Sahl *Über brennende Spiegel und Linsen*, in dem er argumentierte, dass nicht sphärische, sondern hyperbolische Linsen korrekt fokussieren, gestützt auf seine erste korrekte Formulierung des Brechungsgesetzes.

Der Franziskaner Roger Bacon hat eine halbkugelige Plankonvexlinse konstruiert, die man zur Vergrößerung von Schrift (zur Not) benutzen konnte. Solche Linsen bestanden meist aus Beryll, einem häufig vorkommenden transparenten Mineral; aus seinem Namen leitet sich unser Wort Brille ab.

Optische Linsen aus Glas kennt man etwa seit 1250. Die Römer hatten die Herstellung von Glas – aus der Verbindung von kalkhaltigem Sand und Natron bei hohen Temperaturen – über ganz Europa verbreitet. Im Mittelalter war Venedig das Zentrum der Glasmacherkunst. Die Lesebrille wurde gegen Ende des 13. Jahrhunderts in Italien erfunden, unser Freund William von Baskerville hätte also tatsächlich eine solche verwenden können. Gesichert ist, dass Monstranzen und Reliquiare geschliffene Sichtfenster zur besseren Vermittlung kleinteiliger Reliquien aufwiesen. Die ältesten Darstellungen eines Monokels und einer Brille sind auf den Fresken im Kapitelsaal von San Nicolò in Treviso aus dem Jahr 1351 zu bewundern. Abb. 4.2 zeigt einen Ausschnitt. Auch in den Sandsteinfiguren der Apostel im Aachener Dom sind Sehhilfen zu finden.

In Florenz existierte im 15. Jahrhundert eine veritable Linsenindustrie, wie diplomatische Korrespondenz aus der Zeit belegt. In den 1460er-Jahren konnten Linsenschleifer Korrekturlinsen herstellen, die verschiedene Stufen der Kurzsichtigkeit korrigierten und entweder für große oder kleine Distanzen geeignet waren. Kein Wunder also, dass die wissenschaftliche Verwendung von

Abb. 4.2 Ausschnitt aus dem Fresko im Kapitelsaal der Kirche San Nicolò di Treviso von 1351. Dargestellt ist Kardinal Hugues de Saint-Cher mit Brille. (Bildnachweis: https://treviso.italiani.it/)

Glaslinsen in Italien ihren Anfang nahm. Wir kommen darauf zurück, wenn wir über Teleskope und Mikroskope sprechen. Aber das muss warten, bis wir bei Galilei im 16. Jahrhundert angekommen sein werden.

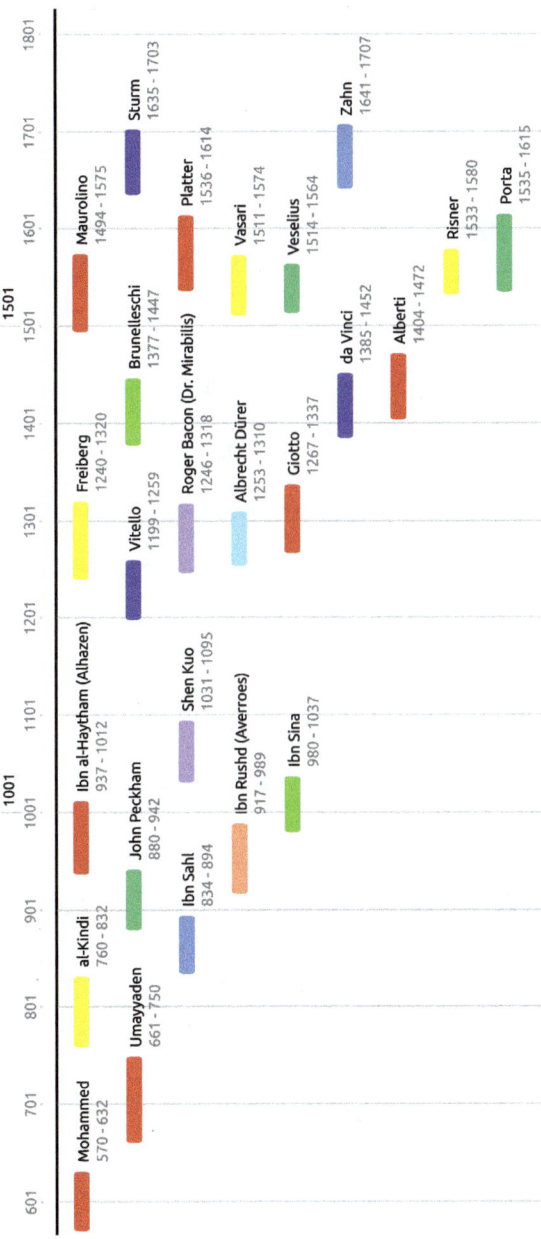

5

Ex oriente lux

Allah ist das Licht der Himmel und der Erde. Das Gleichnis seines Lichtes ist das
einer Nische, in der eine Lampe ist. Die Lampe ist in einem Glas. Das Glas ist, als
wäre es ein funkelnder Stern. Ihr Brennstoff kommt von einem gesegneten Baum,
einem Ölbaum, weder östlich noch westlich, dessen Öl beinahe schon Helligkeit
verbreitete, auch wenn das Feuer es nicht berührte. Licht über Licht. Allah führt
zu Seinem Licht, wen Er will.

Q'ran, Sure 24:35

Der größeren Aufgeschlossenheit gegenüber Naturphilosophie im mittelalterlichen Islam verdanken wir, dass antike Texte und Lehren in der einen oder
anderen Form überlebt haben. Zu Lebzeiten des Propheten Mohammed (570–
632 u. Z.), war das Ausbreitungsgebiet des Islam auf die arabische Halbinsel
beschränkt. Nach seinem Tod blieb die Herrschaft über dieses Gebiet nur bis
etwa 661 in der Hand der sogenannten vier rechtgeleiteten Kalifen, die aus
seinem Familienklan stammten. Diese kurze Periode sah aber eine erhebliche
Ausbreitung nach Norden bis zur Grenze des oströmischen Reiches, nach
Osten bis nach Persien und nach Westen in Nordafrika über Ägypten bis zum
heutigen Libyen. Die Umayyaden (661–750 u. Z.) trieben die Ausdehnung
voran bis in den Maghreb und die iberische Halbinsel, nach Osten bis
zum indischen Subkontinent und zur Grenze des chinesischen Reichs der
Tang-Dynastie, wie man auf der Karte Abb. 5.1 sieht. Unter den Abbasiden-
Kalifen bestand der östliche Herrschaftsbereich im Wesentlichen fort bis zur
Eroberung Bagdads durch die Mongolen im Jahr 1258. Gegen Ende des

© Der/die Autor(en), exklusiv lizenziert an Springer-Verlag GmbH, DE,
ein Teil von Springer Nature 2025
M. Pohl, *Licht*, https://doi.org/10.1007/978-3-662-70486-8_5

Abb. 5.1 Arabische Eroberungen bis zum Ende der Umayyaden. (Bildnachweis: Wikimedia Commons)

11. Jahrhunderts versuchten die von der lateinischen Kirche sanktionierten Kreuzzüge zunächst Palästina und die Levante – das sogenannte Heilige Land – zu erobern, später auch andere nicht christlich beherrschte Gebiete. Im 12. Jahrhundert gründete die muslimische Berberdynastie der Almohaden ein Reich, das weite Teile des Maghreb und al-Andalus auf der iberischen Halbinsel umfasste. Ihre Herrschaft wurde erst durch die sogenannte *Reconquista* beendet, bis Mitte des 13. Jahrhunderts mit Ausnahme der Enklave von Granada, die erst Anfang 1492 fiel. Sowohl die Begriffe Kreuzzug wie auch *Reconquista* sind allerdings moderne Bezeichnungen, vom Nationalismus des 19. Jahrhunderts geprägt. Sie spiegeln aber die christlich-muslimische Feindschaft und das gegenseitige Misstrauen wieder, die auch damals so empfunden wurden.

Während der muslimischen Dominanz im südlichen Mittelmeerraum herrschte eine pragmatische Toleranz gegenüber anderen Religionen. Sie war begründet durch die Notwendigkeit, ein geografisch und ethnisch vielfältiges Herrschaftsgebiet angemessen zu verwalten und zu sichern. Ähnliche Toleranz, ja geradezu Förderung ließen die Kalifen der sich rasch entwickelnden Naturphilosophie angedeihen. Was unser Thema angeht, ist das Haus der Weisheit in Bagdad von besonderer Bedeutung. Im 9. Jahrhundert von den Abbasiden-Kalifen Harun al-Rashid und Yahya al-Mamun gegründet, versammelte diese Akademie alle auffindbaren Werke der Antike und übersetzte ins Arabische aus dem Griechischen, Aramäischen und Mittelpersischen, sogar aus dem Sanskrit. Sie beherbergte außer ihrer beeindruckenden Bibliothek auch ein astronomisches Observatorium und ein Krankenhaus. Ähnliche Institutionen in Cordoba, Sevilla und Kairo waren von der gleichen Idee geprägt: aufbauend auf dem Wissen der Alten, originelle Ideen zu entwickeln und die Kenntnis der Natur zur Blüte zu bringen. Arabisch wurde so zur wissenschaftlichen Universalsprache der Zeit.

Was die christliche Welt des Mittelalters angeht, hat sich die Übersetzerschule von Toledo drei Jahrhunderte später verdient gemacht. Sie wurde vom Gascogner Benediktiner-Erzbischof Raimund im 12. Jahrhundert gegründet und hat dem Rest Europas Übersetzungen wissenschaftlicher Werke aus dem Arabischen zugänglich gemacht, zunächst auf Latein, später auch auf Altspanisch. Toledo befand sich an der Nahtstelle zwischen dem christlichen und muslimischen Spanien und hatte einen bedeutenden jüdischen Bevölkerungsanteil. Übersetzer standen in hohem Ansehen und wurden als Mitglieder des Domkapitels gut versorgt. Wie Georg Bossong in seinem kleinen Buch *Das maurische Spanien* [525] erklärt, arbeiteten sie in Teams mit einem maurischen Mitarbeiter, der aus dem Arabischen mündlich ins Kastilische oder das Küchenlatein der damaligen Umgangssprache übersetzte und einem im *Trivium* bewanderten Kleriker, der den Text in geschliffenem schriftlichem Latein festhielt. Einer der bekanntesten ist Gerardus Cremonensis, Gerhard von Cremona, der etwa 80 Werke der Antike übersetzte, etwa den *Almagest* des Ptolemäus.

Auch in Sizilien waren die Verhältnisse für Übersetzerschulen günstig. Bis zum Fall von Syrakus 878 war Sizilien Teil des oströmischen Reiches. Dann kam es für 200 Jahre unter die Herrschaft des Islam, bis im 11. Jahrhundert die Normannen die Insel einnahmen. In deren Königreich lebten griechisch, lateinisch und arabisch sprechende Menschen zusammen, sodass Übertragungen ins Lateinische florierten. In Alistair C. Crombies Buch *Von Augustinus bis Galilei: Die Emanzipation der Naturwissenschaft* [362] findet man eine Tabelle der erhaltenen Quellen und ihrer lateinischen Übersetzungen.

Übersetzungen in englische und französische Sprache sind neueren Datums; besonders wertvoll war für mich die Übersetzung *The Optics of Ibn al-Haytham* des Harvard-Historikers Abdelhamid I. Sabra [608], einem Schüler von Karl Popper. Aber auch die vielfältigen Arbeiten zur mittelalterlichen Optik von David C. Lindberg [386, 510] und A. Mark Smith [449, 464, 475, 495, 561] haben die folgenden Betrachtungen geprägt.

Kleine Abschweifung: Papier

Um wieder einmal auf die Werkzeuge der damaligen Zeit zurückzukommen, müssen wir kurz über Papier sprechen. Wie Sie sich sicher erinnern werden, wurde in der Antike auf Steinplatten, Tontafeln oder Papyrus geschrieben. Letzteres bestand aus flach geschlagenen Pflanzenfasern, die anschließend zusammengeklebt wurden. Geschrieben wurde darauf mit Pinsel oder Rohrfeder, mit schwarzer oder roter Tusche. Im Mittelmeerraum wurde außerdem geschabtes Leder, Pergament genannt, als Unterlage verwendet. Sie kennen das wiederum aus dem *Namen der Rose*. Das eigentliche Papier – aufgeschlossene Pflanzenfasern, die in einzelnen Lagen mit einem Sieb abgeschöpft und getrocknet werden – stammt aus China, wo die Herstellung um 105 u. Z. dokumentiert ist. Herstellung und Oberflächenveredelung wurden ebenfalls in China perfektioniert, im 10. Jahrhundert wurde erstmals Papiergeld ausgegeben. Wann dieses Schreibmaterial in den arabischen Raum gelangte, ist nicht genau bekannt. Die Legende will, dass bei Grenzstreitigkeiten gefangen genommene Chinesen das Know-how im 8. Jahrhundert nach Samarkand gebracht haben. Als Rohmaterial dienten Flachs, Hanf und der Bast des Maulbeerbaumes. Die Feinheit des Papiers aus Samarkand eroberte ihm bald die ganze orientalische Welt, sodass eine veritable Papierindustrie entstand. In Bagdad eröffnete 795 die erste Papierfabrik, Papiergeschäfte dienten auch als wissenschaftliche und literarische Zentren. In den Kanzleien der Kalifen wurde auf Papier geschrieben. Mit der Ausbreitung des Islam kamen Papierherstellung und -verwendung in den Rest des Mittelmeerraums, ein Zentrum befand sich in der Region Valencia mit ihrem Flachsanbau. Spätestens seit dem 14. Jahrhundert und natürlich seit der Erfindung des Buchdrucks im 15. Jahrhundert verdrängte das Papier endgültig das Pergament als Schreibmaterial.

Arabische Optik

Der erste arabische Autor, mit dessen Werk wir uns näher beschäftigen wollen, ist Abu Yusuf Yaqub ibn Ishaq as-Sabbah al-Kindi, bekannt als al-Kindi oder in latinisierter Form als Alkindus. Er lebte im 9. Jahrhundert in Bagdad, die Kalifen beauftragten ihn mit der Aufsicht über die arabischen Übersetzungen griechischer Texte. Sein Werk über Optik, *De aspectibus,* gehört der euklidischen Tradition an, beschäftigt sich also im Wesentlichen mit geometrischer Optik. Allerdings über die Tradition hinaus, indem es sich bemüht, grundsätzliche Ingredienzien der extramissionistischen Theorie zu beweisen, anstatt sie nur zu postulieren.

So z. B. das Axiom, dass sich Sehstrahlen geradlinig vom Auge wegbewegen. Interessanterweise zieht al-Kindi für sein Argument aber nicht Sehstrahlen, sondern Lichtstrahlen heran. Klarerweise deshalb, weil man Lichtstrahlen sehen und mit ihnen experimentieren kann.

Sein Beweis der geradlinigen Ausbreitung verwendet Licht und Schatten. In der Skizze Abb. 5.2 sehen wir links eine Lichtquelle und eine Wand, die einen Schatten wirft. Wir sehen zwei Dreiecke: Quelle-Lot-Schattenende und Wandkante-Lot-Schattenende. Aus der Ähnlichkeit der beiden Dreiecke folgt, dass die gestrichelte Linie, die die Grenze des Lichtkegels skizziert, eine ungebrochene Gerade sein muss. Wie wir sehen werden, ist Newton mit stark verfeinerten Methoden zu anderen Schlussfolgerungen gekommen.

Al-Kindis zweites Argument sehen wir schematisch in der rechten Skizze. Eine ausgedehnte Lichtquelle beleuchtet einen Schirm auf der rechten Seite, durch eine Öffnung begrenzt. Aus der Begrenzung des Lichtkegels folgt wieder, dass Lichtstrahlen geradlinig sind. Auch dazu hatte Newton später andere Ergebnisse parat.

Wir sehen, dass für al-Kindi und seine zahlreichen Anhänger Licht- und Sehstrahlen die gleichen geometrischen Eigenschaften haben. Das heißt aber nicht, dass ihnen notwendigerweise eine gleiche physische Natur zugesprochen werden muss. Im Gegensatz zu Euklid hat sich al-Kindi zur Natur der Sehstrahlen recht ausführlich geäußert. Er beginnt mit einer Diskussion der verschiedenen griechischen Theorien, die wir schon kennengelernt haben (die Gliederung in Stichpunkte ist von mir, der Text ist meine Übersetzung der englischen Fassung von Lindberg [510]):

"Deshalb sage ich, dass es unmöglich ist, dass das Auge sein Erfühltes wahrnehmen kann, außer

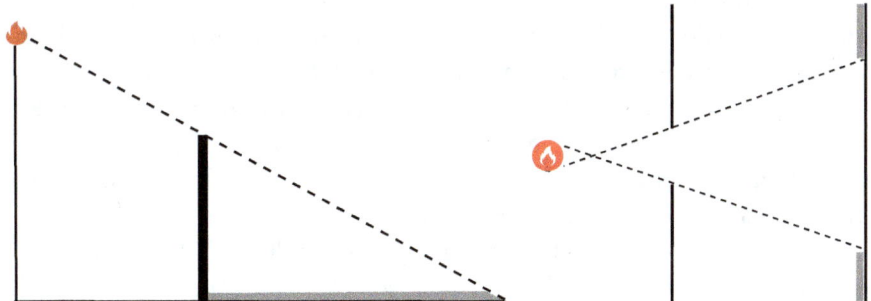

Abb. 5.2 Geradlinige Sehstrahlen nach al-Kindi am Beispiel von Lichtstrahlen. Links: Schattenwurf durch eine Mauer. Rechts: Beleuchtung durch eine Öffnung

- indem seine Formen zum Auge wandern und sich ihm aufprägen,
- durch Kräfte, die vom Auge zum Erfühlten verlaufen, wodurch es sie wahr-nimmt,
- oder durch beide Vorgänge zusammen
- oder dadurch, dass die Form des Erfühlten sich der Luft aufprägt, worauf die Luft sie dem Auge aufprägt, wodurch das Auge sie erfasst durch seine Fähigkeit, das zu empfangen, was die Luft, wenn Licht vermittelt, ihm aufprägt."

Damit hat er, finde ich, kurz und gut zusammengefasst, was wir im Kapitel Augenlicht besprochen haben. Mit Ausnahme der zweiten Theorie haben alle anderen eine intromissionistische Komponente, die al-Kindi von sich weist. So greift er auf traditionelle Argumente zurück: Das Auge ist konvex und beweglich – im Gegensatz zum Ohr, das konkav und unbeweglich ist. Das Auge ist also gedacht zum aktiven Sammeln von Eindrücken. Deren Schärfe hängt von der Position des Objekts im Sehkegel ab. Wenn aber ganze Formen das Auge von außen erreichen, sollte die Position keine Rolle spielen. Dieses für ihn entscheidende Argument gegen Intromission verdeutlicht er am Beispiel eines Kreises. Stellen Sie ihn sich für einen Augenblick als einen Hula-Hoop-Reifen vor. Wenn der Betrachter sich in derselben Ebene wie der Kreis befindet, sieht er ihn als Linie. Wenn aber das *eidolon* des Kreises zum Auge wandert, so wäre er trotz der Perspektive als Kreis erkennbar. Somit sind alle Theorien außer der zweiten, extramissionistischen falsch. Sind Sie überzeugt?

Für die Abhängigkeit der Sehschärfe vom Achsabstand des Auges, die uns dazu bringt, die Augen in Richtung des gesehenen Gegenstandes zu bewegen, hat al-Kindi eine originelle Erklärung parat. Er postuliert, dass jeder Punkt der Pupillenoberfläche Sehstrahlen in einen weiten Kegel aussendet. In der Skizze Abb. 5.3, die auf al-Kindis Argumente zurückgeht, ist für drei Punkte gezeigt, wohin diese Annahme führt. Ein Punkt auf der Achse, einer am oberen Rand der Pupille und einer am unteren Rand senden jeweils Sehstrahlen in eine Halbebene aus, also in einen „Kegel" mit 180° Öffnungswinkel. Nahe der Achse überlappen alle drei Bereiche, etwas weiter entfernt nur zwei, der Rand des Sehfeldes ist nur von einem bedeckt. Mithin gibt es nahe der Achse mehr Sehstrahlen und man sieht schärfer und detailreicher. Ähnliches gilt, wenn die Öffnungswinkel kleiner sind. Genial, oder?

Der eminente persische Philosoph Ibn Sina (980–1037), im Westen be-kannter als Avicenna, war dagegen ein entschiedener Gegner der euklidischen Extramissionstheorie. In mehreren Werken versuchte er, die Theorie zu wi-derlegen, auf der Grundlage eines aristotelischen Standpunkts. In die gleiche Richtung gehen die Argumente des Muhammad Ibn Rushd (1126–1198), im

Abb. 5.3 Abhängigkeit
der Sehschärfe vom
Achsabstand des Auges
nach al-Kindi

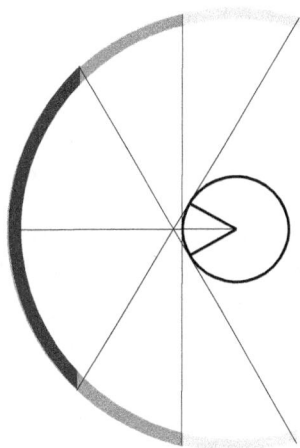

christlichen Abendland Averroes genannt. Näher an meiner Art zu denken, liegen allerdings die Arbeiten von al-Haytham, von denen wir detaillierter zu sprechen haben.

Über die Biografie des Abu Ali al-Hasan Ibn al-Haytham, der in Europa nach seinem Vornamen als Alhazen bekannt geworden ist, wissen wir Gott sei Dank mehr. Das liegt daran, dass er offizielle Funktionen innehatte. Er wurde um 965 in Basra im heutigen Irak geboren und starb um 1040 in Kairo. In einer Art Autobiografie schildert er seinen Werdegang, charakterisiert sich selbst als elitären Einzelgänger, der nur „die Liebe zur Wahrheit und den Erwerb des Wissens" erstrebte. Durch Abstammung war er zur Beamtenlaufbahn bestimmt, in der er es bis zum Rang eines Wesirs brachte. Durch einen Trick verschaffte er sich die nötige Freiheit zu naturphilosophischer Arbeit: Er stellte sich geisteskrank. So wurde er zum Verfasser naturphilosophischer Werke, die von der Scholastik begeistert aufgenommen wurden und bis zu Johannes Kepler einflussreich blieben.

Allerdings musste er auch seinen Lebensunterhalt bestreiten, brauchte also einen Sponsor. Er wurde, plötzlich wieder im Vollbesitz seiner geistigen Kräfte, vom Kalifen al-Hakim nach Ägypten geschickt, um einen Plan zur Regulierung des Nils auszuarbeiten. Angesichts der Pyramiden und der anderen Monumentalwerke der ägyptischen Antike schien es ihm aber, dass die alten Ägypter eine Flussregulierung längst zustande gebracht hätten, so sie denn möglich gewesen wäre. Nach einer Reise flussaufwärts von Kairo bis zu den Stromschnellen von Assuan wurde ihm endgültig klar, dass die Regulierung mit damaligen Mitteln nicht möglich war. Sie wurde erst im 20. Jahrhundert erreicht, 1902 mit einem niedrigen Damm, dann mit einem hohen in den 1960er-Jahren, dem heutigen Assuan-Staudamm.

Al-Haytham gab also den Auftrag zurück und akzeptierte einen Verwaltungsposten. Und erneut schützte er Anfälle von Irrsinn vor, um den Posten loszuwerden und seine Freiheit wiederzufinden. Er war in guter Gesellschaft, selbst sein Kalif al-Hakim zeigte Anzeichen von Größenwahn, verbunden mit streng religiöser Askese. Wie durch ein Wunder wurde dagegen al-Haytham abermals geheilt. Man erstattete ihm sein Vermögen zurück und er finanzierte von da ab seinen Lebensunterhalt, indem er Kopien von Euklids Elementen, Ptolemäus' *Almagest* und anderen Standardwerken anfertigte. Wegen seiner schönen Handschrift waren sie beliebt und gut bezahlt.

Die Liste seiner mathematischen Werke ist beeindruckend. Sie handeln von Kegelschnitten und Trigonometrie, lassen aber auch konkrete Problemlösungen für Geschäftsleute nicht aus. Von der Geometrie ist es nur ein Schritt zur Optik, wie wir schon öfters gesehen haben. So entstand in sieben Büchern al-Haythams Werk *Kitab al-Manazir, Buch der Optik*. Es gibt eine moderne Übersetzung direkt aus dem Arabischen ins Englische von Sabra [432], sodass wir uns nicht auf lateinische Versionen des Werks stützen müssen wie unsere mittelalterlichen Vorfahren. Es ist erfrischend unverschwurbelt geschrieben, wendet sich in direkter Rede und auf Augenhöhe an seine Leser. Die wichtigste Neuerung für Menschen wie mich ist aber, dass al-Haytham systematische Anleitungen zu Experimenten formuliert, die seine Argumente stützen. Ja, er fordert die Wiederholung seiner Experimente geradezu, Reproduzierbarkeit ist ihm sehr wichtig. Oft endet ein Argument mit der Formel: „Dies wird immer so gefunden, ohne Ausnahme und Änderung". Wir wollen uns mit dem Werk im Detail auseinandersetzen, weil seine Befunde mehr als ein halbes Jahrtausend die Licht- und Sehtheorie dominiert haben.

Das Werk beginnt mit der schon von al-Kindi bekannten Zusammenfassung der divergierenden antiken Theorien zum Sehvorgang und dem dazugehörigen Lamento. Al-Haytham führt die Schwierigkeit seines Gegenstandes darauf zurück, dass zum Verständnis sowohl Naturphilosophie als auch Mathematik notwendig sind. Naturphilosophie, weil das Sehen zu den Sinnen gehört, also zu den natürlichen Dingen. Mathematik, weil Sehen entlang gerader Linien erfolgt, und Eigenschaften wie Form, Position, Größe, Bewegung und Ruhe eine Rolle spielen, alles Gegenstände mathematischer Betrachtung. Methodische Unterschiede zur Erklärung der divergierenden Theorien heranzuziehen, lässt er nicht gelten. Wenn man die Untersuchung richtig durchführt und intensiviert, muss sie zu einem einzigen Resultat führen. Richtig durchgeführt ist sie, wenn sie dem Objekt gerecht wird, nicht Vorurteilen folgt und wenn man sorgfältig danach strebt, bei allen Urteilen und Kritiken die Wahrheit zu suchen, und nicht von Meinungen abgelenkt wird. Und er führt auch gleich selbstkritisch ein Beispiel an: Dieses neue Werk ersetze alle seine früheren Arbeiten, die man bitte beiseitelegen möge.

Seine Grundthese über das direkte Sehen folgt sogleich (übersetzt von mir nach Sabra [432]):

„Wenn man einen Katalog aller sichtbaren Objekte aller Zeiten anlegt, und wenn man sie experimentell und korrekt untersucht, wird man feststellen, dass sie sich gleichmäßig so verhalten, wie wir sie beschreiben, ohne Ausnahme und Änderung. Das beweist, dass für jedes Objekt, das mit dem Auge in derselben Atmosphäre existiert und nicht durch Reflexion wahrgenommen wird, eine gerade Linie existiert zwischen jedem Punkt auf seiner gesehenen Oberfläche und einem bestimmten Punkt oder einer Gruppe von Punkten auf der Oberfläche des Auges, die nicht von einem opaken Körper unterbrochen wird."

Und dazu gibt es direkt eine Versuchsanleitung, mitsamt der Anleitung zur Herstellung eines geeigneten Instruments. Es handelt sich hierbei um ein Sehrohr, eine Variation des Diopters, bestehend aus einer engen Röhre, die auf einem Lineal montiert ist wie in der Skizze Abb. 5.4.

Wir würden das heute einen Kollimator nennen, ein einfaches Instrument zur Begrenzung eines Lichtstrahls. Und es ist für al-Haytham der Lichtstrahl, der zum Auge führt, der Sehstrahl spielt keine Rolle. Notwendige Voraussetzungen zum direkten Sehen eines Objektes fasst er wie folgt zusammen:

- Die Distanz zum Objekt muss angemessen sein im Verhältnis zu seiner Größe und der Sehkraft des Betrachters.
- Es muss eine gerade, ununterbrochene Linie vom Objekt zum Auge führen.
- Licht muss ausreichend auf das Objekt fallen.
- Und es muss undurchsichtiger als Luft und farbig sein.

Diese Bedingungen beweist al-Haytham induktiv. So verschwinden Details eines Objektes mit wachsender Distanz, bevor das Objekt selbst es tut. Das Objekt wird mit wachsender Distanz kleiner und kleiner, bevor es ganz verschwindet. Diese zwei Beobachtungen definieren eine „moderate Distanz", die für das Folgende angenommen wird.

Als Nächstes diskutiert al-Haytham Eigenschaften des Lichts. Es tritt aus der gesamten Oberfläche eines selbstleuchtenden Objekts in alle Richtungen aus, und zwar in gerader Linie. Das gilt sowohl für die Sonne als auch

Abb. 5.4 Sehrohr nach al-Haytham

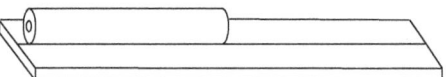

den Mond und das Feuer: Sie beleuchten alle Gegenstände, die sich ihnen gegenüber befinden. Der Beweis findet sich in einem dunklen Raum, in den Licht durch eine enge Öffnung fällt, wenn man den Lichtstrahl durch Rauch, Staub oder einen Schirm verfolgt. Die gerade Ausbreitung kann mit einem Lineal kontrolliert werden. Allerdings divergiert dieses Licht, das al-Haytham primäres Licht nennt. Man kann das kontrollieren, indem man ein enges Rohr an der einen Seite am Loch anlegt und die andere Seite hin und her bewegt.

Nach diesem primären Licht beschäftigt sich al-Haytham mit dem diffusen Licht, zufälligem oder sekundärem Licht, wie es Sabra in seiner Übersetzung nennt. Als Beispiel führt er die Beobachtung an, dass Tag und Nacht nicht abrupt einsetzen, wenn die Sonne den Horizont überquert, sondern allmählich.

Durch ein Experiment wie in der Skizze Abb. 5.5 belegt al-Haytham, dass dieses Licht von der Erdatmosphäre reflektiert wird. In der Morgendämmerung vor Sonnenaufgang wird ein schwacher Lichtfleck auf einer westlichen Wand oder dem Boden beobachtet, wenn man Licht aus östlicher Richtung von oben durch zwei Löcher fallen lässt.

Dass diffuses Licht von der Reflexion an rauen Oberflächen stammt, zeigt er ebenfalls experimentell. Und letztlich beweist er, dass auch reflektiertes und gebrochenes Licht sich in gerader Linie fortpflanzt. Und das wird immer so gefunden, ohne Ausnahme und Änderung.

Als Nächstes nimmt sich al-Haytham das Phänomen der Farbe vor. Licht von leuchtenden Objekten hat dieselbe Farbe wie das Objekt selbst. Das gilt auch für reflektiertes Licht von opaken Objekten, selbst für diffuses: Es gilt auch für farbige transparente Objekte. Farbe ist eine Eigenschaft, die von Objekten dem Licht aufgeprägt wird. Farbe ist also real, gehört zu Objekten, wie man an der sich wandelnden Gesichtsfarbe erkennt, wenn ein Mensch rot wird vor Scham oder gelb vor Furcht (al-Haythams Beispiel, nicht etwa meines). Farbe ist eine objektive Eigenschaft, es ist nicht etwa subjektiv das Auge oder das Gehirn des Betrachters, das sie erzeugt. Sie braucht aber Licht, um gesehen zu werden.

Abb. 5.5 Experiment zur Reflexion des Morgenlichts nach al-Haytham

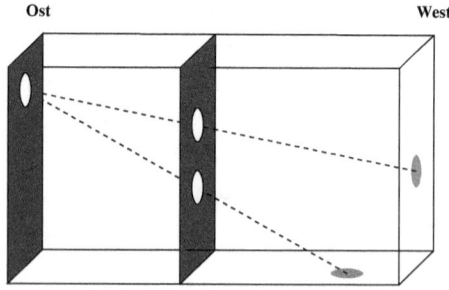

Somit hat al-Haytham das Problem in zwei Teilbereiche aufgeteilt, einen physikalischen Teil, der beschreibt, wie Licht vom Objekt zum Auge gelangt, und einen physiologischen Teil, der beschreiben soll, wie menschliches Sehen funktioniert. Zunächst ist die Schnittstelle zwischen beiden Bereichen zu klären. Der Einfluss des Lichts auf das Auge ist für al-Haytham manifest. Starker Lichteinfall schmerzt im Auge. Nachbilder bleiben, wenn man lange einen Gegenstand fixiert und dann die Augen geschlossen hat. Die richtige Beleuchtung eines Objekts ist entscheidend für seine Sichtbarkeit. Innerhalb des Auges lokalisiert al-Haytham die Schnittstelle auf der Oberfläche der Augenlinse. Also nicht auf der Oberfläche der Hornhaut, sondern im Inneren des Auges. Als Beweis zieht er den grauen Star heran, also die Trübung der Linse, die zur Erblindung führt.

Nun ist es ein im Altertum viel diskutiertes Problem, wie das Auge all die eintreffenden Lichtstrahlen sortiert, die auf die lichtempfindliche Oberfläche fallen. Wie verhindern entweder die Physik oder die Physiologie, dass Farben und Formen sich überlagern und alles ineinander verschwimmt? Dazu hat al-Haytham eine Pixel-Theorie parat. Einem Punkt auf der Augenlinse entspricht ein Punkt auf dem Objekt. Lichtstrahlen vom Objekt werden beim Eintritt in das Auge und auf dem Weg zur Linse gebrochen, außer dem einen, der senkrecht auf Hornhaut und Linse auftrifft. Nur dieser trifft das Ziel-Pixel auf der Linse und nur sein Signal wird zum Sehnerv weitergeleitet.

Alle diese Strahlen verlaufen durch das Zentrum des sphärischen Auges, wo sich also die Linse befinden muss, wie seine Skizze Abb. 5.6 zeigt. Warum die übrigen Lichtstrahlen vom Objekt nicht gesehen werden, dazu liefert al-Haytham eine gewundene Erklärung. Zusammengefasst lässt sich sagen, dass sie die Wahrnehmung nur stören würden, weil sie Bildpunkte mischen. Es kann also nicht sein, was nicht sein darf.

Somit finden wir als Einhüllende all dieser Strahlen den Sehkonus oder die Sehpyramide wieder, mit der Spitze im Mittelpunkt des Auges und der Basis beim Objekt, die auch bei den Vertretern der Extramissionstheorie beliebt war. Aber al-Haytham ist alles andere als einverstanden mit diesem Ansatz. Seitenlang arbeitet er sich an einer Widerlegung der Extramission ab. Allerdings nimmt seine Darstellung der physiologischen Komponente des Sehens stark an Klarheit ab. Das ist verständlich, weil ihm hier sein experimenteller Zugang versperrt ist. So nimmt er wieder das geisterhafte *pneuma* der Stoiker zur Hilfe, das aber nur im physiologischen Teil des Problems aktiv wird und nicht etwa aus dem Auge austritt. Es leitet Licht und Farbe von der Linse durch den Sehnerv, wo in der Sehnervenkreuzung auch die Bilder der beiden Augen zusammentreffen, zum *ultimum sentiens,* dem Gehirn, wo sie eine gemeinsame Form bilden.

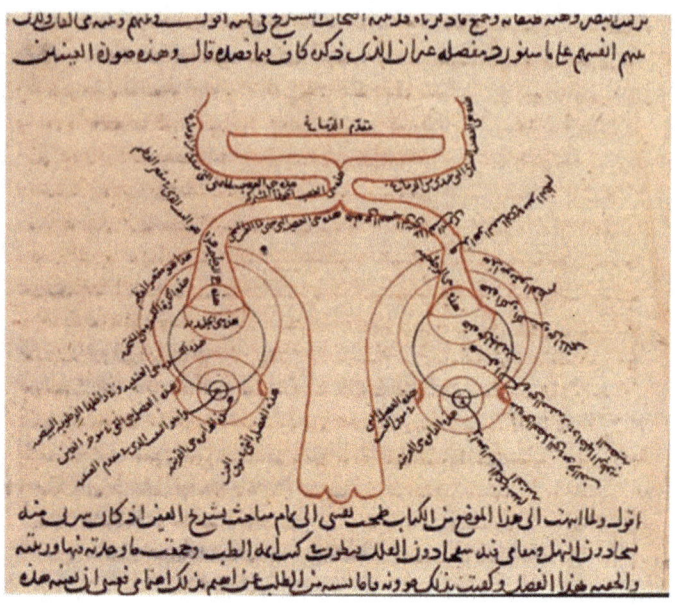

Abb. 5.6 Anatomie des Auges und des Sehnervs von al-Haytham. (Bildnachweis: B. Daneshfard u. a. [562])

So bleibt also auch al-Haytham bei aller experimentellen Sorgfalt in der Tradition stecken, sobald es um den physiologischen Sehvorgang geht, ja sogar was Anatomie und Funktionalität des Auges angeht. Seine physiologische Theorie funktioniert nur, wenn das Auge perfekt kugelförmig und die Linse in seiner Mitte positioniert ist. Dabei hätte seine eigene experimentelle Technik ihm erlaubt, einen Schritt weiterzugehen. Ein Detail ist dabei bemerkenswert. Er behandelt die Abbildung in einer Lochkamera, einer *camera obscura*, wie sie Abb. 5.7 zeigt. In einer solchen Versuchsanordnung bringt man in einem vollständig abgedunkelten Raum ein kleines Loch an, durch das von außen Licht einfallen kann. Man beobachtet an der gegenüberliegenden Wand ein lichtschwaches Bild der Außenwelt, das auf dem Kopf steht. Hätte al-Haytham diese Beobachtung auf das Auge übertragen, wie es Johannes Keppler 600 Jahre später getan hat, hätte er einen Schritt weitergehen und die Netzhaut als lichtempfindliche Fläche und bildgebendes Organ erkennen können. Man kann spekulieren, dass ihn die Inversion des Bildes von solchen Gedanken abgeschreckt hat. Aber wir sind ja nicht zum Spekulieren da.

Manche Autoren behaupten, al-Haytham habe die Lochkamera erfunden, aber das ist nachweislich nicht der Fall, wie John H. Hammond in seinem Buch *The Camera Obscura: A Chronicle* [397] im Detail nachzeichnet. Wir wollen

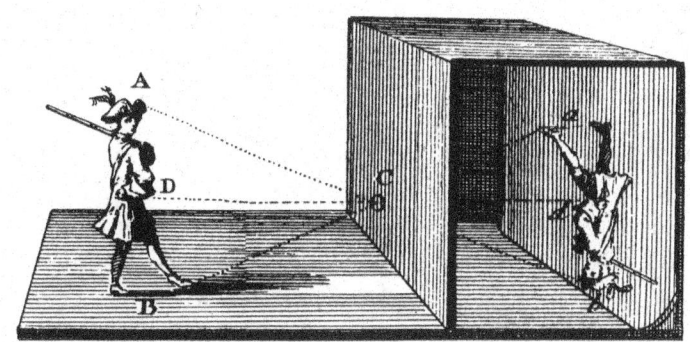

Abb. 5.7 Schema der Abbildung in der Lochkamera. (Bildnachweis: Alamy)

diesem Gerät eine Abschweifung widmen, weil darin chinesische Optik die ihr gebührende Rolle spielt. Außerdem war sie in den optischen Studien entscheidend. Und schließlich hat David Hockney zu Beginn des 21. Jahrhunderts eine interessante Kontroverse über ihre Verwendung – und diejenige anderer optischer Hilfsmittel – in der Malerei des Mittelalters losgetreten.

Abschweifung: Camera obscura

Wir habe schon weiter oben von den optischen Arbeiten des Mo Zi im 5. Jahrhundert v. u. Z. berichtet. Darunter fällt auch eine erste Erwähnung der Lochkamera als Phänomen in einer verschlossenen Schatzkammer, in die durch ein kleines Loch Außenlicht fällt. In der Tat war die gesamte chinesische Optik traditionell vom Prinzip der Intromission geprägt. Näher an der mittelalterlichen Periode ist das Werk des Duan Chengshi, *Youyang zazu* oder *Häppchen aus Youyang,* aus dem 9. Jahrhundert, indem er schildert, wie die Hinterwand einer Lochkamera das invertierte Bild einer Pagode wiedergibt.

Im 10. Jahrhundert, also etwa zur Zeit al-Haythams, war gerade unter der nördlichen Song-Dynastie ein einheitliches chinesisches Reich – „alles unter dem Himmel"[1] – wiederhergestellt worden, wobei wichtige soziale Reformen durchgesetzt wurden. Einer der Autoren dieser Zeit, der uns interessieren muss, ist Shen Kuo (1031–1095). Wie Nathan Sivin in seinem Artikel für das *Dictionary of Scientific Biography* [389] festhält, hatte Shen verschiedene

---

[1]Zur chinesischen Weltordnungstheorie siehe z. B. Zhao Tingyang, Alles unter dem Himmel [583].

offizielle Positionen inne, bis seine Karriere durch eine verlustreiche militärische Niederlage, für die er verantwortlich gemacht wurde, im Jahre 1082 abrupt endete. Er zog sich in sein Landhaus zurück und verbrachte den Rest seines Lebens mit Schreiben. Nur wenige Werke haben überlebt. Uns interessieren die *Traumteich Essays, Mengxi bitan*. In ihnen beschrieb er die Arbeitsweise der *camera obscura*. Er beobachtete außerdem, dass konkave Brennspiegel bei gewissen Abständen (jenseits des Brennpunktes) dieselbe Bildinversion zeigen. Die kanadische Kunsthistorikerin Jennifer Purtle zitiert in ihrem lesenswerten Artikel *Double Take: Chinese Optics and their Media in Postglobal Perspective* [570] aus diesem Werk und spekuliert, dass Kenntnis dieser optischen Methodik – wie die von der Papierherstellung – von China aus in die islamische Welt gekommen sein könnte. Ihre Diskussion optischer Methoden in der bildenden Kunst ist ebenfalls erhellend.

Warum das Loch in der Kamera klein sein muss gegenüber den Dimensionen des abgebildeten Objekts, hat zuerst der Perspektivist und Benediktinermönch Francesco Maurolico (1494–1575) untersucht. Von jedem Punkt des Objekts erreicht ein kleiner Lichtkegel die Projektionsfläche, dessen Öffnungswinkel durch die Lochgröße begrenzt wird. Erst wenn dieser Lichtkegel klein ist gegenüber den Dimensionen des Objektbildes, wird die Abbildung einigermaßen scharf. Auch Johannes Kepler hat dieses Auflösungsproblem untersucht. Überhaupt hat die Theorie der Abbildung in der Lochkamera eine große Rolle in der Entwicklung der Astronomie der Renaissance gespielt – zumindest bevor das Teleskop sie als Instrument ersetzte –, wie wir im nächsten Kapitel sehen werden.

Man kann natürlich auch eine kleinere Lochkamera mit einem lichtdichten Kasten konstruieren und sie damit transportabel machen. Im Laufe der Zeit sind solche Kameras wesentlich verbessert worden, wie Hammond detailreich schildert. So kam etwa eine Sammellinse im Eintrittsloch dazu (Abb. 5.8), vorgeschlagen von Giambattista della Porta (1535–1615) in der

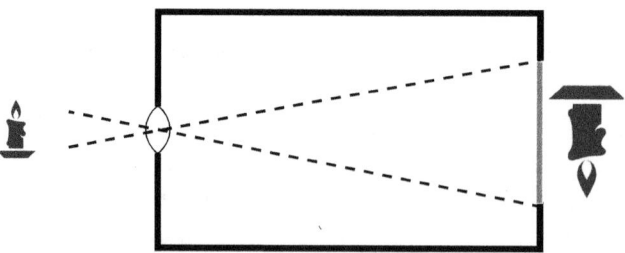

Abb. 5.8 Camera obscura mit Objektiv

zweiten Ausgabe seiner *Magiae naturalis*, eingebettet in ein Sammelsurium von Alchemie, Dämonologie und anderen okkulten Sujets. Johann Sturm (1635–1703) fügte einen Umlenkspiegel hinzu (Abb. 5.9), der die Umkehrung des Bildes korrigierte. Ein Teleobjektiv mit Auszug, eingeführt von Johannes Zahn (1641–1707) machte den Fokalabstand regulierbar und erhöhte die Lichtstärke.

Das bringt uns in einem gewagten Zeitsprung zu einer mindestens amüsanten Kontroverse in der Kunstgeschichte, die wir dem streitbaren Künstler David Hockney und dem Physiker Charles M. Falco verdanken. Sie beginnt mit einem Artikel im renommierten Kulturmagazin *The New Yorker* von Januar 2000, unter dem Titel *The Looking Glass* [471]. Hierin beschreibt der Autor Lawrence Weschler seine wochenlangen intensiven Kontakte mit David Hockney, der eine revolutionäre Entdeckung gemacht zu haben glaubte: Mittelalterliche Maler hätten optische Hilfsmittel bei der Herstellung ihrer sehr detailgetreuen Gemälde benutzt. Anders seien verschiedene Werke der Renaissance, etwa von van Eyck, Lotto, Dossi oder Moroni nicht zu erklären. Als Hilfsmittel kämen neben der *camera obscura* auch die *camera lucida* in Frage, deren Benutzung Hockney dem Journalisten live demonstrierte.

Eine *camera lucida* (Abb. 5.10) ist ein an einem Stativ befestigtes Prisma, durch das man wie mit einem Strahlenteiler gleichzeitig ein entferntes Sujet und etwa eine Papierzeichnung auf dem Tisch vor sich betrachten kann. Dadurch ist ein sehr lebensechtes Porträt, bei dem es besonders auf den Mund und seinen Ausdruck ankommt, leichter herzustellen, wie Hockney demonstriert hat.

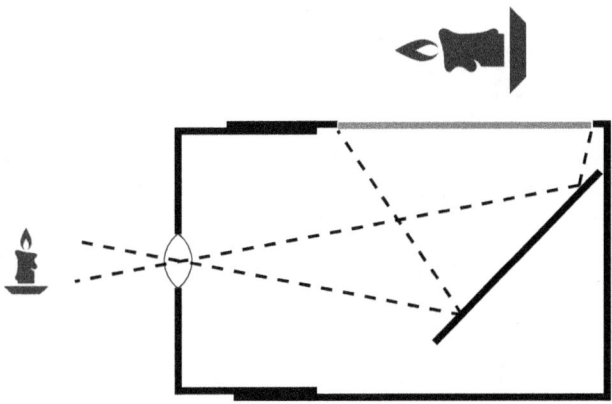

Abb. 5.9 Camera obscura mit Teleobjektiv und Umlenkspiegel

Abb. 5.10 Funktion-
sprinzip der Camera
lucida. (Bildnachweis:
Alamy)

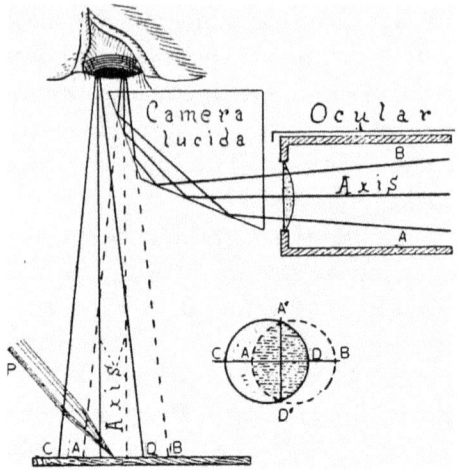

Die alten Meister hätten ihre technischen Kniffe sorgfältig geheim
gehalten. Auf dem Weg zur Publikation von Hockneys Provokation im Buch
Secret Knowledge: Rediscovering the Lost Techniques of Old Masters [505] hat der
Optik-Spezialist Charles M. Falco mit Berechnung und Analyse der Perspektive verschiedener Gemälde Hockneys Entdeckung gestützt [484, 485, 492].

Was immer man von dieser These halten mag – sie ist auf Konferenzen heiß
diskutiert und von den meisten Kunsthistorikern vehement zurückgewiesen
worden – eines ist klar: Für Amateurmaler und -zeichner ist die *camera
obscura* ein geniales Hilfsmittel. So hat etwa Goethe das tragbare Exemplar von
Abb. 5.11 besessen, das sich im Goethe-Nationalmuseum in Weimar befindet.
Aber kommen wir einstweilen lieber ins Mittelalter zurück.

Perspektivisten

In den restlichen Teilen seines Optik-Kompendiums behandelt al-Haytham
– neben einer ausführlichen und gewohnt systematischen Diskussion von
Sehfehlern und optischen Täuschungen – auch Reflexion und Brechung des
Lichts mithilfe seiner experimentellen Methoden. Dabei geht er im Wesentlichen nicht über das hinaus, was Ptolemäus und Heron dazu beigetragen
haben. Wie Heron erklärt er Reflexion anhand eines mechanischen Modells,
z. B. mit einem Metallkügelchens, das auf eine polierte Metalloberfläche trifft.
Lichtbrechung hat für al-Haytham ebenso eine mechanische Erklärung. Er
setzt eine große, aber endliche Lichtgeschwindigkeit voraus und nimmt an,
dass sie in dichteren Medien (wie Wasser) kleiner ist als in dünneren (wie

Abb. 5.11 Tragbare Camera obscura aus Goethes Besitz. (Bildnachweis: Goethe-Nationalmuseum Weimar, Wikimedia Commons/Hajotthu)

Luft). Das läge daran, dass dichtere Medien der Bewegung generell mehr Widerstand entgegensetzen. Wenn Licht auf die Grenzfläche zwischen zwei Medien trifft, ändert sich die Geschwindigkeit. Nach al-Haytham geschieht dies unterschiedlich für die Geschwindigkeitskomponenten entlang und senkrecht zur Grenzfläche. Er erklärt dies wiederum mechanisch. Natürliche Körper dringen leichter in passive ein, wenn dies senkrecht geschieht. Darum also wird die Komponente der Geschwindigkeit senkrecht zur Grenzfläche weniger reduziert als diejenige parallel dazu.

Das ist natürlich nicht korrekt. Man kann es aber sehen als einen notwendigen Schritt zur Formulierung eines veritablen Brechungsgesetzes, die im islamischen Osten zuerst vom persischen Naturphilosophen Abu Sad al-Ala Ibn Sahl formuliert wurde. Die Abb. 5.12 zeigt dazu einen Ausschnitt aus seinem Werk *Über Brennspiegel und -linsen*, das um 984 datiert wird. Allerdings war das Werk im Westen wohl nicht bekannt, seine Erkenntnis hat für die Entwicklung der Optik im Westen keine Rolle gespielt. So mussten Thomas Harriot, Willebrord Snell und René Descartes das Brechungsgesetz im 17. Jahrhundert neu entdecken.

Wer al-Haythams Werk als *De aspectibus* Ende des 12. Jahrhundert ins Lateinische übertragen hat, ist nicht bekannt. Lindberg glaubt, dass es in der spanischen Übersetzerschule des Gerardus Cremonensis geschah, aufgrund von Details und der hohen Qualität der Übersetzung vielleicht von Gerardus selbst. Mark Smith denkt, dass mehrere Übersetzer damit befasst waren. In

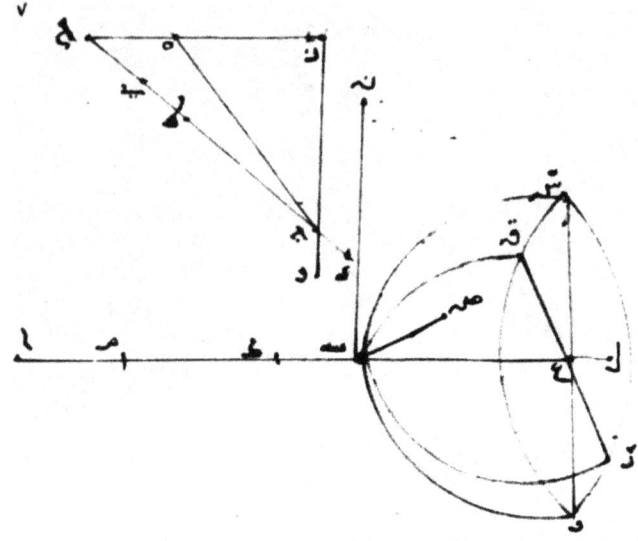

Abb. 5.12 Abbildung aus Ibn Sahls Manuskript *Über Brennspiegel und -linsen*. (Bildnachweis: Wikimedia Commons)

jedem Fall hat es eine für diese Zeit weite Verbreitung gefunden, nicht weniger als 18 einigermaßen vollständige lateinische Manuskripte und vier Fragmente haben überlebt. Smith führt das darauf zurück, dass es im scholastischen Mittelalter einen intellektuellen Markt für Naturphilosophie gab, der solche Werke forderte und verbreitete. Vielleicht haben die experimentelle Grundlage und die sprachliche Klarheit dazu beigetragen, dass sich eine veritable Schule gebildet hat, die man die Perspektivisten nennt. Ihre Vaterfigur war der englische Franziskaner und Scholastiker Roger Bacon, auch *doctor mirabilis* genannt. Überhaupt scheinen die Bettelorden, Franziskaner und Dominikaner, in dieser Zeit eine Art Monopolstellung bei optischen Studien innegehabt zu haben. So waren Bacons Anhänger entweder selbst Ordensbrüder oder standen einem der zwei Orden nahe. Prominent darunter sind der Schlesier Witelo, der Erzbischof von Canterbury John Pecham und Dietrich von Freiberg, der wie Bacon an der Pariser Universität lehrte.

Bacon hat in seinen Werken eine Art Synthese der spätmittelalterlichen Optik zusammengetragen, basierend auf der aristotelischen Naturphilosophie und der Intromission nach al-Haytham. Die jüngeren Pecham und Witelo haben diese Lehre weitergeführt und verbreitet. So hat Pecham selbst davon gesprochen, dass er den Fußstapfen des *auctor* al-Haytham folgte, wobei man ihm sicher nicht vorwerfen kann, die übrigen nun endlich im Westen zugänglichen antiken Werke nicht berücksichtigt zu haben. Seine eigene Einführung *Perspectiva communis* gründet sich jedenfalls bis ins Detail auf die Optik des al-Haytam.

Ein Standardwerk der Epoche, das jahrhundertelang als das maßgebliche Lehrbuch zur Optik angesehen wurde, stammt von Witelo, latinisiert als Vitello, der sich selbst als Sohn Polens und Thüringens bezeichnete. Mitte des 13. Jahrhunderts studierte er in Paris und Padua, wo er seinen Mentor Wilhelm von Moerbeke kennenlernte. Im Jahr 1267 forderte Papst Clemens IV Bacons Werk *Opus majus* zur Begutachtung an. Zwei Jahre später kam Witelo an die päpstliche Kurie in Viterbo und mag dort al-Haythams Werk studiert haben. In jedem Fall orientiert sich sein zehnbändiges Werk *Perspectiva* an den aristotelischen Lehren und denen von al-Haytham und Bacon.

Mit den Werken von Pecham und Witelo fand die geometrische Optik in der intromissionistischen Version von Ibn al-Haytham Eingang in das universitäre Curriculum der Renaissance. Lindberg listet Universitäten in ganz Europa auf, wo eines der beiden oder das Werk al-Haythams selbst auf dem Lehrplan standen. Und Universitäten lösten zu dieser Zeit die Kloster- und Domschulen als intellektuelle Zentren ab. Das Kompendium antiker Werke des Pariser Mathematikprofessors Friedrich Risner 1533–1580, der *Opticae thesaurus* von 1572, machte die gesammelten Erkenntnisse leicht verfügbar. Risner hat wohl auch die erste tragbare *camera obscura* konstruiert. Der Jesuit Athanasius Kircher (1602–1680) beschreibt sie als eine mehr als mannshohe Holzkiste, die von zwei Männern an Stangen wie eine Sänfte getragen werden konnte [3].

So wurde die Theorie von Licht und Sehen in dieser Form fester Bestandteil des intellektuellen Gepäcks. Allerdings immer noch so, dass Licht und menschliches Sehen, Physik und Physiologie untrennbar miteinander verbunden waren. Das änderte sich erst, als Johannes Keplers den optischen Strahlengang bis zur Netzhaut verlängerte und sich für den Rest für unzuständig erklärte. Eigenschaften und Ausbreitung des Lichts einerseits, Physiologie und Psychologie des Sehvorgangs andererseits, waren fortan voneinander getrennt.

Abschweifung: Lineare Perspektive in der Renaissancekunst

Bildende Kunst hat die Erkenntnisse der geometrischen Optik in der Renaissance aufgenommen. Giorgio Vasari (1511–1574), selbst Maler und Architekt etwa der Uffizien in Florenz, beginnt seine wunderbaren *Lebensläufe der berühmtesten Maler, Bildhauer und Architekten* mit Giotto di Bondone (1267–1337), dem gotischen Vorläufer der naturgetreuen Malerei. Als Beispiel mag sein herrlicher Fresken-Zyklus in der *Cappella degli Scrovegni* in Padua dienen, vollendet um 1305 und UNESCO-Welterbe seit 2021. Die Kunst, die dreidimensionale Welt überzeugend auf flächigen Wänden darzustellen, nimmt hier einen grandiosen Anfang.

Filippo Brunelleschi (1377–1446) war ein genialer Architekt, die Kuppel des Florentiner Doms *Santa Maria del Fiore* zählt zu seinen Werken. Er war auch der erste Inhaber eines modernen Patents, für den Entwurf eines Transportschiffs. Uns interessieren seine Experimente zur linearen Perspektive, wie sie Antonio Manetti 1475 in seiner *Vita di Filippo Brunellesco* beschrieben hat.

Er bohrte ein Loch in ein Bild des *Battistero di San Giovanni* in Florenz. Von hinten durch das Loch betrachtete er abwechselnd das Gemälde in einem Spiegel und das Original vor ihm. So erzeugte er einen virtuellen Sehkonus, wie die Skizze Abb. 5.13 zeigt.

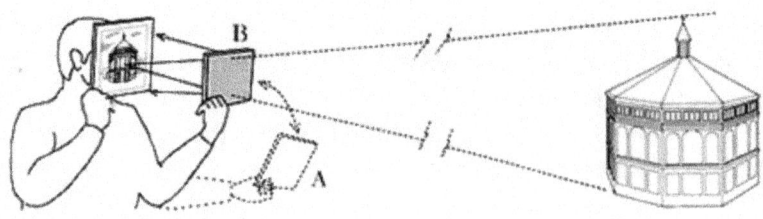

Abb. 5.13 Brunelleschis Vorrichtung zur Kontrolle der linearen Perspektive. (Bildnachweis: Florence Art & Culture)

Die erste schriftlich festgehaltene Theorie der linearen Perspektive in der Malerei stammt von Leon Battista Alberti (1404–1472). In seinem Buch *Della Pittura* stellt er perspektivische Konstruktionen im Detail vor. Als Beispiel benutzen wir die einfache Zentralperspektive. In Umkehrung der Sehpyramide beruht sie auf einem mittig im Gemälde positionierten Fluchtpunkt, in dem sich alle Geraden zu schneiden scheinen, die in drei Dimensionen parallel zueinander sind. Stellen Sie sich auf der Skizze Abb. 5.14 in jedem kleinen Parallelogramm einen rechteckigen Pflasterstein vor.

Eine seitliche Ansicht der Konstruktion zeigt, wie sich nicht nur seitliche Abstände, sondern auch Abstände in der Tiefe mit wachsendem Abstand zu verkürzen scheinen. Für andere Perspektiven verschiebt man den Fluchtpunkt, er kann sich auch außerhalb der Bildfläche befinden.

Ein herrliches Beispiel für diese Technik finden wir auf dem Fresko *Il Cenacolo* im Refektorium von *Santa Maria delle Grazie* in Milano, das Leonardo da Vinci (1452–1519) gegen Ende des 15. Jahrhunderts gemalt hat. Abb. 5.15 gibt Ihnen einen Eindruck. Im Gegensatz zu anderen Werken hat Leonardo Kommentare zu diesem Werk in seinen Notizbüchern hinterlassen. Auffällig ist die Lebhaftigkeit der menschlichen Figuren, die getreu in Szene gesetzten Details von Kleidung und Gegenständen auf dem Tisch. Die Zentralperspektive ist hier dramatisch eingesetzt, alle im Raum parallelen Geraden laufen auf einen Fluchtpunkt hinter dem Kopf der Zentralfigur Jesus zu.

Von Albrecht Dürer (1471–1528) gibt es ein regelrechtes Lehrbuch, *Underweysung der Messung mit dem Zirkel und Richtscheyt* von 1525. Mit dem Stich *Der Zeichner des liegenden Weibes* (Abb. 5.16) wird z. B. erklärt, wie man perspektivisch zeichnet mit einem Rasterrahmen und einer Art Obelisken zur genauen Positionierung des Auges. Das Problem wird dabei auf die richtige Strichführung innerhalb eines jeden Rasterkästchens reduziert. Wieder kön-

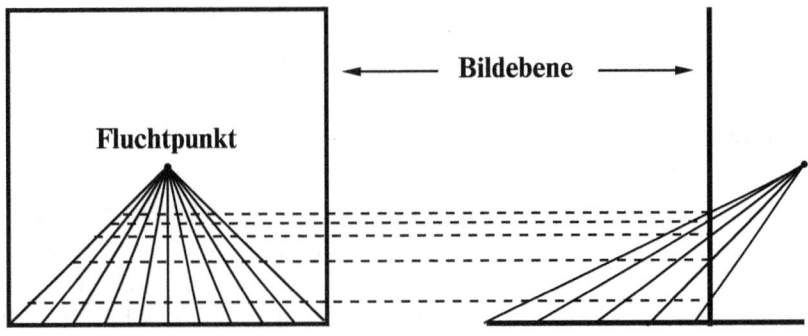

Abb. 5.14 Frontale und seitliche Ansicht der Konstruktion einer linearen Perspektive

Abb. 5.15 Fresko *Il Cenacolo* von Leonardo da Vinci im Refektorium von *Santa Maria delle Grazie* in Milano. (Bildnachweis: Wikimedia Commons)

Abb. 5.16 Kupferstich *Der Zeichner des liegenden Weibes* von Albrecht Dürer. (Bildnachweis: Alamy)

nen wir uns eine Sehpyramide vorstellen, mit dem Apex auf der Spitze des Obelisken, der Basis in der Ebene des Rasterrahmens.

Noch interessanter ist eine weitere Illustration mit dem Titel *Der Zeichner der Laute* (Abb. 5.17). Hier wird die perspektivische Darstellung mithilfe der Fadenmethode demonstriert. Ein gespannter Faden dient hierbei als physische Realisierung des Lichtstrahls. Ein Ende ist in der gewünschten Position des Auges an der Wand fixiert. Das andere Ende wird von einem Helfer an einem Punkt der Laute angelegt. An der Position der späteren Zeichnung befindet sich ein Rahmen mit einem aufklappbaren Zeichenbrett. Der Zeichner fixiert

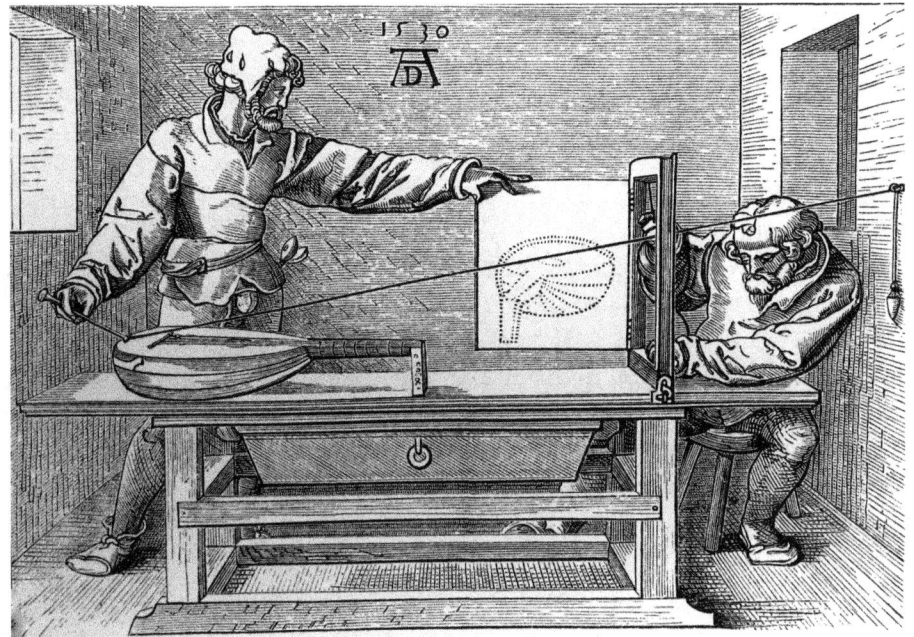

Abb. 5.17 Kupferstich *Der Zeichner der Laute* von Albrecht Dürer. (Bildnachweis: Alamy)

die Position des Fadens in der Bildebene mit der Spitze eines Stäbchens. Dann klappt er das Zeichenbrett in den Rahmen und fügt der Vorzeichnung einen weiteren Punkt hinzu. Am Ende wird die Zeichnung analog zu „Malen nach Zahlen" vervollständigt. Wir werden diese mühsame Methode bei Kepler zu einem ganz anderen Zweck wiederfinden.

Abschweifung: Anatomie des Auges

Die Trennung zwischen dem physikalischen Strahlengang des Lichts und dem physiologischen Sehvorgang hat zur Voraussetzung, dass man die Anatomie des Auges richtig versteht. Wir wollen zwei herausragende Ärzte der Renaissance hierzu als Zeugen aufrufen. Der Erste ist der Flame Andries van Wesele (1514–1564), latinisiert Andreas Vesalius, einer der Väter der modernen Anatomie. Er wurde 1514 in Brüssel in eine Familie von Ärzten und Apothekern geboren. Nach Studium des *Triviums* in Leuven schrieb er sich an der Universität von Paris ein, wo er bald zum *prosector*, also Sektionsgehilfen seines Professors aufstieg. 1537 promovierte er in Padova und wurde an der dortigen Universität Professor. Mit erst 28 Jahren publizierte er in Basel sein Mammutwerk *De humani corporis fabrica libri septem*. Es beschreibt die Anatomie des menschlichen Körpers auf über 700 Seiten und mit mehr als 200 Grafiken, die von ihm selbst, dem Maler Jan Stephan van Calcar und anderen Künstlern aus der Werkstatt von Tizian bewundernswert gestaltet waren. Was die Anatomie des Auges angeht, hatte er erkannt, dass die Augenlinse nicht sphärisch, sondern abgeflacht ist. Allerdings platzierte er sie traditionsgemäß im Zentrum eines sphärischen Augapfels, wie die linke Abb. 5.18 aus seinem Buch zeigt.

Die Fortschritte im Verständnis der Anatomie gingen damit einher, dass sich die Praxis der Sektion in dieser Zeit änderte. Früher wurden bei Vorlesungen im *Theatrum anatomicum* vom Professor die Texte der *auctores* wie etwa des Galenus buchstäblich vorgelesen, während ein Assistent die entsprechenden Organe einer Leiche entnahm. Einen Ars-Legendi-Preis der Deutschen Physikalischen Gesellschaft würde man dafür heute nicht bekommen. Die Professoren der Renaissance legten dagegen zunehmend selbst Hand an. So führte Vesalius ab 1536 öffentliche Sektionen durch, sein Basler Kollege Platter ab 1559.

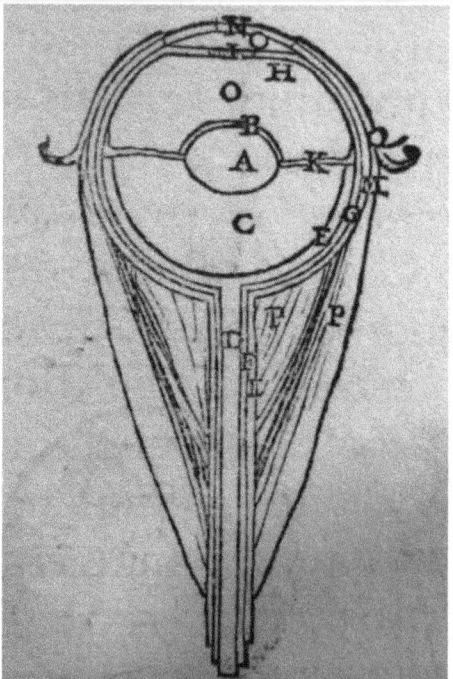
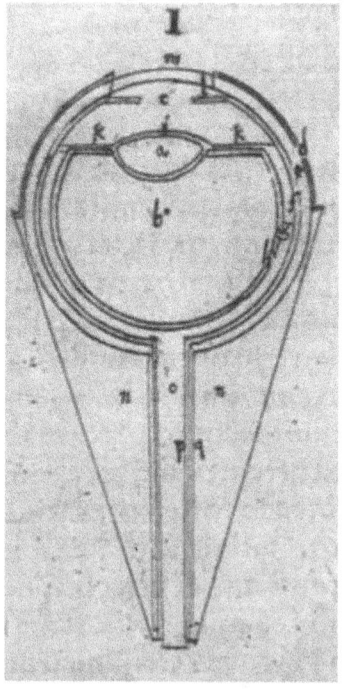

Abb. 5.18 Anatomie des menschlichen Auges nach Andreas Vesalius (links) und Felix Platter (rechts)

Eine anatomisch korrektere Positionierung der Linse zeigte ebendieser Felix Platter (1536–1614) wenig später, wie die rechte Skizze in Abb. 5.18 zeigt. Er wurde in einer Lehrerfamilie geboren, studierte in Basel und Montpellier. 1557 wurde er in Basel promoviert, wo er als Professor für Anatomie lehrte. Platter veröffentlichte 1583 ein wesentlich kompakteres Werk, *De corporis humani structura et usu*, tabellarisch angeordnet und mit ebenfalls superben anatomischen Tafeln illustriert auf gerade einmal 200 Seiten.

Die Abb. 5.18 seiner *Tabula XLIX: Oculus, illiusque Tunicae & Humores* zeigt einen Schnitt durch das Auge, das man fast auch in einem modernen Lehrbuch verwenden könnte. Noch heute ist in Basel ein Spital nach Felix Platter benannt. Somit war der Weg frei für die erste korrekte Abbildungstheorie des menschlichen Auges, die von dem Schwaben Johannes Kepler stammt. Allerdings hatte Kepler keine medizinischen Ambitionen, ihn interessierte das Auge als optisches Instrument der Astronomie.

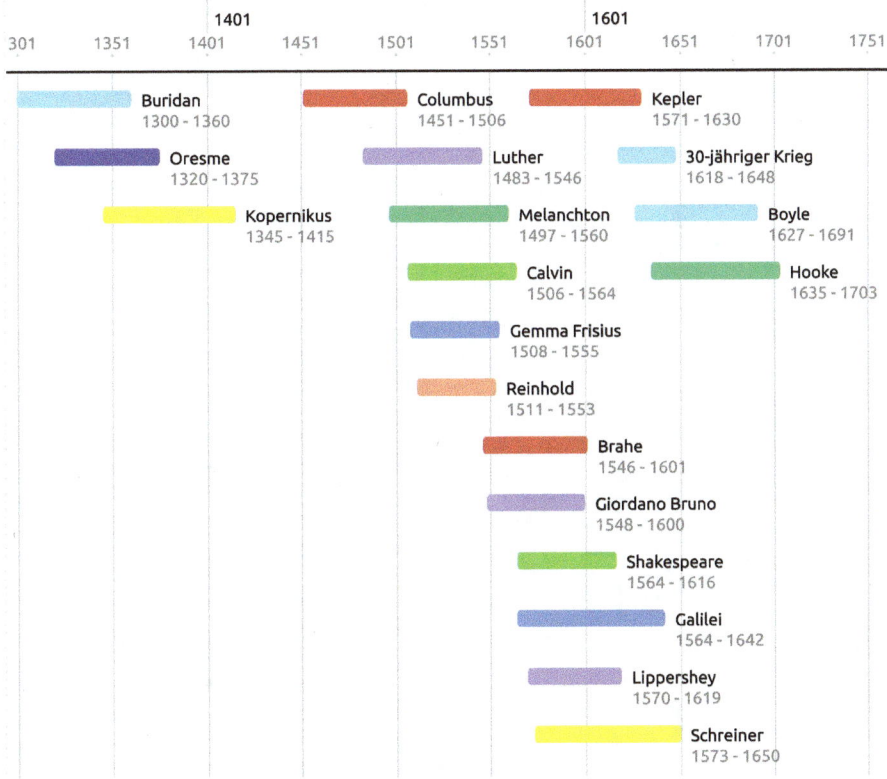

6

Sternenlicht

Heilig ist zwar Laktanz, der die Kugelgestalt der Erde leugnete; heilig Augustinus,
der die Kugelgestalt zugab, aber die Antipoden leugnete; heilig das Offizium
unserer Tage, das die Kleinheit der Erde zugibt, aber ihre Bewegung leugnet. Aber
heiliger ist mir die Wahrheit.

Johannes Kepler, *Astronomia Nova*, 1609

Wie wir schon gesehen haben, herrschte in der Renaissance ein intellektuelles
Klima, in dem wissenschaftlicher Fortschritt zunehmend gedeihen konnte.
Nicht nur waren die antiken Schriften wieder einigermaßen unverfälscht
zugänglich, die Seereisen der Entdecker erweiterten erheblich den Horizont.
Die Eroberung von Ceuta durch Portugal im Jahr 1415 leitete eine Periode der
Erkundung afrikanischer Küsten durch Heinrich den Seefahrer ein, die zur
Inbesitznahme von Madeira und den Azoren führte. 1492 landete Cristoforo
Colombo, in kastilischen Diensten auf der Suche nach einem Seeweg nach
Indien, auf einer Insel der Bahamas, ein den Europäern bisher unbekannter
Kontinent wurde als *las Indias* „entdeckt". Ende des 15. Jahrhunderts fand
der Portugiese Vasco da Gama den Seeweg um das Kap der guten Hoffnung
zum wirklichen indischen Subkontinent. Portugal wurde damit zur führenden
Handels- und Seemacht des 16. Jahrhunderts. Seekarten, Navigationsmetho-
den und -instrumente waren Produkte der Astronomie, die damit ins Zentrum
wissenschaftlicher Tätigkeit rückte.

Währenddessen hatte im Nord- und Ostseeraum die Hanse ihre Blütezeit
bereits hinter sich. Allerdings blieb das Reich des Deutschen Ordens an

© Der/die Autor(en), exklusiv lizenziert an Springer-Verlag GmbH, DE,
ein Teil von Springer Nature 2025
M. Pohl, *Licht*, https://doi.org/10.1007/978-3-662-70486-8_6

der Ostsee bis zur zweiten Hälfte des 16. Jahrhunderts eine bedeutende Wirtschaftsmacht. Im nördlichen Europa erwuchs der katholischen Kirche im gleichen Zeitraum mit der Reformation ernsthafte Konkurrenz. 1517 veröffentlichte Martin Luther seine 95 Thesen, ab 1522 folgte seine Bibelübersetzung ins Deutsche. In den 1530er-Jahren veröffentlichte Jean Calvin seine *Institutio Christianae Religionis,* ein zentrales Werk der protestantischen Theologie. 1559 gründete er die Universität Genf, an der ich lange gearbeitet habe.

All diese Umwälzungen zeigten den Menschen der Zeit, dass Veränderung möglich war. Ungenauigkeiten der ptolemäischen Astronomie, ihrer Vorhersagen und des darauf basierenden julianischen Kalenders erhöhten den Druck zur Erneuerung. Wenn schon die antike Geografie ergänzungsbedürftig war, warum nicht auch die aristotelische Kosmologie und die ptolemäische Astronomie der Planeten? Wenn schon die katholische Lehre herausgefordert werden konnte, warum nicht auch die humanistische Missachtung der wissenschaftlichen Forschung?

Allerdings fiel es schwer, die Vorstellung von einer fest im Mittelpunkt des Universums verankerten Erde aufzugeben. In der sublunaren Sphäre war zwar alles im Fluss; in Platos *Kratylos Dialog* liest man z. B. mit Bezug auf den Vorsokratiker Heraklit: „Alles fließt und nichts bleibt; es gibt nur ein ewiges Werden und Wandeln". Aber doch bitte nicht die Erde selbst! Widerspricht es nicht allem Augenschein, dass sich die Erde um eine Achse drehen oder sich gar im Weltall bewegen soll? Argumentiert mit Aristoteles: Sollte man dann nicht einen Fahrtwind spüren? Sollte ein nach oben geworfener Stein nicht seitlich abweichend zurückfallen anstatt senkrecht zurück in die Hand? Und das Hauptargument für die Einzigartigkeit der Erde: Wenn die Planeten lauter Erden wären, würden nicht alle in natürlicher Bewegung zurückfallen zum Zentrum des Universums, wo immer es auch sei?

Diese antiken Argumente haben aber schon die Scholastiker nicht mehr überzeugt. Jean Buridan (1300–1338), Professor und Rektor an der Pariser Universität, hatte für die Dynamik der Bewegung die Impetus-Theorie parat, die man schon bei Ibn Sina findet. Nach Buridan haben massive Körper eine immaterielle Kraft, Impetus genannt, die ihren Bewegungszustand eine Zeitlang erhält. Der Impetus wird durch den Luftwiderstand allmählich aufgezehrt, sodass die erzwungene Bewegung – wie von der aristotelischen Dynamik gefordert – in die natürliche übergeht. Die Luft setzt also nicht die erzwungene Bewegung erhaltend fort, wie bei Aristoteles, sondern setzt sie im Gegenteil herab. Das deckt sich mit dem Augenschein: Der Fahrtwind kommt von vorn, nicht von hinten.

Buridan hat den Impetus quantitativ präzisiert als Produkt aus Stoffmenge und Geschwindigkeit. Die Ähnlichkeit zum Impulsbegriff der modernen Dynamik ist auffällig. Buridans Schüler Nicolas Oresme (1320–1375) hat diese Theorie weiterentwickelt und den immateriellen Impetus, von ihm *impetuosité* genannt, als dem Objekt übertragene Eigenschaft verstanden, so wie wir das heute tun, anstatt als intrinsische Eigenschaft des Objekts.

In seinem Buch *Le livre du ciel et du monde* von 1377 argumentiert Oresme im Detail für die Relativität von Bewegung. Er benutzt dazu die Analogie zweier Boote, isoliert auf hoher See. Wenn sich beide in gleicher Richtung und gleich schnell bewegen, wird es den Besatzungen scheinen, dass sie stillstehen. Steht eines still und das andere bewegt sich, wird es beiden Beobachtern erscheinen, dass sie selbst stillstehen und nur der andere sich bewegt. Sie haben das bei sanfter Anfahrt eines Zuges im Bahnhof sicher selbst bemerkt: Der Bahnsteig scheint sich zu bewegen, bis das Gehirn interveniert und die Dinge richtigstellt. Mithin existiert nach Oresme Bewegung nur als Änderung der Position relativ zu einem anderen Gegenstand. Also könne man auch nicht unterscheiden, ob sich die superlunare Sphäre der Gestirne bewege und die Erde stillstehe oder umgekehrt.

Oresme widerlegt mithilfe der Impetus-Theorie ein weiteres aristotelisches Hauptargument gegen die Erdbewegung, das wir schon genannt haben. Ich meine die Tatsache, dass ein nach oben geworfener Stein senkrecht nach unten in die Hand zurückfällt und nicht schräg. Oresme findet, dass das auch so wäre, wenn die Erde sich bewegt. Ihre Bewegung übertrage nämlich dem Stein genau die waagerechte *impétuosité*, die er braucht, um die Erdbewegung mitzumachen. Sie können die Beobachtung nachprüfen, wenn Sie auf Ihrer nächsten Zugfahrt einen Gegenstand nach oben werfen: Er wird senkrecht zum Waggon wieder herunterfallen, nicht etwa senkrecht zur Erde. Die Impetus-Theorie ist damit zwar nicht bewiesen, aber der Augenschein widerspricht ihr auch nicht.

Oresme wendet die Impetus-Theorie auch auf die Bewegung der Gestirne an und das bringt uns auf unser Kapitelthema Astronomie zurück. Er schreibt (Übersetzung von Klaus Hentschel in seinem Essay *Zur Begriffs- & Problemgeschichte von ‚Impetus'* [521]):

„Vielleicht hat Gott, als er die Himmelskörper geschaffen hat, in sie bewegende Qualitäten und Kräfte eingelassen, so wie er in die Dinge der Erde Schwere und Widerstand gegen diese bewegenden Kräfte eingelassen hat. Es sind diese Kräfte und Widerstände von anderer Natur und anderem Stoff als irgendein wahrnehmbarer Gegenstand oder irgendeine Qualität, die sich hier unten befindet. Es sind diese Kräfte gegenüber diesen Widerständen so bemessen und angepasst, dass die Bewegungen ohne Eingreifen ablaufen; abgesehen vom Eingreifen ist es ganz ähnlich, wie wenn ein Mann eine Uhr gemacht hat und sie laufen und sich von selbst bewegen lässt. So ließ Gott die Himmelskörper kontinuierlich bewegt sein nach dem Verhältnis, das die bewegenden Kräfte zu den Widerständen haben, und nach der eingerichteten Ordnung."

So läuft also die Planetenbewegung ab wie eine Uhr, die man am Anfang aufzieht und dann sich selbst überlässt. Allerdings mit einer Gangreserve von Jahrmilliarden.

Astrometrie bestimmt die Position von Planeten und Sternen mithilfe von Winkelmessungen und liefert damit die Grunddaten der Astronomie. Eine Winkelmessung bestimmt auch die Größe etwa von Sonne und Mond, wenn man mindestens über eine grobe Schätzung ihres Abstands von der Erde verfügt. Ein geeignetes Koordinatensystem lässt sich relativ zur Erde definieren. Stellen Sie sich die Himmelskugel als um den Erdmittelpunkt zentriert vor, wie in einem geozentrischen Weltbild selbstverständlich. Abb. 6.1 veranschaulicht das Bezugssystem.

Wenn man den Äquator auf die Himmelskugel projiziert, bekommt man die Bezugsebene für den Deklination genannten Winkel zum Himmelsäquator. Die Deklination ist für die Himmelskoordinaten das, was der Breitengrad für die Geografie ist. Der Himmelsnordpol befindet sich also bei Deklination 90°; dort findet sich praktischerweise ungefähr der Polarstern. Das Äquivalent zum geografischen Längengrad ist die Rektaszension, der horizontale Winkel zum Frühlingspunkt, der Position der Sonne am 21. März.

Allerdings ist die Richtung der Erdachse nicht konstant, weil die Erde keine Kugel ist und den Kräften der Gezeiten unterliegt. So wandert die

Abb. 6.1 Definition von Ekliptik, Frühlingspunkt, Himmelsnordpol und -äquator. (Bildnachweis: Wikimedia Commons)

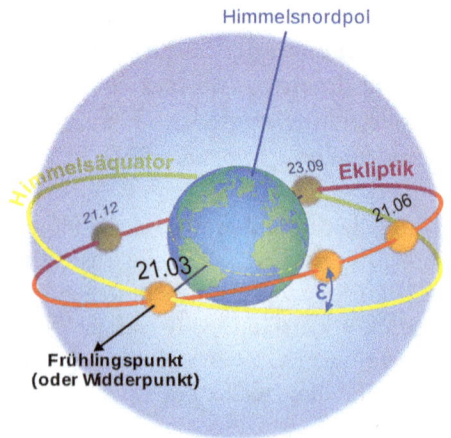

Erdachse langsam um eine Achse, die senkrecht auf der Ekliptik der Sonne steht. Diese sogenannte Präzession führt zu einer langsamen Verschiebung des Frühlingspunktes.

Die Hauptinstrumente der Astrometrie vor der Erfindung des Teleskops haben wir schon kennengelernt, es sind Winkelmesser, die sich am antiken Goniometer orientieren. Beispiele sind das Astrolabium der arabischen Astronomie oder der Quadrant, der eine Winkelmessung im eingeschränkten Bereich von einem Viertelkreis erlaubt. Die Größenmessung kann man beispielsweise mit einer *Camera obscura* realisieren, indem man das Bild von Sonne oder Mond auf eine Ebene fallen lässt und vermisst oder abzeichnet. Oder indem man den Winkel bestimmt, den das Objekt bedeckt. Aber auch bei der Winkelmessung kommen Abbildungseffekte zum Tragen. Das liegt daran, dass das objektseitige Visier des Diopters wie die Öffnung einer Lochkamera wirkt.

Wir wollen die Theorie der Lochkamera kurz verfolgen, so wie wir es mit praktischen Realisierungen schon im vergangenen Kapitel getan haben. Wir lassen dabei zahllose Zwischenstufen der Theoriebildung im Mittelalter aus, die David Lindberg in zwei Artikeln im *Archive for History of Exact Sciences* [367, 374] Ende der 1960er-Jahre minutiös analysiert hat. Die geometrische Optik ist offensichtlich nur dann trivial, wenn die Öffnung so klein ist, dass man ihre Apertur vernachlässigen kann. Aber das ist natürlich nie der Fall, wir wollen ja, dass genug Licht einfällt. Al-Haytham hat deshalb die Abbildung verschieden geformter Öffnungen analysiert. Von jedem Punkt der Lichtquelle wird das Bild der Öffnung formtreu projiziert. Diese Abbilder überlagern sich. Befindet sich die Projektionsfläche genügend nahe an der Öffnung, erhalten wir so einen Lichtfleck mit der Form der Öffnung selbst. Befindet sie sich weit entfernt – verglichen mit der Größe der Apertur –, erhalten wir eine Abbildung in der Form der Lichtquelle, unabhängig von der Form der Öffnung. Allerdings war vor dem 12. Jahrhundert diese Analyse und ihre weitere Ausarbeitung von al-Farisi nur auf Arabisch zugänglich. Eine Bestimmung der Größenverhältnisse von Lichtquelle und Abbild war daher im Westen auf die Näherung punktförmiger Aperturen beschränkt. Um die Formänderung in Abhängigkeit vom Abstand wurde mehr oder weniger vage mit einer Schwächung oder Beugung der Lichtstrahlen am Rand der Apertur herumargumentiert. Die Winkelmessung zur relativen Positionierung von quasi punktförmigen Lichtquellen, also die Astrometrie, ist von diesem Abbildungsproblem nicht sehr betroffen. Aber die Messung der Größe von Sonne und Mond ist stark kompromittiert. Wir kommen darauf etwas später zurück. Zunächst aber kommen wir zu einer stillen Revolution: dem Ende der geozentrischen Kosmologie.

Die kopernikanische Revolution

Ich habe diesen Zwischentitel bei Thomas S. Kuhn entlehnt, der diesem epochalen, aber zunächst eher diskreten Umbruch ein gleichnamiges Buch [398] gewidmet hat. Es handelt sich natürlich um die Untersuchungen von Niklas Koppernigk dem Jüngeren, bekannter als Nikolaus Kopernikus. Er wurde 1473 geboren im pommerschen Thorn an der Ostsee, das der Hanse angehörte. Nach dem frühen Tod seiner Eltern kam er unter die Obhut seines Onkels, der Fürstbischof von Ermland war. Nach Studium in Krakau und verschiedenen italienischen Universitäten kehrte er ins heimatliche Ermland zurück als Arzt und Sekretär seines Onkels, in diesen „hintersten Winkel der Welt", wie er in einem Brief bemerkte.

Die dunstige Atmosphäre an der Weichsel war astronomischen Beobachtungen wenig zuträglich. Somit hatte Kopernikus kaum Gelegenheit zu eigenen Beobachtungen. Stattdessen musste er sich auf die Astrometrie anderer verlassen. In einem Erstlingswerk, dem *Commentariolus*, stellte er erstmals seine Theorie vom Umlauf der Erde und der anderen bekannten Planeten um die Sonne dar. Das Manuskript wurde erst 1877 wieder aufgefunden und trägt den vollen Titel *Nicolai Copernici de hypothesibus motuum coelestium a se constitutis commentariolus* (Kleine Abhandlung über die von Nikolaus Kopernikus aufgestellten Hypothesen zur den Himmelsbewegungen). Die ausführliche Abhandlung *De revolutionibus orbium coelesticum* (Über die Umschwünge der himmlischen Kreise) erschien nach langem Zögern erst kurz vor seinem Tod im Jahr 1543. In einem eigenmächtig vom Lutheraner Andreas Osiander hinzugefügten Vorwort des Erstdrucks wird Kopernikus' heliozentrische Kosmologie als bloße Rechenmethode dargestellt, die eine einfachere Berechnung der Planetenbahnen erlaubt. Das erklärt vielleicht zum Teil, warum das Werk zunächst wenig Beachtung fand. Es ist aber auch ein sehr technisches Werk, das wohl nur professionellen Astronomen zugänglich war. Die alten aristotelischen Argumente gegen die Erdbewegung wurden gleichwohl ausgegraben, obwohl sie längst widerlegt waren. Allerdings waren die Werke von Buridan und Oresme nur als Manuskripte zugänglich, wenn überhaupt, während *De revolutionibus* gedruckt vorlag. Als Methode zur Berechnung von astronomischen Tafeln fand das heliozentrische Modell schnell breite Anwendung, zeigte aber in den folgenden Jahrzehnten deutlich erkennbare Abweichungen zu tatsächlichen Positionen der Planeten, wie wir noch sehen werden.

De revolutionibus stellt zwar revolutionäre Thesen zur Planetenbewegung auf, ist aber kein revolutionäres Buch. Das Modell der Planetenbahnen ist weiterhin der Kreis, wie man in Abb. 6.2 sieht. Also keine Abkehr von der antiken Doktrin der idealen Kreisbewegung. Eine Diskussion der dynamischen Grundlagen der Bewegung findet ebenfalls nicht statt. Vielmehr ist das Buch weitgehend aufgebaut wie sein Vorbild, der Almagest des Ptolemäus. Allerdings zieht Kopernikus in seinem eigenen Vorwort, das sich an Papst Paul III. wendet, eine vernichtende Bilanz der Arbeiten seiner Vorgänger:

„Auch konnten sie die Hauptsache, nämlich die Gestalt der Welt und die tatsächliche Symmetrie ihrer Teile, weder finden noch aus jenen berechnen, sondern es erging ihnen so, als wenn jemand von verschiedenen Orten her Hände, Füße, Kopf und andere Körperteile, zwar sehr schön, aber nicht in der Proportion eines bestimmten Körpers gezeichnet, nähme und, ohne daß sie sich irgendwie entsprächen, mehr ein Monstrum als einen Menschen daraus zusammensetzte."

Entgegen diesem „Monstrum" verhält sich die Erde wie die anderen Planeten im Sonnensystem. Die Erde ist ein Planet! Das war für Kopernikus und seine Nachfolger der Schlüssel zum Verständnis des Sonnensystems.

Allerdings kam Kopernikus noch nicht ohne Hilfskonstruktionen aus, nicht so verwickelt wie die Deferenten und Epizyklen der Geozentriker, aber immerhin. So waren seine Kreisbahnen nicht konzentrisch mit dem Mittelpunkt der Sonne, sie kreisten um den Mittelpunkt ihrer Deferenten relativ zur

Abb. 6.2 Skizze der Planetenbahnen aus *De revolutionibus* von Nikolaus Kopernikus

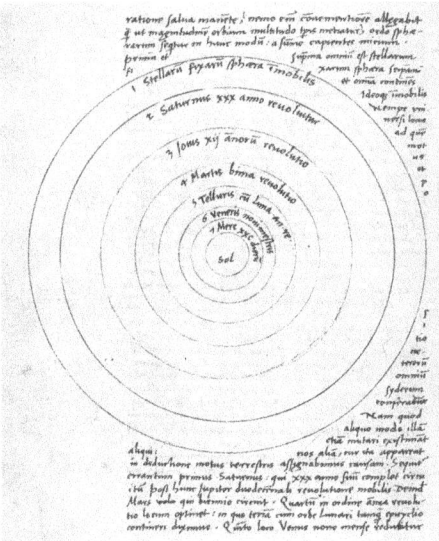

Sonne.[1] Er setzte die Bewegung der Erde aus drei Komponenten zusammen: einer gleichförmigen Rotation um die eigene Achse in einem Tag; einer ebenfalls gleichförmigen Rotation um die Sonne in einem Jahr und einer Präzession der Erdachse in ebenfalls einem Jahr. Diese letzte Komponente war notwendig, weil Kopernikus die Erde als befestigt an einer aristotelischen Kugeloberfläche annahm. Damit würde sich die Erdachse auf der Umlaufbahn mitdrehen, anstatt annähernd konstant in eine Richtung zu zeigen. Das musste also durch die zusätzliche Präzession kompensiert werden, da nun einmal die Sonne auf der Nordhalbkugel im Sommer höher steht als im Winter.

Im zehnten Kapitel seines Hauptwerks zählt Kopernikus Vorteile seines neuen heliozentrischen Ansatzes auf. Und zwar anhand von Beispielen, die sowohl im traditionellen ptolemäischen System wie im kopernikanischen erklärbar sind. So wie etwa die scheinbare Rückwärtsbewegung der äußeren Planeten, die bei Ptolemäus von den Epizyklen, bei Kopernikus von der Erdbewegung herrührt. Oder wie die Reihenfolge und Ordnung der Planetenbahnen. Anstatt diese Tatsachen als Gegenargumente zu akzeptieren, hebt Kopernikus auf den höheren ästhetischen Wert seiner Kosmologie ab. Er betont die „bewundernswerte Symmetrie" und das „deutliche Band der Harmonie der Bewegung und Größe der Sphären" als herausragende Merkmale seiner Theorie. Schönheit, Symmetrie und Harmonie als Kriterien für die Überlegenheit einer neuen Theorie ohne neue Beobachtungen oder Vorhersagen? Das wird uns in der Folge noch beschäftigen.

In der Widmung an den Papst spricht Kopernikus aber auch von Schwätzern, die ihn wegen eines „übel verdrehten Worts" aus der Bibel tadelten. Er meinte damit sicherlich den Reformator Martin Luther, der in seinen Tischreden von 1539 über den *Commentariolus* gewettert hatte: „Der Narr will mir die ganze Kunst der Astronomia umkehren!" Jeder wisse doch, dass laut der Bibel Josua die Sonne habe stillstehen lassen und nicht die Erde. Luthers Mitarbeiter Melanchton schlug in dieselbe Kerbe. In seiner *Initia Doctrinae Physicae* 1549 schrieb er:

„Die Augen sind Zeuge, dass sich der Himmel in 24 Stunden umdreht. Doch gewisse Leute haben entweder aus Neuerungssucht oder um ihre Klugheit zu zeigen, geschlossen, dass sich die Erde bewegt … Doch es zeigt einen Mangel an Ehre und Geschmack, solche Vorstellungen öffentlich zu äußern, das Beispiel ist gefährlich. Es ist die Pflicht eines guten Christen, die Wahrheit, wie sie von Gott offenbart wurde, zu akzeptieren und auf sie zu vertrauen."

---

[1]Eine instruktive Zeichnung der Planetenbahnen nach dem ptolemäischen und dem kopernikanischen System findet sich z. B. in A.C. Crombies Buch *Von Augustinus bis Galilei* [362], Abb. 20.

Es ist kein Wunder, dass die erste ernsthafte Kritik an den kopernikanischen Neuerungen aus den Kreisen führender protestantischer Theologen kam. Die Bibel wörtlich zu nehmen, die freieren Interpretationen katholischer Konzile zu verachten, gehörte zu den Grundfesten der Reformation. So führte Jean Calvin den 93. Psalm an, in dem es heißt: „Fest steht der Erdkreis, dass er nicht wankt". Wer wolle es also wagen, die Autorität des Kopernikus über diejenige des Heiligen Geistes zu stellen?

Allerdings war die Verbreitung der kopernikanischen Lehre nicht aufzuhalten. Dazu beigetragen hat sicher das satirische Werk *I Marmi del Doni*, das Anton Francesco Doni 1552 veröffentlicht hat [1]. Sein Autor behauptet, als Vogel einen Dialog zwischen dem *buffone* Carfulla und einem gewissen Ghetto Pazzi auf den Stufen der Florentiner Kathedrale belauscht zu haben, in dem sie das heliozentrische Weltbild des Kopernikus diskutieren.

Opposition gegen das neue Weltbild aus katholischen Kirchenkreisen ließ einigermaßen lange auf sich warten. Im Gegenteil wurden Berechnungen aufgrund des kopernikanischen Systems verwendet, um den neuen von Papst Gregor XIII. 1582 verordneten Kalender zu berechnen, den wir noch heute verwenden. Er sollte die zunehmenden Differenzen zwischen Sonnen- und Kalenderjahr beheben. Auch dieser Kalender stieß aber in den reformierten Teilen Europas auf Ablehnung, die mancherorts zu bürgerkriegsähnlichen Unruhen führten, etwa in den bikonfessionellen Städten Augsburg und Riga. Im Jahr 1559 reagierte die Inquisition mit der Anlegung eines *Index librorum prohibitorum* auf die Flut reformatorischer Schriften. Der Index listet Werke auf, deren Lektüre Katholiken verboten ist. Allerdings wurde ein Verfahren gegen *De revolutionibus* erst eröffnet, als Galilei durch Beobachtungen der Planetenbahnen das heliozentrische System zu beweisen suchte. Wir kommen darauf zurück, wenn wir über das Inquisitionsverfahren gegen ihn berichten. Allerdings wird *De revolutionibus* nie vollständig verboten. Vielmehr kann das Buch weiterhin gelesen und die heliozentrischen Rechenmethoden können verwendet werden, wenn man die kosmologische Grundlage als reine Hypothese betrachtet. Entsprechende Stellen im Buch sind von Hand zu korrigieren; ein opportunistisches Urteil.

Mittlerweile hatte nämlich die kopernikanische Methodik, wenn auch nicht ihre heliozentrischen Grundlagen, bei der Mehrheit der Astronomen eine mehr oder weniger stillschweigende Übernahme erfahren. So brachte der Wittenberger Professor und Astronom Erasmus Reinhold schon 1551 die *Prutenicae tabulae coelestium motuum* heraus, die ersten vollständigen astronomischen Tafeln seit 300 Jahren. Sie waren berechnet nach der kopernikanischen Methode, aber ohne Bezug auf seine Kosmologie. Allerdings waren sie nicht wesentlich genauer als die nach überkommenen Methoden berechneten. Fehler von einem Tag in der Vorhersage von Mondfinsternissen waren nicht ungewöhnlich, die Länge des Jahres war ähnlich ungenau wie bei den traditionellen Tafeln. Trotzdem wurden die Tafeln im 16. Jahrhundert bald unersetzlich, unter Astronomen – und Astrologen – wurde die kopernikanische Hypothese zum Standard, fand aber kaum Eingang in den öffentlichen Diskurs. Und wenn, wurde sie ziemlich einhellig abgelehnt.

Brahe und Kepler

Ein eminenter Astronom des 16. Jahrhunderts, der den kopernikanischen Neuerungen ablehnend gegenüberstand, war der Däne Tyge Ottesen Brahe, genannt Tycho (1546–1601). Er war ein genialer Instrumentenbauer und wurde darin vom dänischen Königshaus unterstützt. König Frederik II. überließ ihm ein Anwesen auf der Insel Hven, wo er das Observatorium Uraniborg finanzierte, damals das größte im christlichen Europa.

Das Frontispiz Abb. 6.3 zu Brahes Werk *Astronomiae instauratae mechanica* (1598) zeigt im Hintergrund einen Schnitt durch das imposante Gebäude, mit astronomischen Instrumenten auf dem Dach, Arbeitsräumen im ersten Stock und alchemistischen Apparaturen im Erdgeschoss. Ein Porträt Tychos sehen wir im Mittelgrund, auf das Eingangsvisier des Quadranten im Vordergrund zeigend. Mit einem Radius von fast zwei Metern war dieser riesige Quadrant an der Wand genau in Nord-Süd-Richtung montiert. Drei Assistenten werden bei einer Positionsmessung gezeigt. Einer visiert die Position eines Objekts an und liest sie von der Winkelskala des Quadranten ab, ein zweiter liest die Uhrzeit ab, während ein dritter die Daten festhält. Die Genauigkeit der Beobachtungen stellte alles Dagewesene in den Schatten. Seine Planetenpositionen waren etwa doppelt so genau wie die seiner Vorgänger.

Eine der Gründe, warum Tycho die kopernikanischen Hypothesen verwarf, war seine erfolglose Suche nach einer Parallaxe der Fixsterne. Es handelt sich um eine kleine Verschiebung der Fixsternposition, die im Laufe des Jahres durch die Bewegung der Erde um die Sonne zustande kommen sollte. Auch mit seinen genauesten Messungen konnte Brahe eine solche nicht feststellen. Nach seinen Berechnungen müsste die Sphäre der Fixsterne gigantische Ausmaße gegenüber der Sphäre der Planeten haben. Statt das zu akzeptieren, verwarf er die Erdbewegung.

Ein weiterer talentierter Instrumentenbauer, den unter anderem Tycho sehr geschätzt hat, war der Friese Jemme Reinersz, latinisiert als Gemma Frisius, Professor an der Universität Leuven. In seiner Werkstatt wurde 1530

Abb. 6.3 Observatorium des Tycho Brahe in Uraniborg mit dem riesigen Wandqua-
dranten. (Bildnachweis: Wikimedia Commons)

neben genauen astronomischen Instrumenten auch ein kombinierter Erd- und
Himmelsglobus gefertigt.

Gemma beobachtete und vermaß die Sonnenfinsternis vom 24. Januar
1544 mithilfe einer *Camera obscura*, die Zeichnung Abb. 6.4 stammt aus
seiner Veröffentlichung der Beobachtung im Buch *De Radio Astronomica et
Geometrica*. Der Mondschatten verdeckt einen Teil der Sonne, der Mondradius
lässt sich also im Verhältnis zum Sonnenradius auf der Projektionswand
messen. Damit wird die Lochkamera zu einem Instrument für relative, aber
quantitative Messungen. Wie seine Vorgänger ignorierte Gemma den Einfluss
der Apertur auf die Messung.

Tycho benutzte diese Methode, kombiniert mit einem Diopter zur Messung
des Sonnendurchmessers. Er hatte bemerkt, dass man die Größe der Eintritts-

Abb. 6.4 Skizze von
Gemma Frisius zur
Bestimmung des
Verhältnisses zwischen
Sonnen- und
Monddurchmesser bei
einer Sonnenfinsternis
von 1545

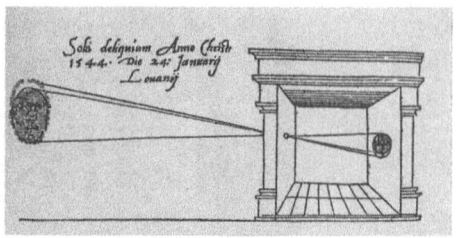

Abb. 6.5 Keplers Skizze
zum Messfehler durch die
Apertur der Lochkamera
aus den *Paralipomena*

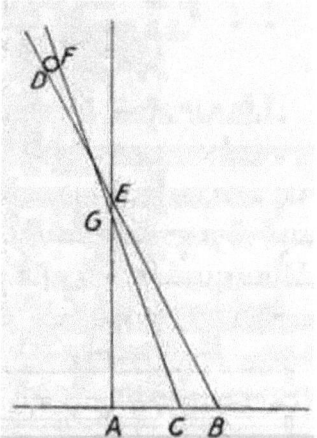

öffnung nicht vernachlässigen kann und ersann eine Korrektur, die allerdings erst Kepler genau schilderte. Die Methode berücksichtigt die Tatsache, dass sich bei endlicher Apertur die Strahlen von den Rändern des Objekts nicht in der Öffnung, sondern bereits außerhalb schneiden. Man sieht das anhand von Keplers Grafik Abb. 6.5 aus dem *Problema III, Caput XI* seiner *Paralipomena*, auf die wir noch im Detail zurückkommen werden. Mithilfe der Winkel GCA und EBA kann man den sonnenseitigen Öffnungswinkel des Strahlenkegels berechnen.

Der Monddurchmesser ist mit der gleichen Methode wegen der geringen Helligkeit selbst bei Vollmond sehr viel schwieriger zu bestimmen. Kepler schreibt im *Problema IV* (ausnahmsweise von mir etwas holprig übersetzt):

„Schwierige Arbeit. Denn die Helligkeit des Mondes ist nicht so groß, als dass unsere Augen klar sehen könnten. Und wenn es durch das Instrument in die Kammer und die Dunkelheit scheint, ist es schwierig, den Strahl von den benachbarten dunklen Rändern des Papiers zu unterscheiden. Du wirst diese Sache also versuchen. Zeichne einige Kreise, die in der Größe sehr nahe beieinanderliegen, aber etwas zunehmen, auf dem Papier, einen nach dem anderen. Fülle die abgedeckte Fläche mit Tinte, besonders an den Rändern: sodass das Schwarz entweder die gesamte Fläche einnimmt oder mindestens etwas Breite von den Rändern zur Mitte hin. Trage sie in der Reihenfolge der Lage im Gerät auf und überlege, welche davon der Mondstrahl so umgibt, dass das leuchtende Weiß des Papiers um die schwarzen Kreise herum schwach auf die Augen trifft. Denn welcher zuerst einen engeren Radius hat, erweist sich als Nächster zum größeren Radius. Nach aller Sorgfalt auf diese Weise wirst du trotzdem einige Zweifel haben. Das ist das Einzige, was du hier hast, um über enorme Fehler urteilen zu können."

Bei allergrößter Sorgfalt bleiben also Zweifel an der Gültigkeit der Methode. Im Prinzip sollte die Messung für den Mondschatten bei einer Sonnenfinsternis einfacher sein, weil der unverdeckte Teil der Sonne genügend Licht gibt. Es stellte sich aber heraus, dass der so bestimmte Mondradius deutlich kleiner war als bei direkter Messung des Vollmonds. Tycho vermutete, dass der Variation eine Art Pulsieren des Monddurchmessers zugrunde lag. Stimmte vielleicht etwas nicht mit der damals bekannten Mondbahn? Oder hat die Messung mit der Lochkamera das, was man heute einen systematischen Fehler nennt? Dem ist Johannes Kepler als Erster ebenso systematisch auf den Grund gegangen.

Kepler kam am 27. Dezember 1571 in Weil der Stadt nahe Stuttgart auf die Welt. Seine Kindheit war alles andere als glücklich. Die häufig im Kriegslager abwesenden Eltern ließen ihn in der lieblosen Obhut der Großeltern zurück. Häufige Umzüge und eine lebensgefährliche Erkrankung an Pocken kamen hinzu. So erhielt er nur eine kurze und unvollständige Schulbildung in der Lateinschule. Trotzdem bestand der hochbegabte Knabe 1583 das württembergische Landexamen und wurde in der Folge gefördert. Nach vier Jahren Klosterschule immatrikulierte er sich an der Universität Tübingen, wo er 1589 mit einem Stipendium das Studium der Theologie aufnahm. Vom angesehenen Astronomen Michael Mästlin erhielt Kepler Unterricht in euklidischer Geometrie und Trigonometrie. Mästlins Astronomievorlesung fußte auf dessen Lehrbuch *Epitome astronomiae* von 1582, das ganz dem ptolemäischen System folgte, aber auch die kopernikanische Theorie erwähnte. Kepler hatte deutlich mehr Interesse an diesen Vorlesungen als an seinem eigentlichen Studienfach. So schrieb er 1593 eine Disputation über den Mond. Ein Jahr später wurde er auf Empfehlung des Senats seiner Universität zum Professor für Mathematik und Astronomie an der evangelischen Stiftskirche im steirischen Graz berufen. Schweren Herzens verließ Kepler also seine Universität ohne Abschluss in Theologie, behielt sich aber eine Rückkehr vor.

In Graz musste er in Ermanglung von Hörern in seinen Fachgebieten auch andere Fächer unterrichten. Außerdem gehörte die Erstellung von Kalendern und astrologischen Voraussagen über Wetter, Krankheiten und Politik zu seinen Aufgaben. Da mehrere seiner Voraussagen zutrafen, gewann er rasch an Ansehen als Astrologe und konnte so seine Einkünfte aufbessern. Er blieb in ständigem brieflichem Kontakt mit seinem Mentor Mästlin.

Wir haben bisher astrologische „Anwendungen" der Astronomie links liegen gelassen, sie sind aber nicht unwichtig. In vielen Kepler-Biografien und auch denen anderer prominenter Astronomen wird nach Entschuldigungen für solche unwissenschaftlichen Aspekte ihrer Tätigkeit gesucht. So schreibt das Lexikon https://www.deutsche-biographie.de/, Kepler wolle „Einfluss nehmen auf die verderblichen Begierden der sterngläubigen Menge und ihr, als Heilmittel, geeignete Mahnungen einträufeln". Keplers Traktat *Tertium interveniens* von 1916 [2] stützt diese These. Darin nennt er die Astrologie „die närrische Tochter der Astronomie" und beklagt, dass er damit seinen Lebensunterhalt bestreiten muss: „Und seynd sonsten der mathematicorum salaria so seltzam und gering, daß die Mutter gewißlich Hunger leyden müste (im Original nur ein s! Siehe https://www.deutschestextarchiv.de/book/view/keppler_tertius_1610?p=26), wann die Tochter nichts erwürbe". Zu dieser Zeit versprach allerdings neben dem christlichen Glauben auch die Astrologie Zugang zu Vergangenheit und Zukunft. Wissenschaft und ihre strenge Methodik waren gerade erst mühsam im Entstehen begriffen. Darum ist es kein Wunder, dass Pseudowissenschaften wie Astrologie und Alchemie, die wir heute als unsinnig belächeln, nicht geringer geachtet wurden als ihre Mutterwissenschaften. Wir werden das auch bei Isaac Newton ein Jahrhundert später wiederfinden.

Allerdings kam Kepler zu der Erkenntnis, dass Theologie nicht seinem wissenschaftlichen Ehrgeiz entsprach. So nahm er eine Einladung Tycho Brahes freudig an und reiste im Jahr 1600 nach Prag, wo Brahe nach einem kurzen Aufenthalt in Wandsbek bei Hamburg 1599 die Stelle eines kaiserlichen Hofmathematikers angetreten hatte. Die Zusammenarbeit mit Brahe erwies sich aber als schwierig. Zwar war Tycho im Besitz der weltbesten astronomischen Daten der Zeit und strebte wie Kepler nach einer Erneuerung der Astronomie. Er hatte aber nicht die analytische Gabe, um in den Daten die verborgene Systematik zu entdecken. Kepler dagegen hatte bereits einen Plan für sein Werk *Harmonice mundi* zur Astronomie der Planeten entworfen. Allerdings hütete Brahe seine Daten eifersüchtig. Beide waren charakterlich, in Arbeitsweise und Lebensstil grundverschieden. So reiste Kepler nach nur fünf Monaten in Prag heim nach Graz. Dort hatte sich die Politik gegenüber Protestanten grundsätzlich geändert, sodass Kepler zunächst zeitweise die Stadt mit den übrigen Stiftslehrern und evangelischen Predigern verlassen musste. Im Herbst 1600 hatte sich die Gegenreformation so weit durchgesetzt, dass alle, die nicht katholisch werden wollten, Innerösterreich verlassen mussten. Da kam ein erneuter Ruf Brahes nach Prag – mit kaiserlicher Unterstützung – gerade recht. Gemeinsam mit Brahe sollte Kepler auf kaiserliche Anordnung die nach Rudolph II. zu benennenden Planetentafeln erarbeiten. Dieser nach wie vor schwierigen Zusammenarbeit setzte der überraschende Tod Brahes im Herbst 1601 ein jähes Ende.

Kaiser Rudolf II. übertrug Kepler die Sorge für die astronomischen Instrumente und unvollendeten Arbeiten Brahes. Allerdings war auch das nicht problemlos möglich, da die Erben Brahes ebenfalls Besitzansprüche geltend machten. Außerdem warfen die Erben Kepler vor, als Anhänger des kopernikanischen Systems Verrat an den geozentrischen Überzeugungen Tychos zu begehen. Wie es der Zufall will – oder nach Kepler die göttliche Fügung –, begann er seine Arbeiten mit der Bahnberechnung des Planeten Mars. Dessen Bahn weist unter den Planeten des Sonnensystems die größte Exzentrizität auf und weicht daher am meisten von der reinen geozentrischen Lehre ab. Der Planet bewegt sich nicht etwa mit gleichförmiger Geschwindigkeit, sondern umso schneller, je näher er der Sonne kommt.

In diese Zeit fällt auch die Zusammenarbeit zwischen Kepler und dem Toggenburger Uhrmacher und Mathematiker Jost Bürgi [614]. Bürgi war kaiserlicher Uhrmacher und Instrumentenbauer und ist berühmt geworden als Erbauer der ersten astronomisch nutzbaren Sekundenuhr und eines präzisen Himmelsglobus. Als Mathematiker war er Miterfinder der Logarithmen. Kepler profitierte von Jost Bürgis Mathematikinnovationen, astronomischen Daten und Instrumenten und redigierte im Gegenzug dessen Manuskripte.

Kepler hatte einen neuen Zugang zur Systematik der Planetenbewegung entwickelt. Für ihn war das Sonnensystem ein dynamisches, von physikalischen Kräften gelenktes Ganzes. Keine mathematische Doktrin, sondern eine kausale Erklärung sollte die beobachteten Gesetzmäßigkeiten erklären: die Himmelsmechanik. In seinem 1609 erschienenen Werk *Astronomia nova*[2] formulierte Kepler die ersten beiden der drei nach ihm benannten Planetengesetze.

Nach dem ersten Gesetz sind die Planetenbahnen Ellipsen mit der Sonne in einem der beiden Brennpunkte. Nach dem zweiten Gesetz überstreicht

---

[2] Der volle Titel lautet: *Astronomia Nova Aitiologetos, Seu Physica Coelestis, tradita commentariis De Motibus Stellae Martis, Ex observationibus G. V. Tychonis Brahe*, Neue Astronomie, ursächlich begründet oder Physik des Himmels, dargestellt in Untersuchungen über die Bewegungen des Sternes Mars nach den Beobachtungen des Edelmannes Tycho Brahe.

Abb. 6.6 Keplers
Darstellung seiner
Entdeckung der
elliptischen Umlaufbahn
des Planeten Mars aus
der *Astronomia nova.*
(Bildnachweis: Alamy)

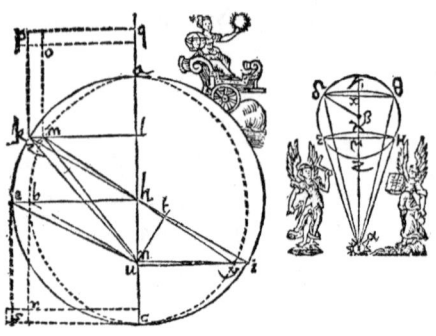

die Verbindungslinie zwischen einem Planeten und der Sonne in gleichen Zeiträumen gleiche Flächen. Das erklärt, warum der sonnennahe Bahnabschnitt schneller durchlaufen wird als der sonnenferne. In der Skizze Abb. 6.6 zeigt Kepler am Beispiel der Marsbahn, dass seine elliptischen Planetenbahnen Epizyklen überflüssig machen.

Wie schon der Titel seines Buches *Neue Astronomie, ursächlich begründet oder Physik des Himmels* zeigt, ging es Kepler nicht nur darum, die Planetenbahnen korrekt zu beschreiben. Vielmehr hielt er fest, „dass ich in einer physikalischen oder sogar metaphysischen Beweisführung die Bewegung der Sonne der Erde selbst zuschreiben kann – wie Kopernikus es mathematisch bewiesen hat" (Vorwort zu *Mysterium Cosmographicum*).

Bei seinen Neuerungen zur Astronomie kamen Kepler neue mathematische Werkzeuge zupass. Jost Bürgi (1552–1632) und John Napier (1550–1617) hatten gerade die Logarithmen „erfunden", die numerische Rechnungen enorm vereinfachten. Anschließend waren schnell Tafeln für die trigonometrischen Funktionen und die natürlichen Logarithmen errechnet worden. Keplers eigene Arbeiten über die Kegelschnitte, zu denen die Ellipse gehört, haben ebenfalls dazu beigetragen, dass Kepler die Kreisform der Planetenbahnen aufgeben konnte. Für seine neoplatonischen Ansichten, nach der Formen in der Natur zwar ihren Idealen nahekommen, diese aber nicht erreichen, war dies ein kleiner Schritt. Für seine Zeitgenossen wie Galilei war es ein zu großer.

Mondschatten und Optik

Aber genug der Astronomie für den Moment. Eine von Tychos Beobachtungen, die wir schon erwähnt haben, lenkte Keplers Aufmerksamkeit auf die Optik. Wie erwähnt, widersprechen sich die Messungen des Monddurchmessers mit der Lochkamera bei Vollmond und bei einer Sonnenfinsternis. Der Mondschatten erscheint kleiner, als man aus dem Durchmesser des Vollmonds relativ zum Sonnendurchmesser erwarten würde. Kepler selbst bestätigt die Beobachtung bei der Sonnenfinsternis vom 10. Juli 1600. Die Hypothese, dass der Monddurchmesser in Konjunktion tatsächlich kleiner sein solle als in Opposition, scheint ihm unmöglich. Die Tatsache, dass die Enden des Mondschattens da, wo er die Sonnenscheibe schneidet, mit bloßem Auge spitz, im Bild der *Camera obscura* aber abgerundet erscheinen, lenkt vielmehr den Verdacht auf einen Abbildungsfehler des Instruments. Und diesem Verdacht geht Kepler mit gewohnter Gründlichkeit nach.

In seinem Buch *Ad Vitellionem paralipomena quibus astronomiae pars optica traditur* von 1604 beschreibt er die Versuchsanordnung zu einer Untersuchung der Abbildung in einer *Camera obscura*. Sie bemerken schon am Titel zwei Charakteristika, die sich auf die zwei Teile des Buches beziehen. Einmal, dass er sein Werk ausdrücklich als Ergänzungen zum Standardwerk von Witelo ankündigt. In den ersten fünf Kapiteln seines Werks gibt er in der Tat einen vollständigen Überblick über die geometrische Optik und insbesondere über seine eigenen Forschungen. Zum Zweiten sagt der Titel, dass er Optik als Hilfswissenschaft der Astronomie begreift, zu seiner Zeit eine verzeihliche Kurzsichtigkeit. Von den Anwendungen der (linsenlosen) Optik auf die Astronomie handeln dann auch die Kapitel 6 bis 11 seines Buches.

Kepler verwendet zu seiner Untersuchung der *Camera obscura* die Fadenmethode, die wir schon bei Dürer in Abb. 5.17 kennengelernt haben. Von einem an die Decke montierten Buch (Abb. 6.7) spannt er einen Faden durch eine Öffnung im Tisch bis zum Boden. Mit dem Faden die Ränder der Öffnung abtastend, entwirft er auf dem Boden für jeden Punkt am Rande des Buches dessen Abbildung. Es entsteht eine Reihe von Lochbildern, jeweils in der Farbe des Objektpunktes, die zusammen ein seitenverkehrtes Abbild des Buches bilden.

Abb. 6.7 Keplers Fadenmethode zur Bestimmung der Abbildung mit einer Lochkamera

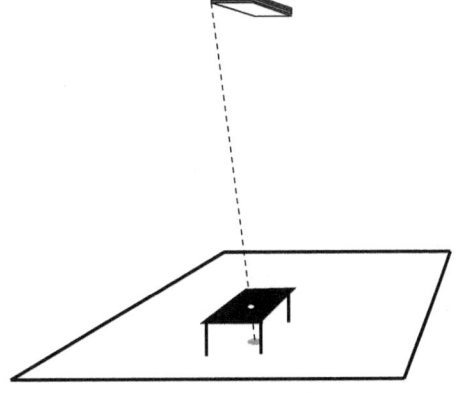

Allerdings ist die Abbildung nicht getreu, wie sie bei einer punktförmigen Apertur wäre. Das Bild scheint um etwa die Hälfte der (projizierten) Apertur an den Rändern vergrößert. Und umso unschärfer, je größer die Apertur ist.

Somit ist der systematische Fehler bei den Messungen von Sonnen- und Monddurchmesser nach dieser Methode geklärt, wie der kleine Ausschnitt von Abb. 6.8 aus Keplers Notizbuch zur Sonnenfinsternis zeigt. Der Sonnendurchmesser ist um etwa einen Aperturdurchmesser zu groß. Der Durchmesser des Mondschattens dagegen erscheint zu klein, weil die hellen Punkte am Rande der Restsonne um den halben Aperturdurchmesser hineinragen.

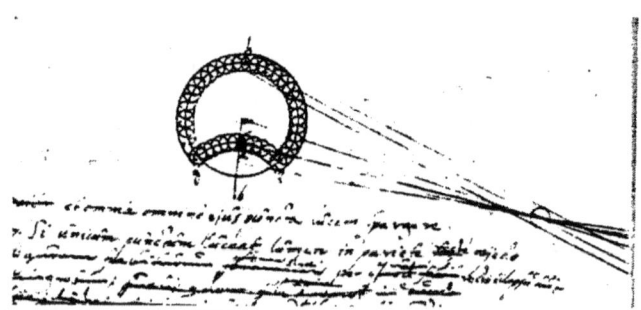

Abb. 6.8 Keplers Erklärung der Fehler bei einer Eklipsenmessung und deren Korrektur

Man versteht außerdem auch, warum nahe hinter der Apertur nicht das Bild des Objekts, sondern das Bild der Apertur sichtbar wird. Mit schwindendem Abstand zur Öffnung vereinigen sich die Abbildungen der Apertur zu einer einzigen. Kepler beabsichtigte ursprünglich, diese Entdeckung in einer Monografie zu veröffentlichen. An Mästlin schrieb er am 9. September 1600:

> „Beim Herkules, was für ein Fehler; woraus ich aber erfuhr, was die Ursache ist, dass der Mond beim ekliptischen Neumond einen so kleinen Durchmesser aufweist. Und so schrieb ich im restlichen Monat Juli Paralipomena für das zweite Buch der Optik von Witelo."

Details seiner eigenen *Camera obscura* beschreibt Kepler nicht. Aber sein Zeitgenosse Sir Henry Wotton (1568–1639) spricht in einem Brief an Lord Bacon [9] von Keplers Zelt aus schwarzem Stoff mit einem Loch, das mit einem Kepler'schen Fernrohr ausgestattet ist. Wotton findet, dass man damit sehr genaue Zeichnungen einer Landschaft herstellen kann, und Kepler scheint es auch dazu benutzt zu haben. Von astronomischen Anwendungen spricht Wotton nicht, er beschreibt es eher als Kuriosität.

Auf der Suche nach einem Drucker wurde Kepler klar, dass er die Perspektive seiner *Paralipomena* erweitern und ein umfassenderes Werk vorlegen sollte. So hat er die Untersuchung der Lochkamera in den Zusammenhang einer astronomischen Optik gestellt, als „ein Werk in ausdauernder Forschungsarbeit geschmiedet wie nur eines", wie er in einem Brief bemerkt. Er findet zwar, dass die Abhandlung eigentlich einer logischen Ordnung folgen sollte, also mit einem einleitenden Kapitel über die Natur des Lichts, gefolgt von einer Diskussion des menschlichen Auges und des Sehvorgangs, um erst am Schluss über Katoptrik und Dioptrik zur Bildgebung zu gelangen. Stattdessen entscheidet er sich aus didaktischen Gründen, in der Reihenfolge seiner eigenen Forschungen vorzugehen, hält sich aber nicht sehr streng an diesen Vorsatz.

Das erste Kapitel, *De natura lucis* (Über die Natur des Lichts) muss uns besonders interessieren, fasst es doch zusammen, was Kepler über dieses damals dem Experiment nicht zugängliche Thema gedacht hat. Bereits in den ersten Propositionen outet Kepler sich als Intromissionist: Licht wird durch eine Quelle ausgesandt und vermittelt sich zu entfernten Orten. Von jedem Punkt auf einem leuchtenden Körper geht in alle Richtungen eine unendliche Vielzahl von „Linien" aus, und zwar in sphärischer Form. Licht kann bis ins Unendliche gelängen, weil es gewichtslos ist. Die *vis eiaculatoria* (Ausstoßkraft) ist ebenfalls unendlich und somit breitet sich Licht mit unendlicher Geschwindigkeit aus. In der vierten Proposition kommentiert Kepler die geradlinige Ausbreitung des Lichts in Form von Strahlen, die Grundlage der geometrischen Optik. Allerdings mit einer neuen Begründung. Geradlinige Ausbreitung sei nötig, weil alle Dinge – soweit ihrem Wesen nach möglich – ihrem Schöpfer folgen. Eine geradlinige symmetrische Aussendung von geraden Linien erzeugt aber eine Kugel, die geometrische Repräsentation der Dreifaltigkeit selbst, mit Gott Vater als Mittelpunkt, seinem Sohn als Oberfläche und dem Heiligen Geist, der das Volumen ausfüllt. Ein Lichtstrahl ist aber nicht Licht und nicht körperlich zu verstehen. Er repräsentiert vielmehr die Bewegung des Lichts.

So weit also die Eigenschaften des Lichts. Aber was ist nun seine Natur? Wir finden keine klare Antwort in diesem Kapitel. Vielmehr arbeitet sich Kepler in einem Anhang daran ab aufzuzählen, was Licht *nicht* ist. Er attackiert dabei auf breiter Front die aristotelische Schule, die er die *Optici* nennt. Licht ist nach Kepler keinesfalls ein Zustand transparenter Körper. Auch setzt Farbe keineswegs einen Sehfluss in Gang. Vielmehr ist Transparenz eine Eigenschaft der Körper, unabhängig von der Anwesenheit von Licht. Licht ist eine Emanation leuchtender Körper, eine *species*, die sich unabhängig von einem Medium und sogar ohne ein solches fortpflanzt. Was Farbe angeht, so ist sie eine Eigenschaft der Körper, nicht etwa des transportierenden Mediums. Das lehrt die Erfahrung: Man kann Luft beleuchten, so viel man will, wenn kein Licht auf einen Gegenstand fällt, bleibt dieser unsichtbar.

Der Begriff der *species*, deutsch Art, bedarf einer Erklärung, die wir bislang vermieden haben. Im Mittelalter vertrat der Begriff die Rolle des griechischen *eidos* aus der aristotelischen Philosophie. Bei den Platonikern war es die Wesensart, die mehreren individuellen Dingen eignet. In der scholastischen Tradition aber auch bei al-Kindi bedeutet der Begriff Aussehen oder Ähnlichkeit. David Lindberg argumentiert in seinem Artikel *The Genesis of Kepler's Theory of Light* [419], dass Kepler den Begriff in dieser Tradition verwendet. Und in der Tat schreibt Kepler in seiner *Astronomia Nova*: „so wie Licht, das alles Irdische beleuchtet, die immaterielle *species* des Feuers im Inneren der Sonne ist, so ist die bewegende Kraft, die die Planeten im Bann hält, die immaterielle *species* der Kraft, die der Sonne innewohnt". Licht und Schwerkraft als körperlose Abbilder der Eigenschaften der Sonne. Eine *species* ist immer präsent, wenn der Körper, der sie aussendet, präsent ist. Wird also ein Gegenstand durch einen anderen verdeckt, so zerstört dieser die ausgesendeten *species*. All dies ist kein radikal neuer Standpunkt, sondern steht in der scholastischen Tradition, wie Lindberg überzeugend darlegt. Für Kepler hat Licht keine körperliche Substanz, es ist geradezu reine Mathematik. Er findet, dass es zwar unmöglich sei, die Natur des Lichts gründlich zu durchdringen, es zu versuchen, sei aber eine noble Unternehmung.

Im vierten Kapitel *De refractionum mensura* kommt Kepler auf die Lichtbrechung zu sprechen, in der Hoffnung, ihre Gesetzmäßigkeit zu entdecken. Immer aber im Hinblick auf eine astronomische Anwendung, in diesem Fall die Berücksichtigung der Brechung in der Erdatmosphäre und der damit verbundenen Beobachtungsfehler. Eigene Experimente dazu hat Kepler nicht durchgeführt, er stützte sich vielmehr auf die ptolemäischen Tabellen in der Fassung von Witelo und auf Refraktionstafeln von Tycho zu Sonne, Mond und Fixsternen. Ein Brechungsgesetz hat er nicht finden können, wohl aber eine ordentliche Approximation für kleine Winkel und Glas: Das Verhältnis von Brechungs- zu Eintrittswinkel (beide bezüglich der Normalen) ist ungefähr 2/3. Für die Berechnung von Linsen ist das Ergebnis ausreichend. Allerdings machte sich schon bald bei großen Linsen in Fernrohren die sphärische Aberration bemerkbar und beeinträchtigte die Bildqualität.

Kepler hat natürlich nicht vergessen, dass das menschliche Auge zu seiner Zeit, also vor der Erfindung des Teleskops, das Hauptinstrument der Astronomie war. Und so hat er seine Erkenntnisse auch auf die Abbildung im menschlichen Auge angewandt.

Was die Anatomie angeht, folgt er der Darstellung von Platter, von dem er die Skizze übernimmt, die wir bereits gesehen haben. Bis auf den Winkel des Sehnervs einigermaßen korrekt. Diese Abweichung von der Top-down-Anordnung der Elemente hat wohl erst Christoph Schreiner 1619 in seinem Buch *Oculus hoc est, fundamentum opticum* [274] richtig dargestellt, wie wir an dessen Skizze Abb. 6.9 sehen.

Aber dann weicht Kepler von der Tradition deutlich ab, allerdings ziemlich widerwillig. Er schreibt, dass auf der Hohlseite der Netzhaut ein umgekehrtes Bild entsteht, wie die Skizze Abb. 6.10 zeigt. Allerdings ist die Pupille zu groß, als dass man die Näherung einer punktförmigen Apertur annehmen könnte. So weist Kepler der Augenlinse endlich die optische Rolle zu, die ihr zusteht. Sie ist nicht etwa der Ort, auf dem das Bild entsteht, sondern sie fokussiert parallel einfallende Lichtstrahlen auf einen Punkt der Netzhaut.

Wie sich die vielen einfallenden Lichtstrahlen „entwirren", ist endlich geklärt. So wird Punkt für Punkt das gesehene Objekt auf die Netzhaut „gemalt", wie Kepler schreibt. Kepler ist zu Recht stolz darauf, die optische Abbildung im Auge verstanden zu haben. Er wendet sich an den Verfasser der *Magiae naturalis* (Übersetzung von Rohr [298]):

„Doch zum Schluss! Wenn du, erfindungsreicher PORTA, das eine deiner Darstellung hinzugefügt hättest, das Gemälde an der kristallenen Feuchtigkeit sei noch sehr undeutlich, besonders bei einem weiten Uvealoch, und es käme das Sehen nicht durch eine Verbindung des Lichts mit der kristallenen Feuchtigkeit, sondern durch ein weiteres Vordringen zu der Netzhaut zustande, und

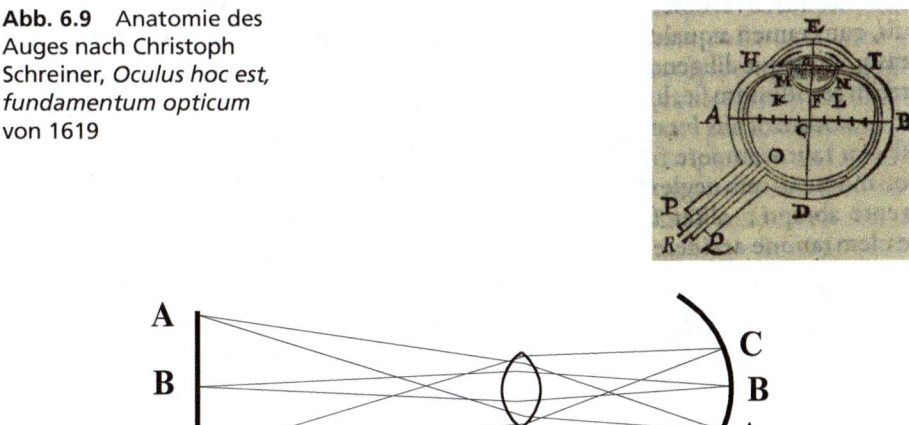

Abb. 6.9 Anatomie des Auges nach Christoph Schreiner, *Oculus hoc est, fundamentum opticum* von 1619

Abb. 6.10 Bildentstehung auf der Netzhaut nach Kepler

durch solch weiteres Vordringen trennten sich die von verschiedenen Punkten ausgehenden Strahlen mehr und mehr, während die von dem gleichen Punkt herrührenden gerade mehr zusammenträten, und in der Netzhaut selbst sei der Ort, wo sich die Sammlung in einem Punkt vollzöge, die die Gewähr eines deutlichen Gemäldes gäbe, und durch jene Überkreuzung käme die Umkehrung des Bildes zustande, durch diese Sammlung aber seine vollendete Deutlichkeit, dann hättest du den Sehvorgang völlig erklärt."

Allerdings weiß auch Kepler nicht, wie das umgekehrte Bild auf der Netzhaut von Sehnerv und Gehirn wieder aufrecht gestellt wird. Darüber mögen sich andere den Kopf zerbrechen: „Dies zu diskutieren überlasse ich den Physikern".[3] Er meint natürlich die Physiologen. Insofern ist auch anzuerkennen, dass Kepler zwar in revolutionärer Manier mit alten Vorstellungen von der Funktionalität des Auges aufgeräumt hat, aber selbst kein Revolutionär war. Das zeigt sich schon an seinen Bemühungen, die Geometrie der Planetenbahnen wieder mit den platonischen Körpern in Einklang zu bringen. Vielmehr war Kepler jemand, der den Resultaten seiner Analyse vertraute und ihre Grenzen erkannte.

So hat er wohl als Erster in den *Paralipomena* das photometrische Gesetz formuliert: Wenn Licht sich kugelförmig von seiner Quelle ausbreitet, so muss seine Intensität mit dem Quadrat des Abstandes abnehmen. Das liegt daran, dass sich die Lichtintensität auf eine mit dem Abstand quadratisch zunehmende Kugeloberfläche verteilt.

Wir müssen uns noch einmal den historischen Hintergrund vor Augen führen, vor dem all diese revolutionären Leistungen stattgefunden haben. Ein paar Jahre vor Keplers Geburt kommen Galilei (1564–1642) und William Shakespeare (1564–1616) auf die Welt. Zur Zeit seiner ersten Veröffentlichung *Mysterium cosmographicum* wird René Descartes geboren. Kurz bevor er zum kaiserlichen *Mathematicus* aufsteigt, wird in Rom Giordano Bruno als Ketzer verbrannt. Seine eigene Mutter wird später als Hexe denunziert, er verteidigt sie erfolgreich. In England veröffentlicht Shakespeare 1609 seine 154 Sonette. In der Periode von Keplers bedeutendsten Büchern um 1610 – ich meine die *Paralipomena, Astronomia nova* und *Dioptrice* – bilden die protestantischen und katholischen Fürsten auf dem Kontinent konkurrierende Bündnisse. 1618 kommt es zum Prager Fenstersturz und der Dreißigjährige Krieg beginnt, der mit dem Westfälischen Frieden eine neue europäische Ordnung etablierte [549]. Ein Jahr darauf veröffentlicht Kepler die *Harmonices mundi*, in

---

[3] *... hoc inquam Physicis relinquo disputandum.*

denen er das dritte Kepler'sche Gesetz zur Planetenbewegung formuliert[4]. In all diesen Wirren und unsicheren Verhältnissen hält er nicht nur seine wissenschaftliche Arbeit aufrecht, er hält auch engen brieflichen Kontakt mit seinen europäischen Kollegen wie Galilei. 1630 reist er im Bemühen, Kaiser und Fürsten zur Zahlung der aufgelaufenen Druckkosten zu bewegen, zum Kurfürstentag nach Regensburg. Dort erkrankt und stirb er am 15. November.

Zwar war mit Keplers Arbeiten die Sonne in den Mittelpunkt des Sonnensystems gerückt, aber seine Himmelsmechanik war weder unmittelbar beweisbar noch dynamisch begründet. Warum die Planeten auf elliptischen Bahnen „kreisen" und warum diese die beobachteten Eigenschaften haben, bleibt unerklärt. Einen wesentlichen Schritt zur Verbindung von Himmelsmechanik und Gravitation hat er allerdings getan. In der Einführung zur *Astronomia nova* beschreibt er die Anziehung der Körper als Wechselwirkung, die beide aufeinander und nicht nur einer auf den anderen ausüben:

> „Wenn zwei Steine nahe zusammen an einem beliebigen Ort des Universums außerhalb der Kraftsphäre eines dritten verwandten Körpers gebracht würden, so müssten sie wie zwei magnetische Körper an einem zwischen ihnen liegenden Punkte zusammenkommen, wobei sich jeder so weit auf den anderen zubewegt, wie die Maße des anderen zu seiner eigenen proportional ist."

Nur wenige nahmen seine Kosmologie ernst. Das änderte sich allerdings mit den enormen Fortschritten der beobachtenden Astronomie, ausgelöst durch die Erfindung des Teleskops, dem wir eine Abschweifung widmen müssen.

Abschweifung: Teleskope und Inquisition

Im Jahr 1608 versuchte der Linsenschleifer Hans Lippershey aus Middelburg in den Niederlanden als Erster, ein auf Linsen basierendes Teleskop zu patentieren. Genauer gesagt: „eine gewisse Kunst, mit der man alle weit entfernten Gegenstände sehen kann, als wären sie nahe, mithilfe von Sehgläsern,"[5] wie es in einem Empfehlungsbrief der Seeländer Regionalregierung an die noch jungen Generalstände der Niederlande in Den Haag heißt.

---

[4] Die Quadrate der Umlaufzeiten zweier Planeten verhalten sich zueinander wie die dritten Potenzen der großen Halbachsen ihrer Bahnellipsen.

[5] *Die verclaert seekere conste te hebben daer mede men seer verre alle dingen can sien al oft die naer bij waeren bij middel van gesichten van glasen, dewelke hij pretendeert een nieuwe inventie is.*

Allerdings vergeblich, zur Erteilung eines Patents kam es nicht. Aber mit diesem schriftlichen Zeugnis beginnt eine 400 Jahre währende Diskussion darum, wer nun wirklich das Teleskop erfunden hat. Bei einer Tagung in Middelburg im Jahr 2010 haben Albert van Helden und Mitarbeiter die historischen Aspekte dieser epochalen Erfindung zusammengetragen. Ihr Buch *The origins of the telescope* [532] zeichnet die Entstehungsgeschichte, die sich über den gesamten europäischen Kontinent zieht, im Detail nach. Es erweist sich wieder einmal, dass *l'air du temps* zu Beginn des 17. Jahrhunderts multiple Beiträge zur Konstruktion von Linsenteleskopen hervorgebracht hat. Die rudimentären Erkenntnisse zur Lichtbrechung von Kepler und anderen waren dazu vollkommen ausreichend.

Die Idee des Teleskops ist, weit entfernte Gegenstände größer sichtbar zu machen, als das Auge allein es kann. Bei großen Entfernungen zum Objekt können wir annehmen, dass die Lichtstrahlen vom Objekt ungefähr parallel zueinander beim Beobachter ankommen. Das unbewehrte Auge würde sie dann auf die Netzhaut fokussieren. Mithilfe der sogenannten Akkomodation können wir ja die Krümmung der Augenlinse innerhalb gewisser Grenzen so verändern, dass die Abbildung scharf wird. Aufgabe des Teleskops ist also, das Bild zu vergrößern, die Parallelität der Lichtstrahlen aber zu erhalten, damit das Auge das Übrige tun kann.

Das von Lippershey dokumentierte Teleskop, das wir das holländische nennen wollen, verfügt über ein konvexes Objektiv langer Brennweite und ein konkaves Okular von kurzer Brennweite. Die Skizze Abb. 6.11 veranschaulicht den Strahlengang Es ähnelt damit unserem heutigen Fernglas. Die Sammellinse des Objektivs fokussiert die einlaufenden parallelen Lichtstrahlen von jedem Punkt des Objekts auf einen Punkt in der Brennebene. Vor der Brennebene befindet sich das Okular, eine Zerstreuungslinse, die mit dem Objektiv eine gemeinsame Brennebene teilt.

Abb. 6.11 Strahlengang im holländischen Teleskop

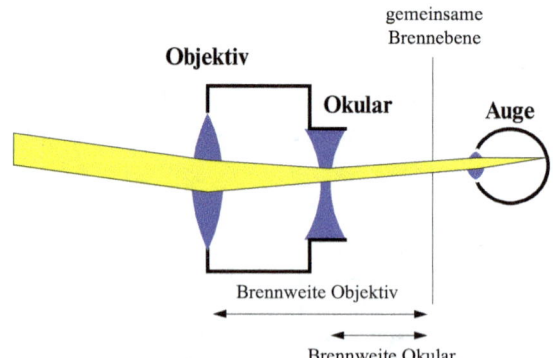

Somit werden die konvergierenden Lichtstrahlen wieder in ein paralleles Lichtbündel übergeführt. Das Auge, mit auf die Ferne gerichteter Akkomodation, bildet dieses dann auf die Netzhaut ab. Der Vergrößerungsfaktor des Teleskops ist gegeben durch das Verhältnis der beiden Brennweiten. Je größer die Brennweite des Objektivs und je kleiner die des Okulars, desto bedeutender ist die Vergrößerung.

Dieses holländische Teleskop wurde zunächst eher als ein optisches Spielzeug angesehen, allenfalls fand es bei der Jagd und beim Militär frühe Anwendungen. Das änderte sich schlagartig, als Galileo Galilei (1564–1642) begann, Teleskope zur Verbesserung von astronomischen Beobachtungen einzusetzen. Galileis Zugang war zunächst auch eher militärisch orientiert. Er war 1592 zum Professor für Mathematik in Padua ernannt worden und gab nebenbei gegen Bezahlung Offizieren eine mathematische Grundausbildung. Sein Haus verwandelte sich in den 18 Jahren seiner Amtszeit in eine Art Militärakademie, einschließlich einer Werkstatt mit ausgezeichnetem Ruf. Sein erstes Teleskop war nicht sehr hochauflösend, doch bald erreichte eines eine fast zehnfache Vergrößerung. Als er 1609 ein Teleskop dem venezianischen Herrscherhaus vorführte, hatte er noch eher militärische Anwendungen im Blick.

Sobald er aber ein Teleskop in den Nachthimmel richtete, wurde er zu einem Pionier der teleskopgestützten Astronomie. Galilei berichtet darüber praktisch in Echtzeit in seinem kurzen Büchlein *Sidereus nuncius* – Sternenbotschaft oder Sternenbotschafter – von 1610, das er dem toskanischen Großherzog Cosimo II. di Medici widmet. Er gibt darin eine Art Bauanleitung für das holländische Teleskop, von dem er gerüchteweise zehn Monate vorher erfahren habe, mit einem plankonvexen Objektiv und einem plankonkaven Okular. Als erste Beobachtung berichtet er über stark vergrößerte Ansichten des Mondes über eine volle Phase hinweg. Abb. 6.12 zeigt seine detailreichen Zeichnungen. Er entdeckte dabei Strukturen, Variationen in der Helligkeit, die man andeutungsweise auch mit bloßem Auge beobachten kann. Allerdings sind seine teleskopischen Beobachtungen ungleich genauer und seine Interpretation fast revolutionär. Im dunklen Teil der Mondscheibe identifiziert er kleine helle Punkte, die er als streifend beleuchtete Bergspitzen interpretiert. Ihre Höhe schätzt er auf 4 italienische Meilen, sensationelle 6800 m. Ein Krater auf der Grenze des Halbmondes wird bei zunehmendem und abnehmendem Mond ebenfalls fast stereoskopisch beleuchtet. Berge und Täler auf dem Mond, mit bloßem Auge allenfalls als Schatten angedeutet, werden so sichtbar, wie seine Zeichnungen zeigen.

Aber das war nicht die einzige astronomische Sensation, die Galilei ankündigte. Bei der teleskopischen Betrachtung von Sternbildern wie denen des Orion und der Plejaden findet er zahlreiche neue Fixsterne, die mit bloßem

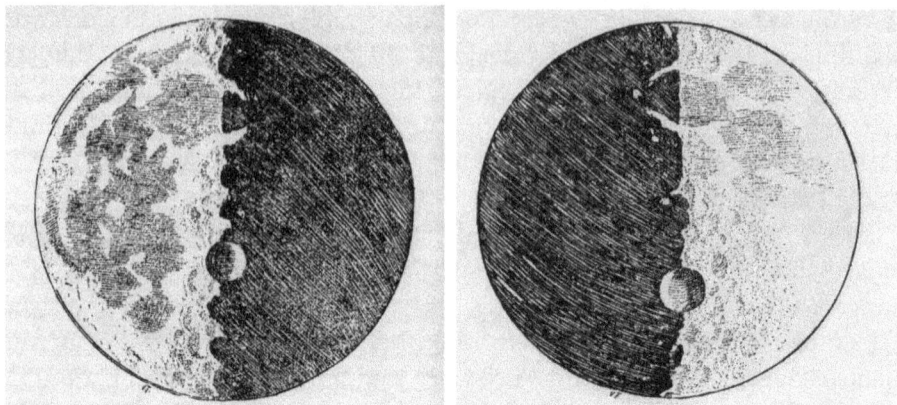

Abb. 6.12   Galileis Zeichnungen der Mondoberfläche bei abnehmendem (links) und
zunehmendem Mond (rechts)

Auge unsichtbar bleiben. Ebenso löst sein Teleskop zum ersten Mal Sternenne-
bel und die Milchstraße in Einzelsterne auf, sodass ihre Struktur sichtbar wird.
Die größte Sensation, die er seitenlang dokumentiert, sind aber die Monde des
Jupiter, die er zwischen Anfang Januar und Anfang März 1610 beobachtet. Er
nennt sie die Mediceischen Planeten um seinem zukünftigen Arbeitgeber zu
schmeicheln. Zunächst findet er drei Monde, später gelegentlich auch vier,
deren Stellung zum Planeten sich auf einer Linie mit der Ekliptik verändert,
sehr rasch im Vergleich zu der zwölfjährigen Umlaufzeit von Jupiter selbst.
Damit ist gezeigt, dass sie den Planeten umkreisen wie der Mond die Erde.
Schon im März 1610 waren 550 Exemplare seines Buchs *Sidereus Nuncius* in
ganz Europa verbreitet und machten ihn über Nacht berühmt.

Wie damals Linsen und Teleskope hergestellt wurden, macht eine Ein-
kaufliste Galileis deutlich, von der Matteo Valleriani berichtet [528]. Auf
der Rückseite eines Briefes bestellt Galilei neben Wein und Kleidern: Kanonenkugeln, Orgelpfeifen aus Zinn, Tripolis Feinschleifpulver, Kolophonium
und Filz. Kanonenkugeln waren aus naheliegenden Gründen fast perfekt
sphärisch und wurden beim Linsenschleifen verwendet, wozu Galilei eine
eigene Maschine konstruierte. Orgelpfeifen waren ebenfalls präzise gefertigt
und dienten als Hülle. Mehrere Teleskope aus Galileis Besitz werden im sehr
sehenswerten Museo Galileo in Florenz aufbewahrt.

Als Johannes Kepler von der Erfindung Kenntnis bekam, ersann er sogleich
eine Variante, die man das Kepler- oder das astronomische Fernrohr nennt.
Im Gegensatz zum holländischen hat es ein konvexes Okular, das sich hinter
der gemeinsamen Brennebene befindet. Abb. 6.13 skizziert den Strahlengang.

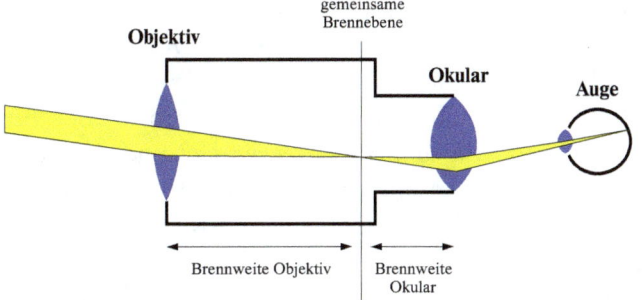

Abb. 6.13 Strahlengang im Kepler'schen Teleskop

Kepler war in seinem Buch *Dioptrice* der Erste, der eine korrekte Theorie des Teleskops veröffentlichte, basierend auf der Näherung kleiner Winkel, die für Teleskope zutrifft. Er führte auch aus, dass asphärische Linsen hyperbolischer Form verzerrungsfrei abbilden.

Keplers Arbeiten erregten weniger Aufsehen als die Galileis, wohl wegen seiner protestantischen Zurückhaltung im Gegensatz zur sehr aktiven Kommunikation des Letzteren. Sie wurden von der katholischen Kirche nicht auf den Index gesetzt, sein Hauptwerk *De revolutionibus* nur „suspendiert". Galileis öffentliche Äußerungen zogen dagegen schon früh die Aufmerksamkeit römischer Autoritäten auf sich. In frühen Briefen ließ Galilei keinen Zweifel daran, dass er ein Anhänger kopernikanischer Kosmologie war. Er vertrat offen die Auffassung, dass astronomische Angaben in der Bibel nicht wörtlich zu verstehen und daher mit einer von Beobachtungen gestützten Kosmologie verträglich seien. Lange war Galilei trotzdem nicht in direktem Fokus der Inquisition. Im Jahr 1623 wurde sein alter Förderer, Kardinal Barberini, als Urban VII. zum Papst gewählt. Er ermutigte Galilei, über das kopernikanische System zu publizieren, allerdings immer unter der Maßgabe, es als Hypothese zu kennzeichnen. Nach jahrelangen Vorarbeiten, die immer wieder durch Galileis angeschlagenen Gesundheitszustand unterbrochen wurden, vollendete er 1630 den *Dialogo di Galileo Galilei sopra i due Massimi Sistemi del Mondo Tolemaico e Copernicano,*[6] geschrieben in der klassischen Dialogform über die zwei hauptsächlichen Weltsysteme von Ptolemäus und Kopernikus. Die Variation von Tycho Brahe ließ er weg, ebenso Keplers Ellipsen; er glaubte weiterhin fest an die grundsätzliche Überlegenheit von Kreisbahnen. Neben seinem astronomischen und kosmologischen Inhalt behandelt der *Dialogo*

---

[6]Eine deutsche Übersetzung findet sich in *Galileo Galilei: Schriften, Briefe, Dokumente, Band 1* [424].

auch physikalische Fragen wie das Prinzip der Relativität von Geschwindig-keiten und einen – allerdings unrealistischen – Vorschlag zur Messung der Lichtgeschwindigkeit. Wir kommen in Kap. 13 darauf zurück.

Im Jahr 1630 reiste Galilei nach Rom, um vom Zensor der Inquisition Riccardi ein *Imprimatur* für sein Buch zu erwirken und erhielt eine vorläufige Druckerlaubnis. Das Buch erschien im Februar 1632, gewidmet dem Großher-zog Ferdinando II. de Medici. Es ist bemerkenswert, dass das Buch nicht auf Latein, sondern auf Italienisch geschrieben ist, eine Neuerung, die er schon 1613 in seinen *Lettere solari* eingeführt hatte. Es ist damit klar, dass Galilei in seinen Veröffentlichungen auf Breitenwirkung abzielte. Und die sollte er bekommen. Im Sommer 1632 wies Inquisitor Riccardi seinen Florentiner Untergebenen an, die Verbreitung der *Discorsi* zu unterbinden. Galilei wurde nach Rom einbestellt und einem Inquisitionsprozess unterzogen. Nachdem er seinen „Fehlern" abgeschworen hatte, wurde er wegen Ungehorsams zu le-benslanger Kerkerhaft verurteilt, entging also dem Scheiterhaufen. Allerdings weigerten sich drei der zehn zu Gericht sitzenden Kardinäle, das Urteil zu unterschreiben. Den Gerichtssaal verlassend, soll Galilei sein berühmtes „Und sie [die Erde] bewegt sich doch"[7] gemurmelt haben, eine stolze Herausfor-derung an außerwissenschaftliche Autoritäten, die auf der Rückseite meines iPads eingraviert ist.

Galilei musste die Kerkerhaft nicht antreten, sondern durfte unter der Obhut des Erzbischofs von Siena nach Arcetri bei Florenz zurückkehren, wo er in Hausarrest blieb. Dort vollendete er trotz zunehmender Probleme mit seiner Sehkraft sein physikalisches Hauptwerk *Discorsi e Dimostrazioni Matematiche intorno a due nuove scienze*,[8] das Kinematik und Festigkeitslehre zum Inhalt hat. Es konnte im Einflussbereich der römischen Kirche nicht veröffentlicht werden und erschien 1635 bei Elsevier in den Niederlanden. Wenn wir über Bewegungslehre und Relativität zu sprechen haben, kommen wir auf den Inhalt zurück. Am 8. Januar 1642 verstarb Galilei in Arcetri und wurde zunächst anonym beigesetzt. Die heutige monumentale Grabstätte im Nordflügel der Florentiner Basilika *Santa Croce* wurde erst 1737 fertiggestellt. Die Raumsonde *Galileo* der NASA studierte den Jupiter und seine Monde von 1995 bis 2003; es war die erste Weltraummission, die einen äußeren Planeten umkreiste.

Johannes Keplers Grab in Regensburg ging dagegen in den Wirren des Dreißigjährigen Krieges verloren. Das *Kepler Space Telescope* der NASA, das

---

[7] *Eppur si muove.*

[8] Auf Deutsch erschienen als *Unterredungen und mathematische Demonstrationen über zwei neue Wissens-zweige, die Mechanik und die Fallgesetze betreffend* [416].

2009 zur Entdeckung erdähnlicher Planeten außerhalb des Sonnensystems in Umlauf gebracht wurde, setzt ihm ein spätes Denkmal.

Revolution oder doch nicht?

Es steht außer Frage, dass die Periode vom ausgehenden 16. bis zum 17. Jahrhundert eine rasante Entwicklung der Kenntnisse von der Natur produziert hat. Nicht nur in der Optik und Astronomie, sondern hin zu der universellen Methodik, die wir heute Naturwissenschaften nennen, auch wenn wir nicht darin einig sind, wie sie genau zu definieren ist. Thomas Kuhn [398] sieht in dieser Periode eine von Ideen getriebene Revolution ablaufen. Andere, wie etwa Peter Galison, sehen die Fortschritte in der Technologie als Treiber des Fortschritts [486]. Wieder andere betonen den doch recht reaktionären Hintergrund der Akteure und ihre Verwurzelung in antiken, ja teilweise okkulten Vorstellungen. Oder sie stellen die gesellschaftlichen Umbrüche der Zeit heraus, wie den sinkenden Einfluss der Kirche, die neues Denken befördert haben. Es ist nicht unsere Aufgabe, hier den Richter zu spielen, all diese Ingredienzien des *air du temps* haben sicher zusammengespielt.

A. Mark Smith identifiziert in seinem Werk *From Sight to Light* [561] über die Fortschritte der Optik in dieser Periode drei wesentliche Themenkreise, die den Übergang von antiken Vorstellungen über das Licht zu einem naturwissenschaftlichen Verständnis vorangetrieben haben.

Der erste Themenkreis betrifft eine Wiederbelebung atomistischer Vorstellungen hin zu einem materialistischen Bild vom Universum. Der antike Atomismus war ja nie ganz aus der Naturphilosophie verschwunden, im Bemühen um eine kausale Erklärung der Naturphänomene – und besonders der Übertragung von Licht und Kräften – spielt er aber eine neue Rolle, wie wir noch sehen werden.

Der zweite Themenkreis betrifft die Rolle der Mathematik in der Beschreibung der Natur; und damit eines meiner Lieblingsthemen, wie Sie schon bemerkt haben werden. Mathematik wird nicht mehr als eine Methodik unter vielen gesehen, sondern schlichtweg als einziges Mittel zum Verständnis der Natur. Galileo schreibt im *Saggiatore*:

„Die Philosophie steht in diesem großen Buch geschrieben, das unserem Blick ständig offen liegt (ich meine das Universum). Aber das Buch ist nicht zu verstehen, wenn man nicht zuvor die Sprache erlernt und sich mit den Buchstaben vertraut gemacht hat, in denen es geschrieben ist. Es ist in der Sprache der Mathematik geschrieben, und deren Buchstaben sind Kreise, Dreiecke und andere geometrische Figuren, ohne die es dem Menschen unmöglich ist, ein einziges Bild davon zu verstehen; ohne diese irrt man in einem dunklen Labyrinth herum."

Der dritte Aspekt, den Smith hervorhebt, ist die Rehabilitierung der auf Empirie gegründeten Forschung. Empirismus war stark der Subjektivität verdächtig, auch bei Kepler, und das sollte auch noch eine Weile so bleiben. Allerdings führten die Fortschritte in der Technologie zu immer besserer Reproduzierbarkeit der Beobachtungen, siehe Teleskop und Mikroskop. Damit ging die Behauptung einher, mit experimentellen Methoden, mit der Herstellung einheitlicher und reproduzierbarer Versuchsanordnungen „objektive" Wahrheiten erkunden zu können. Den Platonikern stellen sich die Nackenhaare auf. Der Vater der Rehabilitierung der „experimentellen Philosophie" war sicher Francis Bacon. In seinen Werken *Novum organum* (1620) und *Phaenomena universi* (1622) beschrieb er, wie sie zu betreiben sei und was dabei zu dieser Zeit herauskam. Einer seiner wichtigsten Promotoren, Robert Hooke, schrieb in seiner *Micrographia* (1665) apodiktisch:[9]

> „Die Wahrheit ist, dass die Wissenschaft von der Natur schon zu lange als reine Arbeit des Gehirns und der Fantasie betrieben wurde: Es ist nun Zeit, zurückzukehren zu Klarheit und Solidität von Beobachtungen materieller und augenfälliger Dinge."

Sie kennen Hooke sicher aus Ihrer Schulzeit. Das nach ihm benannte Gesetz beschreibt die Proportionalität zwischen Kraft und (kleinen) Auslenkungen bei elastischen Medien und insbesondere bei Federn: „*ut tensio, sic vis*". Ein weiterer Promotor der neuen strikten Methodik war Robert Boyle. Selbst zu Anfang alchemistischer Forscher, später ein überzeugter Konvertit und Vertreter veröffentlichter und damit reproduzierbarer Versuchsbeschreibungen. Seine Beiträge zur Gastheorie ebneten den Weg zur Identifizierung der chemischen Elemente. Es hängt eben alles mit allem zusammen.

Das bringt mich auf ein anderes meiner Lieblingsthemen, das gesellschaftliche Bad, in dem all dies stattfinden konnte, eben *l'air du temps*. Smith nennt es die Entstehung eines wissenschaftlichen Marktplatzes, auf dem Ideen und Methodologien gehandelt werden konnten. Die Erfindung des Papiers hatte die kostengünstige Übermittlung nicht amtlicher Schriftstücke erst ermöglicht.

---

[9] *The truth is, the science of Nature has been already too long made only a work of the Brain and the Fancy: It is now high time that it should return to plainness and soundness of Observations on material and obvious things.*

Die Entwicklung des Fernhandels, etwa der Hanse und der Republik Venedig, hatte private und Geschäftspost zu einem Wirtschaftsfaktor gemacht. Allerdings versetzte der Dreißigjährige Krieg den gut entwickelten Botendiensten zwischen Städten auf dem Kontinent einen gewaltigen Schlag. Wissenschaftliche Kommunikation ist trotzdem aufrechterhalten worden, sodass wir die Gedankengänge der Akteure einigermaßen nachvollziehen können.

Im 17. Jahrhundert hat die Gründung von Akademien und wissenschaftlichen Gesellschaften die Kommunikation weiter befördert. Sie nahm ihren Anfang mit der Gründung der *Accademia dei Lincei* in Rom 1603, in die 1610 della Porta aufgenommen wurde, Galilei im Jahr darauf. Die englische *Royal Society* kam in den 1660er-Jahren dazu, 1666 gründete Colbert die französische *Académie Royale des Sciences*. Strenge Aufnahmeregeln und die Kontrolle der stattlichen Sponsoren haben allerdings nicht verhindert, dass sich unter ihren Fittichen neben Wissenschaft auch obskure Tätigkeiten kommunizieren ließen, wie wir mit einigem Schmunzeln noch feststellen werden. Parallel dazu entwickelten sich wissenschaftliche Periodika, wie die *Philosophical Transactions* der Royal Society, die bis heute existieren und die Entwicklung der Wissenschaften dokumentieren.

Physik und Astronomie kannten in dieser Zeit einen rasanten Aufschwung, der uns im Weiteren beschäftigen wird. Beobachtungen wurden weiter systematisiert, insbesondere die Bewegung wurde einer systematischen Untersuchung zugeführt mithilfe eines neuen Werkzeugs, des Raumzeitdiagramms. Damit schmuggelte sich die Zeit in all die Geometrie, die bislang die Beschreibung der Welt dominiert hatte. Veränderung, Bewegung rückt in den Fokus. Der Gravitationstheoretiker Lee Smolin schreibt dazu in seinem sehr lesenswerten Werk *The Trouble with Physics* [507]:[10]

„Um den Beginn des 17. Jahrhunderts machten Descartes und Galileo beide eine wunderbare Entdeckung. Man kann ein Diagramm zeichnen, bei dem die eine Achse der Raum, die andere die Zeit ist. Eine Bewegung durch den Raum wird zu einer Kurve im Diagramm. Dadurch wird Zeit dargestellt, als wäre sie eine weitere Dimension des Raumes. Bewegung wird eingefroren und eine ganze Geschichte von konstanter Bewegung und Veränderung wird uns dargestellt als etwas Statisches und Unveränderliches. Wenn ich raten müsste (und ich verdiene meinen Lebensunterhalt mit Raten), dann ist dies der Tatort."

---

[10] *Around the beginning of the seventeenth century, Descartes and Galileo both made a beautiful discovery: You could draw a graph, with one axis being space and the other being time. A motion through space becomes a curve on the graph. In this way, time is represented as if it were another dimension of space. Motion is frozen, and whole history of constant motion and change is represented to us as something static and unchanging. If I had to guess (and guessing is what I do for a living), this is the scene of the crime.*

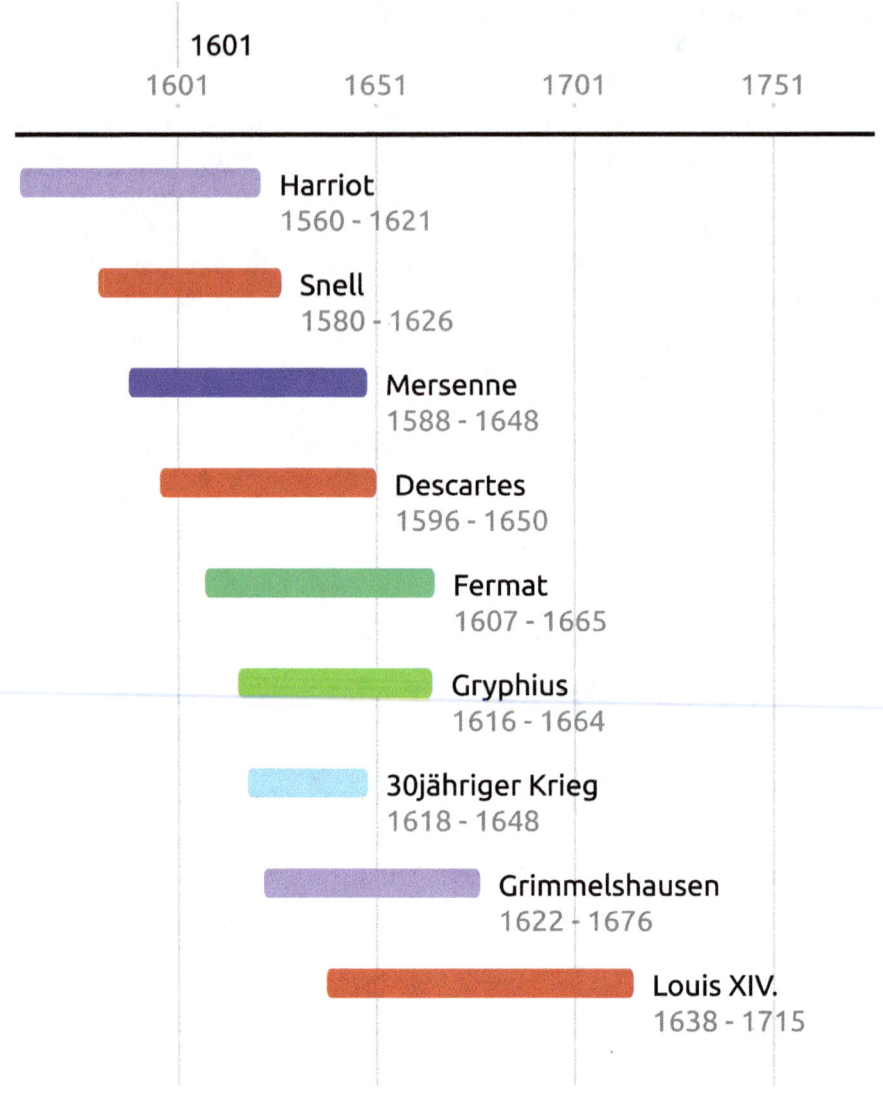

1601

| 1601 | 1651 | 1701 | 1751 |

Harriot
1560 - 1621

Snell
1580 - 1626

Mersenne
1588 - 1648

Descartes
1596 - 1650

Fermat
1607 - 1665

Gryphius
1616 - 1664

30jähriger Krieg
1618 - 1648

Grimmelshausen
1622 - 1676

Louis XIV.
1638 - 1715

7

Ratio

… die Lektüre guter Bücher ist wie eine Unterhaltung mit den ehrenwertesten Menschen der vergangenen Jahrhunderte, die ihre Autoren waren, und sogar eine lehrreiche Unterhaltung, bei der sie uns nur die besten ihrer Gedanken entdecken …

René Descartes, *Discours de la méthode*, 1637 [519]

Kulturgeschichtlich gesehen sind wir damit in der Epoche des Frühbarocks angekommen, der Anfang des 17. Jahrhunderts von Italien aus seinen Siegeszug nach Norden begann. Eine Epoche, die von sehr gegensätzlichen Strömungen gekennzeichnet war. Einerseits überzog der Dreißigjährige Krieg (1618 bis 1648) ganz Europa mit Tod und Verwüstung. Beginnend als Religionskrieg, aber eben vielmehr ein Kampf um Hegemonie, war er eingebettet in eine ganze Reihe paralleler Konflikte, etwa zwischen den Niederlanden und Spanien, Frankreich und Spanien, Schweden und Dänemark und vielen anderen mehr. Wir wollen uns mit Politik hier nicht beschäftigen. Wohl aber mag Ihnen aus der Schule ein Schelmenroman in Erinnerung sein, der die Zeitläufte ironisch nachzeichnet, *Der Abentheuerliche Simplicissimus Teutsch*, heute besser bekannt als Simplicius Simplicissimus von Hans Jakob Christoffel von Grimmelshausen, der 1689 erschienen ist. Er beschreibt den Lebensweg von Melchior Sternfels von Fuchshaim (Anagramm des Autorennamens), der im Dreißigjährigen Krieg als Kind von Soldaten verschleppt wird, es bis zum Offiziersrang bringt, mehrfach die Seiten wechselt und schließlich der Welt entsagt und Einsiedler wird.

© Der/die Autor(en), exklusiv lizenziert an Springer-Verlag GmbH, DE, ein Teil von Springer Nature 2025

M. Pohl, *Licht*, https://doi.org/10.1007/978-3-662-70486-8_7

In Frankreich markiert die Herrschaft von Louis XIV. (1638–1715) den Absolutismus und das Gottesgnadentum der Monarchie einerseits, eine Blütezeit von Kunst und Kultur andererseits. Musik von Lully, Charpentier und Couperin, Literatur von Corneille, Molière, La Fontaine, aber auch Festungsarchitektur von Vauban und Gartenkunst von Le Nôtre charakterisieren das 17. Jahrhundert als das Grand Siècle. Alles andere als friedlich war die Herrschaft von Louis XIV natürlich auch. Unvergesslich gemacht hat das im 19. Jahrhundert Alexandre Dumas *père* mit seinem Roman *Les Trois Musquetaires*, mit Charles d'Artagnan, Kapitänleutnant der königlichen Musketiere im Mittelpunkt, der bei der von Louis XIV persönlich geleiteten Belagerung von Maastricht 1673 fiel.

Auf der anderen Seite war barocke Kunst gekennzeichnet von Überschwang, zunehmender Freiheit in der Wahl künstlerischer Mittel und Sujets, die zum Teil eben auch die sprunghafte Unsicherheit der Lebensumstände widerspiegelten. So gehörten Illusionen, Metamorphosen, Travestie und Verkleidung, Träume und Phantasmen zu den Leitmotiven. *Vanitas, vanitatum vanitas* (1643) in den Versen von Andreas Gryphius mag hier als Beispiel dienen:

Die Herrlikeit der Erden
Mus rauch undt aschen werden/
Kein fels/ kein ärtz kan stehn.
Dis was vns kan ergetzen/
Was wir für ewig schätzen/
Wirdt als ein leichter traum vergehn.

Was sindt doch alle sachen/
Die vns ein hertze machen/
Als schlechte nichtikeit?
Wass ist der Menschen leben/
Der immer vmb mus schweben/
Als eine phantasie der zeit.

Gleichzeitig begründete René Descartes mit seinem *Diskurs über die Methode, seine Gedanken gut zu lenken und die Wahrheit in der Wissenschaft zu suchen* [519][1] eine rationale Philosophie der Wissenschaft. Das Buch erschien 1637 anonym in Leiden auf Französisch, 1656 in lateinischer Übersetzung in Amsterdam. Sie werden sich an seine berühmte Maxime „Ich denke, also bin ich" (*Je pense donc je suis*) erinnern, die aus diesem Werk stammt,

---

[1] *Discours de la méthode, pour bien conduire sa raison et chercher la vérité dans les sciences.*

vielleicht besser bekannt in der lateinischen Fassung *Cogito, ergo sum.* Als er dieses wissenschaftsphilosophische Werk verfasste, hatte Descartes bereits ein bewegtes Leben hinter sich. Geboren wurde er 1596 in La Haye en Touraine, einer Kleinstadt, die sich inzwischen zu seinen Ehren in Descartes umbenannt hat. Als Soldat hatte er an Feldzügen in Holland teilgenommen, in Diensten des Feldherrn Moritz von Nassau. Im Dreißigjährigen Krieg verdingte er sich 1619 auf kaiserlich-katholischer Seite und nahm an der Eroberung Prags teil. Im Winter 1620/21 befand er sich im Quartier bei Ulm, manche vermuten im pfälzischen Neuburg an der Donau, andere weiter flussabwärts in Lauingen. In der Nacht vom 10. auf den 11. November will Descartes drei Träume gehabt haben, die sein Leben veränderten. Seine Aufzeichnungen dazu sind verloren, aber sein früher Biograf Adrien Baillet berichtet davon in seiner *Vie de Monsieur Descartes* von 1692. Ohne uns in Traumdeutung zu verlieren, wollen wir festhalten, dass Descartes daraufhin einen Beschluss gefasst hat: „nur diejenige Wissenschaft zu suchen, die in mir selbst zu finden wäre, oder eben im großen Buch der Welt".[2] Ohne Ablenkung, eingeschlossen in einer Kammer mit Kachelofen, behauptet Descartes, seine Philosophie entwickelt zu haben, die er in seinem stark autobiografisch geprägten Buch beschreibt. Sie gründet sich auf die Ablehnung aller überkommenen Autoritäten und lässt sich grob in vier Regeln zusammenfassen. Sie sind im zweiten *Discours* aufgezählt und sollen es allen erlauben, zur Wahrheit vorzustoßen. Ein großes Programm, in der Tat. Schauen wir uns diese Regeln kurz an:

- Gewissheit: „… niemals eine Sache als wahr anzunehmen, die ich nicht als solche offensichtlich erkenne …":[3]
- Analyse: „… jede Schwierigkeit, die ich untersuche, in so viele Teile zu zerlegen wie möglich und erforderlich, um sie besser zu lösen".[4]
- Synthese: „… meine Gedanken in Ordnung zu lenken, beginnend mit den einfachsten Gegenständen und den am einfachsten zu erkennenden …"[5]
- Vollständigkeit: „… die Aufzählungen überall so vollständig zu machen und die Überprüfung so allgemein, dass ich sicher bin, nichts auszulassen."[6]

---

[2] *… ne chercher aucune science que celle qui se pourrait trouver en moi-même, ou bien dans le grand livre du monde …*

[3] *… ne recevoir jamais aucune chose pour vraie que je ne la connusse évidemment pour telle …*

[4] *… diviser chacune des difficultés que j'examinerais en autant de parcelles qu'il se pourrait et qu'il serait requis pour les mieux résoudre.*

[5] *… conduire par ordre mes pensées, en commençant par les objets les plus simples et les plus aisés à connaître …*

[6] *… faire partout les dénombrements si entiers et des revues si générales que je fusse assuré de ne rien omettre.*

Es wird wieder viel gedacht und ziemlich wenig „im großen Buch der Welt" gelesen. Wir werden sehen, wie weit man damit zur „Wahrheit" vordringen kann. Diese rationalistische Denkmethode erlaubt ihm jedenfalls, ein mechanistisches Gesamtbild vom damaligen Stand der Wissenschaft zu formulieren. Er zeigt dies anhand von vier Essays (*Discours*) über erfolgreiche Anwendungen seiner Methode: *Dioptrique* (Natur und Phänomenologie des Lichts), *Météores* (Wetterphänomene), *Géométrie* (Geometrie, insbesondere analytische Geometrie), *Mécanique* (Hebel und Flaschenzüge). Der Essay über die Geometrie ist wohl das früheste Buch über Algebra, das uns heutigen Lesern ohne Schwierigkeiten mit der Notation verständlich ist. Wie Uta C. Merzbach und Carl C Boyer in ihrem Klassiker *A History of Mathematics* [526] schreiben, verfolgte er dabei zwei Ziele. Einerseits wollte er die Geometrie durch algebraische Methoden von der Benutzung von Diagrammen befreien, andererseits den Ergebnissen algebraischer Rechnungen durch Geometrie eine anschauliche Bedeutung verleihen. So verwandelt sich der Satz des Pythagoras über rechtwinklige Dreiecke in den algebraischen Ausdruck $a^2 + b^2 = c^2$, mit den Katheten a und b und der Hypotenuse c; und die Skizze Abb. 3.11 macht das Ergebnis anschaulich. Naturgemäß wird uns aber im Folgenden der Essay über das Licht im Detail beschäftigen.

Im ersten *Discours* geht es um die Natur des Lichts selbst, also die Optik. Descartes führt zur Erklärung drei Analogien an. Die erste ist der Vergleich des Sehvorgangs mit dem Blindenstock. So wie der Blindenstock das Erfühlen von Gegenständen erlaubt, so dient der Druck des Lichts auf das Auge zur Erzeugung von Bildern auf der Retina. Die Erzeugung von Bildern ersetzt also die Vermittlung von *species*. Licht wird übertragen von der Luft, transparenten Gegenständen und dem Äther. Die Signalübertragung ist dabei instantan, so wie er glaubt, dass sie beim Stock stattfinde.[7]

Seine zweite Analogie bedient sich der Bütte bei der Weinernte, die Saft, Fruchtfleisch und Schalen der Trauben enthält. Der Saft steht dabei für die *matière subtile*, den Äther. Das Fruchtfleisch symbolisiert transparente Körper, die Schalen opake Materie. Bei der Diskussion der Signalübertragung durch eine solche Mischung trifft er die wichtige begriffliche Unterscheidung zwischen der Bewegung selbst (*mouvement*) und der Neigung zu Bewegung (*inclination à se mouvoir*), also der Bewegungsfähigkeit.

Anhand der Grafik Abb. 7.1 diskutiert Descartes das Zusammenwirken der Komponenten. Von den Punkten C, D und E wird Druck auf die Löcher A

---

[7]Sie wissen natürlich, dass der mechanische Druck nicht augenblicklich übertragen wird, sondern sich mit der Schallgeschwindigkeit im Medium fortpflanzt. Descartes wusste das nicht.

Abb. 7.1 Descartes'
Weinbütte zur
Veranschaulichung der
Lichtübertragung [519]

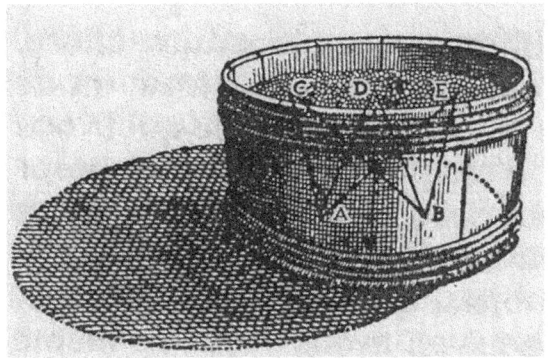

und B ausgeübt, ohne dass Materie etwa gleichzeitig dahin gelangen könnte. Die Neigung zur Bewegung ist es also, nicht die tatsächliche Bewegung, die das Signal überträgt.

Die dritte Analogie, die des Tennisballs, dient ihm zur Begründung der geradlinigen Lichtausbreitung. Die ideale Flugbahn des Tennisballs ist für Descartes eine gerade Linie.[8] Der Widerspruch zwischen tatsächlicher Bewegung des Balls mit endlicher Geschwindigkeit und der geforderten instantanen Ausbreitung des Lichts ist ihm in diesem frühen Werk nicht wichtig genug, um ihn zu kommentieren. Erst in seinem späteren Werk *Le Monde de Monsieur Descartes* [591], auf das wir noch ausführlich zurückkommen werden, wird der Widerspruch argumentativ aufgelöst:[9]

„... die Wirkung oder die Neigung zur Bewegung, die von einem Ort zum anderen übertragen wird vermittels mehrerer Körper, die sich berühren und die den Zwischenraum lückenlos ausfüllen, folgt genau demselben Wege, auf dem dieselbe Aktion den ersten Körper bewegen würde, wenn die anderen ihm nicht im Wege wären; ohne dass es die geringste Verzögerung gäbe, sonst bräuchte der Körper Zeit, um sich zu bewegen, anstatt dass die Wirkung, die in ihm steckt, sich vermittels derer, die sich berühren, in einem Augenblick bis zu allen möglichen Distanzen verbreitet.“

---

[8] Das Spiel erstklassiger Tennisprofis wird sie bei jedem Ballwechsel vom Gegenteil überzeugen.

[9] *... l'action ou l'inclination à se mouvoir, qui est transmise d'un lieu en un autre, par le moyen de plusieurs corps qui s'entretouchent, et qui se trouvent sans interruption en tout l'espace qui est entre-deux, suit exactement la même voie, par où cette même action pourrait faire mouvoir le premier de ces corps, si les autres n'étaient point sur son chemin; sans qu'il n'y ait aucune autre différence, sinon qu'il faudrait du temps à ce corps pour se mouvoir, au lieu de l'action qui est en lui peut, par l'entremise de ceux qui se touchent, s'étendre jusqu'à toutes sortes de distances en un instant.*

Es ist also die Neigung zur Bewegung, die sich instantan fortpflanzt, die tatsächliche Bewegung aber nicht.

Die Bewegung des Balls dient ihm auch noch als Analogie zu weiteren Eigenschaften des Lichts, da der Ball neben der als geradlinig angenommenen Bewegung weitere Freiheitsgrade hat, nämlich die der Rotation. Diese steht hier für die Farbe des Lichts, ein Vergleich, der sich ebenso in *Le Monde de Monsieur Descartes* findet. Das Schneiden eines Balls beim Tennis vergleicht er mit der Änderung der Lichtfarbe bei Reflexion.

Und auch für die Lichtbrechung an Grenzflächen kann die Ball-Analogie herhalten. Descartes nimmt an, dass die Grenzfläche wie beim Ballwurf in Wasser die Geschwindigkeitskomponente senkrecht zur Wasseroberfläche vermindert. Brechung findet dann allerdings vom Lot weg statt, anstatt zu ihm hin. Im zweiten *Discours* vertieft er diese Betrachtung. Bei Reflexion bleibt bei Licht und Ball die Geschwindigkeit unverändert. Daraus folgt unmittelbar, dass Ausfalls- und Einfallswinkel gleich sein müssen. Die Komponente der Geschwindigkeit senkrecht zur reflektierenden Oberfläche wird umgekehrt. Die parallele Komponente bleibt gleich und somit auch der Betrag der Geschwindigkeit. Descartes führt hier also die Zerlegung der Geschwindigkeit in orthogonale Komponenten ein, ein bemerkenswerter Schritt.

Desgleichen geht er bei der Diskussion der Lichtbrechung vor. Da bei ihm die Brechung (wie die Reflexion) ausschließlich an der Grenzfläche stattfindet, bietet sich die Durchbrechung einer dünnen Stoffbahn durch den Ball als Analogie an. Dabei wird (ansatzweise) ebenfalls nur die senkrechte Komponente der Ballgeschwindigkeit verändert. Das erklärt z. B. auch die Totalreflexion bei streifendem Einfall. Allerdings wird diese Komponente klarerweise vermindert, sodass eine Brechung vom Lot weg stattfindet. Da das bei Licht umgekehrt beobachtet wird, muss also die senkrechte Komponente der Lichtgeschwindigkeit an der Grenzfläche zunehmen.

Dass die Komponente der Geschwindigkeit parallel zur Grenzfläche konstant bleibt, erklärt Descartes mit einem Symmetrieargument. Dreht man die Versuchsanordnung um eine lotrechte Achse, so ändert sich nichts an den Winkelverhältnissen. Also muss die parallele Komponente gleich bleiben. All das zeigt, dass nach Descartes die Lichtbrechung ausschließlich an der Grenzfläche zwischen zwei Medien stattfindet, der Rest des Mediums hat mit dem Problem nichts zu tun. Beim Übergang in ein dichteres Medium nimmt die Lichtgeschwindigkeit dank der senkrechten Komponente insgesamt zu. Die Fortpflanzung des Drucks wird erleichtert durch ein grobes anstatt eines subtilen Mediums wie Luft und Äther. Allerdings ist doch die Lichtgeschwindigkeit unendlich? Die Argumentation steckt voller Ungereimtheiten trotz des hehren Anspruchs der Methode.

Ich glaube, das liegt einerseits an der mangelnden Rigorosität bei der Definition von Begriffen, die Descartes verwendet. Weder die Neigung zur Bewegung noch die Geschwindigkeitskomponente, die Descartes *détermination* nennt, werden streng definiert. Erst Fermat hat die Zerlegung der Geschwindigkeit in Betrag und Richtung im heutigen Sinne definiert, wir werden darauf zurückkommen. Andererseits müssen wir bedenken, dass hier mechanische Analogien zur Phänomenologie des Lichts herangezogen werden, während die Gesetze der Mechanik zu Bewegung und Stoß selbst noch weitgehend unverstanden waren.

Ungeachtet all dieser Ungereimtheiten stößt Descartes zur korrekten Beschreibung des Brechungsgesetzes vor: Der Sinus des Ausfallswinkels steht zum Sinus des Einfallswinkels in einem festen Verhältnis, das wir heute Brechungsindex nennen. Es sind also nicht die Winkel, wie noch Kepler glaubte, sondern deren Sinus, die die Beobachtungen systematisieren. Allerdings ist für kleine Winkel der Sinus und der Winkel selbst ungefähr gleich. Das Argument setzt offensichtlich trigonometrische Funktionen voraus, wir kommen darauf in einer Abschweifung zurück. Schon 1601 hatte Thomas Harriot (1560–1621) das korrekte Brechungsgesetz erkannt, aber nicht veröffentlicht. Erst in unserer Zeit ist seine Erkenntnis wiederentdeckt worden. Gleichzeitig mit Descartes hat der Niederländer Willebrord Snell van Royen (1580–1626) die Systematik der Brechung erkannt, ebenfalls ohne sie zu veröffentlichen. Wir nennen das Brechungsgesetz heute nach Snell-Descartes.

Es ist interessant, Struktur und Inhalt von Descartes *Dioptrique* mit Keplers *Dioptrice* zu vergleichen, hatte doch Descartes selbst Kepler in einem Brief an Mersenne von 1638 als seinen ersten Lehrmeister in der Optik bezeichnet.[10] Die Struktur der beiden Werke ist gleich, aufeinanderfolgen die Diskussion von Reflexion, Brechung, Auge und Sehvorgang, Linsen und Korrekturen. Beim letzteren Thema stechen die Fortschritte in der Mathematik ins Auge. Bei der Theorie der Linsen ist die Beschreibung der sogenannten anaklastischen Kurve entscheidend. Das ist diejenige, die parallele einfallende Strahlen auf einen Punkt konzentriert. Im Kapitel IV seiner *Paralipomenes* hatte Kepler die Hyperbel als anaklastisch vorgeschlagen, allerdings ohne Beweis. Descartes dagegen beweist nicht nur den anaklastischen Charakter der Hyperbel mit analytischer Geometrie, einem großen Fortschritt in der Mathematik. Er beweist sie insbesondere durch das korrekte Brechungsgesetz, ungeachtet der unzureichenden mechanistischen Erklärung ein großer Fortschritt in der

---

[10]Marin Mersenne (1588–1648) wird wegen seines regen Austauschs mit allen Wissenschaftlern der damaligen Zeit und seiner umfangreichen Korrespondenz der „Sekretär des gelehrten Europa" genannt.

Physik. Und schlägt zuletzt auch noch eine Maschine zum Linsenschleifen auf hyperbolische Form vor, von der allerdings nicht bekannt ist, ob sie je gebaut wurde. Ein großer Bogen von der Mathematik über die Physik zur Ingenieurswissenschaft wird hier geschlagen.

Ein weiterer Fortschritt zeigt sich im Verständnis von Anatomie und Physiologie des Auges. Wie Kepler beschreibt Descartes eine im Wesentlichen korrekte Anatomie des Auges und die Bildgebung auf der Netzhaut. Er bricht aber hier nicht ab, wie es noch Kepler tat. Vielmehr beschreibt er die Weiterleitung des Signals durch ein mechanisches Modell bis zur Bildverarbeitung im Gehirn. Die *species* sind damit endgültig aus der Diskussion genommen.

Abschweifung: Trigonometrie

Wir haben schon erwähnt, dass trigonometrische Funktionen wie Sinus und Kosinus für die Erarbeitung des Brechungsgesetzes eine Rolle gespielt haben. Ihr Gebrauch in der Geometrie geht aus den Erfordernissen in Landvermessung und Astronomie hervor.

Die ersten solchen Anwendungen bedienten sich der Sehne eines Kreisausschnitts, wie Abb. 7.2 zeigt. Das zu lösende Problem war die Bestimmung der Länge einer Sehne bei einem bestimmten Öffnungswinkel. Bei gegebenem Radius ist die Sehne doppelt so lang wie das Produkt aus Radius und Sinus des halben Öffnungswinkels. Solche Werte wurden in Tabellen festgehalten, die ersten, von denen wir wissen, stammen vom griechischen Astronomen Hipparchus aus dem 2. Jahrhundert v. u. Z. Etwa 250 Jahre später produzierte der Römer Menelaus ähnliche Tabellen von Sehnenlängen, bemerkenswerterweise erweitert um solche für sphärische Dreiecke.

Ptolemäus, der uns schon begegnet ist, verwandte für seine Tabellen eine Einteilung des Kreisbogens in 360° und des Durchmessers in 120 Teile. O'Connor und Robertson von der Universität St. Andrews vermuten auf ihren Web-Seiten https://mathshistory.st-andrews.ac.uk/HistTopics/ zur Geschichte der Mathematik, dass diese Einteilung aus der damals gängigen Näherung von 3 für den Wert von π herrührt.

Der erste „echte" Sinus taucht in der indischen Mathematik des 6. Jahrhunderts auf. Der Mathematiker Aryabhata (ca. 476–550 u. Z.) stellte Tabellen der halben Sehnenlänge für Kreise von Radius 1 zusammen, die er mit *jya* bezeichnete. Seine Arbeiten wurden unter anderen von Brahmagupta (ca. 598–668 u. Z.) und Bhaskara II. (ca. 600–680 u. Z.) fortgeführt. Um die erste Jahrtausendwende hatte sich der Sinus eines Winkels bis in den arabischen

Abb. 7.2 Kreisbogen, Sehne und Winkel

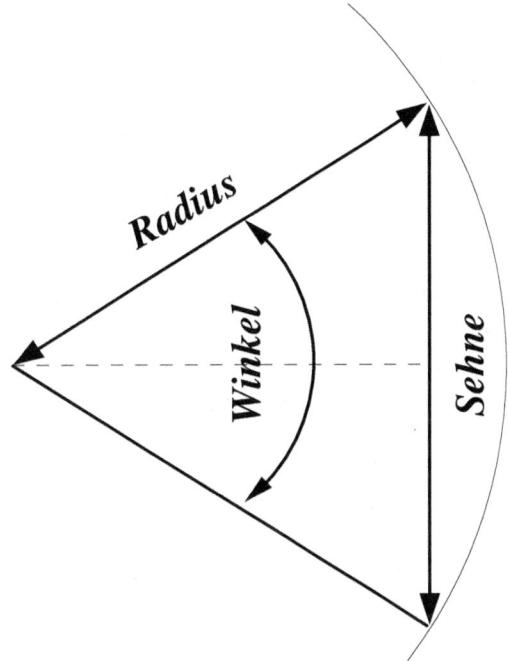

Raum durchgesetzt, auf Arabisch *jiba*. Der uns gebräuchliche Begriff Sinus wurde im Westen von dem einflussreichen Mathematiker Leonardo Pisano Fibonacci (1170–1240) verbreitet. Allerdings setzte sich eine einheitliche Notation – mit dem uns heute vertrauten Symbol sin – erst im 17. Jahrhundert durch. Dabei muss man natürlich bedenken, dass die analytische Geometrie, also die Formulierung von geometrischen Gesetzen mit algebraischen Symbolen, auch erst um diese Zeit eingeführt wurde. René Descartes mit seinem Essay *La Géométrie* aus den *Discours de la méthode* hat dabei eine entscheidende Rolle gespielt.

Brechungsgesetz

Aber zurück zum Brechungsgesetz. Ptolemäus hatte Vorurteile darüber, wie ein Gesetz auszusehen habe, in seines gemischt, wie wir schon gesehen haben. Ibn Sahl und Keppler hatten das nicht getan, aber mangels trigonometrischer Funktionen nur mit kleinen Winkeln arbeiten können, bei denen ein Winkel und sein Sinus ungefähr gleich sind. Snell hatte dagegen in einem Brief das Brechungsgesetz mittels des Kosekans, also des inversen Sinus formuliert (übersetzt von mir nach dem Artikel von Hentschel, *Das Brechungsgesetz in der Fassung von Snellius* [473]):[11]

„Die gebrochenen Strahlen in ein und demselben Medium stehen in derselben Beziehung zueinander. Wie der Kosekans des Neigungswinkels im dünneren Medium zum Kosekans des gebrochenen im dichteren, so verhält sich der einfallende Strahl zum gebrochenen Strahl."

Descartes scheint diese Arbeit und die von Thomas Harriot nicht gekannt zu haben. So argumentiert z. B. Klaus Weinrich [461] in seiner umfangreichen vergleichenden Studie. Das war und ist aber nicht unumstritten. So hat z. B. Leibniz vehement kritisiert, dass die Begründung des Brechungsgesetzes bei Descartes völlig unbefriedigend sei. Also sei er wohl von anderer Seite inspiriert worden. Dafür finden sich aber keine historischen Belege.

Interessanter als eine solche Prioritätsdiskussion ist die Auseinandersetzung zwischen Descartes und Fermat über die gültige Begründung des Brechungsgesetzes. Der eminente Mathematiker Pierre de Fermat (1607–1665) hat bei der Entwicklung der Infinitesimalrechnung eine bedeutende Rolle gespielt, wie wir noch sehen werden. Descartes, der zu dieser Zeit in Holland lebte, bemühte sich 1637 um die Erteilung des *privilège du roi* – eine Art französisches Copyright – für seine *Discours de la méthode*. Er schickte also Druckfahnen seines Buches an Freunde in Paris, diese wiederum baten Fermat um eine Beurteilung. Fermat nahm Anstoß an der Descartes'schen Zerlegung der Geschwindigkeit in Komponenten. Er fand, dass die Zerlegung in Komponenten entlang und senkrecht zur Grenzfläche willkürlich sei. Jede andere Zerlegung sei möglich (was natürlich für orthogonale Achsen richtig ist). Descartes habe die seine nur deshalb gewählt, weil sie ihm das korrekte Reflexionsgesetz liefere. Dabei lässt er außer Acht, dass der Grenzfläche bei Descartes eine besondere Rolle zukommt, den damit verbundenen Koordinaten also ebenso. Es ist aber eine physikalische Rolle und das stört ihn. Seit der Antike galt das Vorurteil, dass man verschiedene Wissenschaften nicht miteinander vermischen soll. Der Übersprung auf ein anderes Gebiet, *metábasis eis állo génos*, war seit Aristoteles verboten. Das galt z. B. selbst für Geometrie und Arithmetik, auch dagegen verstieß Descartes. Wir denken heute umgekehrt, dass sich verschiedene Wissenszweige gegenseitig bereichern, multi- und transdisziplinäres Denken steht zu Recht hoch im Kurs. Fermat sah sich dagegen mit einem Ausdruck

---

[11] *Radius verus ad apparentem in uno eodemque medio diverso eandem habent inter se rationem. Ut secans complementi inclinationis in raro ad secantem [complementi] refracti in denso, ita radio apparens ad verum seu incidentiae radium.*

leichten Bedauerns gezwungen, Descartes *Dioptrique* in Bausch und Bogen zu verwerfen. Es kam zu einer Diskussion zwischen den beiden, auf dem Umweg über gemeinsame Pariser Freunde wie Mersenne und Clerselier, die Sabra [366] und Weinrich [461] im Detail nachzeichnen. Sie blieb allerdings ergebnislos.

Das Problem ließ Fermat aber nicht los. In einer Korrespondenz mit dem Hofarzt von Louis XIV., François Cureau de La Chambre (1630–1680), legt er Ende der 1650er-Jahre seine Sicht der Dinge dar. Fermat fand es zielführender, statt der Zerlegung der Bewegung in Komponenten mit den Minima und Maxima zu arbeiten, die der Gegenstand seiner Beiträge zur Variationsrechnung waren. Und zwar im Licht des metaphysischen Prinzips, dass die Natur auf den einfachsten und kürzesten Wegen agiert. Wie wir gesehen haben, ist dieses Prinzip, in der Form des kürzesten Lichtwegs, schon von Heron von Alexandria erfolgreich auf die Reflexion angewandt worden. Experimentell war das Brechungsgesetz von Snell-Descartes bestätigt, aber gegen experimentelle Befunde herrschte ja bei vielen, auch bei Fermat, ein grundsätzliches Misstrauen. Somit war Fermat motiviert, der Lichtbrechung auf den metaphysischen Grund zu gehen. In zwei kurzen Abhandlungen unter den Titeln „Analyse zu den Brechungen" (*Analysis ad refractiones*) und „Synthese zu den Brechungen" (*Synthesis ad refractiones*) fasst Fermat 1662 seine Ableitung eines Brechungsgesetzes zusammen. Wir wollen den Gedankengang anhand der Skizze Abb. 7.3 sinngemäß nachzeichnen.[12]

Betrachten Sie einen einlaufenden Lichtstrahl, vom Punkt C ausgehend in Richtung auf die horizontale Grenzfläche zwischen zwei Medien unterschiedlicher Dichte. Nehmen wir an, dass die Lichtausbreitung im dünneren Medium eine gewisse Geschwindigkeit hat. Nehmen wir ferner an, dass der Strahl an der Grenzfläche zum Lot hin gebrochen wird, wie in der Skizze Abb. 7.3. Er setzt sich dann im dichteren Medium mit einer anderen Geschwindigkeit fort bis zum Punkt I.

Fermat beweist nun, dass der gesamte Laufweg des Lichts minimal wird, wenn die Brechung im Mittelpunkt des angedeuteten Kreises stattfindet. Und zwar so, dass die Projektion b des einlaufenden Strahls auf die Grenzfläche zur Projektion a des auslaufenden Strahls im Verhältnis der zwei Lichtgeschwindigkeiten steht. Das Verhältnis b/a ist also konstant. Sie erkennen unschwer aus den beiden rechtwinkligen Dreiecken der Skizze Abb. 7.3, dass b proportional ist zum Sinus des Einfallswinkels, a zum Sinus des

---

[12]Den genauen Ablauf von Fermats Beweis finden Sie in heutiger Sprache und Symbolik z. B. bei Kirsti Andersen [405].

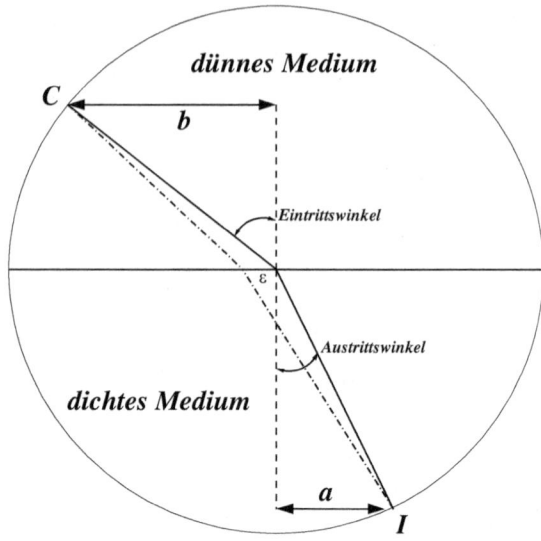

Austrittswinkels. Zu seinem eigenen Erstaunen findet also Fermat mit seiner Methode genau das Sinusgesetz von Snell-Descartes wieder. Allerdings ist die Strecke a kleiner als b, wenn die Brechung zum Lot hin stattfindet. Also ist die Lichtgeschwindigkeit im dichten Medium *kleiner* als im dünnen und nicht größer, wie Descartes bewiesen zu haben glaubte.

Wie beweist Fermat nun aber, dass der so gefundene Lichtweg nicht dem kürzesten, wohl aber dem schnellsten entspricht? Da kommt seine Variationsrechnung zum Einsatz. Betrachten Sie eine kleine Verschiebung des Auftreffpunktes nach links, um eine Strecke ϵ. Der Lichtweg im dünneren Medium wird kürzer, der im dichten länger. Offensichtlich nimmt also die Laufzeit zu. Verschiebt man den Auftreffpunkt nach rechts, ist die Vergrößerung nicht unmittelbar evident. Die Rechnung ergibt aber, dass die Verlängerung des Lichtwegs im dünneren Medium die Verkürzung im dichteren überkompensiert. Die Laufzeit wird insgesamt länger. Mithin entspricht der Weg nach Snell-Descartes tatsächlich dem schnellsten.

Erinnern Sie sich an die Argumentation des Heron von Alexandria bezüglich der Reflexion: Er hatte einen ähnlichen Variationsbeweis herangezogen, nur dass die Lichtgeschwindigkeit bei Reflexion immer konstant bleibt. Wir halten fest: Bei Descartes ist es nur die Komponente der Geschwindigkeit senkrecht zur Grenzfläche, die sich bei der Brechung ändert; bei Fermat ist es die Gesamtgeschwindigkeit, unabhängig von einer Zerlegung in Komponenten. Fermat hat also sein Ziel erreicht, aber dasselbe Gesetz gefunden, mit einem anderen physikalischen Inhalt.

Le monde de Mr Descartes

Descartes hatte seine Überlegungen zur Natur des Lichtes schon Ende der 1620er-Jahre vertieft und sein umfangreiches Werk *Le traité de la lumière* verfasst, aber weder vollständig abgeschlossen noch veröffentlicht. Dies wohl aus Angst vor der Inquisition, wie er Mersenne gestand. Die Nachricht vom Inquisitionsprozess gegen Galileo Galilei von 1633 und dessen Verurteilung, schreibt er, „hat mich so sehr erschüttert, dass ich fest entschlossen bin, alle meine Aufzeichnungen zu verbrennen oder sie wenigstens keinen Menschen sehen zu lassen. Ich gestehe, wenn sie [die Bewegung der Erde] falsch ist, sind auch alle Fundamente meiner Philosophie falsch". Das Werk wurde deshalb erst 1664 posthum veröffentlicht, unter dem Titel *Le monde de Mr Descartes ou Le traité de la lumière et des autres principaux objects des Sens* [5], zusammen mit einem zweiten Teil *Discours prononcé dans l'assemblée de Monsieur de Montmor, touchant le mouvement et le repos.*

Aus der gleichen Sorge vor Verfolgung heraus gibt Descartes vor, in dem Werk eine fiktive Welt, eben *Le monde de Mr Descartes*, zu beschreiben. Damit ist der Forderung der Kirche genüge getan, andere als geozentrische Weltmodelle höchstens als Hypothesen zu betrachten. Und er kann seiner Philosophie des Lichts freien Lauf lassen.

Wir fassen einige Elemente dieser Philosophie zusammen. Es gibt drei Hauptelemente: die Späne (*raclures*), die entstehen, wenn die anderen Elemente der Materie zur idealen Kugelform abgeschabt werden; ebendiese sehr kleinen Kügelchen, die übrig bleiben und den gesamten Raum ausfüllen; und die gröbere Materie, die die festen Körper bildet. Sonne und Fixsterne bestehen aus der ersten Materieform, der Himmel aus der zweiten, Erde, Planeten und Kometen aus der dritten. Die Späne, durch ihre Entstehung in Bewegung versetzt, treten aus den leuchtenden Körpern aus und drücken auf die raumfüllenden Kügelchen, die den Druck sozusagen transparent weitergeben bis zu einem gröberen Material, das den Druck – also das Licht – absorbiert oder reflektiert. Das mechanistische Lichtmodell ist so komplett.

Die Naturgesetze, die er im Folgenden formuliert, gründen sich ebenfalls auf ein materialistisches Verständnis der Natur. Sie sind a priori gültig und müssen nicht durch Beobachtungen gestützt werden. Ja, sie dürfen experimentellen Befunden sogar widersprechen, weil sie sich auf ideale Bedingungen stützen, wie z. B. unendlich harte Körper oder reibungsfreie Bewegung, die nicht realisierbar sind. Hier ist eine kleine Auswahl:

Natur ist Materie, Materie ist Raum – Länge, Breite, Höhe–, einen leeren Raum gibt es nicht. Die Elemente der Materie sind unveränderlich, außer durch Berührung mit anderen. So bleibt auch ihre Geschwindigkeit gleich, außer durch äußere Einwirkung. Bewegung selbst braucht keine Erklärung, weil sie jedermanns täglicher Erfahrung zugänglich ist. So macht er sich lustig über die obskure These des Aristoteles: *motus est actus entis in potentia, prout potentia*, die er in einer Fußnote übersetzt: « *Ces mots, le mouvement est l'acte d'un être en puissance, entant qu'il est en puissance, ne sont pas plus clairs, pour être Français.* » Vielmehr ist Bewegung der natürliche Zustand der Dinge, Ruhe ist nur Abwesenheit von Bewegung. Ein Körper kann einem anderen Bewegung übertragen, indem er selbst davon verliert. Die Menge an Bewegung, *quantité de mouvement*,[13] ist dabei eine erhaltene Größe, weil sie von Gott kommt.

Die natürliche Bewegung folgt einer geraden Linie, nicht etwa einem Kreis. Gekrümmte Bahnen sind erzwungen, wie man am Bespiel einer Schleuder sieht. So wird z. B. die Schwerkraft übertragen durch kreisförmige Wirbel wie in der Skizze Abb. 7.4, in ebenjenem Äther, der den gesamten Raum lückenlos mit hochgradig subtilen Teilchen ausfüllt.

Immer wieder müssen wir bei der Lektüre des Buches feststellen, wie wenig Descartes von beobachtender Wissenschaft gehalten hat. Man muss der Vernunft mehr vertrauen als den Sinnen, die Phänomene notwendigerweise unvollkommen wiedergeben. Ein klarer Widerspruch zu seiner Maxime, man müsse im großen Buch der Natur lesen, mit dem er aber natürlich nicht allein stand, wie wir schon gesehen haben.

Aber kommen wir zurück zu seiner Lichttheorie, auf die er nach fast 200 Seiten metaphysischen Exkurses zu sprechen kommt. Wieder finden wir sein mechanistisches Modell der Lichtübertragung, das wir schon aus den Analogien der *Dioptrique* kennen:

- Harte Kügelchen von Materie und Äther füllen wie gesagt dicht gepackt den ganzen Raum aus. Ein Materietransport findet nicht statt.
- Kräfte wie Schwerkraft, Wärme und Licht werden durch Stöße und Druck der sich berührenden Kügelchen übertragen, so wie ein Gehstock auf die Erde drückt.
- Dabei muss der Weg der Kraft nicht unbedingt eine gerade Linie sein, im Endeffekt ist er es aber, wie die Skizze Abb. 7.5 zeigt.

---

[13] Dieser Ausdruck wird auch heute noch im französischen Sprachgebrauch für den Impuls verwendet, also das Produkt aus Masse und Geschwindigkeit eines Körpers.

Abb. 7.4 Wirbeltheorie von Descartes zur Fortpflanzung von Kräften [5]

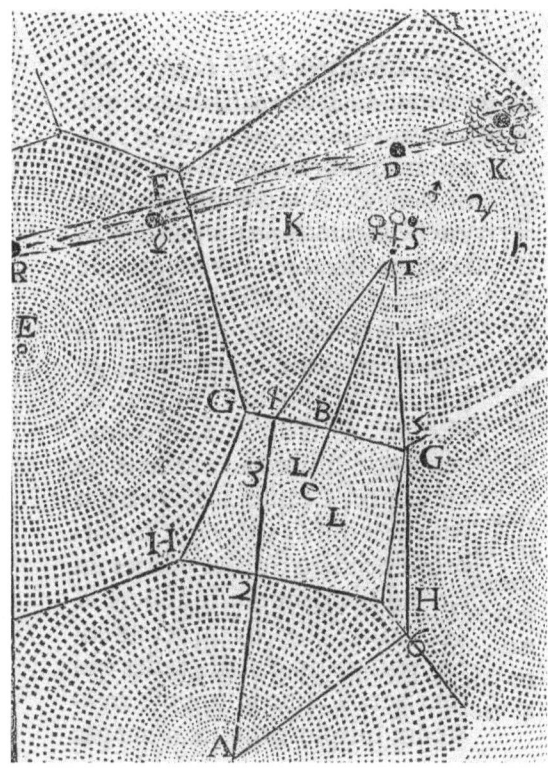

• Die Übertragung ist instantan. Zwar braucht Bewegung Zeit, wie er in einem Brief an Morin von 1638 zugibt, die Übertragung von Bewegung aber nicht:[14]

> „Und alles, was Sie danach kritisieren, bedeutet für mich ... dass wenn Licht eine Bewegung ist, es sich dann nicht in einem Moment übertragen kann. Worauf ich antworte: obwohl es sicher ist, dass keine Bewegung in einem Augenblick erfolgen kann, kann man dennoch sagen, dass es [das Licht] in einem Moment übertragen wird, wenn jedes seiner Teile sofort an ein anderes stößt, so wie die zwei Enden eines Stocks sich gemeinsam bewegen."

Hätte das Licht dagegen eine endliche Geschwindigkeit, so käme seine gesamte Physik ins Wanken, weil es keine Fernwirkung mehr gäbe.

---

[14] *Et tout ce que vous disputez en suite fait pour moy ... que si la lumière est vn mouvement, elle ne peut donc se transmettre en vn instant. A quoy je répons que, bien qu'il soit certain qu'aucun mouuement ne se peut faire en vn instant, on peut dire toutefois qu'il se transmet en vn instant, lors que chacune de ses parties est aussi-tost en vn lieu qu'en l'autre, comme lors que les deux bouts d'un baston se meuuent ensemble.*

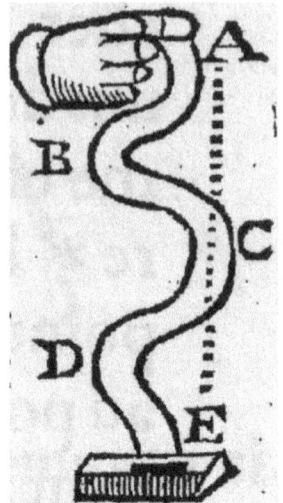

Abb. 7.5 Übertragung von Druck durch einen starren, nicht notwendigerweise geraden Stock, nach Descartes auch anwendbar auf die Lichtübertragung [5]

Aus diesen Grundsätzen leitet er die folgenden Eigenschaften des Lichts ab (die Nummerierung stammt von Descartes selbst [5]):[15]

1. Licht breitet sich von seiner Quelle in alle Richtungen aus.
2. Seine Reichweite ist unbegrenzt.
3. Die Wirkung tritt augenblicklich ein.
4. Die Ausbreitung erfolgt gewöhnlich in geraden Linien, die man Lichtstrahlen nennt.
5. Mehrere Lichtstrahlen aus verschiedenen Quellen können sich vereinigen.
6. Solche aus einer Quelle können sich teilen.
7. Sie können sich unbeeinflusst kreuzen.
8. Sie können sich gegenseitig schwächen, wenn ihre Intensität sehr unterschiedlich ist.
9./10. Sie können durch Reflexion und Beugung abgelenkt werden.
11./12. Sie können geschwächt oder gestärkt werden durch Anordnung oder Eigenschaften der Materie, die sie aufnimmt.

---

[15]Kapitel XIV (in originaler Rechtschreibung und Grammatik): *Les principales des ses propriétés sont 1. qu'elle s'étend en rond de tous côtez, autour des corps qu'on nomme lumineux 2. Et à toute sorte de distance 3. Et en un instant 4. Pour l'ordinaire en ligne droite, qui doivent être prises pour les rayons de Lumière 5. Et que plusieurs de ces rayons venans de divers points peuvent s'assembler en un même 6. Où venant d'un même s'aller rendre en divers. 7. Où venant de divers & allans vers divers, passer par un même: sans s'empêcher les uns les autres 8. Et qu'ils peuvent aussi quelquefois s'empêcher, savoir que leur force est fort inégale 9. Et qu'enfin, qu'ils peuvent être détournées par reflexion 10. ou refraction 11. Et leur force augmentée 12. ou diminuée par les diverses dispositions, ou qualitez de la matière qui les reçoit.*

Farben werden erzeugt durch eine Rotation der Ätherteilchen oder genauer durch ihre Tendenz zur Rotation. Drehen sie sich mit hoher Geschwindigkeit, erzeugen sie die Farbe Rot, bei geringer Geschwindigkeit die Farbe Blau. Farben sind aber ein subjektiver Eindruck des Beobachters und damit der mathematischen Behandlung nicht zugänglich. Ja, kaum einer wagt sich an eine physikalische Erklärung der Farbphänomene, auch Descartes nicht. Rühmliche Ausnahmen gab es zwar. Erst Isaac Newton hat aber einen großen Teil seiner *Opticks* der Analyse der Lichtfarbe gewidmet.

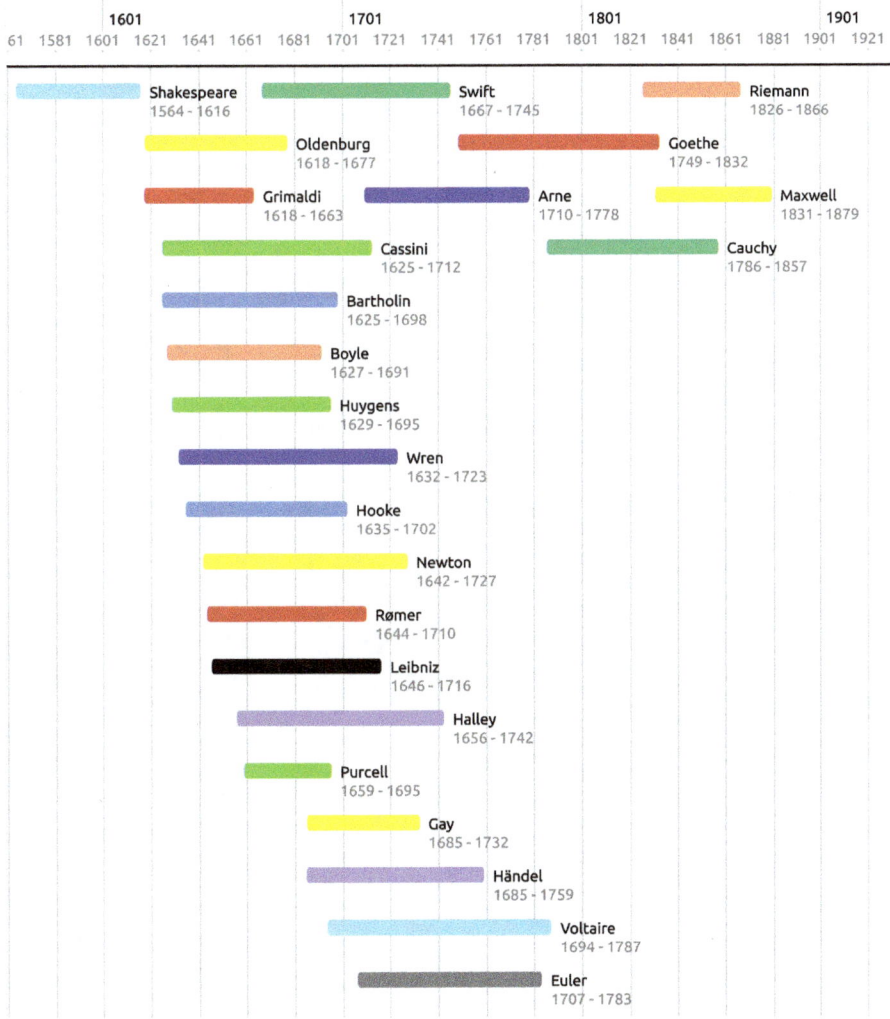

8

Lichtteilchen

Meine Absicht in diesem Buch ist es, die Eigenschaften von Licht nicht durch Hypothesen zu erklären, sondern sie vorzulegen und zu beweisen durch Rechnung und Experiment.

Isaac Newton, *Opticks*, 1704 [15]

Wir begeben uns nun in ein zweites Zentrum der aufkeimenden Wissenschaft im 17. Jahrhundert, nach London. Von einer Zeitreise in diese Metropole und in diese Epoche möchte ich Ihnen dringend abraten.[1] In den Jahren 1666/67 überrollte eine große Pestepidemie die Stadt, verbreitet durch Fliegen und Läuse. Schätzungsweise 100.000 Menschen vielen ihr zum Opfer, ein Viertel der Londoner Einwohner. Damit nicht genug. Im September 1666 zerstörte ein Großfeuer die Altstadt und Slums von London innerhalb der alten römischen Mauern. Gott der Herr war offensichtlich zornig auf den sündigen Lebenswandel der Menschen und führte eine Strafkampagne durch. Und immer fanden sich Propheten, die das Ende der Welt und die Wiederkehr des Heilands nahe sahen.

Sie sollten auch nicht glauben, dass die Protagonisten des Fortschritts in dieser Zeit ähnlichen Denkmustern folgten wie wir heute, also Wissenschaftler im heutigen Sinne oder wissenschaftlich interessierte Laien gewesen wären, eben

---

[1]Wenn Sie sich für einen wissenschaftlichen Blick auf das nach Science Fiction schmeckende Thema Zeitreisen interessieren, empfehle ich Ihnen das ausgezeichnete Buch *What Makes Time Special?* [566] von Craig Callender, von dem es eine Comic-Version gibt [545].

© Der/die Autor(en), exklusiv lizenziert an Springer-Verlag GmbH, DE, ein Teil von Springer Nature 2025
M. Pohl, *Licht*, https://doi.org/10.1007/978-3-662-70486-8_8

nur mit gepuderter Perücke. Gott, sein Fluch und Segen, standen weiterhin im Mittelpunkt der Welterklärung. Christlicher Glaube und Aberglaube, Chemie und Alchemie, Astronomie und Astrologie waren durchaus ähnlich angesehen. Und die Suche nach okkulten Zeichen in der Bibel hat revolutionäre Denker wie Isaac Newton mehr beschäftigt als das Experimentieren mit Schwerkraft und Licht und das Nachdenken über ihre Gesetzmäßigkeiten.

Wir haben schon gesehen, dass der Zusammenschluss von Gelehrten im 17. Jahrhundert die Kommunikation befördert und den wissenschaftlichen Fortschritt beschleunigt hat. Die *Royal Society of London for the Improvement of Natural Knowledge* war ein ausgezeichnetes Beispiel für den wachsenden Wert kollektiver wissenschaftlicher Bemühungen. Ihr Wahlspruch, *Nullius in verba*, „glaube niemandem aufs Wort", steht für den Anspruch, Autoritäten zu hinterfragen und Theorien durch Experimente zu prüfen. Gründungsmitglieder wie die gegensätzlichen Charaktere Robert Boyle und sein Assistent Robert Hooke spielen bei der Weiterentwicklung der Gedanken zur Natur des Lichts eine wichtige Rolle. Boyle war einer der reichsten Männer seiner Zeit, an seinen drei Wohnsitzen unterhielt er jeweils ein gut ausgestattetes Laboratorium. Ein großer, schlanker Mann von ausgeglichenem Charakter und am mondänen Leben nicht interessiert, verbrachte er seine Tage mit dem Nachdenken und Experimentieren zu den Geheimnissen der Natur. Er fand z. B. das Gesetz, nach dem das Volumen eines Gases umgekehrt proportional ist zum herrschenden Druck, das wir heute das Boyle-Mariotte-Gesetz nennen und das einen Teil der Zustandsgleichung für ideale Gase bildet. Durch seine vielfältigen chemischen Versuche wurde er zu einem der Väter der Chemie. Was den Dr. med. h. c. der Universität Oxford aber nicht davon abgehalten hat, merkwürdige Heilmittel für diverse Krankheiten zu empfehlen, wie Gordon W. Jones in seinem Artikel *Robert Boyle as a Medical Man* [357] berichtet. Etwa *mercurius dulcis*, Hg_2Cl_2, gemischt mit Rhabarber zur Behandlung von Durchfall. Quecksilberchlorür steht noch heute auf der Homöopathieliste, die amerikanischen *National Institutes of Health* raten ab.

Hooke war dagegen klein und zappelig, immer bereit, die Gedanken Boyles gegen jeden Gegner zu verteidigen. Außerdem war er ein genialer Bastler, der Boyle mit dem Entwurf neuer Instrumente und Experimente zur Seite stand. So wie sein enger Freund Christopher Wren, der später als Architekt etwa der *St. Paul's Cathedral* zu Ruhm und Ehren kam. Wenn wir uns die Inhalte anschauen, die damals in der *Royal Society* diskutiert wurden, so stehen Berichte über Regen aus Blut, die Geburt entstellter Monster und obskure „Heilmittel" zahlreich und ernst genommen den Berichten gegenüber, mit denen wir uns beschäftigen wollen. Der Wissenschaftsjournalist Edward Dolnick beschreibt all dies sehr farbig am Beginn seines Buches *The Clockwork Universe* [530].

Francesco Maria Grimaldi hatte 1665 in seinem Werk *Physio-Mathesis de lumine, coloribus et Iride* zum ersten Mal Beugungsstreifen beschrieben. Seine Beobachtungen waren aber umstritten und wurden weitgehend ignoriert. Um die gleiche Zeit experimentierten Boyle und Hooke mit Farbphänomenen an dünnen Schichten, etwa von Flüssigkeiten zwischen Glasscheiben oder von Seifenblasen. Boyle beschreibt die regenbogenartigen Erscheinungen in seinem Buch *Experiments and Considerations Touching Colours* von 1664 [4], Hooke in den *Micropraphica* von 1665 [6]. Descartes Lichttheorie und seine spekulative Erklärung der Lichtfarbe hatten dazu nichts zu sagen. Der Däne Erasmus Bartholin entdeckte 1669 die Doppelbrechung an Kalkspat-Kristallen, beschrieben in seinem Buch *Experimenta crystalli islandici disdia-clastici quibus mira et insolita refractio detegitur*, der den damaligen Namen Islandspat für das transparente Mineral Calcit verwendet. Und schließlich fand ein anderer Däne, Ole Christensen Rømer (1644–1710), 1676 endlich einen Weg, die Geschwindigkeit des Lichts zu messen und insbesondere zu zeigen, dass sie nicht unendlich groß ist. Mit einer Messung auf der Erde war Galilei noch gescheitert, mit einer astronomischen Methode, die den Jupitermond Io benutzt, war Rømer erfolgreich [10]. Er fand eine hohe, aber endliche Geschwindigkeit, wie schon Galilei vermutet hatte. In klarem Gegensatz zu Descartes' Hypothese der instantanen Fortpflanzung von Licht und Kräften. Seine Methode ist uns eine kleine Abschweifung wert.

Abschweifung: Ole Rømers Messung der Lichtgeschwindigkeit

Rømer war zu dieser Zeit ein Nachwuchswissenschaftler an der Pariser Stern-warte. Er hatte die brillante Idee, dass man die Perioden, in denen der Jupiter-Mond Io im Schatten seines Planeten verschwindet, als eine Art weit entfernte Uhr benutzen kann. Außerdem war ihm aufgefallen, dass diese Periode von der Erde aus verkürzt erscheint, wenn sich die Erde auf Jupiter zubewegt, verlängert, wenn sie sich wegbewegt.

Wir veranschaulichen diese Tatsache anhand der Skizze Abb. 8.1. Wenn sich rechts die Erde auf Jupiter zubewegt, ist der Lichtweg bei Ios Verschwin-den länger als bei ihrem Wiedererscheinen, und zwar um die grün eingezeich-nete Strecke. Das verursacht eine Verkürzung der Eklipse um ebendiese Strecke dividiert durch die Lichtgeschwindigkeit. Bewegt sich ein halbes Jahr später die Erde von Jupiter weg, ist es genau umgekehrt: Die Eklipse verlängert sich

Abb. 8.1 Ole Rømers
Beweis der endlichen
Lichtgeschwindigkeit aus
dem Vergleich der
Eklipsen des
Jupiter-Mondes Io zu
verschiedenen
Jahreszeiten

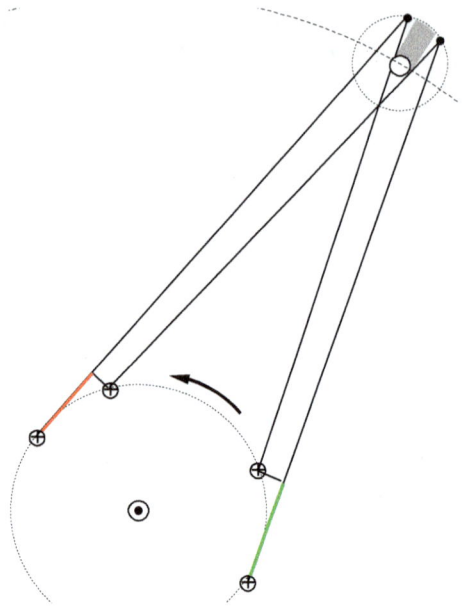

um die rot eingezeichnete Strecke dividiert durch die Lichtgeschwindigkeit. Während der Eklipse hat die Erde in beiden Fällen eine Strecke zurückgelegt, die dem Produkt aus Erdgeschwindigkeit und Dauer der Eklipse entspricht.

Eine Rechnung von ein paar wenigen Zeilen wird Sie überzeugen, dass man damit das Verhältnis von Erd- und Lichtgeschwindigkeit als das Verhältnis von Differenz und Summe der beiden Eklipsenperioden berechnen kann. Will man allerdings einen Zahlenwert für die Lichtgeschwindigkeit erlangen, muss man die Geschwindigkeit der Erde auf ihrer Bahn kennen. Die Dauer eines Umlaufs ist 365 Tage, aber den Bahnradius kannte Rømer nicht. Er konnte also mit jeweils etwa 40 Messungen nur zeigen, dass die beiden Eklipsen in der Tat unterschiedlich lang sind. Mindestens die Mitglieder der *Académie Royale* waren damit von der Endlichkeit der Lichtgeschwindigkeit überzeugt. Rømer gab den Zahlenwert an als einen Durchmesser der Erdbahn – also zwei astronomische Einheiten – pro 22 min. Erst Christiaan Huygens berechnete um 1678 aus Daten von Rømer und Giovanni Domenico Cassini (1625–1712) die Geschwindigkeit des Lichts zu rund 212.400 km/s [496]. Gar nicht so weit weg von der tatsächlichen Lichtgeschwindigkeit von knapp 300.000 km/s, die Edmond Halley (der mit dem Kometen) dann 1694 aus einer korrigierten Reisezeit von 17 min für 2 astronomische Einheiten berechnete [14, 20].

1681 kehrte Rømer nach Dänemark zurück, lehrte als königlicher Astronom an der Universität Kopenhagen, betätigte sich aber auch erfolgreich als Politiker. Er kümmerte sich um Wasserversorgung und Straßenpflasterung, von 1705 bis zu seinem Tod 1712 war er Kopenhagens Polizeichef.

All die Beobachtungen, die wir in diesem Kapitel kurz dargelegt haben, verlangten nach einer grundlegenden Revision der Descartes'schen Theorie. Zwei praktisch simultan entwickelte Ansätze versuchen diese und alle anderen bekannten Lichtphänomene in einer konsistenten Weise zu beschreiben und zu erklären: die Emissionstheorie von Isaac Newton und die Ätherwellentheorie von Christiaan Huygens und Leonhard Euler. Wir wollen in diesem Kapitel mit der Ersteren beginnen, die zweite folgt im Kap. 9.

Eine Karriere als wissenschaftliches Genie war Isaac Newton nicht in die Wiege gelegt worden. Als Sohn eines Farmers wurde er an Weihnachten 1642 in Woolsthorpe, Lincolnshire geboren, in dem Jahr, in dem Galilei starb. Sein Vater war schon vor seiner Geburt verstorben. Seine Mutter heiratete in zweiter Ehe den Reverend Barnabas Smith als Isaac drei Jahre alt war und ließ ihn in der Obhut seiner Großmutter zurück. Wohl traumatisiert durch die Erfahrung des Verlassenwerdens war er ein aggressives und ungehorsames Kind. Seinen verhassten Stiefvater und seine Mutter soll er – nach eigenen Angaben in einer schriftlichen Beichte vor der Konfirmation – damit bedroht haben, das Haus über ihrem Kopf anzuzünden. 1661 wurde Newton, bis dahin schon ein sehr guter Schüler, auf Empfehlung seines Onkels am Trinity College in Cambridge aufgenommen. Kurz nach seinem Bachelor im August 1665 wurde die Universität wegen der Pestepidemie geschlossen und er kehrte widerwillig auf den Bauernhof seiner Mutter nach Woolsthorpe zurück. In den folgenden zwei Jahren und in der Abgeschiedenheit des Dorfes entwickelte er praktisch eigenhändig nicht nur die Infinitesimalrechnung, sondern auch seine revolutionären Theorien zu Kinematik, Gravitation und Optik. 1669 wurde er auf den Lucasischen Lehrstuhl für Mathematik der Universität Cambridge berufen, den er 33 Jahre lang innehatte. Die einzigen ähnlich langen Lehrstuhlinhaber waren in neuerer Zeit Joseph Larmor, Paul Dirac und Stephen Hawking. Was für eine beeindruckende Tradition.

Es besteht kein Zweifel, dass Newton ein schwieriger Charakter war. Zeugnisse aus seiner näheren Verwandtschaft wurden 1936 vom Ökonomen John Maynard Keynes angekauft und dem King's College in Cambridge gestiftet, sodass sie der Forschung seitdem zugänglich sind. Keynes' Fazit lautet [321]:[2]

---

[2] *… his deepest instincts were occult, esoteric, semantic – with profound shrinking from the world, a paralysing fear of exposing his thoughts, his beliefs, his discoveries in all nakedness to the inspection and criticism of the world.*

„… seine tiefsten Instinkte waren okkult, esoterisch und semantisch – mit einem tiefgreifenden Rückzug vor der Welt, einer lähmenden Angst seine Gedanken, seinen Glauben, seine Entdeckungen in aller Nacktheit offenzulegen, zur Prüfung und Kritik aller Welt."

In der Tat hatte Newton praktisch keine Freunde, seine persönlichen Beziehungen waren vielmehr von Feindseligkeit und Dominanz gekennzeichnet. Die Arbeiten anderer anzuerkennen, viel ihm schwer. Er zog es vor, zurückgezogen und mit einer *sine cure* seiner Universität ausgestattet,[3] seinen wissenschaftlichen und esoterischen Arbeiten nachzugehen. Humorlos, unhöflich und streitbar war er zweifellos. Man muss aber nicht unbedingt so weit gehen wie Florian Freistetter in seinem respektlosen, aber vergnüglichen Buch „Newton: Wie ein Arschloch das Universum neu erfand". [592]

Im Nachhinein ist bei Newton von manchen das Asperger-Syndrom diagnostiziert worden, ohne Untersuchung des Probanden sicherlich eine gewagte Diagnose. Milo Keynes argumentiert dagegen in seinem Artikel *Balancing Newton's Mind: His Singular Behaviour and His Madness of 1692–93* [515], dass die Ablehnung seiner Mutter in der Kindheit Newtons psychische Disposition ausreichend erklärt. Zusätzlich zu seinen depressiven Anlagen mag eine chronische Vergiftung mit Schwermetallen, resultierend aus seinen alchemistischen Experimenten, zu einer radikalen Verschlechterung seines Zustands in den Jahren 1692/93 beigetragen haben. Die moderne Analyse von Haaren, die Newton zugeschrieben werden, unterstützt diese These [390].

In den letzten 30 Jahren seines langen Lebens diente Newton der Krone, zunächst als *Warden*, später als *Master of the Royal Mint*, hoch dotierte Posten, die er mit bemerkenswerten Geschick ausfüllte. So wirkte er dem Wertverlust der englischen Währung mit einer Umprägung entgegen. Die metallurgischen Erfahrungen aus seinen alchemistischen Experimenten erwiesen sich als wertvoll im Kampf gegen Münzfälscher. Obwohl er beim Platzen einer Spekulationsblase viel Geld verlor, häufte Newton in seinen späten Jahren einen beträchtlichen Reichtum an, der ihm Zuwendungen an Bedürftige erlaubte. Er übte seine Funktionen an der *Royal Mint* bis zu seinem Tod im Jahr 1727 aus.

Einer der schwer verständlichen Charakterzüge Newtons war sicherlich seine an Verfolgungswahn grenzende Geheimnistuerei. So hat er die in der Pest-Isolation gewonnenen Erkenntnisse jahrelang, sogar jahrzehntelang zurückgehalten und manchmal nicht einmal mit Kollegen seines engsten

---

[3]In mehr als 30 Jahren als Fellow am Trinity College betreute Newton nur drei Studenten, von denen keiner es bis zum Bachelor brachte.

Umkreises geteilt. Schon im Jahr 1669 hatte Newton die Grundlagen seiner mathematischen Methode unendlicher Reihen unter dem Titel *De analysi per aequationes numero terminorum infinitas* niedergelegt. Der Essay zirkulierte unter seinen Kollegen, das Papier erschien aber erst 1711 im Druck. Der Inhalt beschränkt sich nicht auf die Berechnung von und das Rechnen mit unendlichen Reihen, vielmehr enthält der Essay eine erste Form dessen, was wir heute Analysis nennen, die Methoden von Differenziation und Integration. Zusammengefasst werden sie als Infinitesimalrechnung bezeichnet, weil beide unendlich kleine Intervalle der eingehenden Variablen erhalten. Newton nannte sie Fluxionen und hat sie erstmals im Jahr 1671 in seinem Manuskript *The Method of Fluxions and Infinite Series; with Its Application to the Geometry of Curve-Lines* festgehalten. Er machte sie aber nicht etwa bekannt, sondern bediente sich ihrer nur selbst für seine übrigen Forschungen, so z. B. sehr prominent in den *Principia* (1687), von denen noch zu sprechen sein wird. Unabhängig von ihm (oder auch nicht) hat Gottfried Wilhelm Leibniz praktisch dieselbe Methode zur Analyse von krummlinigen Kurven, Flächen und Volumina entwickelt. Wir widmen dieser weltverändernden Methode eine Abschweifung, die auch diesen Prioritätsstreit streift.

Abschweifung: Infinitesimalrechnung

Als Newtons Fluxionenmethode 1736 endlich veröffentlicht wurde [18], leitete der Herausgeber das Buch ein als „eine höchst wertvolle Geschichte des größten Meisters in mathematischer und philosophischer Kenntnis, den die Welt je gesehen hat".[4] In der Tat nicht übertrieben. Die Idee hinter beiden Methoden – der Differenziation und der Integration – ist die folgende.[5]

Denken Sie sich eine Kurve, Newton nannte sie eine Fluente, in winzige Treppenstufen zerlegt, wie es die grobe Skizze Abb. 8.2 zeigt. Dann misst das Verhältnis aus der Breite Δx und der Höhe Δy einer jeden Treppenstufe in etwa die lokale Steigung der Kurve. Das bleibt eine Näherung, die schon die griechischen Geometer zur Approximation des Kreisbogens verwendet haben, solange die Treppenstufe eine endliche Breite hat.

---

[4] *… a most valuable Anecdote, of the greatest Master in Mathematical and Philosophical Knowledge, that ever appeared in the World.*

[5] Newton hätte unsere anschauliche Beschreibung wohl nicht geschätzt. Für ihn war eine Kurve immer eine stetige Funktion. Leibniz dagegen wäre einverstanden gewesen.

Abb. 8.2 Veran-
schaulichung von
Newtons
Fluxionenmethode

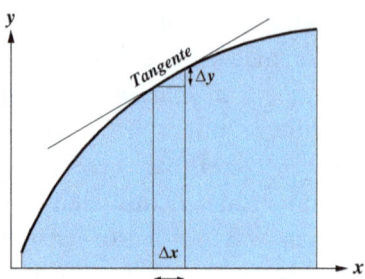

Die bahnbrechende Idee ist nun aber, den Grenzwert zu betrachten, bei dem Δx unendlich klein wird. Auch Δy wird dann unendlich klein. Das war bis dahin eine unvorstellbare Operation. Unendlich Kleines und unendlich Großes zu betrachten, war sinnlos. Gezeigt zu haben, dass das Verhältnis von zwei unendlich kleinen Größen einen endlichen Wert haben kann, stellt einen immensen Durchbruch dar. In der Tat entspricht dieser Grenzwert der lokalen Steigung der Tangente an die Kurve, also dem Tangens ihres Winkels zur horizontalen Achse. Wir nennen den Grenzwert des Verhältnisses, den Newton Fluxion nannte, heute die Ableitung der Kurve oder ihr Differenzial. Sie ist ein Maß für die lokale Veränderung einer Funktion. Endlich wird Veränderung mathematisch beschreibbar, nicht nur statische Größen.

Das gilt insbesondere für Orts-Zeit-Diagramme, die die Position eines Objekts in Abhängigkeit von der Zeit festhalten. So z. B. die Fallkurve, die Galilei beobachtet und beschrieben hatte, also eine Kurve der Fallhöhe als Funktion der Zeit. Newton führte für die Ableitung einer beliebigen Größe x nach der Zeit die Notation $\dot{x}$ ein, die wir noch heute verwenden. Sie beschreibt die Änderung der Größe pro Zeiteinheit zu einer bestimmten Zeit. Nehmen Sie an, dass es sich bei x um die Position eines Objekts handelt. Dann bestimmt $\dot{x}$ die Geschwindigkeit, mit der sich das Objekt zu einer bestimmten Zeit bewegt. Und deren Ableitung nach der Zeit, $\ddot{x}$, ist die zeitliche Änderung der Geschwindigkeit, also die Beschleunigung, wieder zu einem bestimmten Zeitpunkt. Bewegung wird mathematisch beschreibbar. Was für ein sensationeller Durchbruch! Wir widmen der Entwicklung des Verständnisses von Bewegung und Gravitation eine Abschweifung später in diesem Kapitel.

Gottfried Wilhelm Leibniz hat wohl um etwa die gleiche Zeit einen fast gleichen Zugang zur mathematischen Beschreibung von Veränderung gefunden. Leibniz hat auch erkannt, dass das Integral einer Kurve – in zwei Dimensionen die Fläche unter der Kurve – aus der Summe von Treppenstufen hervorgeht, wieder im Grenzwert unendlich kleiner Breite der Stufen. Damit wird die Bildung des Integrals zur Umkehroperation der Differenziation, der zentrale Satz der Analysis.

Ob Leibniz all dies unabhängig von Newtons Fluxionentheorie erarbeitet hat, ist seit seiner Veröffentlichung *Nova methodus pro maximis et minimis*[6] von 1684 [12] umstritten. Insbesondere Newton war überzeugt, dass ihm Leibniz seine Methode bei Besuchen in London 1673 und 1676 gestohlen habe. Newton war 1703 Präsident der *Royal Society* geworden und mobilisierte seine Anhänger zu einem wahren Prioritätskrieg, den Rupert Hall in seinem Buch *Philosophers at War* [392] im Detail nachzeichnet. Wir kennen bereits Newtons nachtragenden Charakterzug und wundern uns also nicht, dass er den Krieg auch nach Leibniz' Tod 1716 weitergeführt hat.

Ich werde mich hüten, in diesem oder irgendeinem Prioritätsstreit Partei zu ergreifen, schon gar nicht, wenn wie hier nationalistische Animositäten hineinspielen. Es bleibt jedenfalls festzuhalten, dass unsere heutige Notation dy/dx für Differenziale und $\int y\,dx$ für Integrale auf Leibniz zurückgeht.

In der Folge hat der Baron Augustin-Louis Cauchy (1789–1857) 1821 das erste vollständige Lehrbuch zur Infinitesimalrechnung veröffentlicht [55], basierend auf seinen Kursen an der *École polytechnique* in Paris. Darin stellt er die Begriffe von Differenzial und Integral auf eine im heutigen Sinne streng definierte axiomatische Grundlage. 1854 legte Bernhard Riemann in seinem Habilitationsvortrag *Über die Hypothesen, welche der Geometrie zugrunde liegen* [143] – im Beisein von Größen wie Carl Friedrich Gauß – die Grundlage für eine moderne Erweiterung der Geometrie auf lokale Metriken und beliebige Dimensionen, die in der heutigen Physik eine große Rolle spielen.

Spiegelteleskop

Newton war zunächst nicht Mitglied der *Royal Society*. Seine Eintrittskarte war in den frühen 1670er-Jahren die Erfindung des Spiegelteleskops, das einen Hohlspiegel anstatt des Linsenobjektivs verwendet. Wie wir im nächsten Abschnitt sehen werden, hatte Newton erkannt, dass der Brechungsindex von Glas und anderen transparenten Körpern von der Lichtfarbe abhängt. Damit kommt es in einem Linsenteleskop zu Abbildungsfehlern, die bei einem Spiegel nicht auftreten: Das Gesetz Einfallswinkel = Austrittswinkel gilt bei

---

[6]Der volle Titel lautet: *Nova methodus pro maximis et minimis, itemque tangentibus, quae nec fractas nec irrationales quantitates moratur, et singulare pro illis calculi genus,* also auf Deutsch: *Eine neue Methode für Maxima und Minima und für Tangenten, die nicht behindert wird von Brüchen und irrationalen Größen, und eine einzigartige Art ihrer Berechnung.*

jeder Wellenlänge. Dies ermöglicht eine besonders kompakte Konstruktion bei sehr ansehnlicher Vergrößerung, die die Mitglieder der Society beeindruckte.

So schickte Newton an die Society einen selbst gebauten Prototypen mit einem Umlenkspiegel, der seitlich durch eine Okularlinse betrachtet wird, wie die nachfolgende Zeichnung zeigt. An der Sitzung vom 11. Januar 1672 wurde Newton in die Society aufgenommen. Das Protokoll vermerkt:[7]

> „Herr Newton wurde gewählt … Erwähnung fand Herrn Newtons Verbesserung der Teleskope durch deren Verkürzung; und dass jenes, welcher der *Society* zwecks Begutachtung zugesandt worden war, vom König gesehen wurde und ebenso vom Präsidenten, Sir Robert Moray, Sir Paul Neile, Dr. Christopher Wren, und Mr. Hooke in Whitehall; und dass sie davon eine so gute Meinung hatten, so schlossen sie, dass der Sekretär eine Beschreibung und Skizze davon in einem Brief an Monsieur Huygens in Paris schicken solle, um dadurch dem Urheber die Erfindung zu sichern …"

Henry Oldenburg hat wie angeregt die Skizze Abb. 8.3 an Christiaan Huygens in Paris geschickt, um Newtons Priorität für diese Erfindung zu dokumentieren. Wir sehen hier ein Beispiel für die Bemühungen der Zeit, geistiges Eigentum zu schützen. Eine Kultur der wissenschaftlichen Veröffentlichung ist gerade erst im Entstehen begriffen, die *Philosophical Transactions of the Royal Society* sind gerade ein paar Jahre alt. In ebendiesen veröffentlicht Newton dann eine Beschreibung seiner Erfindung [8], die eine ähnliche Zeichnung zeigt und genauere Maße und Angaben zu Brennweiten der Elemente enthält.

Newtons *A New Theory about Light and Colours*

Im Jahr 1672 schickte Newton einen Brief an die *Royal Society* mit dem Titel *A New Theory about Light and Colours*, das seinen Ruf als Physiker enorm befördern, aber auch hitzige Diskussionen auslösen sollte. Newton trug das Papier nicht etwa selber vor, sondern ließ es bei einer Sitzung verlesen. Die anwesende *illustrious company* reagierte laut Protokoll mit viel Applaus. Die *Philosophical Transactions* druckten den Text ab [7].

---

[7] *Mr. Newton was elected … Mention was made of Mr. Newton's improvement of telescopes by contracting them; and that that, which has been sent to the Society of that kind to be examined, had been seen by the king, and considered also by the president, Sir Robert Moray, Sir Paul Neile, Dr. Christopher Wren, and Mr. Hooke at Whitehall; and that they had so good opinion of it, as they concluded, that a description and scheme of it should be sent by the secretary in a letter to Mons. Huygens then at Paris, thereby to secure this contrivance to the author …*

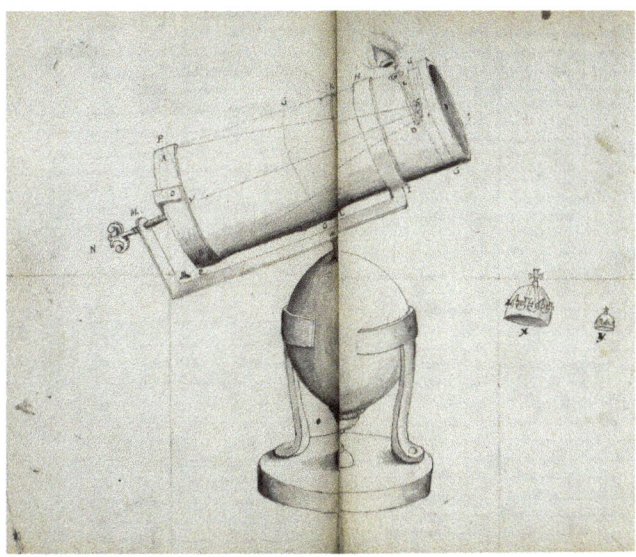

Abb. 8.3 Skizze von Newtons Spiegelteleskop, die Henry Oldenburg 1672 an Christiaan Huygens geschickt hat. (Bildnachweis: Royal Society Picture Library Nr. 14044, reprinted by permission)

In dem Essay erwähnt Newton zwar sein Versprechen an Oldenburg, die Konstruktion des Spiegelteleskops schriftlich zu erklären, konzentriert sich aber über weite Strecken darauf, seine Experimente mit Prismen zu beschreiben und darauf seine quantitative Theorie der Lichtfarben aufzubauen. Sein grundsätzlicher Versuchsaufbau wird schon im ersten Abschnitt beschrieben. In einem verdunkelten Zimmer habe er ein Loch in den Fensterladen gebohrt und den einfallenden Sonnenstrahl durch ein Glasprisma auf die gegenüberliegende Wand fallen lassen. Eine Skizze aus seinen Notizen, Abb. 8.4, zeigt den Aufbau.

Zunächst bringt er sein Erstaunen zum Ausdruck, dass das vielfarbige Bild an der Wand sich nicht etwa kreisförmig wie die Öffnung zeigte, sondern horizontal verlängert. Verschiedene Prismen, verschiedene Stellungen und Öffnungen zeigen das gleiche Phänomen. Auch Inhomogenitäten im Glas seiner Prismen schließt er aus: Wenn er zwei solche umgekehrt aneinanderlegt, wird die runde Öffnung formgetreu abgebildet. Auch stammen die verschiedenen Teile des Bildes nicht von verschiedenen Zonen in der Sonne. Alles in allem ist und bleibt das Bild viel zu groß, verglichen mit dem, was man aus dem Brechungsgesetz erwarten sollte. Ein etwa gekrümmter Lichtweg kommt ihm als Nächstes in den Sinn, weil er oft einen geschnittenen Tennisball eine Kurve beschreiben gesehen hatte. Dies schließt er aus, weil die Dimension

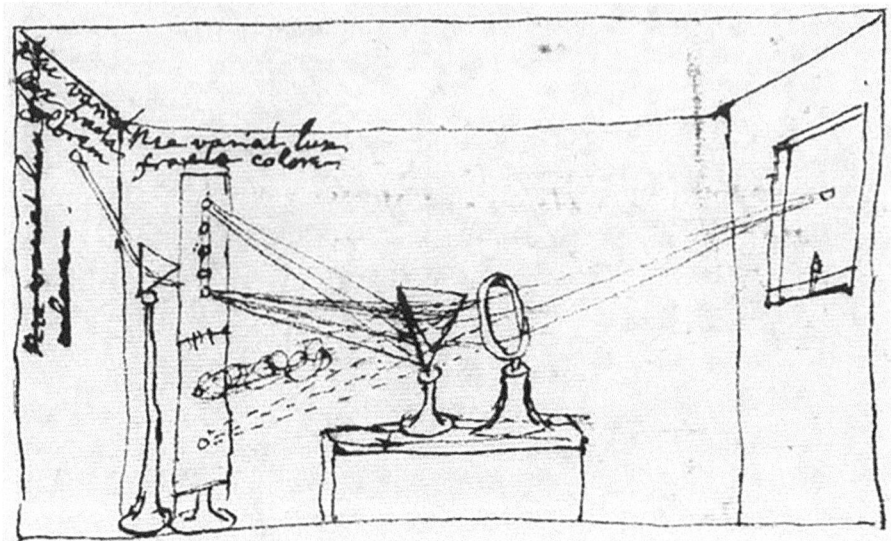

Abb. 8.4 Skizze aus Isaac Newtons Notizen zu seinem *experimentum crucis*. (Bildnachweis: P. Fara [548])

des Bildes zur Distanz bis zur Projektionsfläche proportional ist. So schafft er alle Argumente aus dem Weg, die seine Beobachtungen mit dem Einfluss des transportierenden Mediums à la Descartes erklären könnten.

Das bringt ihn zu seinem *experimentum crucis*, frei übersetzt Kreuzweg-Experiment, mit dem er seine neue Licht- und Farbtheorie für bewiesen hält. Der Aufbau ist in dem Papier nicht dargestellt, aber eine Skizze aus seinen Notizen ist überliefert. Ich entnehme Abb. 8.4 der Detailanalyse von Patricia Fara [548] zum 350. Gründungsjubiläum der *Philosophical Transactions*. Der Lichtstrahl fällt in ein erstes Prisma, ein Schirm separiert die verschiedenen Farben des austretenden Strahls voneinander. Lässt man nun diese (in etwa) monochromatischen Strahlen einzeln durch ein zweites Prisma (und eine Sammellinse) auf die Wand fallen, so zeigt sich in jedem Fall ein getreues Bild der Eintrittsöffnung, aber verschoben je nach der Farbe des Lichts. Er schließt daraus apodiktisch (kursive Hervorhebungen von Newton):[8]

„Und so wurde die wahre Ursache des Bildes entdeckt als keine andere, als dass *Licht* aus *verschieden brechbaren Strahlen* besteht, die ungeachtet ihrer

---

[8] *And so the true cause of the length of the image was detected to be no other, than that* light *consists of* rays differently refrangible, *which without any respect to a difference in their incidence, were, according to their degree of refrangibility, transmitted to diverse parts of the wall.*

verschiedenen Einfallswinkel, je nach dem Grad ihrer Brechbarkeit, zu den verschiedenen Teilen der Wand gelenkt wurden."

Weißes Sonnenlicht besteht also aus verschiedenfarbigen Strahlen, die jeweils einen anderen Brechungsindex aufweisen: „Licht selbst ist eine *heterogene Mischung von verschieden brechbaren Strahlen*".[9] Das erkläre klar die chromatische Aberration von Glaslinsen.

Bevor er aber ein oder zwei weitere Experimente anführen wolle, die seine Theorie erhärten, müsse er zunächst die Theorie selbst formulieren. Er tut dies anhand von neun Sätzen (*propositions*), die seine Farbtheorie quantifizieren. Besonders hervorzuheben ist Satz 7 über das weiße Licht. Keine einzelne Farbe kann ein solches erzeugen, es ist eine Mischung „in geeignetem Verhältnis" (*in due proportion*) aus Primärfarben. Wir gehen auf seine Licht- und Farbtheorie aber lieber im Zusammenhang mit seinem Hauptwerk *Opticks* von 1704 ein [15], in dem er auch den Farbkreis von Abb. 8.5 vorstellt.

In den restlichen vier *propositions* führt er dann wie versprochen weitere Experimente an, die seine Theorie stützen. So die Farben des Regenbogens, verschiedene Farbeindrücke bei Flüssigkeiten und gefärbten Gläsern, Farbeffekte an dünnen Schichten wie die von Hooke beobachteten. Insbesondere habe er verschiedenfarbige Objekte jeweils mit ihrer eigenen Lichtfarbe beleuchtet und gefunden, dass sie dieses am besten reflektierten. So ist Descartes' These widerlegt, dass Lichtfarbe erst aus der Farbe von Objekten hervorgeht. Er schließt mit der Feststellung:[10]

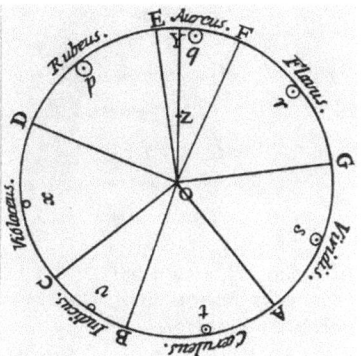

Abb. 8.5 Newtons Farbkreis aus den *Opticks* von 1704

---

[9] *Light itself is a* heterogeneous mixture of differently refrangible rays.

[10] *These things being so, it can no longer be disputed, whether there be colours in the dark, not whether they be qualities of the objects we see, no nor perhaps, whether Light be a Body.*

„Da diese Dinge nun so sind, kann nicht länger gestritten werden, ob Farben im Dunkeln enthalten seien oder ob sie Qualitäten der Objekte sind, die wir sehen, noch etwa, ob Licht ein Teilchen sei."

Licht besteht also aus einer heterogenen Mischung von Teilchen, deren substanzielle Eigenschaft die Farbe ist. Die Teilchentheorie des Lichts ist geboren.

Ein weiteres Experiment ist ihm die Skizze Abb. 8.6 wert. In diesem werden die vom Prisma getrennten Farben des Sonnenlichts durch eine Sammellinse wieder zusammengeführt. Positioniert man einen weißen Schirm vor und in den Fokus der Linse, so sehe man, wie das weiße Licht sukzessive aus den verschiedenen Farben wieder zusammengeführt werde, hinter dem Fokus wieder in Farben getrennt. Vorausgesetzt, man experimentiere sorgfältig und keiner der farbigen Strahlen falle außerhalb der Linse. Ein schwieriges Experiment, zu dem er ausnahmsweise einige konkrete Angaben zu Dimensionen, Brennweite etc. macht. Newtons Zeitgenossen hatte ihre liebe Mühe, seine Experimente zu wiederholen und seine Ergebnisse zu reproduzieren. Das trug nicht gerade zu einer schnellen Verbreiterung der Akzeptanz bei. In falscher Bescheidenheit ruft Newton aber zur experimentellen Überprüfung auf:[11]

„… wenn jemand aus der *Royal Society* neugierig genug wäre, die Sache zu verfolgen, so wäre ich froh, über die Erfolge informiert zu werden: sollte denn irgendetwas mangelhaft, oder diesen Bezug zu durchkreuzen scheinen, könnte ich Gelegenheit haben, nähere Angaben dazu zu machen oder etwaige Fehler zuzugeben, sollte ich solche begangen haben."

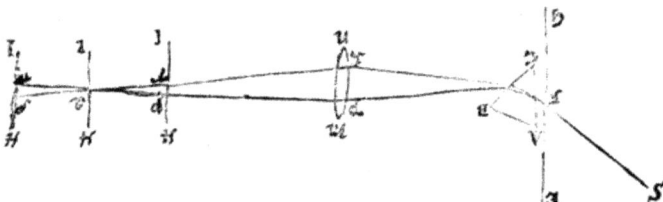

Abb. 8.6 Newtons Skizze des Experiments zur Trennung und Zusammenführung von Farben im Sonnenlicht. Die obere Linie bezeichnet den rot-gelben Strahl, die untere den blau-violetten

---

[11]… *if any of the* Royal Society *shall be so curious as to prosecute, I should be very glad to be informed with what success: that if anything seem to be defective, or to thwart this relation, I may have an opportunity of giving further direction about it, or of acknowledging my errors if I committed any.*

Ein getreueres Bild seiner Überzeugung von der Überlegenheit seiner Methoden gibt eine Passage, die Newton aus dem ursprünglichen Brief an Henry Oldenburg für die Publikation gestrichen hat [554]. Hier sagt er (Kursivschrift von mir):[12]

„Denn was ich über sie [die Experimente] berichten werde, ist keine Hypothese, sondern die strengste Folgerung, nicht gemutmaßt durch Schlussfolgerungen wie *'s ist so, weil's nicht anders sein kann* oder weil es *mit allen Phänomenen verträglich* ist (der Philosophen ewiges Thema), sondern bewiesen durch das tiefe Nachdenken über Experimente, die direkt und ohne den Hauch eines Zweifels darüber entscheiden.“

Also: Experimente zuerst, Nachdenken danach! Die experimentelle Naturphilosophie eben, wie er die Methode in seinen *Philosophiae naturalis principia mathematica* [13] nennt. Dort schreibt Newton[13] im Zusammenhang mit der Gravitation (Übersetzung von mir):

„… Ich ersinne keine Hypothesen. Alles nämlich, das nicht aus den Erscheinungen folgt, ist eine Hypothese und Hypothesen, seien sie nun metaphysische oder physische, mechanische oder diejenigen der verborgenen Eigenschaften, haben in der experimentellen Philosophie keinen Platz. In dieser werden Sätze aus den Erscheinungen abgeleitet und verallgemeinert durch Induktion.“

Die Priorität des wissenschaftlichen Experiments beginnt ihre Erfolgsgeschichte zu dieser Zeit. Newton war Wiederholung nicht deren einziger Vertreter, wohl aber ihr *spiritus rector*.

Natürlich blieben die Schlussfolgerungen, die Newton aus seinen Experimenten zog, nicht unwidersprochen. Insbesondere Robert Hooke beantwortete Newtons Brief mit eigenen Betrachtungen, die in der *Royal Academy* im gleichen Jahr vorgetragen und schriftlich niedergelegt wurden. In ihnen äußert er Zweifel, weniger an Newtons Experimenten, eher an der Schlussfolgerung, dass weißes Licht aus einfarbigen Strahlen zusammengesetzt sei. Vielmehr

---

[12] *For what I shall tell concerning them [the experiments] is not an hypothesis but the most rigid consequence, not conjectured by infering 'tis thus because not otherwise or because it satisfies all phenomena (the philosopher' universal topic), but evinced by the meditation of experiments concluding directly & without any suspicion of doubt.*

[13] *… Hypotheses non fingo. Quicquid enim ex Phænomenis non deducitur, Hypothesis vocanda est; & Hypotheses seu Metaphysicæ, seu Physicæ, seu Qualitatum occultarum, seu Mechanicæ, in Philosophia Experimentali locum non habent. In hac Philosophia Propositiones deducuntur ex Phænomenis, & redduntur generales per Inductionem.*

wiederholt er seine Hypothese aus den *Micrographia*, dass Licht aus transversalen Schwingungen eines homogenen, transparenten Mediums besteht:[14]

> „Die Bewegung des Lichts in einem homogenen Medium, in dem es erzeugt wird, pflanzt sich fort durch einfache und gleichförmige Pulse oder Wellen, welche rechtwinklig auf der Bewegungsrichtung stehen; aber wenn es schräg auf ein brechendes Medium fällt, empfängt es einen anderen Impuls oder eine andere Bewegung, die die vorherige Bewegung stört, etwa wie die Schwingung einer Saite …"

Wie der Finger auf der Saite aus der Fülle von Tönen, die die Saite hervorbringen kann, einen einzigen hervorholt, so könne doch die Brechung das weiße Licht in einzelne Farben zerlegen.

Aber zunächst musste Newton auf die Kommentare Hookes antworten. Er tat dies mit einem Brief, der in den *Philosophical Transactions* von Ende 1672 abgedruckt ist. Dort verwahrt er sich gegen den Vorwurf, seine Theorie sei auf Hypothesen gegründet, etwa die Hypothese, dass Licht aus Teilchen bestehe, wie Hooke geschrieben hatte (Hervorhebungen von Newton):[15]

> „Es ist wahr, dass ich von meiner Theorie die *Körperlichkeit* von Licht ableite; aber ich tue dies ohne absolute Gewissheit, wie das Wort *vielleicht* andeutet; und ich führe es höchstens an als eine sehr plausible *Konsequenz* der Lehre und nicht als eine fundamentale *Voraussetzung* …"

Seine Theorie sei vielmehr unabhängig von jedweder Hypothese über die Natur des Lichts. Insofern sei sie auch kompatibel mit Hookes Hypothese der Ätherschwingungen. So müssten Lichtteilchen, ausgesendet von leuchtenden Körpern, Ätherwellen auslösen, wenn sie auf brechende oder reflektierende Oberflächen fallen. So wie Steine, die ins Wasser fallen, kreisförmig ausbreitende Wellen auslösen. So ließen sich viele Phänomene erklären, wie etwa die Erwärmung durch Sonnenlicht, Licht von brennenden Körpern oder Farbeffekte an dünnen Schichten. Es möge aber andere Hypothesen über die Natur des Lichts geben, die dasselbe leisten könnten.

---

[14] *The motion of light in an uniform medium, in which it is generated, is propagated by simple and uniform pulses or waves, which are at right angles with the line of direction; but falling obliquely on the refracting medium it receives another impression or motion, which disturbs the former motion, somewhat like the vibration of a string …*

[15] *Tis true, that from my Theory I argue the* Corporeity *of Light; but I do it without any absolute positiveness, as the word* perhaps *intimates; and make it at most but a very plausible* consequence *of the Doctrine, and not a fundamental* Supposition …

Drei Jahre später kommt Newton, etwas gegen seinen Willen, auf die Frage nach der Natur des Lichts zurück in einem schriftlichen Bericht an die *Royal Society* vom 9. Dezember 1675. In diesem Beitrag unter dem Titel *An Hypothesis explaining the Properties of Light, discoursed in my several Papers* erklärt Newton seine Äthertheorie näher. Natürlich nur zur Illustration und nicht so, als nähme er sie als gültig an und fordere etwa andere auf, ihm zu glauben! Äther sei ähnlich wie Luft, nur viel dünner, subtiler und elastischer. Auch möge er aus mehreren Komponenten bestehen, so wie Luft aus diversen Dämpfen bestehe. So könne der Äther zur Übertragung nicht nur von Licht dienen, sondern auch von elektrischen und magnetischen Ausdünstungen und von Schwerkraft. Vielleicht seien am Ende alle Dinge aus Äther entstanden. Elastische Wellen des Äthers à la Hooke seien also nicht nur kompatibel mit seinen Ideen, sondern darüber hinaus nützlich. Sie erklärten aber immer noch nicht, warum Licht sich in geradlinigen Strahlen ausbreite.

Dies ist der neuzeitliche Ursprung der Diskussion über die wahre Natur des Lichts: Besteht es aus Teilchen – und wenn ja, aus welchen? Besteht es aus Wellen – und wenn ja, Wellen von was? Diese Diskussion wird uns eine ganze Weile begleiten, vertieft zunächst im folgenden Kap. 9. Aber erst einmal mehr zu Newtons Hauptwerk über das Licht.

Newtons *Opticks*

Mehr als dreißig Jahre später konnte sich Newton endlich entschließen, seine gesammelten Experimente und Theorien zur Optik im Zusammenhang zu veröffentlichen. Daraus resultiert sein Werk *Opticks: or, A Treatise of the Reflexions, Refractions, Inflexions and Colours of Light*, erschienen 1704 zunächst auf Englisch, zwei Jahre später auch in lateinischer Übersetzung. Das Werk besteht aus drei Büchern. Das erste und umfangreichste Buch enthält Newtons ausformulierte Lichttheorie. Das Werk ist wie ein mathematisches Lehrbuch angelegt, es besteht also aus Definitionen, Axiomen und Sätzen, die zu beweisen sind.

Die erste Definition legt fest, was ein Lichtstrahl ist, nämlich der kleinste Teil des Lichts. Im ganzen Werk äußert sich Newton nicht explizit zur Natur des Lichts – *hypotheses non fingo*. Seine lateinische Wortwahl *fingere*, von mir übersetzt mit *ersinnen*, ist der Ursprung unseres Wortes *fingieren*. Soweit zu seiner Haltung gegenüber hypothetischen Spekulationen! In den weiteren Definitionen wird die Brechbarkeit (*refrangibility*) und Reflektierbarkeit (*reflexiblity*) definiert, und zwar unabhängig von Annahmen über die Lichtgeschwindigkeit. Einfalls-, Reflexions- und Brechungswinkel werden definiert, ebenso deren Sinus. In den zwei letzten Definitionen unterscheidet Newton einfaches Licht (*simple*) und dessen Primärfarben von zusammengesetztem Licht (*compound*) und dessen Mischfarben.

Die Axiome, die nicht weiter zu beweisen sind, fassen die bekannten Gesetze von Reflexion und Brechung zusammen. So auch, dass bei senkrechtem Einfall keine Brechung stattfindet und Totalreflexion bei streifendem Einfall. Brechung beim Übergang in ein dichteres Medium findet zum Lot hin statt. Brechungsgesetze für ebene Grenzflächen, Prisma und Linse werden ausformuliert. Ebenso wird die Lage des Brennpunkts für ebene und sphärische Spiegel sowie Linsen berechnet. Im letzten Axiom zerlegt er den Sehvorgang in Strahlengang und physiologische Verarbeitung und verortet wie Kepler den Ort der Bildgebung auf den Retina:[16]

> „Denn wenn sie vom Grund des Auges den äußeren und dicken Mantel abgelöst haben, den man *Dura mater* nennt, können Anatomen durch die dünneren Lagen die Bilder von Objekten sehen, die lebendig darauf gemalt werden. Und diese Bilder, fortgesetzt durch Bewegung entlang der Fasern des optischen Nervs bis ins Gehirn, verursachen das Sehen. Denn wenn diese Bilder perfekt sind oder nicht, wird das Objekt perfekt oder unvollkommen gesehen."

Unvollkommenheiten können also mit Brillen und Teleskopen ausgeglichen werden.

Nun folgen Newtons Sätze zu seiner Theorie von Licht und Farben. Der Brechungswinkel hängt von der Lichtfarbe ab, wie das Prisma zeigt. Sonnenlicht ist zusammengesetzt aus Strahlen mit verschiedenen Brechungswinkeln. Dazu gibt es einen Beweis: Aus dem einfallenden Sonnenlicht wird mit einem Prisma und einer kleinen Lochblende eine Farbe ausgewählt. Diese zeigt dann in einem zweiten Prisma einen einzigen Brechungswinkel. Im zweiten Teil des ersten Buches gibt es dazu eine Gegenprobe, in Satz XI wird gezeigt, mit welchem Versuchsaufbau aus Prismen und Linsen wie in seinem Kreuzweg-Experiment von Abb. 8.4 weißes Licht erst zerlegt und dann wieder zusammengefügt werden kann.

---

[16] *For Anatomists, when they have taken off from the bottom of the eye that outward and most thick Coat called the Dura Mater, can then see through the thinner Coats, the Pictures of Objects lively painted thereon. And these Pictures, propagated by Motion along the Fibres of the Optic Nerves into the Brain, are the cause of Vision. For accordingly as these Pictures are perfect of imperfect, the Object is seen perfectly or imperfectly.*

Um den folgenden Satz zu verstehen, müssen wir uns ins Gedächtnis zurückrufen, dass an der Grenzfläche zwischen zwei Medien unterschiedlicher Dichte immer sowohl Reflexion als auch Brechung auftreten. Ein Beispiel zum Übergang von z. B. Glas (oben) in Luft (unten) zeigt die Skizze Abb. 8.7. Das Brechungsgesetz sagt nun, dass das Verhältnis der Sinus von Einfalls- und Ausfallswinkel umgekehrt proportional ist zum Verhältnis der beiden Brechungsindizes. Der von Luft ist ungefähr 1, der von Glas ungefähr 1,5, um diesen Faktor ist also der Sinus des Brechungswinkels größer als der des Einfallswinkels. Nun kann die Brechung nicht weiter als bis zur Grenzfläche vom Lot abweichen. Daher gibt es eine natürliche Grenze für den Einfallswinkel: Wenn der Lichteinfall streifender ist, findet nur noch Reflexion statt und keine Brechung mehr. Man nennt das den Grenzwinkel der Totalreflexion. Das führt z. B. zum Glitzern der entsprechend geschliffenen Diamanten, einem Material, das einen sehr hohen Brechungsindex von ungefähr 2,4 hat und damit schon bei kleinen Winkeln das gesamte Licht reflektiert. Man macht sich die Totalreflexion auch bei Lichtleitern zunutze. Die Brechungsindizes gehen in gleicher Weise in Brechung und Totalreflexion ein, und genau das sagt Newton in seinem dritten Satz: Farben, die mehr „reflektierbar" sind, sind auch mehr „brechbar".

Die restlichen Sätze des ersten Teils beschäftigen sich mit der Abhängigkeit des Brechungsindex von der Lichtfarbe. Wir nennen das heute Dispersion. In deren Folge hängt das Verhältnis von Einfalls- zu Brechungswinkel von der Lichtfarbe ab, was die Trennung von Sonnenlicht in seine Farbbestandteile durch Prismen und Linsen erklärt. Reine Farben werden unter einem konstanten Winkelverhältnis gebrochen, bei Mischfarben verschwimmt durch Brechung das Bild. Newton glaubte deshalb, dass Linsenteleskope unweiger-

Abb. 8.7 Reflektierter und gebrochener Strahl an der Grenzfläche zwischen einem dichteren und einem dünneren Medium

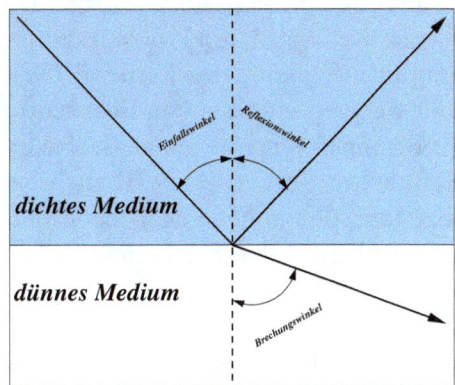

lich eine chromatische Aberration aufweisen und präsentiert wie schon 1762 sein Spiegelteleskop als Abhilfe.[17]

Im zweiten Teil des ersten Buches widerlegt Newton zunächst im Detail die damals populäre Modifikationstheorie [497], nach der Farben im „reinen" weißen Licht durch das vermittelnde transparente Medium, durch Reflexion oder Brechung erzeugt werden. Auch Robert Hooke hatte diese Theorie in seinen *Micrographica* vertreten. Newton weist dagegen durch Versuche nach, dass die Farben nach dem Austritt aus dem Prima nicht weiter modifiziert werden. Strahlen reiner Farben haben einen eigenen Brechungswinkel, den Newton mit einem speziellen Versuchsaufbau bestimmt. Sie ändern ihre Farbe aber weder durch Brechung noch durch Reflexion. Die Farbe eines Gegenstandes ist gegeben durch seine Eigenschaft, Licht einer bestimmten Farbe bevorzugt zu reflektieren.

Mischfarben haben dagegen keinen gemeinsamen Brechungsindex. Sie sind zusammengesetzt aus reinen Farben. Je mehr dazukommen, gemischt *in due proportion*, desto näher kommt die Mischfarbe dem weißen Sonnenlicht. Newtons Farbkreis von Abb. 8.5 zeigt, wie Farben zu mischen sind, um den gewünschten Farbton zu erzeugen. So ist gezeigt: Alle Farben im Universum bestehen aus Lichtfarben und hängen nicht ab von der menschlichen Einbildungskraft.

Im zweiten Buch seiner *Opticks* beschreibt Newton Farbphänomene an dünnen Schichten. Hervorzuheben sind die nach ihm benannten Newton'schen Ringe, die z. B. durch einen Luftspalt zwischen zwei annähernd parallelen Glasflächen entstehen. Robert Hooke hatte sie schon in seinen *Micrographica* beschrieben. Newton betont außerdem ein weiteres Mal, dass Reflexion an allen Grenzflächen stattfindet, nicht nur beim Übergang von dünneren zu dichteren Medien, sondern auch im umgekehrten Fall.

Das dritte Buch von Newtons *Opticks* enthält seine berühmten *Queries*, suggestive Fragen und Problemstellungen, die er als Anregung zu weiteren Forschungen verstanden wissen will. Wir wollen das genauso auffassen und uns mit wenigen interessanten Beobachtungen und Bemerkungen näher befassen.

Beginnen wir mit seiner Beobachtung von Lichtbeugung an Spalten und Kanten, mit denen Buch III auch beginnt. Newton war nicht der Erste, der Beugungsphänomene beobachtet hat, Francesco Maria Grimaldi hatte in *De lumine* bereits darüber berichtet. Newton hat Beugung mit seiner Methode

---

[17]Mitte des 18. Jahrhunderts wurde dieser Irrtum korrigiert, die chromatische Korrektur durch doppelte Linsen erfunden und patentiert. Dabei hat die eine Linse einen eher schwachen Brechungsindex (z. B. Kronglas 1,5), die andere einen stärkeren (z. B. Flintglas bis zu 2,0). Die Kombination korrigiert einen guten Teil den Dispersion des sichtbaren Lichts.

der experimentellen Naturphilosophie untersucht. Er schreibt unter anderem vom Schatten eines Haares, den er mit dem skizzierten Versuchsaufbau vermessen hat. Meine Zeichnung in Abb. 8.8 ist nicht maßstäblich, die angegebenen Dimensionen entsprechen aber Newtons Beschreibung.

Die Beobachtung ist, dass ein einzelnes Haar in einem parallelen Strahlenbündel von Sonnenlicht einen konischen Schatten wirft. Der Durchmesser des Haares ist nach Newtons Schätzung etwa $0,1\,\text{mm}$ ($1''/280$), was in etwa der durchschnittlichen europäischen Haardicke entspricht. In einem Abstand von $10\,\text{cm}$ ist der Schatten aber schon $0,4\,\text{mm}$ breit, bei etwa $60\,\text{cm}$ Abstand etwa $0,9\,\text{mm}$ und bei $3\,\text{m}$ Abstand sogar etwa $3,2\,\text{mm}$. Der Schattenkegel hat also einen Öffnungswinkel von ungefähr $0,2°$.

Newton führt das auf eine Art berührungsfreie Ablenkung des Lichts an Hindernissen zurück. In einer *Query* schlägt er vor:[18]

> „Wirken nicht Körper berührungsfrei auf Licht und biegen seine Strahlen; und ist nicht diese Wirkung (unter sonst gleichen Bedingungen) am stärksten beim kleinsten Abstand?"

Dass der Schatten begrenzt ist von farbigen Streifen, führt er auf eine verschiedene Flexibilität der Strahlen verschiedener Farben zurück, die er auch schon bei der Brechung beobachtet hatte. Wir wissen seit dem 19. Jahrhundert, dass es sich hierbei um Lichtbeugung handelt, ein Interferenzphänomen, von

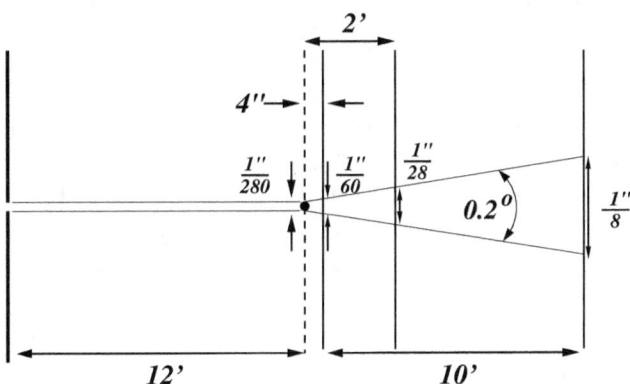

Abb. 8.8 Konischer Schatten eines einzelnen Haares. Der Öffnungswinkel des Schattens ist stark übertrieben skizziert, die Angaben zu den Maßen stammen von Newton

---

[18] *Do not Bodies act upon Light at a distance, and by their action bend its Rays; and is not this action (* caeteris paribus*) strongest at the least distance?*

dem wir im Kap. 10 berichten werden. Ich habe Newtons Versuchsaufbau im Licht dieser Erkenntnisse simuliert, für eine typische Wellenlänge sichtbaren Lichts. Man findet, dass das erste Beugungsmaximum je nach Schirmstellung bei etwa $0,5\,\text{mm}$, $1,4\,\text{mm}$ und $3,2\,\text{mm}$ liegen sollte. Newton hat also wohl das erste Minimum hinter dem deutlichsten Beugungsstreifen dem Schatten zugeordnet.

In den beiden letzten *Queries* spekuliert Newton dann über die Natur und Übertragung des Lichts, natürlich in Frageform: „Sind nicht alle Hypothesen falsch, die behaupten, Licht sei eine Art Druck, der sich durch ein flüssiges Medium fortpflanzt?" Insbesondere, wo diese Hypothesen doch eine Änderung des Lichts auf seinem Wege vorhersagen, die nicht beobachtet wird? Nach Newton würde eine Druckübertragung außerdem ein ideal hartes elastisches Medium oder unendlich große Kräfte erfordern. Endlich in *Query 29* outet Newton sich doch noch als Vertreter der Teilchentheorie, ohne sich zu verpflichten:[19]

„Sind nicht Lichtstrahlen kleine Teilchen, die von leuchtenden Substanzen ausgesendet werden?"

In anderen *Queries* – wie z. B. in *Query 18*, wo von Wärmestrahlung im Vakuum die Rede ist – liest man aber etwas ganz anderes:[20]

„Wird nicht die Hitze eines warmen Raumes durch das Vakuum übertragen von den Schwingungen eines viel subtileren Mediums als Luft, das im Vakuum verblieben ist, nachdem man die Luft herausgezogen hat? Und ist dieses Medium nicht das nämliche, das Licht bricht und reflektiert, dessen Vibrationen Wärme auf Körper übertragen, und das sie zu leichter Reflexion und Übertragung bringt? Und tragen die Vibrationen dieses Mediums in heißen Körpern nicht zu Intensität und Dauer ihrer Wärme bei? Und übertragen heiße Körper ihre Wärme nicht auf kältere, die sie berühren, durch die Fortpflanzung der Vibrationen dieses Mediums von ihnen zum kalten? Und ist dieses Medium nicht überaus dünner und subtiler als Luft und überaus elastischer und aktiver? Und durchdringt es

---

[19] *Are not the Rays of Light very small Bodies emitted from shining Substances?*

[20] *Is not the Heat of the warm Room conveye'd through the Vacuum by the Vibrations of a much subtiler Medium than Air, which after the Air was drawn out remained in the Vacuum? And is not this Medium the same with that Medium by which Light is refracted and reflected, and by whose Vibrations Light communicates Heat to Bodies, and is put into Fits of easy Reflexion and easy Transmission? And do not the Vibrations of this Medium in hot Bodies contribute to the intenseness and duration of their Heat? And do not hot Bodies communicate their Heat to contiguous cold ones, by the vibrations of this Medium propagated from them into the cold ones? And is not this Medium exceedingly more rare and subtile than the Air, and exceedingly more elastick and active? And does it not pervade all Bodies? And is it not (by its elastick force) expanded through the Heavens?*

nicht alle Körper? Und breitet es sich nicht (durch seine elastische Kraft) bis in den Himmel aus?"

Ein Vertreter der Mediumtheorie würde diese Beschreibung der Eigenschaften des Äthers als Vermittler von Licht- und Wärmestrahlung sofort unterschreiben. Es scheint mir, dass Newton sich selbst nicht entscheiden konnte und wollte, was denn die Natur des Lichts sein solle. Vielmehr gehörte diese Natur für ihn in den Bereich der Hypothesen und beide, Teilchen- und Wellenhypothese schienen ihm mit seiner Theorie vereinbar. Davon zeugt unter anderen Quellen seine Auseinandersetzung mit Einwänden von Hooke, die in Thomas Birchs *History of the Royal Society* unter dem Datum vom 9. Dezember 1675 festgehalten sind [23, S. 247 ff.]. So hat denn auch z. B. Thomas Young in seiner *Bakerian Lecture* von 1801 [111], in der er seine Entdeckung der Interferenz von Licht öffentlich machte (siehe Kap. 10), genügend Stellen in Newtons Schriften gefunden, die seine Wellentheorie des Lichts stützen.

Im berühmten letzten *Query 31*, das sich über 30 Seiten erstreckt, fragt Newton suggestiv:[21]

„Haben nicht die kleinen Teilchen der Körper gewisse Fähigkeiten, Wirksamkeiten oder Kräfte, durch die sie in die Entfernung wirken, nicht nur auf Lichtstrahlen, um sie zu reflektieren, sondern auch aufeinander, um einen großen Teil der Naturphänomene zu erzeugen?"

Mit diesen Phänomenen meinte Newton chemische Prozesse, denen er sich seit 1669 intensiv widmete. In der Form von Alchemie, also der Transmutation der Elemente und insbesondere der Herstellung von Gold aus weniger edlen Materialien. Aber auch in einer Form von Chemie, die näher an unserem heutigen Verständnis des Begriffes liegt, wie z. B. Schmelzprozessen, exotermischen Reaktionen, der Wirkung von Säuren auf Metalle, Substitutionsreaktionen mit Molekülen. Neben diesen hat er sich gegen Ende seines Lebens aber auch auf die Exegese der Bibel konzentriert, auf der Suche nach geheimen Botschaften, versteckt in Gottes Wort. Aber das soll uns hier nicht umtreiben, eine solche Aktivität lag schließlich ebenfalls im *l'air du temps*.

---

[21] *Have not the small Particles of Bodies certain Powers, Virtues or Forces, by which they act at a distance, not only upon the Rays of Light for reflecting them but also upon one another for producing a great part of the Phaenomena of Nature?*

Abschweifung: Bewegung und Gravitation

Mit dem Stichwort Fernwirkung (*action at a distance*) müssen wir aber wenigstens kurz eingehen auf Newtons Theorien von Bewegung und Gravitation, wie er sie in seinen *Principia* von 1687 niedergelegt hat. Schließlich war es diese Veröffentlichung, die ihn schlagartig bei seinen Zeitgenossen als wissenschaftliches Genie etablierte und in gewisser Weise auch die Geburtsstunde der modernen Physik. Immerhin benutzen wir die Newton'sche Mechanik auch heute noch mindestens intuitiv, wenn wir z. B. Auto fahren.

Vergessen Sie mal die Anekdote mit dem Apfel, die auf Voltaire zurückgeht. Die wahre Entstehungsgeschichte der *Principia* ist interessant genug. Wir verdanken die Veröffentlichung dem kongenialen Astronomen und Mathematiker Emond Halley. Ein alle 74 bis 79 Jahre wiederkehrender Komet trägt seinen Namen. Er war einer der wenigen Zeitgenossen, der mit Newtons schwierigem Charakter einigermaßen zurechtkam. Die Entstehungsgeschichte der *Principia* zeichnet Edward Dolnick in seinem Buch *The Clockwork Universe* [530] sehr lebendig nach. Nach seiner Darstellung trafen sich Robert Hooke, Christopher Wren und Halley im Januar 1684 nach einer Sitzung der *Royal Society* in einem der gerade neu entstandenen Londoner Kaffeehäuser. Sie diskutierten die Frage, wie die Kepler'schen Gesetze physikalisch begründet werden können. Hooke behauptete wie gewöhnlich, die Lösung zu wissen, sie aber vorerst für sich behalten zu wollen. Wren bezweifelte das und setzte einen Preis von vierzig Shilling aus für den, der das Problem innerhalb zweier Monate lösen können. Immerhin um die 400 € in heutigem Wert, aber niemand nahm die Herausforderung an. So suchte Halley im August 1684 Newton auf, um die Frage mit ihm zu diskutierten. Newton antwortete, er habe das Planetenproblem längst gelöst, die Ellipsenbahnen folgten notwendigerweise aus einem Gravitationsgesetz, bei dem die Kraft mit dem Quadrat des Abstands zwischen zwei Körpern abnimmt. Newton konnte seine diesbezüglichen Notizen angeblich nicht finden. Drei Monate später sandte er Halley aber das ausgearbeitetes Manuskript *De motu corporum in gyrum*, „Von der Bewegung der Körper in der Umlaufbahn", das Halley an die *Royal Society* weiterreichte. Jedermann war begeistert, Halley drängte Newton auf Veröffentlichung. Dieser bestand auf einer Überarbeitung und Erweiterung, war aber entgegen seinem Drang zur Geheimhaltung im Prinzip einverstanden. So wurde aus einem Papier von nicht mehr als neun Seiten eines der Gründungsdokumente der modernen Physik, Isaac Newtons *Philosophiae naturalis principia mathematica*, immerhin rund 500 mit Sätzen und Beweisen dicht gepackte Seiten.

Das Werk besteht aus einer Einleitung und drei Büchern. In der Einleitung formuliert Newton seine berühmten drei Gesetze zur Kinematik und Dynamik. Ich zitiere aus der kommentierten deutschen Ausgabe von Wolfers von 1872 [151]:

1. Jeder Körper beharrt in seinem Zustand der Ruhe oder der gleichförmigen geradlinigen Bewegung, wenn er nicht durch wirkende Kräfte gezwungen wird, seinen Zustand zu ändern.
2. Die Änderung der Bewegung ist der Einwirkung der bewegenden Kraft proportional und geschieht nach der Richtung derjenigen geraden Linie, nach welcher die Kraft wirkt.
3. Die Wirkung ist stets der Gegenwirkung gleich oder die Wirkungen zweier Körper aufeinander sind stets gleich und von entgegengesetzter Richtung.

Das erste Gesetz etabliert Bewegung mit konstanter Geschwindigkeit entlang eines geraden Weges als den Naturzustand der Gegenstände. Ruhe ist nur ein Spezialfall, mit Geschwindigkeit null. Um die Bewegung zu ändern – bei Newton das Produkt aus Masse und Geschwindigkeit, das wir heute den Impuls nennen –, braucht es eine Kraft. Die zeitliche Änderung des Impulses ist gleich der Kraft in Größe und Richtung, wie das zweite Gesetz angibt. In einem Lemma definiert Newton das Parallelogramm der Kräfte. Und schließlich definiert das dritte Gesetz Kräfte als Wechselwirkung: Übt ein Körper auf einen anderen eine Kraft aus, so wirkt auf ihn selbst eine gleiche, entgegengesetzte Kraft. Ein weiteres Lemma führt das Konzept des Schwerpunkts ein, das in Buch III ausführlich begründet wird. Es formuliert, dass sich der gemeinschaftliche Schwerpunkt von Körpern durch die gegenseitige Wechselwirkung nicht ändert. Die Bewegung des Schwerpunkts eignet sich also zur Beschreibung der Bewegung ausgedehnter Körper. Das ist die Newton'sche Mechanik in einer Nussschale; um Auto zu fahren, brauchen Sie nur noch zusätzlich die Reibungskräfte zu kennen, die Newton im zweiten Buch behandelt.

Das erste Buch handelt zunächst im Wesentlichen von den mathematische Grundlagen, die man braucht, um das Gesetz von der universellen Gravitation zu verstehen, von Kegelschnitten, also Kreisen, Ellipsen, Hyperbeln und Parabeln. Es ist bemerkenswert, dass die von Newton erfundene Analysis, also die Differenzial- und Integralrechnung, hier zwar eingeführt und benutzt wird, aber sonst in den *Principia* keine explizite Anwendung findet. Vielmehr beschreibt Newton seine revolutionären Erkenntnisse mit den überkommenen Methoden der reinen Geometrie. Er behauptet später, dies zur besseren Akzeptanz seiner Theorie getan zu haben, es finden sich aber keine Aufzeichnungen oder Notizen, die dies belegen.

Das zweite Buch kehrt zur Physik zurück und arbeitet sich ab an überkommenen mechanistischen Theorien der Gravitation wie der von Descartes. Danach werden die Planeten, wie wir schon in Abb. 7.4 gesehen haben, durch Ätherwirbel auf ihren Bahnen gehalten. Auch die Erdanziehung sollte durch die Sogkraft kleine Wirbel der „subtilen Materie" wirken. Newton argumentiert mit den Reibungskräften, dass solche Wirbel nicht von Dauer sein können, wenn der Äther tatsächlich Kräfte überträgt. Und keine solche Theorie kann die Kepler'schen Gesetze erklären. Dies leistet dagegen mühelos Newtons Gravitationsgesetz. Die geometrischen Beweise, die er vorlegt, sind nicht leicht zu verstehen. Das mag zu der zunächst alles andere als breiten Akzeptanz des Werks beigetragen haben.

Im dritten Buch – betitelt „Über das Weltsystem" – formuliert und beweist Newton das Gesetz der universellen Gravitation. Die Anziehungskraft zwischen zwei Körpern ist proportional zum Produkt beider Massen, umgekehrt proportional zum Quadrat ihres Abstandes. Wobei Letzterer zu nehmen ist als der Abstand ihrer beiden Schwerpunkte. Und dieses Gesetz gilt für alle Körper und für alle Abstände. Irdische Erdanziehung und Himmelsmechanik, ja sogar die Gezeiten und die genaue Form der Erde folgen demselben Gesetz. Wir sehen eine erste einheitliche Theorie verschiedener Naturkräfte, die man bislang getrennt zu erklären gesucht hatte. Allerdings bleibt ungeklärt, wie die Kraftübertragung zwischen Körpern denn nun tatsächlich stattfindet, und das war für viele seiner Zeitgenossen (wie z. B. Leibniz) ein großes Manko in seiner ansonsten bewundernswerten mathematischen Argumentation. In seinen Allgemeinen Anmerkungen *General Scholium*, die Newton der zweiten Ausgabe der *Principia* beigefügt hat, findet sich die Begründung für diese Lücke. Wir haben sie im Abschnitt über *A New Theory about Light and Colours* schon teilweise zitiert. Der Anfang lautet: „Ich habe den Grund für diese Eigenschaften der Gravitation nicht in Phänomenen finden können und ich ersinne keine Hypothesen."[22] Was andere als Schwäche auslegen, ist für Newton eine notwendige Folge seiner experimentellen Naturphilosophie: Was man nicht aus Beobachtungen ableiten kann, hat darin keinen Platz. Es ist Teil von Gottes Wirken.

Einen wichtigen Aspekt von Newtons Physik müssen wir noch erwähnen. Zwar hatte schon Galilei erkannt, dass Bewegung ein relatives Phänomen

---

[22] *I have not been able to deduce from phenomena the reason for these properties of gravity, and I do not feign hypotheses.*

ist: Bewegung eines Objekts existiert nur in Bezug auf ein anderes. Daraus ergibt sich unter anderem Galileis Gesetz von der (vektoriellen) Addition der Geschwindigkeiten. Newton dachte, dass diese Relativität auch gegenüber einem abstrakten, virtuellen Bezugssystem gelten müsse. Er setzte also voraus, dass es einen absoluten Raum gibt, in dem sich Objekte bewegen. Ihre Position zu einer gegebenen Zeit ist gegeben durch einen Punkt, ihren Schwerpunkt. Der absolute Raum kann auch leer sein, wie Robert Boyle durch seine Versuche mit ersten Vakuumpumpen bewiesen hatte. Und im leeren Raum bewegen sich alle Objekte reibungsfrei. Ihr Schulversuch hat sicher gezeigt, dass in der Tat in einem evakuierten Glasrohr eine Feder und eine Metallkugel gleich schnell fallen.

Genauso dachte Newton, dass eine absolute Zeit existiert, von der unsere gemessene Zeit ein schwacher Abglanz ist. Der Abstand zwischen zwei Massenpunkten in seinem Gravitationsgesetz ist also definiert durch ihre Position zur gleichen Zeit. Daraus folgt, dass sich die Gravitationskraft unendlich schnell überall im Raum ausbreitet, anders als das Licht. Newtons Gesetz der universellen Gravitation bedient sich der Fernwirkung: Ein Körper übt auf einen beliebig weit entfernten anderen instantan eine Kraft aus. Für Leibniz war das mittelalterlicher Okkultismus. Die Geschwindigkeit der Ausbreitung – unendlich für die Schwerkraft, groß aber endlich für das Licht – ist beileibe nicht der einzige Unterschied zwischen Gravitation und Licht: Schwerkraft durchdringt nicht nur den Raum, sondern auch die Körper, man kann sie nicht abschatten.

Im Jahr 1705 – etwas mehr als 100 Jahre, nachdem Giordano Bruno wegen Häresie in Rom auf dem Scheiterhaufen landete, weil er die Erde zu einem unter vielen Himmelskörpern degradiert hatte – wurde Isaac Newton von Anne, Königin von England, Schottland und Irland, in den Ritterstand erhoben. Newton überlebte seinen Erzfeind Leibniz, der 1716 in Hannover vereinsamt gestorben war; seine Feindschaft überlebte dessen Tod aber ebenso. Newton starb unverheiratet, aber hochgeachtet im März 1727. Er wurde unter großem Pomp in Westminster Abbey beigesetzt, Sargträger waren der Lord Chancellor, die Herzoge von Montrose und Roxburgh, die Grafen von Pembroke, Sussex und Macclesfield. Die meisten Mitglieder der *Royal Society* folgten dem Sarg. Sein Grab trägt die Inschrift: *Hic depositum est, quod mortale fuit Isaaci Newtoni*, „Hier ruht, was an Isaac Newton sterblich war". Ein Monument aus weißem und grauem Marmor ziert die Grabstätte seit 1731.

Albert Einstein, der ein Porträt Newtons über seinem Schreibtisch hängen hatte, hat dreihundert Jahre später die Voraussetzung einer absoluten Raum-

Zeit abgeräumt. In der Folge hat er die Lücke in der Argumentation gefüllt und geklärt, wie Gravitation funktioniert. Und zwar ironischerweise mit Geometrie. Wir kommen natürlich darauf zurück, wenn wir im 20. Jahrhundert angekommen sind.

Rezeptionsbeispiele: Maxwell, Voltaire und Goethe

Newtons *Principia* wurden zu seiner Zeit viel kommentiert, aber wohl wenig gelesen. Das lag vielleicht auch an der Tatsache, dass er überkommene geometrische Argumente der moderneren – und erheblich einfacheren – Methode der Analyse vorgezogen hat. Newton selbst hat behauptet, dass er dies im Gegenteil zum besseren Verständnis seiner Zeitgenossen getan hätte. Wenn das stimmt, hat es nicht funktioniert. Auch ich finde die *Principa* – im Gegensatz zu den *Opticks* – ziemlich unverdaulich. Der Astrophysiker und Nobelpreisträger Subrahmanyan Chandrasekhar hat eine sehr viel zugänglichere Version verfasst in seinem Buch *Newton's Principa for the Common Reader* [483], das ich Ihnen anstatt des Originals empfehlen möchte. Wenn Sie keine Geduld haben für die fast 600 Seiten seiner detaillierten und erhellenden Analyse, können Sie sich die Grundkonzepte von keinem Geringeren als James Clerk Maxwell erklären lassen, dem Vater des klassischen Elektromagnetismus, von dem wir in Kap. 12 ausführlich berichten werden. In seinem kurzen, 1888 posthum erschienen Buch *Matter and Motion* [182], das auch auf Deutsch erhältlich ist [540], formuliert Maxwell die Grundkonzepte der Newton'schen Dynamik und seiner Theorie der universellen Gravitation.

Einer derjenigen, die enorm zur Verbreitung der Newton'schen Physik im 18. Jahrhundert beigetragen haben, war François-Marie Arouet, genannt Voltaire (1694–1787). Er hatte bei den Jesuiten eine ausschließlich geisteswissenschaftliche Schulbildung erfahren, war aber wirklich umfassend interessiert. In seinem Kampf für die Vorherrschaft der Vernunft bediente er sich aller literarischer Genres, von Roman und Dichtung, über Drama und Komödie, bis zu Philosophie und Geschichtsschreibung. Geschmack an Naturphilosophie fand er erst bei einem unfreiwilligen ersten Aufenthalt in London von 1726 bis 1728. Der Kontakt mit der Londoner Intelligenzia, die dem Adel einen Teil seiner Macht entrissen hatte, machte aus dem französischen Höfling Voltaire einen aufgeklärten Bürger. Die Kultur in der damals größten Stadt Europas stand in voller Blüte, man hörte Kompositionen und Opern von Henry Purcell, dem 1727 eingebürgerten Georg Friedrich Händel oder dessen Konkurrenten Thomas Arne, las die Romane von Jonathan Swift, sah Theaterstücke von

Shakespeare und die *Beggar's Opera*[23] von John Gay. So kam Voltaire auch in Kontakt mit der Physik Isaac Newtons, dessen pompöser Beerdigung er staunend beiwohnte. In der später verfassten Einleitung zur Enzyklopädie von d'Alembert und Diderot schreibt er:[24]

> „Die Gelehrten haben es nicht immer nötig, belohnt zu werden, England ist Zeuge, dem die Wissenschaften so viel verdanken, ohne dass die Regierung etwas dazu tut. Es ist wahr, dass die Nation sie schätzt, ihnen sogar Respekt zollt, und diese Art der Belohnung, die alle anderen übertrifft, ist ohne Zweifel das sicherste Mittel, Kunst und Wissenschaft zum Blühen zu bringen, denn es ist die Regierung, die die Positionen vergibt, und es ist das Publikum, das die Wertschätzung verteilt … Die Liebe zur Wissenschaft, die bei unseren Nachbarn als Verdienst gilt, ist in Wahrheit bei uns noch nichts als eine Mode, und wird vielleicht niemals etwas anderes sein.“

Zurück in Frankreich, als Gast seiner Freundin Marquise Émilie du Châtelet auf deren Landsitz Cirey-sur-Blaise, verfasste er 1733 seine *Lettres sur les Anglais*, in denen er seine Eindrücke schildert. Dort gibt er auch seiner Begeisterung für Newtons Physik Ausdruck, begnügt sich als Novize aber mit der Schilderung der großen Linien. Das Buch war in Frankreich verboten und wurde in den Niederlanden gedruckt.

Im Schloss von Cirey bewohnte Voltaire nach umfangreichen Umbauten einen Flügel, mit einer Galerie, die eine Bibliothek und seine Sammlung wissenschaftlicher Instrumente enthielt, und einer anschließenden Dunkelkammer für optische Experimente [144]. Die Marquise du Châtelet hatte Newtons *Principa* ins Französische übersetzt, auch heute noch eine der Standardübersetzungen in Frankreich. Voltaire und seine Gastgeberin begnügten sich aber nicht damit, mit dem Studium der physikalischen Literatur ihre Kenntnisse zu vertiefen; vielmehr führten sie selbst Experimente durch. Dabei ließen sie auch Instrumente anfertigen, um ihre Experimente zu perfektionieren. Dazu gehört etwa ein Heliostat – von Willem Jacob 's Gravesande 1742 erfunden –, der mit einem rotierenden, von einem Uhrwerk angetriebenen Spiegel das Sonnenlicht immer auf denselben Punkt umlenkt.

---

[23] Dieses balladenartige Libretto, eine Parodie auf die barocke italienische Oper, vertont von Johann Christoph Pepusch (1667–1752), ist auch die Grundlage der Dreigroschenoper von Brecht und Weill.

[24] *Les savans n'ont pas toujours besoin d'être récompensés pour se multiplier, témoin l'Angleterre, à qui les sciences doivent tant, sans que le gouvernement fasse rien pour elles. Il est vrai que la nation les considère, qu'elle les respecte même, et cette espèce de récompense, supérieure à toutes les autres, est sans doute le moyen le plus sûr de faire fleurir les sciences et les arts, parce que c'est le gouvernement qui donne les places et le public qui distribue l'estime … L'amour des sciences, qui est un mérite chez nos voisins, n'est encore à la vérité qu'une mode parmi nous, et ne sera peut-être jamais autre chose.*

Zusammen verfassten Voltaire und seine Freundin 1738 das Buch *Éléments de la Philosophie de Newton* [164]. Die *Éléments* sind sicher Voltaires ambitioniertester Ausflug in die populärwissenschaftliche Literatur. Zu seiner Zeit waren praktisch alle französischen Naturforscher Cartesianer. Das Buch, voller Bewunderung für Newtons revolutionäre Arbeiten, lag also überkreuz mit der Mehrheitsmeinung. Auch das mag Voltaires ausgeprägte Neigung zum Widerspruch angeregt haben. Seine geschliffenen Formulierungen zusammen mit einem ziemlich weitgehenden Verständnis von Newtons Werk haben dessen neue Physik auf dem Kontinent und besonders im französischen Sprachraum verbreitet. Wenn sie auch natürlich nicht einhellig angenommen wurde, wie wir im nächsten Kapitel sehen werden.

Das Buch hat drei Teile, eine Einleitung über Metaphysik, einen Teil über die Newton'sche Optik, der uns hier interessieren wird, und einen dritten über die universelle Gravitation, die die Autoren wohl am meisten beeindruckt hat. Zu Beginn des zweiten Teils arbeitet sich Voltaire mit dem bekannten Sarkasmus an der Lichttheorie von Descartes und seinen Nachfolgern ab:[25]

> „Dass man endlich sehe, in wie viele Irrtümer dieses System Descartes hineingezogen hat. Er hatte kein einziges Experiment gemacht, er stellte sich vor: Er untersuchte nicht diese Welt, er erschuf eine."

Insbesondere stört sich Voltaire an der völlig unbewiesenen Annahme eines lückenlos von *matière subtile* gefüllten Äthers. Nach Descartes Hypothese sollte dieser durch Druck Licht auf Gegenstände und eben auch auf das Auge übertragen. Rotationen der Ätherteilchen sollten die Farben übertragen. Dagegen ist Voltaire ein Anhänger der Emissionstheorie: Licht besteht aus Teilchen, die sich mit einer bestimmten Geschwindigkeit im Raum ausbreiten. Was ist nun aber das Lichtmaterial? Es ist das Feuer selbst (Hervorhebung von Voltaire):[26]

> „Was ist nun endlich der Grundstoff des Lichts? *Es ist das Feuer selbst*, das auf kurzen Abstand brennt, wenn seine Teile wenig eingehegt sind, oder schneller oder konzentrierter, und das sanft unsere Augen beleuchtet, wenn es von Ferne wirkt, wenn seine Partikel feiner sind und weniger schnell und weniger konzentriert."

---

[25] *Qu'on voie enfin dans combien d'erreurs ce système a dû entraîner Descartes. Il n'avait fait aucune expérience, il imaginait : il n'examinait point ce monde, il en créait un.*

[26] *Qu'est-ce donc enfin la matière de la lumière ? C'est le feu lui-même, lequel brûle à une petite distance lorsque ses parties sont moins ténues, ou plus rapides, ou plus réunies, et qui éclaire doucement nos yeux quand il agit de plus loin, quand ses particules sont plus fines et moins rapides, et moins réunies.*

Licht und Wärme sind also das Gleiche, es sind Teilchen. Wer sich dieser Erkenntnis widersetzt, wird Opfer von Voltaires Spott. Insbesondere diejenigen, die mit der Bibel argumentieren:[27]

> „Man muss glauben, sagen sie, dass das Tageslicht nicht von der Sonne kommt, weil Gott nach der Schöpfungsgeschichte das Licht vor der Sonne erschaffen hat … Auf Kosten dieser Physiker macht also die Sonne nicht den Tag und ihre Abwesenheit nicht die Nacht.“

Man solle aber, wie alle vernünftigen Menschen, die Bibel nicht als Physikbuch lesen. Wir sollen mit ihrer Hilfe vielmehr lernen, bessere Menschen zu werden und nicht die Natur kennenlernen.

Neben einer im Wesentlichen korrekten Beschreibung der Gesetze zu Reflexion und Brechung des Lichts versteigt sich Voltaire allerdings zu ziemlich weit hergeholten Theorien über deren genauen Mechanismus. Nach ihm berührt das Licht nicht etwa die festen Oberflächen der Körper, sondern vielmehr deren Poren, die viel zahlreicher seien als die festen Anteile. Festkörper sind in der Tat nicht im Volumen von Atomen angefüllt. In einem Kristall sind die typischen Abstände zwischen den Atomen, um die 10^{-10} m, ungefähr so groß wie der typische Atomradius. Aber das konnte Voltaire natürlich nicht wissen. Ebenso wenig konnte er wissen, dass elektromagnetische Wechselwirkung zwischen Licht und Materie auch berührungsfrei funktioniert. Insofern gehört seine Theorie ins Reich der von Newton und ihm so vehement abgelehnten Hypothese.

Damit nicht genug, interpretiert er Newtons *Query 31* der *Opticks*, aus der wir früher in diesem Kapitel zitiert haben, im Sinne einer Anziehungskraft zwischen Licht und Materie. Er führt auch gleich noch die Phänomene von Reflexion und Brechung darauf zurück und verwechselt die Lichtgeschwindigkeiten in dünnen und dichten Medien. Eine Anziehungskraft zwischen Materie und Licht gibt es tatsächlich, aber gezeigt hat das erst die Aberration des Fixsternlichts, Einsteins allgemeine Relativitätstheorie der Gravitation und zugehörige Versuche. Wieder korrekt sind Voltaires interessante Versuche zur Totalreflexion, wo er zeigt, dass bei jedem Einfallswinkel ein Teil des Lichts reflektiert, ein Teil gebrochen wird. Beim Grenzwinkel der Totalreflexion verschwindet der gebrochene Anteil. Eigene Kapitel widmet Voltaire dem

---

[27] *Il faut croire, disent-ils, que la lumière du jour ne vient pas du soleil, parce que, selon la* Genèse, *Dieu créa la lumière avant le soleil … Il faudra donc, au compte de ces physiciens, que le soleil ne fît pas le jour, et que l'absence du soleil ne fît pas la nuit.*

menschlichen Auge als optischem Instrument, Spiegeln und Teleskopen, der Perspektive und der atmosphärischen Lichtbrechung.

Einige ausführliche Kapitel widmet Voltaire der Dispersion, also der Abhängigkeit des Brechungsindex von der Lichtfarbe. Er kommentiert und wiederholt mit eigenen Mitteln die Newton'schen Experimente zu diesem Thema, inklusive des Kreuzwegexperiments von Abb. 8.4. Farbphänomene an dünnen Schichten wie Seifenblasen, Luftspalten und Regenbogen werden im Detail beschrieben. Dabei führt er wieder originelle Experimente mit einfarbigem Licht durch und beschreibt sie so, dass der Leser sie (im Prinzip) wiederholen kann. Allerdings scheinen ihm leise Zweifel an seiner Porentheorie gekommen zu sein. Jedenfalls relativiert er in Kapitel XII:[28]

> „… es gibt eine Wirksamkeit, eine bislang unbekannte Kraft, die diese Strahlen an den Oberflächen und innerhalb der Poren der Körper reflektiert."

Im letzten Kapitel des zweiten Teils zieht Voltaire schließlich eine Parallele zwischen den Tönen der Oktave und den sieben Grundfarben, die Newton dem Licht zuspricht: Rot, Orange, Gelb, Grün, Blau, Purpur und Violett. Eine Analogie, die er allerdings in späteren Ausgaben des Buches zusammenstreicht. In einem Schlusskapitel fasst er zusammen:[29]

> „Wohl hat Newton das Licht in Atome geteilt, nicht aber deren innere Natur entdeckt. Er wusste wohl, dass es im elementaren Feuer Eigenschaften gibt, die sich nicht in den anderen Elementen finden; es legt dreißig Millionen Meilen zurück in einer Viertelstunde. Es scheint nicht auf ein Zentrum hin zu tendieren wie die Körper; sondern es verbreitet sich im Gegensatz zu den anderen Elementen gleichmäßig in jede Richtung. Seine Anziehungskraft auf die Objekte, die es berührt und von deren Oberfläche es zurückprallt, steht in keinem Verhältnis zur universellen Gravitation der Materie."

Genau wie Newton ignoriert Voltaire völlig die zu dieser Zeit schon lange bekannte Wellentheorie des Lichts à la Huygens. Wahrscheinlich weil sie in Verbindung gebracht wurde mit dem alles erfüllenden Äther, der die Wellen

---

[28] *… il y a un pouvoir, une force jusqu'ici inconnue, qui réfléchit ces rayons d'auprès des surfaces et du sein des pores des corps.*

[29] *Newton, pour avoir atomisé la lumière, n'en a pas découvert la nature intime. Il savait bien qu'il y a dans le feu élémentaire des propriétés qui ne sont point dans les autres éléments ; il parcourt cent trente millions de lieues en un quart d'heure. Il ne paraît pas tendre vers un centre comme les corps ; mais il se répand uniformément en tout sens, au contraire des autres éléments. Son attraction vers les objets qu'il touche, et sur la surface desquels il rejaillit, n'a nulle proportion avec la gravitation universelle de la matière.*

nach damaliger Vorstellung übertragen sollte. Wir werden dieser Wellentheorie das nächste Kapitel widmen.

Zunächst aber wollen wir in der Zeit ein wenig vorpreschen, zu einem der letzten Grabenkämpfer gegen Newtons Theorie des weißen Lichts und der Spektralfarben: Johann Wolfgang von Goethe (1749–1832), vehementer Verteidiger des Augenscheins gegen wissenschaftliche Experimente. Mit Voltaire verbindet ihn die Tatsache, dass die Lektüre seiner Werke ein ungetrübtes Vergnügen ist – eben auch die seines Buches *Zur Farbenlehre* [40] von 1810, wie auch immer wir heute über den Inhalt urteilen mögen. Goethe selbst hat seine Farbenlehre überaus geschätzt, trotz der Kritik seiner Zeitgenossen. Johann Peter Eckermann, der getreue Chronist von Goethes Gedanken [245], notiert unter dem Datum des 19. Februar 1829:

> „Es ging ihm [Goethe] in bezug auf seine Farbenlehre wie einer guten Mutter, die ein vortreffliches Kind nur desto mehr liebt, je weniger es von andern anerkannt wird.
>
> ‚Auf alles, was ich als Poet geleistet habe', pflegte er wiederholt zu sagen, ‚bilde ich mir gar nichts ein. Es haben treffliche Dichter mit mir gelebt, es lebten noch trefflichere vor mir, und es werden ihrer nach mir sein. Daß ich aber in meinem Jahrhundert in der schwierigen Wissenschaft der Farbenlehre der einzige bin, der das Rechte weiß, darauf tue ich mir etwas zugute, und ich habe daher das Bewußtsein der Superiorität über viele'.“

Seine umfangreiche Abhandlung teilt Goethe im Stil einer wissenschaftlichen Arbeit in einzelne nummerierte Sätze. Das Buch hat drei Teile: einen „Didaktischen Teil“, in dem er seine Farbenlehre aus den beobachteten Phänomenen entwickelt; einen „Polemischen Teil“, der insbesondere die Newton'sche Lehre von den Spektralfarben im Sonnenlicht harsch kritisiert; und einen „Historischen Teil“, in dem er recht kurz Vorgänger, Gegner und Konkurrenten auflistet und kritisiert, vom Altertum bis zu seiner Gegenwart. Wir wollen unsere Diskussion auf die ersten beiden Teile beschränken.

Trotz der wissenschaftlich anmutenden Systematisierung gibt es für Goethe wenig zu messen und schon gar keinen Platz für mathematische Beschreibung der Phänomene. Es genügt völlig, sich auf den Augenschein zu verlassen. So beginnt er den didaktischen Teil seiner Abhandlung folgerichtig mit den physiologischen Farbeindrücken, die er „flüchtig“ nennt, oder nach Bacon *colores adventicii* (zugefallene Farben). Nach Goethe ist das Auge – in klarem Gegensatz zur Adaptation der Pupille – in der Finsternis zusammengezogen, in der Helligkeit ausgedehnt. Als Beispiele für die subjektiven Farbeindrücke dienen ihm farbige Nachbilder beim Schließen der Augen, farbige Schatten auf weißen Flächen bei Zwielicht. Zu Letzteren berichtet er unter anderem von farbigen Schatten auf Schnee, die er bei einer Harzreise beobachtet hat. Ein Beispiel für die überragende Bedeutung des Augenscheins, den jeder teilen und nachvollziehen kann, in Goethes Argumentation.

Die Farben, die Goethe „physische" Farben nennt, sind dann schon beständiger, er nennt sie „verweilend". Die beständigen „chemischen" Farben bilden Goethes dritte Kategorie. Mit seiner Behandlung der physischen Farben wollen wir uns näher auseinandersetzen. Goethe interessiert sich nicht für „abstraktes Licht", sondern für „Lichtbilder" (seine Wortwahl):

> „Denn man hat bisher das Licht als eine Art von Abstraktum, als ein für sich bestehendes und wirkendes, gewissermaßen sich selbst bedingendes, bei geringen Anlässen aus sich selbst die Farben hervorbringendes Wesen angesehen. Von dieser Vorstellungsart jedoch die Naturfreunde abzulenken, sie aufmerksam zu machen, dass, bei prismatischen und andern Erscheinungen, nicht von einem unbegrenzten bedingenden, sondern von einem begrenzten bedingten Lichte, von einem Lichtbilde, ja von Bildern überhaupt, hellen oder dunklen, die Rede sei: dies ist die Aufgabe, welche zu lösen, das Ziel, welches zu erreichen wäre."

Da es also ein abstraktes Licht nicht gibt, muss man sich insbesondere hüten vor der Annahme von „parallelen Strahlen, Strahlenbüscheln und -bündeln und dergleichen hypothetischen Wesen."

Farben entstehen nach Goethes Überzeugung durch die Wechselwirkung von Helligkeit und Dunkelheit. Das reine, weiße Sonnenlicht wird durch Beimengung von Finsternis sozusagen farbig verunreinigt. Er nennt das ein „Urphänomen", von dem sich alle anderen ableiten lassen:

> „Von nun an fügt sich alles nach und nach unter höhere Regeln und Gesetze, die sich aber nicht durch Worte und Hypothesen dem Verstande, sondern gleichfalls durch Phänomene dem Anschauen offenbaren. Wir nennen sie Urphänomene, weil nichts in der Erscheinung über ihnen liegt, sie aber dagegen völlig geeignet sind, dass man stufenweise, wie wir vorhin hinaufgestiegen, von ihnen herab bis zu dem gemeinsten Falle der täglichen Erfahrung niedersteigen kann."

So entsteht eine Hierarchie der Phänomene, deren oberstes Glied nicht hinterfragt werden soll: „Der Naturforscher lasse die Urphänomene in ihrer ewigen Ruhe und Herrlichkeit dastehen, der Philosoph nehme sie in seine Region auf …".

Unter den abgeleiteten Phänomenen unterscheidet Goethe – etwas subjektiv und nicht sehr scharf, wie er selbst zugibt – die folgenden Klassen von Phänomenen der Farbgebung:

- Von durchscheinenden oder durchsichtigen Körpern erzeugte Farben, die er dioptrisch nennt und wegen ihrer Bedeutung zuerst und besonders ausführlich behandelt.
- Von Oberflächen zurückgestrahltes (katoptrisches) oder von Rändern her abgestrahltes (paroptisches) farbiges Licht; zwischen beiden bestehe eine Verwandtschaft.
- Und schließlich die von farblosen Körpern „selbst" ausgestrahlten Farben, die er epoptisch nennt. Wie z. B. die Newton'schen Ringe entstehen sie durch dünne Schichten.

Dioptrische Farben entstehen seiner Meinung nach beim Durchgang des Lichts durch mehr oder weniger „trübe" Medien. Wir wollen uns im Folgenden auf diese konzentrieren.

Die Abstufung der Trübung führt nach Goethe zu einer Art Farbskala mit der Dunkelheit auf der einen Seite, Violett und Sattblau daran angrenzend und changierend bis zu Hell- oder Blassblau. Wir sehen sie auf der linken Seite des Goethe'schen Farbkreises von Abb. 8.9, der der Publikation als Farbtafel beigefügt war. Die lichte Seite der Farbskala beginnt mit farblosem Sonnenlicht und tendiert über Gelb, Gelb-rot, Rubinrot bis zu Purpur auf der rechten Seite. Die Farben entsprechen einem bestimmten Geistes- und Seelenzustand, wie die Beschriftung zeigt.

Diese Untersuchung von Farben und ihrer Wahrnehmung findet eine moderne Fortsetzung in den Farbexperimenten des dänisch-isländischen Künst-

Abb. 8.9 Farbtafel mit Goethes Farbenkreis und den entsprechenden menschlichen Zuständen [40]

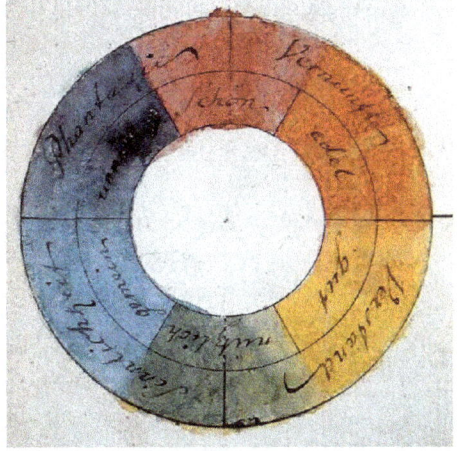

lers Olafur Eliasson [569].[30] Er extrahiert mit einer farbkalibrierten Kamera Pixel für Pixel Häufigkeit und Farbgebung von berühmten Gemälden, etwa von Caspar David Friedrich, William Turner oder Claude Monet. Zusammen mit seinem Team überträgt er diese Verteilung in eine Art Farbskala auf einer kreisrunden Leinwand, in mühsamer Kleinarbeit ganz klassisch mit Pinsel und Ölfarbe. Wie stark oder wie wenig diese Abstraktion Farbeindruck und Stimmung des Originals widerspiegelt, ist absolut faszinierend.

Interessant ist die Unterfütterung von Goethes physikalischen Behauptungen mit Beobachtungen. Goethe führt hier etwa das Morgen- und Abendrot an oder auch die Rotfärbung der Sonne durch Sandsturm oder Pulverdampf. Die verschiedene Trübung der Atmosphäre führe zu dieser Farbverschiebung des reinen, weißen Sonnenlichts, indem mehr oder weniger Dunkelheit beigemischt werde. Dagegen erscheine die Finsternis des unendlichen Weltraums blau, wenn man sie durch die wenig getrübte Luft betrachte.[31] Entfernte finstere Berge erscheinen uns blau, helle Eisberge dagegen weiß oder gelblich. Wasser führt aufgrund seiner Dichte zu stärkeren Effekten, also erscheint uns der finstere Meeresgrund purpurn. All das leitet sich ab aus dem Urphänomen der Mischung aus Licht und Finsternis.

Als Nächstes behandelt Goethe die Farbgebung durch Lichtbrechung in durchsichtigen Medien. Brechung ist für ihn eine „Verrückung des Gesehenen", also eine Abweichung von der geraden Sichtlinie. Eine verschiedene Verrückung von hell und dunkel führt dann zu farbigen Streifen, allerdings nur an den Rändern eines z. B. durch ein Prisma wiedergegebenen Gegenstandes. Wieder ist es nicht das Licht, sondern das Bild, das optische Phänomene offenbart. Wenn die Sonne selbst als Lichtquelle dient, ist es also das Bild der Sonne, das durch ein brechendes Medium gegen die umgebende Dunkelheit verrückt wird.

Ebenso entstehen Farbeffekte mit gespiegeltem oder gebeugtem Licht durch die Wechselwirkung von Licht und Schatten. Beide Kategorien, katoptrisch

---

[30] Die Webseite seines Studios mit vielen Beispielen finden Sie auf https://olafureliasson.net. Zu Beispielen aus den *Colour Experiments* und zur angewandten Technik findet man über die Suchfunktion.

[31] Wir wissen natürlich seit den Arbeiten von Lord Rayleigh, bürgerlich John William Strutt (1842–1919) aus dem 19. Jahrhundert, dass all diese atmosphärischen Phänomene von der elastischen Streuung des Lichts an Bestandteilen der Luft herrühren, die sehr viel kleiner sind als die Wellenlänge des Lichts. Sie wirken wie ein Hertz'scher Dipol und strahlen bei Anregung durch das Sonnenlicht Licht gleicher Wellenlänge ab, und das unter großen Winkeln. Man nennt das Rayleigh-Streuung. Die Intensität des gestreuten Lichts ist dabei umgekehrt proportional zur vierten Potenz der Wellenlänge. Also wird bevorzugt kurzwelliges Licht gestreut, der blaue Teil des sichtbaren Spektrums. Schauen wir nach oben, von der Sonne weg, sehen wir bevorzugt Streulicht: Die Atmosphäre erscheint uns blau. Am Abend und am Morgen, wenn wir durch eine ziemlich dicke Luftschicht auf die Sonne blicken, sehen wir dagegen den ungestreuten Anteil, der bevorzugt im roten Bereich des Spektrums liegt.

und paroptisch benannt, sind enge Verwandte. Als Beispiele für die katoptrischen Farben führt Goethe Farbeffekte an Knäueln von feinem Stahldraht, geritzten oder geätzten Metalloberflächen oder Spinnweben an. Wir führen all diese Beobachtungen heute auf Beugung zurück und nicht etwa auf Spiegelungen. Genau wie die farbigen Streifen an Kanten und Spalten, die schon Newton zu denken gegeben hatte. Aber all diese Erklärungen setzen voraus, dass man eine Wellentheorie des Lichts akzeptiert und Farben zu Wellenlängen des Lichts in Beziehung setzt. Wie viele ignoriert Goethe die Huygens-Eulersche Wellentheorie, über die wir im nächsten Kap. 9 sprechen. Und erst die Interferenz-Versuche von Thomas Young am Anfang des 19. Jahrhunderts, die wir im Kap. 10 behandeln wollen, haben Wellenlängen des Lichts messbar gemacht.

Wenig an dem, was Goethe beschreibt und mit seiner Farbenlehre zu erklären versucht, ist völlig an den Haaren herbeigezogen. Es ist sicher verdienstvoll, Theorien auf Beobachtungen zu gründen, aber wenig hilfreich, wenn man sich ihrer mathematischen Analyse verschließt. Streuung an der „Trübung" des Mediums führt sicher zu Farbphänomenen, aber eben nicht durch Mischung von Licht und Dunkelheit. Ein solches Urphänomene zu postulieren und für unantastbar zu erklären, ist wenig hilfreich. So bleibt der Eindruck einer romantischen Verklärung der Natur, um „das schöne Kapitel der Farbenlehre aus seiner atomistischen Beschränktheit und Abgesondertheit, in die es bisher verwiesen, dem allgemeinen dynamischen Flusse des Lebens und Wirkens wiederzugeben, dessen sich die jetzige Zeit erfreut". Und natürlich die Überbewertung des Augenscheins gegenüber der systematischer Untersuchung der Natur:

> „Wer bekennt nicht, dass die Mathematik, als eins der herrlichsten menschlichen Organe, der Physik von einer Seite sehr viel genutzt; dass sie aber durch falsche Anwendung ihrer Behandlungsweise dieser Wissenschaft gar manches geschadet, lässt sich wohl nicht leugnen ... Die Farbenlehre hat besonders hart gelitten, und ihre Fortschritte sind äußerst gehindert worden, dass man sie mit der übrigen Optik, welche der Messkunst nicht entbehren kann, vermengte, da sie doch von jener ganz abgesondert betrachtet werden kann ... Dazu kam das Übel, dass ein großer Mathematiker [Newton] über den Ursprung der Farben eine ganz falsche Vorstellung bei sich festsetzte und durch seine großen Verdienste als Messkünstler die Fehler, die er als Naturforscher begangen, vor einer von Vorurteilen stets befangnen Welt auf lange Zeit sanktionierte."

Wir wollen unsere Diskussion von Goethes romantischer Farbenlehre hier beenden und weder auf seine Anleitung zu ihrer Anwendung in Kunst und

Handwerk noch auf seine historische Übersicht eingehen. Diese sind durchaus lesenswert, würden uns aber zu weit von unserem eigentlichen Thema abbringen. Stattdessen drehen wie die Zeit zurück ins 17. und frühe 18. Jahrhundert und betrachten die Anfänge der Wellentheorie des Lichts, die auf Christiaan Huygens zurückgeht, aber erst von Leonhard Euler mathematisch und physikalisch ausformuliert wurde. Da sie im Gegensatz zur Teilchentheorie Licht als Signal in einem Medium beschreibt, wird diese Lichttheorie in der Literatur häufig Mediumtheorie genannt (*medium theory* auf Englisch). Wir wollen aber im Gegensatz zu vielen Autoren das Medium konkret benennen: Es handelt sich wieder um den alles durchdringenden Äther.

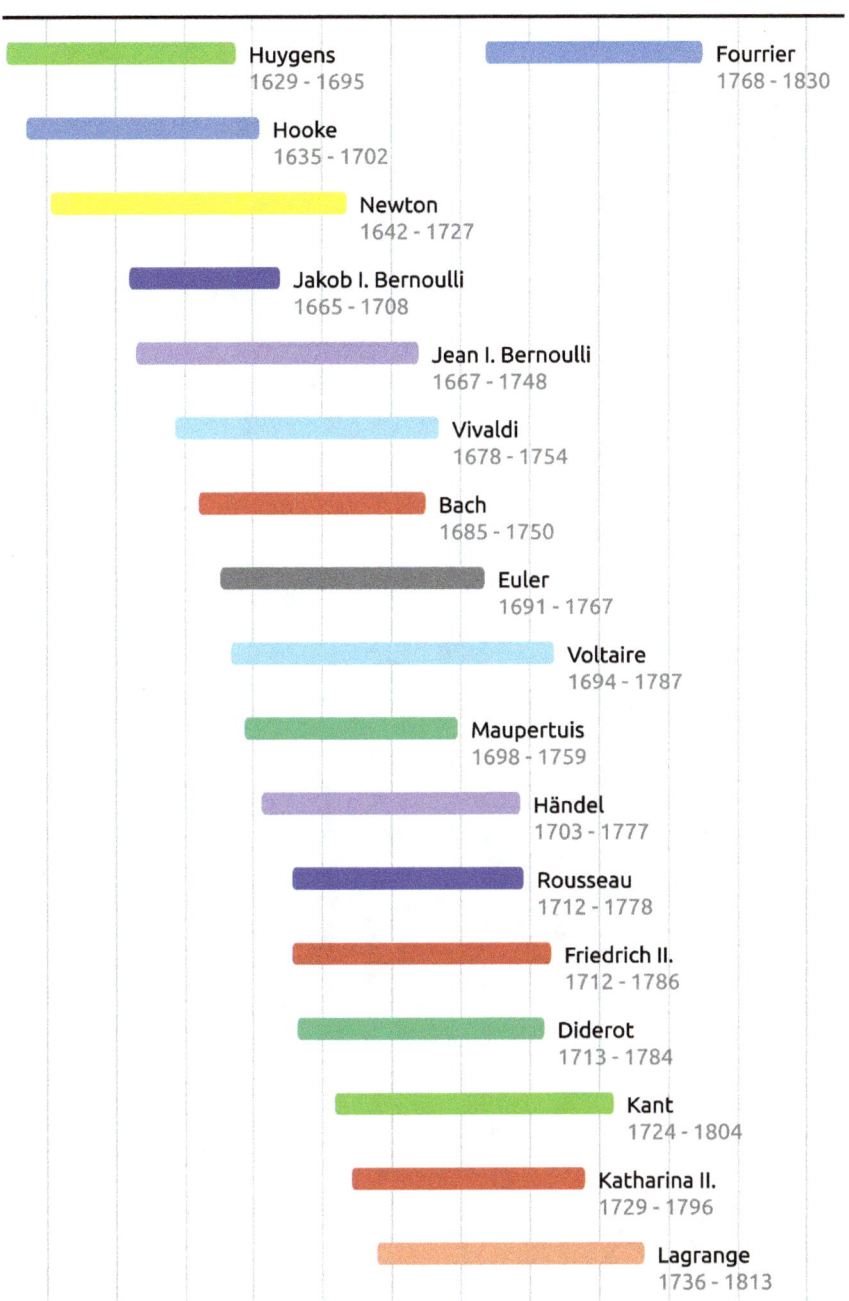

| | | 1701 | | | | 1801 | | | |
| 1641 | 1661 | 1681 | 1701 | 1721 | 1741 | 1761 | 1781 | 1801 | 1821 | 1841 | 1861 |

Huygens
1629 - 1695

Fourrier
1768 - 1830

Hooke
1635 - 1702

Newton
1642 - 1727

Jakob I. Bernoulli
1665 - 1708

Jean I. Bernoulli
1667 - 1748

Vivaldi
1678 - 1754

Bach
1685 - 1750

Euler
1691 - 1767

Voltaire
1694 - 1787

Maupertuis
1698 - 1759

Händel
1703 - 1777

Rousseau
1712 - 1778

Friedrich II.
1712 - 1786

Diderot
1713 - 1784

Kant
1724 - 1804

Katharina II.
1729 - 1796

Lagrange
1736 - 1813

9

Ätherwellen

Ich wünsche das Buch von Newton zu sehen. Von mir aus soll er nicht Cartesianer sein, solange er uns keine Annahmen macht wie die der Anziehung. Es erschiene mir ziemlich seltsam, wenn die Strahlen zwar die gleiche Zeit benötigten, es aber trotzdem ein anderes Prinzip gäbe [als das der Wellen].

Christiaan Huygens, Brief an Fatio de Duillier vom 1. Juli 1687 [230]

Für Forscher des 17. Jahrhunderts blieb Descartes Lichttheorie eine ganze Weile die Autorität, die es zu studieren galt und die man wo möglich verbessern musste. Das galt auch für Christiaan Huygens, der 1629 in Den Haag zur Welt kam. Wie wir gesehen haben, arbeitete Descartes zu dieser Zeit an seiner *Dioptrique*, Galilei wurde zum zweiten Mal verurteilt, als Huygens vier Jahre alt war, fünf Jahre später publizierte er seine *Discorsi*. Huygens gehörte also einer Generation an, die sozusagen die Brücke zwischen diesen und den revolutionären Neuerungen eines Isaac Newton bildete. Geboren in eine einflussreiche Familie mit engen Verbindungen zum Haus von Oranien, wurde er früh gefördert und genoss eine ausgezeichnete Bildung, insbesondere durch seinen Vater Constanijn, der in Briefwechsel mit Descartes und Mersenne stand. Ohne finanzielle Sorgen konnte sich Christiaan seit seinem zwanzigsten Lebensjahr ganz der Wissenschaft widmen. So verbrachte er die Jahre von 1666 bis 1681 in Paris, wo er in der *Bibliothèque royale* arbeitete und aktiv an den

© Der/die Autor(en), exklusiv lizenziert an Springer-Verlag GmbH, DE, ein Teil von Springer Nature 2025
M. Pohl, *Licht*, https://doi.org/10.1007/978-3-662-70486-8_9

Arbeiten der neu gegründeten *Académie Royale des Sciences* teilnahm, deren Mitglied er praktisch von Beginn an war. Um eine ernsthafte Erkrankung auszukurieren, kehrte Huygens 1681 in seine niederländische Heimat zurück. Der Tod seines Förderers Colbert und der Widerruf des Edikts von Nantes, das Protestanten seit 1598 religiöse Freiheit und volle Bürgerrechte in Frankreich gewährt hatte, verhinderten eine Rückkehr nach Frankreich. Bis zu seinem Tod 1695 blieb Huygens in den Haag, wo er in der *Grote Kerk* begraben liegt.

Huygens hatte eine sehr zögerliche Art zu publizieren, nicht wie Newton aus Sorge um sein geistiges Eigentum, sondern weil er immer wieder neue Arbeiten und Erkenntnisse in seine Publikationen einfließen lassen wollte. Er war ein Autor, der Jahre, wenn nicht Jahrzehnte an den Argumenten seiner Theorien feilte. So begann er schon vor seiner Pariser Zeit in den frühen 1650er-Jahren mit der Niederschrift seiner *Dioptrica* [270, 447], einem umfangreichen Werk über Strahlenoptik, mit einem besonders praxisorientierten Teil über Linsen, Teleskope und Mikroskope auf der Basis des exakten Brechungsgesetzes. Er redigierte, ergänzte und erweiterte das Werk bis in die 1690er-Jahre hinein, ohne sich zu einer Veröffentlichung entschließen zu können.

In seiner Pariser Zeit vertiefte Huygens seine optischen Arbeiten und legte in der *Académie* 1678 eine erste Fassung seines Buchs *Traité de la lumière* [557] vor. Zurück in den Niederlanden redigiert Huygens in aller Ruhe sein sorgfältig organisiertes Werk, mit dem wir uns beschäftigen müssen, weil es die Grundlage der Wellentheorie des Lichts bildet. Erst zwölf Jahre später veröffentlichte er das Buch in den Niederlanden, zusammen mit einem *Discours de la cause de la pesenteur*, und einem Anhang, in dem er auf Newtons *Principa* eingeht. Im Jahr 1688 hatte ihm Newton ein Exemplar der *Principa* geschickt, die ihn tief beeindruckt hatten. Einige Monate später ergab sich bei einem Besuch in London die Gelegenheit für ein Aufeinandertreffen der beiden anlässlich einer Sitzung der *Royal Society*. Das Register vermerkt, dass Huygens bei der Gelegenheit über eben dieses Traktat zur Schwerkraft sprach, Newton dagegen über Versuche zur Doppelbrechung am Islandspat. Welche Ironie: Huygens spricht über Gravitation, Newton über Optik, ein jeder über die Spezialität des anderen. So forderten sich die zwei gegenseitig heraus und verteidigten jeder ihre Art, Wissenschaft zu betreiben.

Der methodische Gegensatz der beiden wird besonders daran deutlich, wie beide zur wissenschaftlichen Hypothese standen. Huygens war ganz deduktiv orientiert. Hypothesen, die er Prinzipien nennt, gehörten durch ihre Vorhersagen von Phänomenen geprüft, je mehr davon sie erklärten, desto besser waren sie begründet. Allerdings war endgültige Wahrheit so allenfalls annähernd zu erreichen. Im *Traité de la lumière* schreibt er in der Einleitung:[1]

> „… hier werden die Prinzipien verifiziert durch die Schlußfolgerungen, die man aus ihnen zieht; die Natur dieser Dinge verträgt kein anderes Vorgehen. Es ist allerdings möglich, so zu einem Grad an Wahrscheinlichkeit zu gelangen, dem allzu oft nicht viel fehlt an einer vollständigen Evidenz."

Von der Wahrheitsfindung à la Descartes ist hier also nicht mehr die Rede. Newton dagegen hatte Hypothesen aus seiner Forschung vollkommen verbannt und sich damit eines Werkzeugs erster Güte beraubt. „Was wäre, wenn …" ist eine legitime und fruchtbare Fragestellung, vorausgesetzt, man überprüft die Schlussfolgerungen deduktiv und experimentell. Shapiro gibt in seinem Artikel *Huygens', Traité de la Lumière' and Newton's 'Opticks': Pursuing and Eschewing Hypotheses* [433] ein Beispiel für die Grenzen der Newton'schen Doktrin. Newton hatte bei seiner Erklärung der Newton'schen Ringe eine Theorie von periodischen Ätherschwingungen entwickelt, sich aber bemüßigt gefühlt, alle hypothetischen Elemente im Nachhinein zu entfernen. Das führte zu seiner berüchtigten Theorie der *fits of easy transmission and reflection*, also etwa der Passungen zu leichter Transmission und Reflexion. Wir haben dieses Thema wegen seiner notorischen Undurchsichtigkeit in unserer Diskussion den *Opticks* aus ebendiesem Grund umschifft.

Huygens begründete dagegen seine Optik auf eine klar formulierte Hypothese: Licht verbreitet sich als ein Puls durch den allen Raum anfüllenden Äther. Er verbleibt also in der Tradition der mechanistischen Übertragung von Kräften, der Puls verbreitet sich durch elastische Stöße unter den Ätherteilchen. Die Pulse werden ausgelöst durch Vibrationen von Teilchen in der Lichtquelle und breiten sich von jedem Teil der Quelle kugelförmig aus. Ein Beispiel zeigt die Skizze Abb. 9.1 einer Kerzenflamme aus dem *Traité de la lumière*, mit den Punkten A, B und C als Quellen der Stoßwellen. Obwohl die Skizze periodische Pulsfronten andeutet, ist von einer Periodizität der Stöße bei Huygens keine Rede.

Wie wir im vorhergehenden Kapitel schon gesehen haben, war Huygens nicht der Erste, der solche Hypothesen von Bewegung als Quelle des Lichts und von Ätherwellen zu seiner Fortpflanzung herangezogen hatte. Robert

---

[1] *… ici les principes se vérifient par les conclusions qu'on en tire ; la nature de ces choses ne souffrant pas que cela se fasse autrement. Il est possible toutefois d'y arriver à un degré de vraisemblance, qui bien souvent ne cède guerre à une évidence entière.*

Abb. 9.1 Huygens'
Skizze von Stoßwellen,
die von einer
Kerzenflamme ausgehen.
A, B und C bezeichnen
Punkte auf der
Lichtquelle, die Linien
Stoßfronten zu
verschiedenen
aufeinanderfolgenden
Zeiten. (Bildnachweis:
Wikimedia Commons)

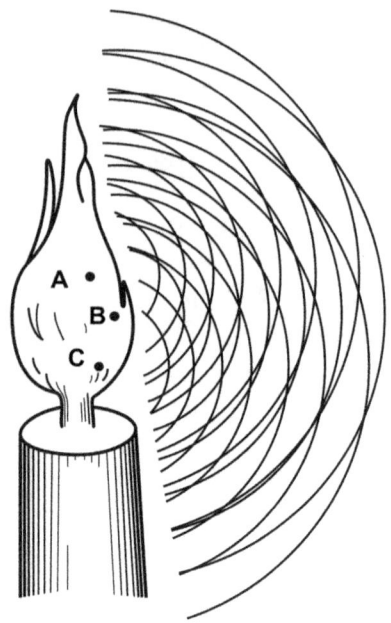

Hooke hatte in seiner *Micrographia* von 1665 und der Auseinandersetzung mit Newton vor der *Royal Society* ähnliche Hypothesen formuliert. Ich habe davon im Kap. 8 berichtet.

Huygens ging aber einen entscheidenden Schritt weiter. Aus seinem Modell leitete er das berühmte Huygens'sche Prinzip ab, das noch heute in Physikvorlesungen gelehrt wird (siehe z. B. [607, Kap. 4]). Von jedem Punkt einer Huygens'schen Stoßwelle gehe eine kleine sekundäre Stoßwelle aus, die ebenfalls kugelförmig ist. Die Einhüllende all dieser kleinen Stoßfronten bilde dann die nächste Wellenfront. Die Skizze Abb. 9.2 illustriert diese Hypothese.

Eine physikalische Grundlage erhielt die Huygens'sche Hypothese erst durch die Analogie zwischen mechanischen und optischen Wellen von Sir William Rowan Hamilton [67], die sich auf sein Prinzip der stationären Wirkung gründet.[2] Diese spielte bei der Entwicklung der Quantenmechanik eine wichtige Rolle, wir kommen im Kap. 17 darauf zurück. Die mathematische Erklärung, warum Huygens' Prinzip funktioniert, ist nicht ganz unkompliziert und würde uns zu weit führen. Wir können das Argument aber anhand der etwas genaueren Skizze Abb. 9.3 anschaulich machen.

---

[2]Wenn Sie die Rolle dieser opto-mechanischen Analogie in der klassischen Physik interessiert, empfehle ich Ihnen den sehr lesenswerten Artikel von Bahram Houchmandzadeh [579].

Abb. 9.2 Skizze des Huygens'schen Prinzips. Jeder Punkt einer Stoßfront wird Ursprung einer neuen kugelförmigen Stoßfront. (Bildnachweis: Wikimedia Commons)

Abb. 9.3 Mathematische Grundlage des Huygens'schen Prinzips. Geradlinige Fortpflanzung des Lichtstrahls führt zum gleichen Ergebnis

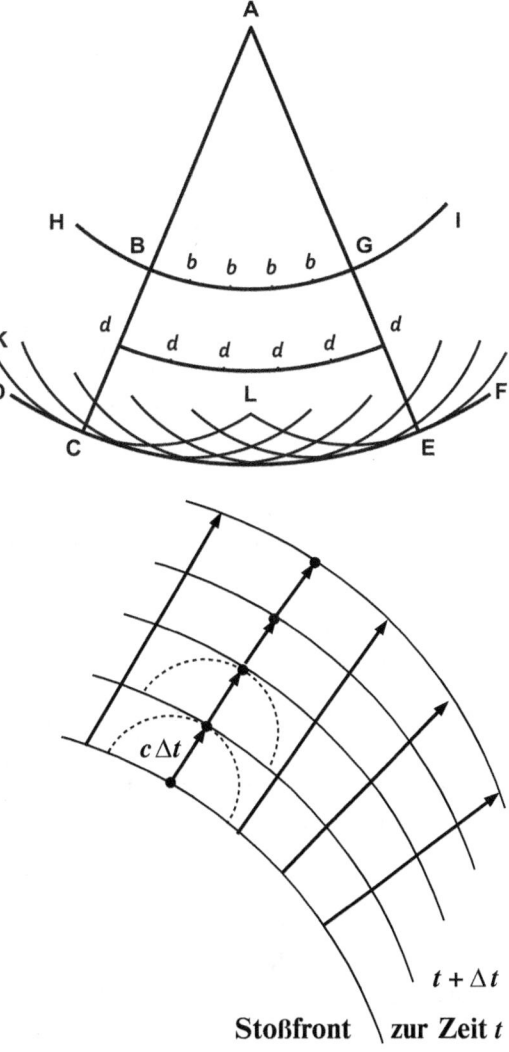

Nehmen wir an, dass die Stoßwelle zu einer bestimmten Zeit t die ange-deuteten Orte erreicht hat. Das sind dann alle Orte, die von der zugehörigen Lichtquelle gerade so weit entfernt sind, dass das Licht sie mit Geschwindigkeit c erreicht hat. Für punktförmige Lichtquellen ist das eine Kugel mit Radius ct, für ausgedehnte Lichtquellen kann die Front eine andere Form haben. Wie wird sich die Front von hier aus weiterbewegen? Greifen wir einen Punkt aus der Stoßfront heraus. In einer kleinen Zeitspanne Δt kann das Licht von hier aus alle Punkte auf einer Halbkugel mit Radius $c\,\Delta t$ erreichen, wie der gestrichelte Halbkreis angedeutet.

Nach Huygens' Prinzip berührt dieser die nächste Position der Stoßfront im angedeuteten nächsten Punkt. Der Punkt schiebt sich vor entlang des Pfeils. Die nächste Front liegt dann tangential zum gestrichelten Kreis. Der Pfeil steht also automatisch senkrecht auf der nächsten Front. Die Verbindungslinie aller Pfeile ist der Lichtstrahl. Er steht überall senkrecht auf der Wellenfront. Dabei ist es unerheblich, ob es sich bei besagtem Punkt um einen mathematischen Ort auf der Front der Stoßwelle oder ein Materieteilchen handelt. Lichtstrahl und Lichtwelle beschreiben also das gleiche Phänomen, solange keine Interferenzen ins Spiel kommen.

Wir wollen aber Huygens' Arbeit nicht auf diesen Aspekt verkürzen, sondern sein *Traité de la lumière* im Detail analysieren. Es ist nämlich interessant, wie aus seinem Prinzip das Brechungs- und das Reflexionsgesetz abgeleitet werden können.

Huygens' *Traité de la lumière*

Sein Traktat beginnt mit einer Auflistung der grundlegenden Beobachtungen, die eine Theorie des Lichts erklären muss:

* Lichtstrahlen breiten sich in geraden Linien aus, eine Tatsache, mit der mechanistische Theorien ihre liebe Mühe hatten.
* Bei der Reflexion sind Einfalls- und Ausgangswinkel gleich.
* Bei Lichtbrechung gilt die Sinusregel des Brechungsgesetzes von Snell-Descartes.

Dabei ist die Lichtgeschwindigkeit groß, aber nicht unendlich. Nach der ersten Messung von Ole Rømer (siehe Abschweifung am Anfang von Kapitel 8) ist sie etwa 600.000 Mal größer als die Schallgeschwindigkeit. Materietransport kann das schwerlich erklären. Jeder Punkt einer Lichtquelle sendet Kugelwellen aus, nicht notwendigerweise synchron. Die Ausbreitung ist sphärisch in alle Richtungen wie beim Schall. In großer Entfernung gleicht die Kugeloberfläche aber einer Ebene, die Kugelwelle wird zur ebenen Welle. Es liegt nahe, in Analogie zum Schall eine Bewegung innerhalb der Quelle als Lichtauslöser anzunehmen, etwa „in der Sonne und den Sternen, die in einer sehr viel subtileren Materie schwimmen", nämlich dem Äther. Aus der Quelle austretende Teilchen treffen auf die Ätherteilchen und lösen eine mechanische Druckwelle aus. Der Äther ist aber nicht gleich der Luft, denn Licht durchquert evakuierte Gefäße, Schall dagegen nicht. Ätherteilchen sind perfekt hart, die Stöße perfekt elastisch, wie bei einem idealen Newton'schen Pendel, angedeutet in Abb. 9.4.

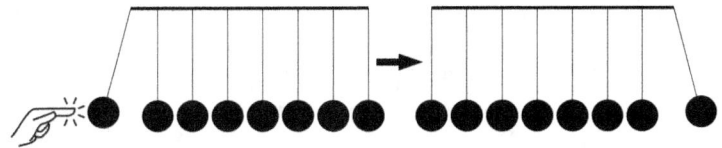

Abb. 9.4 Lichtübertragung à la Huygens analog zu einem Newton'schen Pendel

Die Ätherteilchen müssen keine bestimmte Form haben und nicht unbedingt normalerweise in Ruhe sein. Aber Achtung:[3]

> „… die sukzessive Ausbreitung der Wellen … besteht mitnichten aus dem Transport von Teilchen, sondern nur in einer kleinen Erschütterung, die sie gezwungenermaßen an diejenigen weitergeben, die sie umgeben …
>
> Aber da die Erschütterungen am Ursprung dieser Wellen nicht regelmäßig sind, muss man sich auch nicht vorstellen, dass die Wellen einander in regelmäßigen Abständen folgen: Und wenn diese Distanzen in der Abbildung so aussehen, dient es vielmehr dazu, das Fortschreiten ein und derselben Welle in gleichen Zeitabschnitten anzuzeigen, und nicht mehrere, die aus der gleichen Quelle stammen."

Es findet also kein Materialtransport statt. Und die Welle weist keine Periodizität aus. Die in seinen Skizzen wie Abb. 9.2 angedeuteten regelmäßigen Abfolgen von Wellenfronten kommen nicht von der Quelle, sondern von der zeitlichen Progression einer einzelnen Stoßwelle. Die Abstände zwischen den ideal elastischen Ätherteilchen sind klein, sodass die Signalübertragung sehr schnell erfolgt. Die Ätherteilchen können mehrere Wellen gleichzeitig weiterleiten. Lichtwellen können sich also kreuzen, ohne einander zu schwächen. Das Huygens'sche Prinzip führt also zur ungeschwächten Weiterleitung des Lichtsignals. Seine Theorie ignoriert die Abnahme der Lichtintensität mit dem Quadrat des Abstands. Wer je bei Kerzenlicht geschrieben hat, wundert sich.

Dagegen bietet das Huygens'sche Prinzip eine Erklärung für die geradlinige Ausbreitung von Lichtstrahlen in homogenen Medien. Lichtstrahlen entsprechen den Radien seine Kugelwellen. Ein makroskopischer Lichtstrahl, wie in der Skizze von Abb. 9.1, ist aus einer Kette von Kugelwellen mit gleichem

---

[3] *… la propagation successive des ondes … ne consiste point dans le transport de ces particules, mais seulement dans un petit ébranlement, qu'ils ne peuvent s'empêcher de communiquer à celles qui les environnent … Mais comme les percussions au centre de ces ondes n'ont point de suite réglée, aussi ne faut-il pas s'imaginer que les ondes même s'entresuivent par des distances égales : et si ces distances paraissent telles dans cette figure, c'est plutôt pour marquer le progrès d'une même onde en des temps égaux, que pour en représenter plusieurs provenues d'un même centre.*

Radius zusammengesetzt. In der Nähe der Quelle ist die Einhüllende selbst eine Kugel, mit wachsendem Abstand wird sie immer ähnlicher zu einer Ebene, die senkrecht auf dem Radius steht. Damit hat jeder makroskopische Lichtstrahl eine ebene Wellenfront, die senkrecht auf der Richtung seiner Ausbreitung steht. Die ebene Welle ist geboren. Sie ähnelt in der Tat einer idealisierten Wasserwelle. Die Analogie einer Flüssigkeit dient Huygens immer wieder zur Verdeutlichung dessen, wie der Äther funktionieren soll.

Das Reflexionsgesetz leitet Huygens aus seinem Prinzip ab, wie in der Skizze Abb. 9.5 gezeigt. Die ebene Wellenfront AC trifft auf die horizontale Reflexionsfläche AB. Zuerst löst die linke Begrenzung des Lichtstrahls bei A eine in die obere Hemisphäre auslaufende Kugelwelle aus, als Kreis mit Radius AN angedeutet. Danach folgen die von den Teilstrahlen H bei K ausgesendeten Kugelwellen, bis zuletzt die rechte Strahlbegrenzung C bei B auf den Spiegel fällt. Die Dreiecke ABC und ABN sind konstruktionsgemäß einander ähnlich. Die Zeit, die Licht für den Weg von C nach B braucht, ist nämlich dieselbe wie für A nach N. Daher sind also Einfalls- und Ausfallswinkel gleich. Beachten Sie, dass dieses Argument der Laufzeit nur für endliche Lichtgeschwindigkeiten gilt. Ein Argument der kürzesten Laufzeit hat hier Fermats Argument des kürzesten Lichtwegs ersetzt.

Mit dem Argument der kürzesten Laufzeit für die Elemente einer Wellenfront AC in Abb. 9.6 leitet Huygens auch das Brechungsgesetz von Snell-Descartes aus seinem Prinzip ab. Der linke Rand der Wellenfront trifft bei A auf die brechende Grenzfläche. Von dort geht eine Kugelwelle in die untere Hemisphäre aus, die nach einer bestimmten Zeit den Radius AN erreicht.

Abb. 9.5 Reflexionsgesetz, abgeleitet aus dem Huygens'schen Prinzip. (Bildnachweis: Wikimedia Commons)

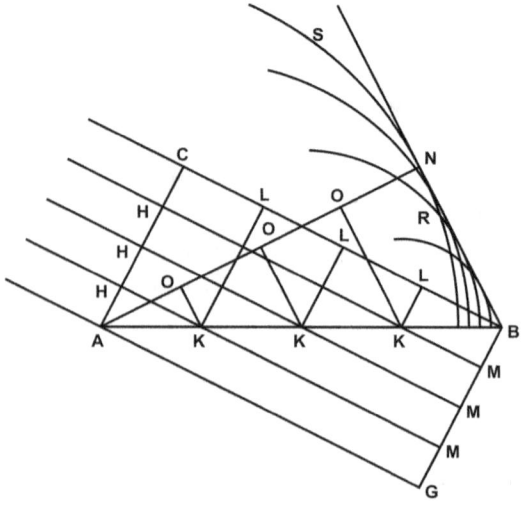

Abb. 9.6 Brechungs-
gesetz, abgeleitet aus
dem Huygens'schen
Prinzip. (Bildnachweis:
Wikimedia Commons)

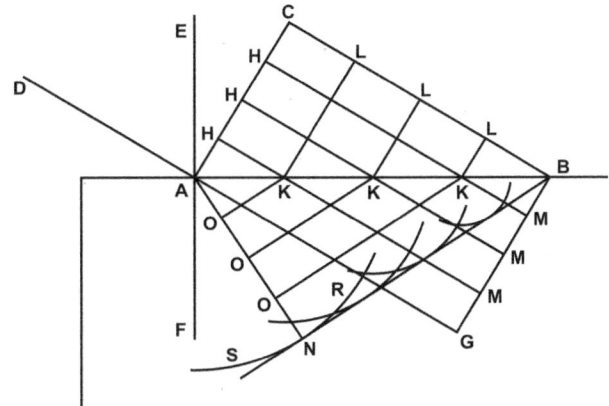

Im gleichen Moment trifft der rechte Rand der Wellenfront beim Punkt B auf. Wieder haben wir mit ABG und ABN zwei ähnliche Dreiecke. Der Sinus des Einfallswinkels verhält sich also zum Sinus des Austrittswinkels wie das Verhältnis der Lichtgeschwindigkeit im oberen zu der im unteren Medium. Wenn also die Lichtgeschwindigkeit im Austrittsmedium (z. B. Glas) kleiner ist als im Eintrittsmedium (z. B. Luft), so wird die Wellenfront zum Lot hin gerückt. Warum aber die Lichtgeschwindigkeit in dichteren Medien kleiner ist als in weniger dichten, darauf hatte zu dieser Zeit niemand eine Antwort. Und die Sache ist auch nicht so einfach, weder wenn man Licht als Teilchen beschreibt, noch wenn man Wellen ansetzt. Ich vertröste Sie auf eine Diskussion im Zusammenhang mit der Quantentheorie des Lichts in Kap. 17.

Eine interessante Theorie hat Huygens zur Doppelbrechung am Kalkspat parat. Wenn im Inneren des *cristal d'Islande* die Lichtgeschwindigkeit entlang zweier Achsen nicht dieselbe ist, dann tritt genau das Doppelbild auf, das zu dieser Zeit alle Lichttheoretiker umgetrieben hat. Ein Teil des Lichts tritt bei senkrechtem Einfall ungebrochen wieder aus, ein anderer Teil versetzt. Die zwei verschiedenen Geschwindigkeiten verzerren dann die Huygen'schen Kugelwellen zu einer ellipsoiden Form, wie in Abb. 9.7 angedeutet. Wenn Licht senkrecht zu einer planen Oberfläche des Kristalls eintritt, pflanzt sich ein Strahl ungebrochen fort. Ein weiterer, der außerordentlicher Strahl genannt wird, wird dagegen gebrochen und tritt aus der gegenüberliegenden Fläche versetzt aus. Wir gehen näher darauf ein, wenn wir auf in Kap. 10 von Polarisation sprechen.

Zu Farbphänomenen hat Huygens' *Traité* dagegen nichts zu sagen. Genau wie Descartes und Kepler arbeitete Huygens mit einem konstanten Brechungsindex unabhängig von der Lichtfarbe, obwohl er die Arbeiten von

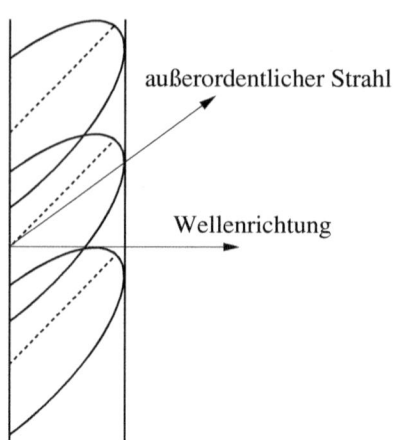

außerordentlicher Strahl

Wellenrichtung

vel lectus gravida condimentum quis sed nibh. in ante pretium placerat eu in dui. Morbi vulputa endisse is suscipit n . Pellent gue posuere iam, pu e. In ac preti scelerisq. eget purus on, feugiat es. r hendrerit co r. Etiam aliquet interdum ante, a dignissim ur giat mattis diam a euismod. Morbi ut leo id ius

Abb. 9.7 Doppelbrechung in einem Kalkspatkristall (links, Bildnachweis: Wikimedia Commons) und Theorie nach Huygens

Newton natürlich gekannt hat. Seit Leonhard Euler (1707–1783) führen wir periodische Wellen in Huygens' Theorie der Ätherwellen nahtlos ein. Aber elementare Wellen zu erkennen, fällt schwer, wenn man am Meeresstrand sitzt und einzelne Wellenberge in loser Folge einlaufen sieht. Erst lange nach Huygens' Tod fanden beispielsweise Euler und Joseph-Louis de Lagrange (1736–1813), dass man periodische Funktionen aus einer Summe von periodischen Elementarwellen – also Sinus oder Kosinus einer Koordinate – zusammensetzen kann. Dass das aber auch für nicht periodische Funktionen wie einzelne Wellenberge möglich ist, hat Joseph Fourier (1768–1830) erst knapp hundert Jahre später herausgefunden.

Huygens Arbeit wurde von seinen Zeitgenossen und noch bis ins 19. Jahrhundert wenig beachtet, wie wir schon bei Voltaire und Goethe gesehen haben. Newtons Prestige überschattete alle Alternativen, seine 1704 erschienenen *Opticks* waren der neue Standard, an dem man sich messen musste. So erwähnte auch Leonhard Euler, mit dem wir uns als Nächstes beschäftigen wollen, Huygens überhaupt nicht, sondern setzte sich mit Newtons Theorie des Äthers als elastischem Medium auseinander.

Eulers *Nova theoria lucis et colorum*

Leonhard Euler war ein Schweizer Mathematiker allererstens Ranges. Seine Beiträge zur Algebra und Analysis sind wahrscheinlich wichtiger als seine

Beiträge zur Lichttheorie. Sie kennen sicher die Euler'sche Zahl e, die Basis der Exponentialfunktion, vielleicht auch die Euler'schen Winkel zur Charakterisierung einer Richtung. Das alles liegt aber zu weit von unserem Thema entfernt. Uns wird interessieren, wie seine Arbeiten zur Optik in der zweiten Hälfte seines Lebens sozusagen die Brücke bilden, zwischen Huygens' eher qualitativer Stoßwellentheorie des Lichts und der Wiederauferstehung der Wellentheorie im 19. Jahrhundert.

Euler wurde 1707 als Sohn eines Pastors in Riehen bei Basel geboren. Sein Vater war neben Theologie an Mathematik interessiert und hatte Vorlesungen von Jakob Bernoulli besucht.[4] Er ließ Leonhard eine ausgezeichnete Ausbildung angedeihen, schon mit 13 Jahren schrieb er ihn an der Universität Basel ein. Dort hörte er unter anderem Physik, Astronomie und Mathematik bei Jean Bernoulli, Jakobs jüngerem Bruder. Er promovierte 1727 über den Schall.

Wir befinden uns mittlerweile wieder in Hochbarock und Aufklärung. Johann Sebastian Bach (1685–1750) komponierte 1721 seine sechs Concerti grossi BWV 1046–1051, die wir als Brandenburgische Konzerte kennen, weil sie dem Markgrafen von Brandenburg-Schwedt gewidmet sind.[5] Georg Friedrich Händel (1685–1759) komponierte 1741 sein Oratorium *Der Messias*. Der *Maestro di capella* Antonio Vivaldi (1678–1754) führte in Mantua 1720 seine vier Concerti grossi *Le quattro stagioni* auf. 1699 stellte Louis XIV Colberts *Académie* unter seinen Schutz und gab ihr ein erstes Reglement. Sie hieß fortan bis zur Französischen Revolution *Académie Royale des Sciences*. In der zweiten Hälfte des 18. Jahrhunderts begründeten Philosophen wie Immanuel Kant (1724–1804) oder Jean-Jaques Rousseau (1712–1778) das Zeitalter der Aufklärung. Die Werke von Voltaire und die Enzyklopädie von Jean-Baptiste le Rond d'Alembert und Denis Diderot (1751–1772) verbreiteten aufklärerische Ideen. Aufgeklärte Herrscher wie Friedrich II. von Preußen oder Katharina I. von Russland gründeten Akademien zur Förderung der Wissenschaften und versuchten, führende Wissenschaftler zu gewinnen. So erteilte Katharina Euler einen Ruf an die Akademie in St. Petersburg, wo schon Jean Bernoullis Söhne Nikolaus und Daniel als Professoren lehrten. Am Tag von Eulers Ankunft im Mai 1727 verstarb allerdings Katharina, ihr Nachfolger Peter II. verlegte den Hof nach Moskau. Euler wurde 1730 Professor für Physik, 1733 auch

---

[4]Die Familie Bernoulli hat viele bedeutende Wissenschaftler und Künstler hervorgebracht. Da es etliche Familienmitglieder mit gleichen oder ähnlichen Vornamen gibt, werden sie durchnummeriert. Unsere beiden sind also Jakob I. und Jean oder Johann I. Sie finden einen Stammbaum auf https://de.wikipedia.org/wiki/Bernoulli_(Familie).

[5]Es ist unwahrscheinlich, dass die kleine Kapelle des Markgrafen die Stücke aufführen konnte.

für Mathematik. Er fühlte sich wohl in St. Petersburg, 1734 heiratete er Katharina Gsell, die ebenfalls aus der Schweiz stammte.

Anfang 1735 erlitt Euler eine schwere fiebrige Erkrankung, in deren Folge er einige Jahre später sein rechtes Auge verlor [407]. Infolge der inneren Unruhen im russischen Reich verließ Euler 1741 Petersburg und nahm einen Ruf an die Berliner Akademie Friedrichs II. an. Unter dem Präsidium von Pierre Louis Moreau de Maupertuis (1698–1759) wurde Euler dort Direktor der Mathematischen Klasse, außerdem auswärtiges Mitglied der *Royal Society* und der *Académie royale*. Eulers Beziehung zum Patron der Berliner Akademie war allerdings nicht die beste [586], weshalb ihm Friedrich II. die Präsidentschaft der Akademie verweigerte. Friedrich schlug Voltaire spöttisch unter dem Datum vom 29. November 1748 ein Tauschgeschäft vor [26]:[6]

> „Die öffentlichen Neuigkeiten haben mich in schlechte Laune versetzt; ich finde, wenn Sie schon nicht in Paris sind, wären Sie genauso gut in Berlin am Platze wie in Lunéville. Wenn Madame de Châtelet eine umgängliche Frau ist, schlage ich ihr vor, mir ihren Voltaire gegen Pfand auszuleihen. Wir haben hier einen großen Zyklopen von Geometer, den wir ihr gegen ihren Schöngeist eintauschen würden: aber dass sie sich schnell entscheide. Wenn sie dem Handel zustimmt, ist keine Zeit zu verlieren. Unserem Mann bleibt nur noch ein Auge; & eine neue Kurve, die er berechnet, könnte ihn vollständig erblinden lassen, bevor unser Handel zustande kommt. Lassen Sie mich ihre Antwort wissen.“

So kehrte Euler unter der Regentschaft von Katharina II. 1766 nach St. Petersburg zurück, wo er triumphal empfangen wurde und der Akademie zu Glanz und Ansehen verhalf. Allerdings war sein Augenlicht auch weiter bedroht. 1771 musste ein grauer Star seines linken Auges gestochen werden, durch Komplikationen verlor er fast sein zweites Auge. Seine verbleibende Sehkraft erlaubte es ihm nur noch, mit weißer Kreide in großer Schrift auf einen Tisch zu schreiben. Trotz dieser Behinderung blieb Euler in dieser zweiten Petersburger Periode hoch produktiv. 1783 verstarb er im Alter von 76 Jahren an einem Schlaganfall. Seine gesammelten Werke wurden bis Ende 2021 von der Euler-Gesellschaft der Schweizerischen Akademie der Naturwissenschaften (SCNAT) herausgegeben. Seitdem liegt sie in den

---

[6] *Les nouvelles publiques m'ont mis de mauvaise humeur; je trouve que comme vous n'êtes pas à Paris, vous feriez aussi bien à Berlin qu'à Lunéville. Si Madame de Châtelet est une femme à composition, je lui propose de lui emprunter son Voltaire à gage. Nous avons ici un gros Cyclope de Géomètre, que nous lui engagerons contre le bel-esprit: mais qu'elle se détermine vite. Si elle souscrit au marché, il n'y a point de temps à perdre. Il ne reste plus qu'un oeil à notre homme; & une courbe nouvelle qu'il calcule à présent pourrait le rendre aveugle tout-à-fait, avant que notre marché soit conclu. Faites-moi savoir sa réponse.*

Händen der erweiterten Euler-Bernoulli-Kommission,[7] die die Werke und Korrespondenz der beiden Familien einbezieht.

Eulers Hauptwerk über physikalische Optik – also die Natur des Lichts – ist sein 1746 erschienenes Essay *Nova theoria lucis et colorum* [382]. Natürlich stand Euler nicht allein in der Tradition der Mediumtheorie. Den Weg von Descartes, Newton und Huygens zu Eulers Lichttheorie dokumentieren z. B. Casper Hakfoort [444] und Kurt Møller Pedersen [516]. Aber wir wollen *l'air du temps* hier ausnahmsweise den Spezialisten überlassen und uns unmittelbar Eulers *Nova theoria* zuwenden.

In Kapitel I setzt sich Euler sehr ausführlich mit den Argumenten für und wider existierende Lichttheorien auseinander. Dabei verdichtet er die Diskussion auf zwei gegensätzliche Ansätze,[8] die er für unvereinbar hielt:

- Die Emissionstheorie, die er Newton zuschreibt, in der materielle Ausflüsse, *effluvia*,[9] aus der Lichtquelle geradlinig zum Betrachter gelangen. Wir nennen das weiterhin die Teilchentheorie des Lichts.
- Die Mediumtheorie, bei der Licht durch Bewegung im den gesamten Raum ausfüllenden Äther übertragen wird, ohne dass Materialtransport stattfindet. Wir nennen sie weiter auch Äther- oder Wellentheorie.

Wir verdanken also die Antinomie zwischen Teilchen- und Wellentradition eigentlich Eulers weitreichendem Einfluss. Dieses Kapitel seiner Arbeit hat denn auch die meisten Diskussionen mit seinen Zeitgenossen hervorgerufen [427, 509], während die mathematische Ausgestaltung seiner Theorie weit weniger Kommentare anzog.

Die Ausführlichkeit seiner einleitenden Grundsatzdiskussion erklärt sich wohl aus der sehr gemischten Aufnahme seiner Theorie bei einer ersten Präsentation vor der Berliner Akademie im Jahr 1744. Eine Zusammenfassung auf Deutsch findet man in den Abhandlungen der Akademie [27].[10] Sie wird deren Sekretär Johann Heinrich Samuel Formey (1711–1797) zugeschrieben. Der Vortrag fand allenfalls laue Aufnahme [444], Newtons Teilchentheorie war die gängige Lehrmeinung.

---

[7] Siehe https://bez.unibas.ch/de/projekte/opera-omnia-leonhard-euler/.

[8] *... vel enim ab his corporibus effluvia emanant, atque sensuum nostrorum organa feriunt, vel in circumiacentibus corporibus eiusmodi motionem excitant, quae ad nostros census usque per omnia corpora intermedia propagetur.*

[9] Wenn Sie diesen Begriff googeln, werden Sie unvermeidlich auf den heutigen medizinischen Fachbegriff für Haarausfall stoßen. Lassen Sie sich nicht verwirren: Euler verwendet die ursprüngliche lateinische Bedeutung.

[10] Siehe https://digilib.bbaw.de/digilib/digilib.html?fn=silo10/Bibliothek.tiff/04-phys/3/tif/&pn=17.

Euler ist dagegen ein klarer Vertreter der Mediumtheorie und führt dafür sechs Argumente ins Feld, eine interessante Mischung von Argumenten gegen die Teilchentheorie und Vorwegnahmen von Kritik an der Wellentheorie. Sein erstes Argument stützt sich auf die Analogie zwischen Licht und Schall, die er systematisch verwendet. Übertragung durch Teilchen sieht er dagegen in Analogie zum Geruchssinn. Licht wird aber, eben wie der Schall, über große Entfernungen übertragen. Echo und Lichtreflexion sind für Euler analoge Vorgänge. Ebenso Lichtbrechung und die Schallübertragung durch Wände. Letzteres Argument war bereits 1744 auf Widerstand gestoßen: Breitet sich Licht nicht geradlinig durch ein Loch in der Wand aus, während sich Schall im ganzen Zimmer verbreitet? Er setzt dagegen, dass Licht nur durch die Öffnung eintritt, Schall dagegen auch die opake Wand durchsetzt.

In einem zweiten Argument stellt Euler fest, dass Vertreter eines leeren Raums wie die Anhänger der Teilchentheorie den angeblich leeren Raum ja mit Lichtteilchen bevölkern. Newton hatte ja selbst zugegeben, dass *rarified vapours* und Lichtteilchen im Vakuum anwesend sein können.

Das dritte Argument nimmt einen Vorwurf aufs Korn, der der Mediumtheorie seit jeher gemacht wurde. Die geradlinige Ausbreitung des Lichts ist in einem mit Substanz gefüllten Raum schwer vorstellbar. Schon Descartes hatte das Argument mit der Analogie des krummen Stocks zu entkräften gesucht, wie wir in der Abb. 7.5 gesehen haben. Und auch Schall breite sich ja geradlinig aus, wenn er nicht gerade durch Wände dringt.

Argument Nummer 4 führt an, dass die Sonne durch die Emission von *effluvia* an Substanz verlieren sollte, wenn die Teilchenhypothese stimmt. Eine grobe Abschätzung gründet Euler darauf, dass nach ihm die Sonne in 5000 Jahren sicher weniger als 1 % ihrer Masse verloren habe. Daraus leitet er ab:[11]

„… die Dichte der Strahlen in der Nähe der Erde müsste sich zur Dichte der Sonnenmaterie verhalten wie 1 zu 10^{18}, das ist eins zu einer Trillion."

Für Euler sind solche Zahlen völlig absurd. Uns erschrecken diese Größenordnungen nicht. Die gesamte Strahlungsleistung der Sonne beträgt etwa 4×10^{26} W, entsprechend einem Massenverlust von ungefähr 4 Mrd. kg pro Sekunde. Trotzdem hat die Sonne in einer Milliarde Jahren nur etwa 0,007 % ihrer Masse verloren. Aber wie hätte im 18. Jahrhundert jemand so etwas ahnen können.

---

[11] *… raritas radiorum in regio terrae ciciter ad desitatem materiae solaris se habere deberet ut 1 ad 10^{18}, hoc est unitas ad unum trillionem.*

Das nächste von Eulers Argumenten beschäftigt sich mit dem alten Problem der ungehinderten Kreuzung von Lichtstrahlen. Für Euler ist das mit der Teilchenhypothese unvereinbar, es müsste doch zu Kollisionen unter den Lichtteilchen kommen. Dabei hatte Newton schon 1704 in *Query 16* seiner *Opticks* eine Beobachtung beschrieben:[12]

„Und wenn eine glühende Kohle sich flink auf einer Kreisbahn bewegt, sie den gesamten Umfang wie einen Kreis aus Feuer erscheinen lässt; ist das nicht, weil die Bewegungen am Grunde des Auges, die von Lichtstrahlen angeregt werden, von einer bleibenden Beschaffenheit sind, und fortdauern bis die Kohle auf ihrer Bahn an den ursprünglichen Ort zurückkehrt? Und wenn man die Fortdauer der Bewegungen berücksichtigt, erregt durch Licht am Grunde des Auges, sind sie nicht von schwingender Art?"

Daraufhin hatte der wenig bekannte Mathematiker, Physiker und Arzt Johann Andreas von Segner (1704–1777) in seiner Abhandlung *De raritate luminis quibusdam praemissis* von 1740 aus der Persistenz des von Newton geschilderten Lichteindrucks (etwa eine Zehntelsekunde) einen Abstand der Lichtteilchen zu 30.000 km abgeschätzt. Damit wären Kollisionen vernachlässigbar. Euler müsste diese Arbeit eigentlich gekannt haben, immerhin hatte er Segner selbst für die Professur an der Universität Halle empfohlen [479]. Aber das Argument hat ihn wohl nicht überzeugt, schließlich müsste dann ein einzelnes Lichtteilchen ausreichen, um einen Lichteindruck im Auge hervorzurufen.

Das letzte Argument aus seinem Köcher betrifft die Transparenz von Materie gegenüber Lichtstrahlen. Die Durchdringung transparenter Körper durch Lichtteilchen erfordert nach seiner Meinung – und der vieler Zeitgenossen – die Existenz geradliniger Poren in der Materie, und zwar in jeder Richtung. Damit wäre Materie im Wesentlichen leer. Nach Newton enthält sie ausreichend Zwischenräume, um Lichtteilchen in jeder Richtung durchzulassen. Das überzeugt Euler nicht, ich zitiere aus der Zusammenfassung seines Akademievortrags [27]:

„Man hat bisher geglaubt, das Licht bewege sich durch die geradelinigten Zwischenräume durchsichtiger Körper, allein diese Meinung hat ihre große Schwürigkeiten: Der Körper müßte nach allen möglichen Richtungen Zwischenräume haben, müßte ganz Zwischenraum und gar nicht Materie seyn.

---

[12] *And when a Coal of Fire moved nimbly in the circumference of a Circle, makes the whole circumference appear like a Circle of Fire; is it not because the Motions excited in the bottom of the Exe by the Rays of Light are of a lasting nature, and continue till the Coal of Fire in going round returns to its former place? And considering the lastingness of the Motions excited in the bottom of the Exe by Light, are they not of a vibrating nature?*

Nähme man auch die Existenz dieser Kanäle an, so hätte die Refraction der Lichtstrahlen keine Ursache."

Wie Lichtteilchen und/oder Lichtwellen „wirklich" mit Materie wechselwirken, ist nur durch Quantentheorie zu verstehen; ich vertröste Sie also zum wiederholten Male auf Kap. 17.

Folgen wir stattdessen Euler durch seinen Äther. Er ist nach ihm eine kontinuierliche, elastische Substanz und enthält keine Teilchen. In der *Nova theoria* beschreibt er das nicht sehr ausführlich, in seiner posthum veröffentlichten *Anleitung zur Naturlehre* wird er im Kapitel 14 „Von dem Aether oder der subtilen Himmelsluft" deutlicher:[13]

> „Die subtile Himmelsluft befindet sich in einem gewaltsamen Zustande und ist weit über ihre natürliche Dichtigkeit zusammengedrückt, daher sie allenthalben eine große Federkraft ausübt und alle Körper zusammendrückt."

Damit wird der Äther charakterisiert durch nur zwei Eigenschaften, seine Dichte und seine Elastizität. Wir würden Erstere heute als Masse pro Volumen bezeichnen. Die zweite Eigenschaft misst den Widerstand gegen Verformung und wird heute durch das Kompressionsmodul beschrieben, bei homogenen, linearen Materialien proportional zur Druckzunahme bei Verringerung des Volumens.

Gestützt auf ein solches Äthermodell, leitet Euler in Kapitel II der *Nova theoria* folgerichtig die Fortpflanzung des Lichts analog zum Schall ab. Er stützt sich dabei auf *Proposition 47* von Buch II der Newton'schen *Principia*:[14]

> „Wenn Pulse sich durch eine Flüssigkeit fortpflanzen, werden die zahlreichen Teilchen der Flüssigkeit, kommend und gehend mit der kleinsten gegenseitigen Bewegung, stets beschleunigt und gebremst nach dem Gesetz des schwingenden Pendels."

In diesem Satz beschreibt Newton Schall als die Fortpflanzung von Schwingungen gekoppelter Pendel. Die Skizze Abb. 9.8 zeigt das elastische Medium als eine Federkette. Die Saite am linken Ende symbolisiert eine periodische Anregung der Schwingung. Allerdings ist dazu nicht notwendig, dass man wie in meiner Skizze eine atomistische Zusammensetzung des Äthers annimmt.

---

[13] Siehe https://scholarlycommons.pacific.edu/euler-works/842/.

[14] *If pulses are propagated through a fluid, the several particles of the fluid, going and returning with the shortest reciprocal motion, are always accelerated or retarded according to the law of the oscillating pendulum.*

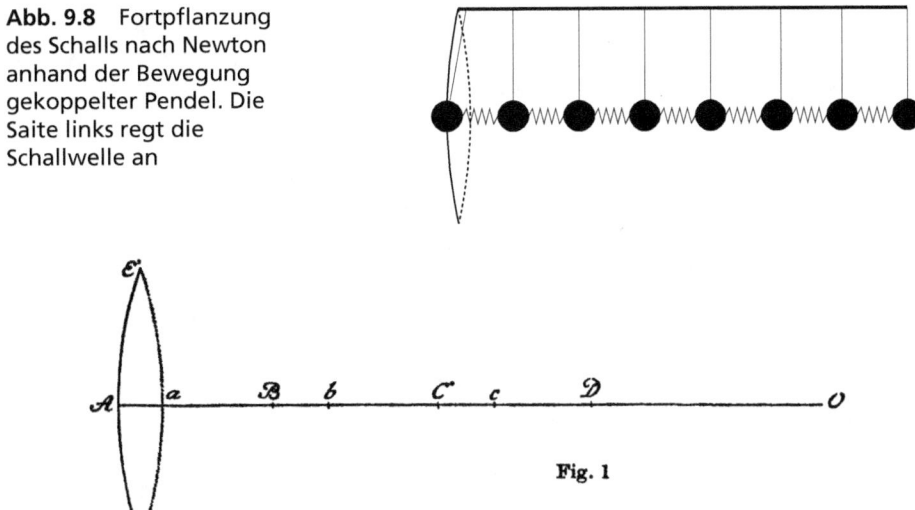

Abb. 9.8 Fortpflanzung des Schalls nach Newton anhand der Bewegung gekoppelter Pendel. Die Saite links regt die Schallwelle an

Abb. 9.9 Modell der Schallausbreitung aus Eulers *Nova theoria lucis et colorum* [382]

Euler nimmt vielmehr ein gerades elastisches Band in seinem Äther an, wie in der Skizze Abb. 9.9 aus seiner Abhandlung angedeutet.

Am linken Ende setzt eine Saite mit ihrer Bewegung von *A* nach *a* zunächst einen einzelnen Puls in Gang, der rechts bei *O* einen Empfänger erreicht. Euler interessiert sich besonders für die Geschwindigkeit, mit der dies geschieht, und findet, dass sie wie beim Schall allein durch Dichte und Elastizität des Mediums bestimmt wird,[15] den einzig notwendigen, aber unbekannten Eigenschaften des Äthers. Euler müht sich um eine Abschätzung, natürlich ohne viel Erfolg.

Im nächsten Kapitel III *Von der Abfolge der Pulse hin zu Lichtstrahlen*[16] wendet sich Euler nun periodischen Anregungen der Pulse zu, wie man sie von den Schwingungen einer Saite erwarten würde. Wie die Schwingungen von einem Ort zum anderen übertragen werden, dafür gibt es zwei Möglichkeiten. Entweder ist die Kopplung so schwach, dass die einzelnen Teile der Wegstrecke von einem Puls zum nächsten wieder zur Ruhe kommen. Oder – und das ist der kompliziertere Fall – die Schwingungen überlappen bei stärkerer Kopplung. Euler diskutiert zunächst die einfachere erste Situation.

---

[15] Die Schallgeschwindigkeit in einem homogenen, linearen Medium ist gegeben durch die Quadratwurzel des Verhältnisses aus Kompressionsmodul und Dichte.

[16] *Caput III: De pulsuum successione atque radiis lucis.*

Sie führt zu einer periodischen Schwingung der Dichte in Richtung der Fortpflanzung, einer Dichtewelle im Äther wie in seiner Skizze Abb. 9.10 angedeutet. Die schraffierten Kreisbögen deuten Orte maximaler Verdichtung an.

Nach bewährtem Vorbild verwendet Euler aber zur Erklärung seiner „Neuen Theorie" überkommene Begriffe. So spricht er nicht von einer Dichtewelle, sondern von „isochronen Vibrationen". Dies ist der Tatsache geschuldet, dass bei schwacher Kopplung in der Tat Anregung und resultierende Schwingung phasengleich ablaufen, sie erreichen Maxima und Minima zur gleichen Zeit, eben isochron. Aus diesem Modell leitet Euler dann eine Wellengleichung ab, die er ebenfalls nicht so nennt. Es handelt sich um die mathematische Beschreibung der Ausbreitung einer periodischen Störung in Zeit und Raum.

Die Figur Abb. 9.11 zeigt mithilfe heutiger Werkzeuge die Druckverteilung einer periodischen Dichtewelle, und zwar in einer Momentaufnahme zu einem bestimmten Zeitpunkt. Einen Augenblick später haben sich Maxima und Minima der Welle mit derjenigen Ausbreitungsgeschwindigkeit nach rechts verschoben, die durch Dichte und Elastizität des Mediums gegeben ist. In der Zeit ist die Dichteverteilung daher ebenfalls periodisch, pro Sekunde tritt an einem festen Ort eine bestimmte Anzahl von Maxima auf. Wir nennen das die Frequenz der Welle, sie ist dieselbe wie die Frequenz der anregenden Schwingung. Eulers wichtigste neue Idee ist nun, dass zu einer bestimmten Lichtfarbe eine bestimmte Frequenz gehört. Er ordnet Wellen mit festen Frequenzen den Newton'schen „reinen Farben" zu.

Sie sehen in der Abb. 9.11, dass zwischen den Maxima der Welle ein immer gleicher Abstand im Raum herrscht, den wir Wellenlänge nennen. Euler nennt ihn Distanz der Pulse und bestimmt ihn als Verhältnis von Geschwindigkeit und Frequenz. Das ist in der Tat ein allgemeiner Zusammenhang, der für alle Wellen gilt: Ihre Geschwindigkeit ist das Produkt aus Wellenlänge und

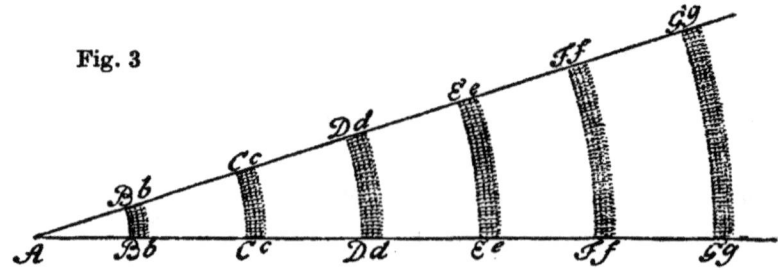

Abb. 9.10 Dichteschwingungen im Äther aus Eulers *Nova theoria lucis et colorum* [382]

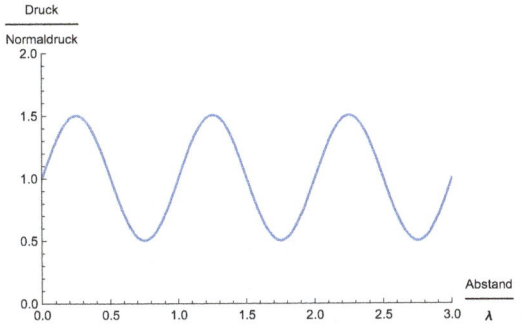
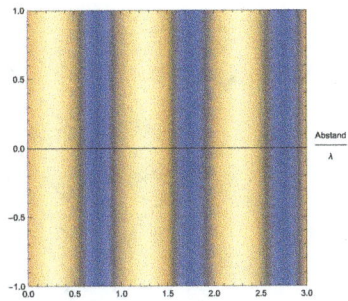

Abb. 9.11 Momentaufnahme einer Schallwelle, simuliert mit `Mathematica`™. Links: Relativer Luftdruck (stark übertrieben) als Funktion des Abstands (in Einheiten der Wellenlänge). Rechts: Druckverteilung in einer Luftsäule (weiß = hoher, blau = niedriger Druck)

Frequenz. In Eulers Äther ist die Lichtgeschwindigkeit für alle Lichtfarben gleich, schließlich hängt sie nur von dessen Dichte und Elastizität ab, nicht aber von der Frequenz der Lichtwelle. Der Lichtstrahl steht senkrecht auf den Wellenfronten und ist in der Tat geradlinig. Und was noch wichtig ist: Die Stärke der Pulse, die wir Amplitude nennen, Euler nennt sie *violentia*, ändert die Lichtintensität, aber nicht die Frequenz. Größere *violentia* macht also das Licht heller, ändert aber nicht seine Farbe.

Kapitel IV seiner Abhandlung beschäftigt sich mit Lichtreflexion und -brechung. Über die Reflexion hat Euler nichts Neues zu sagen, er benutzt wie alle anderen die mechanische Reflexion als Modell und macht keinen Gebrauch von Huygens' Prinzip.

Zur Brechung dekretiert Euler ohne Begründung, dass die Lichtgeschwindigkeit in dichteren Medien kleiner ist als in weniger dichten. Die Lichtfarbe ändert sich aber beim Übergang zwischen verschiedenen Materialien nicht, also bleibt die Frequenz der Welle gleich. Damit ist klar, dass in dichteren Medien die Wellenlänge kleiner werden muss. All das ist konsistent mit der Annahme, dass an der Grenzfläche die Phase der Welle kontinuierlich bleibt. Wie in der Skizze Abb. 9.12 treten z. B. die Wellenberge vor und nach der Grenzfläche an derselben Stelle auf.

Der Rest des Kapitels handelt von der Zusammensetzung des weißen Lichts und von der Dispersion, also der Abhängigkeit des Brechungsindex von der Lichtfarbe. Für Euler besteht weißes Licht nicht aus einer Mischung von Strahlen verschiedener Farben. Vielmehr stellt er sich vor, dass die Farbe Weiß sich einstellt, wenn innerhalb einer einzigen Welle nacheinander verschiedene Frequenzen auftreten. Im Gegensatz zum reinen Äther hängt die

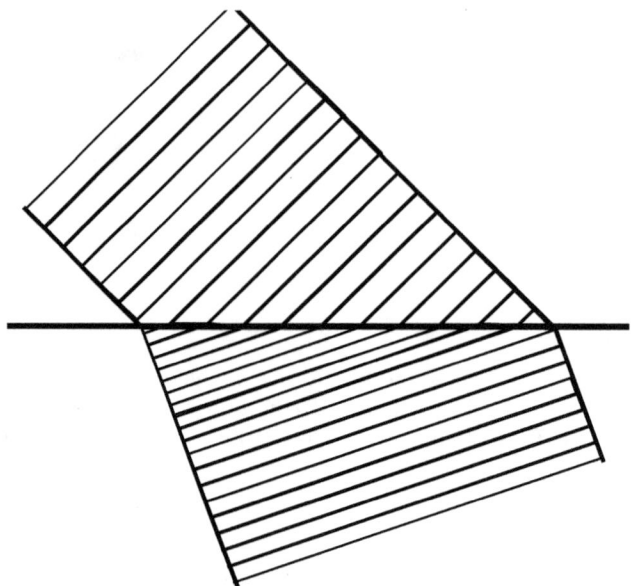

Abb. 9.12 Kontinuität der Phasen einer Welle an einer Grenzfläche

Lichtgeschwindigkeit nach seiner Vorstellung innerhalb der Materie durchaus von der Lichtfrequenz ab. Deshalb kommt es zu Dispersion, wenn Licht von einem Medium in ein anderes eintritt. Euler stellt auch gleich eine Dispersionsrelation auf, also er schlägt vor, wie die Lichtgeschwindigkeit in Materie von der Frequenz abhängen könnte. In der *Nova theoria* vertritt er die Meinung, dass rotes Licht die höchste Frequenz im sichtbaren Spektrum haben müsste, blaues Licht die kleinste. Es ist umgekehrt, aber eine Messung von Wellenlänge oder Frequenz des Lichts war zu dieser Zeit nicht möglich, man braucht das Phänomen der Interferenz dazu, das erst 50 Jahre später entdeckt wurde, wie wir im nächsten Kapitel sehen werden. Allerdings ließ Euler die Frage nicht los. Nicht weniger als sechs weitere Arbeiten beschäftigen sich mit der Dispersion und in deren Folge ändert er seine Meinung über die Rangfolge der Farbfrequenzen mehrfach [412]. Nach seiner Gewohnheit schloss Euler seine Arbeiten zur geometrischen und physikalischen Optik mit einem zusammenfassenden Werk ab, den *Dioptrica* von 1771.

Allgemein durchgesetzt hat sich die Theorie der Ätherwellen zunächst nicht. Für Huygens' Arbeit haben wir das schon bemerkt, die Rezeption von Eulers Mediumtheorie ist differenzierter. Für die britischen Inseln hat Geoffrey Cantor statistisch nachgewiesen [408], dass nur eine kleine Minderheit der wissenschaftlichen Gemeinschaft eine Wellentheorie für glaubwürdig hielt.

Auf dem Kontinent war die Situation eine andere. Besonders in Deutschland war das Echo einigermaßen geteilt [444] zwischen Anhängern und Gegnern und solchen, die Emissions- und Mediumtheorie für gleichwertig hielten. Das mag auch an Eulers populärwissenschaftlichen Lehrbriefen *Lettres à une princesse d'Allemagne sur divers sujets de physique et et philosophie* [24] gelegen haben, die zur Verbreitung seiner Theorien beigetragen haben. Was es nicht gab, waren Verteidiger oder Gegner vom literarischen Rang eines Voltaire oder Goethe. Und die Glaubwürdigkeit der Mediumtheorie nahm drastisch ab, als gegen Ende des 18. Jahrhunderts die chemischen Wirkungen von Licht in den Fokus der Aufmerksamkeit rückten [444]. Das änderte sich erst mit der Entdeckung von Superpositionsprinzip und Interferenz, weil gleichzeitig neue experimentelle Ergebnisse in die Diskussion eingingen. Und damit wollen wir uns als Nächstes beschäftigen.

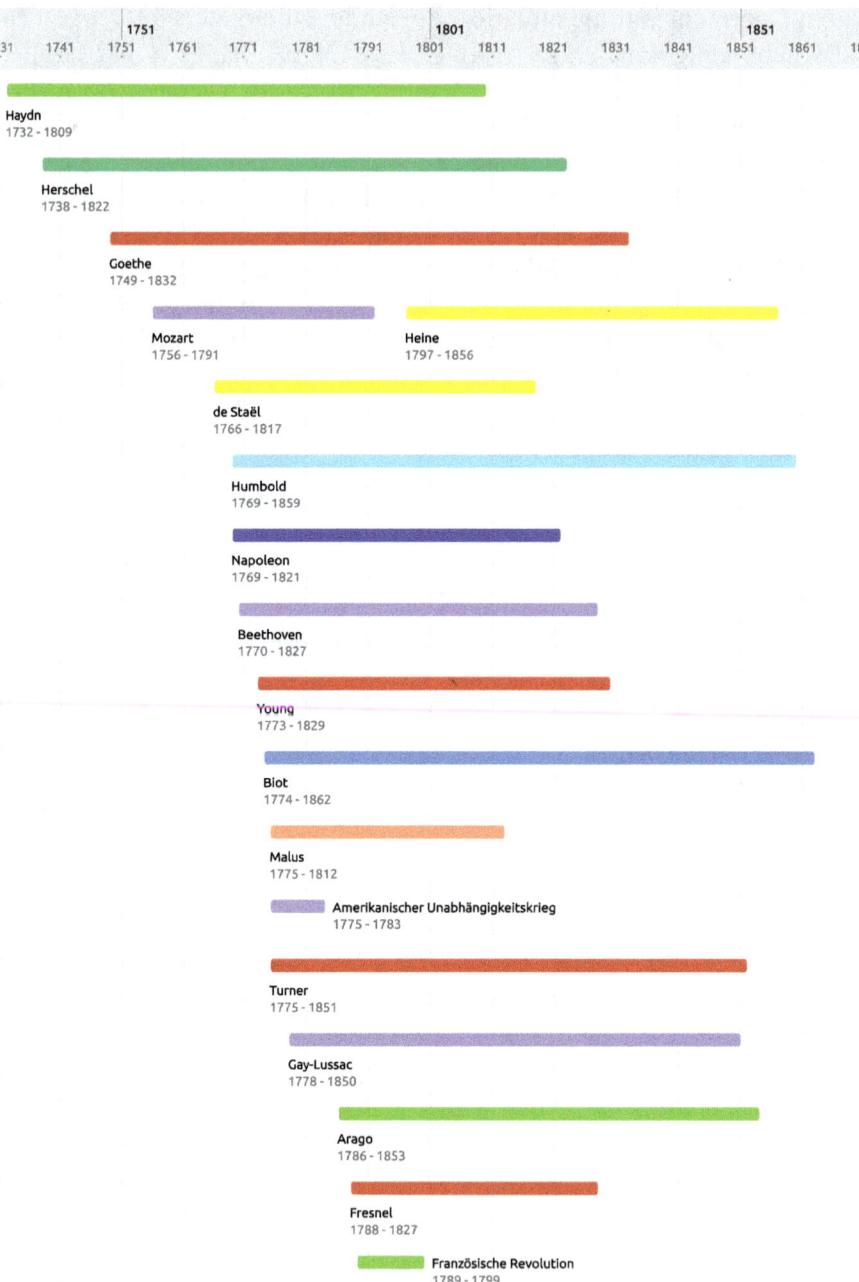

10

Interferenz

Schelling behauptet, nichts sei absurder als der hergebrachte Ausdruck: Philosophie
des Platon, Philosophie des Aristoteles. Sage man denn Geometrie des Euler,
Geometrie des La Grange? Nach Schelling gibt es nur eine Philosophie, oder es gibt
gar keine. Und wahrlich, wenn man unter Philosophie nur den Schlüssel zum
Rätsel des Universums versteht, so gibt es gar keine.

Anne Germaine de Staël, *Über Deutschland,* 1813 [42]

Jawohl, wir sind im Zeitalter des Klassizismus angelangt und – was Deutschland angeht – im Zeitalter der Romantik. Und wir haben damit unsere anachronistische Vorwegnahme der Goethe'schen Farbenlehre wieder eingeholt. Eine wahre Zeitenwende spielte sich ab. Der Amerikanische Unabhängigkeitskrieg (1775–1783) und natürlich die Französische Revolution (1789–1799) versetzten Absolutismus und Gottesgnadentum der Fürsten einen schweren Schlag, beseitigten sie in Europa aber nicht dauerhaft. Die Napoleonischen Kriege unterjochten den halben Kontinent, bevor der Wiener Kongress Ende 1814 Europa mit einer neuen Weltordnung ein halbes Jahrhundert relativen Friedens verschaffte [549]. In Deutschland kulminierten Vormärz und die Revolution von 1848/49 in der ersten deutschen Reichsverfassung. Aber davon später mehr.

Beginnend in der zweiten Hälfte des 18. Jahrhunderts hatten Joseph Haydn (1732–1809), Wolfgang Amadeus Mozart (1756–1791) und Ludwig van Beethoven (1770–1827) die Musiktradition begründet, die man Wiener Klassik nennt. Der *Basso continuo* war abgeschafft. Von Johann Wolfgang von

© Der/die Autor(en), exklusiv lizenziert an Springer-Verlag GmbH, DE,
ein Teil von Springer Nature 2025
M. Pohl, *Licht*, https://doi.org/10.1007/978-3-662-70486-8_10

Goethes erster Italienreise 1786 bis zu seinem Tode 1832 verortet man zeitlich die Weimarer Klassik, zu deren Vertretern neben ihm u. a. Friedrich Schiller (1759–1805), Christoph Martin Wieland (1733–1813) und Johann Gottfried Herder (1744–1803) gehören. Die Baronin Anne Louise Germaine de Staël-Holstein (1766–1817) – Tochter von Jacques Necker, Genfer Bankier und Finanzminister Ludwigs XVI., und erklärte Gegnerin Napoleon Bonapartes – besuchte nach ihrer Verbannung aus Paris 1803/1804 Deutschland bei einer halbjährigen Reise, die sie nach Weimar und Berlin führte. Die Bekanntheit ihrer Werke und der Ruf ihres Pariser Salons verschafften ihr Zutritt zu allen wichtigen Intellektuellen der Zeit des Empire. Für ihr umfangreiches Werk *De l'Allemagne* [42] sammelte sie im Winter 1807/1808 in Wien weitere Eindrücke. Das Buch erschien zuerst 1810, wurde aber von der napoleonischen Zensur sofort verboten und eingestampft. 1814 erschien die deutsche Erstausgabe [43], aus der das Zitat eingangs dieses Kapitels stammt. Das Buch zeigte unseren Nachbarn jenseits des Rheins ein stark idealisiertes Deutschlandbild, dem wir wohl ein Gutteil (laut Duden) unseres zweifelhaften Rufs als „Land der Dichter und Denker" verdanken. Heinrich Heine (1797–1856) hat dieses Deutschlandbild aus dem Pariser Exil mit einer Artikelserie in der *Revue des deux mondes* zu korrigieren versucht [506], die pikanterweise in Frankreich 1835 unter dem gleichen Titel erschien wie das Werk der Baronin [72]. Aber die Romantik ist nicht nur eine kulturgeschichtliche Epochen, sondern hat Nebenwirkungen und Spätfolgen, denen Rüdiger Safranski in seinem Buch *Romantik: Eine deutsche Affaire* nachgeht [511]. Die Bauten Friedrich Schinkels (1781–1841) prägen noch heute das Berliner Stadtbild, die ikonischen Gemälde von Caspar David Friedrich (1774–1840) gehören zu den Attraktionen der Hamburger Kunsthalle, um zwei Beispiele aus deutscher Kunst und Architektur zu nennen, die Sie sicher kennen. Genau wie die fast impressionistischen Bilder von William Turner (1775–1851), die Sie in der Londoner Tate Gallery bewundern können. Was den Einfluss auf die wissenschaftliche Tätigkeit angeht [348], wollen wir aber dem Skeptiker David Knight folgen [373] und nichts hineingeheimnissen, was über *l'air du temps* hinausgeht.

In Frankreich schaffte der Nationalkonvent 1793 alle königlichen Akademien ab. Zwei Jahre später wurde stattdessen das *Institut national des sciences et des arts* gegründet, dessen erste Klasse sich mit den physikalischen und mathematischen Wissenschaften beschäftigte. 1803 reorganisierte Napoleon Bonaparte als Erster Konsul der Republik das *Institut national* erneut, jede Division wurde wieder geleitet von einem ständigen Sekretär. In der Restauration wurden die Klassen des *Instituts* zurück in unabhängige Akademien umgewandelt. Diese Organisationsform, fünf Akademien unter dem Dach des

Abb. 10.1 *L'Institut*, Gemälde von Jean-François Raffaëlli, ca. 1898. (Bildnachweis: Paris Musées/Musée Carnavalet – Histoire de Paris)

Institut de France, besteht bis heute. Das Gemälde von Jean-François Raffaëlli in Abb. 10.1, datiert auf das Ende des 19. Jahrhunderts, zeigt das *Collège des Quatre-Nations* am Pariser Quai Conti, Sitz des *Institut* seit 1805. Zwischen 1809 und 1841 verfasste der Bretone François-René de Chateaubriand seine *Mémoires d'outre tombe*, die folgerichtig erst nach seinem Tode veröffentlicht wurden; er begründete die französische Variante der Romantik.

In England begann derweil die industrielle Revolution. Die *Spinning Jenny*, eine Spinnmaschine mit mehreren Spindeln, leitete 1765 die Mechanisierung der Textilindustrie ein, gefolgt 1785 vom ersten mechanischen Webstuhl. 1769 patentierte James Watt die erste brauchbare Dampfmaschine, um 1810 die ersten Lokomotiven. Zwanzig Jahre später betrieb in England der *Liverpool and Manchester Railway* die ersten fahrplanmäßigen Zugverbindungen mit Dampflokomotiven.

Mitten in diese Umbrüche hinein wurde Thomas Young 1773 in eine kinderreiche Quakerfamilie geboren [517]. Er fiel früh durch seine Hochbegabung auf, lernte Lesen mit zwei und Latein im Selbststudium mit sechs Jahren. Im Teenageralter beherrschte er nicht weniger als sieben Sprachen [246]. 1792 begann er sein Medizinstudium, das ihn von Edinburgh nach Göttingen und Cambridge führte. Anschließend praktizierte er in London. Er interessierte sich aber auch besonders für Wissenschaften außerhalb der Medizin. 1801 wurde er für zwei Jahre Professor an der *Royal Institution*, einer gemeinnützigen

Organisation, die 1799 von der *Royal Society* gegründet wurde, um der Öffentlichkeit die Wissenschaft nahezubringen. Seine Vorlesungen wurden aber nicht sehr geschätzt. Laut einem Zeitgenossen seien sie „in nicht geringem Grad geeignet, das Fassungsvermögen seiner Zuhörerschaft zu übersteigen", sein Stil wird als „ gedrängt und lakonisch" charakterisiert [480]. Ein erstes Beispiel für Youngs Schwierigkeiten, seine Kommunikation an das Niveau seiner Zuhörer anzupassen.

Young wurde 1794 in die *Royal Society* gewählt und hat hier seine Arbeiten zur Optik veröffentlicht, gefolgt von seinem Lehrbuch von 1807, *A Course of Lectures on Natural Philosophy and the Mechanical Arts* [36], das auf seinen Vorlesungen an der *Royal Institution* beruht. 1811 wurde Young Arzt am *St. George's Hospital* in London, in den 1820er-Jahren auswärtiges Mitglied der französischen, niederländischen und schwedischen Akademie. Er blieb immer vielseitig interessiert. So schlug er in seiner Retinatheorie zuerst die drei farbempfindlichen Zapfen vor, die auf rotes, grünes und blaues Licht reagieren [535]. Und er trug zur Entzifferung der ägyptischen Hieroglyphen bei, erst in Zusammenarbeit, später in Konkurrenz zu Jean-François Champollion bei der Entzifferung des Steins von Rosette.

Passend zum Zeitgeist anfangs des 19. Jahrhunderts haben Thomas Youngs Arbeiten zur Optik einen Umschwung zugunsten der Wellentheorie des Lichts ausgelöst. Sein *experimentum crucis* – das berühmte Doppelspaltexperiment – schien sogar ein Jahrhundert lang die Teilchentheorie endgültig erledigt zu haben. Dieses Experiment ist so wichtig, dass wir seine Entstehung anhand von Youngs Veröffentlichungen verfolgen wollen. Ich kann mir allerdings nicht verkneifen, die Experimente und ihre Interpretation anhand unserer heutigen Sicht der Dinge zu analysieren. Ein Historiker würde das nicht tun. Ich tue das, weil die heutige Sicht nur wenig später von Augustin-Jean Fresnel (1788–1827) erarbeitet wurde. Und weil die Quantenmechanik das Experiment in einem ganz neuen Licht erscheinen lässt.

Youngs *Outline of Experiments and Inquiries respecting Sound and Light*

Thomas Youngs erste Überlegungen zur Natur des Lichts sind in seinem Beitrag *Outline of Experiments and Inquiries respecting Sound and Light* im Januar 1800 vor der *Royal Society* verlesen worden [112]. Das Papier handelt vornehmlich von den Eigenschaften des Schalls und der Musikinstrumente. Nur Kapitel 10, *Of the Analogy between Light and Sound*, handelt von Licht.

Es beginnt wie üblich mit einer kritischen Rekapitulation der Probleme mit Newtons Teilchentheorie.

Für Young liegt eine der Hauptschwierigkeiten darin, dass die Lichtgeschwindigkeit nicht vom Erzeugungsmechanismus abhängt. Wie kommt es, dass so unterschiedliche Prozesse wie kleinste elektrische Funken bei der Reibung von zwei Kieseln, die kleinste Kerzenflamme und die intensive Sonnenhitze alle Licht mit gleicher Geschwindigkeit aussenden? Außerdem tritt an Grenzflächen sowohl Reflexion als auch Brechung auf. Wie sollen sich Lichtteilchen zwischen beiden entscheiden?

Die konstante Lichtgeschwindigkeit im Äther wird aber verständlich, wenn man wie Huygens und Euler eine Welle in einem elastischen Medium annimmt. Im englischsprachigen Raum wird das Elastizitätsmodul für Festkörper *Young's module* genannt. Die Wellengeschwindigkeit hängt in einem Medium nur vom Verhältnis aus Elastizitätsmodul und Dichte ab. Youngs Definition des Ersteren ist übrigens ein gutes Beispiel für seine Kommunikationsprobleme, seine Tendenz komplizierte, ja geradezu verschwurbelte Sätze zu bilden [537]. Vor der Admiralität definierte er wie folgt:[1]

> „Das Elastizitätsmodul einer jeden Substanz ist eine Säule derselben Substanz, die in der Lage ist, an ihrem Grund einen Druck zu erzeugen, welcher sich zu dem Gewicht, das eine gewisse Kompression erzeugt, verhält wie die Länge der Substanz zur Verringerung ihrer Länge."

Alles klar? Hoffentlich erwischen Sie mich nicht allzu oft bei solchen Sätzen. Der Schreiber der Admiralität meldete jedenfalls an Young zurück: „Obwohl Wissenschaft bei ihren Lordschaften sehr respektiert und Ihr Papier sehr geschätzt wird, ist es doch zu gelehrt … kurz, es ist nicht verstanden worden".

Bei der Behandlung von Reflexion und Brechung bleibt Young jedenfalls ganz und gar in der Tradition von Huygens und Euler. Was Lichtbeugung angeht, verweist Young auf die Arbeit des Kolonialbeamten Gibbes Walker Jordan (1757–1823), *The Observation of Newton Concerning the Inflections of Light* [29]. Die Erklärung der Lichtfarben folgt ebenfalls der Euler'schen Frequenztheorie, die Young in Analogie stellt zur Tonerzeugung durch Saiten und Orgelpfeifen. Interessant ist seine Bemerkung zum weißen Licht:[2]

---

[1] *The modulus of the elasticity of any substance is a column of the same substance, capable of producing a pressure on its base which is to the weight causing a certain degree of compression as the length of the substance is to the diminution of its length.*

[2] *A mixture of vibrations, of all possible frequencies, may easily destroy the peculiar nature of each, and concur in a general effect of white light. The greatest difficulty in this system is, to explain the different degree of refraction of differently coloured light, and the separation of white light in refraction: yet, considering how imperfect the*

„Eine Mischung von Schwingungen, mit allen Frequenzen, kann einfach die besondere Eigenschaft einer jeden zerstören, und damit beitragen zu einem generellen Eindruck von weißem Licht. Die größte Schwierigkeit in diesem System [der Wellentheorie] ist es, den verschiedenen Grad von Brechung des verschiedenfarbigen Lichts zu erklären, und die Aufspaltung von weißem Licht bei der Brechung: jedoch, wenn man bedenkt, wie unvollkommen die Theorie der elastischen Flüssigkeiten immer noch ist, kann man nicht erwarten, dass jeder Umstand gleichzeitig klar erklärt werden kann."

Young ist es also durchaus bewusst, dass in kondensierter Materie die Ausbreitungsgeschwindigkeit der Wellen nicht von der Frequenz abhängen sollte. Bei Licht ist das aber so, wenn man der Wellentheorie anhängt. Da muss man auf eine Klärung noch warten.

Youngs *On the Theory of Light and Colours*

Ein Jahr später trug Young vor der *Royal Society* in einer *Bakerian Lecture*[3] seine *Theorie von Licht und Farben* [111] vor. Das Werk trägt einige originelle Aspekte zur Wellentheorie bei, unter anderem zu Beugung und Brechung, schrittweise nähern wir uns dem Doppelspaltexperiment. Interessant ist auch, wie Young sich gegenüber Newton positioniert, der im Wesentlichen unangefochtenen Autorität in Sachen physikalischer Optik.

Young unterscheidet begrifflich zwischen der Schwingung (*vibration*) der einzelnen Teile eines Mediums und der Welle (*undulation*), die sie gemeinsam bilden. Gekoppelte Schwingungen führen zu Wellen, wie wir am Beispiel gekoppelter Pendel gesehen haben. Seine Definition ist wieder ein Beispiel für seine Art der Kommunikation:[4]

„… eine Welle soll vermutet werden als bestehend aus einer schwingenden Bewegung, sukzessive vermittelt durch verschiedene Teile eines Mediums, ohne jede Tendenz eines jeden Teilchens, seine Bewegung fortzusetzen, außer als Folge

---

theory of elastic fluids still remains, it cannot be expected that every circumstance should at once be clearly elucidated.

[3]Die *Bakerian Medal* ist eine seit 1775 jährlich verliehene Auszeichnung der *Royal Society* für herausragende wissenschaftliche Leistungen. Der Preisträger muss einen Vortrag über ein naturwissenschaftliches Thema seiner Wahl halten, Thomas Young ist Anfang des 19. Jahrhunderts dreimal ausgezeichnet worden.

[4]*… an undulation is supposed to consist in a vibratory motion, transmitted successively through different parts of a medium, without any tendency in each particle to continue its motion, except in consequence of the transmission of succeeding undulations, from a distinct vibrating body ; as, in the air, the vibrations of a chord produce the undulations constituting sound.*

der Weitergabe nachfolgender Wellen, von einem entfernten schwingenden Körper; so, wie in der Luft die Schwingungen einer Saite die Wellen erzeugen, aus denen Schall besteht."

Erst im zusammenfassenden Beispiel am Ende wird klar, was der Autor sagen will. Young gründet seine Theorie auf vier Hypothesen, gestützt auf ausgesuchte Zitate aus Newtons Werken:[5]

1. Ein lichttransportierender Äther durchdringt das Universum, in hohem Grad verdünnt und elastisch.
2. Wellen werden in diesem Äther angeregt, wann immer ein Körper zu leuchten beginnt.
3. Die Empfindung verschiedener Farben hängt ab von der verschiedenen Frequenz der Vibrationen, die Licht in der Retina anregt.
4. Alle materiellen Körper haben eine Anziehung für das ätherische Medium, durch die es sich in ihrer Substanz anreichert, und in einem kleinen Abstand um sie herum, in einem Zustand größerer Dichte, aber nicht größerer Elastizität.

Nur die letzte Hypothese ist diametral entgegengesetzt zu Newtons Annahmen. Dass Young hier sehr ausführlich die Werke Newtons zur Begründung heranzieht, insbesondere auch Briefe aus Thomas Birchs *History of the Royal Society* [23], kann auf verschiedene Weise verstanden werden. Einmal ist es natürlich ein Schutz vor Kritik, wenn man sich auf anerkannte Autoritäten stützt, soweit das möglich ist. Young trägt ja auch keine neuen experimentellen Ergebnisse vor, er präsentiert eine neue Theorie zur Erklärung im Wesentlichen bekannter Befunde. Da würde man auch heute erwarten, dass eine neue Theorie nicht im Widerspruch zu etablierten Experimenten steht. Interessanter ist, dass Young besonders ausführlich Newtons Behauptung zitiert, die Wellen- und Teilchenhypothesen seien beide vereinbar mit seinen Ergebnissen. Sie wissen schon: *hypotheses non fingo*. Erst das Doppelspaltexperiment ist ja scheinbar mit der Teilchenhypothese unvereinbar. Aber so weit sind er und wir noch nicht ganz.

Gefolgt werden die Hypothesen von neun Sätzen, die Youngs Theorie definieren. Sphärische Ausbreitung des Lichts im elastischen Medium, Vergleich

---

[5] *A luminiferous Ether pervades the Universe, rare and elastic in a high degree … Undulations are excited in this Ether whenever a Body becomes luminous … The Sensation of different Colours depends on the different frequency of Vibrations, excited by Light in the Retina … All material Bodies have an Attraction for the ethereal Medium, by means of which it is accumulated within their Substance, and for a small Distance around them, in a State of greater Density, but not of greater Elasticity.*

mit dem Schall, wir kennen das aus den Werken von Huygens und Euler. In Satz III treffen wir zum ersten Mal auf ein Beugungsphänomen:[6]

> „Ein Teil einer Kugelwelle, der durch eine Öffnung in ein ruhendes Medium gelangt, wird sich weiter geradlinig verbreiten in konzentrischen Oberflächen, die seitlich begrenzt werden durch schwache und unregelmäßige Teile neuer divergierender Wellen.“

Klarer als der Text ist die Abb. 10.2. Wir erkennen darin das Prinzip der Beugung an einem Spalt. Allerdings bleibt Young bei seiner Beschreibung der Beugungsphänomene qualitativ. Eine quantitative Behandlung im Rahmen der Wellentheorie hat dagegen quasi gleichzeitig Augustin Fresnel erarbeitet, wie wir später im entsprechenden Abschnitt sehen werden.

Im nächsten Satz erklärt Young, wie gleichzeitige Reflexion und Brechung an der Grenzfläche zweier Medien zustande kommt. Die jeweiligen Intensitäten seien „in der Stärke proportional zur Differenz der Dichten“. Ziemlich nahe an der Wahrheit, allerdings stark vereinfacht, Fresnel hat dazu Genaueres zu sagen. Youngs Erklärung von Reflexions- und Brechungswinkel folgt dann wieder ganz der Wellentradition, einschließlich der Totalreflexion jenseits des Grenzwinkels.

Bei Satz VII hat Young wieder unsere ungeteilte Aufmerksamkeit:[7]

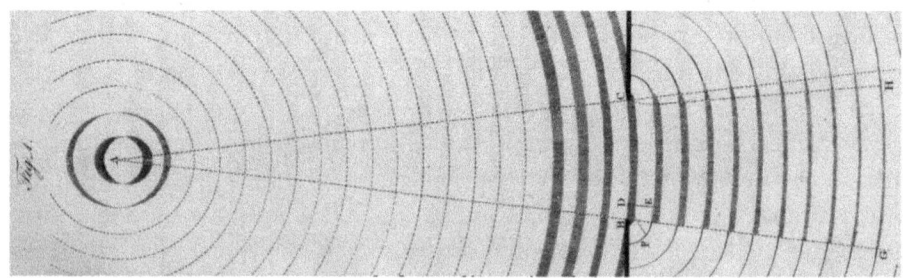

Abb. 10.2 Youngs Abbildung zur Beugung an einem weiten Spalt aus *On the Theory of Light and Colours* [111]

---

[6] *A Portion of a spherical Undulation admitted through an Aperture into a quiescent Medium, will proceed to be further propagated rectilinearly in concentric Superficies, terminated laterally by weak and irregular Portions of newly diverging Undulations.*

[7] *If equidistant Undulations be supposed to pass through a Medium, of which the Parts are susceptible of permanent Vibrations somewhat slower than the Undulations, their Velocity will be somewhat lessened by this vibratory Tendency; and, in the the same Medium, the more, as the Undulations are more frequent.*

„Wenn Wellen ein Medium durchsetzen, dessen Bestandteile für etwas langsamere permanente Vibrationen anfällig sind, wird ihre Geschwindigkeit etwas vermindert durch diese Schwingungstendenz; und im gleichen Medium umso mehr, je höher die Frequenz der Wellen ist."

Was für eine bewundernswerte Intuition. Ohne mathematischen Beweis liegt Young hier instinktiv richtig. Seine Begründung lautet:[8]

„Denn sooft der Wellenzustand eine Veränderung in der momentanen Bewegung desjenigen Teilchens erfordert, das sie vermittelt, wird diese Änderung verzögert durch die Neigung des Teilchens, seine momentane Bewegung noch etwas fortzusetzen; und diese Verzögerung wird umso häufiger sein und bemerkenswerter, je größer die Differenz zwischen den Perioden der Welle und der natürlichen Schwingung ist."

Ohne detaillierte Kenntnis der mathematischen Beschreibung elektromagnetischer Wellen ist das genial geraten. Die Phasenverschiebung in einer Federkette à la Euler (siehe Skizze Abb. 9.8) ist in der Tat so, wie Youngs Intuition sagt. Wir sehen das am besten, wenn wir ein einzelnes Glied der gekoppelten Pendel betrachten.

Wir können uns den Vorgang vorstellen wie in der Skizze Abb. 10.3. Das Ende eines Kettenglieds übt auf das einzelne Pendel eine periodische Kraft mit der Frequenz der einlaufenden Welle aus. Der harmonische Oszillator reagiert auf diese erzwungene Schwingung mit einer eigenen Schwingung, die dieselbe Frequenz wie die Anregung hat. Allerdings ist sie phasenverschoben, umso mehr, je näher die Anregung an die Eigenfrequenz des Pendels kommt.

Und die Amplitude der Schwingung wächst ebenfalls in der Nähe dieser Resonanzfrequenz stark an. Wir haben in unserer Skizze am unteren Ende des Versuchsaufbaus eine Dämpfung eingebaut, die verhindert, dass uns das Ganze bei der Resonanzfrequenz um die Ohren fliegt. Amplitude und Phasenverschiebung der erzwungenen Schwingung zeigt die Abbildung rechts als Funktion der Frequenz. Die Überlagerung aus anregender und erzwungener Welle ist dann in der Tat verlangsamt gegenüber der einlaufenden Welle.

---

[8] *For, as often as the state of the undulation requires a change in the actual motion of the particle which transmits it, that change will be retarded by the propensity of the particle to continue its motion somewhat longer; and this retardation will be more frequent, and more considerable, as the difference between the periods of the undulation and of the natural vibration is greater.*

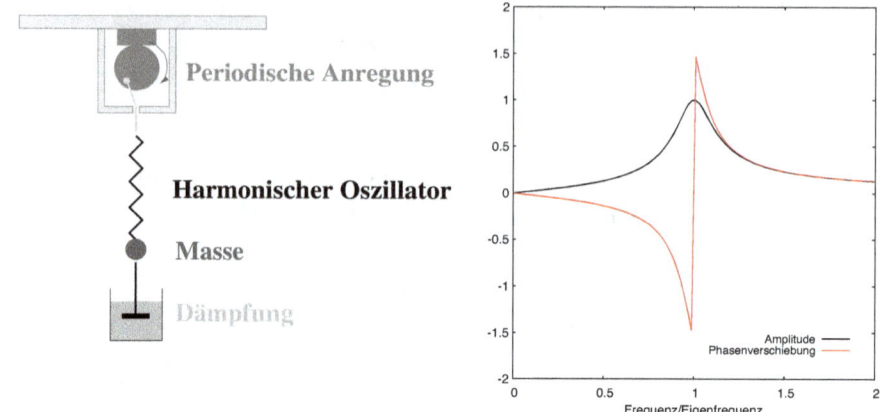

Abb. 10.3 Links: Mechanisches Modell zur Resonanz zwischen Anregung und harmonischem Oszillator. Rechts: Amplitude und Phasenverschiebung beim Durchgang durch die Resonanzfrequenz

Die Abb. 10.4 zeigt, wie die Verlangsamung funktioniert.[9] Sie zeigt auch moderne Messungen des Brechungsindex, also des Verhältnisses der Lichtgeschwindigkeit in Vakuum und Material als Funktion der Wellenlänge. Wir sehen, dass in der Tat die Abweichung des Brechungsindex von 1 bei kleinen Wellenlängen quadratisch zunimmt. Der Brechungsindex ist also größer bei hohen Frequenzen (blaues Licht) als bei niedrigen (rotes Licht).

Und damit stoßen wir an die Grenzen Young'scher Intuition, nämlich dann, wenn es um die Resonanzfrequenz und die Abweichung davon geht. Die Resonanzfrequenzen für Atome gegenüber elektromagnetischen Wellen liegen im ultravioletten Bereich, also auf der kurzwelligen Flanke des sichtbaren Spektrums. Also hat sichtbares Licht eine kleinere Frequenz (größere Wellenlänge) als typische Resonanzfrequenzen von Materialien, Young nimmt das Umgekehrte an. Somit ist auch seine Intuition zur Dispersion nicht richtig. Die Brechung ist umso größer, je näher Lichtfrequenz und Eigenfrequenz beieinanderliegen. Ohne Kenntnis des Atombaus konnte Young all das natürlich unmöglich wissen. Ich erwähne es hier nur als Beispiel dafür, was Intuition leisten kann und was nicht.

Da Young die experimentellen Ergebnisse seiner Zeit natürlich verfolgt hat, wusste er um die Existenz von Licht jenseits des sichtbaren Spektrums. Was infrarotes Licht angeht, so hatte Friedrich Wilhelm Herschels (1738–1822) im

---

[9]Die Berechnung basiert auf den *Feynman Lectures on Physics*, Band 1, Kapitel 31, https://www. feynmanlectures.caltech.edu/I_31.html.

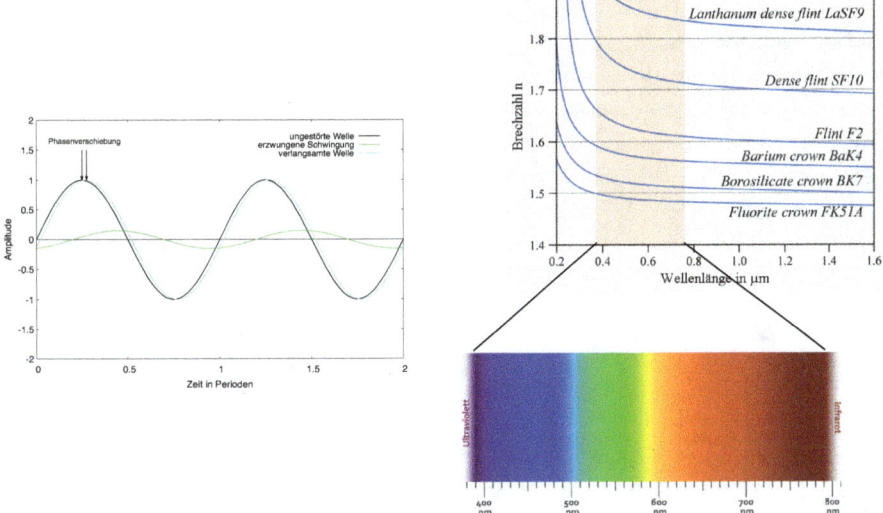

Abb. 10.4 Links: Verzögerung einer einlaufenden Welle durch Überlagerung mit phasenverschobener, von Atomen ausgesendeter Welle. Rechts: Brechungsindex als Funktion der Wellenlänge und Zusammenhang zwischen Wellenlänge und Farbe bei sichtbarem Licht. (Bildnachweis: Wikimedia)

Jahr 1800 Wärmeeffekte und Brechung beobachtet. Die Skizze Abb. 10.5 aus Herschels Veröffentlichung [30] zeigt seinen experimentellen Aufbau. Eine spaltförmige Öffnung ist mit einem Beugungsgitter (siehe Abb. 10.18) versehen, das das Sonnenlicht spektral aufspaltet. Die sichtbaren Streifen fallen auf die entsprechenden Felder auf dem Tisch. Positioniert man die Thermometer jenseits des Streifens von Rotlicht, kann man die Temperaturerhöhung durch Infrarotlicht messen.

Ein Beugungsgitter kann man benutzen, um die Wellenlänge des Lichts zu messen, wie Young im nächsten Satz zeigt. Zunächst formuliert er eine frühe Fassung des Superpositionsprinzips:[10]

„Wenn Wellen von verschiedenen Ursprüngen in ihrer Richtung perfekt oder fast genau übereinstimmen, so ist ihre gemeinsame Wirkung eine Kombination ihrer jeweiligen Bewegungen."

---

[10] *When two Undulations, from different Origins, coincide either perfectly or very nearly in Direction, their joint effect is a Combination of the Motions belonging to each.*

Abb. 10.5 Skizze von
Herschels Versuchsaufbau
zum Nachweis des
infraroten Lichts durch
seine Wärmewirkung [30]

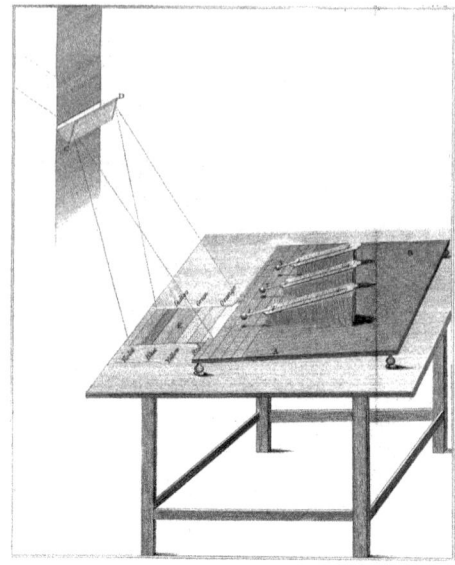

Das gilt insbesondere für die Verstärkung zwischen Wellenbergen und für die Auslöschung, wenn Wellentäter und -berge aufeinandertreffen. In einem Korollar stellt Young ein Reflexionsspektrometer vor, in der Funktionsweise ähnlich wie das Transmissionsspektrometer von Herschel. Es besteht aus einer Glasplatte, in die Streifen genauen Abstandes eingravierten sind. Lässt man Licht unter einem bestimmten Winkel einfallen (in seinem Fall 45°), bilden sich im reflektierten Licht Interferenzstreifen. Aus deren Streuwinkeln lässt sich die Wellenlänge des Lichts berechnen. In einer Tabelle fasst Young die Ergebnisse zusammen, z. B. 650 nm für rotes Licht und 442 nm für violettes. In seinem *Course of Lectures* korrigiert er später zu den genaueren Werten 706 nm bzw. 424 nm. Youngs Messung ist also schon ziemlich präzise, wenn Sie mit der Abb. 10.4 vergleichen.

Sollten Sie daheim noch eine CD oder eine DVD in der Schublade finden, können Sie die Funktionsweise seines Reflexionsspektrometers demonstrieren. Halten Sie bitte die Rückseite schräg ins Sonnenlicht. Der Spurabstand von $1,6\,\mu$m der Gravur lässt dann Regenbogenfarben erscheinen. Mein etwas amateurhaftes Foto Abb. 10.6 zeigt die spektrale Aufspaltung durch das Streifenmuster auf der Rückseite der DVD.

Abb. 10.6 Aufspaltung der Lichtfarben an einem Strichgitter, wie z. B. den Spuren auf einer DVD

Der letzte, neunte Satz dient Young als Zusammenfassung und Schlussfolgerung: „Lichtstrahlung besteht aus Wellen des lichttransportierenden Äthers".[11] Dabei nimmt er Kritik der Vertreter der Teilchentheorie gleich vorweg:

- Zur Doppelbrechung am Kalkspat verweist er auf Huygens' Erklärung, dass die Lichtgeschwindigkeit für gewisse Materialien richtungsabhängig sein kann.
- Zur Beobachtung von Lichtdruck auf eine aufgehängte Kupferfolie fällt ihm ein, dass dies ein Wärmeeffekt sein könnte. Heizung findet statt auf der Seite des einfallenden Lichtstrahls.
- Die bleibende Lichtwirkung auf Phosphor erklärt er als fortdauernde Schwingung durch geringe Dämpfung.

Zusammenfassend sagt Young, dass Newton nun besser verstanden sei und nicht etwa widerlegt:[12]

„Im Ganzen scheint es, dass die wenigen optischen Phänomene, die eine Erklärung durch das korpuskuläre System zulassen, ebenso mit dieser Theorie [der Wellentheorie] verträglich sind; dass viele andere, die lange bekannt, aber nie verstanden sind, durch diese Herangehensweise vollkommen verständlich werden und dass mehrere neue Fakten reduziert werden können auf eine perfekte Analogie zu anderen und zu den einfachen Prinzipien des Wellensystems."

---

[11] *Radiant Light consists in Undulations of the luminiferous Ether.*

[12] *On the whole it appears, that the few optical phenomena which admit of explanation by the corpuscular system, are equally consistent with this theory; that many others, which have long been known, but never understood, become by these means perfectly intelligible; and that several new facts are found to be thus only reducible to a perfect analogy with other facts, and to the simple principles of the undulatory system.*

Sie erkennen aus den vielen Zitaten und der Ausführlichkeit meiner Analyse, dass mich Youngs Arbeiten tief beeindruckt haben. Aufgrund unzureichender experimenteller Befunde intuitiv die richtigen Schlüsse zu ziehen, ist bewundernswert. Das ist allemal eine *Bakerian Medal* wert, die Young im Jahr 1803 dann auch erneut zuerkannt wurde.

Youngs *Experiments and Calculations relative to physical Optics*

In den einleitenden Sätzen dieser *Bakerian Medal*[13] kündigt Young ein Experiment an, das „ein einfacher und schlüssiger Beweis für das generelle Gesetz der Interferenz zwischen zwei Teilstrahlen des Lichts" sei. Außerdem seien dies „… Experimente …, die sehr leicht wiederholt werden können, wann immer die Sonne scheint und ohne Apparate außer denen, die jedermann zur Hand hat".[14] Das ist ziemlich untertrieben. Es sind zwar keine besonderen Apparaturen erforderlich, man muss aber schon sorgfältig arbeiten und Bedingungen beachten. Sonnenlicht ist normalerweise nicht kohärent.[15] Interferenz stellt sich also nicht ein, es sei denn, man stellt einen Kohärenzspalt weit aufwärts in den Lichtstrahl. Dann erhält man praktisch eine punktförmige Lichtquelle, die automatisch kohärentes Licht aussendet.

Young verwendet dazu ein winziges Loch und erhält in gebührendem Abstand eine ungefähr ebene Welle. Der stellt er in Kapitel I ein Hindernis in Form einer Spielkarte entgegen wie in Abb. 10.7. Achtung: Die Dimensionen von Spalten und Hindernissen müssen größer sein als die Wellenlänge des Lichts. Das ist hier natürlich der Fall, die Karte ist 0,85 mm dick, die Wellenlängen sichtbaren Lichts sind vier Größenordnungen kleiner. Es treten farbige Streifen außerhalb des Schattens auf und schwache helle Streifen innerhalb des Schattens. Diese Streifen verschwinden, wenn man einen Teilstrahl unterbricht. Dies ist eine frühe Version des berühmten Young'schen Experiments

---

[13] *In making some experiments on the fringes of colours accompanying shadows, I have found so simple and so demonstrative a proof of the general law of the interference of two portions of light, which I have already endeavoured to establish, that I think it right to lay before the Royal Society, a short statement of the facts which appear to me so decisive.*

[14] *… experiments I am about to relate, which may be repeated with great ease, whenever the sun shines, and without any other apparatus than is at hand to every one.*

[15] Zwei Lichtwellen nennt man kohärent, wenn sie eine feste Beziehung zwischen ihren Phasen aufweisen. Nur dann kann Interferenz beobachtet werden, da sie sonst durch wechselnde Phasen verwischt wird. Kurz gesagt: Kohärenz ist die Fähigkeit zur Interferenz.

Abb. 10.7   Skizze des Young'schen Versuchsaufbaus mit einer Spielkarte als Strahlenteiler

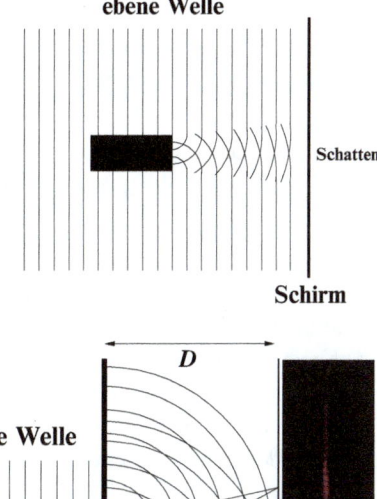

Abb. 10.8   Skizze des Young'schen Doppelspaltversuchs und Simulation des Ergebnisses mit rotem Laserlicht. (Bildnachweis: Wikimedia Commons)

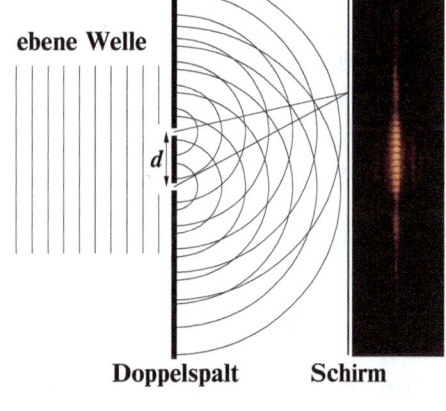

mit einem Doppelspalt, der in der heute diskutierten Form erst in seinem *Course of Lectures* von 1807 beschrieben wird.

Dabei werden mit zwei engen Schlitzen, die nahe beieinander Licht aus ein und derselben Quelle durchlassen, zwei kohärente Lichtquellen simuliert, wie die Abb. 10.8 zeigt. Die Lichtwege sind dann die Distanzen zwischen einem Punkt auf dem Schirm und den beiden Schlitzen. Ihr Unterschied bestimmt die Intensität der Streifen auf dem Schirm. Ist er ein Vielfaches der Wellenlänge, tritt Verstärkung auf. Bei einem Unterschied einer halben Wellenlänge liegt ein Minimum. Das Foto zeigt das Interferenzmuster mit einem roten Laserstrahl. Ist das Licht wie beim Sonnenlicht aus einem Spektrum an Wellenlängen zusammengesetzt, verschwimmen die Interferenzstreifen.

In Kapitel II stellt Young seinen qualitativen Beobachtungen auch einige quantitative Ergebnisse zur Seite. So findet er, dass Helligkeit resultiert, wenn die Lichtwege von zwei Teilwellen gleich sind. Der Abstand heller Streifen ist regelmäßig. Wieder vergleicht er mit Newtons Beobachtungen 3 und 9 aus den *Opticks* – betreffend Beugung an Kanten und Haaren – und dessen Resultaten zu den Farbeffekten an dünnen Schichten: In allen Fällen ist Interferenz die gemeinsame Ursache. In Kapitel III kommen zusätzliche, sekundäre Regenbögen als Beispiele dazu.

Kapitel IV schließt aus allen diesen Beobachtungen eine „argumentative Ableitung der Natur des Lichts". Aber zunächst einmal spielt Young wegen der geteilten Aufnahme seiner Arbeiten ein wenig die beleidigte Leberwurst:[16]

> „Diejenigen, die an der Newton'schen Lichttheorie festhalten oder an den Hypothesen moderner Optiker, die auf noch weniger ausgebauten Ansichten beruhen, täten gut daran, sich etwas vorzustellen zur Erklärung dieser Experimente, abgeleitet von ihren eigenen Lehren; und wenn ihr Versuch scheitert, zumindest Abstand zu nehmen von müßiger Deklamation gegen ein System, das gegründet ist auf die Genauigkeit seiner Anwendung auf alle diese Tatsachen und auf tausend andere ähnlicher Art."

Die wichtigste Eigenschaft des Lichts ist aber diese:[17] „... homogenes Licht, in gewissen Abständen in Richtung seiner Bewegung, hat entgegengesetzte Eigenschaften (*qualities*), die in der Lage sind, sich gegenseitig zu neutralisieren oder zu zerstören und das Licht auszulöschen, wenn sie zufällig zusammengeführt werden". Wellenberge und Wellentäler kohärenten Lichts können sich gegenseitig auslöschen. Dazu führt er einen Vergleich zwischen der Schwebung in der Akustik und der Interferenz des Lichts an.

Young korrigiert auch noch eine seiner früheren Annahmen über den Äther, die wir schon erwähnt haben:[18]

> „Ich bin geneigt zu glauben, dass der Licht transportierende Äther die Substanz aller materiellen Körper mit wenig oder keinem Widerstand durchdringt, so frei vielleicht, wie der Wind durch einen Hain weht."

Was für ein schönes, poetisches Bild. Young warnt im selben Kapitel vor optischen Täuschungen, die durch Beugung und Interferenz entstehen kön-

---

[16] *Those who are attached to the Newtonian theory of light, or to the hypotheses of modern opticians, founded on views still less enlarged, would do well to endeavour to imagine any thing like an explanation of these experiments, derived from their own doctrines; and, if they fail in the attempt, to refrain at least from idle declamation against a system which is founded on the accuracy of its application to all these facts, and to a thousand others of a similar nature.*

[17] *... homogeneous light, at certain equal distances in the direction of its motion, is possessed of opposite qualities, capable of neutralising or destroying each other, and of extinguishing the light, where they happen to be united ...*

[18] *I am disposed to believe, that the luminiferous ether pervades the substance of all material bodies with little or no resistance, as freely perhaps as the wind passes through a grove of trees.*

nen. So etwa eine falsche Dimension oder Struktur kleiner Objekte in der Mikroskopie. Das Kapitel V beschäftigt sich mit den Farben natürlicher Körper und bietet wenig Neues.

Dagegen handelt Kapitel VI von einem Beugungsexperiment mit den gerade erst von Johann Wilhelm Ritter entdeckten „dunklen Strahlen", also ultraviolettem Licht [33]. Young beobachtet Newton'sche Ringe von UV-Licht auf Fotopapier, also mit Silbernitrat getränktem Papier. Und er spekuliert über mögliche – oder vielmehr mit den Mitteln der Zeit unmögliche – Experimente zur Interferenz mit infrarotem Licht.

Was in Youngs *Course of Lectures* ebenfalls auftaucht, ist eine sorgfältigere Formulierung der Bedingungen für die Kohärenz von Lichtstrahlen:

> „Damit die Effekte zweier Teile des Lichts so vereinigt werden können, ist es notwendig, dass sie von einem gemeinsamen Ursprung herrühren und dass sie am gleichen Ort eintreffen, in Richtungen, die nicht viel voneinander abweichen."

Das ist am leichtesten zu erreichen, wenn „ein Strahl homogenen Lichts auf einen Schirm fällt, in dem sich zwei sehr kleine Löcher oder Schlitze befinden, von denen das Licht in jede Richtung gebeugt wird". Da ist also endlich der Doppelspalt, von dem wir die ganze Zeit schon sprechen. Der Strahl „homogenen Lichts" muss aus Sonnenlicht eigens erzeugt werden, etwa durch einen Kohärenzspalt. In heutigen Demonstrationen verwendet man Laserlicht, das ohne weitere Vorkehrungen kohärent ist (siehe Kap. 19).

Zusammenfassend können wir also sagen, dass im ersten Jahrzehnt des 19. Jahrhunderts die Wellentheorie wieder einen diskussionswürdigen Status erreicht hat. Nach ihr besteht Licht aus Druck- oder Dichtewellen,[19] beide Charakteristika des Äthers variieren entlang eines Lichtstrahls periodisch. Frequenz als Charakteristik der zeitlichen Variation oder Wellenlänge als Merkmal der räumlichen Periodizität sind definierende Eigenschaften der Lichtfarbe. Reflexion, Brechung und Beugung können sowohl qualitativ als auch quantitativ verstanden werden. Und selbst Dispersion, also die Abhängigkeit dieser Phänomene von der Wellenlänge, kann man mit Youngs Resonanzmodell begreiflich machen. Youngs Doppelspaltexperiment lässt wenig Zweifel daran, dass Licht aus räumlich und zeitlich ausgedehnten Wellen besteht und nicht aus kleinen, lokalisierten Teilchen. Wie sollen Teilchen, die durch zwei verschiedene Schlitze auf den Schirm gelangen, sich untereinander absprechen,

---

[19] Für ideale Gase sind Druck und Dichte einander proportional.

um ein Interferenzmuster zu erzeugen? So hat Interferenz für ein Jahrhundert Karriere gemacht als das entscheidende Unterscheidungsmerkmal von Wellen und Teilchen.

Polarisation

Aber ein Merkmal von Licht fehlt uns noch zu seiner vollständigen Beschreibung. Im Gegensatz (oder zusätzlich?) zu der longitudinalen Variation von Druck und Dichte hat Licht nämlich eine transversale „Qualität". Und die bringt uns auf den europäischen Kontinent zurück, wo sich in der Organisation der Wissenschaft im 19. Jahrhundert einiges getan hat.

Der Startschuss für neue Organisationsformen war die Gründung der *École polytechnique* 1794, also während der Französischen Revolution. Sie ist nur eine der *Grandes Écoles*, die auf Initiative von Nicolas de Condorcet [581] gegründet wurden und bis heute als Eliteuniversitäten bestehen. Ursprünglich und bis in heutige Tage eine Kaderschmiede für das französische Militär – ausweislich der Parade des Personals in Uniform an jedem 17. Juli – hatte sie eben auch eine Doppelrolle als Eliteschule für zivile Ingenieure. Keine einfache Doppelrolle: Sollte eine solche Schule Wissenschaftler oder gelehrte Ingenieure ausbilden [502]? Eine Diskussion, die man bis in die Gegenwart verfolgen kann. Die *École polytechnique* zog jedenfalls viele eminente Mathematiker und Physiker an. Um nur ein paar willkürlich ausgewählte Beispiele aus den Anfangsjahren zu nennen: Joseph-Louis de Lagrange (1736–1813), Pierre-Simon de Laplace (1749–1827), Adrien-Marie Legendre (1752–1833), Siméon Denis Poisson (1781–1840), Augustin-Louis Cauchy (1789–1857), Jean-Baptiste Joseph Fourier (1768–1830), André-Marie Ampère (1775–1836), Gaspard-Gustave de Coriolis (1792–1843). Wenn Sie jemals eine Mathematik- oder Physikvorlesung besucht haben, sind Ihnen diese Namen begegnet. Diese und andere *Grandes Écoles* waren Orte, wo Menschen mit Interesse an exakten Wissenschaften zusammenkamen, mathematische Methoden und sorgfältige Experimente studierten und weiterentwickelten. Und sie hatten in anderen Ländern zunächst keine Entsprechungen.[20]

Die rasche Entwicklung der *École Polytechnique* zu einer der führenden wissenschaftlichen Institutionen und das Überschwappen der industriellen Revolution auf westliche Länder hat in der zweiten Hälfte des 19. Jahrhunderts

---

[20]Die amerikanische Militärakademie West Point, 1802 gegründet, wird in diesem Zusammenhang gelegentlich genannt. Sie ist aber eine reine Militärakademie.

eine ganze Welle von Neugründungen hervorgerufen. Ingenieurschulen wie die ETH Zürich (gegründet 1855), MIT Cambridge (1861), meine Alma Mater RWTH Aachen (1879) und Caltech Pasadena (1891) mögen als Beispiele dienen. Parallel dazu wurden zusätzlich zu den eher elitären Akademien physikalische Gesellschaften gegründet, wie z. B. die DPG in Deutschland (gegründet 1845), SFP (1873) in Frankreich, IoP in Großbritannien (1874) und APS in den USA (1899). Diese waren gegenüber der interessierten Öffentlichkeit entgegenkommender, offener in der Mitgliedschaft und interessiert an der Verbreitung von Wissenschaft in der Gesellschaft.

Aber zurück zur *École Polytechnique*. Einer der ersten *polytechniciens* war Étienne-Louis Malus (1775–1812). Als Militär diente er der Revolution als Freiwilliger, bevor er 1794 zur gerade gegründeten Ingenieurschule[21] zugelassen wurde. Er lehrte dort und an anderen Militärschulen Mathematik. In der Garnison in Gießen lernte er seine spätere Frau Wilhelmine Louise Koch kennen. 1798–1801 nahm er an Napoléon Bonapartes *campagne* in Ägypten teil. Dort wurde er Mitglied des neu gegründeten *Institut d'Egypte* in der Sektion Mathematik, zusammen mit Fourier und Bonaparte selbst. Zurück in Frankreich verfasste er seine wichtigsten Arbeiten zur Polarisation des Lichts, also zu seinen transversalen Eigenschaften.

In einem ersten Bericht von 1807[22] berichtet Malus von Methoden zur Messung des Brechungsindex mithilfe der Totalreflexion. Wenn ein Lichtstrahl von einem dichteren in ein dünneres Medium fällt, wird er vom Lot weggebrochen. Unter einem bestimmten streifenden Winkel fällt dann der austretende Strahl mit der Grenzfläche zusammen. Der Sinus dieses Grenzwinkels ist gegeben durch das Verhältnis der zwei Brechungsindizes, natürlich mit dem größeren im Nenner. Für noch größere Einfallswinkel findet Totalreflexion statt. Man kann also den Winkel, unter dem der gebrochene Strahl verschwindet, zur Messung relativer Brechungsindizes verwenden. Fast nebenbei outet sich Malus in diesem Papier als Anhänger der Teilchentheorie, er spricht von *molécules de lumière*.

In einem zweiten Bericht [37] ein Jahr später spricht Malus von gewissen Eigenschaften reflektierten Lichts, die das einfallende Licht nicht hatte. Er sieht das völlig zurecht als eine Verallgemeinerung des Doppelbrechungseffekts am Kalkspat, der schon so oft in unserer Diskussion aufgetaucht ist, ohne dass der Mechanismus vollständig geklärt werden konnte. Bei senkrechtem Einfall

---

[21]Die *École polytechnique* hieß im ersten Jahr ihrer Existenz noch *École centrale des travaux publiques*.

[22]Ich beziehe mich auf die Kurzfassung im *Nouveau bulletin des sciences* [35], der in der dritten Person formuliert ist. Ein Abdruck im *Journal de l'École polytechnique* ist später erschienen [38].

des Lichts auf eine der planparallelen Kristalloberflächen des Kalkspats sollte der Strahl nach dem Gesetzen von Snell-Descartes nicht gebrochen werden.

Das ist bei einem doppelbrechenden Kristall für einen Teil der Lichtintensität auch der Fall, wie die Skizze Abb. 10.9 zeigt. Man nennt diesen Strahl den ordentlichen Strahl. Zusätzlich wird ein anderer Teil aber sehr wohl gebrochen, den man den außerordentlichen Strahl nennt. Dadurch kommt das Doppelbild zustande, das wir in Abb. 9.7 gezeigt haben. Zunächst beobachtet Malus, wie andere vor ihm, dass die beiden aus dem Kristall austretenden Strahlen andere Eigenschaften haben als der einfallende Sonnenstrahl. So werden sie beide nicht mehr an einem zweiten Kristall doppelt gebrochen. Vielmehr hängt der Durchlass durch den zweiten vom Winkel zwischen den Hauptachsen der beiden Kristalle ab. Dieser Effekt ist aber nicht auf doppelbrechende Substanzen beschränkt. Vielmehr vermutet Malus, dass er mit der partiellen Reflexion und partiellen Brechung an Grenzflächen zusammenhängt. So hat z. B. „das Licht, das durch die Oberfläche des Wassers unter einem Winkel von 52°45′ reflektiert wird, alle Eigenschaften eines der Strahlen, die durch die Doppelbrechung in einem Kalkspatkristall entstehen …“. Diese Eigenschaft trägt der Strahl mit sich fort und behält sie auch bei weiteren Reflexionen. Man kann das feststellen, indem man den reflektierten Strahl mit einem weiteren Kalkspat untersucht.

In einem dritten Bericht [41] nennt Malus die vorher beobachteten Phänomene nun Polarisation des Lichts, in Analogie zu den Polen eines Magneten. Die Pole liegen senkrecht zum Lichtstrahl, er demonstriert dies mit mehrfachen Spiegelungen unter dem sogenannten Brewster-Winkel. Der ist nach Sir David Brewster benannt, der das Phänomen 1815 durch systematische Messungen gesetzmäßig erfasst hat [44].

Die drei Strahlen, der einfallende, der reflektierte und der gebrochene, bilden eine Ebene, in meiner Skizze Abb. 10.10 ist das die Papierebene. Brewster fand heraus, dass der reflektierte Strahl vollständig und senkrecht

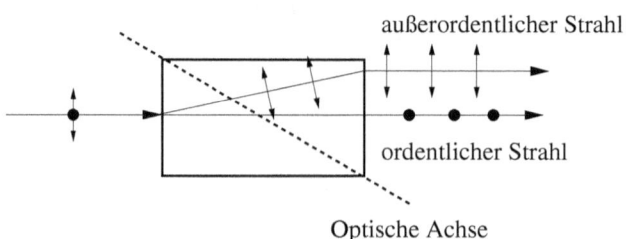

außerordentlicher Strahl

ordentlicher Strahl

Optische Achse

Abb. 10.9 Skizze des Strahlengangs und der Polarisation beim Durchgang unpolarisierten Lichts durch einen doppelbrechenden Kristall

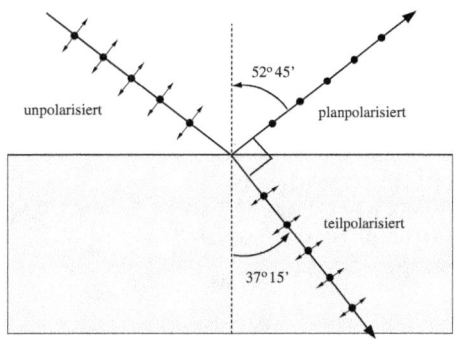

Abb. 10.10 Polarisation des reflektierten Strahls beim Einfall unter den Brewster-Winkel bei einer Grenzfläche zwischen Luft und Wasser

zu dieser Ebene polarisiert ist, wenn zwischen reflektiertem und gebrochenem Strahl ein rechter Winkel liegt. Ich habe die Winkel gewählt, die Malus für Wasser bestimmt hat. Achtung: Die Punkte symbolisieren nicht etwa Teilchen, sondern deuten an, dass der Polarisationspfeil aus der Papiereben herauszeigt. Der einfallende Sonnenstrahl ist unpolarisiert, d. h., alle Polarisationsrichtungen kommen gleich häufig vor. Ich habe nur zwei angedeutet, einen in der Ebene der Strahlen (Pfeile) und einen senkrecht dazu (Punkte). Der reflektierte Strahl ist unter dem Brewster-Winkel vollständig polarisiert, repräsentiert aber nur einen Teil der Intensität. Der Rest, also der gebrochene Strahl, ist nur teilweise polarisiert.

Von Malus stammt auch das Gesetz, das beschreibt, wie viel Intensität eines Lichtstrahls durch einen Polarisationsfilter durchgelassen wird. Abb. 10.11 zeigt, dass die volle Intensität austritt, wenn die Schwingungsebene des Lichts und die Durchlassrichtung des Filters parallel sind. Stehen sie senkrecht aufeinander, wird die gesamte Intensität absorbiert. Bei allen Winkeln dazwischen ist die durchgelassene Intensität proportional zum Kosinusquadrat des Winkels zwischen den beiden Richtungen. Man nennt diese Tatsache das Gesetz von Malus. Wir werden es brauchen, wenn wir im Kap. 19 über Verschränkung diskutieren.

Malus ist ein klarer Anhänger der Teilchentheorie und das ändert seine Entdeckung der Polarisation nicht. In seinem Bericht von 1808 [37] schreibt er – betont im Konjunktiv – über die unwandelbare Eigenschaft des polarisierten Lichts:[23]

---

[23] Cette propriété [la polarisation] se conserve aussi dans les faisceaux qui traversent les corps qui réfractent simplement la lumière. Le rayon réfléchi ou réfracté la transporte avec lui malgré les modifications qu'il éprouve, en sorte que si on osoit supposer que cette modification des molécules lumineuses dépendit de leurs formes, il faudroit, pour rendre compte du phénomènes, dire que malgré leurs réflexions et réfractions elles restent constamment parallèles à elles-mêmes et conservent entre elles les positions que leur a données l'action du dernier corps qui a exercé sur elles ce genre d'influence.

Abb. 10.11 Durchge-
lassene Intensität bei
verschiedenen Winkeln
zwischen der Richtung
eines Polarisationsfilters
und der Polarisation des
Lichts. (Bildnachweis:
Physik Libre, Kap. 17.8,
https://physikbuch.schule/
epr-paradox.html)

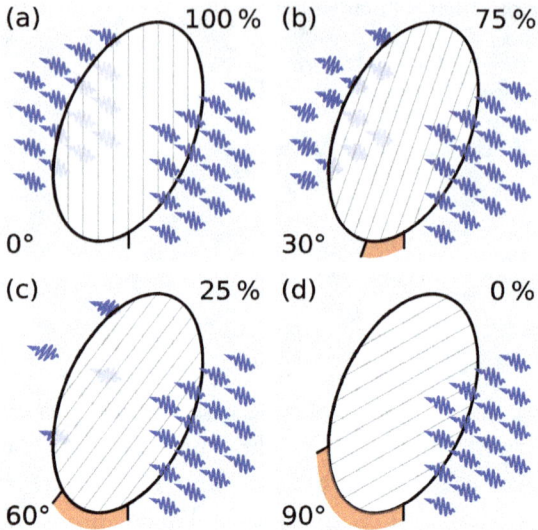

Abb. 10.11 Durchgelassene Intensität bei verschiedenen Winkeln zwischen der Richtung eines Polarisationsfilters und der Polarisation des Lichts. (Bildnachweis: Physik Libre, Kap. 17.8, https://physikbuch.schule/epr-paradox.html)

„Diese Eigenschaft [die Polarisation] erhält sich auch in Strahlen, die einfach brechende Körper durchqueren. Der reflektierte oder gebrochene Strahl trägt sie mit sich fort ungeachtet der Modifikationen, denen er unterliegt, sodass, wagte man anzunehmen, dass diese Modifikation der Lichtmoleküle von deren Form abhänge, man sagen müsste, dass sie konstant parallel zueinander blieben trotz ihrer Reflexionen und Brechungen und untereinander die Positionen beibehielten, die ihnen der letzte Körper übertragen hat, der auf sie diese Art von Einfluss hatte."

Einmal polarisiert, immer polarisiert. In Malus' Vorstellung besteht ein Lichtstrahl aus einer Mischung von Teilchen verschiedener, unwandelbarer Polarisation. Bei Reflexion und Doppelbrechung ändert sich diese Mischung, aber nicht die Polarisation der einzelnen Teilchen.

Fresnel'sche Beugung

Mit der Entdeckung der Polarisation hat die Theorie der Ätherwellen ein neues formidables Problem bekommen. Ihre „Pole", in den Skizzen angedeutet durch die kleinen Pfeilchen, stehen nach allen experimentellen Befunden senkrecht auf der Richtung der Lichtstrahlen. Eine elastische Flüssigkeit wie der Äther kann so etwas nicht leisten. Die Dichte hat keine Richtung, nur ihre Veränderung hat eine. Und die Änderung der Dichte zeigt ja in Richtung der Lichtausbreitung, schließlich ist sie die Ursache der Bewegung des Lichtstrahls.

Auch Druck ist in jede Richtung gleich, wie man an einem aufgeblasenen Ballon sieht. Man kann vielleicht noch dem Young'schen Elastizitätsmodul eine Richtungsabhängigkeit verleihen, in festen Körpern ist das ja in der Tat so, siehe Doppelbrechung à la Huygens. In Flüssigkeiten und Gasen ist das aber nicht möglich. Und selbst wenn: Das macht ja nur die Ausbreitungsgeschwindigkeit richtungsabhängig wie im Feldspat. Eine transversale Eigenschaft des Lichts erzeugt es nicht.

Diese schwerwiegenden Probleme haben aber nicht vom Denken, Messen und Rechnen abgehalten. Schon bald sollte vielmehr die Wellentheorie ihre mathematische Formulierung erhalten, die ja tatsächlich schwieriger zu erarbeiten und zu verstehen ist als die einfache Mechanik der Teilchentheorie. Dafür muss sie sich aber von der Bindung an den flüchtigen Äther ein Stück weit lösen. Und auch die Emissionstheorie muss sich, um zu überleben, von der Bindung an Teilchen emanzipieren.

Der früh verstorbene Malus war nicht der einzige Protagonist, der im frühen 19. Jahrhundert in einem kurzen Leben Erstaunliches geschaffen hat. Franz Schubert (1797–1828), Alexander Puschkin (1799–1837), Frédéric Chopin (1810–1849) und Felix Mendelssohn Bartholdy (1809–1847) sind Beispiele aus der Kulturwelt. Auch Augustin-Jean Fresnel (1788–1827) gehört dazu, *polytechnicien* wie Malus, hochbegabter theoretischer Physiker und sorgfältiger Experimentator. Wie wir sehen werden, stellte Fresnel die Wellentheorie als Erster auf ein solides mathematisches Fundament und trug entscheidend dazu bei, dass sie für fast ein Jahrhundert die Szene beherrschte.

Mit dem Wandel hin zur bürgerlichen Gesellschaft und den neuen akademischen Bildungseinrichtungen ging ein zweifacher Wandel des *air du temps* einher, wie Jed Buchwald überzeugend darstellt [430]. Einmal verliert die qualitative Herangehensweise an physikalische Phänomene an Renommee. Young, Arago und auch Malus hatten sich auf Experimente konzentriert, die Qualitäten, definierende Eigenschaften des Lichts herausarbeiten sollten. Ihre Papiere enthalten selten exakte Beschreibungen der Experimente mit den entscheidenden Parametern, keine Tabellen der Ergebnisse, nur in Ausnahmefällen eine mathematische Analyse des Gefundenen. Dagegen bildete sich in einer neueren Generation eine Experimentier- und Veröffentlichungspraxis heraus, die sich eher der heutigen annähert. Man beschrieb in der nötigen Ausführlichkeit seine Experimente, listete die numerischen Ergebnisse tabellarisch auf und versuchte zumindest, sie in mathematischen Formeln zu beschreiben. Damit näherte sich die Wissenschaft vom Licht den rigorosen Standards der Newton'schen Mechanik an, die damals als Prototyp ernsthafter Physik galt.

Abb. 10.12 Licht-
strahlen im Hamburger
Stadtpark

Der zweite Wandel betrifft die Emissionstheorie selbst. Sie hat sich in der Wahrnehmung der wissenschaftliche Gemeinschaft mehr und mehr von der Teilchenhypothese gelöst und auf den Lichtstrahl selbst konzentriert. Wie wir bei Malus gesehen haben, spricht die Emissionstheorie dem Lichtstrahl eine physische Realität zu. Lichtstrahlen sind individuelle Einheiten, die man sehen und zählen kann. Und die individuelle Eigenschaften wie Frequenz und Polarisierung haben können. Bestätigt nicht der Augenschein bei jedem Waldspaziergang diese Vorstellung, wie mein Foto Abb. 10.12 aus dem Hamburger Stadtpark zeigt?

Sie könnten nun versucht sein, die Protagonisten des 19. Jahrhunderts in fort- und rückschrittliche Kategorien einzuordnen. In dem Sinne, dass Vertreter der qualitativen Physik und der Emissionstheorie hinter dem Fortschritt zurückblieben, nämlich dem der quantitativen Physik und der Wellentheorie. Es gab aber natürlich fließende Übergänge, z. B. traditionell orientierte Anhänger der Emissionstheorie, die quantitativ arbeiteten wie Jean-Baptiste Biot (1774–1862). Und ebenso qualitativ orientierte Physiker wie Thomas Young oder Dominique François Jean Arago (1786–1853), die der Wellentheorie mit zum Durchbruch verhalfen.

Augustin Fresnel war – nach Charles-Augustin de Coulomb – einer der ersten Vertreter der neuen Art, quantitativ zu experimentieren. Als Kind war er ein Spätentwickler, erst spät lernte er lesen. Er wurde von seinem Onkel Léonor Mérimé (Vater des Schriftstellers Prosper Mérimé) wie von einem zweiten Vater aufgezogen, der seine Talente entdeckte und förderte. Mit sechzehn Jahren bestand Augustin das Zulassungsexamen für die *École polytechnique* wie später zwei seiner Brüder. Seinen Professoren fiel seine mathematische

Begabung auf, er scheint aber wenig Kontakt zu seinen Kommilitonen gehabt zu haben. 1806 trat er in die ebenfalls prestigeträchtige Ingenieurschule *École nationale des ponts et chaussées* ein, die er bis 1809 besuchte und der er während seines kurzen Lebens verbunden blieb. Seine Arbeitsmethode war eine Synthese zwischen den empirischen und den rationalistischen Extremen der Zeit. Robert H. Silliman beschreibt sie so [385]: „Sein Studium des Lichts war ein dynamisches Zusammenspiel zwischen Theorie und Beobachtung, Mathematik und Experiment". Bei seiner wissenschaftlichen Arbeit und der Verbreitung ihrer Ergebnisse wurde Fresnel von Arago tatkräftig unterstützt.

Aragos Rolle beim Siegeszug der Wellentheorie verdient eine etwas ausführlichere Diskussion. Franzose mit katalanischen Wurzeln, wurde Arago mit siebzehn Jahren zur *École polytechnique* zugelassen, fand die Ausbildung dort aber unter seinem Niveau. Auf Vermittlung von Poisson und Laplace wurde er nach dem Studium Sekretär erst an der Pariser Sternwarte, dann 1805 am *Bureau des Longitudes*, einem astronomischen Institut in etwa vergleichbar mit der US Naval Academy. Zusammen mit Jean-Baptiste Biot wurde er beauftragt, unter den abenteuerlichen Umständen des spanischen Aufstands gegen Napoleon die Vermessung des Meridian von Paris zu vollenden.[24] Er berichtet davon recht reißerisch in seinen Memoiren *Histoire de ma jeunesse* [106] (mit einem Vorwort von Alexander von Humboldt). Der normannische Astronom André Donjon hält seine Selbstdarstellung für stark ausgeschmückt [339]. Nach seiner Rückkehr 1809 wurde Arago – erst 23 Jahre alt – zum Mitglied am *Institut* gewählt und zum Professor für Geodäsie und analytische Geometrie an der *École polytechnique* berufen. Sein Interesse für Licht gründete sich auf seinen astronomischen Background.

Die Kontinentalblockade Napoleons von 1806 bis 1813 unterbrach nicht nur den Warenverkehr, sondern auch den wissenschaftlichen Austausch zwischen England und dem Kontinent. Youngs Arbeiten aus dieser Zeit erreichten den Kontinent also mit Verspätung. Während der „Herrschaft der Hundert Tage" von 1815 – zwischen Napoleons Rückkehr aus der Verbannung auf Elba und seiner endgültigen Niederlage in der Schlacht von Waterloo – waren Royalisten wie Fresnel aus Paris verbannt. Kurz vor seiner Abreise auf den Landsitz seiner Mutter im Calvados wandte er sich um Rat an Arago. Dieser sandte ihm eine Notiz, die sein Interesse auf die Beugung des Lichts lenkte. Sie enthielt eine Liste von Werken, die er studieren sollte, unter anderen die von Grimaldi, Newton und Young. Fresnel hatte allerdings im Calvados keinen

---

[24]Diese Messung diente ursprünglich der Bestimmung des Meters, das 1791 definiert worden war als ein zehnmillionster Teil des Meridians von Paris zwischen Nordpol und Äquator. 1799 wurde die Definition aber schon durch das Pariser Urmeter ersetzt.

Zugang zu wissenschaftlicher Literatur und sprach auch kein Englisch. So musste er die Grundlagen der Interferenz allein neu erfinden.

Arago, selbst ursprünglich Anhänger der Emissionstheorie und qualitativer Experimentator der alten Schule, hatte 1811 ein Teilgebiet der Polarisation entdeckt, das man chromatische Polarisation nennt. Es handelt sich um Farbeffekte von polarisiertem Licht, das aus einem doppelbrechenden Kristall austritt. Wir sind nicht überrascht, schließlich ist die Geschwindigkeit von Licht in Materie frequenz- und damit farbabhängig, zwischen ordentlichem und außerordentlichem Strahl verschieden. Durch Gangunterschiede und Interferenz kommt es dann zu Farbeffekten, wenn verschiedene Polarisationen wieder zusammengeführt werden. Kurz darauf usurpierte Biot das Gebiet, womit er sich die unversöhnliche Feindschaft Aragos einhandelte [429]. Somit hatte Arago ein sehr persönliches, wohl auch von Rachsucht gefärbtes Interesse an physikalischer Optik, war aber selbst nicht in der Lage, dazu Ergebnisse quantitativer Art zu erzielen. Da Fresnel diese Fähigkeit in hohem Maße besaß, förderte Arago ihn auf beispiellose Weise und verhalf der Wellentheorie damit entgegen seinen ursprünglichen Überzeugungen zu weitreichender Publizität. Arago verfügte nämlich über ein eigenes Publikationsorgan, die *Annales de chimie et de physique*, deren Herausgeber er zu der Zeit war, zusammen mit seinem Freund Louis Joseph Gay-Lussac (1778–1850).[25]

Entfernt von Paris hatte Fresnel auch keinen Zugang zu optischen Instrumenten und musste sie mithilfe des örtlichen Dorfschmieds und Schlossers selbst anfertigen. Auch zu starken Linsen hatte er keinen Zugang und ersetzte sie durch einen Tropfen Honig auf einem kleinen Loch in einem Kupferblech, wie er in seinem ersten Memorandum an das *Institut* berichtet [138]. Da er auch kein Mikrometer hatte, fabrizierte er selbst eines. Auf einem Rahmen von 218 mm Länge spannte er von einem gemeinsamen Punkt an der unteren Kante V-förmig zwei feine Seidenfäden auf, sodass sie am oberen Rahmen einen Abstand von 5 mm haben. Die seitliche Kante ist in Millimeter unterteilt. Fresnel misst nun den Abstand eines Beugungsstreifens von der Kante des geometrischen Schattens, indem er unter einer starken Lupe die Stelle markiert, an der der Abstand zwischen die Fäden passt. Das lässt sich auf etwa einen Millimeter genau machen. Die Umrechnung von der Vertikalen auf die Horizontale hat dann eine Genauigkeit von etwa einem vierzigstel Millimeter.

Mit diesen einfachen, aber genauen Werkzeugen untersuchte Fresnel die Beugung des Lichts an den Kanten eines Metalldrahts. Da die Position eines

---

[25]Louis Joseph Gay-Lussac ist u. a. bekannt für seine Entdeckung, zusammen mit Alexander von Humboldt, dass Wasser aus zwei Volumenteilen Wasserstoff und einem Teil Sauerstoff besteht.

Streifens von der Frequenz abhängt, wählte er zur genauen Bestimmung immer die Grenze zwischen rotem und violettem Streifen. Als Erstes misst er die Position der Streifen als Funktion des Abstandes zwischen Schirm und Draht. Er findet – wie schon Newton und Young vor ihm, ohne dass Fresnel das wusste –, dass die Streifen auf einer Hyperbel liegen, mit der Lichtquelle und der Drahtkante als Brennpunkte. Wir sind nicht überrascht: eine Hyperbel wird von Punkten gebildet, bei denen die Differenz des Abstands zu den Brennpunkten konstant ist. Diese Differenz entspricht dem Unterschied des Lichtwegs zwischen direktem und gebeugtem Strahl[26] und dieser Unterschied ist ja nach der Wellentheorie der Grund für die entweder konstruktive oder destruktive Interferenz.

Und genauso berechnet Fresnel die Position A der Streifen im beleuchteten Teil des Schirms, wie die roten Linien in der Skizze Abb. 10.13 zeigen. Die Position B der Streifen im Schatten berechnet er aus den Abständen zu den beiden Kanten, die türkis eingezeichnet sind. Wo die Differenzen einem Vielfachen der Wellenlänge entsprechen, sollte ein heller Streifen auftreten.

Man solle aber nicht glauben, schreibt Fresnel, dass sich gebeugtes Licht etwa auf Hyperbeln und nicht geradlinig ausbreite. Vielmehr lägen nur die Maxima und Minima der Interferenz auf solchen Kurven. Zur Erklärung seiner Interpretation im Rahmen der Wellentheorie fügt Fresnel eine Zeichnung der beitragenden Wellen bei, von der ich in Abb. 10.14 einen Ausschnitt reproduziere. Es sind nur drei Wellenfronten eingezeichnet: die von der Lichtquelle im oberen Teil der Zeichnung, den ich abgeschnitten habe, und die von den beiden Kanten des Hindernisses.

Allerdings zeigt sich sofort ein Problem: Das Ergebnis stimmt mit der Beobachtung nicht überein. So sollten am Rand des geometrischen Schattens

Abb. 10.13 Lichtwege gestreuten Lichts im Schatten (türkis) und außerhalb des Schattens (rot) eines Hindernisses

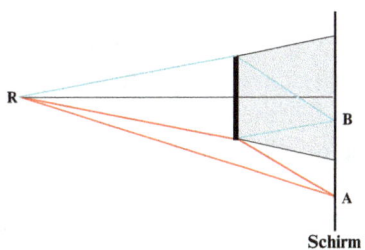

---

[26] All dies gilt in der Näherung kleiner Winkel zwischen den Strahlen, die man die Fresnel'sche Näherung nennt. Genauer gesagt müssen die Dimensionen so sein, dass die sogenannte Fresnel'sche Zahl – das Verhältnis aus dem Quadrat der Objektgröße und dem Produkt aus Distanz zum Schirm und Wellenlänge des Lichts – größer als 1 sein. Und die Kanten des Objekts müssen glatt sein.

Abb. 10.14 Ausschnitt
aus der Abbildung von
Fresnel [138] zur
Beugung an einem
Hindernis

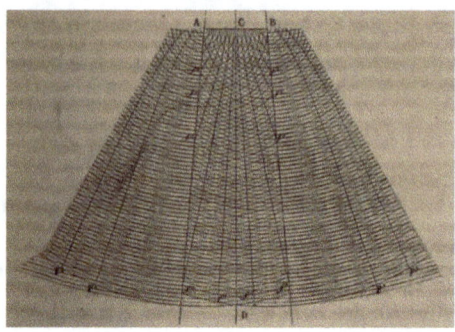

ein heller Streifen liegen, er ist aber dunkel. Die Phasenverschiebung zwischen direktem und gebeugtem Strahl ist um ungefähr eine halbe Wellenlänge daneben [133]:[27]

> „… der Rand des geometrischen Schattens, wo die Differenz zwischen den durchquerten Wegen null ist, sollte leuchtender sein als der Rest der Streifen und es ist genau der dunkelste Punkt außerhalb des geometrischen Schattens. Im Allgemeinen ist die Position der dunklen und hellen Streifen, die man aus dieser Formel ableitet, fast das genaue Gegenteil derer, die die Beobachtung zeigt."

In absoluten Zahlen sind die Unterschiede zwischen Theorie und Experiment minimal, nur aufgrund seiner minutiösen Messungen kann Fresnel sie feststellen. Irgendwie muss an der Kante der Gangunterschied um eine halbe Wellenlänge zugenommen haben. Merkwürdig.

Arago wird vom *Institut* beauftragt, das Memorandum zu beurteilen. Er ist begeistert, besonders von der Fortpflanzung der Streifen entlang von Hyperbeln, von der er fälschlicherweise meint, sie sei weder von Thomas Young noch von anderen je beobachtet worden [127]. Arago vermutet, dass hier ein schlagender Beweis gegen die Emissionstheorie vorliege, die nur von denen noch geteilt werde, die sich nicht die Mühe gemacht hätten, die Wellentheorie zu verstehen. Ein Seitenhieb gegen Biot. Er ermutigt Fresnel, seine diesbezüglichen Messungen auf kleinere Abstände zum Hindernis auszudehnen, damit der Unterschied zu geraden Linien offensichtlicher wird. Fresnel macht sich sogleich ans Werk, sobald wieder die Sonne scheint [132].

---

[27] *… le bord de l'ombre géométrique, où la différence des chemins parcourus est nulle, devrait être plus brillant que le reste de la frange, et c'est précisément le point le plus sombre en dehors de l'ombre géométrique. En général, la position des bandes obscures et brillantes déduite de cette formule est presque exactement inverse de celle que donne l'expérience.*

Er findet seine Beobachtung bestätigt. Arago veröffentlicht eine revidierte und erweiterte Version von Fresnels Memorandums in den *Annales* [131].[28]

Nachdem Fresnel mithilfe seines Bruders endlich Youngs Arbeiten zur Lichtbeugung studiert hat, schickt er diesem im Frühjahr 1816 sein Memorandum. Im Begleitbrief entschuldigt er sich dafür, Youngs Beschreibung der hyperbolischen Fortpflanzung nicht gekannt zu haben. Auch habe Young wie er selbst beobachtet, dass die Streifen im Schatten verschwinden, wenn man eine Hälfte des Lichtwegs unterbricht. Wir haben das im Abschnitt Youngs *Experiments and Calculations relative to physical Optics* dieses Kapitels schon erwähnt.

Fresnel berichtet in diesem Brief auch von seiner Version des Doppelspaltversuchs, realisiert mit zwei gegeneinander verkanteten Spiegeln. Bei dieser Version treten keine Kanten auf. Jede Interpretation mit Kräften, die nach der Emissionstheorie von den Kanten auf Lichtteilchen wirken sollen, ist damit ausgeschlossen. Diese zusammen mit Arago erzielten Resultate sind im ersten Band von Aragos *Annales de chimie et de physique* kurz erwähnt [46], von Fresnel dann später ausführlich geschildert worden [139]. Alle Zweifel sollten damit behoben sein: Die Materie übt auf Licht keine geheimnisvolle Fernwirkung aus. Sie ahnen vielleicht schon: Auch das sollte später anders aussehen.

Nachdem die Kontinentalblockade aufgehoben wurde, besuchte Arago 1816 England und traf auch Thomas Young. In der Folge schickte er Young im Juli 1816 einige Exemplare des Artikels in den *Annales*, mit einem begeisterten Begleitbrief [107]. Young teilte Fresnels und Aragos Begeisterung nur zögerlich und konnte im Bericht wenig Neues entdecken, wie er in seinem Antwortbrief wissen lässt [110]. Qualitativ stimmt das ja auch und das ist es, was Young wichtig ist.

Die Abweichung der Messergebnisse zur Beugung von der Interferenz zwischen nur zwei Lichtstrahlen lässt Fresnel dagegen keine Ruhe. Zwei Jahre später kann er endlich einen Durchbruch erzielen. Er vermutet [139], dass das Problem bei seine Annahme liegt, „dass das Zentrum der Welle des reflektierten Lichts immer am Rand des undurchsichtigen Körpers sei".[29] Vielmehr könne die Wellentheorie erklären, „ dass die gebeugten Strahlen ihren Ursprung im direkten Licht bis zu einem deutlichen Abstand zum opaken Körper finden".

---

[28]In den Gesammelten Werken wird diese Veröffentlichung als *Deuxième mémoire* [139] bezeichnet, sein Inhalt stimmt aber weitgehend mit dem an die Akademie eingereichten [138] überein. Zusätzliche Versuche sind allerdings mit monochromatischem rotem Licht durchgeführt.

[29]*... que le centre de l'ondulation de la élumière réfléchie était toujours au bord même du corps opaque ... Dans la théorie des ondulations, il me semble qu'on peut explliquer comment les rayons infléchis prennent leur source dans la lumière directe jusqu'à une distance sensible du corps opaque.*

Im Frühjahr 1817 gibt die *Académie des sciences* (die nun wieder so heißt) bekannt, dass die Beugung des Lichts das Thema des nächsten Wettbewerbs um ihren Großen Preis für Physik sein wird, der alle zwei Jahre vergeben wird. Das Einreichungsdatum wird auf den 1. August 1818 festgelegt, damit die Jury gegebenenfalls Experimente wiederholen kann. In der Ankündigung ist natürlich von Wellen keine Rede, sondern von Strahlen. Arago und Ampère fordern Fresnel auf, am Wettbewerb teilzunehmen.

Er reicht am 20. April 1818 einen versiegelten Bericht bei der Akademie ein, unter dem Titel *Note sur la théorie de la diffraction* [136]. Er enthält eine erste Skizze seiner quantitativen Wellentheorie und die Korrektur seiner Berechnung nach Zweistrahl-Interferenz von 1815, „den ich der Akademie vorlegen werde, wenn ich ihre experimentelle Verifikation abgeschlossen haben werde". Das muss wenig später der Fall gewesen sein, denn Fresnels umfangreiches Memorandum [133] trifft 29. Juli fristgerecht ein, als eine von nur zwei Einreichungen. Die andere verdient anscheinend kaum eine Erwähnung [128].

Das Motto seiner Arbeit lautet „Die Natur ist einfach und fruchtbar";[30] man kann Fresnels Überzeugung, dass die Natur mit einem Minimum an Mitteln ein Maximum an Phänomenen erzeugt, nicht kürzer zusammenfassen. In der neuen Berechnung der Beugungsstreifen berücksichtigt Fresnel nun, wie schon in der versiegelten Notiz, alle Huygens'schen Wellen von der Wellenfront, die einen Punkt auf dem Schirm erreichen können. In meiner Skizze Abb. 10.15, die sich an seiner orientiert, befindet sich die Lichtquelle am Punkt R, der Kreisbogen r deutet die Position der Wellenfront an, wenn sie die Kante erreicht. Von allen Punkten dieser Front geht nach Huygens nun eine Teilwelle aus. Ich habe ein paar von deren Strahlen in Rot angedeutet, die Lichtwege von der Quelle bis zur Front r habe ich der Übersichtlichkeit halber weggelassen. Die Gangunterschiede der Teilstrahlen sind die Strecken, die zwischen dem Kreis r und dem Kreis a um den Auftreffpunkt A liegen. Man muss nun alle Teilwellen aufsummieren, also das Integral über die Wellenfront bilden. Wie Sie sehen, ist die Geometrie nicht ganz ohne. Die Berechnung der Lage der Streifen erfordert Integrale – die sogenannten Fresnel-Integrale –, für die es keine analytische Lösung gibt. Fresnel berechnet ihre Werte mithilfe numerischer Methoden, wie sie an der *École polytechnique* gelehrt wurden. Sein Artikel enthält die berechneten Werte in tabellarischer Form. Ich habe mir bei der Berechnung von `Mathematica`™ helfen lassen.[31] Das Ergebnis zeigt die Intensitätsverteilung in Abb. 10.15.

---

[30] *Natura simplex et fecunda.*
[31] https://www.wolfram.com/mathematica/online/.

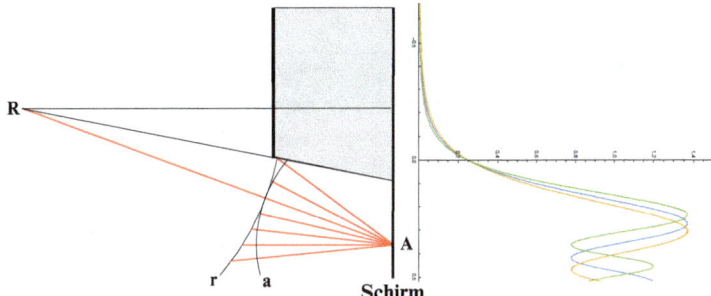

Abb. 10.15 Beugung an einer Kante nach Fresnels preisgekröntem Artikel vom Oktober 1818. Die Kurven rechts zeigen die Intensitätsverteilung für drei verschiedene Wellenlängen, berechnet mit `Mathematica`™

Youngs ursprünglicher Interferenzversuch (siehe Abb. 10.8) hatte zwei solche Kanten an der oberen und unteren Begrenzung der Karte. Von beiden wird ein kleiner Anteil der Lichtintensität in den Schatten gebeugt, und zwar für alle Farben in etwa gleich. Die beiden gebeugten Intensitäten interferieren und führen zu hellen Streifen im Schatten [578].

An einem einzelnen Spalt tritt ebenfalls Beugung auf, wenn seine Breite w nicht allzu viel größer ist als die Wellenlänge des Lichts und er kohärent beleuchtet wird. Um das zu verstehen, teilen wir den Spalt virtuell in einzelne Punkte auf. Sie senden nach Huygens' Prinzip jeweils eine neue virtuelle Teilwelle aus. Ich habe in der Grafik Abb. 10.16 nur eine angedeutet. Wir teilen nun den Spalt in der Mitte und betrachten die Lichtwege von einem Punkt der oberen Hälfte und einem symmetrischen der unteren Hälfte, bis der Schirm in großem Abstand $D \gg w$ erreicht wird. Wenn die Lichtwege gleich sind, also senkrecht zum Spalt, verstärken sich die Teilwellen. Davon kommt das große Maximum der Intensität gegenüber vom Spalt. Wenn sie einen Winkel zur Senkrechte bilden, können sie sich verstärken, wann immer der Unterschied der Lichtwege ein Vielfaches der Wellenlänge ist. Ist das nicht so, schwächen sie sich. Unterscheiden sich die Lichtwege um eine halbe Wellenlänge, löschen sie sich gegenseitig aus. Davon kommen die kleineren Nebenmaxima und -minima, die in der Skizze eingezeichnet sind.

Aus dieser Intensitätsverteilung erkennen wir endlich, wie es zu den augenscheinlichen Lichtstrahlen kommt, die wir schon so lange kennen. Sie haben nicht etwa eine eigene Identität, sondern sie sind Phänomene, die durch Begrenzung einer ausgedehnten Lichtwelle zustande kommen. Spalte erzeugen die leicht divergenten Teilwelle, die wir auf dem Foto Abb. 10.12 im

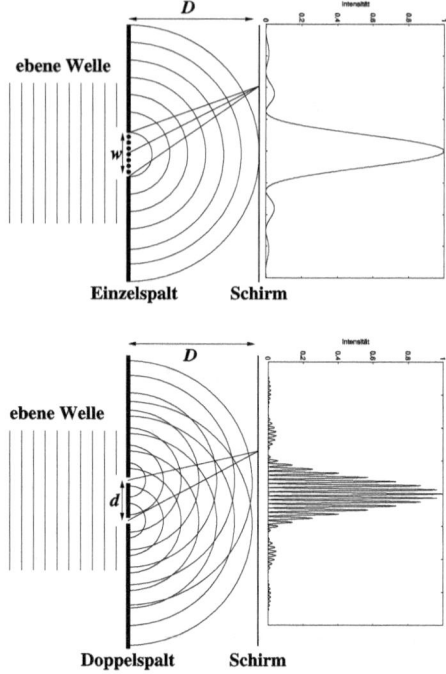

Abb. 10.16 Beugung an einem einzelnen Spalt der Breite *w*. Die rechte Grafik zeigt die Intensitätsverteilung des Lichts auf dem Schirm

Abb. 10.17 Beugung an einem Doppelspalt mit Abstand *d*. Die rechte Grafik zeigt die Intensitätsverteilung des Lichts auf dem Schirm

Dunst der Länge nach verfolgen können. Die begleitenden Nebenmaxima sind im Allgemeinen so schwach, dass man sie nur in einem verdunkelten Raum wahrnehmen kann.

Jetzt versperren wir den größten Teil des Spalts, wir verengen ihn also zu zwei Schlitzen. Die beiden Öffnungen können wir dann in etwa als kohärente Punktquellen betrachten, weil sie ja aus derselben einlaufenden Welle gespeist werden. Die Lichtwege sind die Distanzen zwischen einem Punkt auf dem Schirm und den beiden Schlitzen. Ist ihre Differenz ein Vielfaches der Wellenlänge, verstärken sie sich. Unterscheiden sie sich um ein ungerades Vielfaches einer halben Wellenlänge, löschen sie sich aus. Das führt zu einem regelmäßigen Muster von Interferenzstreifen, deren einhüllende Intensität dem Abbild des unverstellten Spalts folgt, wie Abb. 10.17 zeigt.

Noch interessanter wird das Beugungsbild, wenn man die Anzahl der Spalte vervielfacht. Die Nebenmaxima werden dann zwar zahlreicher, aber auch deutlich schwächer, wie Abb. 10.18 zeigt. Da die Abstände der Hauptmaxima proportional zur Wellenlänge des Lichts sind, lässt sich mit einem solchen Gitter die Frequenz des Lichts genau bestimmen. Joseph von Fraunhofer nutzte solche Gitterspektrometer zur Vermessung des Sonnenspektrums (siehe Abb. 13.2).

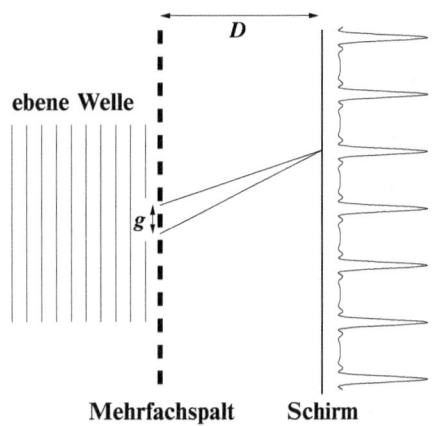

Abb. 10.18 Beugung an einem Mehrfachspalt mit Gitterkonstante g. Die rechte Grafik zeigt die Intensitätsverteilung des Lichts auf dem Schirm

Die Beurteilung von Fresnels *Mémoire* durch eine von der Akademie eingesetzte Kommission dauerte fast ein Jahr. Einer der Gutachter war Siméon Denis Poisson, heute vielleicht eher bekannt für seine Beiträge zur Statistik und zur Theorie der Potenziale; beide Themen werden uns noch beschäftigen. Ihm fiel auf, dass nach Fresnels Wellentheorie hinter einem kreisrunden Hindernis in der Mitte des Schattens ein heller Fleck liegen sollte. Dort sind aus Symmetriegründen alle Lichtwege gleich und die Interferenz ist deshalb konstruktiv. Das schien zunächst absurd und nach der Emissionstheorie würde man ja auch erwarten, dass dort Dunkelheit herrscht. Arago prüfte aber sofort experimentell nach und fand in der Tat einen hellen Fleck, den man heute je nach Geschmack Poisson-, Arago- oder Fresnel-Fleck nennt. Im Schlussbericht der Kommission, von Arago verfasst, heißt es [128]:[32]

„Einer Ihrer Kommissare, Herr Poisson, hatte aus den vom Autor berichteten Integralen das sonderbare Ergebnis abgeleitet, dass das Zentrum eines kreisförmigen Hindernisses, wenn die Strahlen hierauf wenig schiefwinklig auftreffen, ebenso hell erleuchtet sein sollte, als würde das Hindernis nicht existieren. Diese Konsequenz ist einer direkten experimentellen Überprüfung unterzogen worden und die Beobachtung hat die Rechnung perfekt bestätigt."

Die Abb. 10.19 zeigt eine numerische Simulation, aus der man nicht nur die Entwicklung des hellen Flecks, sondern auch gut die hyperbolische Form der

---

[32] *L'un de vos commissaires, M. Poisson, avait déduit des intégrales rapportées par l'auteur, le résultat singulier que le centre de l'ombre d'un écran circulaire opaque devait, lorsque les rayons y pénétraient sous des incidences peu obliques, être aussi éclairé que si l'écran n'existait pas. Cette conséquence a été soumise à l'épreuve d'une expérience directe, et l'observation a parfaitement confirmé le calcul.*

Abb. 10.19 Numerische Simulation der Lichtintensität hinter einem kreisförmigen Hindernis in der Aufsicht. Außerhalb des Schattens erkennt man die hyperbolische Form der Interferenzstreifen. Im Schatten ist der helle Fleck sichtbar, der sich durch Interferenz in der Mitte bildet. (Bildnachweis: Wikimedia Commons)

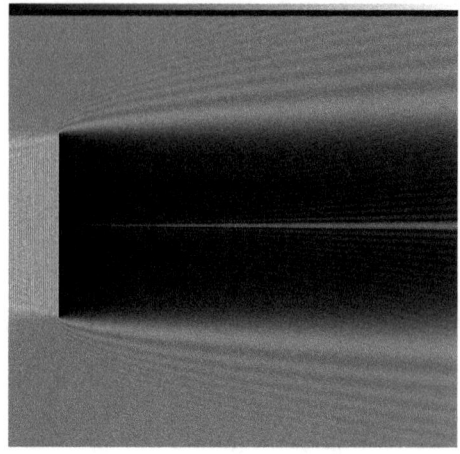

Positionen von Maxima und Minima erkennen kann. Das Ganze ist ein erstes Beispiel für eine theoretische Vorhersage, die experimentell überprüft werden kann. Das war eine der Folgen der neuen, analytischen Herangehensweise. Wenn man aus Beobachtungen mithilfe von Hypothesen eine quantitative Theorie ableitet, muss diese nicht nur mit bestehendem Wissen übereinstimmen, sondern auch bei der Erklärung neuer Experimente bestehen. Die Kommission erkannte einstimmig Augustin Fresnel den Großen Preis der Akademie zu.

Um 1820 wandten sich Fresnel und Arago wieder der Polarisation zu. Sie untersuchten die Interferenz zwischen polarisierten Lichtstrahlen. Dabei stellten sie eine entscheidende Eigenschaft fest, die Fresnel schon früher beobachtet hatte. Bringt man Lichtstrahlen zur Interferenz, die senkrecht zueinander polarisiert sind, so entstehen keine Streifen. Fresnel schreibt in einem Abschnitt unter dem Titel „Mechanische Überlegungen zur Polarisation des Lichts" [137]:[33]

„Als ich mit der Abfassung meines ersten Artikels über die Färbung kristalliner Scheiben beschäftigt war (im September 1816 [134]), stellte ich fest, dass die polarisierten Lichtwellen aufeinander wirken wie Kräfte, die senkrecht auf der Polarisationsebene der Strahlen stehen, da sie sich weder schwächen noch verstärken, wenn diese Ebenen senkrecht aufeinanderstehen …"

---

[33] *Lorsque je m'occupais de la rédaction de mon premier Mémoire sur la coloration des lames christallines (en septembre 1816) je remarquai que les ondes lumineuse polarisées agissent les unes sur les autres comme des forces perpendiculaires aux rayons que seraient dirigées dans leurs plans de polarisation, puisqu'elles ne s'affaiblissent ni se fortifient mutuellement quand ces plans sont rectangulaires …*

Bei einer Diskussion mit Ampère seien beide der Meinung gewesen, dass die einfachste Erklärung wäre, dass die Schwingungen der polarisierten Strahlen nur senkrecht zur Bewegungsrichtung stattfänden. Aber was würde dann aus den longitudinalen Schwingungen, die die Welle vorantreiben? In monatelangen Überlegungen sei er zum Schluss gekommen, dass die Schwingungsbewegungen allen Lichts – des polarisierten wie des unpolarisierten – senkrecht zum Lichtstrahl und in Polarisationsrichtung stattfinden.

Um das zu ermöglichen, musste Fresnel ein geeignetes Äthermodell entwickeln. Wir haben ja schon bemerkt, dass Temperatur, Druck und Dichte in Flüssigkeiten keine Richtung kennen. Sie werden durch eine einzige Zahl an jedem Ort charakterisiert. Ihre räumliche Änderung hat eine Richtung, die Größe selbst aber nicht. In der Mathematik nennt man solche Größen Skalare. Was Fresnels Polarisation und damit sein transversales Licht brauchen, sind Größen, die eine Richtung haben, mathematisch Vektoren. Wir haben sie grafisch schon durch kleine Pfeilchen repräsentiert, die Größe und Richtung angeben. Kraft, Geschwindigkeit und Beschleunigung sind Beispiele aus der Mechanik.

In Gasen und Flüssigkeiten lassen sich transversale Schwingungen nicht aufrechterhalten, weil eine rücktreibende Kraft fehlt.[34] In Kristallen ist das dagegen nicht so. Jedes Atom eines Kristalls wird an seinem Platz gehalten durch Kräfte, die seine Nachbarn aus der Distanz ausüben. Die Abb. 10.20 zeigt als Beispiel einen kubischen Kristall, die Kräfte sind durch Federn angedeutet. Solange die Auslenkung der einzelnen Atome viel kleiner ist als der Abstand zum Nachbarn, reagiert jedes wie ein kleiner Oszillator.

Abb. 10.20   Ein Modell eines kubischen Gitters aus Kugeln und Federn, das die Fortpflanzung transversaler Wellen erlaubt. (Bildnachweis: Alamy)

---

[34]Wasserwellen sind eine Ausnahme. Die Auslenkung der Flüssigkeit ist transversal zur Ausbreitungsrichtung, die Gravitation stellt die rückstellende Kraft bereit.

Diese Theorie des Äthers, die sich am Kristallgitter orientiert, nennt man auch Molekulartheorie. Die Fortpflanzung einer mechanischen Welle durch ein solches Medium ist von Augustin Cauchy – noch ein *polytechnicien* – in den späten 1820er-Jahren mathematisch vollständig geklärt worden [391]. Fresnel hatte aber schon begriffen, dass ein solcher mechanistischer Äther genau die Eigenschaften hat, die Wellen aus transversalen Schwingungen entstehen lassen.

1822 brachte Fresnel noch ein zusammenfassendes Werk unter dem allgemeinen Titel *De la lumière* [130] heraus. Es ist eher didaktisch angelegt, enthält keine Formeln oder Abbildungen und auch keine neuen Erkenntnisse. Es wurde von Thomas Young unter dem Titel *Elementary view of the undulatory theory of light* ins Englische übersetzt und in Fortsetzungen im populären *Quarterly Journal of Science, Literature, and Art* veröffentlicht. 1823 wurde Fresnel in die Akademie gewählt.

Um diese Zeit hat sich Fresnel wieder seiner ursprünglichen Ingenieurstätigkeit zugewandt, allerdings im Zusammenhang mit Optik. Für ein Produkt dieser Tätigkeit ist er vielleicht am besten bekannt, nämlich für seine Erfindung einer neuen Linse für Leuchttürme, der sogenannten Fresnel-Linse [135].

Es handelt sich um eine plankonvexe Linse, die in ringförmige Sektoren eingeteilt ist. Sie nutzt die Tatsache aus, dass Lichtbrechung nur an den Grenzflächen zwischen zwei Medien auftritt. Man kann das dazwischenliegende Material einer Linse stark reduzieren, wie der Schnitt Abb. 10.21 durch eine Fresnel-Linse (1) im Vergleich zu einer gewöhnlichen Linse (2) zeigt. Im Jahr 1823 hat Fresnel den Leuchtturm von Cordouan in der Mündung der Gironde bei Royan mit der ersten Fresnel-Linse ausgestattet. Seine Linsen haben im 19. Jahrhundert sukzessive die Hohlspiegel abgelöst, die in Leuchttürmen einen erheblichen Anteil der Lichtintensität absorbiert hatten.

Abb. 10.21 Schnitt durch eine Fresnel-Linse (1), verglichen mit einer entsprechenden plankonvexen Linse (2)

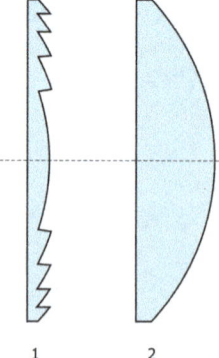

1   2

Eine Woche vor Fresnels Tod 1827 überreichte ihm sein Freund und Förderer Arago die *Rumford Medal* der *Royal Society*, die ihn zu ihrem assoziierten Mitglied gewählt hatte. 1834 verwendete das britische Multitalent William Whewell (1794–1866) meines Wissens zum ersten Mal die Bezeichnung *scientist* [70], also Wissenschaftler anstatt Naturphilosoph oder Naturforscher. In seinem Artikel führte Whewell den Begriff zurück auf eine Diskussion in der im gleichen Jahr gegründeten *British Association for the Advancement of Science*, die sich an der 1822 gegründeten Gesellschaft Deutscher Naturforscher und Ärzte orientierte. Wir sehen, die Wissenschaft demokratisierte sich langsam.

Die Wellentheorie des Lichts hat sich relativ schnell durchgesetzt, wenn man bedenkt, dass sie eine wirkliche Revolution gegen die Newton'sche Optik darstellte. Die Mathematik war überzeugend, die Physik dagegen unklar. Was genau schwingt denn da nun?

Coulomb
1736 - 1806

Dickens
1812 - 1870

Volta
1745 - 1827

Brahms
1833 - 1897

Biot
1774 - 1862

Ampère
1775 - 1836

Ayrton
1847 - 1908

Zamboni
1776 - 1846

Ørsted
1777 - 1851

Davy
1778 - 1829

Arago
1786 - 1853

Ohm
1789 - 1854

Savart
1791 - 1841

Faraday
1791 - 1867

Henry
1797 - 1878

de la Rive
1801 - 1873

Wagner
1813 - 1883

Marx
1818 - 1883

Queen Victoria
1819 - 1901

Melville
1819 - 1891

Kelvin
1824 - 1907

11

Kraftlinien

Es gibt eine Sache, um die ich Sie gerne bitten würde. Wenn ein Mathematiker, der die physikalischen Wirkungen und Resultate untersucht, zu seiner Schlussfolgerung gelangt ist, können sie dann nicht in gewöhnlicher Sprache ausgedrückt werden, so vollständig, klar und definitiv wie in mathematischer Sprache? Wenn dies der Fall ist, wäre es dann nicht ein großer Segen für solche wie mich, sie so auszudrücken?

Brief von Michael Faraday an James Clerk Maxwell von 1857 [172, S. 206]

Wir nähern uns mit Riesenschritten der zweiten Hälfte des 19. Jahrhunderts und sind mitten in der quantitativen Physik angekommen. Es tat sich sehr viel auf einmal, wir können ein chronologisches Narrativ unmöglich durchhalten und müssen uns an sachbezogene Erzählstränge halten.

Aber zunächst zum *air du temps*. In Frankreich war die Restauration der Bourbonen (1810–1830) auf die Französische Revolution gefolgt. In den deutschsprachigen Staaten hatte nach dem Wiener Kongress ebenfalls im gleichen Zeitraum unter Fürst von Metternich eine Restauration stattgefunden. Widerstand formierte sich, etwa auf dem Wartburgfest 1817 oder dem Hambacher Fest 1832. Im Frühjahr 1848 brachen dann überall im deutschen Staatenbund Volksaufstände aus. Forderungen nach sozialen Reformen aus den Arbeiterklasse und politische Forderungen nach Presse- und Versammlungsfreiheit vermischten sich. Mitte März 1848 trat in der Frankfurter Paulskirche die erste deutsche Nationalversammlung zusammen. Die

© Der/die Autor(en), exklusiv lizenziert an Springer-Verlag GmbH, DE, ein Teil von Springer Nature 2025
M. Pohl, *Licht*, https://doi.org/10.1007/978-3-662-70486-8_11

Hauptprotagonisten waren nach der Bundeszentrale für politische Bildung[1] eine „Gruppe wortgewaltiger, tiefschürfender und redseliger Männer zumeist bürgerlicher Herkunft – in der Hauptsache Staatsdiener und Freiberufler". Als ein Jahr später endlich eine liberale Reichsverfassung verabschiedet wurde, hatte die Gegenrevolution schon so gut wie gesiegt. Ein Rückfall in reaktionäre Herrschaftsformen war die Folge.

England war von diesen Entwicklungen eher unberührt, bereits 1688 hatte die *Glorious Revolution* Schritte hin zur parlamentarischen Monarchie erreicht. Soziale Reformen waren zu Beginn des 19. Jahrhunderts nach Arbeitskämpfen vom Parlament eingeleitet worden. Somit fand im britischen Reich keine Märzrevolution statt. Die Epoche unter Königin Viktoria, die von 1837 bis 1901 regierte, sah weitere politische, wirtschaftliche und soziale Reformen. Allerdings auch die *Great Famine* in Irland mit einer Million Toten und einer ebenso großen Auswanderungswelle. Das Britische Empire dehnte sich bis nach Indien aus und dominierte die Welt.

In der zweiten Hälfte des 19. Jahrhunderts kam es wegen wachsender Landflucht und zunehmender Bedeutung der Lohnarbeit infolge der Industrialisierung zu wachsenden sozialen Spannungen. Der Kapitalismus wurde wohl zuerst von Louis Blanc [93] in den 1850er-Jahren beim Namen genannt [565]. Er schrieb über „das, was ich Kapitalismus nennen werde, d. h. die Aneignung des Kapitals durch die einen, unter Ausschluss der anderen".[2] Er unterschied streng zwischen Ross und Reiter: „Ruft also: Es lebe das *Kapital.* Wir werden Beifall spenden, und wir werden umso lebhafter den *Kapitalismus* angreifen, seinen Todfeind. Es lebe das Huhn, das goldene Eier legt und verteidigen wir es gegen den, der ihm den Bauch aufschlitzt".[3] In Deutschland veröffentlichte Karl Marx (1818–1883) 1867 den ersten Band von *Das Kapital,* nach seinem Tod gab sein Kollege Friedrich Engels (1820–1895) die beiden anderen Bände heraus.[4] Der Sozialist Wilhelm Liebknecht (1826–1900) schrieb 1872 vom „Moloch des Kapitalismus". Näheres zu Kapitalismus und Arbeit im 19. Jahrhundert finden Sie in dem ausgezeichneten Artikel

---

[1] https://www.bpb.de/themen/zeit-kulturgeschichte/revolution-1848-1849/.

[2] *… ce que j'appellerai le* capitalisme, *c'est à dire l'appropriatioon du capital par les uns, à l'exclusion des autres.* Hervorhebung im Original.

[3] *Criez donc : Vive le* capital *! Nous applaudirons, et attaquerons avec autant plus de vivacité le* capitalisme, *son ennemi mortel. Vive la poule aux oeufs d'or, et défendons-la contre qui l'éventre !* Hervorhebungen im Original.

[4] Laut dem Blog von Elliott Green von der *London School of Economics* ist *Das Kapital* das am meisten zitierte Buch aus den Sozialwissenschaften, das vor 1950 veröffentlicht wurde. Dicht gefolgt von Adam Smith' *The Wealth of Nations* von 1776.

von Jürgen Kocka für *Aus Politik und Zeitgeschichte* der Bundeszentrale für politische Bildung [558].

Im englischsprachigen Raum verwendete der viktorianische Schriftsteller William Makepeace Thackeray[5] (1811–1863) zum ersten Mal in seinem Roman *The Newcomes* von 1854 den Begriff Kapitalismus, allerdings im engeren Bezug auf Investitionen am Aktienmarkt. Wie bei Thackeray setzte sich der Realismus in Themenwahl und Ausformung der Literatur allmählich durch. Auf dem Kontinent behandelten beispielsweise Gottfried Keller (1819–1890) und Henrik Ibsen (1828–1906) den Konflikt zwischen Individuum und Gesellschaft. In England waren Charles Dickens (1812–1870) und die Brontë-Schwestern Charlotte (1816–1855), Emily (1818–1848) und Anne (1820–1849) weitere Beispiele. Jenseits des Atlantiks waren es etwa Nathaniel Hawthorn (1804–1864) oder Herman Melville (1819–1891), dessen *Moby Dick* von 1851 Sie sicher genau wie ich als Jugendlicher verschlungen haben.

Das aufkommende Nationalbewusstsein führte zu einer Diversifizierung der Musikstile, mit wachsender inhaltlicher und formaler Vielfalt. Hector Berlioz (1803–1869) und Pyotr Iljich Tchaikovsky (1840–1893) mögen als Beispiele dienen. In der Welt der Oper sorgten Giuseppe Verdi (1813–1901) und George Bizet (1838–1875) für Neuerungen, Richard Wagner (1813–1883) erhob sie zum Gesamtkunstwerk. Gegen 1850 skizzierte er seine Idee für ein eigenes Festspiel, 1872 wurde der Grundstein gelegt für das seinen Monumentalwerken gewidmete Festspielhaus in Bayreuth, 1876 wurden die ersten Bayreuther Festspiele eröffnet. In der symphonischen Musik hatte sich schon Robert Schumann (1810–1856) mit dem schweren Erbe Beethovens herumgeschlagen, Johannes Brahms (1833–1897) mag als Beispiel dienen aus der zweiten Hälfte des Jahrhunderts. Früh als „ Komponist der Zukunft" gehandelt, schrieb er noch Anfang der 1870er-Jahre an den Dirigenten Hermann Levi: „Ich werde nie eine Symphonie komponieren. Du hast keinen Begriff davon, wie es unsereinem zu Mute ist, wenn er immer so einen Riesen hinter sich marschieren hört".[6] Erst 1876 wurde seine erste Symphonie uraufgeführt.

Vielleicht der wichtigste Umbruch in der Weltsicht des 19. Jahrhunderts wurde in den 1830er-Jahren durch die berühmten Expeditionen von Charles Darwin (1809–1882) auf der *Beagle* ausgelöst. Sein Buch „Der Ursprung der Arten"[7] von 1859 – die erste Ausgabe war sofort ausverkauft – setzte den Men-

---

[5] Thackeray ist wohl am bekanntesten für seinen Roman *Vanity Fair* von 1847–48, dessen Titel „Jahrmarkt der Eitelkeit" nicht nur auf Deutsch zum geflügelten Wort geworden ist.

[6] Siehe https://www.concerti.de/werke/johannes-brahms-erste-symphonie/.

[7] *On the Origin of Species by Means of Natural Seleetion, or the Preservation of Favoured Races in the Struggle for Life.*

schen ab als denjenigen, den Gott dazu berufen hatte, sich die Welt untertan zu machen. Vielmehr reihte die Evolutionsbiologie uns ein in die Natur selbst und begründete den wissenschaftlichen Naturalismus mit. In den 1860er-Jahren formulierte der Augustinermönch und Hilfslehrer Gregor Mendel die nach ihm benannten Vererbungsregeln [140]. Die Veröffentlichung in einer obskuren Publikation fand wenig Beachtung, erst Anfang des 20. Jahrhunderts wurden seine Regeln wiederentdeckt.

Und damit zurück zum Licht, das in der zweiten Hälfte des 19. Jahrhunderts als elektromagnetisches Phänomen identifiziert wurde. Aber dazu muss erst einmal der Funke überspringen von einer materiegebundenen Konzeption der elektrischen und magnetischen Phänomene hin zum Licht, das Raum und Zeit durchquert. Und man muss den Zusammenhang zwischen Elektrizität und Magnetismus erkennen. Das führt uns zurück in die erste Hälfte des 19. Jahrhunderts.

Fernwirkung

Ende des 18. Jahrhunderts wurden die Effekte von Wärme, Licht, Elektrizität und Magnetismus auf das Wirken unterschiedlicher „unwägbarer Flüssigkeiten" zurückgeführt. Zu jedem neu beobachteten Effekt wurde eine neue solche Unwägbarkeit dazuerfunden: die kalorische Flüssigkeit, die Wärme speichert und transportiert, die elektrische und die magnetische Flüssigkeit in unbelebter Materie und in Tieren und natürlich auch der lichttransportierende Äther.

Fresnel träumte dagegen von einem gemeinsamen Äther (oder *calorique*), der Wärme, Elektrizität und eben Licht transportieren sollte [129]:[8]

„Welches System man auch immer annimmt für die Produktion des Lichts und der Wärme, man kann keinen Zweifel erheben über die ständigen Schwingungen des Äthers und der Teilchen in den Körpern; die Kraft und die Natur dieser Schwingungen müssen einen großen Einfluss auf alle Phänomene haben, die Physik und Chemie umfassen, und es scheint mir, dass man diese zu sehr außer Acht gelassen hat beim Studium dieser beiden Wissenschaften."

---

[8] *Quel que soit au reste le système qu'on adopte sur la production de la lumière et de la chaleur, on ne peut pas mettre en doute les vibrations continuelles du calorique et des particules des corps ; la force et la nature de ces vibrations doivent avoir une grande influence sur tous les phénomènes qu'embrassent la physique et la chimie, et il me semble qu'on en a trop fait abstraction jusqu'à présent dans l'étude des deux sciences.*

Fresnel hatte einen reduktionistischen Ansatz, der im Motto seiner preisge-
krönten Abhandlung zusammengefasst ist. Sie erinnern sich: *Natura simplex et
fecunda*. Das macht ihn mir noch sympathischer – neben der Tatsache, dass
er *polytechnicien* war[9] –, auch ich hänge diesem Traum von der Einheit der
Physik, ja der Wissenschaft an.

Der Beitrag der Wellentheorie zu einem wahren Paradigmenwechsel in
der Physik ist von Robert H. Silliman treffend charakterisiert worden [385]:
„Indem sie Prozess an die Stelle von Substanz setzte, Bewegung an die Stelle
von Materie, Kontinuität der Wirkung an die Stelle von Fernwirkung hat
die Wellentheorie des Lichts generelle Konzepte sanktioniert, die woanders
angewendet werden konnten".[10] Dies gilt insbesondere für die Wärmelehre
und das Verständnis elektrischer und magnetischer Phänomene.

Beginnen wir mit dem Elektromagnetismus, und zwar mit einem kleinen
Rückgriff auf die Endzeit der gepuderten Perücken. Im letzten Viertel des
18. Jahrhunderts war Charles Augustin de Coulomb (1736–1806) ein Vertreter
der quantitativen Physik vor der Zeit. Er hatte in einem Artikel von 1784
eine extrem empfindliche Torsionswaage beschrieben [171]. Ein solche Waage
bestimmt die Kraft auf ihren Waagebalken nicht durch ein Gegengewicht,
sondern durch kleine Verdrehungen eines Metalldrahtes. Der Drehwinkel
aus der Ruhelage heraus ist dann proportional zur Kraft. Ein Jahr später
veröffentlicht Coulomb eine Messung der elektrostatischen Kraft zwischen
zwei Ladungen in Abhängigkeit von ihrem Abstand [174].

In der Abb. 11.1 aus seinem Memorandum zeigt Figur 1 seinen Versuchsaufbau. Der Torsionsdraht ist in einem Glasrohr auf dem Deckel eines Glaszy-
linders aufgehängt. Am unteren Ende hängt der Waagebalken (Figur 3), ein
Zeiger am oberen Ende markiert seine Ruhelage (Figur 2). Der Balken trägt
an einem Ende eine Holunderbeere, leicht und nicht leitend. Am anderen
Ende dämpft ein Papierpaddel die Schwingungen. Unter der Aufhängung
spannt ein kleines Gewicht den Draht. Nun führt man durch eine Öffnung im
Glasdeckel eine steif aufgehängte zweite Holunderbeere ein, die man vorher
statisch aufgeladen hat. Man bringt die beiden Kügelchen in Berührung, die
elektrische Ladung verteilt sich dann zu gleichen Teilen auf beide. Der Ablen-
kungswinkel kann auf einer Skala abgelesen werden, die in den Glaszylinder
eingraviert ist. So misst man die Kraft zwischen zwei Ladungen gleichen

---

[9] Sie werden sich vielleicht fragen, warum ich immer wieder auf die *École polytechnique* zurückkomme.
Ich habe zu Beginn meiner Laufbahn mit Freude und großem Gewinn mit *polytechniciens* wie Bernard
Degrange an Neutrino-Experimenten zusammengearbeitet. Ein persönlicher Bias.

[10] *Substituting process for substance, motion for matter, and continuity of action for action at a distance, the
wave theory sanctioned general conceptions that could be applied elsewhere.*

Abb. 11.1 Coulombs
Drehwaage zur Messung
der Kraft zwischen zwei
Ladungen [174]

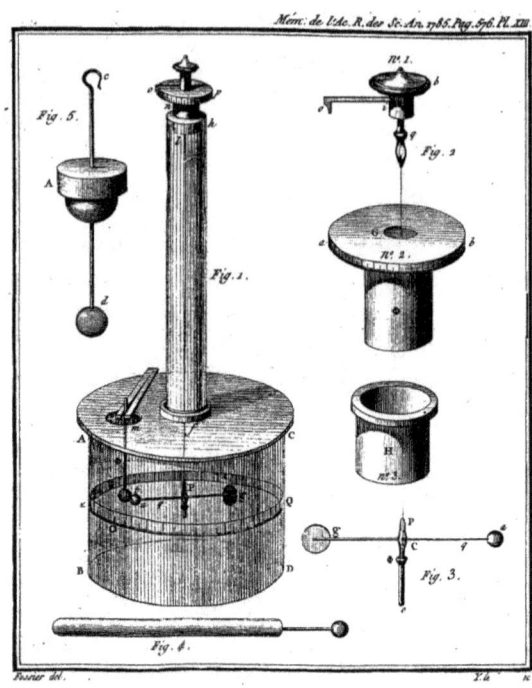

Vorzeichens als Funktion des Abstands. Ähnlich verfährt man zur Messung der Anziehung zwischen zwei Ladungen mit verschiedenem Vorzeichen. Reibt man beispielsweise einen Bernsteinstab mit einem Seidentuch oder einem Katzenfell, so trennt man negative Ladungen vom Isolator ab und überträgt sie auf das Fell. Der Isolator ist dann positiv geladen, das Fell negativ. Man kann nun diese Ladungen auf ein elektrisch isoliertes Kügelchen am Ende eines Manipulators (Figur 4) durch Kontakt übertragen und sie auf die Kügelchen der Drehwaage „löffeln".

Coulomb fand, dass die Kraft zwischen zwei Ladungen proportional ist zum Produkt der beiden Ladungen und dass sie mit dem Quadrat des Abstandes abnimmt. Sie wirkt entlang der Verbindungslinie zwischen den beiden Ladungen, es handelt sich um eine Zentralkraft. Dabei ist die Kraft zwischen Ladungen gleichen Vorzeichens abstoßend, bei verschiedenen Vorzeichen anziehend. Man nennt dieses Kraftgesetz nach seinem Entdecker das Coulomb'sche Gesetz. Damit verhält sich die elektrostatische Kraft analog zur Newton'schen Gravitationskraft, die allerdings nur anziehend wirkt. Im Fall der Gravitation ist die relevante Eigenschaft der beiden Partner ihre Masse, im elektrostatischen Fall ihre Ladung. Das Abstandsgesetz ist gleich. Es handelt sich um Wechselwirkungen, die Kraft des einen Partners auf den anderen ist gleich und umgekehrt gerichtet wie die Kraft, die der andere auf den einen ausübt. Und es sind Fernwirkungen. Beide Partner sind an ihrem jeweiligen Standort in Ruhe, am besten lange vor und lange nach der Messung der Kraft. Nur der Abstand zwischen beiden zählt, die absolute Position der Partner ist beliebig.

Nach Augustin de Coulomb ist die Einheit der elektrischen Ladung benannt. Er stellte sie sich als zwei Flüssigkeiten vor, eine für die positive, eine andere für die negative Ladung.[11] Die Einheit ist etwas überdimensioniert. Nehmen Sie zwei kleine Kügelchen, die mit jeweils einem Coulomb geladen sind und einen Meter Abstand haben. Die Kraft zwischen beiden wäre fast 10 Mrd. Newton, entsprechend dem Gewicht von 2400 Boeing-747-Flugzeugen. Ein Coulomb entspricht mehr als sechs Milliarden Milliarden Elementarladungen, also etwa Elektronen oder Wasserstoffkernen. Aber niemand wusste Ende des 18. Jahrhunderts etwas von Elektronen und Protonen. Und die Beobachtung der eher subtilen elektrischen Effekte brauchte große Ladungen.

Abschweifung: Batterien

Um etwa dieselbe Zeit – genauer gesagt 1794 – erfand der italienische Chemiker Alessandro Volta (1745–1827), der an der Universität von Pavia lehrte, die Batterie. Er wurde dabei inspiriert von Luigi Galvanis Experimenten zur „tierischen Elektrizität" [28]. Dieser hatte einen sezierten Froschmuskel mit der Berührung durch zwei verschiedene Metalle zum Zucken gebracht. Voltas Batterie bestand aus einer Abfolge von Kupfer- und Zinkplättchen, getrennt durch in Säure getauchte Stoff- oder Papierschichten. 1799 publizierte Volta seine Entdeckung in Italien, 1800 auch in einem Brief auf Französisch an ein Mitglied der *Royal Academy* [32]. Damit konnte zum ersten Mal ein elektrischer Gleichstrom erzeugt werden. Bis dahin hatte nur Reibungselektrizität zur Verfügung gestanden. Obwohl durch Reibung hohe Spannungen erzeugt werden können, wie Sie beim Ausziehen eines Wollpullovers sicher schon festgestellt haben, ist die getrennte Ladung klein und kann bei Entladung nur einen minimalen und extrem kurzen Stromstoß erzeugen.

Aus heutiger Sicht beruht die Erzeugung einer elektrischen Spannung in einer Batterie auf einer chemischen Redox-Reaktion: Zink, ein Atom mit

---

[11]Jenseits des Kanals vertrat William Watson in der gleichen Periode die Theorie, dass es nur eine solche Flüssigkeit gäbe. Benjamin Franklin war jenseits des Atlantiks der gleichen Meinung.

zwei Elektronen in der äußersten Schale, gibt diese an den Elektrolyten ab; sie verbinden sich dann mit zwei Wasserstoffionen des Elektrolyten zu gasförmigem Wasserstoff. Die Kupferanode wirkt dabei nur als inerter Leiter und kann durch andere Materialien ersetzt werden, etwa Silber, Platin oder Graphit. Eine einzelne Zelle (Kupfer–Elektrolyt–Zink) erzeugt damit auf chemischem Wege eine elektrische Spannung von etwa $0,76$ V; die Einheit dieser elektrischen Größe ist nach Volta benannt.

Die Spannung zwischen den Elektroden lässt sich vergrößern, indem man mehrere solcher Zellen übereinanderschichtet. Man erhält damit eine Volta-Säule, wie sie das Foto Abb. 11.2 aus dem *Tempio Volta* in Como zeigt. Die Erfindung einer Gleichstromquelle löste eine Flut von elektrochemischen Entdeckungen aus. Taucht man die Ableitungen der beiden Pole z. B. in Wasser, so steigen an der Anode Sauerstoffbläschen auf, an der Kathode wird Wasserstoff frei. Diese Elektrolyse des Wassers wurde unmittelbar nach Bekanntwerden von Voltas Erfindung von William Nicholson und Anthony Carlisle erstmals durchgeführt, und zwar aufgrund einer Indiskretion bei der *Royal Academy* vor (!) der Veröffentlichung von Voltas Brief [573]. Skandalös, aber folgenlos.

Die Elektrolyse des Wassers mit aus erneuerbaren Energien gewonnenem elektrischem Strom ist eine der beiden Hauptquellen für den sogenannten „grünen Wasserstoff", der einen wichtigen Energieträger der Zukunft dar-

Abb. 11.2 Volta'sche Säule aus dem *Tempio Volta* in Como. (Bildnachweis: Wikimedia Commons)

stellt.[12] Aber schon zu Beginn des 19. Jahrhunderts löste die Erfindung der Gleichstromquelle eine beispiellose Welle von Entdeckungen aus. In den Jahren 1807/1808 isolierte einer der Stars der damaligen Elektrochemie, Humphry Davy (1778–1829), nicht weniger als sieben chemische Elemente: Natrium, Kalium, Kalzium, Bor, Barium, Strontium und Magnesium. Von Davy wird noch zu reden sein, war er doch nicht nur ein genialer Chemiker, er spielte auch eine Rolle als Förderer und Arbeitgeber von Michael Faraday.

1812 entwickelte Abt Giuseppe Zamboni (1776–1846) aus Verona die Volta'sche Säule weiter, indem er die Metallelektroden zu Folien reduzierte und entdeckte, dass die dazwischenliegenden Papierschichten auch in trockenem Zustand funktionieren. So erreichten die Zamboni-Säulen Hochspannungen bis zu Tausenden von Volt. Man kann sie als Vorgänger unserer Trockenbatterien ansehen. Die erste solche – eine Zink-Kohle-Batterie – wurde von George Leclanché 1866 patentiert. Bei dieser Batterie wird eine zentrale Graphit-Kathode durch Braunstein (Mangandioxid) ummantelt. In einem mit Zink beschichteten Behälter, der die Anode bildet, ist die Kathode in einen Elektrolyten aus Ammoniumchlorid getaucht, der mit Stärke angedickt wird. So ganz „trocken" ist die Batterie also nicht. In den 1950er-Jahren wurde von der amerikanischen Firma Union Carbide die Alkali-Mangan-Batterie entwickelt, die wir heute fast ausschließlich verwenden. Dabei sind die Positionen von Anode und Kathode getauscht. Gepresstes Zinkpulver ersetzt das Graphit in einer mit Mangandioxid beschichteten Hülle. Der Elektrolyt besteht aus Kaliumhydroxid. Die dadurch erzeugte Spannung ist mit etwa $1,5\,V$ fast doppelt so hoch wie bei einer Volta- oder Leclanché-Zelle.

Es stellt sich die Frage – ganz im Sinne der Prinzipien dieses Buches mit seiner Betonung auf Werkzeuge –, wie man im 18. und 19. Jahrhundert elektrische Größen und magnetische Phänomene beobachtet und gemessen hat. Erinnern muss man sich allerdings, dass damals unter dem Oberbegriff Elektrizität Messgrößen zusammengefasst wurden, die wir heute mit den präzisen Begriffen Ladung, Spannung und Strom differenzieren. Aber wir haben ja auch Multimeter zur Verfügung, die zur Grundausstattung jedes einigermaßen ambitionierten Elektrobastlers gehören. Und die wir als Blackbox benutzen, mindestens wenn es sich um digitale Instrumente handelt.

---

[12] Siehe z. B. https://www.bmbf.de/bmbf/shareddocs/kurzmeldungen/de/wissenswertes-zu-gruenem-wasserstoff.html.

Abschweifung: Elektrometer

Vielleicht erinnern Sie sich aus Ihrem Physikkurs in der Schule an das Elektroskop. Das Exemplar in der Abb. 11.3 stammt von William Ayrton (1847–1908) aus dem Jahr 1890. Ein Paar dünner Goldfolien ist am oberen Ende lose aufgehängt an einem Messingdraht. Sie können durch die Platte am oberen Ende aufgeladen werden. Die Goldfolien spreizen sich dann auseinander durch elektrostatische Abstoßung. Der Öffnungswinkel der Folien ist in etwa proportional zur aufgebrachten Ladung, rückstellende Kraft ist die Erdanziehung.

Wenn man dahinter eine Skala anbringt, hat man ein krudes Messgerät für Ladungen. Das Gerät lässt sich aber nicht wirklich eichen, also sind nur qualitative Beobachtungen oder relative Messungen möglich. Allerdings hatte das Instrument ein langes Leben. Pierre und Marie Curie haben ein ähnliches Instrument zum Nachweis ionisierender Strahlen aus dem radioaktiven Zerfall benutzt [523]. Und auch bei der Entdeckung der kosmischen Strahlen, die man damals „Luftelektrizität" nannte, hat das Instrument eine wichtige Rolle gespielt [609].

Das Anziehungselektrometer, eine Art Ladungswaage, hat Alessandro Volta erfunden. Die Abb. 11.4 aus der Encyclopaedia Britannica von 1911 [247] zeigt eine spätere Version von William Snow-Harris (1791–1867).[13] Die beiden runden Scheiben bilden einen Plattenkondensator. Die Platte C wird aus einer Leidener Flasche so lange geladen, bis die Waage bei einem gegebenen Gewicht

Abb. 11.3 Goldfolien-elektroskop von Ayrton. (Bildnachweis: Science Museum Group)

---

[13] Snow-Harris hat auch einen Blitzableiter für Schiffe erfunden, der zuerst auf dem HMS Beagle eingesetzt wurde, Darwins Expeditionsschiff.

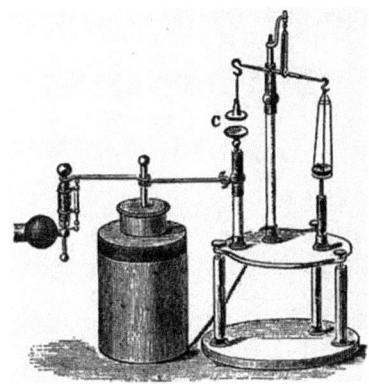

Abb. 11.4 Anziehungselektrometer von Snow Harris [247] nach Alessandro Volta, angeschlossen an eine Leidener Flasche (links). (Bildnachweis: Encyclopedia Britannica)

auf dem anderen Balken ins Gleichgewicht kommt. Das Gewicht variiert bei konstantem Abstand zwischen den Platten mit dem Quadrat der Ladung oder der Spannung.[14]

Der Ire William Thomson, Lord Kelvin (1824–1907), nach dem die Einheit der absoluten Temperatur benannt ist, hat das Elektrometer entscheidend verbessert und mehrere Varianten erfunden. Die empfindlichste ist das sogenannte Quadrantenelektrometer [191], das Abb. 11.5 zeigt. Eine propellerartige Scheibe ist an einem Torsionsdraht angebracht über vier festen Plättchen, die über Kreuz verbunden sind. Der drehbare Propeller wird von zweien der Platten angezogen, von den anderen abgestoßen. Die resultierende Drehung misst man über den Spiegel M am unteren Ende. Man beleuchtet den Spiegel entlang der gestrichelten Linie und misst in geeigneter Entfernung den Ablenkwinkel des Lichtstrahls. Thomson war weniger an quantitativer Messung von Ladung und Spannung interessiert als vielmehr an der Entdeckung kleinster Spannungen und Ströme, mit denen das neu zu verlegende transatlantische Telegrafenkabel elektrische Signale übertragen sollte.

Wirklich quantitative und absolute Messungen von Ladung, Spannung und Strom wurden erst möglich durch die Entdeckung der elektromagnetischen Induktion und das Ohm'sche Gesetz. Und darauf kommen wir jetzt.

---

[14]Die Ladung q auf der unteren Platte induziert eine Ladung $-q$ auf der oberen. Die Kraft F auf die obere Platte ist das Produkt aus der Ladung und dem elektrischen Feld E im Inneren, $F = q \cdot E$, nach unten gerichtet. Das elektrische Feld ist ungefähr homogen, proportional zur Spannung U zwischen den Platten und umgekehrt proportional zu ihrem Abstand d, $E = U/d$. Ladung und Spannung hängen über die Kapazität $C = q/U$ zusammen. Also ist die Kraft $F = U^2 \cdot C/d = q^2/(Cd)$. Die Kapazität ist eine durch die Geometrie des Kondensators bestimmte Konstante.

Abb. 11.5 Quadran-
tenelektrometer von
Ayrton nach William
Thomson [191].
(Bildnachweis: Wikimedia
Commons)

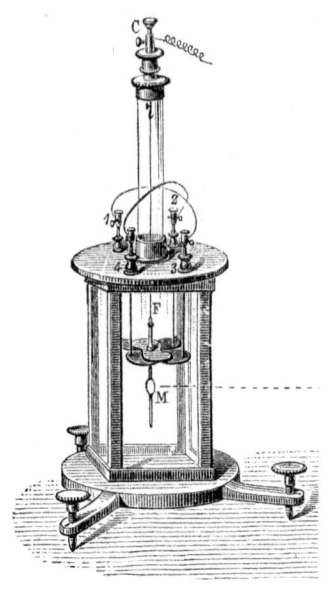

Elektromagnetismus

Im Jahr 1820 entdeckte der dänische Physiker Hans Christian Ørsted (1777–1851) durch Zufall, dass sich Kompassnadeln senkrecht zu einem stromdurchflossenen Leiter stellen [52, 53]. Elektrischer Strom hat also ein Magnetfeld zur Folge. Strom war allerdings noch kein bekanntes Konzept, Ørsted schreibt vom *conflit électrique* und meint die Spannung zwischen den Polen der Batterie. Seine Beobachtung war aber die Erste, die eine Verbindung zwischen Elektrizität und Magnetismus herstellte. Eine qualitative Beobachtung von epochaler Bedeutung. Ørstedt war übrigens einer der wenigen Wissenschaftler der Zeit, der durch die romantische Naturphilosophie von Kant und Schelling beeinflusst wurde [348], deren Rückführung der Natur auf Gegensätze von Anziehung und Abstoßung erklärt seine Terminologie.

Ørsteds Entdeckung löste hektische Aktivitäten in der ganzen europäischen Wissenschaftsgemeinde aus. Der Genfer Gaspard de la Rive – im Hauptberuf Arzt für psychische Krankheiten – war gut vernetzt, etwa mit Humphry Davy, Michael Faraday und André Ampère. Sobald er von Ørsteds Beobachtungen hörte, wiederholte er die Versuche mit seiner besonders starken Volta'schen Säule. Das Ergebnis zeigt seine Skizze Abb. 11.6.[15]

---

[15]Siehe http://www.ampere.cnrs.fr/histoire/parcours-historique/lois-courants/ampere-electrodynamique.

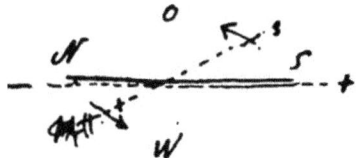

Abb. 11.6 Skizze von Gaspard de la Rive zur Wirkung eines stromdurchflossenen Leiters auf eine Magnetnadel. (Bildnachweis: CNRS)

Arago war zu der Zeit in Genf und Zeuge von de la Rives Experimenten. Zurück in Paris berichtet er begeistert davon bei einer Sitzung der *Académie*. Das Auditorium reagierte skeptisch, bis Arago das Experiment wiederholte. André-Marie Ampère (schon wieder ein *polytechnicien*) war anwesend, er stürzte sich in die Arbeit. Nur eine Woche später berichtete er der *Académie* [49, 50]. In einer kurzen Zusammenfassung schreibt er [48]:[16]

„Ich zeigte, dass der Strom, der in der Säule ist, auf die magnetisierte Nadel wirkt wie derjenige des leitenden Drahtes … Ich beschrieb die Instrumente, die ich zu konstruieren vorhatte, und unter anderem galvanische Spiralen und Spulen. Ich gab bekannt, das Letztere in jedem Fall dieselben Effekte wie die Magnete hervorrufen. Ich ging im Folgenden in einigem Detail auf die Art ein, wie ich die Magnete sehe, wie sie z. B. ihre Eigenschaften nur elektrischen Strömen in der Ebene senkrecht zu ihrer Achse verdanken und wie ich dieselben Ströme in der Erdkugel vermute; so reduzierte ich alle magnetischen Phänomene auf rein elektrische Effekte."

Ampère hatte also auf die Schnelle eine Theorie entwickelt, nach der alle Magnete – auch die schon seit der Antike bekannten Permanentmagnete und sogar das Erdmagnetfeld – von ringförmigen elektrischen Strömen herrühren. Im Falle der Ferromagneten wären dies mikroskopisch kleine Ringströme um deren „Moleküle", die wir heute Atome nennen. Bei geeigneter Ausrichtung verstärken sie sich und rufen die makroskopisch beobachtete Magnetwirkung hervor.

---

[16] *Je montrai que le courant qui est dans la pile agit sur l'aiguille aimantée comme celui du fil conjonctif. … Je décrivis les instruments que je me proposais de faire construire, et entre autres des spirales et des hélices galvaniques. J'annonçai que ces dernières produiraient, dans tous les cas, les mêmes effets que les aimants. J'entrai ensuite dans quelques détails sur la manière dont je conçois les aimants, comme devant uniquement leurs propriétés à des courants électriques dans des plans perpendiculaires à leur axe et sur les courants semblables que j'admets dans le globe terrestre; en sorte que je réduisis tous les phénomènes magnétiques à des effets purement électriques.*

Ampère unterschied zwischen der elektrischen Spannung (*tension électrique*, heute elektromotorische Kraft, elektrische Spannung oder Potenzialdifferenz, siehe Kap. 16), und dem elektrischen Strom (*courant électrique*), ein Begriff, den er einführte. Eine wichtige Klärung der elektromagnetischen Begriffe, zwischen denen Georg Simon Ohm (1789–1854) die berühmte Beziehung herausfand, die wir etwas irreführend das Ohm'sche „Gesetz" nennen. Nicht umsonst ist also die Einheit des elektrischen Stroms nach Ampère benannt, die des Widerstands nach Ohm.

Im gleichen *mémoire* beschreibt Ampère auch die Abstoßung zwischen zwei parallelen Spulen, die der Strom in gleicher Richtung durchfließt, und deren Anziehung, wenn die Stromrichtung entgegengesetzt ist. In seiner Zeichnung Abb. 11.7 [50] sieht man die Versuchsanordnung. Er musste allerdings erst eine starke Volta'sche Säule kaufen, weil der Effekt nicht sehr ausgeprägt ist. Die Spulen verhalten sich wie Stabmagnete, mit dem „Nordpol" am einen Ende, dem „Südpol" am anderen. In seinen Bemühungen, Ørsteds Beobachtungen zu quantifizieren, hat Ampère fast nebenbei das Galvanometer erfunden und ihm auch gleich diesen Namen verliehen.

Ampères Memorandum war bei Weitem nicht die einzige Arbeit, die von Ørsteds Entdeckung ausgelöst wurde. Innerhalb weniger Monate erschien etwa die Untersuchung zur Erzeugung magnetischer Wirkung durch infinitesimale Teile eines stromdurchflossenen Leiters von Biot und Félix Savart

Abb. 11.7 Ampères Versuchsaufbau [50] zur Messung der Kraft zwischen zwei parallelen stromdurchflossenen Spulen

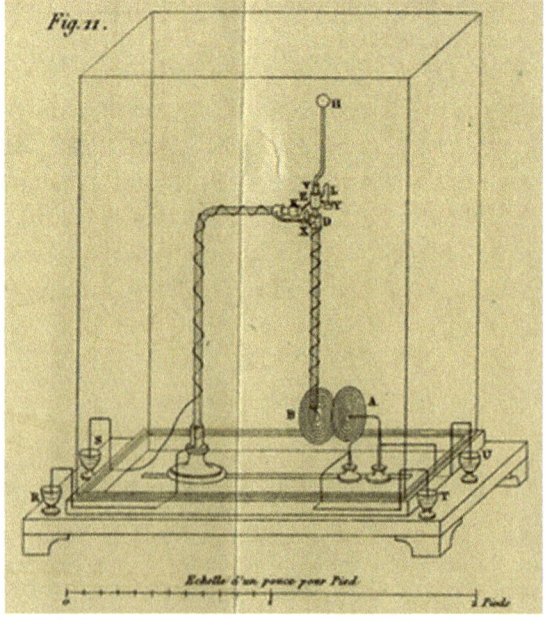

(1791–1841) [56].[17] Arago veröffentlichte seine Entwicklung des Elektromagneten [54]. Auch die weiteren Arbeiten von Ampère, den de la Rives und Colladon in Genf, auf die wir im nächsten Abschnitt eingehen werden, wurden von der Entdeckung der Verbindung zwischen Elektrizität und Magnetismus ausgelöst. Aber zunächst eine Erinnerung an die elektromagnetische Messtechnik, die ebenfalls richtig in Fahrt kam.

Abschweifung: Galvanometer

Das Galvanometer, ein Instrument zur Messung des elektrischen Stroms, ist uns wieder eine instrumentelle Abschweifung wert. Sie schließt sich ausnahmsweise nahtlos an. Wie Sie vielleicht schon bemerkt haben, ist aber in diesem Kapitel wegen der Fülle praktisch gleichzeitiger Erkenntnisse zum Elektromagnetismus die chronologische Reihenfolge schwer einzuhalten.

Analoge Galvanometer messen die Intensität des elektrischen Stroms auf dem Umweg über die Induktion. Dabei fließt der Strom durch eine Spule, ein Magnet dient zur Quantifizierung des entstehenden Magnetfeldes. Entweder der Magnet oder die Spule muss dabei drehbar gelagert sein.

Das Ampère'sche Instrument, links in Abb. 11.8, gehört zur Gruppe der Galvanometer mit beweglichem Magneten. Zwischen den Glasstäbchen GH und IK spannt man einen leitenden Draht. Eine Kompassnadel ist drehbar gelagert in der gleichen Ebene wie der Draht. Stellt man diese Ebene waagerecht, richtet sich die Nadel bei unterbrochenem Stromkreis nach Norden. Wenn der Strom fließt, wird die Nadel um einen Winkel hin zur Senkrechten abgelenkt, bis sich ein Gleichgewicht zwischen der Wirkung von Erdmagnetfeld und Magnetfeld des Leiters einstellt. Der Ablenkwinkel ist ein Maß für die Stromstärke. Ampères Galvanometer lässt sich aber auch so einstellen, dass die Ebene der Magnetnadel senkrecht liegt. Dann wirkt das Erdmagnetfeld nicht und man erhält ein sogenanntes astatisches Galvanometer. Ohne rückstellende Kraft pendelt sich die Nadel senkrecht zum Leiter ein.

Wenn man den Draht zur Spule wickelt, erhöht sich das Magnetfeld entsprechend. Ein Beispiel ist der sogenannte Multiplikator, rechts in Abb. 11.8, den Johann Salomo Christoph Schweigger (1779–1857) erfunden hat [546]. Die Magnetnadel ist an einem Torsionsdraht aufgehängt, der die rückstellende

---

[17] Das Biot-Savart-Gesetz ist, was wir heute die differenzielle Form des Ampère'schen Gesetzes nennen. Ampère selbst hat etwas später die integrale Form als Theorem formuliert [60], die Ihnen vielleicht vertrauter ist. Sie besagt, dass das Linienintegral über eine geschlossene Kurve bis auf eine Konstante gleich ist dem gesamten elektrischen Strom durch die umschlossene Fläche.

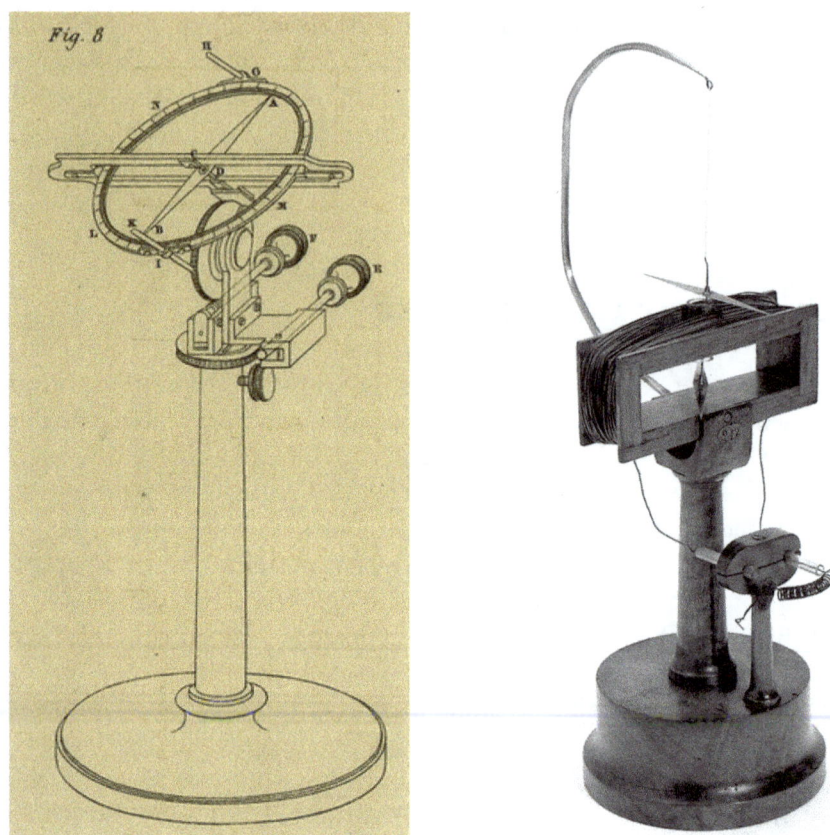

Abb. 11.8 Links: Amperes Galvanometer mit beweglichem Magneten zur Quantifizierung der Stromstärke [50]. Rechts: Schweigger'sches Multiplikator-Galvanometer mit Magnetnadel an einem Torsionsdraht [546]

Kraft liefert. Ein Spiegel am unteren Ende dient zur Messung des Ablenkwinkels mittels eines Lichtstrahls. Frühe Galvanometer waren nicht geeicht, schließlich hatte der elektrische Strom ja auch noch keine Maßeinheit. Sie wurden vielmehr benutzt, um im Labor vergleichende Messungen zwischen verschiedenen Gleichstromquellen oder verschiedenen Leitern durchzuführen. Außerhalb des Labors dienten sie als Detektoren für Strom etwa in Telegrafenleitungen.

Die Göttinger Carl Friedrich Gauß (1777–1855) und Wilhelm Eduard Weber (1804–1891) bauten 1833 einen elektromagnetischen Demonstrationstelegrafen mit einer Induktionsspule als Sender und einem Galvano-

Abb. 11.9 Morsetelegraf von Cooke und Wheatstone mit zwei Nadeln, die vermittels des elektrischen Stroms in der Leitung auf Buchstaben zeigen. (Bildnachweis: Wikimedia Commons)

meter als Empfänger.[18] Die Telegrafenleitung von mehr als einem Kilometer Länge führte oberirdisch vom damaligen „Physikalischen Kabinett" zur Göttinger Sternwarte. In den 1830er-Jahren gelang William Fothergill Cooke und Charles Wheatstone die Demonstration eines praktisch anwendbaren elektrischen Nadeltelegrafen, den Abb. 11.9 zeigt. Der Telegraf war im 19. Jahrhundert in erster Linie eine kommerzielle Einrichtung, die zur Übermittlung von Geschäftsdaten wie Börsenkursen diente oder die Ankunft von Schiffen meldeten. Das Foto zeigt ein Modell mit zwei Nadeln, die mittels Strom aus der Telegrafenleitung auf verschiedene Buchstaben zeigten. Solche Geräte waren etwa entlang von Bahnlinien im Einsatz. Schreibende Telegrafen wurden vom Yale-Absolventen und Kunstmaler Samuel Finley B. Morse (1791–1872) Ende der 1830er-Jahre erfunden, er entwickelte auch den zugehörigen Code. Morsezeichen wurden auf Papierstreifen sichtbar und durch Klopfzeichen hörbar gemacht. 1844 wurde die erste Versuchsstrecke entlang des Baltimore & Oho Railway installiert. Ab 1847 auch in Europa, so z. B. von Cuxhaven nach Hamburg und von Bremerhaven nach Bremen.

Analoge Galvanometer, also Zeigerinstrumente, wie wir sie noch bis vor ein paar Jahrzehnten benutzt haben, folgen dagegen der umgekehrten Idee. Der zu messende Strom fließt durch eine drehbar gelagerte Spule in einem äußeren Magnetfeld. Das Prinzip geht zurück auf Auguste de la Rive, Sohn von Gaspard. Er konstruierte in den 1850er-Jahren eine schwimmende Batterie mit angeschlossener Spule, wie sie die Skizze Abb. 11.10 links zeigt [179]. Zink-

---

[18]Sie finden ein Foto auf der Seite der Universität Göttingen, https://www.uni-goettingen.de/de/erster+ elektromagnetischer+telegraph+der+welt/32448.html.

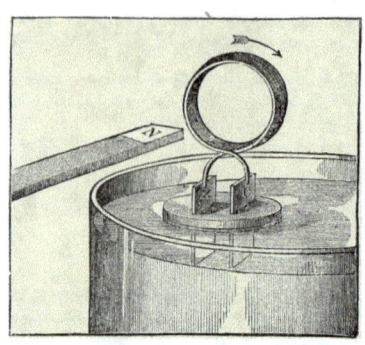 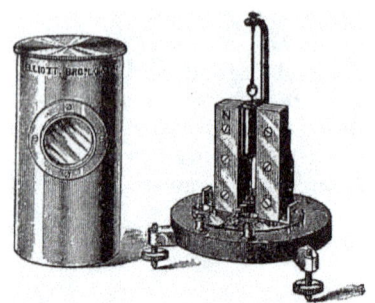

Abb. 11.10 Links: Skizze des Versuchs von de la Rive mit einer drehbaren Spule und einem Permanentmagneten [179]. (Bildnachweis: Alamy) Rechts: Galvanometer von Ayrton-Mather [186, 214] mit beweglicher Spule. Das zylindrische Gehäuse mit Sichtfenster ist entfernt. (Bildnachweis: Wikimedia Commons)

und Kupferplättchen, die in einem Elektrolyten schwimmen, bilden die Pole einer Batterie, die durch eine Spule kurzgeschlossen ist. Wenn man einen Magneten in die Nähe bringt, dreht sich die Spule, ihre Achse richtet sich auf den Stabmagneten aus.

Ein Präzisionsinstrument mit beweglicher Spule ist das Spiegel-Galvanometer von Ayrton-Mather [186, 214], rechts in Abb. 11.10. Die Spule hängt zwischen den Polen eines Permanentmagneten. Ihre Drehung an einem Torsionsdraht wird mithilfe von Spiegel und Lichtstrahl gemessen. Solche Instrumente wurden von der Firma Cambridge Scientific Instruments bis ins 20. Jahrhundert hergestellt [248, 576].

Ein Galvanometer mit beweglichem Magneten diente Georg Simon Ohm (1789–1854) zur Messung der Beziehung zwischen Spannung und Strom, die wir Ohm'sches Gesetz nennen. Zunächst hatte der Gymnasiallehrer eine chemische Batterie verwendet, um Strom durch Drähte unterschiedlicher Längen und Metalle zu leiten und die resultierende Stromstärke zu messen. Stabiler und genauer wurden die Messungen, als er auf Anregung des Verlegers Poggendorff ein Thermoelement, das Thomas Johann Seebeck (1770–1831) 1826 erfunden hatte [63], als Stromquelle benutzte.

Die Skizze Abb. 11.11 aus Ohms Veröffentlichung [61] zeigt das Thermoelement aus Wismut und Kupfer als rechteckigen Bügel *abb'a'* auf der rechten Seite. Die beiden Enden wurden jeweils in Becher mit Eis und kochendem Wasser getaucht und erzeugten so eine stabile Spannung. Das zylindrische Galvanometer wurde über die kleinen, mit Quecksilber gefüllten Becherchen *m* auf der linken Seite der Skizze mit dem zu messenden Draht kurzgeschlossen. Ohm fand, dass sich die „erregende Kraft" ergibt als das Verhältnis von

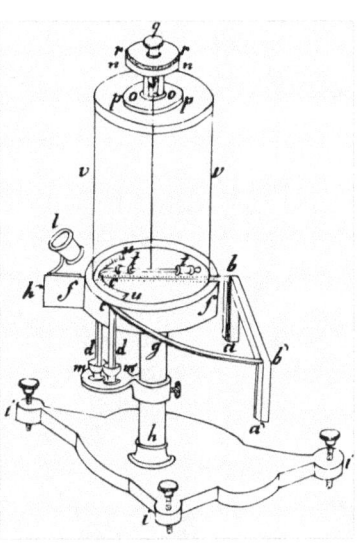

Abb. 11.11 Torsions-
waagen-Galvanometer
mit Thermoelement von
Georg Simon Ohm [61].
(Bildnachweis: Wikimedia
Commons)

Strom und einer Konstante, dem elektrischen Widerstand. Zwischen Strom und Spannung besteht also eine lineare Beziehung. Ohms Entdeckung wurde von der *Royal Society* 1841 mit der Copley-Medaille geehrt. Damit lässt sich ein Galvanometer nicht nur als Instrument zur Messung des Stroms, sondern auch als Spannungsmesser verwenden. Man schließt eine zu messende Spannung über einen (möglichst großen) bekannten Widerstand kurz und rechnet den gemessenen Strom nach Ohms Gesetz in eine Spannung um.

Das Ohm'sche „Gesetz" funktioniert für eine wichtige Klasse von Materialien, so etwa für Metalle. Es ist aber kein fundamentales Naturgesetz wie die Kraftgesetze von Newton und Coulomb. Es ist eher von praktischer Bedeutung. Materialien wie Halbleiter oder Edelgase haben einen ganz anderen, nicht linearen Zusammenhang zwischen Strom und Spannung.

Suche nach der Induktion

Die Entdeckung Ørsteds, dass ein elektrischer Strom magnetische Wirkung hat, löste praktisch sofort die Jagd nach dem umgekehrten Vorgang aus. Sollte nicht auch ein Magnet elektrischen Strom in einem Leiter auslösen oder zumindest beeinflussen können? Sydney Ross [359] hat diese intensive und zunächst weitgehend erfolglose Suche im Detail aufgedröselt. Sie wird stark behindert durch die Messtechnik: Sehr kleine Ströme sind mit den Mitteln der Zeit schwer nachzuweisen, noch schwerer, wenn sie nur kurzzeitig wirken.

Die Motivation der Beteiligten war dabei ziemlich unterschiedlich. Humphrey Davy stellte 1822 die richtigen Fragen [57]:[19]

„Ist Elektrizität eine subtile elastische Flüssigkeit? Oder zeigen elektrische Effekte vielmehr die anziehenden Kräfte zwischen den Materieteilchen an? Sind Wärme und Licht Bestandteile der Elektrizität oder bloße Effekte ihres Wirkens? Ist Magnetismus dasselbe wie Elektrizität oder eine unabhängige Wirkkraft, die von Elektrizität in Gang gesetzt wird? – Noch vielfältigere Fragen dieser Art können gestellt werden und genauer oder anders formuliert werden: Ihre Lösung, muss man jedenfalls zugeben, ist von allerhöchster Wichtigkeit; und obwohl mancher es unternommen hat, sie in positivster Weise zu beantworten, so gibt es doch wenige scharfsichtige Denker, die glauben, dass unsere vorliegenden Daten es erlauben, über solch schwer verständliche Teile der Teilchentheorie zu entscheiden."

Einigen wie Fresnel [51] ging es ums Prinzip. André-Marie Ampère suchte dagegen nach Induktion als einem experimentellen Beweis für seine Theorie von den internen elektrischen Strömen in Permanentmagneten.

Er konstruierte dazu in den frühen 1820er-Jahren einen Versuchsaufbau [173], den die Skizze Abb. 11.12 zeigt. Die äußere Spule $ABCDEF$ wird durch eine Volta'sche Säule alimentiert. Ein starker Hufeisenmagnet, der in der Skizze nicht gezeigt ist, liegt zwischen den waagerechten Stützen kp und nq. In späteren Beschreibungen des Versuchs auch so, dass ein Pol außerhalb, der andere innerhalb der Spule liegt. Die äußere Spule soll einen Strom in den drehbar aufgehängten Metallring GHI induzieren, sodass sich dieser im Magnetfeld des Hufeisenmagneten dreht. Das Resultat war unklar, der Effekt minimal.

Insbesondere machte der Aufbau wegen der geringen Rückstellkraft der Aufhängung nicht deutlich, ob es sich um eine vorübergehende Drehung beim Einschalten des Stroms handelt oder um eine permanente Torsionskraft. Bei einem Besuch in Genf wiederholten Ampère und de la Rive (*père et fils*) den Versuch mit einem stärkeren Magneten. Keiner war überzeugt, einen Effekt nachgewiesen zu haben [58, 377]. Ampère verfolgte die Sache nicht weiter.

---

[19] *Is electricity a subtile elastic fluid? or are electrical effects merely the exhibition of the attractive powers of the particles of bodies? Are heat and light elements of electricity, or merely the effects of its action? Is magnetism identical with electricity, or an independent agent, put into motion or acti-vity by electricity? – Queries of this kind might be consider-ably multiplied, and stated in more precise and various forms: the solution of them, it must be allowed, is of the highest importance; and though some persons have under-taken to answer them in the most positive manner, yet there are, I believe, few sagacious reasoners, who think that our present data are sufficient to enable us to decide on such very abstruse and difficult parts of corpuscular philosophy.*

Abb. 11.12 Ampères
Versuchsaufbau [173] zur
Suche nach statischer In-
duktion. Der zugehörige
Hufeisenmagnet ist nicht
gezeigt

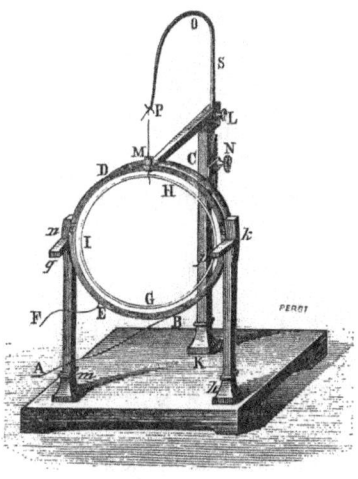

Jean-Daniel Colladon (1802–1893), Physiker, Ingenieur und Erfinder, schrammte in Genf 1825 ebenfalls an der Entdeckung der Induktion vorbei [197]. Er hat einen Stabmagneten in eine Solenoid-Spule eingeführt, die an ein Galvanometer angeschlossen war. Das stand aber in einem anderen Raum, um Nebenwirkungen des Magneten auf das Messinstrument zu verhindern. Im Nachhinein schreibt er bedauernd: „… ich kam zurück zu der Spule und näherte ihr einen der Pole eines großen Magneten, dann, ohne mich zu beeilen, kehrte ich zum Galvanometer zurück und stellte fest, dass die Nadel in exakt derselben Stellung war wie vorher".[20] Alle haben nach Induktion durch ein stationäres Magnetfeld auf einen ruhenden Leiter gesucht und nichts gefunden. Veränderung des Magnetfeldes, Bewegung des Leiters sind die Voraussetzungen, damit ein Magnet elektrischen Strom auslösen kann. Um diese Induktion (Faradays Terminus) nachzuweisen, brauchte es einen geduldigen, unermüdlichen Experimentator wir Michael Faraday (1791–1867), der sich von Misserfolgen nicht entmutigen ließ. Oder einen Glückspilz wie Joseph Henry (1797–1878), der auf der anderen Seite des Atlantiks in

---

[20] … *je revins vers la spire et je rapprochai un des pôles du gros aimant de l'hélice, puis, sans me presser, je retournai vers le galvanomètre et je constatai que son index était exactement au même point qu'auparavant.*

Albany in den frühen 1830er-Jahren einen Elektromagneten konstruierte, der stark genug war, um Induktion messbar zu machen [65]:[21]

> „Es schien mir frühzeitig, dass mehr Erfolg erwartet werden kann, wenn man in dieser Forschung Elektromagnete statt gewöhnlicher Magnete verwendet … In dieser Richtung begann ich letzten August die Konstruktion eines viel größeren Elektromagneten, als meines Wissens je versucht worden war, und ich bereitete eine Reihe von umfangreichen Versuchen mit ihm vor, um Elektrizität aus Magnetismus zu erzeugen. Ich wurde jedoch zu dieser Zeit zufällig unterbrochen in der Verfolgung dieser Versuche und konnte sie nicht wieder aufnehmen, bis vor ein paar Wochen und in viel geringerem Umfang als zuerst geplant. In der Zwischenzeit wurde angekündigt, in der 117. Ausgabe der *Library of Useful Knowledge*, dass Mr. Faraday von der *Royal Institution* das so sehr gesuchte Ergebnis ausführlich nachgewiesen hat …"

Henry hatte Colladons Fehler vermieden und einen Assistenten beauftragt, den Elektromagneten einzuschalten, während er das Galvanometer im Auge behielt. So konnte er den Ausschlag beim Ein- und Ausschaltvorgang beobachten. Aber die transatlantische Kommunikation war langsam und die Aufmerksamkeit der Europäer sicherlich nicht auf Experimente *upstate New York* gerichtet. So blieb seine unabhängige Entdeckung der Induktion weitgehend unbeachtet. Henry wurde später der erste Sekretär der *Smithsonian Institution* und Präsident der amerikanischen *National Academy of Sciences*.

Faradays Kraftlinien

Michael Faraday vertrat einen neuen Typus von Wissenschaftlern, der erst im 19. Jahrhundert entstehen konnte.[22] Als Sohn eines Schmieds war seine

---

[21]*It early occurred to me, that if galvanic magnets, on my plan, were substituted for ordinary magnets, in researches of this kind, more success might be expected … With this view, I commenced, last August, the construction of a much larger galvanic magnet than, to my knowledge, had before been attempted, and also made preparations for a series of experiments with it on a large scale, in reference to the production of electricity from magnetism. I was, however, at that time, accidentally interrupted in the prosecution of these experiments, and have not been able since to resume them, until within the last few weeks, and then on a much smaller scale than was at first intended. In the mean time, it has been announced in the 117th number of the Library of Useful Knowledge, that the result so much sought after has at length been found by Mr. Faraday of the Royal Institution …*

[22]Wenn Sie mehr wissen wollen über Faradays Leben – besonders seinen religiösen Hintergrund als Mitglied der Sandeman-Sekte, die in Opposition zur *Church of England* stand –, empfehle ich Ihnen den schmalen, aber inhaltsreichen Band *Michael Faraday: A Very Short Introduction* des Historikers Frank A.J.L. James [527].

formelle Schulbildung mit 12 Jahren beendet und sein Vater gab ihn von 1805 bis 1812 in die Lehre zu einem Buchbinder. Aber der junge Mann hatte ein brennendes Interesse an Wissenschaft im allgemeinsten Sinn. Und dieses Interesse traf auf niederschwellige Angebote, die zu Beginn des 19. Jahrhunderts in London zugänglich wurden. So die *City Philosophical Society*, 1808 gegründet und in den vermischten Meldungen des *Philosophical Magazine* wie folgt angekündigt [39]:[23]

> „Eine Gesellschaft unter obigem Namen ist vor einigen Monaten gegründet worden zu dem Zweck philosophischer Diskussionen und Experimente. Die Abendsitzungen finden jeden Mittwoch statt; und eine Vorlesung wird jeden zweiten Mittwoch reihum von einem der Mitglieder gehalten. Die Vorlesungen sind sehr gut besucht. Sie umfassen Chemie, Naturphilosophie und Experimentalphysik, Anatomie, Geschichte und andere Sparten der Wissenschaft."

Die Teilnahme an Vorlesungen war kostenpflichtig, aber sein Bruder Robert lieh Faraday den erforderlichen Shilling, um ab 1810 die Veranstaltungen zu besuchen [437]. Wichtiger noch waren die Vorlesungen bei der *Royal Institution*, die schon seit 1799 existierte. Wir haben diese Art Volkshochschule schon im Zusammenhang mit Thomas Young erwähnt. Wieder mit geschenktem Geld konnte Faraday 1812 dem letzten Vorlesungszyklus von Humphry Davy folgen, dem Chemiker mit einer ausgeprägten Rednergabe und einer Tendenz zu spektakulären Experimenten, der uns ebenfalls schon begegnet ist. Davy wurde in jenem Jahr in den Adelsstand erhoben und heiratete eine reiche Witwe, sodass er seine Vorlesungen an der *Royal Institution* aufgab.

Faraday machte sich eifrig Notizen, die er ins Reine schrieb und Davy zusandte. Dieser war beeindruckt und sorgte dafür, dass Faraday 1813 als chemischer Assistent – formell nicht viel mehr als ein Spülgehilfe für Reagenzgläser – beschäftigt wurde. Die Zusammenarbeit ging aber über Faradays Pflichten schon früh weit hinaus. Von Ende 1813 bis Anfang 1815 nahm Davy ihn mit auf eine Europareise, die ihm Napoleon trotz der Kontinentalsperre aufgrund seines Renommees ermöglicht hatte. Allerdings war er Davys *philosophical assistant*, eine Art besserer Kammerdiener, was gelegentlich zu peinlich komischen Szenen führte. So bestand Lady Davy, die sehr auf ihren sozialen Rang bedacht war, bei einem Diner darauf, dass Faraday mit dem Personal in

---

[23] *A society under the above name has for some months been established, for the purposes of philosophical discussions and experiments. The evenings of meeting are every Wednesday; and a lecture is delivered every second Wednesday by the members in rotation. The lectures are very well attended, They embrace Chemistry, Natural and Experimental Philosophy, Anatomy, History, and other branches of Science.*

der Küche essen solle. Nachdem die Damen sich zurückgezogen hatten, löste der Gastgeber die Situation souverän auf [522]:[24] „Und nun, meine lieben Herren, lassen Sie uns gehen und Herrn Faraday in der Küche aufsuchen". Der Chemiker Jean-Baptiste André Dumas, später ständiger Sekretär den *Académie*, erinnert sich an Davys Assistenten auf dieser Reise [145]:[25]

> „Sein Laborgehilfe [Faraday] hatte sich, lange bevor er seine große Berühmtheit durch seine Arbeiten errungen hatte, durch seine Bescheidenheit, seine Sanftheit und seine Intelligenz die treuesten Freunde gemacht, in Paris, in Genf und in Montpellier. … Wir bewunderten Davy, wir liebten Faraday."

Lebenslange Briefkontakte etwa mit Ampère und de la Rive waren die Folge.

Zurück in London nahm Faraday seine Tätigkeit an der *Royal Institution* wieder auf, einer Organisation, der er sein Leben lang treu blieb. Aus einer reinen Lehrinstitution war inzwischen ein veritables Forschungsinstitut mit gut ausgestattetem Labor geworden. Grund dafür waren Aufträge der Regierung und der Wirtschaft für Expertisen meist chemischer Natur. Aber die Entdeckung Ørsteds, dass ein elektrischer Strom ein Magnetfeld zur Folge hat und die Arbeiten der *polytechniciens* hatten eine Verschiebung des wissenschaftlichen Interesses zur Folge. Elektrizität und Magnetismus kletterten an die Spitze der heißen Themen.

Zudem emanzipierte sich Faraday mehr und mehr von seinem Mentor Davy, der 1820 zum Präsidenten der *Royal Society* gewählt wurde, aber Reformen hin zu mehr Wissenschaftlichkeit von Themen und Mitgliedschaft eher verzögerte als förderte. 1921 wurde Faraday aus der *City Philosophical Society* heraus aufgefordert, die Entdeckung Ørsteds zu rezensieren. Damit begannen seine Arbeiten auf dem Gebiet des Elektromagnetismus, die er in seiner minutiösen Art nach und nach veröffentlichte. Seine *Experimental Researches in Electricity*, die am Ende drei dicke Bände und fast 1500 Seiten umfassen sollten [76, 85, 108], führen uns mäandrierend durch seine Experimente und Schlussfolgerungen. Sie werden verstehen, dass wir deren vollständige Analyse den Historikern überlassen und nur einige Aspekte herausgreifen, die für die Entwicklung des Feldbegriffs und damit unser Thema wichtig sind.

Nach der ihm eigenen Methode, zunächst alle geschilderten Experimente selbst zu wiederholen, machte sich Faraday an die Arbeit. Die geltende

---

[24] *And now, my dear Sirs, let us go and join Mr. Faraday in the kitchen.*

[25] *Son aide de laboratoire [Faraday], longtemps avant d'avoir conquis sa grande célébrité par ses travaux, s'était fait par sa modestie, sa douceur et son intelligence, les amis les plus dévoués à Paris, à Genève, à Montpellier. … On admirait Davy, on aimait Faraday.*

Interpretation des Phänomens war ja eine Fernwirkung à la Newton und Coulomb, die auf einer geraden Linie zwischen Draht und Magnet agiert. Faraday war nicht überzeugt und in der Tat gelang es ihm, direkte Hinweise auf eine kreisförmige magnetische Wirkung zu finden.

Im linken Gefäß auf Abb. 11.13 schwimmt ein Stabmagnet in flüssigem Quecksilber, das ein ausgezeichneter Leiter ist. Über Zuleitungen im Glasfuß unten und in der eingetauchten Nadel oben wird ein Stromkreis geschlossen. Faraday beobachtete, dass der Stabmagnet sich dreht um die vertikale Linie, die aus den beiden Zuleitungen gebildet wird. Und damit auch um den Stromfluss. Im rechten Gefäß ist die Situation umgekehrt. Im Fuß steckt ein Stabmagnet, die obere Nadel ist dagegen beweglich aufgehängt. Wird wieder ein Stromkreis geschlossen, so dreht sich die Nadel um den Stabmagneten. Eine kreisförmige Bewegung in beiden Fällen, von einer magnetischen Wirkung auf einer direkten geraden Linie kann also keine Rede sein. Magnetische Wirkung kreist um den Leiter. Faraday hatte den Elektromotor erfunden.

Allerdings war er noch lange vor allem berühmt durch seine Leistungen als Chemiker, die neben unserem Thema liegen. 1824 wurde er Mitglied der *Royal Society*, deren Präsident zu werden, lehnte er zweimal ab. 1826 etablierte er die *Friday Evening Discourses* an der *Royal Institution* zur Popularisierung von Wissenschaft, die bis heute bestehen. Im Jahr darauf führte er die *Christmas Lectures* speziell für junge Leute ein, die heute jedes Jahr am Fernsehen übertragen werden. 1833 wurde er der erste *Fullerian Professor of Chemistry*, eine Stellung auf Lebenszeit bei seiner Heimatinstitution, der *Royal Institution*.

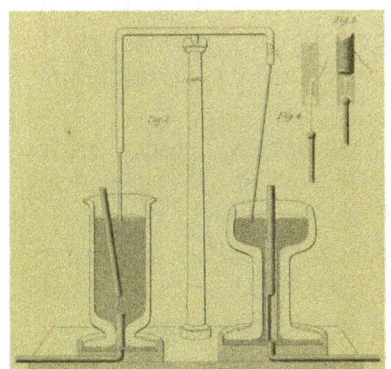

Abb. 11.13 Links: Skizze von Faradays Rotorexperiment von 1821 [85]. Rechts: Foto des Experimentaufbaus in der Ausstellung der *Royal Institution*. (Bildnachweis: Image Professionals)

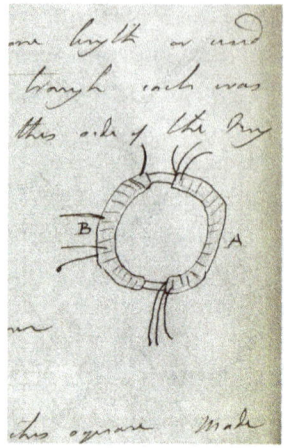

Abb. 11.14 Links: Skizze von Faradays Induktionsexperiment von 1831. Rechts: Foto des Induktionsrings in der Ausstellung der *Royal Institution*. (Bildnachweis: Image Professionals)

Während der 1820er-Jahre hatte Faraday kaum Zeit zu weiteren Forschungen zu Elektrizität und Magnetismus. Allerdings ließ ihn die Verbindung zwischen beiden nicht los. Er führte während der Dekade ein Notizbuch, indem er notierte: „Verwandle Magnetismus in Elektrizität" [527].[26] Er war also mindestens in Gedanken auf der Suche nach dem Komplement zu Ørsteds Entdeckung. Erst im Sommer 1831 hatte Faraday Gelegenheit zu weiterer experimenteller Arbeit an der Induktion, der Verwandlung von Magnetismus in Elektrizität. Die Apparatur, die er dazu verwendete, ist bei der *Royal Institution* zu besichtigen (siehe seine Skizze und das Photo von Abb. 11.14) und in seinem Notizbuch überschrieben als „Experimente zur Produktion von Elektrizität aus Magnetismus usw. usw".[27]

Sie besteht aus einem massiven Eisenring, um den zwei Spulen gewickelt sind, isoliert durch Stoff. Wenn man in der rechten Spule *A* einen Strom einschaltet, sodass sich ein Magnetfeld aufbaut, so zeigt ein Galvanometer an der Spule *B* für einen kurzen Moment einen Ausschlag. Schaltet man den Strom wieder aus, sodass das Magnetfeld zusammenbricht, so schlägt das Galvanometer in der umgekehrten Richtung aus. Die gesuchte Verbindung ist gefunden: Es ist die *Änderung* des Magnetfelds, die Elektrizität auslöst; ein statisches Feld tut das nicht. Allerdings hat Faraday selbst den Begriff des Magnetfeldes nicht oft benutzt und nicht genau definiert. Stattdessen

---

[26] *Convert magnetism into Electricity.*
[27] *Expts. On the production of Electricity from Magnetism, etc. etc.*

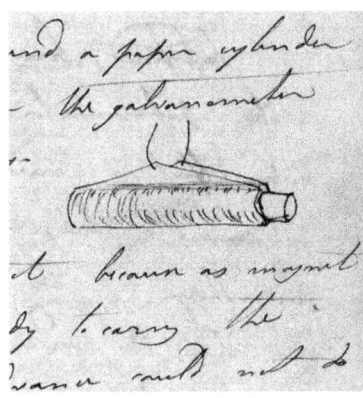

Abb. 11.15 Faradays Skizze seiner Induktionsversuche mit einem Permanentmagneten und einer Spule, die an ein Galvanometer angeschlossen ist. (Bildnachweis: Image Professionals)

verwendete er den weniger abstrakten Begriff Kraftlinien (*lines of force*). Dieser Begriff konkretisierte sich für ihn erst im Laufe der Zeit, wie wir noch sehen werden.

Einmal auf den Weg gebracht, setzte er seine Induktionsexperimente systematisch fort. Als Nächstes ersetzte er die primäre Spule des Elektromagneten durch einen Stabmagneten, wie die Skizze Abb. 11.15 aus seinem Notizbuch zeigt. Wenn man den Magneten in die Spule hineinstößt, schlägt das Galvanometer in die eine Richtung aus, zieht man ihn hinaus, in die andere Richtung. Also lässt sich das Magnetfeld auch variieren, wenn man den Magneten bewegt. Was zählt, ist, dass der Leiter Faradays Kraftlinien schneidet oder die Kraftlinien den Leiter.

Faraday veröffentlichte seine Erkenntnisse zur Induktion in der ersten Serie seiner *Experimental Researches in Electricity* [76] in den *Philosophical Transactions*. Zum ersten Mal wurde seine Arbeit dem neu eingeführten Prüfungsverfahren unterworfen, das eine Beurteilung durch Experten vorsah. Wir nennen das heute einen *peer review*, alle modernen wissenschaftlichen Veröffentlichungen sind diesem Verfahren unterworfen, zumindest diejenigen, die man ernst nehmen muss. Die Gutachter waren begeistert und fühlten sich bemüßigt, Faradays Arbeit in ihrem Bericht mit ihren eigenen Worten zusammenzufassen [439]. Aufgrund von unglücklichem Timing bei der Verbreitung des Memorandums auf dem Kontinent kam es in der Folge zu einem Prioritätsstreit, der Faraday sehr verletzt haben muss [527]. In einem Leserbrief an die *Literary Gazette* schrieb er:[28]

---

[28] *I never took more pains to be quite independent of other persons than in the present investigation; and I have never been more annoyed about any paper than the present by a variety of circumstances which have arisen seeming to imply that I had been anticipated.*

„Ich habe mich niemals so sorgfältig um Unabhängigkeit von anderen Personen bemüht wie in dieser Untersuchung; und ich bin niemals über irgendein Papier mehr geärgert worden als über das vorliegende durch eine Vielzahl von Umständen, die es so haben erscheinen lassen, als wäre man mir zuvorgekommen."

Die Vorwürfe waren insgesamt unbegründet und bald ausgeräumt. Im darauffolgenden Frühjahr hat Faraday die Orthogonalität von Bewegung, Magnetfeld und elektrischem Strom bewiesen. Wir benennen sie im deutschsprachigen Raum als Lenz'sche Regel nach dem baltischen Physiker Heinrich Friedrich Emil Lenz (1804–1865), der sie 1834 veröffentlichte [68].

Damit ist klar, wie ein elektrischer Strom aus einem Magnetfeld erzeugt werden kann. In einer Versuchsanordnung wie in Abb. 11.16 kann man entweder den Magneten oder die Leiterschleife bewegen, nur die relative Geschwindigkeit zählt. Ob es sich dabei um einen Permanent- oder Elektromagneten handelt, ist ohne Bedeutung. Oder man kann beide unbewegt lassen, muss dann aber die Stärke des Magnetfeldes zeitlich variieren. Was zählt, ist eine Variation der Anzahl magnetischer Kraftlinien innerhalb der Leiterschleife. Man nennt das den magnetischen Fluss durch deren Fläche.

Im Laufe der Zeit konkretisierte sich Faradays Idee der magnetischen Kraftlinien erheblich. Meinem Eindruck nach haben dabei drei Aspekte eine Rolle gespielt. Der erste Aspekt ist seine Überzeugung, dass elektrische und magnetische Effekte sich nicht unendlich schnell im Raum fortpflanzen, sondern dass sie dazu Zeit brauchen. Diese Hypothese findet sich in einem versiegelten Memorandum an die *Royal Society* von 1825, das erst 1937 geöffnet wurde. Der zweite Aspekt ist die Tatsache, dass alle Materialien das Magnetfeld beeinflussen, nicht nur Eisen und andere Ferromagnete, sondern alle. Diamagnetische Materialien schwächen das Magnetfeld und werden von Magneten leicht abgestoßen; paramagnetische verstärken es und werden leicht angezo-

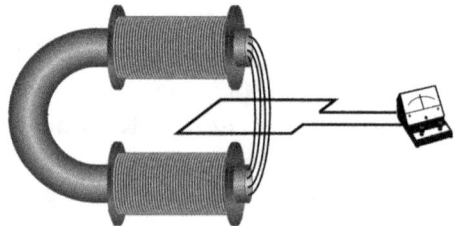

Abb. 11.16 Faradays Versuche zur Induktion. Wenn man den Magneten oder den Leiter waagerecht bewegt oder den Strom im Elektromagneten variiert, verändert sich der magnetische Fluss durch die Leiterschleife. Das Galvanometer zeigt dann einen induzierten Strom an

gen, ohne selbst zu Magneten zu werden. Abb. 11.17 zeigt Faradays Skizze zu diesen Effekten. Experimente zu einer Liste von Materialien, die magnetisch beeinflussbar sind, finden sich in derselben Arbeit vom Ende 1845 [108]. Die Liste enthält viele Chemikalien, aber auch unwahrscheinliche Materialien wie Holz, Elfenbein, Fleisch (frisch oder getrocknet), Blut, Apfel und Brot. Faraday begründet den Effekt mit einer Verformung der magnetischen Kraftlinien, wie seine Skizze zeigt. Paramagnetische Materialien konzentrieren die Kraftlinien, diamagnetische verdrängen sie.

Der dritte Aspekt ist zu unserem Thema der interessanteste. Es handelt sich um Faradays Entdeckung, dass Magnetfelder das Licht beeinflussen. Sie sehen auf der Skizze und dem Foto Abb. 11.18 ein Stück Glas nahe den Polen eines starken Elektromagneten. Man lässt einen polarisierten Lichtstrahl längs durch das Glas fallen, wie die Skizze andeutet. Lichtstrahl und Magnetfeld sind dann parallel zueinander. Faraday beobachtete und beschrieb in seinem Memorandum „Über die Magnetisierung des Lichts und die Beleuchtung

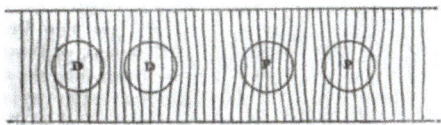

Abb. 11.17 Einfluss diamagnetischer (D) und paramagnetischer (P) Materialien auf den Verlauf der Kraftlinien eines äußeren Magnetfeldes [108, S. 325]

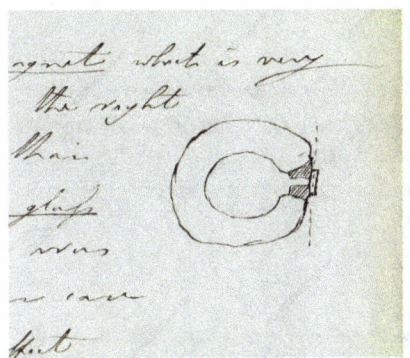 

Abb. 11.18 Links: Skizze von Faradays Experiment zur Drehung der Polarisationsebene von Licht durch ein Magnetfeld. Rechts: Foto des experimentellen Aufbaus bei der *Royal Institution*. (Bildnachweis: Image Professionals)

der magnetischen Kraftlinien"[29] [108, S. 1 ff.] von November 1845, dass das Magnetfeld die Polarisationsebene des Lichts dreht, und zwar umso mehr, je stärker das Magnetfeld ist. Ähnliche Drehungen werden durch andere durchsichtige diamagnetische Substanzen im Magnetfeld ausgelöst. Dieses Phänomen nennt man nach seinem Entdecker Faraday-Rotation. Man benutzt den Effekt etwa in der Astronomie zur Messung von Magnetfeldern im Kosmos [609].

Die Beobachtung hat Faraday zu einem seiner seltenen Ausflüge in Spekulation und Hypothese verführt. Er war im April 1846 bei einem der Freitagsvorträge bei der *Royal Institution* für einen Redner eingesprungen und hatte am Ende seines Vortrags „Gedanken zu Strahlen-Vibrationen" geäußert. In einem Brief an seinen Freund Richard Phillips [108, S. 447 ff.] legte er diese Gedanken schriftlich nieder. Er spekuliert, dass sich das Konzept der Kraftlinien vielleicht weiter anwenden ließe, als er es bisher getan hatte. So könnten Teilchen der Materie, die ja vernachlässigbar klein sein sollten verglichen mit der Reichweite ihrer Kräfte, zu bloßen punktförmigen Quellen der Kraftlinien reduziert werden. Dazu gehört dann natürlich auch, dass die Schwerkraft wie alle anderen Kräfte durch Kraftlinien repräsentiert wird. Damit ist die schwere Masse eine dynamische Eigenschaft; wie allerdings die Trägheit in dieses Konzept passt, bleibt Faradays Geheimnis. Betrachtet man nun die Materie unter diesem Aspekt, argumentiert er, kann man Strahlungsphänomene wie Wärme und Licht als Vibrationen der Kraftlinien ansehen.[30] Dasselbe gilt dann allerdings auch für den Äther. Aber ist dieser nicht sowieso sehr ähnlich zur Materie, mit Ausnahme seiner geheimnisvollen Eigenschaften von Gewichtslosigkeit und unendlicher Elastizität? Zum Gewicht der Materie schreibt er (Hervorhebung im Original):[31]

> „Lasst uns nicht verwirrt werden durch die *Wägbarkeit* und *Gravitation* schwerer Materie, als ob sie die Anwesenheit der abstrakten Kerne bewiese; diese sind nicht durch die Kerne hervorgerufen, sondern durch die Kräfte, die ihnen zugeschrieben werden, wenn denn die Kerne überhaupt existieren …"

---

[29] *On the magnetization of light and the illumination of magnetic lines of force* Wie Faraday in einer Fußnote festhält, hat er mit dem Titel nicht etwa gemeint, dass sich magnetische Feldlinien beleuchten lassen, sondern dass Licht die magnetische Wirkung augenfällig macht.

[30] *The consideration of matter under this view gradually led me to look at the lines of force as being perhaps the seat of the vibrations of radiant phenomena.*

[31] *Let us not be confused by the* ponderability *and gravitation of heavy matter, as if they proved the presence of the abstract nuclei; these are due not to the nuclei, but to the force superadded to them, if the nuclei exist at all…*

Und die unendliche Elastizität des Äthers ist genauso eine Kraft wie die Schwere der Materie. Der Unterscheid zwischen Äther und Materie liegt also nicht in den Teilchen, die sie enthalten, sondern in den Kräften, die wirken. Sie haben nur den Raum nötig, um sich fortzupflanzen, und zwar entlang der Kraftlinien.

Und diese Kraftlinien können lateral vibrieren, Strahlung ist dann eine „hohe Art von Vibrationen in den Kraftlinien". Man braucht also Materiekerne nur als Kaftzentren, den materiellen Äther gar nicht mehr. Nur Kraftlinien und deren Vibrationen, die natürlich lateral wirken, wie bei einer Saite. Das Verschwinden des materiellen Äthers behebt dann auch das Problem, dass ein homogenes Medium nicht senkrecht zur Ausbreitung einer Welle schwingen kann. Aber all das ist nur „der Schatten einer Spekulation".

Die Idee der Kraftlinien durchzieht Faradays Werke zur elektrischen und magnetischen Kraft praktisch von Anfang bis Ende. Sein Memorandum von Ende 1851, „Über magnetische Kraftlinien, ihren definitiven Charakter; und ihre Verteilung innerhalb eines Magneten und durch den Raum" [108, §3070] beginnt: „Von meinen frühesten Experimenten zur Beziehung zwischen Elektrizität und Magnetismus an … musste ich über Linien magnetischer Kraft denken und sprechen als Repräsentanten magnetischer Kraft; nicht nur was ihre Qualität und Richtung angeht, sondern auch ihre Quantität".[32] Im Weiteren definiert er die Kraftlinien auf experimenteller Basis:[33]

> „Eine Linie magnetischer Kraft kann definiert werden als diejenige, welche von einer kleinen Magnetnadel beschrieben wird, wenn sie in Richtung ihrer Länge bewegt wird, sodass die Nadel konstant eine Tangente zur Bewegung bildet; oder es ist die Linie, entlang derer ein transversaler Draht, in ihre Richtung bewegt, keinerlei Tendenz zur Entwicklung eines Stroms zeigt, während bei Bewegung in irgendeine andere Richtung eine solche Tendenz existiert … Die Richtung dieser Linien wird im Allgemeinen leicht dargestellt und verstanden durch die gewöhnliche Benutzung von Eisenfeilspänen."

---

[32] *From my earliest experiments on the relation of electricity and magnetism … I have had to think and speak of lines of magnetic force as representations of the magnetic power; not merely in the points of quality and direction, but also in quantity.*

[33] *A line of magnetic force may be defined as that line which is described by a very small magnetic needle, when it is so moved in either direction correspondent to its length, that the needle is constantly a tangent to the line of motion ; or it is that line along which, if a transverse wire be moved in either direction, there is no tendency to the formation of any current in the wire, whilst if moved in any other direction there is such a tendency … The direction of these lines about and amongst magnets and electric currents, is easily represented and understood, in a general manner, by the ordinary use of iron filings.*

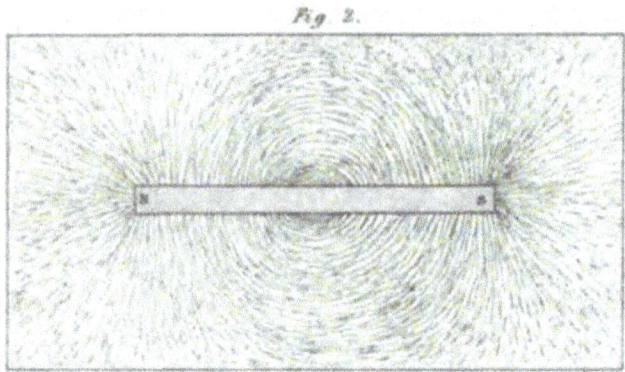

Abb. 11.19 Faradays Abbildung [108, Plate X] von magnetischen Kraftlinien um einen Stabmagneten durch Eisenfeilspäne

Die letztere Methode kennen Sie natürlich aus Ihrem Physikunterricht zum Thema Magnetismus. Man legt ein Papier z. B. auf einen Stabmagneten und streut Eisenfeilspäne auf das Papier, wie Faraday in Abb. 11.19. Da es sich um ferromagnetisches Material handelt, orientieren sich die Späne entlang des lokalen Magnetfelds. Sie bilden also genau die Linien, die Faraday meint [108].

Anfang 1852 zögert Faraday noch, den Kraftlinien eine physische Realität zuzusprechen. In einem Vortrag vor der *Royal Institution* schreibt er [108, S. 402 ff.]:[34]

Der Begriff der magnetischen Kraftlinien soll einfach die Richtung der Kraft an einem gegebenen Ort ausdrücken; und nicht irgendeine physische Idee oder Vorstellung der Art, in der die Kraft dort ausgeübt wird; als Fernwirkung oder Pulsieren oder Wellen oder Strom oder was auch immer.

Im Sommer 1852 ist er allerdings bereits anderer Meinung. Die magnetischen Kraftlinien haben sehr wohl eine physische Präsenz, sie existieren wirklich. Seiner wohl deutlichsten Veröffentlichung zu diesem Thema, betitelt „ Über den physischen Charakter der magnetischen Kraftlinien"[35] [108, §3243 ff.], stellt er eine fast entschuldigende Notiz voran: „ Das folgende Papier enthält so viel eines spekulativen und hypothetischen Charakters, dass ich es für ge-

---

[34] *The term line of magnetic force is intended to express simply the direction of the force in any given place; and not any physical idea or notion of the manner in which the force may be there exerted ; as by actions at a distance, or pulsations, or waves, or a current, or what not.*

[35] *On the Physical Character of the Lines of Magnetic Force* [101]. Wie oft bei Faraday gibt es ein Pendant, das für die *Royal Institution* bestimmt ist [108, S. 438 ff.].

eigneter hielt für die Seiten des *Philosophical Magazine* als die der *Philosophical Transactions*".[36] Aber dann geht es zur Sache:[37]

> „Ich habe mich kürzlich damit beschäftigt, die Linien magnetischer Kraft zu beschreiben und zu definieren und ich habe gezeigt, ich hoffe in befriedigender Weise, wie man diese Linien als Repräsentanten der magnetischen Kraft nehmen kann, sowohl in Verteilung als auch in Stärke … Die damals gegebene Definition hatte keinen Bezug auf die physische Natur der Kraft am Ort ihres Wirkens und kann mit gleicher Genauigkeit angewendet werden, was immer diese sei; und da dies nun sorgfältig verstanden ist, bin ich im Begriff, die strikte Linie der Beweisführung zu verlassen und in einige Spekulationen einzutreten betreffend des physischen Charakters der Kraftlinien, und die Art und Weise, wie man annehmen kann, dass sie durch den Raum fortgesetzt werden."

Wenig später fühlt er sich bemüßigt, die Rolle der Spekulationen in der Wissenschaft zu verteidigen – Sie erinnern sich an Newtons Abneigung, *hypotheses non fingo*: „Man muss nicht für einen Moment glauben, dass Spekulationen dieser Art in der Naturphilosophie nutzlos sind oder notwendigerweise schädlich. Sie sollten immer als zweifelhaft angesehen werden, anfällig für Fehler und Veränderung; aber sie sind wunderbare Hilfen in der Hand des Experimentalisten und Mathematikers".[38] Ich stimme dem aus ganzem Herzen zu.

Zunächst stellt er klar, dass der Begriff der Kraftlinien sowohl für elektrische wie für magnetische Phänomene anwendbar ist. Allerdings führen elektrische Kraftlinien von einem geladenen Objekt zu einem anderen. Sie können offen und geschlossen sein. Magnetische Kraftlinien sind für eine einzelne Quelle nachweisbar und verlaufen stets in geschlossenen Kurven, wie das Bild der Eisenfeilspäne zeigt. Zum Nachweis ihrer realen Existenz führt Faraday zwei Argumentationslinien ins Feld. Die Erste ist, dass Fernwirkung zwischen Magneten zwar das Feldlinienbild erklären kann, das mit Eisenfeilspänen oder

---

[36] *Note: The following paper contains so much of a speculative and hypothetical nature, that I have thought it more fitted for the pages of the Philosophical Magazine than those of the Philosophical Transactions.*

[37] *I have recently been engaged in describing and defining the lines of magnetic force …; and I have shown, I hope satisfactorily, how these lines may be taken as exact representants of the magnetic power, both as to disposition and amount … The definition then given had no reference to the physical nature of the force at the place of action, and will apply with equal accuracy whatever that may be; and this being very thoroughly understood, I am now about to leave the strict line of reasoning for a time, and enter upon a few speculations respecting the physical character of the lines of force, and the manner in which they may be supposed to be continued through space.*

[38] *It is not to be supposed for a moment that speculations of this kind are useless, or necessarily hurtful, in natural philosophy. They should ever be held as doubtful, and liable to error and to change ; but they are wonderful aids in the hands of the experimentalist and mathematician.*

Magnetnadeln nachgezeichnet werden kann. Nicht aber die Induktion in einen Draht, der die Feldlinien schneidet; es gibt ja dabei nur einen Magneten. Das zweite Argument ist die gekrümmte Form der magnetischen Feldlinien. Sie führen eben nicht in gerader Linie von der Quelle zur Wirkung, wie Gravitation und Elektrizität es nach damals gängiger Meinung tun. Dass mindestens die elektrische Wirkung zu ihrem Eintreten Zeit braucht – für die magnetische hält Faraday es noch nicht für bewiesen –, ist in seinen Augen ein drittes, weniger starkes Argument. Als Fazit des ersten Teils seines Papiers findet er, dass zwar die experimentelle Evidenz für die Kraftlinien noch nicht für alle Kräfte die Fernwirkung widerlegen kann, dass aber genug Hinweise vorliegen, um diese Möglichkeit ernst zu nehmen.

Im Rest des Papiers untersucht Faraday im Detail die Folgerungen aus einem solchen Ansatz. Zunächst betont er, dass zur physischen Existenz der Kraftlinien keine Äthermaterie vonnöten ist: „Wenn sie [die Feldlinien] existieren, ist es nicht durch eine Aneinanderreihung von Teilchen … , sondern durch einen Zustand des Raumes, frei von solchen Materieteilchen".[39] Im Unterschied zu elektrischen Ladungen können Nord- und Südpol eines Magneten nicht voneinander getrennt werden. Schneidet man einen Stabmagneten in zwei Teile, so hat jeder dieser Teile wieder einen Nord- und einen Südpol. Das bedeutet, dass sich die magnetischen Feldlinien auch im Inneren des Permanentmagneten kontinuierlich fortsetzen, so wie sie es im Inneren einer Spule tun.

Elektrische Kraftlinien einer isolierten Ladung stellen sich also dar wie auf der linken Skizze Abb. 11.20. Sie gehen von einer Ladung oder der Oberfläche eines geladenen Körpers strahlenförmig in alle Richtungen aus. Magnetische Kraftlinien eines elektrischen Stroms umkreisen diesen dagegen in einer Ebene

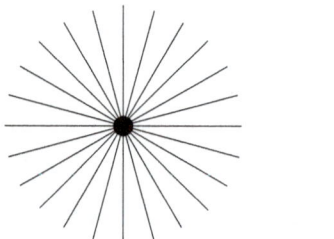 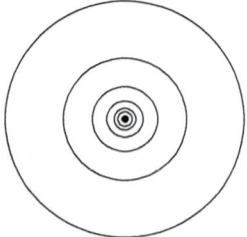

Abb. 11.20 Links: Elektrische Kraftlinien eines geladenen Körpers. Rechts: Magnetische Kraftlinien eines stromdurchflossenen Leiters

---

[39] *If they exist, it is not by a succession of particles … but by a condition of space free from such material particles.*

senkrecht zum Strom bzw. zum stromführenden Leiter wie in der rechten Skizze. Bedenken Sie die Abstraktionsleistung, die hinter diesem Bild steht. Zunächst einmal werden die Kraftlinien ja bestimmt durch ihre Wirkung auf eine andere Ladung oder einen anderen Magneten. Dann aber denkt man sich diese Probekörper weg! Und lässt die Kraftlinien im leeren Raum weiterexistieren. Aus der Fernwirkung zwischen zwei Objekten wird die lokale Wirkung zwischen einem virtuellen Probekörper und einem lokalen Zustand des Raums – eben den Kraftlinien an einem bestimmten Ort. Die Richtung der Kraft zeigen die Tangenten an die Kraftlinien an. Ihre Stärke ist gegeben durch ihre Flächendichte, je dichter die Kraftlinien beieinanderliegen, umso größer wäre die Kraft, wenn tatsächlich ein Probekörper da wäre. Niemanden wird erstaunen, dass die Entwicklung und Konkretisierung einer solchen Idee ein ganzes Leben lang dauern kann.

In seinem letzten Lebensjahrzehnt litt Faraday unter Gedächtnisverlust und nervösen Schwächezuständen, die ihm wissenschaftliche Arbeit und Lehrtätigkeit weitgehend unmöglich machten. 1858 zog er sich in ein Haus in Hampton Court zurück, das ihm zehn Jahre vorher von der Königin in Anerkennung seiner Dienste zur Verfügung gestellt worden war. Am 25. August 1867 starb er dort mit 75 Jahren. Seine Erhebung in den Ritterstand hatte er stets aus religiösen Gründen ebenso zurückgewiesen wie eine Bestattung in Westminster Abbey. Nahe an Newtons Grab gibt es dort aber eine Gedenktafel. Faraday ist im nicht anglikanischen Bereich des Friedhofs Highgate bestattet.

Es mag uns heute erstaunlich erscheinen, dass Faraday all diese epochalen Erkenntnisse ohne mathematische Unterstützung erarbeiten konnte. In der Tat findet sich in Faradays *Experimental Researches in Electricity* keine einzige Formel. Viele Historiker führen dies darauf zurück, dass Faraday während seiner unzureichenden Schulbildung kaum mehr als Grundkenntnisse in Arithmetik und Geometrie erwerben konnte. Ich glaube das nicht. Klarerweise hatte Faraday die intellektuellen Voraussetzungen, sich die mathematischen Werkzeuge seiner Zeit anzueignen, inklusive Differenzial- und Integralrechnung. Es scheint ihn nicht interessiert zu haben, sein Zugang zu Physik und Chemie war ein rein experimenteller. Der Erfolg gibt ihm Recht.

Allerdings fehlt zu seiner Zeit im Gebäude des Elektromagnetismus ein wichtiger Baustein, eine Ergänzung zur Ampère'schen Induktion. Ihr Fehlen zeigt sich zuerst in einer mathematischen Inkonsistenz, der experimentelle Nachweis ist schwierig. Und damit kommen wir zur mathematischen Formulierung der Gesetze der Elektrodynamik, also der Lehre von Entstehung und Wirkung der elektrischen und magnetischen Kräfte. Wir kommen zur klassischen Theorie des Elektromagnetismus von James Clerk Maxwell.

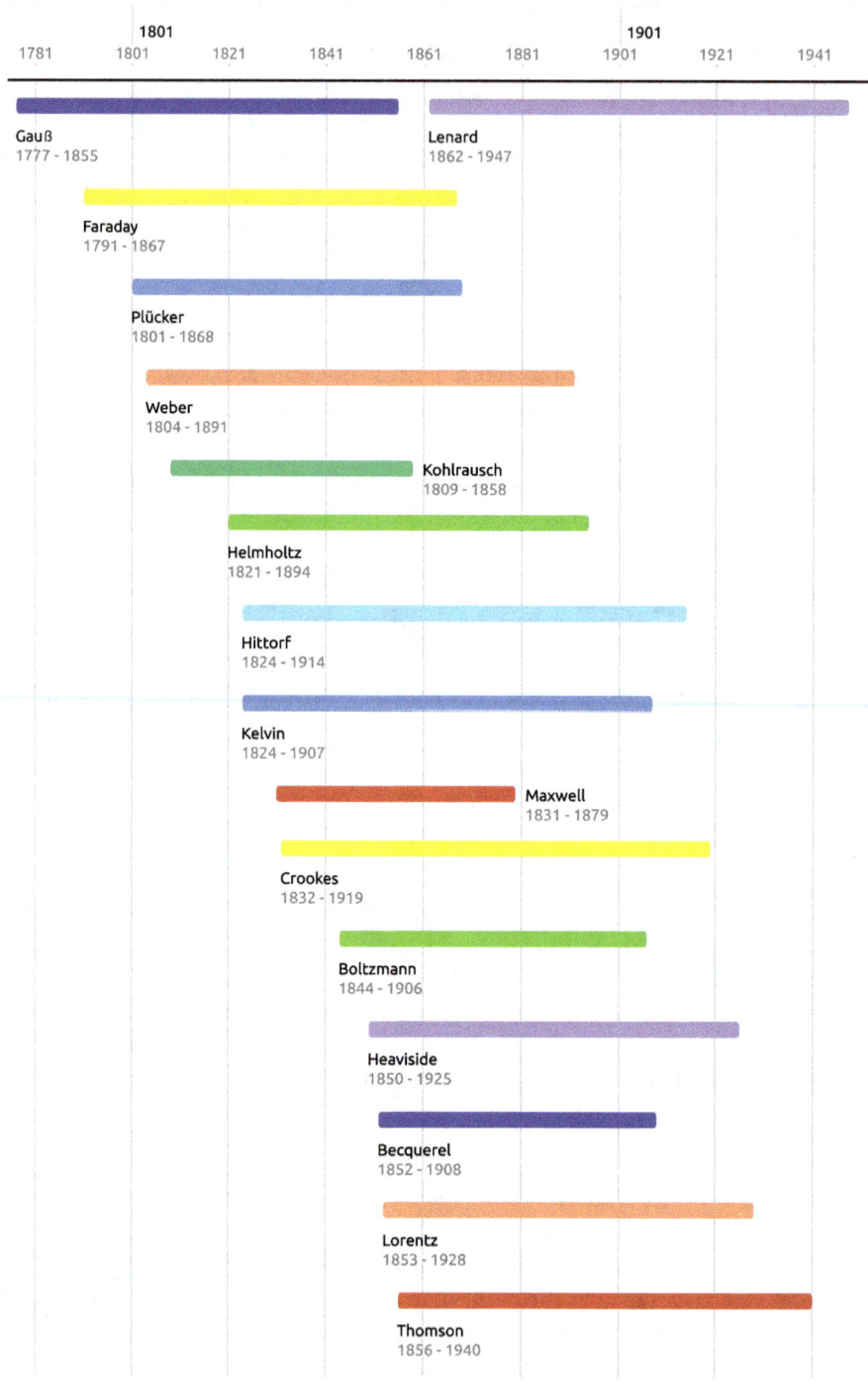

12

Felder

*Eine wissenschaftliche Gemeinschaft besteht so gesehen aus den Fachleuten eines
wissenschaftlichen Spezialgebiets. In einem auf den meisten anderen Gebieten
nicht vorhandenen Ausmaß sind sie einer gleichartigen Ausbildung und
beruflichen Initiation unterworfen gewesen. Dabei haben sie die gleiche
Fachliteratur gelesen und vielfach dasselbe daraus gelernt ... Es gab beispielsweise
vor der Mitte des 19. Jahrhunderts keine Gemeinschaft der Physiker; sie wurde
durch die Verschmelzung von Teilen zweier vorher getrennter Gemeinschaften,
Mathematik und Naturphilosophie (physique expérimentale), gebildet.*

Thomas S. Kuhn, Die Struktur wissenschaftlicher Revolutionen, *1973 [383]*

Eine Mathematisierung seines Konzepts der Kraftlinien hat Faraday nicht
selbst leisten können oder wollen. Darum haben sich andere gekümmert.
Der Erste war wohl William Thomson, Lord Kelvin, der 1842 dazu die
Analogie zur Wärmeleitung heranzog. In seinem Artikel *Über die gleichför-
mige Bewegung der Wärme in homogenen Körpern, und ihre Verbindung zur
mathematischen Theorie der Elektrizität* [82] postulierte er, dass Wärmeleitung
und elektrostatische Kraftwirkung denselben Gleichungen folgen. Das ist
nicht unmittelbar einsichtig, handelt es sich doch beim Ersteren um eine
Fortpflanzung der Wärme, also um Bewegung, während die Zweite einen
statischen Zustand beschreibt. Umso erstaunlicher ist es, dass man in der Tat
eine stationäre Wärmequelle analog zu einer elektrischen Ladung setzen kann.
Der Wärmefluss zu einem anderen Ort in einem homogenen Medium ist
dann analog zur elektrischen Kraft an diesem Ort. Das wird klarer, wenn man

© Der/die Autor(en), exklusiv lizenziert an Springer-Verlag GmbH, DE,
ein Teil von Springer Nature 2025
M. Pohl, *Licht*, https://doi.org/10.1007/978-3-662-70486-8_12

die Temperaturdifferenz zwischen beiden Orten als analog zur elektrischen Potenzialdifferenz ansieht [388].

Eine andere solche Analogieüberlegung ist die zwischen dem Transport inkompressibler Flüssigkeiten und den Faraday'schen Kraftlinien. Sie stammt von James Clerk Maxwell, der in der Folge aus dem Begriff der Kraftlinien die Idee des elektromagnetischen Feldes und die klassische Theorie des Elektromagnetismus entwickelt hat. Und damit auch die klassische Theorie des Lichts als elektromagnetischer Welle. Damit müssen wir uns natürlich ausführlich beschäftigen.

Leben und Karriere von James Clerk Maxwell werden im Buch seines engen Freundes, Reverend Lewis Campbell, sehr ausführlich geschildert [172]. Eine kompaktere Biografie, die ich Ihnen sehr empfehle, hat Joseph John Thomson, der Entdecker des Elektrons, für ein Erinnerungsbuch zu Maxwells hundertstem Geburtstag verfasst [300]. Wir beschränken uns auf wenige relevante Details seines Werdegangs, die dort beschrieben werden. Maxwell wurde im Jahre 1831 als Sohn einer wohlhabenden adligen Familie in Edinburgh geboren, seine soziale Herkunft stand also in totalem Gegensatz zu der von Michael Faraday. Sein Geburtshaus[1] ist heute der Sitz der James Clerk Maxwell Foundation.[2] In seiner Jugend zog die Familie aufs Land nach Glenlair in Galloway im südwestlichen Schottland, wo die Familie ein Gut besaß. Die Gegend ist heute für ihre Rinderrassen bekannt. Maxwell verbrachte dort eine glückliche Kindheit und fiel früh durch eine unstillbare Neugierde auf, die sein Vater so gut es ging zu bedienen versuchte. Zunächst wurde er zu Hause von seiner Mutter und einem Tutor unterrichtet, wie es damals üblich war. Sein Vater nahm ihn im Winter 1841–42 mit zu einer Ausstellung, die von der *Royal Scottish Society of the Arts* unterstützt wurde, deren Mitglied er war. Zu den Exponaten zählten eine elektrische Lokomotive und ein kräftiger Elektromagnet, die sicher beim dem Zehnjährigen einen starken Eindruck hinterließen [395]. Wenig später schickten ihn seine Eltern auf die angesehene *Edinburgh Academy*, die er bis 1847 besuchte. Mehrere mathematische Abhandlungen aus seiner Schulzeit sind erhalten, eine wurde 1846 bei der *Royal Society of Edinburgh* in seinem Namen vorgetragen [87], weil er selbst zu jung war.

Mit 16 Jahren wechselte Maxwell zur Universität von Edinburgh, die er bis zum Bachelor besuchte. Er reichte zwei Artikel an die *Royal Society* ein, die sein Mathematik-Tutor Kelland vortrug. 1850 war Maxwell ein versierter

---

[1] Sein Geburtshaus, 14 India Street, liegt nicht weit entfernt von dem Haus, in dem von 1967 bis zu seinem Tod der Physik-Nobelpreisträger Peter Higgs wohnte.

[2] https://clerkmaxwellfoundation.org.

Mathematiker – wohl weniger wegen der Kurse an der Universität von Edinburgh als durch seine eigenen Studien – und er wechselte an die Universität Cambridge, seit jeher eine der besten der Welt.[3] Am *Trinity College* wurde er in den Elite-Debattierklub der *Cambridge Apostles* gewählt. 1854 graduierte er in Mathematik als einer der Top-Studenten, schon ein Jahr später wurde er dort als *Fellow* mit Lehraufgaben betraut.

Seine Studie *Experiments on Colour, as perceived by the Eye, with remarks on Colour-Blindness* [113] wurde 1855 an der *Royal Society of Edinburgh* präsentiert, diesmal endlich von ihm selbst. In diesem Beitrag untersuchte er die Fähigkeit des Auges, Farben zu kombinieren. Als Instrument diente ein Kreisel, auf dem eine Farbtafel angebracht war, wie in der Skizze und dem Foto von Abb. 12.1. Bei schneller Rotation der Scheibe werden im äußeren Ring drei Farben im Auge additiv gemischt, da die Retina nur etwa 15 Bilder pro Sekunde auflösen kann.

Maxwell wies damit nach, dass – wie von Young [111] (siehe Seite 200) und Hermann von Helmholtz (1821–1894) [141] vermutet – die drei Farben Rot, Grün und Blau durch additive Mischung im Auge jeden beliebigen Farbton erzeugen können. Das sehr verbreitete Foto Abb. 12.2 aus dem Trinity College zeigt den jungen Maxwell mit seinem Farbkreisel in der Hand. Spätere Fotos mit Rauschebart geben einen ganz anderen Eindruck von seiner Persönlichkeit, der aber nicht der Einschätzung der Zeitzeugen entspricht [478]. Alle waren sich einig, dass Maxwell ein Genie war, dabei freundlich, zuvorkommend und humorvoll im Umgang. Allerdings dachte er

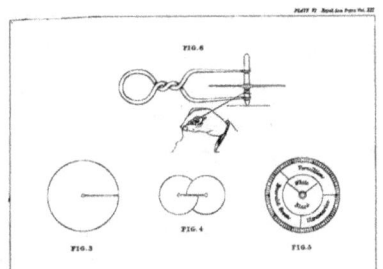 

Abb. 12.1 Links: Maxwells Skizze zum Farbkreisel [113]. Rechts: Foto eines Farbkreisels aus den 1850er-Jahren. Der äußere Ring ist sektionsweise mit verschiedenen Pigmenten eingefärbt, der innere erzeugt eine Graustufe. (Bildnachweis: Courtesy of the Cavendish Laboratory, University of Cambridge)

---

[3]Siehe: *Times Higher Education World University Rankings*, https://www.timeshighereducation.com/world-university-rankings.

Abb. 12.2 Foto von
James Clerk Maxwell als
junger Mann mit seinem
Farbkreisel in der Hand.
(Bildnachweis: Courtesy
of the Cavendish
Laboratory, University of
Cambridge)

wohl viel schneller, als er formulieren konnte, seine mündlichen Äußerungen hatten nicht die Klarheit seiner Schriften.

Einer seiner Mentoren in Cambridge riet ihm, sich am Marischal College der Universität Aberdeen auf eine Professur in Naturphilosophie zu bewerben, die er 1856 antrat. Als Jüngster des Kollegiums engagierte sich Maxwell stark in der Lehre. Auch am Arbeiterkolleg der Stadt gab er Kurse. Während der Semester lebte er in Aberdeen bei seinem Cousin und Jugendfreund William Dyce Clay, die Sommerferien verbrachte er auf Glenlair, das er von seinem 1856 verstorbenen Vater geerbt hatte.

In dieser Zeit arbeitete Maxwell auf dem Gebiet der Himmelsmechanik. Seine Arbeit *On the Stability of the Motion of Saturn's Rings* [115] wurde von der Universität Cambridge im Jahr 1856 ausgezeichnet. Dort legt er dar, dass die Ringe des Saturn nur dann stabil sein können, wenn sie aus einzelnen Gesteinsbrocken bestehen, nicht aber wenn sie von zusammenhängenden Festkörpern oder Flüssigkeiten gebildet werden. Diese Tatsache haben die *Voyager*-Sonden der NASA in den 1980er-Jahren im Vorbeiflug an Saturn bestätigt. Von 2004 vis 2007 beobachtete die Cassini-Huygens-Mission von NASA und ESA die Ringe mit noch größerer Auflösung [589].

1860 wurde Marischal College mit dem benachbarten King's College zusammengelegt und Maxwell verlor seine Professur. Stattdessen wurde er auf den Lehrstuhl für Naturphilosophie am King's College in London berufen, den er bis 1865 innehatte. Diese Londoner Jahre waren sehr produktiv. Er erhielt 1860 die Rumford-Medaille der *Royal Society* für seine Arbeiten zur Farbwahrnehmung, im Jahr darauf wurde er zum Mitglied gewählt. Wir verdanken ihm auch die erste dauerhafte Farbfotografie, die er mithilfe von Farbfiltern herstellte. Das Resultat – Abbild eines Tartan-Bandes – ist im *National Media Museum* in Bradford zu sehen. Er besuchte auch regelmäßig die Vorlesungen der *Royal Institution*, wo er mit Michael Faraday in Kontakt kam, der allerdings schon intellektuell beeinträchtigt war. Trotzdem sandte er ihm seine Arbeiten zur Farbwahrnehmung und es entwickelte sich ein kurzer Briefwechsel, aus dem ich am Anfang von Kap. 11 zitiert habe.

Schon in seiner Zeit als *fellow* am Trinity College hat sich Faraday mit einer Übersetzung der Faraday'schen Kraftlinien in mathematische Physik beschäftigt.[4] Das erste Resultat war sein Artikel *On Faraday's Lines of Force* [109] von 1855. Er bedient sich hier, wie Lord Kelvin vor ihm, einer mechanischen Analogie. In seinem Fall ist es die Bewegung einer inkompressiblen, homogenen Flüssigkeit.

Stellen wir uns eine einzelne punktförmige Quelle von Flüssigkeit vor, in der Skizze Abb. 12.3 mit + bezeichnet. Von ihr gehe eine konstante Flüssigkeitsmenge pro Sekunde aus. Die Flüssigkeit sei außerdem inkompressibel, d. h.,

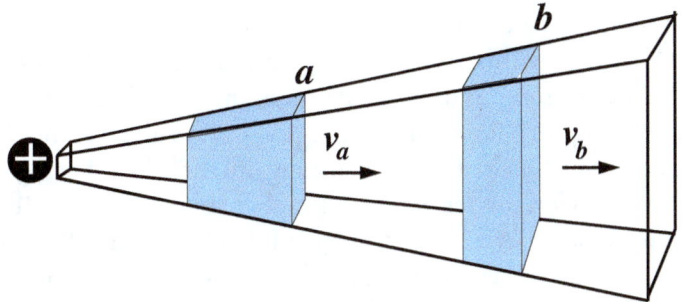

Abb. 12.3 Ausdehnung einer inkompressiblen Flüssigkeit von einer Punktquelle aus in ein Raumwinkelelement. Die beiden blauen Volumina entsprechen dem Fluss in gleichen Zeiträumen bei verschiedenem Abstand

---

[4]Wenn Sie sich durch die Maxwell'schen Arbeiten zum Elektromagnetismus systematisch leiten lassen wollen, sollten Sie das tun anhand des Buches von Thomas K. Simpson, *Maxwell on the Electromagnetic Field* [456].

ihre Dichte ist zeitlich und örtlich konstant. Betrachten wir einen Raumwinkel, wie in der Skizze angedeutet, in dem wir im Abstand r_a von der Quelle eine Fläche a platzieren. Pro Sekunde tritt durch diese Fläche die hellblau gefärbte Flüssigkeitsmenge, die dem Produkt aus a und der Geschwindigkeit v_a der Flüssigkeit an diesem Ort entspricht. Weiter entfernt von der Quelle betrachten wir die Fläche b im Abstand r_b. Wenn die Flüssigkeit inkompressibel ist, muss im gleichen Zeitraum die gleiche Menge durch beide Flächen fließen. Nun ist aber die Fläche b größer als a, und zwar um einen Faktor r_b^2/r_a^2, also muss die Strömungsgeschwindigkeit entsprechend abnehmen. Die Strömungsgeschwindigkeit nimmt also umgekehrt proportional zum Quadrat der Entfernung von der Quelle ab.

Das ist aber genau die Abstandsabhängigkeit, die das Coulomb'sche Gesetz verlangt, wenn die Quelle eine Punktladung ist. Es liegt also eine Analogie zwischen Strömungsgeschwindigkeit und elektrischer Kraftwirkung vor. Maxwell zerlegt nun den Fluss in „Einheitsröhren", von denen jede einer elektrischen Kraftlinie entspricht. Um den Gesamtfluss zu erhalten, nimmt dann die Flächendichte der Röhren – ihre Anzahl pro Quadratmeter – quadratisch mit dem Abstand ab und auch die Flächendichte der Kraftlinien tut das. Die Anzahl der Kraftlinien pro Flächeneinheit ist also ein Maß für die elektrostatische Kraft. Die Tangente an die Kraftlinien gibt die Richtung der Kraft an. Damit ist den Faraday'schen Kraftlinien ein mathematisches Modell unterlegt, das die Fernwirkung von Coulombs Gesetz ersetzt. An ihre Stelle tritt eine Transformation des Raumes durch die pure Anwesenheit einer elektrischen Ladung als Quelle. Diese Eigenschaft des Raums, das elektrische Feld, erlaubt es, an jedem Ort die Kraft anzugeben, die auf eine Ladung der Stärke 1 wirken würde, wie Ludwig Boltzmann (1844–1906) in seiner kongenialen Übersetzung und seinen Anmerkungen erklärt [109].

Natürlich behauptet Maxwell keineswegs, dass im Fall statischer Elektrizität irgendetwas von der Quelle bis zur Wirkung „fließt". Die Analogie zur Flüssigkeit ist rein mathematischer Natur [541], aber eben deswegen nützlich. Und auch übertragbar auf bewegte Ladungen und magnetische Kraftlinien. Die Analogie zur Flüssigkeit hat eine nachhaltige Wirkung. Noch heute sprechen wir vom elektrischen und magnetischen Fluss – nicht zu verwechseln mit dem Strom, bei dem wirklich Elektronen fließen. Wir meinen damit genau das, was auch Maxwell gemeint hat, nämlich die Flächendichte der Feldlinien.[5]

---

[5]Genauer gesagt, ist der elektrische Fluss definiert als das Flächenintegral $\int_a \mathbf{E}\, d\mathbf{a}$, der magnetische Fluss analog $\int_a \mathbf{B}\, d\mathbf{a}$. Die Felder $\mathbf{E}$, $\mathbf{B}$ und Flächen $\mathbf{a}$ sind dabei Vektoren.

In einer Fortsetzung seiner Überlegungen aus dem Jahr 1861 „Über physikalische Kraftlinien" [119, 122] wird Maxwell dann systematischer und expliziter. Wieder übersetzt Ludwig Boltzmann und merkt gleich zu Anfang an:

„Die hier übersetzte, in den Jahren 1761 und 62 publicirte zusammenhängende Reihe von Abhandlungen enthält die Gesammtheit der *Maxwell*'schen Gleichungen für den Elektromagnetismus einschliesslich der Gleichungen für bewegte Körper. Bald hätte ich gesagt, dass die Nachfolger *Maxwell's* an diesen Gleichungen nichts geändert hätten als die Buchstaben. Das wäre wohl übertrieben, aber gewiss wird man sich nicht darüber wundern, dass diesen Gleichungen überhaupt noch etwas beigefügt werden konnte, sondern darüber, wie wenig ihnen beigefügt wurde. Ja man wird finden, dass manche der (um mit *Hertz* zu sprechen) rudimentären, dem consequenten Baue hinderlichen Begriffe hier fehlen und von *Maxwell* erst im Treatise behufs Anknüpfung seiner Theorie an die alten Vorstellungen eingeführt wurden."

Mit dem *Treatise* meint Boltzmann Maxwells *A Dynamical Theory of the Electromagnetic Field*, verlesen in der *Royal Society* im Dezember 1864 [126]. Wir wollen dieses *opus magnum* der klassischen Physik etwas näher ansehen. In der Einleitung erklärt Maxwell den Titel der Abhandlung (Hervorhebungen von ihm):[6]

„Die Theorie, die ich vorstelle, kann deshalb eine Theorie des *Elektromagnetischen Feldes* genannt werden, weil sie mit dem Raum in der Nähe elektrischer und magnetischer Körper zu tun hat, und sie kann eine *Dynamische* Theorie genannt werden, weil sie annimmt, dass sich in diesem Raum Materie befindet, durch die die beobachteten elektromagnetischen Phänomene ausgelöst werden."

Boltzmann hat recht, was die Notation und die Begriffe betrifft, die Maxwell verwendet. Beide sind in der Folge stark vereinfacht worden, insbesondere von Oliver Heaviside (1850–1925) [184]. Er führte die Vektornotation ein, die wir noch heute verwenden.

Ein Vektor ist eine mathematische Größe, die neben dem Betrag auch eine Richtung angibt. Wir setzen die entsprechenden Symbole in fetten Lettern. In den Skizzen deuten wir Vektoren durch Pfeile an, wobei die Länge des Pfeils den Betrag der Größe angibt, die Pfeilspitze die Richtung. Im dreidimensiona-

---

[6] *The theory I propose may therefore be called a theory of the* Electromagnetic Field, *because it has to do with the space in the neighbourhood of the electric and magnetic bodies, and it may be called a* Dynamical *Theory, because it assumes that in that space there is matter in motion, by which the observed electromagnetic phenomena are produced.*

len euklidischen Raum braucht man zur Charakterisierung eines Vektors drei Zahlenwerte, etwa den Betrag und zwei Winkel oder die drei Projektionen auf die kartesischen Achsen. Was elektrische und magnetische Felder angeht, so ist der Zusammenhang zwischen den Faraday'schen Feldlinien und den Maxwell'schen Feldern klar: Die Dichte der Feldlinien entspricht dem Betrag des Feldes, die Tangente an die Feldlinien bestimmt die Richtung bis auf ein Vorzeichen. Die Skizzen Abb. 12.4 beschreiben also die Felder zu den Feldlinien von Abb. 11.20 für den Prototypen eines elektrischen und eines magnetischen Feldes. Vektoren addieren sich, wie Sie es aus dem Parallelogramm der Kräfte kennen, also komponentenweise. Es gibt zwei Arten von Produkten zwischen Vektoren. Das Skalarprodukt ist eine einzelne Zahl, mathematisch ein Skalar. Sein Wert ist das Produkt der beiden Vektorlängen mal dem Kosinus des eingeschlossenen Winkels. Das Vektorprodukt ist dagegen selbst ein Vektor. Seine Richtung steht senkrecht auf beiden Vektoren, sein Betrag entspricht dem Produkt beider Längen mal dem Sinus des eingeschlossenen Winkels.

Sie können sich zwar von Thomas K. Simpson helfen lassen [456], aber Maxwells *Treatise* bleibt aus mehreren Gründen schwer zu lesen. Zum einen benutzt er konsequent Energien und Potenziale zur Formulierung seiner Theorie. Zum anderen konnte er von elementaren Ladungen und ihren Strömen nichts wissen (siehe meine Abschweifung über Elektronen am Ende dieses Kapitels). Also versuchte er, elektromagnetische Wirkungen auf Zustände und Flüsse im Äther zurückzuführen. Das ist eine Sichtweise, die sich lange gehalten hat.

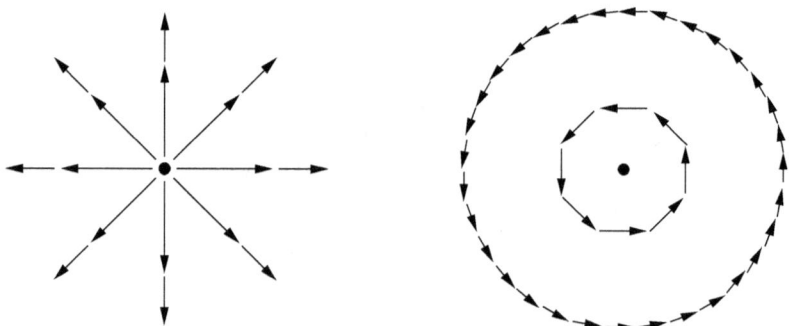

Abb. 12.4 Links: Prototyp eines divergierenden Feldes, wie z. B. des elektrischen Feldes einer Punktladung. Rechts: Prototyp eines rotierenden Feldes, wie z. B. des magnetischen Feldes um einen stromdurchflossenen Leiter oder des elektrischen Feldes um ein variables Magnetfeld, beide senkrecht auf der Zeichenebene. Die Länge der Pfeile gibt die Stärke des Feldes an, die Pfeilspitze ihre Richtung

Die „gewundenen Pfade" [615], die von Maxwells *Treatise* bis zur heutigen Formulierung der elektrodynamischen Grundgleichungen, zeichnen z. B. Jed Buchwald und Olivier Darrigol nach [415, 467]. Wir wollen ihnen nicht folgen. Stattdessen besprechen wir die Maxwell'sche Theorie des elektromagnetischen Feldes in der modernen Terminologie, alles andere würde der Bedeutung dieser Gleichungen für die klassische Theorie des Licht nicht genüge tun. Vier Gleichungen beschreiben die Entstehung der Felder. Es handelt sich um Differenzialgleichungen, also um mathematische Beschreibungen der räumlichen und zeitlichen Veränderung der Felder. Wenn man sie integriert, erhält man Gleichungen für das Verhalten der Felder auf einer Fläche oder innerhalb eines Volumens.

Wenn Sie Formeln zugänglich sind, können Sie die Wortarithmetik zu den Maxwell'schen Gleichungen auf den folgenden Seiten gern überspringen und zu Abb. 12.7 vorblättern. Ich versuche, deren Inhalt in Worten zu erklären.

Da sind zunächst einmal die zwei Gleichungen, die die Entstehung der Felder aus Ladungen beschreiben. Für das elektrische Feld entspricht die erste Gleichung einer lokalen Feldinterpretation des Coulomb'schen Gesetzes. Man nennt die Gleichung auch den Gauß'schen Satz, benannt nach dem Mathematiker Carl Friedrich Gauß (1777–1855).[7] Der Vorgang der elektrischen Kraftübertragung wird in zwei Teile zerlegt. Die Quelle des Feldes, eine elektrische Ladung, erzeugt ein divergentes, also auseinanderstrebendes elektrisches Feld, wie die linke Skizze Abb. 12.4 andeutet. Wie stark es divergiert, gibt die Ladungsdichte der Quelle an, also ihre elektrische Ladung pro Volumen. Die Proportionalitätskonstante wird Dielektrizitätskonstante genannt.

Wenn man die Gleichung über ein beliebiges Volumen integriert, das alle Ladungen enthält, dann zeigt sich, dass die im Volumen enthaltene Gesamtladung den elektrischen Fluss bestimmt, also die Gesamtzahl der elektrischen Feldlinien, die aus der Oberfläche des Volumens austreten. Um den zu bestimmen, müssen wir den Feldlinien eine Richtung beigeben. Traditionell zeigen Feldlinien von positiven Ladungen weg, zu negativen dagegen hin. Der Fluss ist dann die Differenz zwischen der Anzahl Feldlinien, die aus dem Volumen austreten, und denen, die hineintreten.

Wir finden also die Analogie zur Flüssigkeit wieder. In der Skizze Abb. 12.5 ist der elektrische Fluss durch die Fläche S_1 die Gesamtzahl der Feldlinien der positiven Ladung, der durch S_2 ist negativ. Der Fluss durch S_3 und S_4 ist null, weil beide Volumina keine Nettoladung enthalten. Die Propor-

---

[7]Streng genommen ist der Gauß'sche Satz nur dann äquivalent zum Coulomb'schen Gesetz, wenn für Felder das Superpositionsprinzip gilt. Die Summe der Ladungen muss also die Vektorsumme von deren Feldern erzeugen. Und natürlich nur im statischen Fall, in dem Zeit keine Rolle spielt.

Abb. 12.5 Elektrische
Feldlinien zwischen zwei
entgegengesetzten
Ladungen. Der
elektrische Fluss durch
die Oberfläche S_1 ist
positiv, der durch S_2
negativ, der durch S_3 und
S_4 ist null

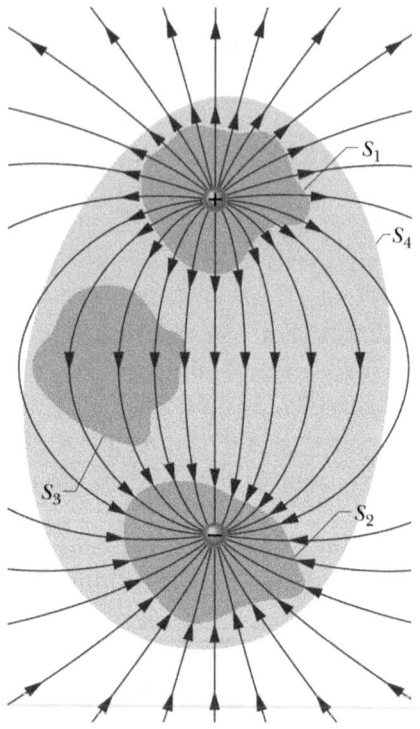

tionalitätskonstante zwischen elektrischem Fluss und Gesamtladung ist die Dielektrizitätskonstante.

Die entsprechende Gleichung für das magnetische Feld sagt aus, dass der magnetische Fluss durch eine geschlossene Fläche immer gleich null ist. Das liegt daran, dass magnetische Feldlinien immer geschlossen sind, elektrische dagegen offen sein können. Das magnetische Feld divergiert also nicht von einer etwaigen magnetischen Ladung aus, magnetische Ladungen gibt es nicht. Der Nordpol eines Dipolmagneten ist nur eine Hälfte seiner beiden untrennbar verbundenen Pole. Der Ursprung des magnetischen Feldes sind nicht magnetische Ladungen, sondern bewegte elektrische Ladungen, also elektrische Ströme.

Das magnetische Feld divergiert also nicht, es rotiert um seine Quelle, wie die rechte Skizze Abb. 12.4 zeigt. Nach dem Ampère'schen Induktionsgesetz ist diese Quelle zunächst einmal ein elektrischer Strom. Das Integral des Magnetfeldes entlang einer geschlossenen Kurve um eine Sammlung von Strömen herum ist proportional dem Gesamtstrom, der durch die eingeschlossene Fläche fließt. Die Proportionalitätskonstante nennt man die magnetische

Feldkonstante. Wenn das alles wäre, gäbe es aber ein formidables Problem. Nach einem der Grundsätze der Vektorarithmetik darf ein rotierendes Feld nämlich nicht divergieren. Das liegt daran, dass aus einer Rotation entstandene Feldlinien immer geschlossen sein müssen. Für die Ampère'sche Induktion allein ist das aber nicht garantiert. Das ist die mathematische Inkonsistenz der elektromagnetischen Theorie vor Maxwell, die wir schon erwähnt haben.

Wir können sie anschaulich machen, wenn wir den einfachen Stromkreis in der Skizze Abb. 12.6 betrachten. Wenn man den Stromkreis schließt, wird die Batterie den Kondensator aufladen. Und zwar so lange, bis die Kräfte zwischen den Ladungen auf den beiden Platten die elektromotorische Kraft der Batterie kompensieren. Dann hört der Strom auf zu fließen. Während er fließt, bildet sich nach Ampère um die zuführenden Leiter ein kreisförmiges Magnetfeld. Das müsste aber an den Kondensatorplatten abrupt abbrechen, weil zwischen den beiden ja kein Strom fließt. Genau das kann aber nicht sein.

Man findet eine Lösung, wenn man rotierende elektrische Felder betrachtet. Diese entstehen, wie Faraday gezeigt hat, um Magnetfelder herum, die sich zeitlich ändern. Und zwar umso stärker, je schneller diese Veränderung vor sich geht. Im Feldlinienbild ist das Integral des induzierten elektrischen Feldes entlang einer geschlossenen Kurve gleich der zeitlichen Veränderung der Anzahl magnetischer Feldlinien, die durch die eingeschlossene Fläche hindurchtreten. Maxwell erkannte nun, dass man denselben Mechanismus zu Ampères Induktionsgesetz dazufügen muss: Magnetische Felder können auch durch elektrische Felder erzeugt werden, die sich zeitlich ändern. In unserem obigen Beispiel baut sich während des Ladevorgangs zwischen den

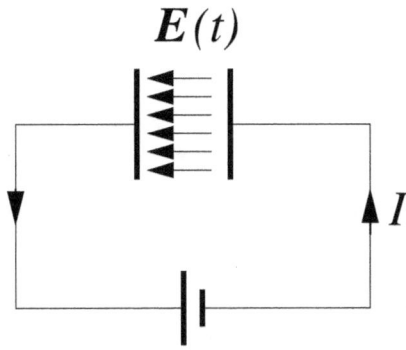

Abb. 12.6 Ladevorgang eines Plattenkondensators. Beim Schließen des Stromkreises fließt ein Strom *I*, bis die elektrostatische Kraft zwischen den Ladungen auf den Platten die elektromotorische Kraft der Batterie kompensiert. Es entsteht zwischenzeitlich ein variables elektrisches Feld E(*t*) zwischen den Platten

Kondensatorplatten ein elektrisches Feld auf, das mit der Zeit ansteigt. Darum herum, wie um den elektrischen Strom im Leiter, bildet sich ein rotierendes Magnetfeld. Für dieses Feld gilt analog, was wir für das rotierende elektrische Feld gefordert haben. Damit ist die Kontinuität des Feldes auch zwischen den Kondensatorplatten gesichert, die Inkonsistenz existiert nicht mehr. Das zeitlich veränderliche elektrische Feld verhält sich (bis auf die Einheiten) wie ein Strom, deshalb nennt Maxwell es auch einen Verschiebungsstrom (*displacement current*).

An dieser Stelle muss ich einfach vom Prinzip der formellosen Erklärung abweichen. Die Maxwell-Gleichungen sind so schön, dass Sie sie einfach ansehen müssen. Man kann sie sogar auf T-Shirts drucken. Ich habe sie aber als Abb. 12.7 getarnt, damit ich weiterhin behaupten kann, der Text enthalte keine Formeln.

So also entstehen elektrische und magnetische Felder einerseits aus elektrischen Ladungen in Ruhe bzw. in Bewegung. Zwischen beiden besteht ein Zusammenhang: die Ladungsdichte in einem bestimmten Volumen kann nur dann abnehmen, wenn ein Strom aus dem Volumen herausfließt. Und nur zunehmen, wenn ein Strom hineinfließt. Die instantane Fernwirkung der Coulomb'schen und Ampère'schen Gesetze ist damit abgelöst. Ladungen und Ströme sind Funktionen von Zeit und Raum, die Felder damit auch. Die Dynamik wird beschrieben von (partiellen) Differenzialgleichungen. Was den Gesetzen unterliegt, sind also die Veränderungen, und zwar sowohl die räumlichen Divergenzen und Rotationen als auch die Rate der zeitlichen Änderungen. Es vergeht Zeit, bis elektrische und magnetische Felder von der Quelle zu dem Ort gelangen, an dem sie wirken. Die Felder sind also Zustände des Raumes, an jedem Punkt und zu jeder gegebenen Zeit.

$$\nabla \mathbf{E} = \tfrac{1}{\epsilon_0}\rho \qquad\qquad\qquad \nabla \mathbf{B} = 0$$
$$\nabla \times \mathbf{E} = -\tfrac{\partial \mathbf{B}}{\partial t} \qquad\qquad \nabla \times \mathbf{B} = \mu_0 \mathbf{J} + \mu_0\,\epsilon_0 \tfrac{\partial \mathbf{E}}{\partial t}$$

$$\oint \mathbf{E}\,\mathrm{d}a = \tfrac{Q}{\epsilon_0} \qquad\qquad\qquad \oint \mathbf{B}\,\mathrm{d}a = 0$$
$$\oint \mathbf{E}\,\mathrm{d}l = -\tfrac{\mathrm{d}}{\mathrm{d}t}\int \mathbf{B}\,\mathrm{d}a \qquad\qquad \oint \mathbf{B}\,\mathrm{d}l = \mu_0 I + \mu_0\,\epsilon_0 \tfrac{\mathrm{d}}{\mathrm{d}t}\int \mathbf{E}\,\mathrm{d}a$$

Abb. 12.7 Maxwell'sche Gleichungen in Differenzial- und Integralform. E steht für das elektrische Feld, B für das magnetische, wie alle Größen Funktionen von Zeit und Raum. ρ ist die räumliche Dichte der Ladung, Q die totale Ladung in einem Raumgebiet. J ist die Flussdichte des elektrischen Stroms, I ihr Flächenintegral, also der elektrische Strom selbst. Der Vektoroperator ∇ hat die kartesischen Komponenten $(\partial/\partial x, \partial/\partial y, \partial/\partial z)$. ϵ_0 und μ_0 sind Konstanten für Felder im Vakuum

Einmal angekommen, bewirkt das elektrische Feld eine Kraft, die dem Produkt aus dem lokalen Feld und der dort befindlichen Ladung entspricht. Die Fernwirkung ist durch eine lokale Wirkung ersetzt. Das Magnetfeld wirkt ebenso lokal, aber nur auf bewegte Ladungen. Und zwar senkrecht sowohl zu sich selbst als auch zur Geschwindigkeit der Ladung; und wieder umso mehr, je größer Ladung und Geschwindigkeit sind. Das Magnetfeld kann also nur die Richtung der Geschwindigkeit ändern, nicht aber ihren Betrag. Das elektrische Feld kann beides.

Beide Felder entstehen andererseits auch aus zeitlichen Veränderungen des jeweils anderen. Um das zu sehen, setzen Sie einfach die Ladungen und Ströme gleich null, betrachten also einen virtuellen Raum, in dem keine elektrischen Ladungen existieren.[8] Es bleiben zwei Gleichungen übrig, die beschreiben, wie magnetische Felder aus variablen elektrischen Feldern entstehen und umgekehrt. In beiden Fällen handelt es sich um rotierende Felder, wie Abb. 12.8 zeigt.

Zusammen bilden die beiden Differenzialgleichungen eine Wellengleichung. Einmal angestoßen, koppeln sich variable elektrische und magnetische Felder von ihren Quellen ab und pflanzen sich wellenförmig in Zeit und Raum fort, sie greifen wie Kettenglieder ineinander. Magnetfeld und elektrisches Feld stehen dabei immer senkrecht aufeinander. Ihre Wellen sind außerdem in Phase, sie haben Maxima und Minima an derselben Stelle zur selben Zeit. Eine Momentaufnahme einer solchen elektromagnetischen Welle zeigt das Vektordiagramm Abb. 12.9.

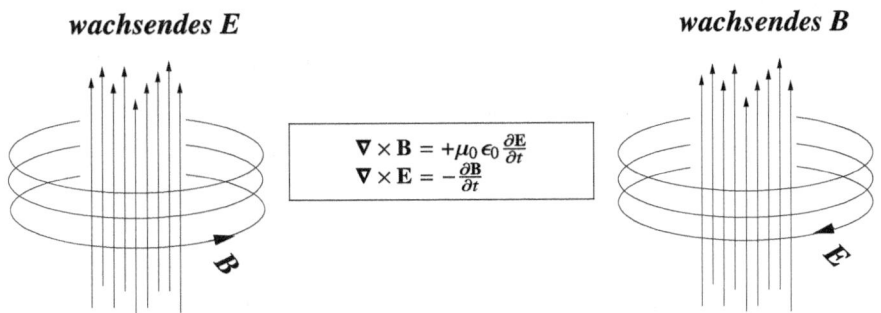

wachsendes E   *wachsendes B*

$$\nabla \times B = +\mu_0 \,\epsilon_0 \,\tfrac{\partial E}{\partial t}$$
$$\nabla \times E = -\tfrac{\partial B}{\partial t}$$

Abb. 12.8 Wenn Ladungen und damit auch Ströme fehlen, $\rho = J = 0$, beschreiben die Maxwell'schen Gleichungen, wie die beiden Felder B und E aus der Rate entstehen, mit der sich das jeweils andere zeitlich verändert

---

[8]Oder einen reellen Raumbereich, in dem alle Ladungen und Ströme so weit entfernt sind, dass sie keine Rolle spielen. Das ist nicht schwer, beider Wirkung nimmt ja mit dem Quadrat des Abstandes ab.

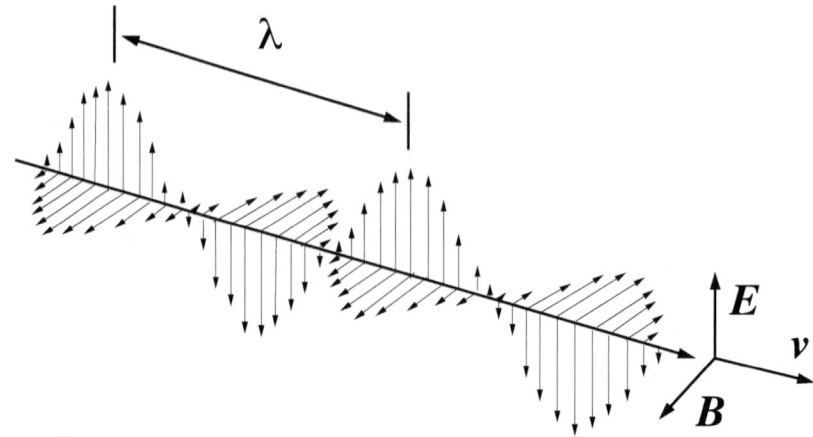

Abb. 12.9 Vektordiagramm einer Momentaufnahme der elektromagnetischen Welle. Sie pflanzt sich in Richtung der Geschwindigkeit **v** fort, ist also in einem Zeitraum Δt um $v\Delta t$ entlang der Pfeilrichtung vorgerückt

Aber was hat das mit Licht zu tun? Maxwell argumentiert mit der Geschwindigkeit, mit der sich die Welle fortpflanzt. Sie ist gegeben durch die beiden Konstanten ϵ_0 für das elektrische Feld und μ_0 für das magnetische Feld, und zwar in der Kombination $v = 1/\sqrt{\epsilon_0\mu_0}$. Diese beiden Konstanten waren zu Maxwells Zeit recht gut bekannt. Rudolf Hermann Arndt Kohlrausch (1809–1858) und Wilhelm Eduard Weber (1804–1891) hatten sie mit einem Versuchsaufbau bestimmt, der unserem Gedankenexperiment zur Ladung eines Kondensators ähnelt [114].[9] Hippolyte Fizeau und Léon Foucault hatten zum ersten Mal die Lichtgeschwindigkeit mit einer terrestrischen Messung bestimmt, wie wir im Kap. 13 sehen werden. Beide Zahlenwerte, der elektromagnetisch bestimmte und der für Licht gemessene, lagen nahe beieinander. Maxwell war das schon anfangs der 1860er-Jahre aufgefallen. In einem Brief an Michael Faraday schrieb er [172, S. 244]:[10]

---

[9] Die Genese dieser Bestimmung haben z. B. Ulrich Stille [343] und Karl Heinrich Wiederkehr [441] im Detail analysiert.

[10] *From the determination by Kohlrausch and Weber of the numerical relation between the statical and magnetic effects of electricity, I have determined the elasticity of the medium in air, and assuming it is the same with the luminiferous ether, I have determined the velocity of propagation of transverse vibrations. The result is 193.088 miles per second (deduced from electrical and magnetic experiments). Fizeau has determined the velocity of light = 193.118 miles per second, by direct experiment. This coincidence is not merely numerical. I worked out the formulae in the country before seeing Weber's number, which is in millimetres, and I think we have now strong reason to believe, whether my theory is a fact or not, that the luminiferous and the electromagnetic medium are one.*

„Von der Bestimmung der numerischen Beziehung zwischen statischen und magnetischen Effekten der Elektrizität durch Kohlrausch und Weber habe ich die *Elastizität* des Mediums in Luft bestimmt, und indem ich annahm, dass sie dieselbe für den lichttransportierenden Äther ist, habe ich die Geschwindigkeit der transversalen Schwingungen bestimmt.

Das Resultat ist 193.088 Meilen pro Sekunde (abgeleitet von elektrischen und magnetischen Experimenten). Fizeau hat die Lichtgeschwindigkeit zu 193.118 Meilen pro Sekunde bestimmt, durch direkte Messung.

Diese Übereinstimmung ist nicht bloß zufällig, Ich habe die Formeln auf dem Land abgeleitet, bevor ich Webers Zahl gesehen hatte, die in Millimetern ist, und ich glaube, wir haben starke Gründe zu glauben, ob meine Theorie nun eine Tatsache ist oder nicht, dass der lichttragende Äther und das elektromagnetische Medium ein und dasselbe sind."

Wir erinnern uns, dass der Äther auch für Maxwell – wie schon für Thomas Young – eine Art fester Körper war, der transversale Schwingungen weitergeben konnte. Wie Materie ihn reibungsfrei durchdringen könnte, blieb dahingestellt. Die Fortpflanzungsgeschwindigkeit elastischer Wellen ist die Wurzel aus dem Verhältnis von Elastizitätsmodul und Dichte. Das erklärt Maxwells Wortwahl. Die terrestrische Messung der Lichtgeschwindigkeit und die Übereinstimmung ihres Wertes mit rein elektromagnetischen Größen beweist also: Licht ist eine elektromagnetische Welle. Und zwar unabhängig davon, ob ein hypothetische Äther sie überträgt oder nicht. Im folgenden Kap. 13 beschäftigen wir uns näher mit der Messung der Lichtgeschwindigkeit und ihrer Beziehung zum Äther.

Maxwell trat 1865 von seinem Lehrstuhl am King's College zurück. An seinem Rückzugsort Glenlair entstand der größte Teil seines zusammenfassenden Buchs über Elektrizität und Magnetismus [153]. In diesem Werk spielt auch seine komplexe Äthertheorie keine Rolle mehr, weil sie zum Funktionieren seiner Elektrodynamik nichts beiträgt. 1871 wurde er zum ersten *Cavendish Professor of Physics* in Cambridge gewählt und mit dem Aufbau des *Cavendish Laboratory* beauftragt. Er zeigte großen Einsatz in der Lehre und veröffentlichte Bücher über Thermodynamik [148] und Mechanik [182]. Das *Cavendish Laboratory* war der gebaute Ausdruck der neuen, quantitativen Experimentalphysik. In seiner Eröffnungsrede sagte Maxwell [300]:[11]

---

[11] *In every experiment we have first to make our senses familiar with the phenomenon; but we must not stop here, we must find which of its features are capable of measurement, and what measurements are required in order to make a complete specification of the phenomenon. We must then make these measurements and deduce from them the result which we require to find.*

„Bei jedem Experiment müssen wir unsere Sinne zunächst mit dem Phänomen vertraut machen; aber wir dürfen dort nicht aufhören, wir müssen herausfinden, welche seiner Züge gemessen werden können und welche Messungen erforderlich sind, um eine vollständige Beschreibung des Phänomens zu erreichen. Wir müssen diese Messungen dann durchführen und von ihnen das Resultat ableiten, dessen wir bedürfen."

Mit erschütterungsfreien Experimentiertischen, ausgestattet mit den Präzisionsinstrumenten der Zeit, erfüllte das Labor die Voraussetzungen für eine solche Experimentalphysik.

Gegen Ende der 1870er-Jahre zeigte Maxwell erste Anzeichen des Unterleibskrebses, an dem schon seine Mutter verstorben war. Mit nur 48 Jahren starb er im November 1879 in Cambridge. Er wurde in Schottland unweit seines Heimatortes Glenlair begraben.

Seine elektromagnetische Theorie wurde von einem kleinen Kreis in Cambridge geschätzt und gelehrt, es fehlte aber lange der experimentelle Beweis für die Existenz des Verschiebungsstroms und des dazugehörigen Magnetfeldes. Das ist aber die wesentliche Voraussetzung dafür, dass dem elektromagnetischen Feld eine physikalische Existenz zukommt. Nur wenn auch veränderliche elektrische Felder ein Magnetfeld erzeugen, können sich die Felder von den Quellen lösen und sich durch Zeit und Raum fortpflanzen. Nur dann können sie Licht und Wärmestrahlung übertragen, also Energie transportieren. Das Magnetfeld des Verschiebungsstroms ist schwer zu messen. Die Preußische Akademie der Wissenschaften lobte 1879 einen Preis für den experimentellen Nachweis elektromagnetischer Wellen aus, den bis zum Ende der Ausschreibung 1882 niemand in Anspruch nahm. Erst die Entdeckung der Radiowellen, die der Hamburger Senatorensohn Heinrich Hertz 1887 publizierte [178], hat den letzten Zweifel an der Gültigkeit der Maxwell'schen Elektrodynamik beseitigt. Wir widmen den Radiowellen ein eigenes Kap. 14.

Der Paradigmenwechsel, den Maxwells Elektrodynamik in der Physik ausgelöst hat, kann nicht genug betont werden. Im Sammelband von Aufsätzen zu Maxwells hundertstem Geburtstag [300] schreibt Albert Einstein:[12]

---

[12] ... before Maxwell, Physical Reality, in so far as it was to represent the processes of nature, was thought of as consisting in material particles, whose variations consist only in movements governed by partial differential equations. Since Maxwell's time, Physical Reality has been thought of as represented by continuous fields, governed by partial differential equations, and not capable of any mechanical interpretation. This change in the conception of Reality is the most profound and the most fruitful that physics has experienced since the time of Newton; but it must be confessed, that the complete realization of the programme contained in this idea has so far by no means been attained.

„... vor Maxwell wurde physikalische Realität, insofern sie die Prozesse der Natur spiegeln sollte, gedacht als bestehend aus materiellen Teilchen, deren Variabilität nur aus Bewegungen besteht, die partiellen Differenzialgleichungen folgen. Seit Maxwells Zeit wird physikalische Realität gedacht als beschrieben durch kontinuierliche Felder, die partiellen Differenzialgleichungen folgen und die nicht mechanisch interpretiert werden können. Dieser Wandel im Konzept von Realität ist der tiefste und fruchtbarste, den die Physik seit Newtons Zeiten hervorgebracht hat; aber wir müssen zugeben, dass die komplette Verwirklichung des in dieser Idee enthaltenen Programms bis jetzt in keiner Weise erreicht worden ist."

In der Tat ist die Diskussion über Strahlung und Materie, einerseits als Wellen kontinuierlicher Felder, andererseits als lokalisierte Teilchen, mit Maxwells Theorie nicht etwa beendet. Sie fängt gerade erst richtig an.

Abschweifung: Elektronen

Die Teilchenphysik nahm ihren Anfang mit der Entdeckung der Elektronen und diese wiederum mit den Kathodenstrahlen. Sie entstehen in Gasentladungsröhren, teilevakuierten Glasröhren mit eingebauten Elektroden. Wenn man eine genügend hohe Spannung anlegt, entsteht ein Kurzschluss, ein Strom fließt durch die Röhre und farbiges Licht wird ausgesandt durch Wechselwirkung mit dem Restgas. Frühe Röhren dieser Art wurden nach dem deutschen Glasbläser Heinrich Geißler (1814–1879) benannt. Er produzierte ab 1857 Röhren für kalte Gasentladung mit verschiedenen Restgasen. Sie sandten verschiedenfarbiges Licht aus und waren populär als spektakuläre Demonstrationsartikel. Der Name „Cathodenstrahlen" stammt von Eugen Goldstein [156]. Der französische Ingenieur Georges Claude (1870–1960) kommerzialisierte die Technologie um 1910 und entwickelte sie weiter zu den Vorläufern der heutigen Neonröhren, indem er Wege fand, die Entladung zu kontrollieren.

Mitte des 19. Jahrhunderts war die Natur der Kathodenstrahlen unbekannt und zog das Interesse der Forscher auf sich. Pioniere waren der Genfer Auguste de la Rive (1801–1873), dessen Vater Gaspard wir schon kennen, und der Deutsche Julius Plücker (1801–1868). De la Rive erkannte die Verbindung der Lichteffekte in der Gasentladung mit dem Nordlicht [104]. Plücker und sein Student Johann Wilhelm Hittorf (1824–1914) entwickelten zusammen mit Geißler eine effizientere Vakuumpumpe, weil ein niedrigerer Druck des Restgases zunächst den Lichteffekt erhöht [125]. Wenn jedoch ein genügend hohes Vakuum erzielt wird, verschwindet das Licht in fast der gesamten Röhre, nur ein grünliches Glühen verbleibt auf dem Glas in der Nähe der Anode. Es war also klar, dass etwas aus der Kathode austritt, die Glaswand trifft und dann von der Anode aufgesammelt wird. Plücker stellte später fest, dass Kathodenstrahlen von Magnetfeldern abgelenkt werden. Ähnliche Phänomene hat zur gleichen Zeit der Engländer Sir William Crookes beobachtet [215].

Heinrich Hertz (siehe Kap. 14) gelang es aber nicht, Kathodenstrahlen durch elektrisch geladene Platten abzulenken, die er außerhalb der Röhre platzierte. Er schloss daher fälschlicherweise, dass sie sich eher wie elektromagnetische Strahlung verhielten. Er stellte aber auch fest, dass die Strahlung dünne Metallfolien durchdringen konnten. Sein Assistent Philipp Lenard (1862–1947) – ein leidenschaftlicher Nationalist, Anhänger der Nazi-Ideologie und späterer Protagonist einer „Deutschen Physik" – nutzte diese Tatsache, um Gasentladungsröhren mit dünnen Metallfenstern zu konstruieren. So konnte er z. B. ihre Absorption studieren, 1906 erhielt Lenard den Physik-Nobelpreis. Einige Jahre später fand er heraus, dass Kathodenstrahlen bevorzugt emittiert werden, wenn man die Kathode mit ultraviolettem Licht bestrahlt. Dieser fotoelektrische Effekt spielte eine entscheidende Rolle in der Entwicklung der Quantentheorie des Lichts, wie wir im Kap. 17 sehen werden. Angeregt durch Lenards Arbeiten interessierte sich der Würzburger Wilhelm Conrad Röntgen ab 1895 für Kathodenstrahlen. Wir kommen auf seine Entdeckung der durchdringenden Röntgenstrahlung in Kap. 15 zurück.

Die Natur der neu entdeckten Strahlen blieb unklar und wurde zu einem wichtigen Gegenstand von Spekulationen und Forschungen. Ein Teil der Physiker Ende des 19. Jahrhunderts stellte sich vor, dass elektrische Ladung und Strom aus geladenen Teilchen bestehen. Einer ihrer prominenten Vertreter war Wilhelm Weber, der den elektrischen Strom eine „Flüssigkeit elektrischer Moleküle" nannte [196]. Auf der Grundlage des Elektrolysegesetzes von Michael Faraday argumentierte Hermann von Helmholtz, dass es „Elektrizitätsatome" gebe, ging jedoch nicht so weit, diese Einheiten elektrischer Ladung mit einem Teilchen zu identifizieren. Darüber hinaus zeigte Jean Baptiste Perrin 1895 als junger Doktorand, dass Kathodenstrahlen, wenn sie in einem Faraday-Becher gesammelt werden, den Becher negativ aufladen [203]. Es gelang auch ihm, sie magnetisch abzulenken.

Andererseits glaubten einflussreiche Physiker wie Goldstein, Hertz und Lenard, dass Kathodenstrahlen lichtähnlich seien, also eher Ätherphänomene. Es gab also zwei grundlegend unterschiedliche Interpretationen von Kathodenstrahlen. Sie führten Joseph John Thomson[13] am Cavendish Laboratory dazu, 1896/97 weitere und sorgfältige Untersuchungen durchzuführen. Er gab seine Ergebnisse am 30. April 1897 in der Royal Institution [211] bekannt. In der Einleitung zu seinem ausführlicheren Bericht im Philosophical Magazine [212] schrieb er:[14]

„Die in diesem Artikel besprochenen Experimente wurden in der Hoffnung durchgeführt, einige Informationen über die Natur der Kathodenstrahlen zu gewinnen. Über diese Strahlen gibt es die unterschiedlichsten Meinungen: Nach der fast einstimmigen Meinung deutscher Physiker sind sie auf einen Vorgang im Äther zurückzuführen, dem – insofern als in einem gleichmäßigen Magnetfeld ihr Verlauf kreisförmig und nicht geradlinig ist – kein bisher beobachtetes Phänomen analog ist: Eine andere Sicht auf diese Strahlen ist, dass sie keineswegs völlig ätherisch, sondern tatsächlich völlig materiell sind und dass sie die Wege von Materieteilchen markieren, die mit negativer Elektrizität geladen sind. Auf den ersten Blick scheint es nicht schwierig zu sein, zwischen so unterschiedlichen Ansichten zu unterscheiden, doch die Erfahrung zeigt, dass dies nicht der Fall ist, da sich unter den Physikern, die sich am intensivsten mit diesem Thema befasst haben, Anhänger beider Theorien finden. Die Theorie der elektrifizierten Teilchen hat für Forschungszwecke einen großen Vorteil gegenüber der Äthertheorie, da sie eindeutig ist und ihre Konsequenzen vorhergesagt werden können. Mit der Äthertheorie ist es unmöglich vorherzusagen, was unter bestimmten Umständen passieren wird, da es sich bei dieser Theorie um bisher unbeobachtete Phänomene im Äther handelt, deren Gesetze wir nicht kennen.“

In einer Reihe von Experimenten hatte Thomson bereits Anfang der 1890er-Jahre Informationen über die Natur der Kathodenstrahlen gesammelt. Er hatte z. B. festgestellt, dass sie durch ein Magnetfeld nicht nur in der Nähe der Kathode, sondern entlang ihrer gesamten Flugbahn abgelenkt werden konnten. Mit einem Stroboskop hatte er ihre Geschwindigkeit grob gemessen.

---

[13] Eine detaillierte Geschichte dieser Entdeckung finden Sie unter [422].

[14] *The experiments discussed in this paper were undertaken in the hope of gaining, some information as to the nature of the Cathode Rays. The most diverse opinions are held as to these rays; according to the almost unanimous opinion of German physicists they are due to some process in the æther to which –inasmuch as in a uniform magnetic field their course is circular and not rectilinear– no phenomenon hitherto observed is analogous: another view of these rays is that, so far from being wholly ætherial, they are in fact wholly material, and that they mark the paths of particles of matter charged with negative electricity. It would seem at first sight that it ought not to be difficult to discriminate between views so different, yet experience shows that this is not the case, as amongst the physicists who have most deeply studied the subject can be found supporters of either theory. The electrified-particle theory has for purposes of research a great advantage over the ætherial theory, since it is definite and its consequences can be predicted; with the ætherial theory it is impossible to predict what will happen under any given circumstances, as on this theory we are dealing with hitherto unobserved phenomena in the æther, of whose laws we are ignorant.*

Er fand etwa $1{,}9 \times 10^7$ cm/s, groß im Vergleich zur typischen Geschwindigkeit von Ionen, aber klein im Vergleich zur Lichtgeschwindigkeit [201]. In den Experimenten von 1897 [211, 212] gelang es ihm, sowohl die Geschwindigkeit als auch das Ladungs-zu-Masse-Verhältnis e/m der Strahlen mithilfe einer geschickten Kombination von elektrischer und magnetischer Strahlung genauer zu messen. Heute würden wir einen solchen Aufbau als elektromagnetisches Spektrometer für geladene Teilchen bezeichnen. Das Prinzip ist in der Skizze Abb. 12.10 gezeigt.

Die durch die Entladung zwischen Kathode und Anode ganz links in der Röhre emittierten Strahlen passieren die zylindrische Anode und treten mit konstanter Geschwindigkeit in den länglichen geraden Abschnitt der Röhre ein. Sie gelangen in einen Ablenkungsbereich, in dem sowohl ein vertikales elektrisches Feld als auch ein horizontales Magnetfeld auf sie einwirken. Durch Anpassen der an den Plattenkondensator angelegten Spannung kann die elektrische Ablenkung variiert werden, durch die Regulierung des Stroms in den Magnetspulen die magnetische Ablenkung. Wenn beide Abweichungen gleich eingestellt werden und die notwendigen Feldstärken bekannt sind, können die Geschwindigkeit der Strahlen und das Verhältnis von Ladung zu Masse gleichzeitig gemessen werden. Die Ergebnisse, die Thomson für die Geschwindigkeit unter Verwendung verschiedener Restgase und dreier Röhren erhielt, bestätigten seine frühere Vermutung.

Die Geschwindigkeit der Strahlen ist unabhängig von Kathodenmaterial oder Restgas. Wenn die Strahlen dagegen aus Kathoden- oder Gaspartikeln bestünden, würde die Geschwindigkeit von diesen Materialien abhängen. Dies wurde von Walter Kaufmann [209, 210] praktisch gleichzeitig mit Thomsons Experimenten getestet, Emil Wiechert in Königsberg [213] erzielte ähnliche

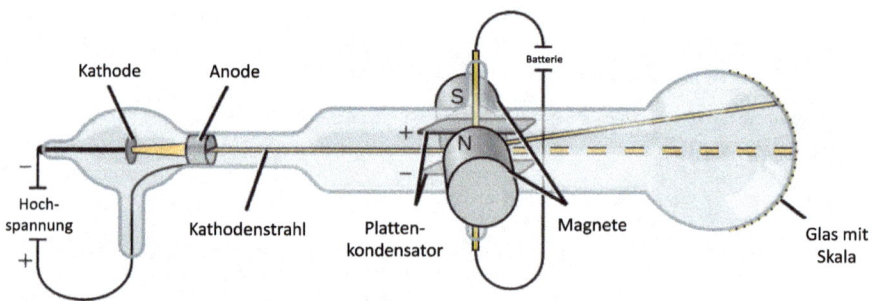

Abb. 12.10 Schematische Darstellung einer Kathodenstrahlröhre, ausgestattet mit Ablenkelektroden und Dipolmagneten (nach [577]). Die Spannung wird so variiert, dass die elektrische Kraft die magnetische Ablenkung kompensiert

Ergebnisse. Kaufmann scheute jedoch vor dem eindeutigen Schluss zurück, dass Kathodenstrahlen leichte geladene Teilchen sind, die von der Kathode emittiert werden. Er nannte diese Schlussfolgerung lediglich „befriedigend". Steven Weinberg vermutet, dass diese Schüchternheit auf den damals unter deutschen und österreichischen Physikern weit verbreiteten Einfluss des Wiener Physikers und Wissenschaftsphilosophen Ernst Mach zurückzuführen ist [488]. Machs Philosophie war, dass hypothetische Objekte wie Teilchen in der Physik keine Rolle zu spielen hätten, sondern nur direkt beobachtbare Objekte. Wir finden ähnliche Einstellungen im Zusammenhang mit der Quantenmechanik in Kap. 17.

Dass diese Ergebnisse auf konsistente Weise erzielt werden können, zeigt aber tatsächlich, dass Kathodenstrahlen aus den in Thomsons Einleitung erwähnten „elektrifizierten Teilchen" bestehen, die von jedem Kathodenmaterial emittiert werden. Thomson kam zu dem kühnen Schluss [212]:[15]

„… wir haben in den Kathodenstrahlen Materie in einem neuen Zustand, einem Zustand, in dem die Unterteilung der Materie viel weiter fortgeschritten ist als im gewöhnlichen gasförmigen Zustand: einem Zustand, in dem alle Materie – d. h. Materie, die aus verschiedenen Quellen stammt, wie Wasserstoff, Sauerstoff usw. – von ein und derselben Art ist; diese Materie ist die Substanz, aus der die chemischen Elemente aufgebaut sind."

Er spekulierte also zu Recht, dass sie ein Bestandteil aller Materie seien [227]. Thomson nannte sie „Korpuskeln". Wir nennen sie Elektronen, in Anlehnung an George Johnstone Stoney [200], der den Begriff 1894 zur Bezeichnung eines „Atoms der Elektrizität" einführte. Thomsons Entdeckung kann als Ausgangspunkt für zwei enorm wichtige Entwicklungslinien angesehen werden: einerseits die Teilchenphysik als grundlegendes Forschungsgebiet und andererseits die Elektronik als eine Technologie, die unser tägliches Leben durchdringt.

Um die Jahrhundertwende maß Henri Becquerel das Masse-Ladungs-Verhältnis von Betastrahlen [222] aus radioaktiven Substanzen, mit einem Spektrometer analog zu dem von Thomson. Er fand dasselbe Verhältnis wie das der Kathodenstrahlen, auch beim radioaktiven Betazerfall entstehen also

---

[15] *… we have in the cathode rays matter in a new state, a state in which the subdivision of matter is carried much further than in the ordinary gaseous state: a state in which all matter –that is, matter derived from different source such as hydrogen, oxygen, etc.– is of one and the same kind; this matter being the substance from which the chemical elements are built up.*

Elektronen. Kaufmann wechselte wie praktisch alle anderen Physiker damals die Seiten [231], das Elektron wurde als reales Teilchen akzeptiert.

Zu Maxwells Zeiten war nicht klar gewesen, was aus seiner Feldtheorie für die elektromagnetischen Kräfte auf bewegte geladene Objekte folgt. Aber wenn Ladungen und elektrische Ströme elektromagnetische Felder beeinflussen, muss doch auch das Umgekehrte passieren: Elektromagnetische Felder müssen eine Kraft auf Materie ausüben, insbesondere auf Korpuskeln. J. J. Thomson war denn auch der Erste, der versuchte, aus Maxwells Feldgleichungen die elektromagnetischen Kräfte abzuleiten. Er war natürlich daran interessiert, das elektromagnetische Verhalten der Kathodenstrahlen zu bestimmen. 1881 veröffentlichte er eine Arbeit, in der er die Kraft auf geladene Teilchen aufgrund eines externen Magnetfelds angab [167]. Thomson leitete die korrekte Grundform der Formel ab,[16] fügte jedoch einen falschen Skalierungsfaktor von $\frac{1}{2}$ ein. Oliver Heaviside behob diesen Fehler 1889 [184].

Schließlich leitete Hendrik Antoon Lorentz (1853–1928) 1895 die moderne Form der Formel für die elektromagnetische Kraft ab [202], die die Beiträge der elektrischen und magnetischen Felder zur Gesamtkraft berücksichtigt, und zwar auf mikroskopischer Ebene. Unter Verwendung von Heavisides Version der Maxwell-Gleichungen für einen stationären Äther und unter Anwendung der Lagrange-Mechanik gelangte Lorentz zur korrekten und vollständigen Form des Kraftgesetzes, das heute seinen Namen trägt.[17]

Die Grundgleichungen des Elektromagnetismus waren damit komplett. Die Maxwell'schen Gleichungen beschreiben die Entstehung der Felder und die Lorentz-Gleichung ihre Wirkung auf geladene Teilchen. Und elektromagnetische Wellen können sich von ihren Quellen lösen und sich selbstständig durch Zeit und Raum fortpflanzen. Die Geschwindigkeit ist im Vakuum für alle Wellenlängen und Frequenzen gleich, Licht jeglicher Farbe pflanzt sich mit gleicher Geschwindigkeit fort. Sie ist gegeben durch das Produkt aus zwei Naturkonstanten, der Dielektrizitätskonstanten ϵ_0 und der magnetischen Permeabilität μ_0. Aus damaliger Sicht waren diese beiden Eigenschaften des Äthers.

---

[16]In heutiger Notation: $\mathbf{F} = q(\mathbf{v} \times \mathbf{B})$ mit der Kraft $\mathbf{F}$, der Ladung q und der magnetischen Feldstärke $\mathbf{B}$.

[17]Sie lautet: $\mathbf{F} = q(\mathbf{E} + \mathbf{v} \times \mathbf{B})$ mit der Kraft $\mathbf{F}$, der Ladung q, der elektrischen $\mathbf{E}$ und der magnetischen Feldstärke $\mathbf{B}$.

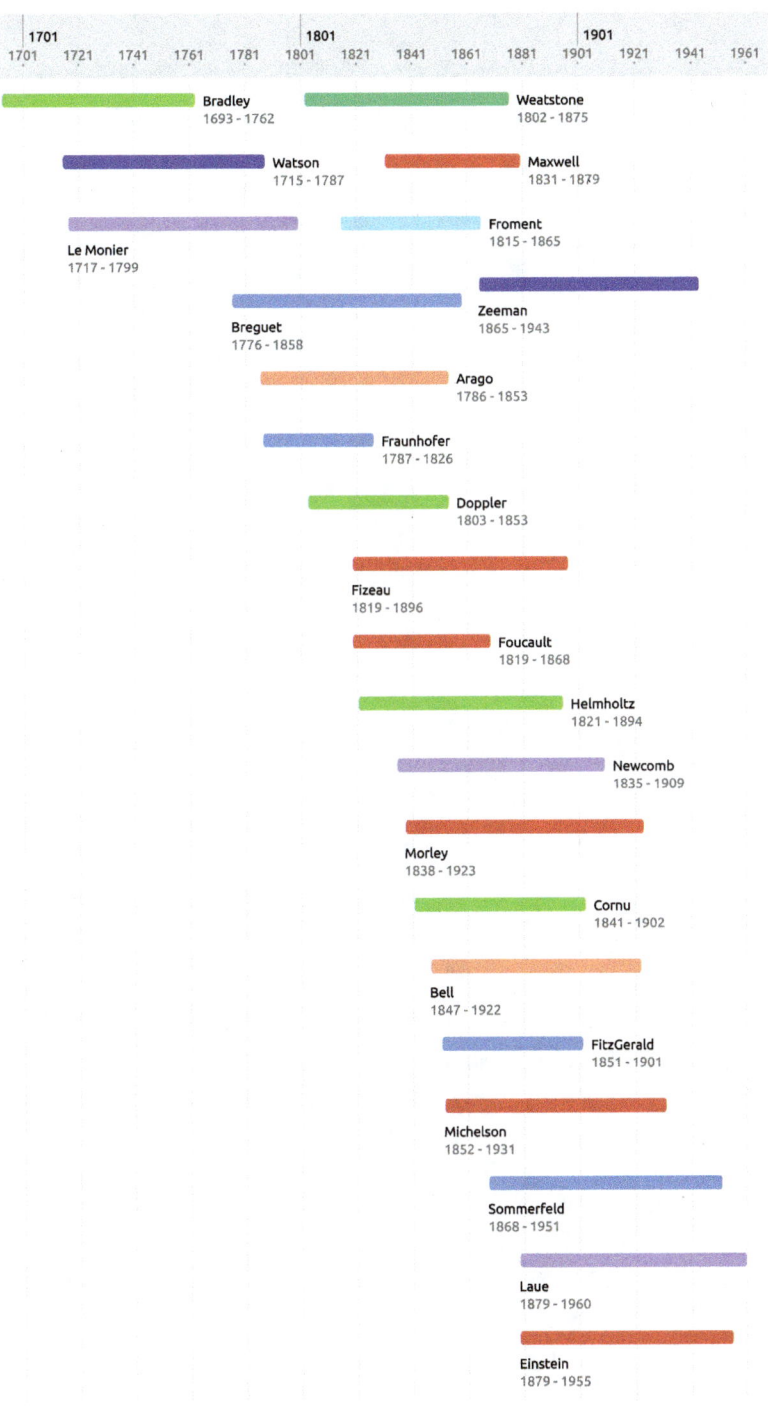

	1701				1801				1901		
1701	1721	1741	1761	1781	1801	1821	1841	1861	1881	1901	1921	1941	1961

Bradley
1693 - 1762

Weatstone
1802 - 1875

Watson
1715 - 1787

Maxwell
1831 - 1879

Le Monier
1717 - 1799

Froment
1815 - 1865

Breguet
1776 - 1858

Zeeman
1865 - 1943

Arago
1786 - 1853

Fraunhofer
1787 - 1826

Doppler
1803 - 1853

Fizeau
1819 - 1896

Foucault
1819 - 1868

Helmholtz
1821 - 1894

Newcomb
1835 - 1909

Morley
1838 - 1923

Cornu
1841 - 1902

Bell
1847 - 1922

FitzGerald
1851 - 1901

Michelson
1852 - 1931

Sommerfeld
1868 - 1951

Laue
1879 - 1960

Einstein
1879 - 1955

13

Lichtgeschwindigkeit

*Es wäre in der Tat entmutigend für jeden wirklichen Wissenschaftler zu glauben,
dass ein akzeptierter Wert irgendeiner physikalischen Konstante niemals mehr
geändert werden könnte. Die charakteristischste Eigenschaft von Wissenschaft – im
Allgemeinen wie im Besonderen – ist immerwährender Wandel. Aber man darf
nicht die Tatsache übersehen, dass es der wahrscheinliche Wert einer gegebenen
Konstante ist, der sich ändert, nicht ihr wirklicher Wert. Der Glaube an
irgendeine signifikante Änderung der Naturkonstanten ist tödlich für den Geist der
Wissenschaft, so wie Wissenschaft heute verstanden wird.*

Raymond T. Birge, The General Physical Constants, *1941 [315]* © *IOP
Publishing. Reproduced with permission. All rights reserved.*

Im vorangehenden, eher theoretisch orientierten Kapitel haben Ihnen Experimente vielleicht ein bisschen gefehlt, ich hoffe es jedenfalls. Die sollen hier nachgeliefert werden, in Bezug auf die Messung der Lichtgeschwindigkeit, die für Maxwells Gleichsetzung von elektromagnetischen und Lichtwellen so wichtig war. Und zwar auf Messungen im Labor, nicht astronomische Argumente, wie Ole Rømer sie benutzt hat (siehe die Abschweifung in Kap. 8). Wir werden in diesem Zusammenhang auch dem rätselhaften lichttragenden Äther zu Leibe rücken, dessen Existenz Maxwell wie selbstverständlich angenommen hat.

Den Beginn der Labormessungen kann man in den Versuchen der Ärzte Louis-Guillaume Le Monnier (1717–1799) und William Watson (1715–1787) schon im 18. Jahrhundert erkennen. Sie versuchten erfolglos, die Fortpflan-

© Der/die Autor(en), exklusiv lizenziert an Springer-Verlag GmbH, DE,
ein Teil von Springer Nature 2025
M. Pohl, *Licht*, https://doi.org/10.1007/978-3-662-70486-8_13

zung des elektrischen Stroms in einem Leiter zu verfolgen und ihre Geschwindigkeit zu messen. Ihre Methode waren Menschen, die die Ankunft elektrischer Schläge mit Stoppuhren messen sollten. Eine Abweichung von instantaner elektrischer Wirkung konnten sie nicht feststellen. Kein Wunder, wenn wir uns in Erinnerung rufen, dass wir Eindrücke, die uns mit weniger als etwa einer Zehntelsekunde Abstand erreichen, nicht unterscheiden können.

Eine interessante Fortsetzung fanden diese Versuche durch Charles Wheatstone (1802–1875) ein knappes Jahrhundert später. Wir haben ihn schon im Zusammenhang mit der Telegrafie erwähnt. Sein Versuch von 1834 zur Messung der Geschwindigkeit elektrischer Signale in einem Leiter [69] ist insofern bedeutsam, als er die Drehspiegelmethode erfunden hat. Zu Erzeugung und Nachweis der Signale verwendete Wheatstone Funkenstrecken. In einer ersten Versuchsreihe beobachtete er senkrechte Funken durch einen sich schnell drehenden Spiegel. Wenn eine messbare Zeit zwischen Anfang und Ende der Funkenstrecke vergeht, sollte im Drehspiegel ein schräges Bild entstehen. Der Drehspiegel verwandelt also eine zeitliche Abfolge in räumliche Ablenkung. Je schneller die Drehung des Spiegels, umso kürzere Zeitspannen können beobachtet werden. Sein Spiegel rotierte mit etwa 50 Umdrehungen pro Sekunde, entsprechend einem Ablenkung von einem halben Grad in etwa 14 µs. Wheatstone konnte die Dauer der Funkenstrecke so nicht messen.

In einem weiteren Experiment wiederholte Wheatstone Watsons Versuch, aber mit Funkenstrecken zu Beginn, Mitte und Ende eines Leiters von einer halben Meile Länge. Alle drei Funkenstrecken wurden auf einem runden Brett zusammengeführt und durch denselben Drehspiegel beobachtet. Den Aufbau zur Erzeugung und Beobachtung zeigt seine Zeichnung Abb. 13.1. Der Spiegel (im Einsatz Fig. 10) rotierte jetzt so schnell, dass Zeitunterschiede von einigen Mikrosekunden zwischen zwei Funken beobachtbar werden sollten.[1] Die Umdrehungszahl wurde akustisch zu 800 pro Sekunde bestimmt. Die Leidener Flasche M erzeugte mit der Stellung des Spiegels synchronisierte Funken, sodass diese im Spiegel bei ausreichender Umdrehungszahl als waagerechte Linien erscheinen sollten. Sie wurden gemeinsam auf der Funkenplatte von Fig. 7 beobachtet. Eine Verzögerung ist wieder nicht sicher festzustellen, elektrische Signale in einem Leiter pflanzen sich also mit hoher, vielleicht mit Lichtgeschwindigkeit oder sogar noch schneller fort. Das war es, was die Telegrafie zu dieser Zeit beflügelte.

---

[1]Das ist auch notwendig, die Signalgeschwindigkeit ist ein hoher Bruchteil der Lichtgeschwindigkeit und Licht braucht für eine halbe englische Meile etwa $2,7\,\mu$s.

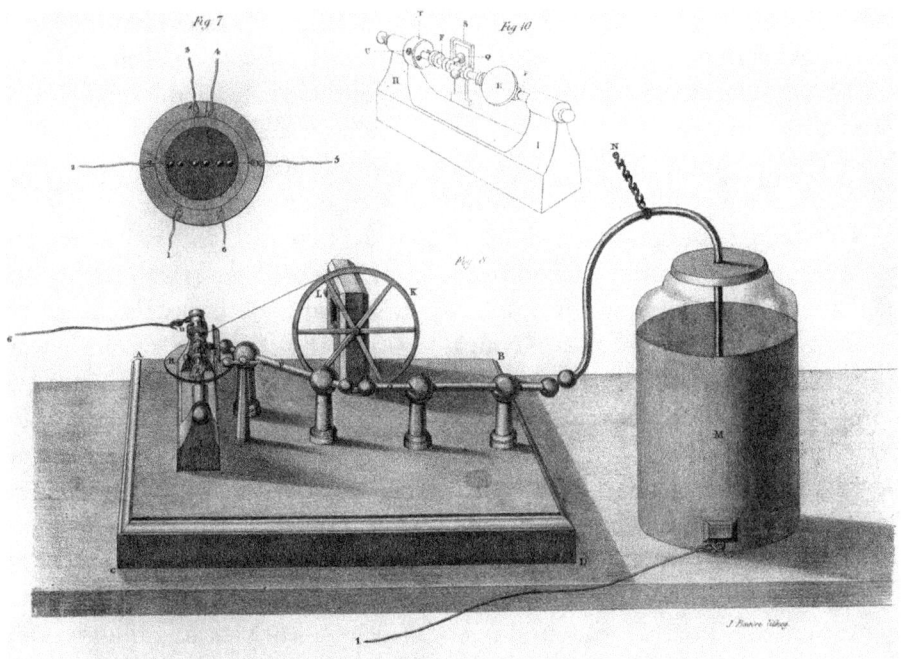

Abb. 13.1 Experiment von Charles Wheatstone 1834 zur Messung der Geschwindigkeit elektrischer Impulse in einem Leiter [69]

Das war es auch, was die Aufmerksamkeit unserer *polytechniciens* auf die Messung der Lichtgeschwindigkeit im Labor richtete. Schließlich war es unbefriedigend, dass die einzige vorliegende Messung immer noch die astronomische von Ole Rømer war, trotz aller Fortschritte der experimentellen Technik in den vergangenen 160 Jahren. Außerdem stand immer noch die experimentelle Entscheidung aus, ob Licht sich in einem dichteren Medium langsamer oder schneller ausbreitet. Also die Entscheidung, ob die Newton'sche Teilchentheorie in damaliger Interpretation oder die Wellentheorie des 19. Jahrhunderts die Natur des Lichts richtig beschreibt.

1838 schlug François Arago ein entscheidendes Experiment vor, das die Drehspiegelmethode verwenden sollte. Zusammen mit dem Uhrmacher Antoine-Louis Breguet (1776–1858)[2] entwickelte er Instrumente, die es

---

[2]Die Uhrenmanufaktur Breguet wurde 1775 in Paris begründet. Sie existiert noch heute mit Sitz im schweizerischen L'Abbaye.

erlauben sollten, die Lichtgeschwindigkeit in Luft und Wasser zu vergleichen. Allerdings verhinderte seine durch Diabetes schwindende Sehkraft eine Ausführung der Experimente. Arago veröffentlichte 1850 nur das Prinzip seines Versuchsaufbaus [92]. Er zitiert dort auch aus einem Briefwechsel mit Charles Wheatstone und John Herschel aus den 1830er-Jahren, im Bemühen, die Priorität seiner Idee mangels Ausführung zu dokumentieren.

Es hat nicht lange gedauert, bis jemand tatsächlich die Lichtgeschwindigkeit im Labor messen konnte. Es kommen zwei gleichaltrige Privatgelehrte mit medizinischer Ausbildung ins Spiel, Armand Hippolyte Louis Fizeau (1819–1896) und Jean Bernard Léon Foucault (1819–1868). Beide stammten aus bürgerlichem Umfeld, Fizeau aus einer Ärztefamilie, Foucaults Vater war Verleger. Beide begannen eine medizinische Ausbildung, die sie nicht beendeten. Und beide entdeckten ihr Interesse für Licht, als Daguerre und Niepce die Frühform der Fotografie entwickelten. Arago stellte die Erfindung der Daguerreotypie 1839 der *Académie* vor. Fizeau und Foucault verbesserten das Verfahren und arbeiteten an ersten Vervielfältigungen der Einzelbilder. 1845 nahmen sie eine erste Daguerreotypie der Sonne auf, die auch Sonnenflecken zeigte. Wir berichten darüber und über die weitere Entwicklung bildgebender Verfahren im Kap. 15. An der Verbesserung der Daguerreotypie arbeiteten die beiden gemeinsam, über die Messung der Lichtgeschwindigkeit wurden sie zu Konkurrenten.

In die Mitte des 19. Jahrhunderts fällt auch die Entdeckung der Verschiebung der Wellenlänge von Licht, das von bewegten Quellen ausgesandt wird. Im deutschen Sprachraum wird der Effekt nach Christian Doppler (1803–1853) benannt, dem einen Entdecker, veröffentlicht 1842 im Aktenband der königlich böhmischen Gesellschaft der Wissenschaften [80]. Der andere war Hippolyte Fizeau, der Dopplers Arbeiten mangels Sprachkenntnissen nicht gekannt hat. Im Dezember 1848 hielt er einen Vortrag vor der *Société philomathique* in Paris, einer Art Vorzimmer der Akademie [147]. Wie Doppler vermutete Fizeau, dass das Licht von Quellen, die sich von einem im Äther ruhenden Beobachter wegbewegen, zum Roten hin verschoben wird. Die Verschiebung der Frequenz ist dabei proportional zum Verhältnis aus der Geschwindigkeit der Quelle und der Lichtgeschwindigkeit. Im Gegensatz zu Doppler glaubte aber Fizeau nicht, dass die Geschwindigkeit, mit der Sterne sich bewegen, zur Erklärung ihrer verschiedenen Farben ausreicht. In der Tat ist ja die Oberflächentemperatur der Sterne für deren Farbe verantwortlich. Vielmehr schlug Fizeau vor, die 1814 von Joseph Fraunhofer nachgewiesenen Absorptionslinien im Sonnenspektrum [45], die Abb. 13.2 zeigt, als Frequenzstandards zu benutzen. Die Lage der Linien sollte sich verschieben, wenn die Quelle relativ zum Äther in Bewegung ist.

Abb. 13.2 Kupferstich von Joseph Fraunhofer [45], der das Sonnenspektrum und die nach ihm benannten Absorptionslinien zeigt. (Bildnachweis: Wikisource)

Die Verifikation des Doppler-Fizeau-Effekts für Licht ließ auf sich warten, schließlich ist es nicht einfach, eine Lichtquelle mit einem messbaren Bruchteil der Lichtgeschwindigkeit zu bewegen. Aber eine akustische Analogie war einfacher zu untersuchen, schließlich ist Schall nur ca. 300 m/s schnell. Dazu bewegt man eine Schallquelle, die eine bestimmte Frequenz aussendet – stellvertretend für eine Lichtquelle fester Farbe. Ruhende Luft dient als Ersatz für den lichttragenden Äther. Und ein ebenfalls ruhender Hörer vergleicht den empfangenden Ton mit dem ausgesendeten. Ein erster Versuch mit dem damals schnellsten Transportmittel, der Eisenbahn, ist vom niederländischen Meteorologen Christoph Buijs-Ballot (1817–1890) dokumentiert [86]. Auf der Strecke von Utrecht nach Maarsden postierte Buijs-Ballot 1845 im Abstand von einigen hundert Metern jeweils drei Personen: einen Musikanten mit Blasinstrument, einen weiteren Musiker, der die Tonhöhe bestimmen sollte, und einen Regisseur, der Anweisungen zu geben und die Ergebnisse zu protokollieren hatte. Auf der Lokomotive wurden ebenfalls die drei Rollen besetzt, auch Buijs-Ballot selbst fuhr mit. Wie erwartet ergab sich, dass bei Annäherung die geblasenen Töne höher, bei Entfernung tiefer klangen. Sie kennen diesen Effekt, wenn z. B. eine Ambulanz an Ihnen vorbeifährt. Fizeau hat Ende 1848 mit weitaus weniger Aufwand den Effekt vor der *Société philomatique* demonstriert. Wie die Zeichnung aus seiner (sehr verspäteten!) Publikation zeigt [147], montierte er an einem Rad eine Stimmzunge, die oben und unten angerissen wurde (Abb. 13.3). Der erhöhte Ton, wenn die Zunge sich oben auf den Hörer zubewegt und die Wellenlänge gestaucht wird, unterscheidet sich merklich von dem, der in der unteren Hälfte erzeugt wird. Dort bewegt sich die Zunge vom Hörer weg, die Wellenlänge ist gestreckt, der Ton tiefer.

Abb. 13.3 Von Fizeau verwendetes Rad mit Stimmzunge [147] zur akustischen Demonstration des Doppler-Fizeau-Effekts. Das Rad wird durch den angedeuteten Treibriemen im Uhrzeigersinn in Drehung versetzt

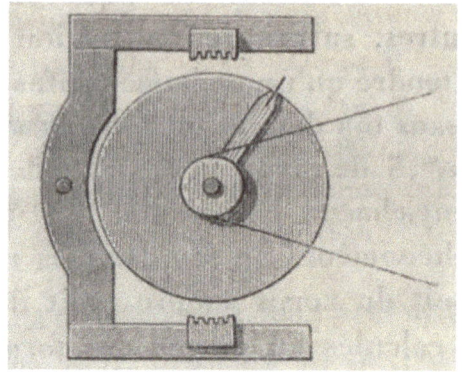

1868 wurde der Doppler-Fizeau-Effekt für Licht anhand der Verschiebung der Fraunhofer'schen Linien von William Huggins [142] wohl erstmals zur Bestimmung der Bewegung von Himmelskörpern benutzt. Heute benutzt man die Rotverschiebung des Lichts durch das sich ausdehnende Universum zur Bestimmung wichtiger kosmologischer Parameter, wie wir in Kap. 19 sehen werden.

Fizeaus Bruder studierte an der *École polytechnique* und er hatte Zugang zu dessen Notizen, die er sorgfältig studierte [551]. Sein Klassenkamerad am *Collège Stanislas*, Léon Foucault, war dagegen an formellen Studien generell uninteressiert [168] und mehr praktisch orientiert.[3] Nach abgebrochenem Medizinstudium arbeitete er als Assistent des Mikroskopie-Pioniers, Alfred Donné. Letzterer war auch einer der Autoren des täglich erscheinenden *Journal des débats*,[4] in dem er von den Sitzungen der *Académie des sciences* berichtete. Eine Aufgabe, die er 1845 an Foucault übertrug, der sie mit bemerkenswertem Erfolg ausführte. Der Sekretär der Akademie Joseph Bertrand schreibt in seiner Eloge von 1882 [168]:[5]

---

[3]Das Foucault'sche Pendel ist Ihnen sicher ein Begriff, mindestens aus dem Roman von Umberto Eco. Es handelt sich um ein torsionsfrei aufgehängtes Pendel mit nicht magnetischem Gewicht. Die Schwingungsebene bleibt (annähernd) stabil, die Erde dreht sich darunter weg. Ein überzeugender Nachweis der Erddrehung. Foucault hat das Pendel erstmals 1851 im Pariser Pantheon öffentlich demonstriert [99]. Ein besonders bemerkenswertes Exemplar hat Gerhard Richter in der Münsteraner Dominikanerkirche in ein Kunstwerk integriert.

[4]Das *Journal des débats politiques et littéraires* war eine viel gelesene französische Zeitschrift, die von 1814 bis 1944 erschien. 1830 hatte sie eine Auflage von 30.000 Exemplaren.

[5]*A l'âge de vingt-cinq ans, n'ayant rien appris dans les écoles, fort peu dans les livres, avide de science mais aimant peu l'étude, Léon Foucaults accepta la mission de faire connaître les travaux des savants et de juger leurs découvertes. Il montra, dès le début, beaucoup de sens, beaucoup de finesse et une liberté de jugement tempérée par plus de prudence qu'on attendait d'un esprit mordant et sévère.*

„Im Alter von 25 Jahren, nachdem er in der Schule nichts gelernt hatte und in Büchern wenig, wissensdurstig, aber wenig geneigt zum Studium, nahm Foucault den Auftrag an, die Arbeiten der Wissenschaftler zu vermitteln und ihre Entdeckungen zu beurteilen. Er zeigte von Beginn an viel gesunden Menschenverstand, viel Fingerspitzengefühl und eine Freiheit im Urteil, die durch mehr Vorsicht gezäumt wurde, als man von einem scharfen und strengen Geist erwartet hätte."

François Arago war auf Fizeau und Foucault im Zusammenhang mit ihrer Arbeit an der Daguerreotypie aufmerksam geworden, ihre teleskopische Aufnahme der Sonne kam auf seine Anregung hin zustande. Arago ermutigte die beiden, eine terrestrische Messung der Lichtgeschwindigkeit anzugehen, sowohl in Luft als auch in dichteren Medien. Beide nahmen die Anregung gerne auf, jeder auf seine Weise.

Fizeau war 1849 der Erste, der eine Messung vorlegte. Allerdings hielt er sich nicht sklavisch an Aragos Vorschläge, sondern entwickelte mit dem *polytechnicien* Paul Gustave Froment (1815–1865) eigene Instrumente. In seinem Experiment zerhackt ein Zahnrad einen kontinuierlichen Lichtstrahl in eine Reihe von kurzen Lichtpulsen. Diese werden auf eine Reise zu einem Spiegel geschickt, der senkrecht auf dem Lichtweg steht und das Licht somit zu seiner Quelle zurückreflektiert. Der Lichtweg muss möglichst lang sein, aber doch kurz genug, dass der zurückkehrende Lichtpuls noch sichtbar ist. Wenn sich das Zahnrad in der Zwischenzeit um ein Vielfaches des Zahnabstandes gedreht hat, werden die Lichtpulse durch eine Zahnlücke sichtbar. Ansonsten verdecken die Zähne die Rückkunft der Pulse. Fizeaus erste Veröffentlichung enthält keine Zeichnung des Versuchsaufbaus, die Grafik Abb. 13.4 und die Repräsentation der Ergebnisse Abb. 13.5 stammen aus Aragos Lehrbuch *Astronomie populaire* von 1865.

Eine erste Versuchsreihe führte Fizeau am 8. und 9. Juli 1849 zwischen Montmartre und seinem Elternhaus in Suresnes durch. Der Abstand zwischen Lichtquelle und Spiegel betrug 8633 m, geschätzt nach damals vorliegenden Vermessungskarten. Die Abb. 13.5 aus Aragos späterem Lehrbuch zeigt das Bild des Zahnrades in Ruhe und bei drei verschiedenen Drehgeschwindigkeiten. In Fizeaus Originalnotizen sind drei Messwerte vermerkt [551, Abb. 4.9], der Mittelwert für die Lichtgeschwindigkeit beträgt (315.300 ± 4140) km/s. Ich habe den statistischen Messfehler – die Standardabweichung der drei Werte – selbst berechnet, damals hatte sich die Angabe von Fehlern noch nicht überall durchgesetzt. Das sollte sich aber bald ändern. Die dominanten systematischen Fehlerquellen waren wahrscheinlich der Abstand zwischen

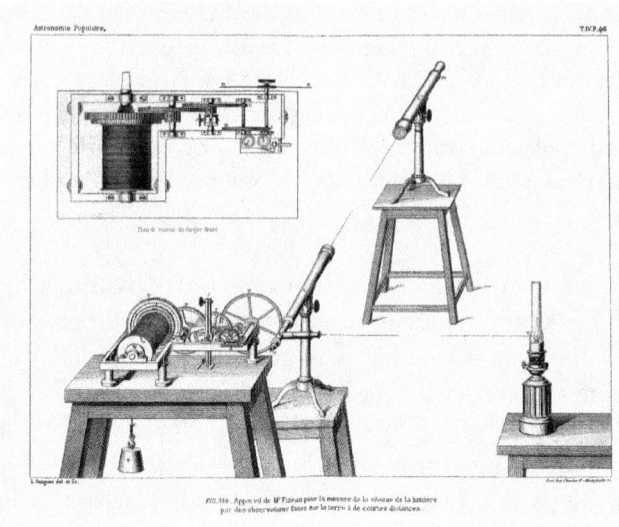

Abb. 13.4 Experiment von Fizeau (1849) zur Messung der Lichtgeschwindigkeit, aus dem Lehrbuch *Astronomie populaire* von François Arago [123]. (Bildnachweis: Wikisource)

Zahnrad und Spiegel und die Umdrehungszahl des Zahnrades, das von einem Uhrwerk angetrieben wurde.

Diese Messung machte Fizeau schnell bekannt. Foucault schreibt im *Journal des débats* vom 20. Dezember 1849 [90]:[6]

> „Die Arbeit von Herrn Fizeau, mitgeteilt in der einfachsten Form, ist nichtsdestotrotz überaus günstig aufgenommen worden; das war nur gerechtfertigt; und das rote Band, das seit Kurzem sein Knopfloch ziert, zeugt davon, dass der wissenschaftliche Geist die Wechselfälle unserer Epoche überlebt hat. Es ist wunderbar, Herrn Fizeau selbst die Vorteile seiner Methode darlegen zu hören und wie viel Freude sie ihm gebracht hat. Dass das manchmal der Fall sei, will ich zugeben, aber es ist dieselbe Freude, die die Reime dem Poeten und die Entdeckungen den genialen Menschen bieten."

---

[6] *Le travail de M. Fizeau, communiqué sous la forme la plus simple, n'en a pas moins été accueilli avec une immense faveur ; ce n'est que justice ; et le ruban rouge qui étincelle depuis peu à sa boutonnière témoigne que l'esprit scientifique a survécu aux vicissitudes de notre époque. C'est merveille que d'entendre M. Fizeau exposer lui-même les avantages de sa méthode et raconter comme quoi il a eu du bonheur. Qu'il en ait quelquefois, j'en conviens, mais c'est le même bonheur qui fournit la rime au poëte et les découvertes aux hommes de génie.*

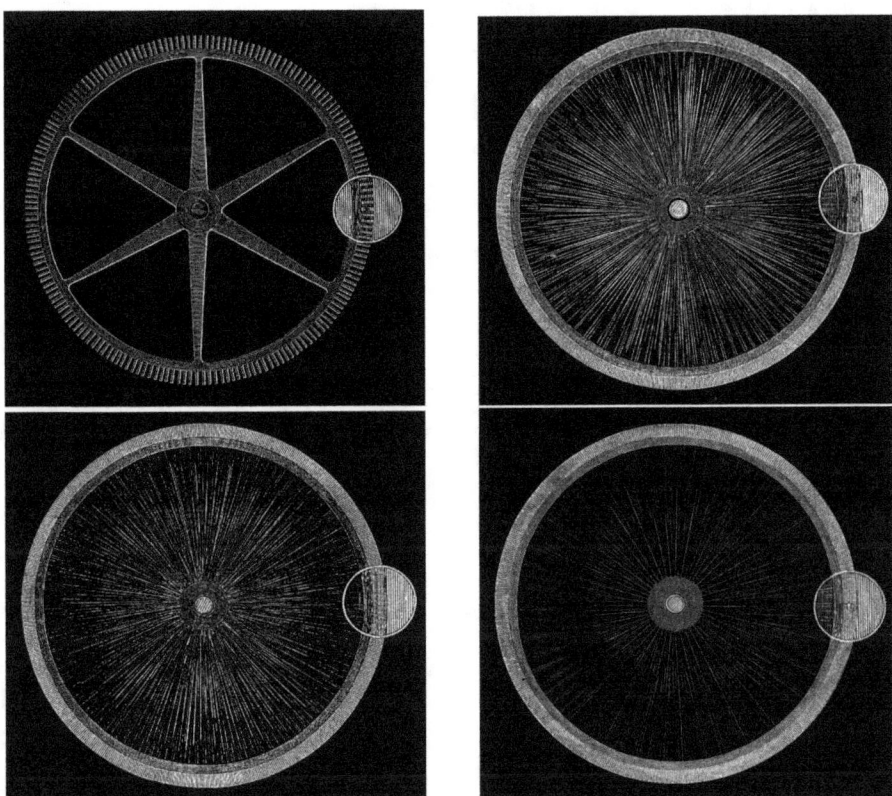

Abb. 13.5 Ergebnisse des Experiments von Fizeau zur Messung der Lichtgeschwindigkeit, aus dem Lehrbuch *Astronomie populaire* von François Arago [123]. Der Stern markiert das ankommende Licht, wenn es sichtbar ist. Oben links: Zahnrad in Ruhe. Oben rechts: Schwächung bei langsamer Drehung. Unten links: Verdunkelung bei 12,6 Drehungen pro Sekunde. Unten rechts: Helligkeit bei der doppelten Umdrehungszahl. (Bildnachweis: Wikisource)

Das rote Band in seinem Knopfloch ist natürlich das Zeichen der Aufnahme in die französische Ehrenlegion, die Fizeau und Froment aufgrund dieses epochemachenden Experiments zuteilwurde.

Beide wollten natürlich weiterhin die von Arago angeregte Vergleichsmessung der Lichtgeschwindigkeit in dünneren und dichteren Medien durchführen. Und beide wandten sich an Arago. Dieser wies seinen Instrumentenbauer Breguet an, Fizeau seinen Drehspiegel zu leihen. Aber Foucault gab nicht auf. Mit Froment konstruierte er einen eigenen Versuchsaufbau mit Drehspiegel [94], dessen Strahlengang die Skizze Abb. 13.6 zeigt. Sonnenlicht fällt von rechts zunächst auf ein Strichgitter, das die Skizze nicht zeigt. Ein Strahlenteiler

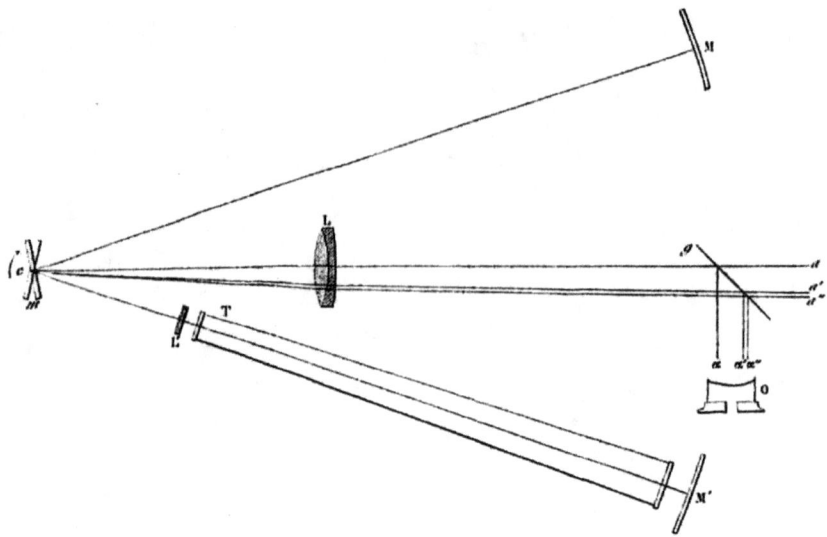

Abb. 13.6 Skizze des Experiments von Foucault zur Messung der Lichtgeschwindigkeit in Luft und ruhendem Wasser. (Bildnachweis: Wikimedia Commons)

lenkt dessen Bild einerseits auf den Beobachter O. Andererseits fällt ein Teil des Strahls auf eine achromatische Linse, die das Licht auf den Mittelpunkt des Drehspiegels links fokussiert. Nach dem Prinzip des Leuchtturms lenkt der Drehspiegel den Lichtstrahl abwechselnd durch Luft auf den oberen Hohlspiegel M und durch das Wasserrohr T auf den unteren Hohlspiegel M'. Beide haben ihren Brennpunkt wieder in der Mitte des Drehspiegels. Wenn sich der Spiegel langsam dreht – weniger als 30 Umdrehungen pro Sekunde nach Foucaults Angaben –, sieht der Beobachter abwechselnd ein Bild des Strichgitters aus dem einen und dem anderen Teil des Lichtwegs. Ist die Drehgeschwindigkeit hoch genug, passieren zwei Dinge. Einerseits stellt sich ein stetiges Bild der beiden Strichgitter ein, weil das Auge die Einzelbilder nicht mehr auflöst. Andererseits werden die reflektierten Bilder a' und a'' auf den beiden Lichtwegen gegenüber dem direkten Bild a verschoben. Und zwar um verschiedene Strecken, wenn die Laufzeiten der beiden nicht gleich sind. Um das zu messen, muss der Spiegel sich in der Zeit, die das Licht zwischen Drehspiegel und Hohlspiegeln verbringt, merklich gedreht haben. Man muss also entweder einen langen Lichtweg oder eine hohe Drehzahl erreichen.

Wenn man den Lichtweg vergrößert, hat das aber eine Schwächung der Intensität zur Folge, insbesondere auf dem Weg durch das dichtere Medium. Der Lichtweg ist damit auf einige Meter beschränkt. Erfolg versprechender ist es, die Drehgeschwindigkeit zu steigern. Foucault erreicht Drehzahlen von bis zu 800 pro Sekunde durch eine kleine Turbine, die von Wasserdampf angetrieben wird. Für so hohe Drehzahlen ist es notwendig, die Achse des Drehspiegels möglichst spielfrei zu lagern, was Froment durch sorgfältige Justierung gelang. Die Drehzahl misst man auf akustischem Weg durch Vergleich mit einer Stimmgabel. In seiner Publikation gibt Foucault noch keine numerischen Ergebnisse zur Lichtgeschwindigkeit in Luft und Wasser an, stellt aber zweifelsfrei fest (Hervorhebung von ihm):[7]

> „Indem ich mich auf die Bestimmung der Umdrehungszahl durch die Tonhöhe beschränkte, habe ich schon festgestellt, dass die *Abweichung des Bildes nach dem Lichtweg in Luft kleiner ist als in Wasser* … Diese Resultate bedeuten eine *kleinere Lichtgeschwindigkeit in Wasser als in Luft* und bestätigen voll und ganz, nach Herrn Aragos Meinung, die Vorhersagen der Wellentheorie."

Wenig später bestätigt Fizeau die Messung mit dem Aufbau von Breguet [96, 97]. Newtons Teilchentheorie, nach der $c_{\text{Luft}} < c_{\text{Wasser}}$ sein müsste, ist endgültig widerlegt. Aber Achtung: Wie Foucault richtig bemerkt, hätte das umgekehrte Resultat die Wellentheorie nicht widerlegen können. Schließlich kann man dem Äther genau die Eigenschaften geben, die man braucht! Die Widerlegung der Teilchentheorie ist dagegen eindeutig, weil diese auf rein mechanischen Überlegungen fußt.

Die Messung der Lichtgeschwindigkeit von Fizeau von 1849 war, wie er selbst bereitwillig einräumte, nicht besonders präzise. 1862 beauftragte der Direktor des Pariser Observatoriums Léon Foucault mit einer verbesserten Messung. Die Zeichnung Abb. 13.7 zeigt Foucaults Versuchsaufbau [120], der sich eines Systems von Spiegeln bediente. So konnte ein Lichtweg von 40 m innerhalb eines Gebäudes untergebracht und genau vermessen werden. Diese systematische Unsicherheit war damit schon einmal stark reduziert. Wegen des kurzen Lichtwegs musste aber die Drehzahl des Spiegels gesteigert und möglichst genau gemessen werden. Die Turbine wurde mit einem Gebläse angetrieben, das man auch bei großen Orgeln verwendete und das einen besonders stabilen Luftdruck erzeugte. Die Turbine wurde wieder von Froment hergestellt und justiert. Zur Bestimmung der Drehzahl brachte Foucault im Lichtweg ein Zahnrad an, das durch ein Uhrwerk in konstanter Umdrehung gehalten wird. Die Beobachtung eines konstanten Lichtpunktes

---

[7] *En me bornant à des appreciations de la vitesse par le son, j'ai déjà constaté, par deux observations successives, que la* déviation de l'image après le parcours de la lumière dans l'air est moindre qu'après son parcours dans l'eau … *Ces résultats accusent une* vitesse de la lumière moindre dans l'eau que dans l'air, *et confirment pleinement, selon les vues de M. Arago, les indications de la théorie des ondulations.*

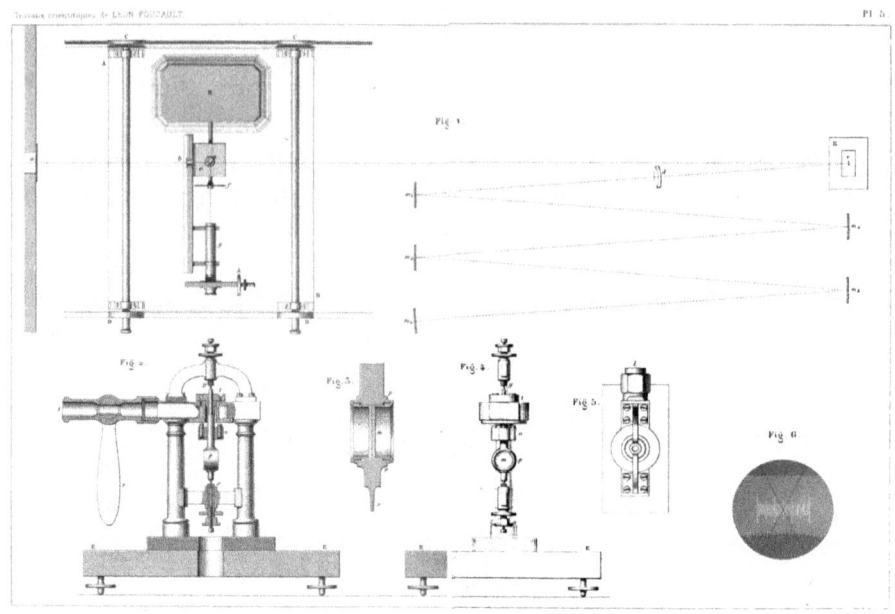

Abb. 13.7 Skizze des Experiments von Foucault von 1862 [120] zur Messung der Lichtgeschwindigkeit. (Bildnachweis: Wikimedia Commons)

bedeutet dann, dass Zahnrad und Drehspiegel perfekt synchronisiert sind. Foucault regulierte auf 400 Umdrehungen pro Sekunde für den Drehspiegel und bestimmte die Genauigkeit der Drehzahl auf ein Zehntel Promille. Somit ist ein weiterer systematischer Fehler unter Kontrolle. Sein Mikrometer zur Messung der Abweichung des Lichtpunkts schien Foucault nicht präzise genug. Er entschied sich also, stattdessen den Abstand des Spiegels bei jeder Messung so zu regulieren, dass die Abweichung bei der genannten Drehzahl den konstanten Wert von $0, 7$ mm annahm.

Die Originalarbeit von Foucault [120] enthält als Resultat nur den Mittelwert aus vielen Beobachtungen, nämlich 298.000 km/s, und keine Fehlerschätzung. Dankenswerterweise hat die Akademie aber bei der Herausgabe von Foucaults gesammelten Werken Tabellen seiner verschiedenen Messungen hinzugefügt [159, 224–225]. Aus diesen Tabellen finde ich einen Mittelwert für die Lichtgeschwindigkeit in Luft von $c = (298.829 \pm 139)$ km/s, mit einem sehr respektablen statistischen Fehler. Korrigiert für den Brechungsindex von Luft unter Normalbedingungen ($n = 1, 00028$) findet man also eine

Lichtgeschwindigkeit im Vakuum von $c = (298.913 \pm 139)$ km/s. Das ist schon ziemlich nahe an modernen Messungen, wie wir noch sehen werden.

Einige Zeit später nahm Marie Alfred Cornu (1841–1902) die Zahnrad-methode seines Lehrers Fizeau wieder auf und machte mehrere Messungen über Distanzen von vielen Kilometern [155]. Sein Endresultat von 1876 war $c = 300.400$ km/s, seine eigene Fehlerschätzung 300 km/s für die Summe von statistischen und systematischen Fehlern. Nun war also die Lichtgeschwindigkeit mit zwei verschiedenen Methoden und vergleichbaren Unsicherheiten gemessen. Ein Fortschritt in Methodik und Genauigkeit musste auf die Experimente von Albert A. Michelson in den USA warten. Aber bevor wir darauf kommen, müssen wir die Äthertheorie auf den „neuesten" Stand bringen.

Ätherwind

Die Fragestellung der folgenden Experimente von Fizeau lag Mitte des 19. Jahrhunderts schon ziemlich lange vor. Das experimentell zu lösende Problem hatte mit verschiedenen Hypothesen über das Verhalten des Äthers gegenüber bewegten Körpern zu tun. Wir erinnern uns: Der Äther ist eine alles durchdringende Materie, die gleichzeitig ideal flüchtig und ideal elastisch sein soll. Er definiert einen absoluten Raum, gegenüber dem Materie in Ruhe oder in Bewegung sein kann. Für Newton ist das essenziell, weil ja alle Bewegung relativ zu etwas stattfinden muss. Wenn sich aber nun ein Körper durch den Äther bewegt, gibt es drei Möglichkeiten. Entweder dieser ist so dünnflüssig, dass er der Bewegung keinerlei Widerstand entgegensetzt, ähnlich „dem leisen Hauche eines Zephyrs", wie es Christian Doppler formulierte [84]. Oder der Äther wird von bewegten Körpern mitgeführt, sodass er mindestens lokal gegenüber dem bewegten Körper ruht. Oder, analoger zur Bewegung in Luft, eine Mischform von beiden beschreibt die Realität. Dann würde der Äther zwar mitgeführt, es teilte sich ihm aber lokal nur ein Bruchteil der Körpergeschwindigkeit mit.

Warum war das überhaupt ein Problem? Zum einen lag das an der Entdeckung der jährlichen Aberration des Fixsternlichts durch James Bradley (1693–1762) in den 1720er-Jahren [17]. Was sich hinter diesem Begriff versteckt, kennen Sie vom Joggen im Regen. An windstillen Tagen trifft Sie der Regen von oben, wenn Sie selbst still stehen – relativ zu den Regenwolken, um genau zu sein. Wenn Sie laufen, scheint der Regen eher schräg von vorn zu kommen. Der Winkel, unter dem er Sie trifft, ist gegeben durch das

Verhältnis von Ihrer Geschwindigkeit zu der, mit der die Regentropfen fallen. Ein analoges Phänomen tritt nun beim Sternenlicht auf, wenn sich die Erde um die Sonne bewegt. Wenn sie sich senkrecht zum Lichteinfall mit der Geschwindigkeit v bewegt, müssen Sie das Fernrohr in Bewegungsrichtung um einen kleinen Winkel kippen, dessen Tangens dem Verhältnis von v zur Lichtgeschwindigkeit c entspricht. Die Bahngeschwindigkeit der Erde ist etwa 30 km/s, die Winkelabweichung beträgt also maximal etwa 20". Zeigt die Geschwindigkeit der Erde in Richtung des Lichtstrahls, ist die Abweichung null. Die jährliche Aberration ist also für alle Fixsterne gleich und variiert jahreszeitlich um $0 \pm 20''$. Diese Entdeckung ist in perfektem Einklang mit der ballistischen Lichttheorie von Newton. Danach bewegen sich die Lichtteilchen, einmal von einem Fixstern abgeschossen, gegenüber dem ruhenden Äther mit konstanter Geschwindigkeit wie die Regentropfen in der ruhenden Luft. Sie treffen also das bewegte Teleskop schräg von vorn. So weit, so gut.

Nun dachte aber unser alter Freund und *polytechnicien* Arago fast hundert Jahre später, dass auch die Bewegung der Erde in der Richtung eines Fixsterns Folgen haben sollte, nicht nur die senkrechte Bewegung. Dann aber nicht in Form einer Richtungsänderung, sondern in Form einer Änderung der Lichtgeschwindigkeit. Nach Galilei addieren sich Geschwindigkeiten vektoriell. Wenn die Lichtrichtung und die Bewegungsrichtung der Erde parallel sind, addieren sich also Erdgeschwindigkeit v und Lichtgeschwindigkeit c bei Annäherung. Bei Entfernung subtrahieren sie sich. Also ist $c' = c \pm v$ mit einer relativen Abweichung von etwa einem Zehntausendstel. Arago versuchte 1810, mit einem Prisma diese Abhängigkeit der Lichtgeschwindigkeit von der Erdbewegung zu messen. Ohne Erfolg. Sein diesbezüglicher Artikel wurde zwar erst 1853 veröffentlicht [103], sein negatives Ergebnis war aber durch die Lesung 1810 bekannt. Unabhängig davon, wie das Prisma relativ zur Bewegung der Erde orientiert wird, ergibt sich immer der gleiche Brechungswinkel. Das ist nun im Widerspruch zu unserer Interpretation von Bradleys Aberrationsmessungen. Einmal verhält sich der Äther, als ob er relativ zum Sender ruht, das andere Mal scheint er relativ zum Empfänger zu ruhen.

Da hatte Augustin Fresnel ad hoc eine geniale Idee [47], wie wir sie von einem guten *polytechnicien* erwarten können. Wenn der Äther zwar von bewegten Objekten mitgezogen wird, aber nur ein bisschen, dann lassen sich beide Ergebnisse gleichzeitig erklären. Nach Fresnel braucht es dazu einen Mitzug, der sich mit dem Brechungsindex des Gegenstands ändert. Und zwar quadratisch.[8] Dafür gibt es keine physikalische Begründung,[9] aber es funktioniert. Die Abweichung für die Aberration bleibt gleich, die des Arago-Versuchs wird unbeobachtbar klein.

Wenn es so wäre, dass bewegte Materie den Äther mitnimmt, dann müsste nicht nur Glas das tun, sondern auch Luft und Wasser. Das hat Fizeau zu einer ganzen Serie von Experimenten veranlasst – zunächst gemeinsam mit Foucault, ab 1851 dann allein. Das Programm zog sich über fünf Jahre von 1847 bis 1852 hin, Jan Frercks verfolgt es im Detail [501]. Fizeau maß die Lichtgeschwindigkeit in Luft, in Ruhe relativ zur Erdbewegung, für schnelle Luftbewegung und auch im Vakuum. Aufgrund der Subtilität des erwarteten Effekts benutzte Fizeau ein Interferometer. Ein solches Instrument bringt kohärentes Licht, das zwei verschiedenen Strahlengängen folgt, zur Interferenz und vermisst Position und eventuelle Verschiebung des Streifenmusters bei Variation der experimentellen Parameter. Es ist empfindlich auf winzige Gangunterschiede von einem Bruchteil der Wellenlänge. Keine solche Verschiebung als Funktion der Geschwindigkeit von Materie und/oder Apparat war nachweisbar, bis Fizeau 1851 sein ultimatives Experiment mit schnell fließendem Wasser ausführte [98].

Die Skizze Abb. 13.8 zeigt das Prinzip des Experiments. Die gepunktete Linie folgt dem Lichtweg flussabwärts, die gestrichelte flussaufwärts. Ihre Interferenz wird auf der rechten Seite des Interferometers beobachtet. Wenn sich in Abhängigkeit von der Fließgeschwindigkeit eine Änderung der Lichtgeschwindigkeit ergibt, wird eine Verschiebung des Interferenzmusters beobachtet. Fizeau beobachtet in der Tat eine solche, bei Wassergeschwindigkeiten zwischen 2 und etwas mehr als 7 m/s in einer und der umgekehrten Richtung. Die Verschiebung ist aber nicht direkt proportional zur Geschwindigkeit des Wassers, vielmehr ergibt sich eine Variation entsprechend der Fresnel'schen Mitnahmetheorie. Also eine winzige Korrektur, die quadratisch vom Brechungsindex abhängt. Das erklärt, warum in Luft – mit ihrem Brechungsindex sehr nahe an 1 – auch bei sehr viel höheren Geschwindigkeiten kein Effekt beobachtet werden konnte. Immerhin addieren sich die Geschwindigkeiten nicht linear, wie man nach Galilei erwarten müsste. Vielmehr – schreibt Fizeau – müsse das Resultat zur „Annahme der Hypothese von Fresnel führen oder

---

[8] Genauer gesagt muss sich die Lichtgeschwindigkeit ändern wie $c' = c/n \pm v(1 - 1/n^2)$ in einem Körper mit Brechungsindex n, der sich mit der Geschwindigkeit v durch den Äther bewegt.

[9] Der Spezialist für die Dynamik von Flüssigkeiten, George Stokes, hat 1846 ein physikalisches Modell für die partielle und abstandsabhängige Mitnahme des Äthers entwickelt [88]. Das zu diskutieren würden uns aber zu weit in eine falsche Richtung führen.

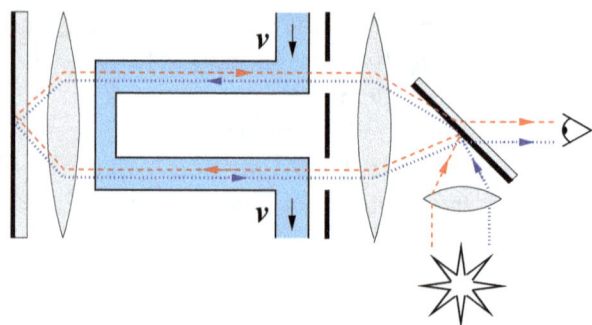

Abb. 13.8 Prinzipskizze des Fizeau-Experiments zur Messung der Lichtgeschwindigkeit in schnell fließendem Wasser. Sonnenlicht fällt durch einen Kohärenzspalt von unten auf einen halbdurchlässigen Strahlenteiler im Brennpunkt einer Eintrittslinse. Die gepunktete Linie folgt dem Lichtweg flussabwärts, die gestrichelte flussaufwärts. Ihre Interferenz wird auf der rechten Seite des Interferometers hinter dem halbdurchlässigen Spiegel beobachtet

mindestens des Gesetzes, das er gefunden hat".[10] Wir entscheiden uns aus heutiger Sicht für die zweite Schlussfolgerung. Das Ergebnis beweist, dass die Bewegung von Materie bezüglich einer Lichtquelle tatsächlich eine Änderung der Lichtgeschwindigkeit in dieser Materie zur Folge hat. Damals wurde das auf den Äther übertragen und als Beweis für den Fresnel'schen Mitzug gesehen.

Die Fresnel-Formel ist in der Tat korrekt, einen Äther braucht es dazu aber nicht. Aber um das zu verstehen – und vor allem zu akzeptieren –, musste die Galilei'sche Relativität der Bewegung erst in die Einstein'sche verwandelt werden. Zu deren experimenteller Grundlage kommen wir jetzt. Und dazu müssen wir den Atlantik überqueren. Dort treffen wir auf die Arbeiten von Albert A. Michelson und Edward W. Morley, die übrigens 1886 auch das Experiment von Fizeau zur Lichtgeschwindigkeit in schnell fließendem Wasser in größerem Maßstab wiederholt haben [175]. Mit dem gleichen Ergebnis (Hervorhebung von Michelson):[11]

„Das Ergebnis dieser Arbeit ist also, dass das von Fizeau angegebene Resultat im Wesentlichen korrekt ist und dass *der lichttragende Äther gänzlich unbeeinflusst ist durch die Bewegung der Materie, die er durchsetzt.*"

---

[10] *Le succès de cette expérience me semble devoir entrainer l'adoption de l'hypothèse de Fresnel, ou du moins de la loi qu'il a trouvé pour exprimer le changement de la vitesse de la lumière par l'effet du mouvement des corps … [98].*

[11] *The result of this work is therefore that the result announced by Fizeau is essentially correct; and that* the luminiferous ether is entirely unaffected by the motion of the matter which it permeates.

Die Mitarbeiter der US Navy Simon Newcomb (1835–1909) und Albert A. Michelson (1852–1931) führten zunächst einmal die Drehspiegelexperimente in den USA weiter. Aufgrund seiner weiteren Arbeiten interessieren wir uns besonders für Michelson. Michelson wurde in Posen geboren. Im Alter von 2 Jahren wanderte er mit seinen Eltern in die USA aus und verbrachte seine Jugend in Kalifornien. Um zur *Naval Academy* der US Navy zugelassen zu werden, brauchte er eine Nominierung durch einen Abgeordneten, den Präsidenten oder seinen Stellvertreter. 1869 erteilte Präsident Ulysses S. Grant Michelson eine solche Nominierung. Nach vier Jahren Ausbildung und zwei Jahren auf See wurde Michelson Instruktor für Physik und Chemie an der Akademie. 1879 wurde er dem *United States Naval Observatory* unter dessen Direktor Simon Newcomb zugeteilt. Im folgenden Jahr erlangte er Sonderurlaub, um in Europa seine Studien fortzusetzen. Er studierte und forschte an den Universitäten von Berlin und Heidelberg, am *Collège de France* und an der *École polytechnique*. 1892 wurde er Professor an der Universität Chicago, 1907 wurde er als erster Amerikaner mit dem Nobelpreis ausgezeichnet, „für seine optischen Präzisionsexperimente und die mit ihrer Hilfe ausgeführten spektroskopischen und metrologischen Untersuchungen". Eine detailreiche und sehr persönliche Biografie hat seine Tochter (aus zweiter Ehe) Dorothy Michelson Livingston verfasst, sie ist als eBook verfügbar und sehr lesenswert [384].

Aber so weit sind wir noch nicht. Wir gehen vielmehr zurück auf das Jahr 1878, Michelson war ein junger Instruktor an der *Naval Academy* in Annapolis und frisch verheiratet. Bei der Vorbereitung seiner Vorlesungen stieß er auf die vor Kurzem in Frankreich erschienenen Messungen der Lichtgeschwindigkeit von Foucault und Cornu. Es war ihm klar, dass für eine verbesserte Messung der Lichtweg drastisch verlängert werden müsste. Und ihm fiel dazu auch eine Lösung ein. Die Skizze aus seiner Veröffentlichung in den *Astronomical Papers* des *Nautical Almanac Office* [160] zeigt die Idee im Vergleich mit dem prinzipiellen Aufbau des Foucault-Experiments, das wir in Abb. 13.7 schon vorgestellt haben. Michelson führt wesentliche Verbesserungen ein. Einmal rückt er die Linse L in die Mitte des Strahlengangs wie Abb. 13.9 zeigt, während sie bei Foucault möglichst nahe an den Drehspiegel R gerückt war. Damit befinden sich sowohl der Eingangsspalt S als auch der feste Spiegel M in den beidseitigen Brennpunkten der Linse. Das bedeutet, dass der Lichtstrahl immer die Mitte des festen Spiegels trifft, solange er innerhalb der Linse bleibt. Das reflektierte Bild des Spaltes wird damit viel weniger verschwommen, als es bei Foucault gewesen war. Und der Spiegel M muss weder sphärisch noch besonders groß sein, weil der auftreffende Lichtstrahl nicht mehr mit der Drehung darüber wandert. Die Helligkeit des Spaltbildes wird damit wesentlich erhöht und man kann den Lichtweg insgesamt länger machen.

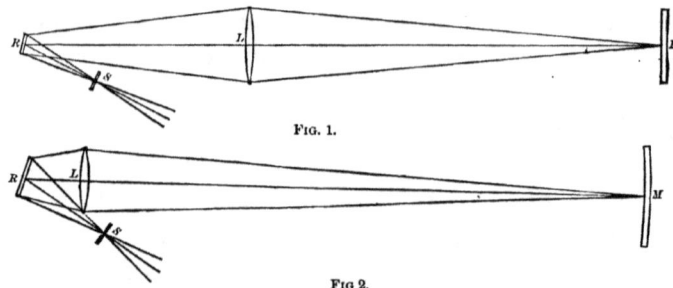

FIG. 1.

FIG 2.

Abb. 13.9 Prinzipskizze des Strahlengangs in Michelsons Experiment zur Messung der Lichtgeschwindigkeit von 1878 (Fig. 1 oben), verglichen mit dem optischen Arrangement des Foucault-Experiments (Fig. 2 unten) [160]

Eine erste Implementation seiner Ideen mit Material aus dem Fundus der *Naval Academy* und einem selbst finanzierten Drehspiegel war mindestens so erfolgreich, dass Michelsons Schwiegervater eine professionellere Version mit 2000 US$ finanzierte. Der Drehspiegel der Firma Alvan Clark and Sons in Cambridge, Massachusetts, wurde wieder von einer Turbine angetrieben, die Linse des gleichen Herstellers hatte einen Durchmesser von 8 in und eine Brennweite von 150 ft. Der Drehspiegel hatte eine akustische bestimmte Drehzahl von 128 pro Sekunde, der Abstand der Spiegel war 1986, 23 in. Michelson diskutiert die Systematik seiner Messung sehr sorgfältig und schließt auf eine Lichtgeschwindigkeit im Vakuum von (299.944 ± 51) km/s, sehr viel genauer als die Messungen von Foucault und Cornu. Etwas später korrigierte er den Wert geringfügig auf (299.910 ± 50) km/s und ergänzte ihn um eine neue Messung, die (299.853 ± 60) km/s ergab [189].

Die Nachricht von dieser neuen Messung schaffte es bis in die New York Times. Sie schrieb am 29. April 1879 (auf Seite 2, aber immerhin):[12]

„Es will scheinen, dass die amerikanische wissenschaftliche Welt auf dem Weg ist, sich mit einem neuen und brillanten Namen schmücken zu können. Fähnrich A.A. Michelson, ein Absolvent der Annapolis Naval Academy und nicht einmal 27 Jahre alt, hat sich durch Studien in optischen Wissenschaften ausgezeichnet.

---

[12] Siehe https://www.nytimes.com/1879/04/29/archives/the-velocity-of-light.html: *It would seem that the scientific world of America is destined to be adorned with a new and brilliant name. Ensign A.A. Michelson, a graduate of the Annapolis Naval Academy, and not yet 27 years of age, has distinguished himself by studies in the science of optics which promise the discovery of a method for measuring the velocity of light with almost as much accuracy as the velocity of an ordinary projectile …*

die die Entdeckung einer neuen Methode zur Messung der Lichtgeschwindigkeit versprechen, die fast so genau ist wie die Geschwindigkeit gewöhnlicher Projektile …“

Simon Newcomb war zu dieser Zeit bereits ein anerkannter Astronom am *United States Naval Observatory* in Washington D.C. 1877 wurde er zum Direktor des *Nautical Almanac Office* ernannt, von 1884 an war er außerdem Professor für Mathematik und Astronomie an der renommierten *Johns Hopkins University*, der ersten amerikanische Universität, die Studien auf Doktoratsniveau anbot. Im Herbst 1879 borgte sich Newcomb den Jungstar Michelson von der *Naval Academy* aus, um bei seinen eigenen Messungen der Lichtgeschwindigkeit zu assistieren. Sein Aufbau folgte allerdings eher dem von Foucault. Daher ist es kein Wunder, dass Michelson schon ein Jahr später lieber ein Sabbatical von der Navy nahm, um in Europa sein Studium fortzusetzen, wie es damals üblich war.

Newcomb setzte die Messungen fort, mit 5000 US-$ großzügig alimentiert vom Kongress und daher auf hohem technischem Niveau. Den Strahlengang über bis dahin unerreichte Entfernungen von 2550,95 m und 3721,21 m zeigt die Karte Abb. 13.10 aus seiner späteren Veröffentlichung [190]. Sein Ergebnis war (299.860 ± 30) km/s, nach seinen eigenen Worten „mit großzügiger

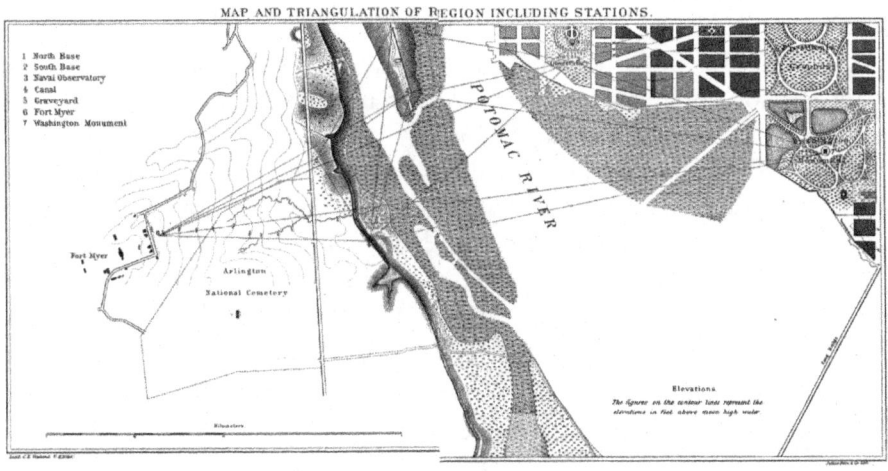

Abb. 13.10 Karte der Umgebung von Washington D.C. mit Strahlengängen von Newcombs Versuchen zwischen Fort Myer und dem *Naval Observatory* bzw. dem Washington Monument [190]

Toleranz für wahrscheinliche Fehler".[13] Nach Vergleich mit Ergebnissen seiner Vorgänger erklärte er diesen Wert denn auch prompt zu einer Art Weltmittelwert [190, S. 202].

Am Ende seines Artikels versammelte Newcomb Vorschläge, wie die Messung weiter verbessert werden könne. So schlug er vor, Michelsons optische Anordnung zu benutzen und dem rotierenden Spiegel eine mindestens pentagonale Form zu geben, um einen größeren Teil der Lichtintensität auszunutzen. Der Spiegel sollte sich mit mindestens 500 Touren drehen und der Lichtweg substanziell verlängert werden. Als geeigneten Standort schlug er die Rocky Mountains oder die Sierra Nevada vor. In den 1920er-Jahren setzte Michelson in der Tat die Versuche mit diesen Verbesserungen fort.[14] Zwischen dem Observatorium auf dem Mount Wilson nahe Pasadena in Kalifornien und umgebenden Höhenzügen führten Michelson und Mitarbeiter Messungen über Lichtwege zwischen 20 und 80 mi durch. Erstaunlich präzise Messungen waren das Ergebnis, so z. B. zwischen Mount Wilson und Mount San Antonio, heute auch Lookout Mountain genannt, in etwa 22 mi Abstand. Das Resultat mit einem achteckigen Spiegel, (299.796 ± 4) km/s [291], verbesserte die Genauigkeit existierender Werte erheblich, die noch längeren Lichtwege bestätigten die Messungen. Trotzdem wollte Michelson endlich die Lichtgeschwindigkeit nicht in Luft, sondern wirklich im Vakuum messen, um die Unsicherheit durch atmosphärische Variationen zu beseitigen. Zu diesem Zweck plante er den Bau eines teilevakuierten Tunnels von einer Meile Länge nahe der Irvine Ranch in Santa Ana, Kalifornien, und sorgte für die Finanzierung. Er erlebte nur noch die Fertigstellung, seine Kollegen F.G. Pease und F. Pearson von der Universität Chicago führten die Messungen nach Michelsons Tod am 9. Mai 1931 durch [303]. Das Ergebnis, (299.774 ± 11) km/s, brauchte sogar eine Korrektur für den Tidenhub der Erdoberfläche, der die Lichtstrecke beeinflusst.[15] Die Skizze Abb. 13.11 zeigt die optischen Elemente des Experiments, der Tunnel wird vom Lichtstrahl mehrmals durchlaufen.

In den 1940er-Jahren wurden neue Methoden zur Messung der Lichtgeschwindigkeit entwickelt. Es wurde nun nicht mehr die Zeit gemessen, die das Licht für eine gegebene Strecke benötigte, sondern Wellenlänge λ und Frequenz ν. So ermittelte man die Lichtgeschwindigkeit à la Maxwell

---

[13] *... with liberal allowance for probable error.*

[14] Interessante Berichte über diese Phase der Messungen und den heutigen Zustand der Standorte finden Sie auf der Webseite https://www.otherhand.org/home-page/physics/historical-speed-of-light-measurements-in-southern-california/.

[15] Eine ähnliche Korrektur für die Mondphase hat die Messung der Masse des Z-Bosons, Träger der schwachen Wechselwirkung, am Forschungszentrum CERN in Genf Ende des 20. Jahrhunderts beeinflusst, siehe z. B. https://cerncourier.com/a/the-greatest-lepton-collider/.

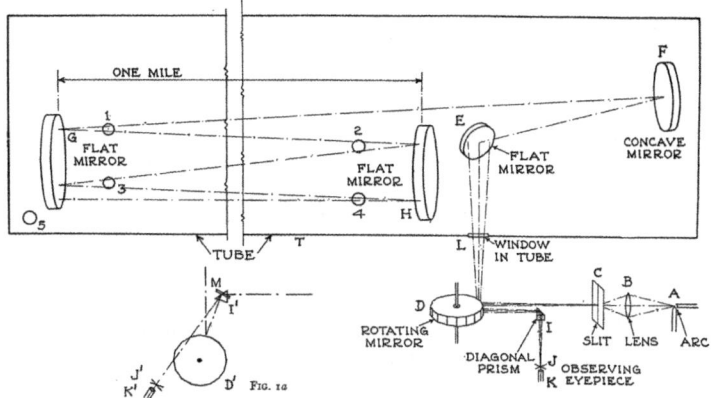

Abb. 13.11 Optisches System des Versuchs von Michelson, Pease und Pearson in einem teilevakuierten Tunnel [303]

als $c = \lambda \cdot \nu$. Gleichzeitig wurde die Maßeinheit Meter ebenfalls über eine optische Wellenlänge definiert. In den 1970er-Jahren holte allerdings die Präzision der Lichtgeschwindigkeit diejenige der Längenmessung ein. Es lag daher nahe, der Lichtgeschwindigkeit den damals besten Messwert von 299.792,458 km/s fest zuzuweisen und darüber und die jeweils genaueste Zeitmessung die Längeneinheit zu definieren. Die *Conférence générale des poids et mesures* entschied 1983: „Ein Meter ist die Strecke, die das Licht im Vakuum während 1/299792458 Sekunde durchläuft" [411].[16]

Aber zurück zu Michelsons Europaaufenthalt ein Jahrhundert vorher, denn dort nahmen seine epochemachenden Interferenzexperimente ihren Anfang [381]. Zunächst setzte er 1880 in Paris am *Collège de France* seine Studien fort, und zwar unter der Leitung von Alfred Cornu (1841–1902), der uns als Fortentwickler der Zahnradmethode von Fizeau bereits begegnet ist. Über seine Studien in Paris ist wenig bekannt. Vielleicht kam er dort mit Interferenzexperimenten in Berührung und entwickelte erste Ideen zur Messung des Ätherwindes, wie Barbara und Hans Joachim Haubold in einem Papier mit Lewis Pyenson spekulieren [428]. In Michelsons späteren Veröffentlichung erster Ergebnisse [166] bezieht er sich auf einen Brief, den Maxwell 1879 kurz vor seinem Tod an Newcombs Kollegen D.P. Todd geschrieben hatte, und den Stokes an die *Royal Society* weitergeleitet hatte [163]. In diesem bemerkte Maxwell die Tatsache, dass bei terrestrischen

---

[16] *Le mètre est la longueur du trajet parcouru dans le vide par la lumière pendant une durée de 1/299792458 de seconde.*

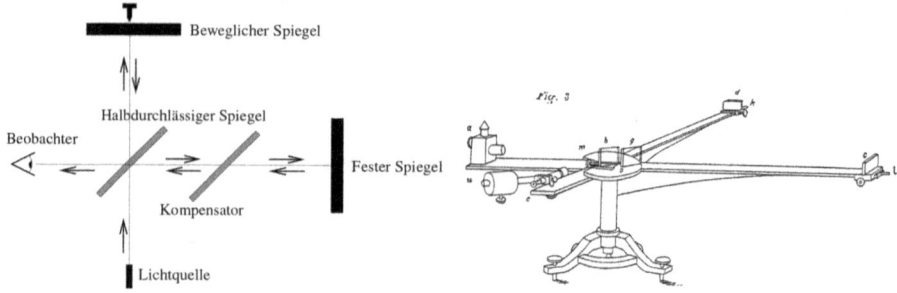

Abb. 13.12 Strahlengang (links) und Skizze (rechts) des Interferometers von Michelson in Berlin und Potsdam [166]. (Bildnachweis: American Journal of Science)

Experimenten zur Lichtgeschwindigkeit stets derselbe Lichtweg für die Hin- und Rückreise des Lichtstrahls benutzt wird. Damit geht ein Großteil der Differenz im Lichtweg, der durch die Bewegung der Erde durch den Äther erzeugt wird, wieder verloren. Was übrig bleibt, ist ein Unterschied proportional zum Quadrat des Verhältnisses zwischen Erdgeschwindigkeit und Lichtgeschwindigkeit. Dieses Verhältnis ist etwa ein Zehntausendstel, das Quadrat mithin eins zu einhundert Millionen. Das erschien Maxwell unbeobachtbar. Wann und wo Michelson von diesem Brief erfahren hat – Auszüge wurden im Magazin *Nature* vom Januar 1880 zitiert –, ist nicht überliefert. Es mag aber sein, dass er Michelson dazu inspiriert hat, die Herausforderung anzunehmen. In der Tat ist Interferometrie in der Lage, solch subtile Effekte zu messen.

Im September 1880 traf Michelson in Deutschland ein, um seine Studien an der Friedrich-Wilhelms-Universität zu Berlin fortzusetzen. Und zwar am Physikalischen Institut mit Hermann von Helmholtz, noch einem von der Medizin zur Physik konvertierten Wissenschaftler. Er wird uns im Zusammenhang mit dem Energiebegriff in Kap. 16 wieder begegnen. Michelson hörte seine Vorlesungen im Herbstsemester 1880 [428]. In einem Brief an Newcomb berichtet er, dass Helmholtz seine Pläne zur Messung des Ätherwindes als prinzipiell machbar beurteilte. Er habe allerdings bezweifelt, ob die Ausstattung seines optischen Labors für die Messung geeignet wäre. Michelson gab aber nicht auf, sondern begann mit der Konstruktion seines *interferential refractor*. Zu diesem Zweck bekam er Mittel von der Volta-Stiftung des Erfinders Alexander Graham Bell (1847–1922), der 1885 die *American Telephone and Telegraph Company* (AT&T) mitbegründen sollte. Sie erlaubten Michelson, von den Instrumentenbauern Schmidt & Haensch, die auch Helmholtz belieferten, das in der Abb. 13.12 gezeigte Interferometer herstellen zu lassen.

Die linke Skizze zeigt den optischen Aufbau. Der von unten ankommende Lichtstrahl wird im halbdurchlässigen Spiegel zweigeteilt. Ein Strahl nimmt den rechten Weg, nehmen wir an in Richtung der Erdbewegung. Der andere Teil nimmt einen Weg senkrecht dazu. Eine weitere Glasplatte kompensiert den Anteil des Lichtweges im Glas, sodass er für beide Strahlen gleich ist. Der Gangunterschied zwischen beiden ist $2Dv^2/c^2$ mit der durchlaufenen Distanz D, der Erdgeschwindigkeit v relativ zum Äther und der Lichtgeschwindigkeit c. Er ist in der Tat sehr klein, wie Maxwell bemerkt hatte. Für eine Distanz von etwa einem Meter beträgt er aber immerhin einige Prozent der Wellenlänge sichtbaren Lichts. Dreht man die Apparatur um 90°, zeigt der andere Arm in Richtung der Erdgeschwindigkeit. Die Interferenzstreifen sollten sich also um das Doppelte verschieben, fast 10 % des Streifenabstands. Das ist ein im Prinzip gut zu messender Effekt. Die rechte Seite der Abbildung zeigt Michelsons Berliner Experiment in Perspektive [166].

Da das Instrument Verschiebungen um die 50 nm messen sollte, überrascht es nicht, dass es gegen Vibrationen extrem empfindlich war. Während des Tages waren in Berlin so schon keine Messungen möglich. Erst nach Mitternacht ließen die allgegenwärtigen Erschütterungen so weit nach, dass ab und an Interferenzstreifen überhaupt erschienen. Der Direktor Vogel des Astrophysikalischen Observatoriums in Potsdam erlaubte Michelson, sein Instrument in dessen Keller aufzustellen. Aber auch hier zerstörte ein Aufstampfen auf dem 100 Meter entfernten Pflaster die Interferenzstreifen. Im April 1880 zeigte die Orbitalbewegung der Erde ungefähr in die Richtung der Bewegung des Sonnensystems. Die Jahreszeit war also für die Ausführung günstig, weil beider Summe innerhalb etwa 25° zur Richtung des Äquators lag.

Es waren aber bei keiner Orientierung messbare Verschiebungen der Interferenzstreifen zu beobachten. Die Abweichungen von der Nulllinie, die Michelson in seiner Veröffentlichung in Abhängigkeit der Orientierung der Spektrometerarme zeigt (Abb. 13.13), sind mit den Messfehlern verträglich. Sie liegen weit unterhalb der nach der Mitnahmetheorie von Fresnel und Stokes zu erwartenden Effekte, die er berechnete und die die Sinuskurve zeigt. Seine Rechnung lag zwar um einen Faktor 2 zu hoch, wie wir im Weiteren sehen werden, aber die Beobachtung lag trotzdem weit darunter. Somit hat sich auch der letzte Rest von Ätherwind gelegt. Weder ruht der Äther im angenommenen absoluten Raum, noch wird er von der Erde oder irdischen Instrumenten teilweise mitgezogen. Als letzter Ausweg bliebe, dass er zufällig gerade bezüglich zur Erde ruht, dass also der Rest des Universums sich um die Erde bewegt. Ein absurder Gedanke.

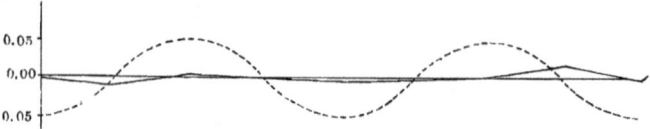

Abb. 13.13 Die beobachtete Verschiebung der Streifen in Michelsons Experimenten im Keller des Potsdamer Observatoriums (durchgezogene Kurve), verglichen mit der von ihm berechneten Verschiebung durch den Ätherwind (gestrichelte Kurve), als Funktion der Orientierung relativ zur Erdbewegung [166]. (Bildnachweis: American Journal of Science)

Allerdings war dieses erste Ergebnis nicht über jeden Zweifel erhaben. Zum einen war da das filigrane Instrument, das unter Vibrationen litt. Zum anderen gab es einen Denkfehler, den wir oben getreu zu Michelsons Berliner Papier wiedergegeben haben. Es bewegt sich ja nicht nur der Spiegel, der in Richtung der Erdbewegung zeigt, sondern auch derjenige, der senkrecht dazu steht. Dadurch kommt es zu einer Vergrößerung des Lichtwegs auch in der senkrechten Richtung. Unter anderen hatte Hendrik Antoon Lorentz (1853–1928)[17] in einem Übersichtsartikel zum Stand der Äthertheorie [158] darauf hingewiesen. Michelsons Skizze Abb. 13.14 vergleicht die Situation, wie er sie in seinem Papier von 1881 angenommen hatte (mit 1. bezeichnet) mit dem korrekten Lichtweg (2.). Es ergibt sich, dass der Gangunterschied genau halb so groß ist wie angenommen, also nur wenige Prozent des Streifenabstands.[18]

Umso wichtiger war es, eine noch genauere Messung der möglichen Verschiebung durch den Ätherwind durchzuführen. Zurück in den USA nahm Michelson eine Professur am Physikdepartement der *Case School of Applied Science* in Cleveland Ohio an und verließ die Navy. 1884 begann er eine Zusammenarbeit mit Edward W. Morley (1838–1923), damals Professor für Toxikologie an der benachbarten *Western Reserve University*.[19] Gemeinsam verbesserten sie die Apparatur in zwei Richtungen. Einmal behoben sie das Stabilitätsproblem, indem sie das Interferometer auf einen massiven Steinblock montierten, der in einem Quecksilberbad schwamm, wie Skizze und Foto Abb. 13.15 zeigen.

---

[17]Dem Nobelpreisträger Lorentz von 1906 werden wir im Zusammenhang mit der Relativität von Bewegung noch öfter begegnen.

[18]Wenn Sie die Rechnung interessiert, finden Sie eine Version in moderner Notation z. B. in meinem Buch [600, Focus Box 3.1].

[19]Auf Wikipedia finden Sie verschiedene Angaben über die Arbeitsplätze von Morley und Michelson in den späten 1880er-Jahren. Meine stammen aus der *Encyclopedia of Cleveland History* der *Case Western Reserve University*, wie diese beiden Institutionen heute gemeinsam heißen.

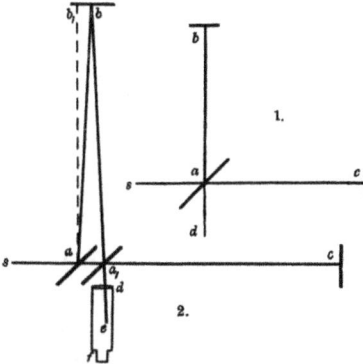

Abb. 13.14 Korrektur des Fehlers in der Berechnung des Gangunterschiedes in Michelsons Interferometer [176]. Skizze 1. entspricht der Berechnung im Papier von 1881, Skizze 2. zeigt den korrekten Lichtweg unter der Annahme, dass sich das Interferometer durch den ruhenden Äther nach rechts bewegt. (Bildnachweis: American Journal of Science)

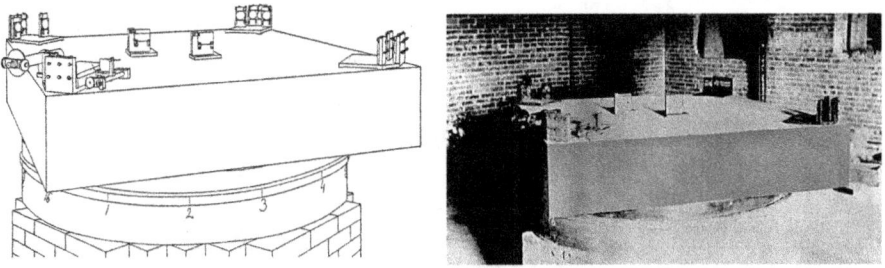

Abb. 13.15 Skizze (links) und Foto (rechts) des Interferometers von Michelson und Morley in Cleveland, Ohio [176]. Der massive optische Block schwimmt in einem Bad aus Quecksilber, um Vibrationen zu dämpfen. (Bildnachweis: American Journal of Science)

Zum anderen vergrößerten sie den nunmehr symmetrischen Lichtweg um etwa eine Größenordnung, indem sie den Strahl mehrmals das Interferometer durchqueren ließen. Die aus dem Ätherwind erwartete Verschiebung – korrekt berechnet – wuchs damit auf 40 % des Streifenabstands. Das Resultat war eine glänzende Bestätigung für Michelsons früheren Versuchen. Die obere Grenze für die Verschiebung aus einer ganzen Reihe von Messungen ergab sich zu weniger als 1 % des Streifenabstands. Ihre Schlussfolgerung [176]:[20]

---

[20] *... the relative velocity of the earth and the ether is probably less than one-sixth the earth's orbital velocity, and certainly less than one-forth.*

„… die relative Geschwindigkeit der Erde und des Äthers ist wahrscheinlich weniger als ein Sechstel der Orbitalgeschwindigkeit der Erde [also weniger als 5 km/s] und sicherlich weniger als ein Viertel.“

Ähnliche Interferenzexperimente zur Messung des Ätherwinds sind vielfach wiederholt worden, etwa von Georg Joos (1894–1959) in den 1930er-Jahren [296]. Sie finden eine Liste auf Wikipedia.[21] Dort finden Sie außerdem eine Liste neuerer Experimente mit verschiedenen anderen Technologien. Das Ergebnis war stets gleich: Einen Ätherwind gibt es nicht.

Woher kommt denn dann der kleine Mitnahmeeffekt in Materie, den Fresnel geraten und den Fizeau gemessen hat? Der Ätherwind kann es ja wohl nicht sein. Ich habe die moderne Erklärung, warum die Lichtgeschwindigkeit in Materie kleiner ist als im Vakuum, schon auf in Kap. 10 gespoilert. Also kann ich das für bewegte Materie auch gleich tun. Wir hatten die Verlangsamung der Lichtbewegung in Materie à la Feynman durch eine kleine Phasenverschiebung erklärt, zwischen der einlaufenden Welle und den davon zu Schwingungen angeregten Atomen oder Molekülen des Materials. Die Überlagerung von beiden führt zu einer langsameren Ausbreitung der Gesamtwelle. Ist nun das Material in Bewegung, so verzögert sich die Welle ein kleines bisschen mehr oder weniger – je nachdem ob das Licht in oder gegen die Bewegung gerichtet ist –, und zwar umso stärker, je größer Brechungsindex und Geschwindigkeit des Materials sind. Einen Ätherwind brauchen wir dazu nicht, die Strömung der Materie genügt uns völlig. Konsequenterweise hat der spätere Nobelpreisträger Max von Laue (1879–1960) schon kurz nach Einsteins Veröffentlichung der speziellen Relativitätstheorie erkannt, dass sich mit ihrer Hilfe der Mitführungsterm in wenigen Zeilen berechnen lässt [242]. Ein weiterer Nobelpreisträger Pieter Zeeman (1865–1943)[22] hat 1914 die Erklärung dann noch um einen frequenzabhängigen Dispersionsterm erweitert [258, 260]. Sie finden eine kompakte Diskussion aller dieser optischen Effekte nach dem Relativitätsprinzip im Lehrbuch von Arnold Sommerfeld [319, Bd. IV], das ich während meines Studiums mit viel Gewinn benutzt habe. Und zur Relativität kommen wir jetzt.

---

[21] Siehe https://en.wikipedia.org/wiki/Michelson?Morley_experiment.

[22] Zeeman teilte sich 1902 den zweiten Nobelpreis für Physik mit Lorentz für die Entdeckung der Aufspaltung atomarer Spektrallinien in einem Magnetfeld. Den ersten Nobelpreis hatte 1901 Wilhelm Konrad Röntgen erhalten für die Entdeckung der Röntgenstrahlen, siehe Kap. 15.

Relativität

Es mag Sie überraschen, dass ich einem Paradigmenwechsel wie Albert Einsteins Relativitätstheorie nur einen kleinen Abschnitt dieses Buches widme. Und natürlich spielt Licht zugegebenermaßen die Hauptrolle in dieser Geschichte. Andererseits ist die Literatur zu diesem Thema, sowohl die historische als auch die physikalische, so einschüchternd umfangreich, dass ich kaum glaube, dazu etwas Neues beitragen zu können. Und Menschen, die sich wie Sie für Wissenschaft interessieren, sind fast zwangsläufig damit schon in Kontakt gekommen. Ich beschränke mich deshalb auf einige wenige Aspekte, die ich für unser gemeinsames Thema relevant finde. Und wenn Sie hier nicht finden, was Sie brauchen, werden Sie ganz bestimmt in Ihrer nächstgelegenen Unibibliothek oder beim Buchhändler Ihres Vertrauens fündig. Genauso wenig kann ich Leben und Werk von Albert Einstein hier besprechen, dazu empfehle ich Ihnen die wissenschaftliche Biografie von Abraham Pais [403] *Subtle is the Lord*. Pais war in Einsteins letzten neun Lebensjahren sein Kollege am Institute of Advanced Studies in Princeton und sein häufiger Diskussionspartner.

Woher kam es wohl, dass eine so flüchtige Substanz wie der Äther so ein zähes Leben hatte? Ich glaube nicht, dass es primär seine Rolle als Träger elektromagnetischer Wellen war, die die Menschen an dieser Vorstellung so lange festhalten ließ. Dazu waren die Eigenschaften, die man ihm zuschreiben musste, doch zu widersprüchlich: unendlich verdünnt und gleichzeitig ideal elastisch, alles durchdringend, aber zu transversalen Schwingungen fähig. Vielmehr habe ich den Eindruck, dass es eher seine Rolle als Manifestation, ja als Definition von Zeit und Raum waren, die ihn unverzichtbar erscheinen ließen. Dass die Bewegung eines Körpers nur relativ zu einem anderen existiert, war seit Galilei bekannt und akzeptiert. Aber dieser andere sollte doch zumindest als unbewegt gedacht werden können. Also müsste es doch etwas geben, was den Raum definiert und wie seit der Antike doch bitte eine materielle Substanz. Alle Bewegung könnte dann relativ zu diesem festen Bezugssystem gedacht werden, auch wenn man nicht weiß, wo im Universum es verankert ist. Jedem Ding für sich allein zu jeder Zeit einen Ort zuzusprechen, vereinfacht das Denken ungemein. Zugegebenermaßen auch meines. Aber den experimentellen Tatsachen entspricht es nicht.

Genauso ist eine bestimmte Vorstellung von Gleichzeitigkeit tief in uns verwurzelt. Die Idee, dass es irgendwo im Universum eine Uhr gibt, die die „wahre" Zeit anzeigt, ist fast noch schwerer zu überwinden als das Konzept der absoluten Position. Sind Sie alt genug, um sich an die Einführung der

Sommerzeit 1980 zu erinnern und an die Diskussionen, wie viel Uhr es denn nun „wirklich" ist? Die Vorstellung, dass „jetzt" ein universelles Konzept sei, ist ja auch durch den Augenschein noch viel besser gedeckt als die aristotelische Physik, von der wir in der Abschweifung in Kap. 3 gesprochen haben. Unsere zeitliche Auflösung von Ereignissen verlangt einen zeitlichen Abstand von etwas weniger als einer zehntel Sekunde. In dieser Zeit fliegt ein Lichtstrahl ein paarmal die Strecke von Hamburg nach New York! So ist es verständlich, dass wir das Konzept einer universellen Gegenwart quasi eingebaut haben.

Auch unser Experte für alle Fragen des Äthers, der Leidener Professor Hendrik Antoon Lorentz, hing der Vorstellung einer universellen Zeit an. Das hat ihn aber nicht daran gehindert, darüber nachzudenken, wie denn eine Welt aussehen müsste, in der die Geschwindigkeit eines Lichtstrahls nicht davon abhängt, ob sich Quelle oder Beobachter bewegen. Das bedeutete, die Maxwell'sche Herleitung der Lichtgeschwindigkeit im Vakuum aus universellen elektrischen und magnetischen Naturkonstanten ernst zu nehmen und ihre Folgen für die Mechanik zu klären. Schließlich hängen die elektromagnetischen Konstanten nicht davon ab, ob sich irgendetwas bewegt. Und so hat Lorentz 1892 [195], wie kurz vor ihm der Ire George Francis FitzGerald (1851–1901) [183], gefunden, dass die Kinematik mit der Konstanz der Lichtgeschwindigkeit nur dann verträglich ist, wenn Längen und Zeiträume von der Geschwindigkeit abhängen.

Zunächst zur Länge. Die Notiz von FitzGerald ist so kurz, dass ich sie zur Gänze zitieren kann:[23]

„Ich habe mit großem Interesse von den empfindlichen Experimenten der Herren Michelson und Moreley gelesen, die versuchen, die wichtige Frage zu entscheiden, inwieweit der Äther von der Erde mitgezogen wird. Ihr Resultat scheint im Widerspruch zu stehen zu Experimenten, die zeigen, dass der Äther in der Luft nur in einem unerheblichen Maße mitgezogen wird. Ich möchte vorschlagen, dass dieser Widerspruch praktisch nur durch die Hypo-

---

[23] *I have read with much interest Messrs. Michelson and Morley's wonderfully delicate experiment attempting to decide the important question as to how far the ether is carried along by the earth. Their result seems opposed to other experiments showing that the ether in the air can be carried along only to an inappreciable extent. I would suggest that almost the only hypothesis that can reconcile this opposition is that the length of material bodies changes, according as they are moving through the ether or across it, by an amount depending on the square of the ratio of their velocity to that of light. We know that electric forces are affected by the motion of the electrified bodies relative to the ether, and it seems a not improbable supposition that the molecular forces are affected by the motion, and that the size of a body alters consequently. It would be very important if secular experiments on electrical attractions between permanently electrified bodies, such as in a very delicate quadrant electrometer, were instituted in some of the equatorial parts of the earth to observe whether there is any diurnal and annual variation of attraction, – diurnal due to the rotation of the earth being added and subtracted from its orbital velocity; and annual similarly for its orbital velocity and the motion of the solar system.*

these aufgelöst werden kann, dass die Länge materieller Körper sich ändert, je nachdem ob sie sich durch den Äther oder quer dazu bewegen, und zwar um einen Betrag, der vom Quadrat des Verhältnisses ihrer Geschwindigkeit zur Lichtgeschwindigkeit abhängt. Wir wissen, dass elektrische Kräfte durch die Bewegung elektrisch geladener Körper relativ zum Äther beeinflusst werden, und es scheint keine unwahrscheinliche Annahme, dass molekulare Kräfte durch die Bewegung beeinflusst werden und dass die Größe eines Körpers sich dementsprechend ändert. Es wäre sehr wichtig, Experimente auf der Erde zur Anziehung zwischen permanent elektrisch geladenen Körpern, so wie in einem sehr empfindlichen Quadrantengalvanometer, nahe am Äquator durchgeführt würden, um zu beobachten, ob es irgendeine tägliche oder saisonale Änderung der Anziehung gibt – täglich, weil die Rotation der Erde addiert oder subtrahiert wird von ihrer orbitalen Geschwindigkeit, und jährlich in ähnlicher Art wegen der Orbitalgeschwindigkeit und der Bewegung des Sonnensystems."

Die Länge eines mit Geschwindigkeit v bewegten Gegenstandes muss also um einen Faktor $\sqrt{1 - v^2/c^2}$ verkürzt werden, verglichen mit seine Länge im Ruhezustand. Am Ende einer analogen Überlegung kommt Lorentz zum Schluss [195], die Bedeutung der Versuche von Michelson und Morley liege darin, „dass sie uns vielmehr etwas über die Veränderungen der Abmessungen lehren können".[24] Lorentz wies als Erster darauf hin, dass Licht es als einziges Werkzeug erlaubt, Längen von bewegten Gegenständen zu messen und zu vergleichen, so wie Michelson und Morley es getan hatten. Der Verkürzungs- faktor wird Lorentz-Faktor oder (neutraler) relativistischer Faktor genannt. Lorentz legt dar, dass man bewegte Längen nur mithilfe von Licht messen kann. Aber sind es wirklich Gegenstände, deren Dimensionen sich ändern? Ist es nicht vielmehr die Länge selbst, die von der Relativgeschwindigkeit abhängt? Also auch der Abstand zwischen zwei Objekten, der mit den von FitzGerald ins Feld geführten Molekularkräften nichts zu tun hat?

Bevor wir zu dieser radikalen These Einsteins kommen, kehren wir aber kurz zurück zu den Argumenten von Hendrik Lorentz. Er erkannte relativ rasch, dass auch die Zeit von der Relativgeschwindigkeit abhängen muss, wenn die Lichtgeschwindigkeit gegenüber jedem Beobachter dieselbe ist. Wir betrachten eine Lichtuhr als Beispiel, um das zu demonstrieren. In der Skizze Abb. 13.16 sehen wir ein Gedankenexperiment.

Es besteht aus zwei Spiegeln und einem Mechanismus, der *Tick* macht, wenn ein Lichtpuls den Spiegel trifft. Die Zeiteinheit t ist also der Abstand

---

[24] *Hare beteekenis is – als men FRESNEL's theorie aanneemt – veelmeer daarin gelegen dat zij ons iets omtrent de veranderingen der afmetigen kan leeren.*

Abb. 13.16 Skizze eines
Gedankenexperiments
mit einer Lichtuhr auf
einer Rakete. In einer
ruhenden Uhr dauert ein
Tick die Zeit *t*, für eine
bewegte Uhr misst ein
ruhender Beobachter die
Dauer *t′*

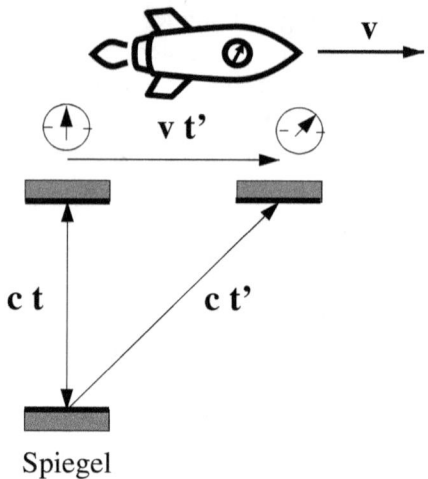

Spiegel

zwischen den Spiegeln dividiert durch die Lichtgeschwindigkeit. Wir messen
diese zunächst, wenn die Anordnung relativ zu uns ruht, wenn Sie mögen
durch Vergleich mit der ultragenauen Atomuhr von https://www.atomuhr.
de. Als Nächstes montieren wir unser Gedankenexperiment auf einer Rakete
und lassen diese mit konstanter Geschwindigkeit v in gerader Linie an
uns vorbeifliegen. Während der Lichtpuls zwischen den Spiegeln hin- und
herfliegt, bewegen diese sich senkrecht dazu. Der Lichtpuls nimmt also einen
von uns aus gesehenen längeren Weg. Die Lichtgeschwindigkeit bleibt aber
gleich. Also verlängert sich die Zeit zwischen den *Ticks*, die Zeit t' vergeht
langsamer. Zur Analyse braucht man nichts weiter als den Satz des Pythagoras.
Wir haben ähnliche Argumente schon bei der Diskussion der Aberration
des Fixsternlichts und des Interferenzexperiments von Michelson (Abb. 13.15)
verwendet. Der Lichtweg ist von uns aus gesehen verlängert um einen Faktor
$1/\sqrt{1 - v^2/c^2}$. Der relativistische Faktor taucht in diesem Fall im Nenner
auf. Von uns aus gesehen geht die Raketenuhr also um genau diesen Faktor
langsamer, als es die ruhende Uhr getan hat. Der Astronaut in der Rakete ist
nicht einverstanden: Für ihn geht die Uhr immer noch genauso wie vorher.

Wir konstatieren: Die einzige Konstante in all der Relativität ist die Lichtgeschwindigkeit, sie ist unabhängig vom Bewegungszustand des Beobachters
und der Lichtquelle. Nach Lorentz werden Längen in Richtung der Bewegung
von einem ruhenden Beobachter als verkürzt gemessen, bewegte Uhren gehen
langsamer. Aber für den Beobachter in der Rakete ruhen doch Längenmaße
und Uhren. Was ist denn dann die *wahre* Länge und was ist die *wahre* Zeit?

Für Lorentz war das klar. Der Äther definiert die absolute Ruhe, also sind die Längen und Zeiten die wahren, die man in Ruhe zum Äther misst.

Diese relativistischen Effekte – Kontraktion, also Verkürzung der Länge, Dilatation, also Dehnung der Zeit – spielen natürlich nur eine Rolle, wenn die Geschwindigkeit v nicht vernachlässigbar ist gegenüber der Lichtgeschwindigkeit. Deshalb haben wir eine Rakete als Beispiel gewählt und keinen Radfahrer. Aber der prinzipielle Widerspruch bleibt. Längen und Zeiten sind ein lokales Phänomen, kein globales.

In seiner Arbeit von 1905 „Zur Elektrodynamik bewegter Körper" [238] nimmt Albert Einstein (1879–1955) diese Folgen der Lichtgeschwindigkeit als fundamentaler Konstante ernst. Der zweite Abschnitt der Einleitung fasst seinen Ansatz in bewundernswerter Klarheit zusammen und soll daher (fast) zur Gänze zitiert werden:

> „… die mißlungenen Versuche, eine Bewegung der Erde relativ zum „Lichtmedium" zu konstatieren, führen zu der Vermutung, daß dem Begriffe der absoluten Ruhe nicht nur in der Mechanik, sondern auch in der Elektrodynamik keine Eigenschaften der Erscheinungen entsprechen, sondern daß vielmehr für alle Koordinatensysteme, für welche die mechanischen Gleichungen gelten, auch die gleichen elektrodynamischen und optischen Gesetze gelten, wie dies für die Größen erster Ordnung bereits erwiesen ist. Wir wollen diese Vermutung (deren Inhalt im folgenden „Prinzip der Relativität" genannt werden wird) zur Voraussetzung erheben und außerdem die mit ihm nur scheinbar unverträgliche Voraussetzung einführen, daß sich das Licht im leeren Raume stets mit einer bestimmten, vom Bewegungszustande des emittierenden Körpers unabhängigen Geschwindigkeit V fortpflanze. Diese beiden Voraussetzungen genügen, um zu einer einfachen und widerspruchsfreien Elektrodynamik bewegter Körper zu gelangen unter Zugrundelegung der Maxwell'schen Theorie für ruhende Körper. Die Einführung eines „Lichtäthers" wird sich insofern als überflüssig erweisen, als nach der zu entwickelnden Auffassung weder ein mit besonderen Eigenschaften ausgestatteter „absolut ruhender Raum" eingeführt, noch einem Punkte des leeren Raumes, in welchem elektromagnetische Prozesse stattfinden, ein Geschwindigkeitsvektor zugeordnet wird."

Einstein verfolgt das Problem der anscheinenden Unvereinbarkeit von Mechanik und Elektrodynamik zurück auf das Fundamentalproblem der Gleichzeitigkeit. Was meinen wir eigentlich, wenn wir sagen, zwei Ereignisse in zwei verschiedenen, zueinander bewegten Koordinatensystemen, finden gleichzeitig statt? Die Antwort liegt darin, dass wir eine Vorschrift brauchen, um zwei Uhren zu synchronisieren. Im kinematischen Teil seiner Arbeit entwirft Einstein eine solche Vorschrift. Nehmen wir – wie Einstein – an, zwei identische Uhren befinden sich an den Orten A und B. Wir emittieren nun einen Lichtpuls vom Ort A zur Zeit t_A, gemessen durch die Uhr A. Er werde durch einen Spiegel bei B zur Zeit t_B reflektiert, gemessen mit der B-Uhr. Er gelangt dann zu A zurück zur Zeit t'_A, wieder gemessen mit der lokalen Uhr. Die zwei Uhren laufen synchron, wenn $t_B - t_A$ gleich ist zu $t'_A - t_B$, also wenn die von der B-Uhr gemessene Zeit dem Durchschnitt von t_A und t'_A entspricht, $t_B = (t'_A + t_A)/2$. Wir synchronisieren der Einfachheit halber bei $t = t' = 0$. Wenn sich aber die Uhr B relativ zu A bewegt ändert, geht die Synchronisation verloren und muss ständig neu definiert werden!

Aus dieser Definition von Gleichzeitigkeit leitet Einstein im folgenden Abschnitt die Lorentz'schen Transformationen von Längen und Zeiträumen in einem ruhenden zu einem bewegten System ab. Allerdings mit der Maßgabe, dass die Systeme sich in gleichförmiger, geradliniger Bewegung zueinander befinden, eine relative Beschleunigung also nicht stattfindet.[25] Wieder kann ich nicht widerstehen, die Gleichungen der Lorentz-Transformationen in voller Schönheit zu zeigen, schamhaft versteckt in Abb. 13.17. Dort finden Sie auch die Vorschrift zur Addition von Geschwindigkeiten, die die Lichtgeschwindigkeit unverändert lässt. Sie bildet damit auch eine obere Grenze, Bewegung mit einer höheren Geschwindigkeit gibt es nicht.

Damit ist eine radikale Wende vollzogen. Nicht mehr nur die Länge von Gegenständen und die Dimensionen von Instrumenten zur Zeitmessung ändern sich bei relativer Bewegung, es sind die Dimensionen von Raum und Zeit selbst. Die euklidische Geometrie und die Galilei'sche Addition von Geschwindigkeiten sind nur für geringe Geschwindigkeiten eine gute Annäherung an die Realität. Die Rolle der bewegten und ruhenden Systeme kann natürlich vertauscht werden, ohne dass sich die Befunde ändern. Somit ist die Symmetrie in der Relativität von Bewegung, die schon Galilei gefordert hatte, auch hier erhalten. Ruhendes und gleichförmig bewegtes System sind nicht objektiv unterscheidbar. Absolute Ruhe gibt es nicht, genauso wenig wie eine absolute Zeit.

Im zweiten Teil seiner Abhandlung wendet Einstein diese Erkenntnisse auf die Elektrodynamik an und leitet die Transformationseigenschaften von elektrischen und magnetischen Feldern ab. Er beschließt sein Papier mit einer Betrachtung über die Konsequenzen seiner Theorie für die Energie bewegter

---

[25] Diese Einschränkung definiert die sogenannte „spezielle" Relativitätstheorie. Sie behandelt in der Tat einen Spezialfall, den es im Universum eigentlich gar nicht gibt. Elektromagnetische und Gravitationsfelder erreichen jeden Winkel des Universums, beschleunigen dort die Objekte und lenken sie von der geraden Bahn ab. Alles im Universum befindet sich im mehr oder weniger freien Fall. Das war natürlich auch Einstein klar. In seiner allgemeinen Relativitätstheorie beseitigt er diese Einschränkung, wieder mit Mitteln der Geometrie. Aber das ist nicht unser Thema.

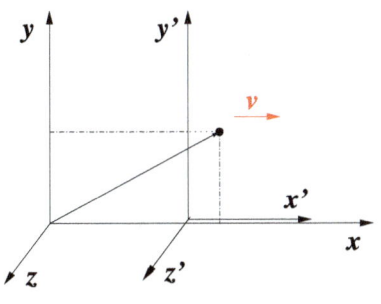

$$t = \frac{1}{\sqrt{1-\frac{v^2}{c^2}}} \left(t' + \frac{v}{c^2}x'\right)$$

$$x = \frac{1}{\sqrt{1-\frac{v^2}{c^2}}} \left(x' + vt'\right)$$

$$y = y' \;\; ; \;\; z = z'$$

$$u_x = \frac{u'_x + v}{1 + u'_x v / c^2}$$

$$u_y = \frac{u'_y}{\gamma(1 + u'_x v / c^2)} \;\; ; \;\; u_z = \frac{u'_z}{\gamma(1 + u'_x v / c^2)}$$

Abb. 13.17 Lorentz-Transformationen zwischen einem System von Zeit- und Raumkoordinaten (t, x, y, z) und einem zweiten mit Koordinaten (t', x', y', z'), das sich relativ zum ersten mit einer gleichförmigen Geschwindigkeit v in Richtung der (positiven) x-Achse bewegt. Zum Zeitpunkt der Synchronisation, $t = t' = 0$, befinden sich die Ursprünge beider Systeme am gleichen Ort. Ebenfalls angegeben ist die Gleichung für die Geschwindigkeit **u**, die ein ruhender Beobachter relativ zu **u**' im bewegten System misst. Diese Addition von Geschwindigkeiten lässt die Lichtgeschwindigkeit c unberührt

Körper und ihre Trägheit gegenüber (kleinen) Beschleunigungen. Diese Betrachtung vertieft er in einer kurzen Veröffentlichung, die er im September 1905 nachschiebt [237]. Dort berechnet er die Energiebilanz eines bewegten Körpers, der Licht der Energie E aussendet. Sein Resultat ist die erstaunliche Tatsache, dass sich dann seine träge Masse um einen kleinen Betrag $\Delta m = E/c^2$ verringert. Dies ist das erste Beispiel für die berühmte Äquivalenz von Masse und Energie, $E = mc^2$. Wir gehen im Kap. 16 noch ausführlich darauf ein, wenn wir den Begriff der Energie diskutieren. Aber zunächst einmal atmen wir durch und beschäftigen uns mit elektromagnetischen Wellen als Überträgern von Informationen.

14

Radiowellen

Wünscht man der Theorie mehr Farbe zu verleihen, so ist nichts im Wege, dass man noch nachträglich der Einbildungskraft zu Hilfe komme durch concrete sinnliche Vorstellungen von dem Wesen der elektrischen Polarisation, des elektrischen Stromes u. s. w. Aber die Strenge der Wissenschaft erfordert doch, dass wir dies bunte Gewand, welches wir der Theorie überwerfen und dessen Schnitt und Farbe vollständig in unserer Gewalt liegt, wohl unterscheiden von der einfachen und schlichten Gestalt selbst, welche die Natur uns entgegenführt und an deren Formen wir aus unserer Willkür nichts zu ändern vermögen.

Heinrich Hertz, *Untersuchungen über die Ausbreitung der elektrischen Kraft*, 1892 [194, S. 31]

Die zweite Hälfte des 19. Jahrhunderts war besonders in Deutschland eine bewegte Zeit. Aus dem von Preußen gewaltsam beendeten bundesstaatlichen Versuch der Märzrevolution von 1848 entstand mit der Reichsgründung von 1871 der monarchistische Nationalstaat des Deutschen Kaiserreichs. Der Deutsch-Französische Krieg von 1870/71 hatte zu einer Einigung der deutschen Kleinstaaten beigetragen, der preußische König wurde im Spiegelsaal von Versailles am 18. Januar 1871 zum Kaiser proklamiert. Nach den ersten gesamtdeutschen Wahlen eröffnete Wilhelm I. am 21. März den Reichstag in Berlin. Dieser redigierte die Bismarck'sche Reichsverfassung, die im Mai 1871 in Kraft trat. Unter Reichskanzler Bismarck wurden umfangreiche Sozialreformen durchgeführt, auch um die sozialistische Bewegung zu bekämpfen. 1883 wurde die Krankenversicherung und 1884 die Unfallversicherung eingeführt, beide verpflichtend für Arbeiter und Angestellte mit niedrigem Einkommen

© Der/die Autor(en), exklusiv lizenziert an Springer-Verlag GmbH, DE, ein Teil von Springer Nature 2025
M. Pohl, *Licht*, https://doi.org/10.1007/978-3-662-70486-8_14

und von Arbeitnehmern und -gebern gemeinsam finanziert. 1891 wurde die gesetzliche Rentenversicherung nach demselben Modell begründet.

Der Erkenntnisanspruch der Naturwissenschaften – insbesondere der Physik – hatte sich mit den fundamentalen Durchbrüchen von Newton und Maxwell genauso etabliert wie die Methodik der auf experimentelle Beobachtung und mathematische Formulierung gegründeten Physik. Der Dichter Friedrich Rückert (1788–1866) hatte 1837 ein Gedicht so eingeleitet: [73]:

> „Daß gar kein Wissbares, daß nichts unwissbar sei,
> Ist einerlei im Sinn, im Ausdruck zweierlei."

Der ganzheitliche wissenschaftliche Anspruch blieb keineswegs unwidersprochen. Als Beispiel mag die Skepsis des Physiologen Emil Heinrich Du Bois-Reymond (1818–1896) dienen. In seinem Werk „Über die Grenzen des Naturerkennens" [149] erklärte er 1872 etwa das wahre Wesen von Materie und Kräften für unwissbar. In einem Vortrag über „Die sieben Welträthsel" [169] vor der Königlichen Akademie der Wissenschaften zu Berlin teilte er nicht nur diese in die Kategorie *ignorabimus* ein – sinngemäß *für immer unwissbar* –, sondern auch das Entstehen der einfachen Sinnesempfindungen. Diese Thesen lösten in Deutschland eine heftige und lange währende Diskussion aus. Eine direkte Erwiderung war das umfangreiche Werk „Die Welträthsel" [217] des Biologen und Philosophen Ernst Haeckel. Er vertrat einen monistischen Standpunkt, gegründet auf Darwins Evolutionslehre. Noch in den 1930er-Jahren rief der Göttinger Mathematiker David Hilbert in einer Radioansprache aus: „Statt des törichten Ignorabimus heiße im Gegenteil unsere Losung: Wir müssen wissen, wir werden wissen.".[1]

Die Anwendungen von Wissenschaft haben unter diesem philosophischen Dissens nicht gelitten. Die technische Seite der Physik wurde durch Institutionen wie die Physikalisch-Technische Reichsanstalt seit 1887 gefördert, mithilfe standardisierter Messverfahren und der genauen Definition von Maßeinheiten. Bedeutende Technologieunternehmen wurden gegründet: Siemens in Deutschland, die Vorläufer von British Telecom, Philips in den Niederlanden, General Electric aus Teilen des Industrieimperiums von Thomas Edison sowie AT&T aus Alexander Graham Bells Telefongesellschaft in den USA, die Vorläufer von Toshiba und NEC in Japan, um nur ein paar Beispiele zu nennen.

---

[1] Die Ansprache finden Sie auf https://www.youtube.com/watch?v=EbgAu_X2mm4.

1870 eröffnete der Wiener Musikverein sein Gebäude mit einem feierlichen Konzert. Sie kennen den großen Saal vielleicht aus der jährlichen Übertragung des Neujahrskonzerts. Léo Delibes Ballett *Coppélia* feierte in Paris Triumphe. 1876 wurde Wagners Ring in Bayreuth uraufgeführt. Die Entstehung der Arbeiterbewegung rückte die sozialen Fragen in den Fokus realistischer Literatur. In Frankreich beschreiben die Brüder Goncourt die Lebensumstände der niederen Stände. Besonders der Naturalismus zum Ende des 19. Jahrhunderts bemüht sich um eine möglichst getreue Schilderung von Wirklichkeit und Gesellschaft. Das soziale Drama „Die Weber" von Gerhart Hauptmann mag als Beispiel dienen.

Vor diesem kulturellen Hintergrund gelang der Nachweis elektromagnetischer Wellen endlich dem Hamburger Senatorensohn Heinrich Rudolf Hertz (1857–1894). Nach einem Studium als Bauingenieur am Dresdner Polytechnikum, das ihn langweilte, und einem einjährigen freiwilligen Militärdienst nahm Hertz 1877 ein Studium der Naturwissenschaften an der Münchner Universität auf. Ein Jahr darauf wechselte er erneut den Studienort und ging nach Berlin, um sich ganz der Physik zu widmen. Das Physikalische Institut unter seinem Direktor Hermann Ludwig Ferdinand von Helmholtz (1821–1894), dem wir hier zum wiederholten Male begegnen – der konvertierte Mediziner wurde auch kaum übertrieben als „Reichskanzler der Physik" betitelt –, hatte einen ausgezeichneten Ruf. Bald wurde Helmholtz auf den außergewöhnlich begabten Studenten Hertz aufmerksam und förderte ihn.

Die Königlich Preußische Akademie der Wissenschaften zu Berlin lobte 1879 auf Betreiben von Helmholtz einen Preis aus für ein Experiment, das die Existenz des von Maxwell eingeführten Verschiebungsstroms nachweisen sollte [161]. Dieses entscheidende Element der Maxwell'schen Elektrodynamik haben wir in Kap. 12 diskutiert, es ermöglicht die Bildung und Fortpflanzung elektromagnetischer Wellen. Der Preis war mit der erklecklichen Summe von 925 Mark dotiert, nach der Äquivalenztabelle der Deutschen Bundesbank für die Kaufkraft historischer Währungen immerhin ca. 8000 € wert. Das Experiment sollte so zwischen der „alten" Fernwirkungs- und der Maxwell'schen Nahwirkungstheorie des Elektromagnetismus entscheiden. Helmholtz hatte die Ausschreibung wohl Hertz auf den Leib geschneidert, wurde aber enttäuscht. Hertz kam zu dem Schluss, dass die erforderlichen hohen Frequenzen von Ladung und Entladung mit den bekannten Mitteln nicht zu erreichen waren. Die Frist für den Preis lief so 1882 ohne Einreichung ab. Trotzdem bot Helmholtz Hertz nach dessen Promotion eine Assistentenstelle an. Am Ende der Assistenzzeit erhielt er die Gelegenheit zur Habilitation an der Universität Kiel, wo er sich intensiv mit Elektrodynamik beschäftigte. Allerdings war er mit Forschung und Lehre an dieser

Universität nicht glücklich und nahm Ende 1884 nach einigem Zögern einen Ruf an das Karlsruher Polytechnikum an. 1886 heiratete er dort, ein Jahr später wurde er Vater einer Tochter. Im Herbst begann er Experimente mit einem Rühmkorff-Funkeninduktor, einem Transformator mit Unterbrecher im Primärkreis zur Erzeugung von Hochspannung. Auch seine Frau Elisabeth kam bei den Versuchen zum Einsatz [536]. Hertz benutzte den Induktor, um einen merkwürdig geformten Kondensator mit angeschlossener Funkenstrecke anzuregen, der im Vordergrund des Fotos Abb. 14.1 aus der Sammlung des Deutschen Museums München zu sehen ist. Er bildet einen Schwingkreis mit einer Resonanzfrequenz von etwa 80 MHz.

Wenn sich in der Mitte dieser Sendeantenne ein Funke bildet, wird ein kurzer elektromagnetischer Puls erzeugt, der sich als Wellenzug fortpflanzt. Hertz gelang dessen Nachweis mithilfe einer analogen Funkenstrecke in einer Empfangsantenne [178]. Das Foto Abb. 14.1 zeigt verschiedene Antennenformen im Hintergrund. Die Sendeantenne bildet einen Dipol, das elektrische Feld schwingt in dessen Richtung, also waagerecht. Das magnetische Feld schwingt also senkrecht. Das wies Hertz nach, indem er auf einen achteckigen Rahmen parallele Drähte spannte. Diese Anordnung dient als Polarisationsfilter. Wenn die Drähte in Richtung des elektrischen Feldes verlaufen, setzt

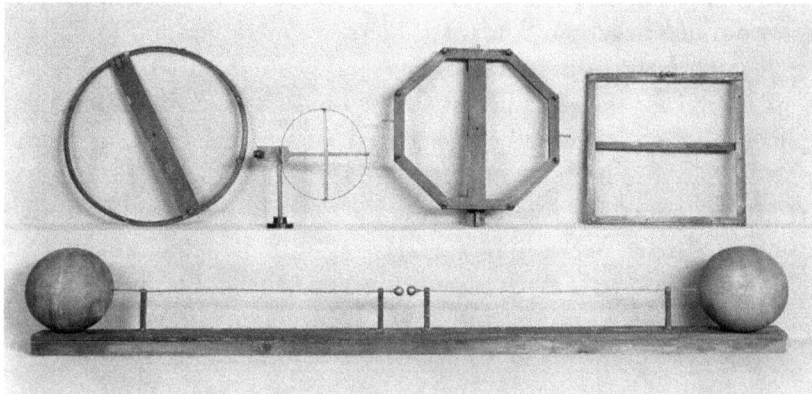

Abb. 14.1 Vordergrund: Funkenstrecken-Sender von Heinrich Hertz für seine Experimente zur Übertragung elektromagnetischer Wellen. Die Kugeln an den beiden Enden regulieren die Kapazität und damit die Resonanzfrequenz des offenen Stromkreises. Wenn die Antenne angeregt wird, bildet sich zwischen den kleinen Kugeln in der Mitte eine Funkenstrecke und ein kurzer elektromagnetischer Wellenzug wird emittiert. Hintergrund: Empfänger-Antennen von Heinrich Hertz mit verschiedenen Größen und Formen. Wenn der Wellenzug die Antenne erreicht, entsteht durch Induktion ein kleiner Funke in der Öffnung des Antennenkreises. (Bildnachweis: Deutsches Museum, München, Archiv, BN02391)

das Feld ihre Elektronen in Schwingung, es wird absorbiert oder mindestens stark geschwächt. Orientiert man die Drähte entlang des magnetischen Feldes, lassen sie die Welle ungeschwächt durch. Es fiel Hertz auch auf, dass der Funke am Empfänger schwächer ausfiel, wenn ein Dielektrikum wie Papier oder Glas die Sichtverbindung zwischen Sender und Empfänger unterbrach.

In einer Veröffentlichung von 1889 behandelte Hertz dann den elementaren Dipol, den wir schon im einleitenden Kap. 2 als Beispiel angeführt haben, und zwar mithilfe der Maxwell'schen Feldtheorie [185]. Die Abb. 14.2 der Feldlinien stammt aus dieser Veröffentlichung. In der Mitte befindet sich ein Dipol, eine positive und eine negative Ladung schwingen harmonisch gegeneinander wie zwei Gewichte an einer Feder. In den vier Grafiken ist eine zeitliche Abfolge der ausgesandten Felder gezeigt. Das elektrische Feld des Dipols ist ausgezeichnet, das magnetische nur angedeutet. Man sieht, wie beide sich von der Dipolquelle ablösen.

Hertz demonstrierte mithilfe von flachen und parabolischen Spiegeln, dass elektromagnetische Wellen sich wie Licht verhalten. Die Abb. 14.3 [194] zeigt rechts eine Sender-Funkenstrecke im Brennpunkt eines Parabolspiegels aus Zinkblech, die von einem Funkeninduktor auf dem Tisch dahinter gespeist wurde. Der Dipol ist hier senkrecht orientiert. Hertz verwendete als Empfän-

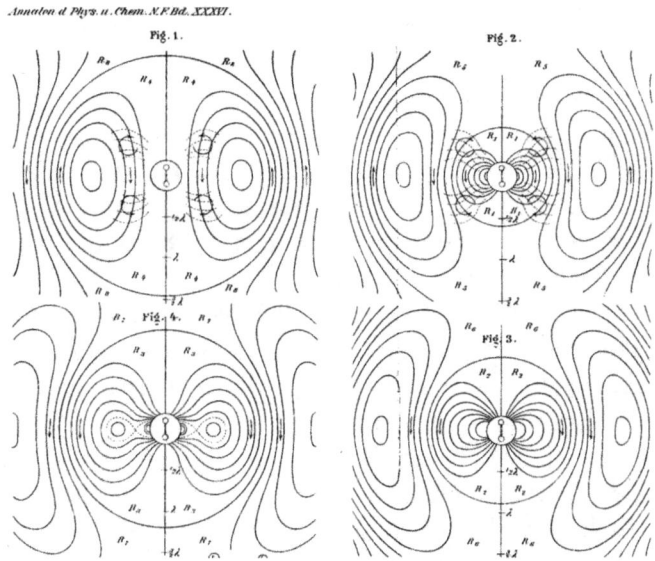

Abb. 14.2   Feldlinienbild eines schwingenden elektrischen Dipols [194]. Die vier Abbildungen zeigen die zeitliche Abfolge der elektrischen Feldlinien, die magnetischen sind nur in Fig. 1 und 2 in der Nähe der Quelle angedeutet

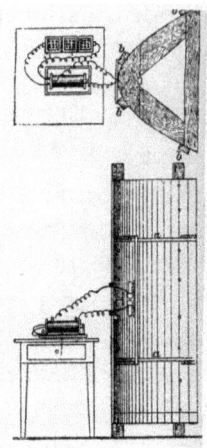

Abb. 14.3 Hertz'scher Versuch zur Übertragung von Mikrowellen mit Parabolspiegeln. Die linke Skizze zeigt den Sender [194]. Im Brennpunkt des parabolisch gebogenen Spiegels befindet sich die Funkenstrecke, die von einem Funkeninduktor auf dem Tisch dahinter gespeist wird. Im Brennpunkt eines symmetrischen Spiegels befindet sich die Empfangsantenne, wie im rechten Foto gezeigt [536]. Zwischen beiden können außerdem metallische Planspiegel und Polarisationsfilter platziert werden

ger einen ebensolchen Spiegel mit Empfangsantenne im Brennpunkt, im Foto links zu sehen. Vor dem Empfänger steht ein großer achteckiger Polarisationsfilter. Er ist auf dem Foto so orientiert, dass er die Welle absorbiert.

Juden waren in Deutschland seit der Reichsgründung anderen Konfessionen formal gleichgestellt. Trotzdem waren Ausgrenzung und Benachteiligung im täglichen und akademischen Leben die Regel. Hertz war allerdings nicht Opfer von Diskriminierung, seine großbürgerliche Familie war seit Generationen konvertiert und vollständig assimiliert. 1888 konnte Hertz zwischen Professuren in Gießen, Berlin und Bonn wählen; er entschied sich für Bonn. Die dortige Dependance des Deutschen Museums bewahrt Kopien einiger seiner Karlsruher Versuchsanordnungen zur Entdeckung elektromagnetischer Wellen auf. Hertz selbst hatte sie nach dem Umzug herstellen lassen. 2012 hat dieses Museum ihm eine Sonderausstellung mit einem besonders lesenswerten Katalog gewidmet [534]. Seine Leitung des Bonner Physikinstituts wurde abrupt beendet durch seinen frühen Tod im Januar 1894. 1925 stellte die Technische Hochschule Karlsruhe eine Büste auf, von seiner Tochter Mathilde Hertz gestaltet, aus Anlass des hundertjährigen Gründungsjubiläum des Polytechnikums. 1933 beantragte Italien auf der Sitzung der Internationalen Elektrotechnischen Kommission, die Einheit der Frequenz nach Hertz zu benennen. Der Antrag wurde gegen Stimmen aus England, den USA und

Japan angenommen, seitdem ist 1 Hz = 1/s. Das NS-Propagandaministerium bemühte sich später erfolglos, die Bezeichnung nach Helmholtz zu benennen, die Abkürzung aber beizubehalten.

Den Umgang der Nazis mit Hertz und seiner Familie schildert Stefan L. Wolff in seinem Beitrag zum Katalog der Bonner Ausstellung [542]. Er zitiert eine Rede von Eugen Hadamovsky (1904–1945), dem ranghöchsten NS-Rundfunkfunktionär, die alles sagt:

> „Nicht der Jude Heinrich Hertz, der keinerlei Beziehungen zur Funktechnik hatte, und der erst recht keinerlei Erfindungen auf dem Gebiete des Rundfunks gemacht hat, sondern der junge italienische Student und heutige faschistische Senator Guglielmo Marconi und andere Erfinder schufen am Ende des 19. Jahrhunderts die Unterlagen für Funktelegrafie."

Die nach Hertz benannten Institutionen verschwanden um 1935 im Zuge der Gleichschaltung aller Institutionen oder änderten ihren Namen. In Karlsruhe wurde die Büste von Hertz spätestens 1939 aus dem Ehrenhof entfernt. Hertz' früher Tod hat ihm erspart, all dies miterleben zu müssen. Seiner Familie allerdings nicht. Tochter Mathilde, die nach künstlerischer und wissenschaftlicher Ausbildung als Biologin an der Kaiser-Wilhelm-Gesellschaft in Berlin arbeitete, wurde die Lehrerlaubnis entzogen. Auf Intervention von Max Planck wurde ihr aber nicht gekündigt. Trotzdem sah sie in Deutschland keine Zukunft und emigrierte 1936 mit Schwester und Mutter nach England, wo sie mit Unterstützung von Ernest Rutherford in Cambridge eine Stelle bekam. Auch Heinrichs Neffe Gustav Hertz (1887–1975) – Physiker wie er und Nobelpreisträger von 1925 zusammen mit James Franck für den Nachweis diskreter Energieniveaus in Atomen – trat von seiner Professur an der Technischen Hochschule Berlin zurück, behielt aber eine Honorarprofessur. Natürlich waren dies bei Weitem nicht die einzigen Wissenschaftler, der unter dem Rassenwahn des NS-Regimes zu leiden hatte. Wir kommen in Kap. 17 auf diese dunkle Zeit und ihre weitreichenden Folgen für die Wissenschaft in Deutschland zurück. Ich bewahre die absurden Ariernachweise auf, ohne die meine Eltern nicht hätten heiraten können, als Andenken und Warnung an mich selbst.

Drahtlose Telegrafie

Heinrich Hertz war Grundlagenforscher durch und durch und nicht an technischen Anwendungen der elektromagnetischen Wellen interessiert. Aber die Vorteile der drahtlosen Signalübertragung gegenüber der drahtgebundenen Telegrafie lagen auf der Hand. Die Entwicklung der drahtlosen Telegrafie nahm daher einen rasanten Verlauf, den z. B. der Pionier Sir Oliver Lodge in seinem Beitrag zum Maxwell Commemoration Volume von 1931 nachzeichnet [300, S. 125–141]. Das Problem war dabei nicht der Sender, der ja schon bei Hertz ein zerhacktes Signal aussandte, sondern der Empfänger. In den frühen 1890er-Jahren entwickelte der französische Physiker Édouard Eugène Désiré Branly (1844–1940), nach dem in Paris der *quai Branly* benannt ist, gestützt auf frühere Versuche von Temistocle Calzecchi-Onesti (1853–1922) [170], einen Schalter, der auf elektrische Signale reagiert [187]. Dieser sogenannte Kohärer ist eine mit Eisenfeilspänen locker gefüllte Glasröhre mit zwei Elektroden. Im Normalzustand leitet der Kohärer keinen Strom. Wenn eine elektrische Spannung anliegt, etwa ein Puls von einer Antenne, formieren die Metallspäne eine Brücke und das Rohr wird leitend. Damit war der Weg frei für die Konstruktion eines Empfängers für drahtlose Telegrafie. Allerdings kehrt der Kohärer nicht von allein in den Normalzustand zurück. Ein mit dem Telegrafenrelais verbundener Hammer muss die Feilspäne mechanisch durchschütteln, damit der Kohärer wieder isoliert. Der Russe Alexander Stepanowitsch Popow (1859–1905) erreichte mit der Erdung eines der beiden Pole des Senders eine Erhöhung der Reichweite auf mehrere Kilometer.

Der Autodidakt Guglielmo Marconi (1874–1937) wurde durch die Publizität, die der Tod von Heinrich Hertz auslöste, in den 1890er-Jahren auf die technischen Möglichkeiten all dieser Erfindungen aufmerksam. 1896 ging er nach England, in die Handelsmetropole London, wo er sich zu Recht kommerzielles Interesse für drahtlose Nachrichtenübertragung erhoffte. Nach erfolgreichen Versuchen mithilfe der Royal Mail gründete er dort 1897 seine *Wireless Telegraph and Signal Company*. Die Abb. 14.4 zeigt ein Schaltbild seines Telegrafieempfängers [268]. Das Antennensignal regt den Kohärer C im linken Schaltkreis an, der dadurch geschlossen wird. Der Elektromagnet R betätigt das Relais im rechten Schaltkreis, dessen Magnet S das Telegrafensignal auslöst. Nachrichtenübertragung wird durch das digitale Morsealphabet erreicht, das in der drahtgebundenen Telegrafie seit den 1840er-Jahren verwendet wurde. Marconi hatte kein Problem damit, dieses Konglomerat aus Erfindungen anderer patentieren zu lassen. In Deutschland erfand Ferdinand Braun (1850–1918) eine ähnliche Empfängerschaltung, die mit Wechselstrom funktionierte.[2] 1899 gelang die Signalübertragung über den Ärmelkanal, 1901

---

[2]Braun erfand auch den Kristalldetektor, der mit einem Halbleiter-Gleichrichter funktioniert, und die Braun'sche Röhre, eine Kathodenstrahlröhre mit Ablenkungselektroden in horizontaler und vertikaler Richtung. Solche Röhren waren bis ins späte 20. Jahrhundert in Fernsehempfängern im Einsatz.

Abb. 14.4 Schaltbild eines Telegrafenempfängers nach Marconi [268]

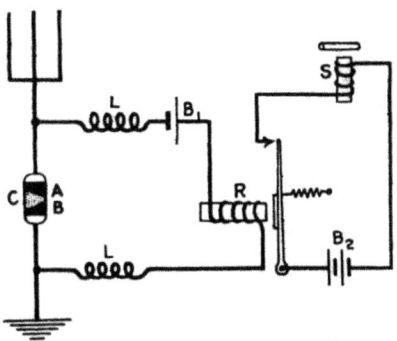

Fig. 101.   Marconi 1896 Receiver.

über den Atlantik. Marconi und Braun erhielten gemeinsam den Nobelpreis für Physik von 1909.

Drahtgebundene Telefonie gab es seit den Pionierexperimenten von Philipp Reis und den patentierten Erfindungen von Elisha Gray und Alexander Graham Bell bereits seit 1876.[3] In den darauffolgenden Jahren entstand ein riesiges Netzwerk von Kupfertelefonleitungen. In den Vereinigten Staaten wurde bis 1890 ein Großteil des Landes verdrahtet und bis zu einer viertel Million Telefone angeschlossen. In Deutschland wurden in Berlin und Mülhausen im Elsass 1881 erste Ortsvermittlungsstellen für Telefongespräche eingerichtet. 1930 gab es in Deutschland rund 3,2 Mio. Telefonanschlüsse für die etwa 65 Mio. Einwohner.

Es dauerte eine Weile, bis auch die drahtlose Telefonie, die uns heute so selbstverständlich überallhin begleitet, die Telegrafie ergänzte. 1927 gab es eine erste öffentliche Verbindung über den Atlantik von London nach New York. Allerdings zwischen ortsgebundenen Geräten. Erste mobile Geräte für das Telefonieren im Auto nutzten ab Ende der 1950er-Jahre noch die analogen A-, B- und C-Funknetze, wobei erst das dritte in Funkzellen organisiert war. Der Durchbruch bei Privatkunden kam erst mit dem digitalen GSM-Standard Anfang der 1990er-Jahre.

Das erste Mobiltelefon kam 1983 auf den Markt, das DynaTAC 8000X von Motorola, ein klobiger Kasten von fast einem Kilogramm Gewicht, dessen Akku nach einer halben Stunde leer war – bei einer Ladezeit von 10 h. Es kostete fast 4000 US-$ und funktionierte im analogen zellularen AMPS Netz von Bell Labs in den USA. Mein erstes Handy war das Nokia 1011 Mitte der

---

[3] Siehe: https://www.dhm.de/lemo/rueckblick/oktober-1861-die-erfindung-des-telefons.html.

1990er-Jahre. Heute haben weit mehr als 90 % der Deutschen über 14 Jahre ein Smartphone. Weltweit gibt es 2024 mehr als 7 Mrd. Nutzer.[4]

Rundfunk

Der Kalifornier Lee de Forest (1873–1961) erfand 1908 die Vakuum-Triodenröhre, die nicht nur den Kohärer ersetzte, sondern auch eine Verstärkung des Signals ermöglichte. Zunächst war eher das Militär an der drahtlosen Telegrafie interessiert. Um ein Gegengewicht gegen die britische Marconi-Firma zu bilden, gründeten in Deutschland AEG und Siemens & Halske gemeinsam die „Telefunken, Gesellschaft für drahtlose Telegraphie". Die Marke existiert bis heute als Lizenzgeber.[5] Rasanten Aufschwung nahm die drahtlose Signalübertragung durch die Entwicklung des Rundfunks. Kurz nach dem Ersten Weltkrieg entwickelten sich in den USA aus den Aktivitäten von Funkamateuren in den 1920er-Jahren erste kommerzielle Radiostationen, die regelmäßig Nachrichten und Musik ausstrahlten. Schon 1922 waren es 30 Stationen, wenig später mehrere Hundert.[6] Bereits 1924 besaßen 34,3 % der amerikanischen Haushalte ein Radio, Ende der 1930er-Jahre etwa 80 % [538].

In Deutschland stand der erste Radiosender im brandenburgischen Königs Wusterhausen bei Berlin, vor und während des Ersten Weltkriegs zunächst als militärische Einrichtung. 1919 übernahm die Deutsche Reichspost die Anlage für die Übermittlung von Telegrammen ins In- und Ausland und die Verbreitung von Wetterberichten für Flughäfen. Die Technik war ein Lichtbogensender nach dem Prinzip, das der Däne Valdemar Poulsen(1869–1942) zur Erzeugung von kontinuierlichen Radiowellen 1903 patentiert hatte. Am 22. Dezember 1920 fand die erste Hörfunkübertragung statt mit einem Weihnachtskonzert von Postbeamten, gefolgt von einem Osterkonzert 1921 und regelmäßigen Sonntagskonzerten in der Folge. Der Funkerberg in Königs Wusterhausen gilt daher als Geburtsstätte des Rundfunks in Deutschland. Das Gelände beherbergt heute das Sender- und Funktechnikmuseum Königs Wusterhausen.

Regelmäßige Radiosendungen begannen zunächst regional im Herbst 1923, unter staatlicher Regie wie fast überall in Europa. Zum 100. Jahrestag hat die Bundeszentrale für politische Bildung zusammen mit dem Deutschen Rund-

---

[4]Siehe https://www.statista.com/statistics/218984/number-of-global-mobile-users-since-2010/.
[5]Siehe https://telefunken.com/de_DE/unternehmen/.
[6]Siehe den gut dokumentierten Wikipedia-Eintrag https://en.wikipedia.org/wiki/Radio_in_the_United_States.

funkarchiv von ARD und ZDF ein interessantes Buch herausgegeben [604], das die gesamte deutsche Rundfunkgeschichte nachzeichnet. Ein Jahr nach der ersten Sendung gab es bereits acht regionale Mittelwellensender, also solche, die auf Trägerfrequenzen zwischen etwa 500 und 1600 kHz mithilfe der analogen Modulation der Amplitude Sprache und Musik übertrugen.[7] Zu Beginn des Sendebetriebs war die zur Finanzierung erhobene Rundfunkgebühr sehr hoch. Erst 1924 wurde sie von 60 auf 2 Reichsmark gesenkt, immerhin auch noch fast 10 €. 1926 wurde der Berliner Funkturm fertiggestellt.

Im Oktober 1922 wurde die *British Broadcasting Company* gegründet von einer Gruppe führender Radiofirmen einschließlich der von Marconi. Tägliche Sendungen wurden ab November des gleichen Jahres aus den Marconi-Studios in London ausgestrahlt. Ab September 1923 verzeichnete die *Radio Times* als erste Programmzeitschrift die wenigen verfügbaren Sendungen, Tipps für Radioenthusiasten und Anzeigen der jungen Radioindustrie.

Der Rundfunk wurde in Europa als öffentliche Aufgabe begriffen, als eine Art Bildungs- und Kulturradio. Die Inhalte waren Spiegelbild bürgerlichen Kulturverständnisses, ergänzt mit offiziellen Verlautbarungen. Aus Mangel an Aufzeichnungstechnologie waren alle Sendungen live. Das führte aber auch dazu, dass sich eigene, radiospezifische Formen entwickelten, wie Hörspiel, Feature oder Livebericht.

Die NS-Diktatur hatte früh die Indoktrinationsmöglichkeiten durch das noch relativ junge Massenmedium Radio erkannt. Seit 1933 förderte das Reichsministerium für Volksaufklärung und Propaganda unter Joseph Goebbels die Verbreitung des preisgünstigen „Volksempfängers". Bei Kriegsbeginn hatten mehr als die Hälfte aller deutschen Haushalte einen Radioempfänger. Aber auch die Opposition erkannte die Möglichkeiten der Massenkommunikation. Berthold Brecht sprach in seiner Rede „Der Rundfunk als Kommunikationsapparat" [364] 1932 vom Rundfunk als einer Erfindung, die niemand bestellt habe: „Nicht die Öffentlichkeit hatte auf den Rundfunk gewartet, sondern der Rundfunk wartete auf die Öffentlichkeit … Man hatte plötzlich die Möglichkeit, allen alles zu sagen, aber man hatte, wenn man es sich überlegte, nichts zu sagen". Er forderte, das Radio nicht nur als Mittel zur Verteilung von Informationen, sondern als Anreger zu Diskussionen zu nutzen, den Input der Hörer einzuholen und zum Gegenstand der Sendungen zu machen. Da die Technik dazu nicht existiere, müsse sie entwickelt werden.

---

[7] Zur Aufprägung von Informationen auf eine elektromagnetische Trägerwelle der Amplitude E, Frequenz ν und Phase ϕ kann man eine dieser drei Charakteristika der Trägerwelle mit dem zu übertragenden niederfrequenten Signal modulieren. Man unterscheidet daher Amplituden-, Frequenz- und Phasenmodulation, abgekürzt AM, FM und PM.

Eine wahrhaft revolutionäre Idee für ein interaktives Medium, allerdings ein halbes Jahrhundert der technischen Entwicklung voraus. Stattdessen nutzte das NS-Regime den Rundfunk auch zur internationalen Selbstdarstellung. 1927 wurde die damals stärkste Kurzwellen-Sendeanlage des „Weltrundfunksenders Zeesen" bei Berlin eingeweiht. Bei Kriegsende wurde sie von russischen Truppen demontiert und abtransportiert. Im Nachkriegsdeutschland gehörte die Umerziehung zu den Aufgaben des durch die Besatzungsmächte, später durch die Regierungen in Ost- und Westdeutschland neugeordneten Rundfunks.

Die Erfindung des Transistors als Halbleiterverstärker kurz nach dem Zweiten Weltkrieg setzte in den 1950er-Jahren einen Technologieschub bei den Endgeräten in Gang. Sie wurden nun kleiner, handlicher und konnten mit Batterien betreiben werden. Nach amerikanischen und japanischen Vorbildern wurden 1957 auf der Hannover-Messe erstmals ein deutsches Kofferradio von der Firma Akkord-Radio vorgestellt, bald gefolgt von einem Modell von Telefunken. Etwas später entwickelten die VEB Stern-Radio ein ähnliches Produkt. Während die ersten Modelle noch auf Mittelwellenfrequenzen beschränkt waren, kamen bald auch tragbare UWK-Empfänger auf den Markt. Vorreiter war auch hier der japanische Produzent Sony.

Der Hamburger Erfinder Manfred von Ardenne (1907–1997) experimentierte schon Ende der 1920er-Jahre mit der drahtlosen Videoübertragung. In seinem Laboratorium in Berlin-Lichterfelde entstand der erste Fernsehempfänger mit einer Braun'schen Röhre als Bildschirm, den er auf der Funkausstellung von 1931 vorstellte. Als Kamera diente eine rotierende Lochscheibe, die das aufzunehmende Bild mithilfe einer Fotozelle abtastete und in eine zeitliche Folge von Lichtintensitäten verwandelte. Aber schon 1923 ließ sich der in die USA emigrierte Russe Vladimir K. Zworykin (1889–1982) das „Ikonoskop" patentieren, die erste elektronische Videokamera. 1952 sendete die ARD in der Bundesrepublik Deutschland erstmals ein Fernsehprogramm, praktisch zeitgleich startete der Deutsche Fernsehfunk – später Fernsehen der DDR – seine Sendungen. 1963 kam mit dem ZDF eine zweite bundesweite Sendeorganisation dazu, 1969 das zweite Programm vom DDR-Fernsehen.[8] In den 1980er-Jahren traten private Radio- und Fernsehsender hinzu. 2009 gab es 19 bundesweite, 55 landesweite und 158 lokale oder regionale Privatstationen. Seit den 1990er-Jahren beginnt das DAB den analogen Rundfunk schrittweise zu ersetzen, für das Fernsehen ergänzt durch DTTV[9] sowie Satelliten- und

---

[8]Zur Geschichte des Fernsehens in Deutschland siehe z. B. https://www.bpb.de/themen/medien-journalismus/deutsche-fernsehgeschichte-in-ost-und-west/.
[9]*Digital Audio Broadcasting* und *Digital Terrestrial Television*.

Kabelfernsehen. Analoge und digitale drahtlose Dienste nutzen die VHF- und UHF-Frequenzbereiche.[10] Inmitten einer ersten Krise der Internetnutzung in den USA startete America Online 2002 das erste Internetradioprogramm. Die Sparten- und Spezialprogramme sind inzwischen nicht mehr zu zählen, aber auch alle staatlichen Sender bedienen Hörer mit ihren Inhalten durch das Internet und digitale Streamingdienste.

Noch etwas höher in den Frequenzen liegen die Mobilfunkdienste. Das LTE-Netz in Deutschland nutzt Frequenzen im Bereich von $2,1$ bis $2,6\,\mathrm{GHz}$, noch etwas darüber liegt das 5G-Netz im Bereich zwischen $3,4$ und $3,8\,\mathrm{GHz}$. Im gleichen Bereich findet sich die Frequenz Ihres Mikrowellenherdes, $2,45\,\mathrm{GHz}$. Sie liegt in der Gegend der Resonanzfrequenzen von Schwingungsanregungen des Wassermoleküls H_2O, das wegen seines Dipolcharakters besonders stark auf elektromagnetische Wellen reagiert.

Aber zurück zu Radio und Fernsehen in Deutschland. Die Mediennutzung der Bevölkerung und insbesondere der 14- bis 29-Jährigen haben ARD und ZDF in einer Langzeitstudie Massenkommunikation 2020 im Detail untersucht.[11] Fast alle, nämlich 99 % der Menschen nutzen Medien in irgendeiner Form täglich, im Schnitt mehr als sieben Stunden lang. Dabei kommen Video- und Audioinhalte deutlich besser weg als geschriebener Text. Was die Balance zwischen den regulären Radio- und Fernsehsendungen einerseits, Streaming und Internet andererseits angeht, liegt das Schwergewicht mit über 70 % immer noch bei den linearen Diensten. Allerdings ist das Verhältnis bei Nutzern unter 30 Jahren umgekehrt. Was sich zwischen Jung und Alt nicht sehr unterscheidet, ist die Rangfolge der Medien in puncto Glaubwürdigkeit. Öffentlich-rechtliche TV- und Radioangebote zusammen mit Zeitungen und Zeitschriften liegen hier weit vorn und bilden auch die Haupinformationsquellen über Politik. Eine Langzeitstudie des Instituts für Publizistik der Johannes Gutenberg-Universität Mainz, die seit über einem Jahrzehnt durchgeführt wird, findet allerdings, dass ein Viertel der Befragten sich von den Medien mit ihren Belangen nicht ernst genommen fühlt [613].

---

[10] *Very High Frequencies*: 49–216 MHz, Ultra High Frequencies: 378–870 MHz.

[11] Siehe https://www.ard-media.de/media-perspektiven/studien/ardzdf-massenkommunikation-langzeit studie.

15

Lichtbilder

Die bewegten Fotografien sind kleine Wunder. [...] Das ist wirklich die Natur auf frischer Tat ertappt.

Henri de Parville, *Le Cinématographe, 1896 [206]*

Wir müssen uns nun intensiver als bisher mit der Rolle von Licht als Erzeuger von Bildern beschäftigen. Insbesondere damit, wie die Welleneigenschaften des Lichts und seine Wellenlängenbereiche dabei zum Tragen kommen. Also Eigenschaften, die über die Strahlenoptik sichtbaren Lichts hinausgehen. Auch ein bisschen Fotochemie wird dabei eine Rolle spielen.

Mikroskopie

Über Licht als Werkzeug der Astronomie und die zugehörigen Instrumente habe ich schon ausführlich berichtet, etwa in der Abschweifung zu Teleskopen in Kap. 6. Fast zeitgleich mit den Grundformen der Teleskope ist es zu ersten mikroskopischen Anwendungen von Linsen gekommen, zur Vergrößerung von Objekten im Nahbereich.

Frühe zweilinsige Mikroskope, in etwa umgedrehte Kepler'sche Teleskope mit einer starken, kleinen Objektivlinse und einem größeren Okular mit längerer Brennweite, sind schon im frühen 17. Jahrhundert überliefert. So soll Galilei in den 1620er-Jahren eines an Mitglieder der *Accademia dei Lincei* gesandt haben [491]. Auch der niederländische fahrende Händler und Gauner

© Der/die Autor(en), exklusiv lizenziert an Springer-Verlag GmbH, DE, ein Teil von Springer Nature 2025
M. Pohl, *Licht*, https://doi.org/10.1007/978-3-662-70486-8_15

Zacharias Janssen (ca. 1588–1631) hat für sich in Anspruch genommen, zweilinsige Mikroskope „erfunden" und hergestellt zu haben, allerdings eher als Kuriosität. Da die damaligen Linsen mit erheblichen Fehlern behaftet und wenig reproduzierbar waren, blieben die Vergrößerungen auf etwa das Zehnfache beschränkt. Die Verzerrungen durch die zwei Linsen haben wohl eine wissenschaftliche Verwendung lange behindert.

Ein wichtiger und gut dokumentierter Pionier der wissenschaftlichen Mikroskopie war der Niederländer Antoni van Leeuwenhoek (1632–1723). Gelernter Tuchhändler und im Hauptberuf städtischer Beamter in Delft, hat er sich die Linsenherstellung und das Mikroskopieren selbst beigebracht. Sein einlinsiges Mikroskop war eigentlich eine starke Lupe, die Linse eine kleine Glaskugel mit stark gekrümmter Oberfläche. Die Abb. 15.1 zeigt eine zeitgenössische Beschreibung [22] und das Foto eines Originalmikroskops aus der Sammlung des Planetariums Zuylenburgh, ausgestellt im Museum Boerhaave in Leiden. Typische Vergrößerungen lagen um das 250-Fache, die Abbildungsqualität war allerdings nicht berauschend, wie etwa Robert Hooke 1678 berichtet [11, S. 96–97]:[1]

> „Ich habe festgestellt, dass ihre Nutzung meinem Auge schadet und mein Sehvermögen anstrengt und schwächt, was der Grund dafür ist, dass ich sie nicht mehr benutzt habe, obwohl sie in Wahrheit das Objekt klarer und schärfer erscheinen lassen und genauso stark vergrößern wie zusammengesetzte Mikroskope: ja sogar für jene, deren Augen es aushalten, können Entdeckungen viel besser mit einem einfachen Mikroskop gemacht werden als mit einem zusammengesetzten, weil die Farben, die die klare Sicht im zusammengesetzten Mikroskop stark stören, beim einfachen klar vermieden und verhindert werden."

Van Leeuwenhoek pflegte trotz der unsicheren Zeiten während der englisch-niederländischen Kriege in der zweiten Hälfte des 17. Jahrhunderts eine rege Korrespondenz mit der *Royal Society*, deren Mitglied er auf Vorschlag von Robert Hooke 1680 wurde. Clifford Dobell hat eine Auswahl seiner Schriften und seiner umfänglichen Korrespondenz mit der *Royal Society* in englischer Übersetzung herausgegeben und kommentiert [302]. Daraus ersieht man, dass van Leeuwenhoek zahlreiche Mikroorganismen entdeckt hat, unter anderem Bakterien und Einzeller.

---

[1] *I have found the use of them offensive to my eye, and to have much strained and weakened the sight, which was the reason why I omitted to make use of them, though in truth they do make the object appear much more clear and distinct, and magnifie as much as the double Microscopes: nay, to those whose eyes can well endure it, 'tis possible with a single Microscope to make discoveries much better than with a double one, because the colours which do much disturb the clear vision in double Microscopes is clearly avoided and prevented in the single.*

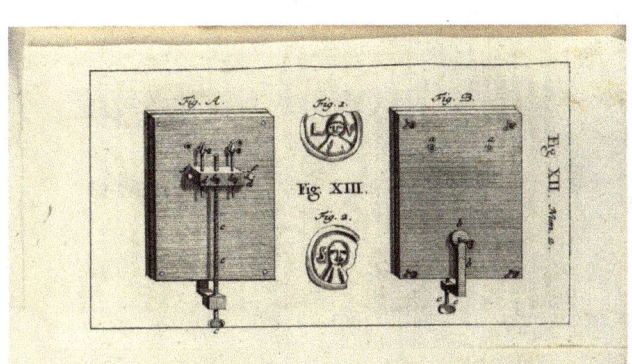

Abb. 15.1 Links: Darstellung eines Mikroskops nach Leeuwenhoek mit zwei nebeneinanderliegenden Einzellinsen *a* [22, S. 352–353]. Die linke Ansicht zeigt die Objektseite mit dem Objekthalter, die rechte die dem Auge zugewandte Seite. Rechts: Einlinsiges Originalmikroskop von Leeuwenhoek aus Silber aus dem Besitz des Planetariums Zuylenburgh, ausgestellt im Museum Boerhaave in Leiden. (Bildnachweis: Wikimedia Commons)

Einlinsige Mikroskope sind auch heute nicht etwa irrelevant. Eine moderne Version ist das preisgünstige und in großen Stückzahlen gefertigte *Foldscope*, das von Manu Prakash und James S. Cybulski an der Standford University entwickelt wurde [552]. Es besteht aus kugelförmigen Linsen, wahlweise mit 50-, 140- oder 340-facher Vergrößerung. Die Halterung besteht aus einem papierähnlichen Material in Origami-Technik. Sie erlaubt es, die Linse gegen einen Objekthalter in alle Richtungen zu verschieben und zu fokussieren. Die Auflösung dieses einfachen Mikroskops ist erstaunlich gut, Details im Mikrometerbereich sind deutlich zu erkennen. Das ist nicht selbstverständlich (siehe unten) und der industriellen Massenproduktion von präzisen Glaskügelchen für verschiedene technische Anwendungen zu verdanken. Die Materialkosten liegen bei 1 US-$, das Endprodukt ist auch in Ländern der dritten Welt erschwinglich. Bis 2023 sind nach Angaben der Hersteller über zwei Millionen Stück ausgeliefert worden.[2]

Das zweilinsige Mikroskop besteht dagegen wie das Kepler'sche Fernrohr aus zwei Sammellinsen. Allerdings ist der Strahlengang sehr verschieden. In einem Teleskop wird ein einlaufendes Bündel paralleler Lichtstrahlen auf einen Punkt der Retina abgebildet, dessen Position von der kleinen Win-

---

[2] Siehe: https://foldscope.com/pages/our-story.

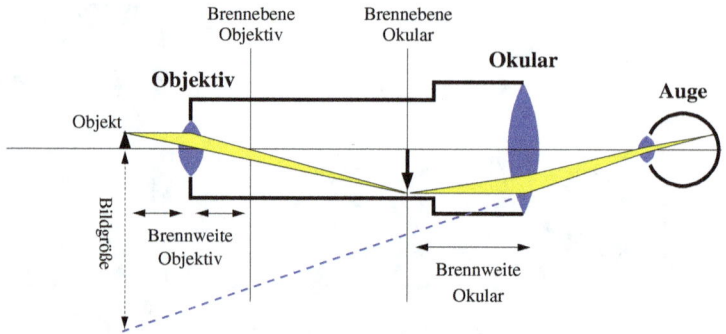

Objektiv — Brennebene Objektiv — Brennebene Okular — Okular — Auge — Objekt — Bildgröße — Brennweite Objektiv — Brennweite Okular

Abb. 15.2 Strahlengang in einem Mikroskop mit zwei Linsen

kelabweichung des Lichts von einer weit entfernten Quelle abhängt (siehe Abb. 6.13). Dagegen liegt bei einem Mikroskop das Objekt sehr nahe am Objektiv. Das Objekt leuchtet auch im Allgemeinen nicht selbst, sondern muss durchleuchtet oder von oben ausgeleuchtet werden. Es müssen also die von jedem Objektpunkt aus divergierenden Lichtstrahlen auf einen Punkt der Retina abgebildet werden. Wie das funktioniert, zeigt die Skizze Abb. 15.2 des Strahlengangs. Das vom Objektpunkt (Spitze des kleinen Dreiecks) ausgehende Strahlenbündel ist in diesem Beispiel durch zwei Strahlen begrenzt gezeichnet.[3] Der eine verläuft parallel zur optischen Achse, die die Mittelpunkte der Linsen verbindet. Er wird zum Brennpunkt hin gebrochen. Der andere verläuft ungebrochen durch den Mittelpunkt des Objektivs. Die Strahlen erzeugen ein reelles Bild des Objekts[4] in der Brennebene des Okulars (skizziert als nach unten weisender Pfeil). Die vom Bildpunkt ausgehenden Lichtstrahlen werden dann vom Okular unter tätiger Mithilfe der Augenlinse auf einen Punkt der Retina gelenkt. Die gestrichelte Linie skizziert einen äquivalenten Lichtweg, den ein entsprechend vergrößertes Objekt ohne Mikroskop zum Auge hin nehmen würde.

Robert Hooke hat mit seinem Buch *Micrographia: or Some Physiological Descriptions of Minute Bodies Made by Magnifying Glasses. With Observations and Inquiries Thereupon.* den ersten Klassiker der Mikroskopie geschrieben [6]. Und einen Bestseller noch dazu. Dankenswerterweise hat die *Royal Society* das gesamte Buch online zugänglich gemacht, einschließlich sehr guter Reproduktionen der Kupferstiche (Abb. 15.3).[5]

---

[3]In Wirklichkeit ist das divergierende Lichtbündel nur durch die Apertur des Objektivs begrenzt.

[4]Ein reelles Bild ist eines, das man durch einen Schirm an der gleichen Stelle sichtbar machen kann. Im Gegensatz zu einem virtuellen Bild, bei dem das nicht möglich ist.

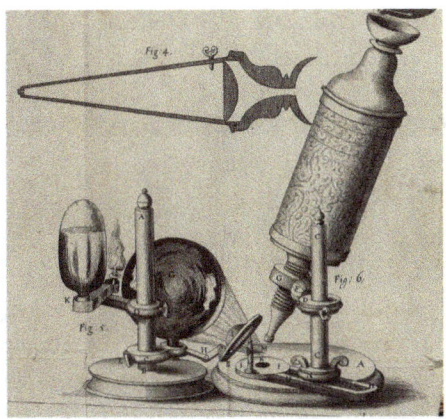
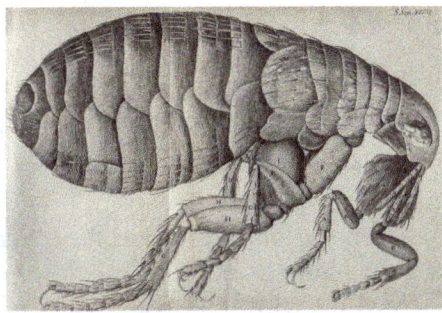

Abb. 15.3 Links: Ausschnitt aus der Abbildung von Hookes zweilinsigem Mikroskop aus den *Micrographia* [6]. Fig. 4 zeigt einen Schnitt mit dem kleinen halbkugelförmigen Objektiv und dem plankonvexen Okular. In Fig. 5 sieht man Hookes Beleuchtungssystem mit Schusterkugel und Sammellinse als Kondensor. Fig. 6 zeigt eine Außenansicht des Mikroskops mit Stativ, Balgenzug zur Fokussierung und Objekthalter. Rechts: Zeichnung der mikroskopischen Ansicht einer Laus aus demselben Buch. (Bildnachweis: Royal Society, License ORDER2293)

Die von Hooke erwähnten Abbildungsfehler, insbesondere die chromatische Aberration aufgrund der Abhängigkeit des Brechungsindex von der Wellenlänge und die sphärische Aberration aufgrund der Linsenform, haben eine systematische mikroskopische Untersuchung des Mikrokosmos ungefähr zweihundert Jahre lang behindert. Die Herstellung guter Mikroskope gehörte während dieses Zeitraums zu den handwerklichen Künsten. Eine gute Linse war wegen mangelnder Technologie in Glasherstellung und Schleifen der Linsen nicht immer reproduzierbar. Die Produkte wurden durch „Pröbeln" bis in das letzte Drittel des 19. Jahrhunderts empirisch optimiert [616]. Hersteller ordneten daher ihre Produkte in selbst definierten Qualitätsklassen ein und gaben zur Verifikation durch den Kunden Präparate wie Schnitte durch Kieselalgen oder Schmetterlingsflügel bei.

Ein vollständiges Verständnis der Bildgebung im Lichtmikroskop hat erst Ernst Abbe (1840–1905) erreicht, als er erkannte, dass die Strahlenoptik zwar die optimale Linsenform und die zugehörige Vergrößerung beschreiben kann, nicht dagegen das Auflösungsvermögen eines Mikroskops. Darunter versteht man den kleinsten Abstand zwischen zwei Details eines Objekts, den man im Mikroskop noch erkennen kann.

---

[5] Siehe: https://royalsociety.org/blog/2020/07/micrographia-online/.

Ernst Abbe kam schon als Student mit der Mikroskopherstellung in Kontakt, über die „Winkel'sche Werkstatt in Göttingen" – eine gute Adresse seit Mitte des 19. Jahrhunderts, die später in der Firma von Carl Zeiss in Jena aufging. Anlässlich des 100. Todestages von Ernst Abbe hat Letztere ein Sonderheft ihrer Hauszeitschrift „Innovation" herausgegeben [499], aus dem viele hier berichtete Fakten stammen. Nach Studium und Promotion in Göttingen kam Abbe nach einer Station in Frankfurt am Main als Privatdozent nach Jena. Ab 1866 war er freier wissenschaftlicher Mitarbeiter beim Hof- und Universitätsmechanikus Carl Zeiss. Aus dieser Zusammenarbeit stammen seine Arbeiten zum systematischen Verständnis der Abbildung im Mikroskop. 1870 formulierte er die Bedingungen für eine optimale Auflösung, die uns interessieren wird. Zu dieser Zeit wurde er Professor in Jena und Direktor der Sternwarte. Zahlreiche Ehrungen internationaler Akademien und Ehrendoktorwürden folgten. Neben seiner wissenschaftlichen Tätigkeit trat Abbe auch als Unternehmer hervor. Aus naheliegendem Interesse für die Glasherstellung nahm er ab 1879 eine Zusammenarbeit mit Otto Schott auf, die in die gemeinsame Gründung des „Glastechnischen Laboratoriums Schott & Gen." mündete. In Ihrer Küche haben Sie vielleicht hitzebeständige Produkte aus Jenaer Glas. Nach dem Tod von Carl Zeiss wurde Abbe 1889 Leiter der Zeiss-Werke und stellte seine Lehrtätigkeit ein. Er erweiterte die Produktpalette auf Instrumente zur Vermessung optischer Komponenten, wie Refraktometer und Apertometer. Auch Fotoobjektive, Ferngläser und astronomische Instrumente kamen dazu. Bei seiner Pensionierung Anfang des 20. Jahrhunderts hatte Zeiss etwa 2000 Mitarbeiter. Auch als innerbetrieblicher Sozialreformer tat sich Abbe hervor. So führte er die Besitzrechte an den Firmen Schott und Zeiss in den 1890er-Jahren in eine Stiftung über. In deren Statut wurden die Rechte der Arbeitnehmer etwa für Mitsprache, bezahlten Urlaub, Krankengeld und Pensionszahlungen festgeschrieben.

1873 veröffentlichte Abbe eine Zusammenfassung seiner optischen Theorie des Mikroskops in einer umfangreichen Arbeit für das *Archiv für Mikroskopische Anatomie* [152]. Schon die Wahl der Zeitschrift macht die Betonung auf medizinische und biologische Anwendungen deutlich. Zu Beginn stellt Abbe völlig zu Recht fest:

„In den Handbüchern der Mikrographie findet man gelegentlich die Thatsache berührt, dass die Construction der Mikroskope und ihre fortschreitende Verbesserung bisher fast ausschließlich Sache der Empirie, geschickten und ausdauernden Probirens von Seiten erfahrener Praktiker, geblieben ist. Hin und wieder wird auch wohl die Frage aufgeworfen: warum die Theorie, nach welcher man von der Wirkungsweise des fertigen Mikroskops genügend Rechenschaft geben kann, nicht zugleich die Grundlage für seine Herstellung geworden sei, warum man also nicht auch diese Art von optischen Instrumenten nach theoretisch entwickelten Rechnungsvorschriften construire, wie solches seit Fraunhofer mit dem Fernrohr und in neuerer Zeit mit den optischen Theilen der photographischen Camera so erfolgreich geschieht."

Und genau eine solche Theorie entwarf er in seinem Papier auf über 50 Seiten. Zur gleichen Zeit arbeitete das Multitalent Hermann von Helmholtz an einer mathematischen Beschreibung der Auflösung. Sein Papier erschien ein Jahr nach Abbes Arbeit im „Jubelband" von Poggendorff's Annalen [154]. Beide verwendeten Argumente aus der Wellenoptik. So lässt sich das Auflösungsvermögen durch den minimalen Abstand zweier Spalte definieren, bei denen das Maximum der Intensität des zweiten in ein Minimum der Intensitätsverteilung des ersten fällt. Beide finden, dass dieser Abstand proportional zur Wellenlänge des verwendeten Lichts ist, die Auflösung wird also umso besser, je kurzwelliger das verwendete Licht ist. Sie ist außerdem umgekehrt proportional zu einer Größe, die man numerische Apertur nennt. Dies ist das Produkt aus dem Brechungsindex des Mediums zwischen Objekt und Objektiv und dem Sinus des halben Öffnungswinkels des Objektivs. Als Beispiel mag die mikroskopische Aufnahme einer Kieselalge im folgenden Foto dienen [616]. Bei gleicher 900-facher Vergrößerung hat die linke Hälfte eine numerische Apertur von 0,8, die rechte dagegen von 1,25. Der Unterschied im Detailreichtum und Schärfe ist augenfällig (Abb. 15.4).

Dass der Öffnungswinkel des Objektivs im Nenner eingeht, ist unmittelbar einsichtig, weil umso mehr Licht ins Mikroskop eintritt, je größer die

Abb. 15.4 Modernes Mikroskopbild eines historischen Präparats der Kieselalge *Gomphonema geminatum* mit zwei verschiedenen numerischen Aperturen, links 0,8, rechts 1,25 [616]. (Bildnachweis: Prof. T. Mappes, Deutsches Optisches Museum)

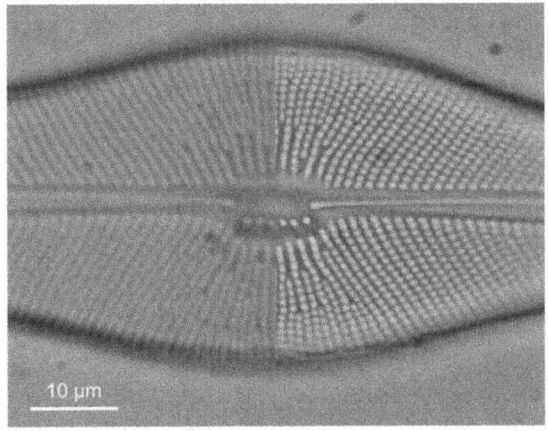

10 µm

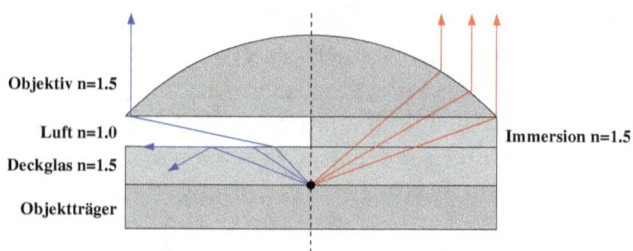

Abb. 15.5 Einfluss des Mediums zwischen Objektträger und Objektiv auf den Strahlengang. In der linken Hälfte der Grafik führt ein Luftspalt zu ungewollten Reflexionen und Brechung. In der rechten Hälfte unterdrückt eine Ölimmersion diese Verluste

Apertur ist. Der Einfluss des Mediums zwischen Objekt und Objektiv ist in Abb. 15.5 verdeutlicht. In der linken Hälfte befindet sich Luft zwischen dem Objektträger aus Glas und der plankonkaven Frontlinse des Objektivs. Es kommt zu Reflexionen und Brechung an den beiden Grenzflächen. In der rechten Hälfte der Grafik dient eine Ölschicht mit etwa demselben Brechungsindex wie Glas zur Verhinderung dieser Verluste. Zusätzlich spielt auch die Beleuchtung durch den Kondensor eine Rolle. Bei Beleuchtung unter schrägem Winkel ist die Auflösung um bis zu einem Faktor 2 besser als bei senkrechter Durchleuchtung.

Natürlich muss die Vergrößerung so eingestellt werden, dass das menschliche Auge die Details auch als solche erkennen kann. Nach Abbe braucht es dazu einen Winkelabstand von zwischen 2 und 4". Wenn bei gegebener Auflösung ein solcher erreicht ist, spricht man von der „förderlichen Vergrößerung". Abbe bestimmt diese als das 500- bis 1000-Fache der numerischen Apertur. Wenn man die Vergrößerung darüber hinaus erhöht, werden keine weiteren Details sichtbar. Abbe spricht dann von einer „leeren" Vergrößerung.

In Ernst Abbes Todesjahr 1905 erhielt Robert Koch (1843–1910) den Nobelpreis für Medizin für seine Arbeiten auf dem Gebiet der Tuberkulose, insbesondere die Entdeckung des *Mycobacterium tuberculosis*. Er wird damit zum Begründer der modernen Bakteriologie. Die Tuberkulose-Bakterien sind stabförmig und nur etwa $2\,\mu\mathrm{m}$ groß, in einem nach Abbes Methoden hergestellten Mikroskop aber gut erkennbar. Das nach Koch benannte Institut in Berlin ist Ihnen sicher noch von den Nachrichten aus der Coronapandemie in Erinnerung.

Die durch hochauflösende Mikroskope ermöglichten Entdeckungen in Medizin und Biologie sind Legion. Moderne Weiterentwicklungen der Lichtmikroskopie benutzen etwa Laser als Lichtquelle und Halbleiterdetektoren als „Augen". Interferenz wird über Abbes Überlegungen hinaus zur Bildgebung ausgenutzt. Halbleiterdetektoren erlauben auch, Wellenlängen weit unterhalb des sichtbaren Bereichs auszunutzen [616]. Röntgenstrahlung, Synchrotronstrahlung oder Freie-Elektronen-Laser sind Beispiele für extrem kurzwellige Lichtquellen. Sie erlauben außerdem extrem kurze Lichtpulse bis in den Attosekundenbereich, sodass man chemische oder biologische Vorgänge mit extremen Auflösungen „filmen" kann. Wir kommen im Kap. 19 darauf zurück.

Fotografie

Der Traum, Bilder getreu festzuhalten, wie man sie mit der *Camera obscura*, im Teleskop oder im Mikroskop sehen kann, ohne sie abzeichnen zu müssen, ist sicher so alt wie die optischen Instrumente selbst. Die Geschichte der Fotografie nahm aber ihren Anfang mit chemischen Experimenten des Anatomen und Medizinhistorikers Johann Heinrich Schulze (1687–1744), Professor in Nürnberg und Halle. Bei Versuchen zur Herstellung von Phosphor stieß er durch eine zufällige Verunreinigung mit Silber auf die lichtempfindliche Verbindung Silberchlorid, AgCl, ein weißes, schwer lösliches Pulver, das sich bei Belichtung schwarz färbt. Er veröffentlichte die Entdeckung 1727 unter dem ironischen Titel *Scotophorus pro Phosphoro Inventus*, also etwa „Dunkelheitsbringer statt Lichtbringer erfunden" [16] in den *Acta Physico-Medica Academiae Caesareae Leopoldino-Carolinae Naturae Curiosorum*, der Vorläuferin der heutigen Deutschen Akademie der Naturforscher Leopoldina. Schulze beobachtet auch, dass unbelichtetes Silberchlorid in Ammoniak löslich ist, belichtetes aber nicht. Diese Eigenschaft scheint aber lange übersehen worden zu sein.

Zehn Jahre später berichtete Jean Hellot (1685–1766) der *Académie royale des sciences* von einer neuen Sorte Geheimtinte [19], deren Spuren auf Papier erst nach Belichtung sichtbar werden. Es handelte sich um Silbernitrat, $AgNO_3$, ein Salz der Salpetersäure, das im Gegensatz zu Silberchlorid in Wasser löslich ist.

In den 1770er- und 1780er-Jahren untersuchten Carl-Wilhelm Scheele (1742–1786) aus Stralsund und der Genfer Oberbibliothekar Jean Senebier (1742–1809) die Abhängigkeit der Schwärzung von der Lichtfarbe. Sie fanden, dass violettes, also kurzwelliges Licht die Substanzen sehr viel schneller färbt als rotes, langwelliges Licht. Ich habe in Kap. 10 schon erwähnt, wie Johann Wilhelm Ritter Anfang des 19. Jahrhunderts mit Silbernitrat getränktes Papier zum Nachweis ultravioletten Lichts verwendet hat.

Es waren wirtschaftliche Interessen, die zur Verfolgung der Fotochemie und der Entwicklung der Fotografie entscheidend beitrugen. Den Anfang machte Thomas Wedgwood (1771–1805) aus der Keramik-Dynastie gleichen Namens, der Anwendungen in der Dekoration von Porzellan im Auge hatte. Er erzeugte um 1800 kurzlebige Fotogramme auf mit Silbernitrat getränktem Leder. Es war lange nicht bekannt, wie man sie fixieren könnte, also schwärzten sie sich unter Einwirkung von Licht sehr rasch. Seine Versuche waren also wenig erfolgreich, brachten ihn aber in Kontakt mit Humphrey Davy, der uns in Kap. 12 schon begegnet ist. Dieser berichtete der *Royal Institution* 1802 in einem „Bericht über eine Methode, Glasbilder zu kopieren und Silhouetten herzustellen durch Einwirkung von Licht auf Silbernitrat" [34]. Kontaktbelichtung mit Tageslicht funktionierte, die *Camera obscura* erwies sich als zu lichtschwach. Versuche mit dem Mikroskop waren erfolgreicher. Er schloss:[6]

> „Nichts fehlt als eine Methode, die nicht schattierten Teile des Umrisses vor der Schwärzung durch Tageslicht zu schützen, um den Prozess genauso nützlich zu machen, wie er elegant ist."

Das gelang als Erstem Joseph Nicéphore[7] Niépce (1765–1833). Er orientierte sich an der Lithografie, die Alois Senefelder (1771–1834) Ende des 18. Jahrhunderts erfunden hatte. Es handelt sich um ein Flachdruckverfahren, bei dem eine Zeichnung mit einer lipophilen Substanz auf feinkörnigen Sandstein übertragen wird. Die übrigen Flächen werden mit Wasser befeuchtet. Eine ölige Farbe haftet nur an den lipophilen Teilen, unter hohem Druck wird ein Papierabzug hergestellt. In mehreren Arbeitsgängen mit verschiedenen Lithografiesteinen konnten so zum ersten Mal farbige Drucksachen industriell hergestellt werden.

Niépce führte 1816 zunächst Versuche mit *Camera obscura* und Silberchloridpapier durch, erfolglos wie seine Vorgänger. Die Probleme blieben die gleichen: mangelnde Fixierung, exzessive Belichtungszeit und ein resultierendes Negativbild. Ab 1822 experimentierte Niépce mit Asphalt, einer mit Bitumen durchzogenen Gesteinsart, die im französischen Departement Ain und in der angrenzenden Schweiz vorkommt. Wenn man fein gemahlenen Asphalt in essenziellem Lavendelöl löst und in einer dünnen Schicht auf eine geeignete Unterlage aufbringt, härtet die Substanz unter Lichteinfluss aus. Unbelichtete Teile bleiben flüchtig und können ausgewaschen werden. In den folgenden Jahren gelangen Niépce Aufnahmen auf Stein- und Glasplatten durch Kontaktbelichtung von Kupferstichen, die mit Öl transparent gemacht wurden, eigentlich also Fotokopien. In den späten 1820er-Jahren setzt er seine

---

[6] *Nothing but a method of preventing the unshaded parts of the delineation from being coloured by exposure to the day is wanting, to render the process as useful as it is elegant.*

[7] Der seltene Vorname leitet sich aus dem Griechischen ab und bedeutet Siegesbringer.

Abb. 15.6 Heliografie von Nicéphor Niépce, Bitumen auf Zinnplatte, von 1827. Die Aufnahme des Blicks aus seinem Haus in Le Gras gilt als die älteste erhaltene Fotografie. (Bildnachweis: Wikimedia Commons)

Versuche mit Zinnplatten fort. Die Platten wurden nach der Belichtung von Kupferstechern geätzt, um Abzüge auf Papier herstellen zu können. Niépce nennt das Verfahren Heliografie. Mit den gleichen Mitteln gelang 1827 die erste echte Fotografie, ein Blick aus dem Fenster seines Hauses, mit einer stundenlangen Belichtung aufgenommen. Abb. 15.6 zeigt diese historische Aufnahme, die 1952 von Helmut und Alison Gernsheim wiedergefunden wurde. Gernsheims opulenter Bildband „Geschichte der Photographie: Die ersten hundert Jahre" [409], den hoffentlich eine Bibliothek in Ihrer Nähe bereit hält, hat mich bei der Recherche zu diesem Abschnitt geleitet.

Niépce unternahm 1827 eine Reise nach England, wo er sich eine bessere Aufnahme seiner Erfindung und kommerziellen Erfolg erhofft. Er verfasst eine „Notiz über die Heliographie" für die *Royal Society*, die diese allerdings nicht veröffentlichte und nicht einmal im Protokoll erwähnte, wohl weil er Details seines Verfahrens geheim hielt. Ebenso desinteressiert reagierten der englische Hof und Künstlerkreise. Enttäuscht ließ er das erste Foto der Welt und erste gelungene Heliografien in England zurück. Joseph-Louis Marignier hat Ende des 20. Jahrhunderts aufgrund der wenigen zugänglichen Informationen über Niépces Methodik sein Verfahren in mühsamer Kleinarbeit rekonstruiert [438, 452, 463].

Zurück in Frankreich, entmutigt durch den mangelnden kommerziellen Erfolg seiner Erfindung und in finanziellen Schwierigkeiten, begann Niépce in den späten 1820er-Jahren eine Zusammenarbeit mit dem Künstler, Erfinder und Geschäftsmann Louis Jacques Mandé Daguerre (1787–1851), der mit seinen spektakulären Dioramen große Bekanntheit erlangt hatte. Diesem gegenüber legte er alle Details seiner Methode offen, als Bestandteil ihres schriftlichen Vertrages. Gemeinsam führten sie Versuche mit Asphalt auf versilberten Metallplatten durch, deren unbelichteter Teil mit Joddämpfen geschwärzt wurde, bevor auch der ausgehärtete Asphalt ausgewaschen wurde. Damit erhält man eine Art Positivbild, da das von Asphalt bedeckte Silber sich hell vom dunklen Silberiodid abhebt. Die übrigen Probleme der Methode blieben aber bestehen. Erst zwanzig Jahre nach Niépces Tod griff sein Vetter Abel Niépce de Saint-Victor die Heliografie wieder auf, verbesserte sie hinsichtlich Belichtungszeit und Abzügen auf Papier, sodass sie praktisch anwendbar wurde.

Daguerre verfolgte dagegen die Verwendung von Silberiodid weiter. Jedoch krankten frühe Versuche an der mangelnden Lichtempfindlichkeit. Erst die Entwicklung des belichteten Bildes mithilfe von Quecksilberdampf, die Daguerre durch Zufall entdeckte, verkürzte die Belichtungszeit auf ein paar Minuten bis zu einer halben Stunde. Mithilfe einer warmen Kochsalzlösung ließ sich das Bild lichtbeständig machen. Daguerre nötigte dem Erben von Niépce, seinem Sohn Isidor, einen Vertragszusatz auf, der seine Methode zum Inhalt hatte. Beide führten eine erfolglose Werbekampagne durch, um beide Methoden durch Subskription zu vermarkten. Erfolgreich war dagegen die Vermittlung unseres *polytechnicien* François Arago. Nachdem Daguerre durch einen Brand seines Dioramas im März 1839 mittellos geworden war, setzte sich Arago auf erstaunliche Weise dafür ein, dass die Erfindung zu Allgemeingut wurde.

Die Kunsthistorikerin Anne McCauley von der University of Massachusetts Boston ordnet Aragos Engagement in den Zusammenhang seiner politischen Karriere und den Zeitgeist ein [453]. Arago war 1831 zum ersten Mal in die *Chambre des Députés* der konstitutionellen Juli-Monarchie gewählt worden und gehörte ihr bis 1851 ununterbrochen an. Er gehörte der eher linken Fraktion der Republikaner an. Arago war wie viele Angehörige seiner Richtung im Parlament der Meinung, dass der Staat dirigierend in die Wirtschaft eingreifen müsse, um die Folgen der industriellen Entwicklung der Produktionsmethoden abzufedern. In diesem Zusammenhang gehörte er auch zu den Gegnern des Patentwesens, das auch der Sozialist Louis Blanc in seinem Werk *L'organisation du travail* [93] als schädlich für die Arbeiterklasse kritisiert hat. Wir haben Blanc schon im Zusammenhang mit dem Begriff Kapitalismus erwähnt. Wie Blanc war der Sozialist Pierre Leroux der Überzeugung, dass Fortschritt im Allgemeinen zum Wohle der Gesellschaft notwendig sei. Am Ende seines langen Essays *De la doctrine du progrès continu* von 1834 schreibt Leroux [100]:[8]

> „Wissenschaft, Kunst und Politik zusammenzuführen auf ein gemeinsames Ziel; mehr und mehr in der Wissenschaft, wie in der Kunst, den Begriff des Wandels, des Fortschritts, der Abfolge, der Kontinuität, des Lebens einzuführen und sie dadurch ein und demselben Gesetz zu unterwerfen: Das ist das Ziel, der Rahmen, der Plan, der uns für die Philosophie vorschwebt."

Auch Arago war der Meinung, dass der industrielle Fortschritt der Entwicklung der Demokratie diene. Die Daguerreotypie, die eine Mechanisierung der Bildgebung versprach und getreue Abbilder „nach der Natur" einem breiten Publikum zugänglich machen würde, passte gut zu diesem Fortschrittsglauben. Was die Konvergenz von Wissenschaft, Industrie und Handwerk angeht, macht McCauley auf eine ironische Behandlung des Themas in Honoré de Balzacs „Menschlicher Komödie" aufmerksam, die ich Ihnen nicht vorenthalten möchte. In seinem Werk „César Birotteau"[9] [387, S. 124–130] beschreibt Balzac einen Besuch des ambitionierten Parfumeurs Birotteau beim *académicien* Vauquelin. Birotteau versucht von der *Académie* eine Anerkennung der heilsamen Wirkung seines Haaröls zu bekommen, der Chemiker Vauquelin ergeht sich in weitschweifigen Abhandlungen. Beide reden auf urkomische Weise aneinander vorbei. Am Ende bittet Birotteau direkt um Unterstützung, blitzt aber ab: „Im Übrigen haben die Scharlatane den Namen der *Academie* sosehr missbraucht, dass Sie das nicht weiterbringen würde. Mein Gewissen weigert sich, Haselnussöl als ein Wundermittel anzusehen".[10]

Um die öffentliche Meinung auf seinen Vorschlag vorzubereiten, entfachte Arago eine veritable Pressekampagne. Den Anfang machte ein Artikel in der

---

[8] *Faire converger de plus en plus la science, l'art et la politique vers un même but; introduire de plus en plus dans la science, comme dans l'art, comme dans la politique, la notion du changement, du progrès, de la succession, de la continuité, de la vie; et par là les soumettre à une même loi : voilà le but, le cadre, le plan, que nous concevons à la philosophie.*

[9] Der volle Titel lautet: *Histoire de la grandeur et de la décadence de César Birotteau: Marchand parfumeur, adjoint au maire du deuxième arrondissement de Paris, chevalier de la Légion d'honneur, etc.*

[10] *D'ailleurs, les charlatans ont tant abusé du nom de l'Académie que vous n'en seriez pas plus avancé. Ma conscience se refuse à regarder l'huile de noisette comme un prodige.*

Gazette de France vom 6. Januar 1839. Auf der ersten Seite berichtete der Journalist Hippolyte Gaucheraud begeistert [77]:[11]

„Reisende, bald können Sie, vielleicht für einige hundert Francs, den Apparat erwerben, den Herr Daguerre erfunden hat, und Sie können nach Frankreich die schönsten Monumente, die schönsten Landschaften der ganzen Welt heimbringen. Sie werden sehen, wie weit Ihre Stifte, Ihre Pinsel von der Wahrheit des Daguerreotyps entfernt sind. Dass der Zeichner und der Maler aber nicht verzweifle; die Resultate von Herrn Daguerre sind andersartig als ihre Arbeit und werden sie in vielen Fällen nicht ersetzen können."

Der letzte Satz nimmt Kritik aus der Kunstwelt vorweg, die alles andere als begeistert von Aragos Initiative war. Als seriöser Künstler war Daguerre jedenfalls nicht allgemein anerkannt. Auch aus Kreisen der Wissenschaft gab es Kritik, der wissenschaftliche Wert der Erfindung wurde angezweifelt, manche waren der Meinung, dass die *Académie* sich aus Fragen des industriellen Fortschritts heraushalten solle. Arago betonte dagegen die Bedeutung von Daguerres Erfindung etwa für die Fotometrie. In zwei Artikeln im *Journal des Savants* bemühte sich Aragos Verbündeter Jean-Baptiste Biot, Zweifel zu zerstreuen und schloss [75]: „Wir zögern keinesfalls zu sagen, dass die Veröffentlichung seiner Vorgehensweise es nicht wird versäumen können, die Chemie und die molekulare Physik um so fruchtbare wie unerwartete Resultate zu bereichern".[12]

Nach der Bildung einer neuen Regierung im Mai 1839 folgten die Ereignisse Schlag auf Schlag. Mitte Juni unterzeichnete Innenminister Tanneguy Duchâtel einen Vertrag mit Daguerre und Niépce *fils*, der den beiden als Gegenleistung für die Veröffentlichung ihrer Methoden eine jährliche Rente von 6000 bzw. 4000 Francs aussetzte. Nach einer Studie des Ökonomen Paul Paillat [335] dürfte das grob dem Zehn- bis Zwanzigfachen eines jährlichen Arbeitereinkommens entsprochen haben. Am 15. Juni wurde der entsprechende Gesetzentwurf im Parlament in erster Lesung verabschiedet, Arago mit einem Rapport beauftragt. Am 3. Juli lieferte dieser seinen begeisterten Bericht

[11] *Voyageurs, vous pourrez bientôt, peut-être, moyennant quelques centaines de francs, acquérir l'appareil inventé par M. Daguerre, et vous pourriez rapporter en France les plus beaux monuments, les plus beaux sites du monde entier. Vous verrez comment vos crayons, vos pinceaux sont loin de la vérité du Daguerrotype. Que le dessinateur et le peintre ne se désespèrent pas cependant; les résultats de M. Daguerre sont autre chose que leur travail et dans bien des cas ne peuvent le remplacer.*

[12] *Nous n'avons aucune hésitation à dire que la publication de ses procédés ne pourra manquer d'enrichir la chimie et la physique moléculaire, d'une foule de résultats aussi féconds qu'inattendus.*

ab [74]. Schon am 9. Juli stimmte die *Chambre des députés* dem Gesetz zu mit 237 zu 3 Stimmen. Am 30. Juli folgte die *Chambre des pairs.*

Damit war die Katze aus dem Sack. Daguerre veröffentliche nunmehr seinerseits eine detaillierte Anleitung nur unter seinem Namen, obwohl das schmale Buch auch den Bericht von Niépce *père* über dessen Heliografie enthielt. Eine deutsche Übersetzung [79] erschien im gleichen Jahr unter dem Titel „Das Daguerreotyp und das Diorama, oder genaue und authentische Beschreibung meines Verfahrens und meiner Apparate zu Fixierung der Bilder der *Camera obscura* und der von mir bei dem Diorama angewendeten Art und Weise der Malerei und der Beleuchtung". Die Anleitung ist sehr klar, das Verfahren aber nicht unkompliziert und auch nicht ungefährlich. Zunächst muss eine versilberte Kupferplatte sorgfältig gereinigt und poliert werden. Dann wird eine Jodschicht aufgedampft, sodass eine dünne lichtempfindliche Schicht von Silberiodid entsteht. Diese wird in der *Camera obscura* belichtet, wobei die notwendige Belichtungszeit von vielen Faktoren abhängt und nicht leicht korrekt zu bestimmen ist. Danach wird das Bild unter Quecksilberdampf entwickelt. Dabei bilden sich auf dem vom Licht reduzierten Silber winzige Amalgamkügelchen, deren Dichte der Lichtintensität entspricht. Zuletzt wird der Rest des Silberiodids mit einer Kochsalzlösung abgewaschen. Das entstehende Bild ist lichtecht, aber sehr empfindlich gegen Berührungen. Es muss daher mit einem Passepartout und einer Glasscheibe geschützt werden. Fertig ist die Daguerreotypie, ein frühes Beispiel zeigt die Abb. 15.7.

Die Veröffentlichung löste eine regelrechte *Daguerréotypomanie* aus, wie die Karikatur Abb. 15.8 von Théodore Maurisset aus dem Jahr 1839 zeigt. Die bei dem Verfahren entstehenden giftigen Dämpfe dürften allerdings so manchem Daguerreotypisten das Leben verkürzt haben.

In England hatte währenddessen Henry Fox Talbot (1800–1877) ein Verfahren entwickelt, das den Vorläufern der Helio- oder Fotogravur zugerechnet wird, einem Tiefdruckverfahren, bei dem fotografische Vorlagen auf Kupferplatten übertragen werden. Er beanspruchte Priorität aufgrund seiner Experimente ab 1834 mit Papier, das mit Salzwasser getränkt und mit Silberchlorid beschichtet wurde. Kurz nachdem Daguerre seine Erfindung angekündigt hatte, ohne Details zu nennen, zeigte Talbot im Januar 1839 Papierabzüge bei der *Royal Institution.* Wenige Wochen später beschrieb er Grundzüge seines Verfahrens in einem Brief an die *Royal Society* [78]. Dieses Verfahren zur Herstellung von lichtechten Negativen ohne Entwicklung war aber nicht grundsätzlich verschieden von Niépces Heliografiemethode und das wurde auch bald klar. Innovativer war dagegen Talbots Calotyp von 1841, ein Negativbild auf mit Silberiodid beschichtetem, durchscheinendem Papier, das mit Gallussäure und Silbernitrat entwickelt werden muss. Von seinem Negativ

Abb. 15.7 Stillleben aus dem Atelier von Daguerre von 1831, nach Wikipedia die älteste sicher datierte Daguerreotypie. (Bildnachweis: Wikimedia Commons)

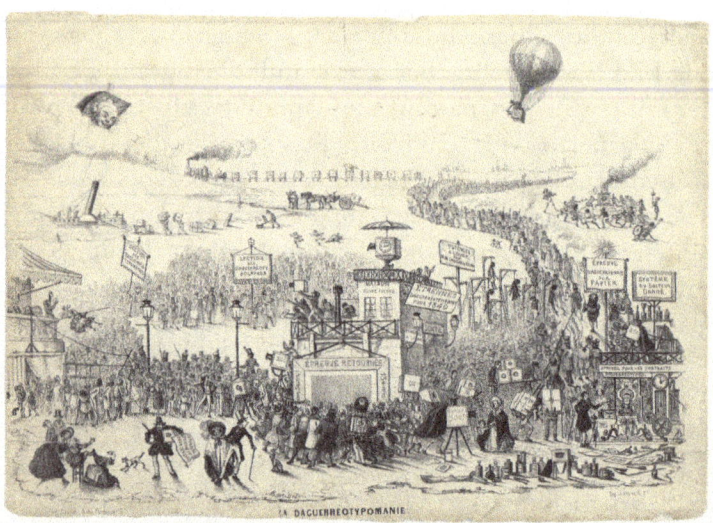

Abb. 15.8 *La Daguerréotypomanie*, Lithografie von Théodore Maurisset 1839. (Bildnachweis: Library of Congress 2002722650)

konnte man Kontaktabzüge in beliebiger Menge herstellen. Er hielt ein Patent auf diese Methode und es fielen im Vereinigten Königreich Lizenzgebühren der Anwender an, wenige Pfund für Amateure, aber immerhin 300 £ für Profis.

Kurioserweise galt dies in England auch für Daguerreotypien, da Daguerre nur Tage vor der Veröffentlichung seiner Methode in London einen Patentantrag eingereicht hatte.

Wieder ein Jahrzehnt später, im Jahr von Daguerres Tod 1851, veröffentlichte Frederick Scott Archer (1813–1857) das Kollodium-Nassverfahren. Kollodium ist eine gallertartige Masse, in der sich Silbernitrat- und Silberiodidsalze bilden und fein verteilen lassen. Diese Emulsion wird auf eine Glasplatte aufgebracht, belichtet und entwickelt. Das Resultat war wesentlich detailreicher und Abzüge waren leichter herzustellen als bei Calotyp und Daguerreotypie, sodass beide bald vom Markt verschwanden. Das Verfahren erforderte allerdings das Präparieren, Belichten und Entwickeln der Platte in einem Arbeitsgang, sodass es sich eher für Studiofotografie eignete. 1871 erfand der englische Arzt Richard L. Maddox (1816–1902) die Trockenplatte mit einer Gelatine-Bromsilber-Beschichtung, die sich besser vorbereiten und transportieren ließ.

Der kommerzielle Fortschritt in der Fotografie ist eng verbunden mit dem Namen von George Eastman (1854–1932). Ehemals Bankangestellter, erfand er 1879 eine Maschine zur Beschichtung von Trockenplatten und gründete zwei Jahre später die Eastman Dry Plate Company. 1885 ließ er sich einen Rollfilm auf Papier patentieren. Ab 1888 vertrieb Eastman die Kodak-Kamera mit einem Rollfilm für 100 Aufnahmen. Man musste Kamera samt Film nach der Belichtung an die Eastman Company schicken und erhielt gegen eine Gebühr von 10 US-$ das entwickelte Negativ, Abzüge der Bilder und die mit einem neuen Film beschickte Kamera zurück. Mit großem Erfolg, von 1892 an hieß die Firma Eastman Kodak Company nach dem von Eastman erfundenen Kunstwort Kodak.

Ein Patent von 1889 für einen Rollfilm auf Basis von Nitrozellulose musste Eastman nach einem Patentstreit zurückziehen. Trotzdem war Eastman Kodak gegen Ende des 19. Jahrhunderts der international führende Hersteller von Fotomaterial und belieferte auch die aufkommende Filmindustrie. Der Rollfilm auf Basis des weniger feuergefährlichen Zelluloids mit Gelatine-Bromsilber-Beschichtung war danach fast ein Jahrhundert lang das dominierende Material zur Herstellung von Lichtbildern.

Zwei Entwicklungen müssen wir bei unserem Gewaltmarsch durch die Fotogeschichte natürlich noch erwähnen: bewegte und farbige Bilder. Die Ersteren gingen aus frühen Versuchen mit zeitlichen Bilderserien desselben Objekts hervor, der sogenannten Chronofotografie. Mit mehreren hintereinander ausgelösten Kameras gelang dem Amerikaner Eadward Muybridge 1877 eine fotografische Dokumentation des Bewegungsablaufs eines Pferdes im Galopp. Der Deutsche Ottomar Anschütz (1846–1907) dokumentierte für das preußische Militär Geschossbahnen mithilfe seines „Elektrischen Schnell-sehers". 1882 baute Étienne-Jules Marey (1830–1904) den Chronofotografen, mit dem man bis zu 10 Phasen einer Bewegung auf derselben Fotoplatte aufnehmen konnte. Seine Bilder hatten weite Verbreitung und wirkten sich bis in die bildende Kunst aus, wie etwa Marcel Duchamps (1887–1968) zwei Studien *Le nu descendant l'escalier* von 1912 zeigen. Kurz vor Ende des 19. Jahrhunderts begann mit der Entwicklung von Projektionstechniken der eigentliche Stummfilm, etwa mit den kurzen Szenen der Gebrüder Auguste (1862–1954) und Louis Lumière (1864–1948). Ihre Vorführungen bestand aus zehn kleinen Filmchen und dauerte etwa 20 min, ihr Hauptgeschäft war aber der Vertrieb von Kameras und Filmmaterial. Auch der narrativ orientierte Film nahm in Frankreich seinen Anfang, mit den Produktionen der Star Film Company von Georges Meliés (1861–1938). Er produzierte über 500 Kurzfilme in Theaterdekor mit fester Kameraposition und vielen Neuerungen in der Trick- und Schnitttechnik.

Im Jahr 1900 gründete Charles Pathé (1863–1957) die nach ihm benannte Produktionsfirma, die bald weltweit die größte wurde. Sein Rivale Léon Gaumont (1864–1946) begann die Filmproduktion ebenfalls um die Jahrhun-dertwende, mit der ersten weiblichen Regisseurin, Alice Guy. Gaumont ist die älteste noch existierende Produktionsfirma. Ähnliche Aktivitäten begannen in Großbritannien, Deutschland und den USA und rasch verbreitete sich die Filmproduktion international. Von etwa 1910 an hatten amerikanische Produktionen den größten Marktanteil, unter anderen die der amerikani-schen Filiale von Pathé Frères, aber auch die von Universal und Paramount, gegründet 1912. In den 1920er-Jahren liegt die goldene Zeit des deutschen expressionistischen Films, Babelsberg ist das älteste noch existierende große Filmstudio. Beispielhafte Produktionen waren „Das Kabinett des Dr. Caligari" (Robert Wiene, 1920) und „Nosferatu" (Friedrich Wilhelm Murnau, 1922). Und natürlich die frühen Filme von Fritz Lang, wie „Metropolis" (1927). Das Unternehmen Warner Brothers Pictures, abgekürzt Warner Bros. oder WB, wurde 1923 in Hollywood gegründet. Die Firma brachte 1927 mit Al Jolson als *The Jazz Singer* den ersten Tonfilm heraus. Fritz Langs Film „M" von 1931 war einer der ersten deutschen Tonfilme. Produktionen aus der Filmstadt Hollywood dominieren den Weltmarkt bis heute.

Das erste Farbfoto von James Clerk Maxwell haben wir schon in Kap. 12 er-wähnt. Es wurde mithilfe von drei Fotoplatten und Farbfiltern erzeugt. Dieses additive Verfahren war in der Frühzeit der Fotografie dominierend. Zu nennen ist unter anderen das Autochrome-Verfahren der Gebrüder Lumière, das 1904 der *Académie des Sciences* in einem handgeschriebenen Brief vorgestellt wurde.

Dabei spielen gefärbte Partikel von Kartoffelstärke die Rolle der drei Farbfilter innerhalb derselben Emulsion. Additive Verfahren haben den offensichtlichen Nachteil, dass in den Filtern die Lichtintensität stark reduziert wird. Sie konnten außerdem nur in Durchsicht oder Projektion betrachtet werden. Schon 1869 hatte deshalb Louis Ducos de Hauron (1837–1920) ein subtraktives Verfahren, bei dem drei Negative in den Komplementärfarben Cyan, Magenta und Gelb auf polychromem Fotopapier abgezogen werden. Zunächst wurden drei verschiedene Negative auf einer Fotoplatte erzeugt, aber bald auch mehrschichtige Fotoplatten entwickelt. Der Durchbruch kam wieder von Kodak mit dem Kodachrome-Verfahren aus der Mitte der 1930er-Jahre. Dort wurden Schichten eines Schwarz-Weiß-Films verschieden eingefärbt, parallel dazu entstanden die Agfacolor- und Technicolor-Verfahren, die zur Herstellung von Diapositiven und Filmen verwendet wurden.

Der nächste Durchbruch in der Bildgebung begann mit der Entdeckung des lichtelektrischen Effekts, der uns noch im Kap. 17 beschäftigen wird. Er erlaubt es, Licht in elektrische Signale umzuwandeln. Für die Bildgebung ist insbesondere der sogenannte innere fotoelektrische Effekt von Bedeutung. In diesem erzeugt Licht im Inneren eines Halbleiters eine momentane Reduzierung des elektrischen Widerstands, sodass ein elektrischer Strom fließt. Die einfachste Anwendung ist die sogenannte Fotodiode. Wie der Name sagt, handelt es sich um eine Diode, die ohne Lichteinwirkung den Strom sperrt. Bei Belichtung wird der Widerstand proportional zur Lichtintensität herabgesetzt. Eine Matrix von Dioden bildet eine in Pixel unterteilte Aufnahmefläche, die in der Fokalebene einer Kamera angebracht werden kann. Während der Belichtungszeit speichert die Matrix negative Ladungen pro Pixel in einer Potenzialmulde, wie die Abb. 15.9 zeigt. Eine getaktete Veränderung der Potenziale erlaubt es, die Ladungen von einem Pixel auf ein benachbartes durchzureichen, bis sie am Rande des Matrix nach außen abgeführt und digitalisiert werden. Man nennt einen solchen elektronischen Baustein ladungsgekoppelt, *Charged Coupled Device* oder abgekürzt CCD.

Dieser Baustein der modernen Fototechnik wurde 1969 von George Smith und Willard Boyle bei den Bell Laboratories in den USA erfunden [372], beide wurden für ihre Erfindung mit dem Nobelpreis für Physik von 2009 geehrt. Die fototechnische Anwendung wurde am gleichen Institut von Michael F. Tompsett weitergetrieben [375]. In den frühen 1980er-Jahren implantierte der Japaner Nobukazu Teranishi der Diode über der lichtempfindlichen eine zusätzliche Schicht, die das Signal-zu-Rausch-Verhältnis dramatisch verbesserte [400], zur sogenannten PIN-Diode.

Abb. 15.9 Prinzip eines CCD Halbleitersensors während der Belichtungszeit (oben) und bei der Auslese (unten). Die gestrichelte Linie unterhalb der Siliziumdioxyd-Schicht deutet den Potenzialverlauf an, der durch die Elektroden auf der Oberfläche eingestellt wird. (Bildnachweis: Nokia Bell Labs)

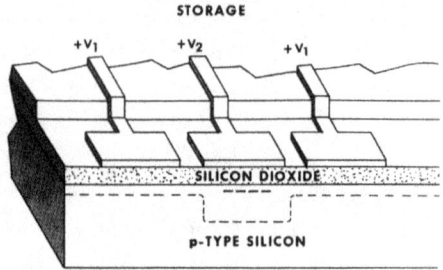

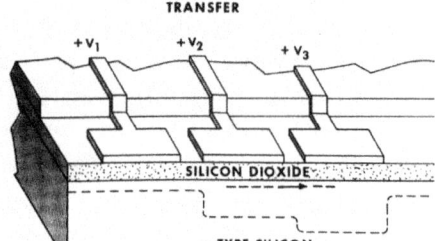

Im Jahr 1963 hatten Chih-Tang Sah und Frank Wanlass den CMOS-Sensor[13] mit seinen sogenannten aktiven Pixeln erfunden [354]. In den 1990er-Jahren entwickelte der NASA-Ingenieur Eric A. Fossum den CMOS-Sensor weiter und implementierte Teranishis Erfindung [547], sodass seine „Kamera auf einem Chip" etwa einhundertmal weniger elektrische Energie verbraucht als ein CCD und zu niedrigen Kosten hergestellt werden kann. Sie finden CMOS Sensoren in der Kamera Ihres Smartphones oder Ihrer Digitalkamera.

Eine ungeahnte Herausforderung stellen in neuerer Zeit Methoden dar, Fotos und Filme mithilfe künstlicher Intelligenz ganz ohne Licht zu verändern oder sogar ganz neu herzustellen. Zwar haben Künstler und Fälscher zu allen Zeiten Bildmaterial zu ihren Zwecken manipuliert, die computergestützte Bildgebung und -veränderung bietet aber qualitativ neue Möglichkeiten. Der dokumentarische Wert von fotografischem Material ist damit grundsätzlich infrage gestellt. Die Kuratorin des Hamburger Hauses der Photographie, Nadine Henrichs, findet, dass dadurch plötzlich alle gefordert sind, „über Bilder anders nachzudenken, im Idealfall kritisch" [617]. Neue Formen der

---

[13] Die Abkürzung CMOS steht für *Complementary Metal-Oxide Semiconductor*.

Bildgebung, die Heinrich spekulative oder fiktionale Methoden nennt, gesellen sich zu der dokumentarischen oder vermeintlich dokumentarischen. Wir können alle gespannt sein, wie sich das auf die Rezeption von Lichtbildern auswirken wird. Und was Künstler daraus machen werden.

Röntgenlicht

Angeregt durch Beobachtungen mit Crooke'schen Röhren (siehe Abschweifung auf Seite 287) begann Wilhelm Conrad Röntgen (1845–1923) in Würzburg 1895, sich für Kathodenstrahlen zu interessieren. Wie viele andere verwendete er als Detektor einen mit Bariumplatinocyanid $Ba[Pt(CN)_4]$ bedeckten Schirm, eine Substanz, die fluoresziert,[14] wenn sie von Kathodenstrahlen getroffen wird. Als er in einem dunklen Raum seine Kathodenstrahlröhre in schwarzes Papier einwickelte, entdeckte er zufällig, dass der Bildschirm selbst dann zu fluoreszieren begann, wenn die Kathodenstrahlen ihn unmöglich getroffen haben konnten. Die erste Präsentation seiner Erkenntnisse vor der Physikalisch-Medizinischen Gesellschaft in Würzburg leitete er am 28. Dezember 1895 [204] mit den Worten ein:

> „Läßt man durch eine *Hittorf*'sche Vacuumröhre, oder einen genügend evacuierten *Lenard*'schen, *Crookes*'schen oder ähnlichen Apparat[15] die Entladung eines größeren *Rühmkorff*'s[16] gehen und bedeckt die Röhre mit einem eng anliegenden Mantel aus dünnem, schwarzem Carton, so sieht man in dem vollständig verdunkelten Zimmer einen in die Nähe des Apparates gebrachten, mit Baryumplatincyanür angestrichenen Papierschirm bei jeder Entladung hell aufleuchten, fluresciren, gleichgültig, ob die angestrichene oder die andere Seite des Schirmes dem Entladungsapparat zugewendet ist. Die Fluorescenz ist noch in 2 m Entfernung vom Apparat bemerkbar."

Die neue Strahlung hatte eine hohe Durchdringungskraft und wurde nur durch dichtes Material abgeschwächt. Es schwärzte Fotoplatten, wurde von Kristallen gebrochen, aber nicht merklich reflektiert. Röntgen kam zu dem Schluss, dass „eine Art Verwandtschaft zwischen den neuen Strahlen und den Lichtstrahlen" zu bestehen scheine. Er nannte sie „X-Strahlen". Doch bereits in

---

[14] Fluoreszenz ist die Emission von sichtbarem oder UV-Licht durch Moleküle, die durch Röntgenstrahlen oder ionisierende Strahlung angeregt wurden.

[15] Alle diese Eigennamen benennen Varianten der kalten Kathodenstrahlröhre.

[16] Rühmkorff bezeichnet ein Gerät zur Erzeugung von Hochspannung durch Funkeninduktion.

der Diskussion nach seinem Vortrag [204], der vom Publikum mit tosendem Applaus aufgenommen wurde, schlug ein Kollege vor, sie „Röntgen'sche Strahlen" zu nennen, ein Name, der im Deutschen und anderen europäischen Sprachen hängengeblieben ist. Die Bedeutung seiner Entdeckung für die medizinische Bildgebung wurde sofort erkannt und seine zweite Mitteilung [208] enthielt ein Röntgenfoto der Hand des Mitbegründers der Gesellschaft, des Anatomen Geheimrat von Kölliker. Das war aber nicht das erste überlieferte Röntgenbild einer Hand, vielmehr hatte er schon vorher die Hand seiner Frau Anna Bertha samt Ring mit etwa zwanzigminütiger Belichtung geröntgt. Die Abb. 15.10 zeigt beide historischen Aufnahmen. Von 1900 an war Röntgen an der Universität München als ordentlicher Professor und Direktor des Physikalischen Institutes tätig. Für seine Entdeckung wurde er mit dem ersten Nobelpreis für Physik im Jahr 1901 ausgezeichnet.

Der Nachweis der Lichtnatur von Röntgenstrahlung hat länger gedauert, weil Interferenzeffekte von kurzwelliger Strahlung schwer nachzuweisen blieben. So war zwar klar, dass die abrupte Abbremsung energiereicher Elektronen zu Röntgenstrahlen führt, der genaue Mechanismus war dagegen unklar.

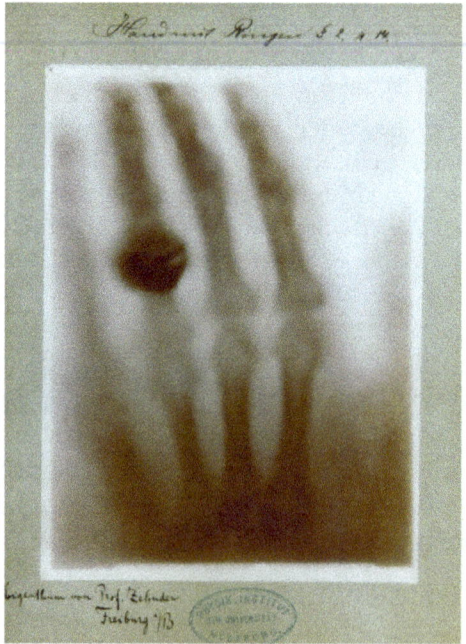 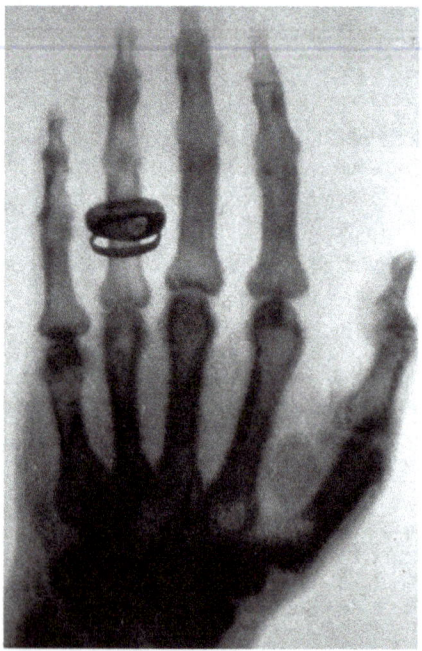

Abb. 15.10 Links: Röntgenaufnahme der Hand von Anna Bertha Röntgen, 1895. (Bildnachweis: Deutsches Röntgen-Museum). Rechts: Röntgenaufnahme der Hand von Geheimrat Albert von Kölliker, 1896. (Bildnachweis: Wikimedia Commons)

Trotzdem lag ihre medizinische Anwendung auf der Hand. Und so entstanden in unmittelbarer Folge der Erfindung zunächst Röntgenaufnahmen der Extremitäten, ab Mitte 1896 auch Aufnahmen von Thorax und Abdomen. Wie Thomas Mann in seinem Roman „Der Zauberberg" schildert, dienten diese „Innenporträts" unter anderem zur Diagnose der Tuberkulose. Das sogenannte Fluroskop ermöglichte die unmittelbare Begutachtung durch den Arzt. Die Abb. 15.11 zeigt die zwei Haupttypen der frühen Anwendungen. Eine Crookes-Röntgenröhre befindet sich in der Mitte der Anordnung. Der stehende Beobachter betrachtet die Durchleuchtung seiner Hand mithilfe einer fluoreszierenden Scheibe, der sitzende belichtet eine Fotoplatte.

Schon 1896 wurden aber auch erste Strahlenschäden wie Hautrötung und Haarausfall dokumentiert. Und nicht nur medizinische Anwendungen wurden genutzt. Ältere Leser werden sich vielleicht erinnern, dass bei ihnen als Kind die Passform von Schuhen mithilfe eines Durchleuchtungsapparats kontrolliert wurde, den noch in den 1950er-Jahren jedes bessere Schuhgeschäft sorglos zur Verfügung stellte.

Zwei Namen sind mit Fortschritten auf dem Gebiet der Röntgentechnik eng verbunden, der des amerikanischen Industriephysikers William Coolidge und der des deutsche Begründers der Biophysik Friedrich Dessauer. Coolidge (1873–1975) hatte am Boston Tech studiert, dem Vorläufer des MIT, und

Abb. 15.11 Foto von 1896, das frühe medizinische Anwendungen der Röntgenstrahlung zeigt. Der stehende Beobachter betrachtet ein Röntgenbild seiner Hand durch ein Fluoskop, der sitzende belichtet eine Fotoplatte mit Röntgenstrahlen. Die Röntgenquelle ist eine Crooke-Kathodenstrahlröhre in der Mitte. (Bildnachweis: Wikimedia Commons)

1898 einen Studienaufenthalt in Leipzig verbracht, wo er auch mit Röntgen zusammentraf. 1905 wechselte er an das Forschungslabor von General Electric *upstate* New York. Dort revolutionierte er die Herstellung von Glühlampen, indem er die bis dahin üblichen Kohlefäden durch feine Wolframdrähte ersetzte, was deren Lebensdauer verfünffachte. Dieser Erfolg mag Coolidge dazu angeregt haben, in Röntgenröhren mit Wolframelektroden anstatt der damals üblichen aus Platin zu experimentieren. Er ersetzte also die Kathode durch einen erhitzten Wolframdraht, die Anode durch eine Wolframscheibe. Das als Coolidge-Röhre vermarktete Modell setzte sich bald durch, nicht nur wegen der längeren Lebensdauer, sondern auch wegen der besseren Kontrolle der Strahlung durch die geheizte Kathode. Während des Zweiten Weltkriegs wurde Coolidge von Präsident Roosevelt in das *Advisory Committee on Uranium* berufen.

Der junge Friedrich Dessauer (1881–1963) war von den neuen Strahlen so fasziniert, dass er mit 16 Jahren in seinem Zimmer einen Röntgenapparat nachbaute. Seine diesbezügliche Arbeit konnte er zwar nicht veröffentlichen, sie gelangte aber in die Hände von Röntgen, der ihn ermutigte. Konsequenterweise studierte Dessauer Elektrotechnik und Physik an der TU München, brach aber nach dem Tod seines Vaters das Studium ab. Er gründete um die Jahrhundertwende eine Firma zur Herstellung kleiner, kostengünstiger Röntgenapparate. Nach einer Fusion wurde sein „Reformapparat Klinoskop" ein kommerzieller Erfolg, ein vielseitig in Arztpraxen einsetzbarer Röntgenapparat, der auch Tiefenbestrahlung von Tumoren erlaubte. 1918 trat Dessauer in die katholisch geprägte Zentrumspartei ein und zog fünf Jahre später in den Reichstag ein. Als unerschütterlicher Verteidiger der Demokratie wurde er 1933 festgenommen, verlor seine Professur in Frankfurt und emigrierte nach Istanbul, wo er ein radiologisches Institut aufbaute. 1937 trat er eine Professur an der Universität Fribourg in der Schweiz an. Er verstarb 1963 an den Folgen seiner Arbeit mit Röntgenstrahlen.

Für unser Generalthema ist wichtig, wie es zum Verständnis von elektromagnetischer Natur und Erzeugungsmechanismus der Röntgenstrahlung kam. Direkt nach der Veröffentlichung seiner Entdeckung hatte Röntgen sein Papier mit neun Radiografien an Hendrik Lorentz nach Leiden geschickt, unseren Experten in allen Fragen des Äthers. Sie wurden 2008 in Lorentz' Nachlass gefunden [584]. Charles G. Barkla (1877–1944) zeigte 1905 mit Streuexperimenten,[17] dass Röntgenstrahlen polarisiert sind [236]. Es bestand

---

[17]Barkla erhielt im Jahr 1917 den Nobelpreis für Physik für seine Arbeiten zur Streuung von Röntgenstrahlen.

also wenig Zweifel, dass es sich um eine Form von Licht handelte. Lorentz fasste in seinen Vorlesungen an der Columbia University New York von 1906 erste Theorien so zusammen, dass „diese Strahlen aus einer schnellen und unregelmäßigen Folge von scharfen elektromagnetischen Impulsen bestehen, deren jeder auf die Änderung der Geschwindigkeit zurückgeht, welche ein Elektron der Kathodenstrahlen erfährt, wenn es auf die Antikathode auftrifft." [263].[18]

Mit diesen Pulsen waren aber keine normalen, also periodischen Wellen gemeint. Vielmehr war die Mehrheitsmeinung insbesondere in England, dass jedes gebremste Elektron eine einzelne elektromagnetische Schockwelle aussendet, die sich sphärisch ausbreitet.[19] Einer der Protagonisten dieser Theorie war der Ire Sir George Stokes (1819–1903), heute wohl bekannter für seine Gleichung aus der Strömungslehre und den nach ihm benannten Satz aus der Vektorrechnung. Die Röntgenstrahlung verglich er mit dem Sperrfeuer eines Artillerieregiments [207]. J.J. Thomson vertrat ein anderes Modell, das auf der Deformation der elektrischen Feldlinien eines Elektrons bei Abbremsung beruhte [241]. Es führte zu einem Rechteckpuls. In jedem Fall herrschte Einigkeit, dass Röntgenstrahlen Materie durchdringen können, weil sie extrem kurzwellig sind. Wie aber die Bremsstrahlung solche Wellen hervorbringt, war nicht leicht zu verstehen.

Um Röntgenstrahlen mit Licht zu identifizieren, mussten sie Interferenzerscheinungen zeigen. Wellen interferieren, Korpuskeln und Schockwellen tun das nicht, war die gängige Lehrmeinung. Um Röntgenstrahlen zur Interferenz zu bringen, war allerdings ein Beugungsgitter nötig, dessen Streifenabstand von der Größenordnung der Wellenlänge war, also im Bereich Nanometer (10^{-9} m). Per Gravur war so etwas damals nicht herstellbar. Schon seit Mitte des 19. Jahrhunderts war aber bekannt, dass Atome sich in Kristallgittern in regelmäßigen Abständen der gesuchten Größenordnung anordnen. Max von Laue (1879–1960) kam 1909 als Privatdozent an die Universität München, nachdem er bei Max Planck in Berlin promoviert hatte. Er regte seine Kollegen Walter Friedrich (1883–1968) und Paul Knipping (1883–1935) an, mit monochromatischer Röntgenstrahlung Beugungsexperimente an Kristallen durchzuführen. Abb. 15.12 zeigt den experimentellen Aufbau und die Aufnahme eines Interferenzbildes. In einem zweiteiligen Papier stellten die drei die Ergebnisse 1912 vor [249], Laue steuerte die Theorie bei, Friedrich und Knipping den experimentellen Teil. Die scharfen Maxima in

---

[18] *...these rays consist of a rapid and irregular succession of sharp electromagnetic impulses, each of which is due to the change of velocity which an electron of the cathode rays undergoes when it impinges againts the anti-cathode.*

[19] Eine ausführliche Behandlung der Impulshypothese finden Sie im sehr lesenswerten Buch *The tiger and the shark: Empirical roots of wave-particle dualism* von Bruce R. Wheaton [413].

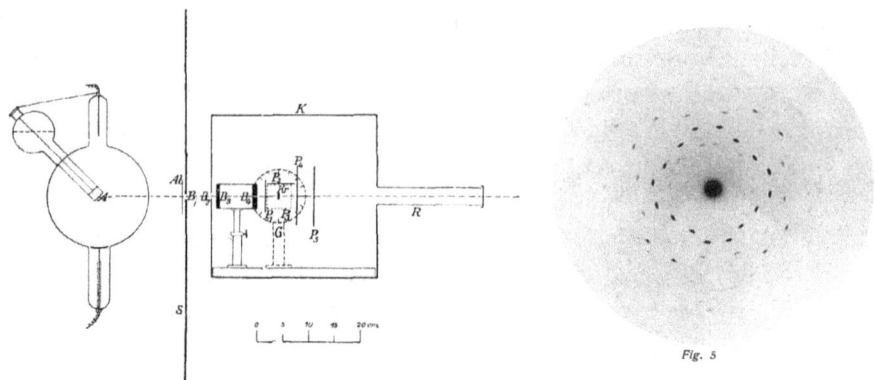

Abb. 15.12 Links: Aufbau der Interferenzexperimente von Friedrich und Knipping. Ein eng begrenzter Strahl aus der Röntgenröhre trifft auf einen Kristall in der Mitte, Fotoplatten rechts vom Kristall dokumentieren das Interferenzmuster. Rechts: Beispiel für das Interferenzmuster eines Kristalls [249]

der Intensitätsverteilung ließen keinen Zweifel mehr an der Wellennatur der Röntgenstrahlung. Laue wurde mit dem Nobelpreis für Physik von 1914 ausgezeichnet, Friedrich und Knipping gingen leer aus.

Wie Röntgenstrahlen durch abgebremste Elektronen erzeugt werden, klärte etwa zur gleichen Zeit Arnold Sommerfeld (1868–1951). Aus seinen vorbildlichen „Vorlesungen über theoretische Physik" [319] habe ich als Student viel klassische Physik gelernt. Mit seinen Beiträgen zur Quantentheorie und Relativität ist er zu den Vätern der modernen Physik zu zählen. Sommerfeld studierte Mathematik und Physik an der Albertina in Königsberg. Nach Stationen in Göttingen und Clausthal hatte er von 1900 bis 1906 den Lehrstuhl für Technische Mechanik an der RWTH Aachen inne. Von 1906 bis zum Ende seiner akademischen Karriere 1940 lehrte Sommerfeld an der Ludwig-Maximilians-Universität in München, wo er eine bedeutende Schule für theoretische Physik aufbaute. In direkter Nachbarschaft zu Röntgens Institut für Experimentalphysik war es nur natürlich, dass er sich für den Erzeugungsmechanismus von Röntgenstrahlung interessierte. Einer von Röntgens Doktoranden hatte inzwischen herausgefunden, dass die Intensitätsverteilung nicht isotrop war, mit einer Präferenz für die ursprüngliche Richtung der Kathodenstrahlen [243]. Der Experimentalphysiker Johannes Stark[20] (1874–1957) von der RWTH Aachen hatte diese Anisotropie mit dem Quanten-

---

[20]Der Nobelpreisträger von 1919 war zusammen mit Lenard später ein prominenter Vertreter der „Deutschen Physik", von der wir in Kap. 17 berichten müssen.

charakter des Lichts erklärt, der ihm einen Impuls zuspricht, den es vom einlaufenden Elektron „erbt". Sommerfeld war nicht einverstanden [244]. Er hatte vielmehr gefunden, dass Maxwells Theorie angewandt auf abrupt gebremste Elektronen die Anisotropie vollständig erklärt, ohne dass man die Quantenhypothese zur Hilfe nimmt.

Aber Quantenmechanik ist bei dem Vorgang nicht etwa irrelevant, vielmehr nähert sich das Elektron dem Atomkern beim Bremsvorgang bis auf atomare Dimensionen an. Die erste theoretische Behandlung mit nichtrelativistischer Quantenmechanik stammt wieder von Sommerfeld aus dem Jahr 1931 [301]. Eine relativistische Behandlung wurde 1934 von Hans A. Bethe und Walter H. Heitler gegeben [307]. Und damit ist klar, dass wir uns als Nächstes mit der Quantentheorie des Lichts beschäftigen müssen. Wir holen aber ein wenig aus, weil der Wärmelehre bei der Entwicklung eine tragende Rolle zukommt. Und Wärmestrahlung ist ein Frequenzbereich des Lichts, dem wir bisher wenig Aufmerksamkeit geschenkt haben. Das soll sich nun ändern.

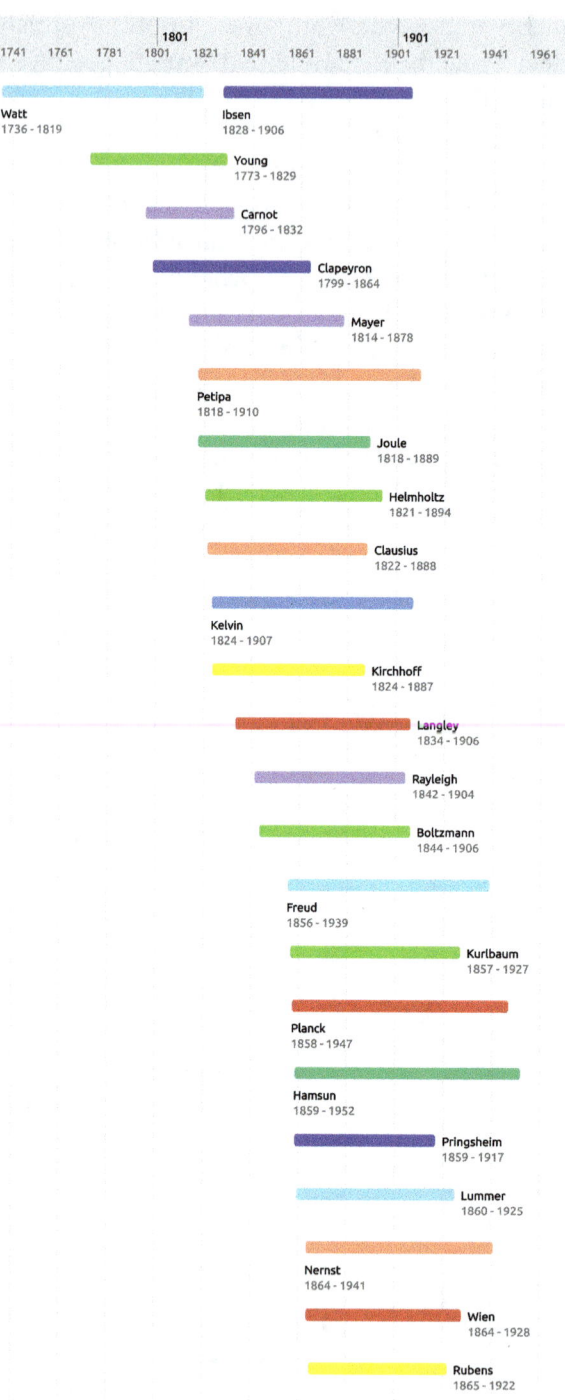

| 1741 | 1761 | 1781 | **1801** | 1801 | 1821 | 1841 | 1861 | 1881 | **1901** | 1921 | 1941 | 1961 |

Watt
1736 - 1819

Ibsen
1828 - 1906

Young
1773 - 1829

Carnot
1796 - 1832

Clapeyron
1799 - 1864

Mayer
1814 - 1878

Petipa
1818 - 1910

Joule
1818 - 1889

Helmholtz
1821 - 1894

Clausius
1822 - 1888

Kelvin
1824 - 1907

Kirchhoff
1824 - 1887

Langley
1834 - 1906

Rayleigh
1842 - 1904

Boltzmann
1844 - 1906

Freud
1856 - 1939

Kurlbaum
1857 - 1927

Planck
1858 - 1947

Hamsun
1859 - 1952

Pringsheim
1859 - 1917

Lummer
1860 - 1925

Nernst
1864 - 1941

Wien
1864 - 1928

Rubens
1865 - 1922

16

Wärme

Die Schönheit und Klarheit der dynamischen Theorie, die behauptet, dass Wärme und Licht Moden von Bewegung seien, wird in der Gegenwart von zwei Wolken überschattet. I. Die Erste entstand mit der ondulatorischen Lichttheorie…; sie hat zu tun mit der Frage, wie sich die Erde durch einen elastischen Festkörper bewegen könne, den der lichttragende Äther im Wesentlichen darstellt? II. Die Zweite ist die Maxwell-Boltzmann-Doktrin, die Verteilung von Energie betreffend.

Lord Kelvin, *Nineteenth Century Clouds over the Dynamical Theory of Heat and Light*, 1901 [232]

Das 19. Jahrhundert neigte sich seinem Ende zu. In der Kunst entwickelte sich aus dem Realismus der Naturalismus. Die Natur wurde nicht länger verklärt, die Wirklichkeit nicht länger geschönt, vielmehr wurden auch Elend und Hässlichkeit Gegenstand von Kunst. Mit seiner Formel „Kunst = Natur – x" (wobei x möglichst klein zu halten sei) fasste Arno Holz (1863–1929) in seinem Buch „Die Kunst. Ihr Wesen und ihre Gesetze" [188] naturalistisches Kunstverständnis simplifizierend zusammen. Gleichzeitig drückte er damit aus, wie Wissenschaft die naturalistische Kunst beeinflusste, mindestens aber die Art, wie man über Kunst sprach. Nicht nur Naturwissenschaft, sondern besonders die Geisteswissenschaften nahmen Einfluss; die Arbeiten von Sigmund Freud (1856–1939) mögen als Beispiel dienen. In der Literatur zeigten die Werke von Gerhart Hauptmann (1862–1946) – exemplarisch seine Studie „Bahnwärter Thiel" – ein getreues Abbild von Sprache und Lebenswirklichkeit der Protagonisten. Heute bekanntere Werke wie „Die Weber" und „Die

© Der/die Autor(en), exklusiv lizenziert an Springer-Verlag GmbH, DE, ein Teil von Springer Nature 2025
M. Pohl, *Licht*, https://doi.org/10.1007/978-3-662-70486-8_16

Ratten" sind weitere Beispiele. In Skandinavien sind Henrik Ibsen und Knut Hamsun (1859–1952) herausragende Vertreter derselben Strömung.

Die lange Depression von 1873 bis 1886 ließ große Teile der Bevölkerung verarmen, bei gleichzeitig wachsender Mechanisierung der Produktion. Zahllose Streiks waren die Folge. Am 1. Mai 1886 traten rund 400.000 Arbeiter in den USA in einen mehrtägigen Generalstreik zur Durchsetzung kürzerer Arbeitszeiten. In der Folge organisierten sich auch europäische Arbeiterinnen und Arbeiter. Etwa 100.000 beteiligten sich in Deutschland am 1. Mai 1890 an Streiks, Demonstrationen und „Maispaziergängen".[1] Ebenfalls 1890 liefen in Deutschland die sogenannten Sozialistengesetze von 1878 aus, die sich gegen die Arbeiterbewegung richteten. Im selben Jahr wurde aus der „Sozialistischen Arbeiterpartei Deutschlands" von 1875 die „Sozialdemokratische Partei Deutschlands" (SPD). Bei den Reichstagswahlen erlitten die Reichskanzler Bismarck nahestehenden Parteien eine vernichtende Niederlage. Am 17. März 1890 ging „der Lotse von Bord", wie es damals hieß.

Viele Künstler und Intellektuelle haderten mit dem traditionsverhafteten Kunstverständnis des Kaiserreiches. Akademische und besonders Historienmalerei mit patriotischer Aussage, die das Establishment weiter förderte, gerieten mehr und mehr in Misskredit. Die Werke von Max Liebermann, getreue Abbilder der Lebenswirklichkeit von Bauern und Handwerkern, repräsentieren die naturalistische bildende Kunst in Deutschland. Es gab aber keine einheitliche neue Kunstrichtung, vielmehr eine Vielzahl von Strömungen, die akademische Malerei erfreute sich weiterhin kaiserlicher Unterstützung. In St. Petersburg feierte Marius Petipa (1818–1910) Triumphe am Mariinski-Theater mit Ballettkreationen wie „Schwanensee" von 1895. Zusammenschlüsse von Künstlern wie die „Berliner Secession" von 1898 propagierten dagegen den kulturellen Aufbruch.

Die Wärmelehre erlebte in dieser Zeit eine rasante Entwicklung. Es entwickelte sich ein Übergang zwischen zwei Zugängen zu thermodynamischen Vorgängen. Der erste, frühere Zugang war unabhängig von einer Kenntnis der molekularen Struktur der Materie und behandelte die makroskopischen Eigenschaften großer Volumina von Gasen, Flüssigkeiten und festen Körpern. Dazu gehören insbesondere Druck, Temperatur und Stoffmenge. Der andere, neuere Zugang bediente sich der mikroskopischen Eigenschaften der Materie und benutzte statistische Zustandsgrößen wie die Verteilung der Geschwindigkeit von Molekülen.

---

[1]Zur Geschichte des 1. Mai als Tag der Arbeit siehe z. B. https://www.dgb.de/themen/++co++d199d80c-1291-11df-40df-00093d10fae2.

Was die Eigenschaften von Materie angeht, verstehen wir heute unter Wärme die Bewegungsenergie von Molekülen in Gasen, Flüssigkeiten und Festkörpern. Das gehört weniger zu unserem Thema als die Wärmestrahlung, also die Übertragung von Wärme durch Licht. Bis ins 19. Jahrhundert hinein war aber auch eine ältere Theorie im Umlauf, die Wärme als eine unzerstörbare Flüssigkeit interpretierte, *calorique* genannt und dem Äther nicht unähnlich. Wärmetransport durch Leitung und Strahlung war mit beiden Ansätzen erklärlich. Die kinetische Wärmetheorie hat auch deshalb viele Etappen durchquert, bis sie sich durchgesetzt hat.

Die Thermodynamik hat eine entscheidende Rolle bei der Entwicklung der Quantenmechanik gespielt, durch Studien der Wechselwirkung zwischen Materie und Licht. Aber zunächst müssen wir uns mit dem Begriff der Energie beschäftigen, den wir bisher einfach so verwendet haben, als wäre er selbstverständlich. Das ist aber alles andere als der Fall. Wir widmen seiner Geschichte also eine kleine Abschweifung, die allerdings früher ansetzt.

Abschweifung: Energie

Im Gegensatz zum Impuls, den man unmittelbar sehen und messen kann, hat es der Energiebegriff als Charakteristikum von Bewegung schwer gehabt. Schwammig im Umlauf als *vis viva*, lebendige Kraft, hat es lange gedauert, bis der Begriff physikalisch konkretisiert und mathematisch erfasst werden konnte. Die Erhaltung der Energie in ihren verschiedenen Formen ist aber ein übergreifendes Prinzip, das stark zu der Erkenntnis beigetragen hat, dass alle verschiedenen Teilgebiete der Physik eine Einheit bilden. Und ist damit von immenser Bedeutung.

Ich nehme wie so oft unsere heutige Sicht auf die Energie vorweg, in der Hoffnung, dass Sie dann den Schritten darauf hin leichter folgen können. Wir verstehen unter Energie den Motor der Veränderung. Weniger philosophisch gesagt, bezeichnet Energie die Zustandsgröße eines Systems, die seine Bereitschaft zur Verrichtung von Arbeit quantifiziert.

Nun müssen wir erst einmal klären, was Arbeit ist. Arbeit ist die Aufwendung oder Nutzung einer Kraft entlang eines bestimmten Weges. Vielleicht ist ein Beispiel hilfreich. Wenn Sie ein Gewicht von 1 kg Masse gegen die Schwerkraft um einen Meter anheben, haben Sie Arbeit geleistet. Und zwar Arbeit von knapp zehn Joule oder Newton-Meter oder Watt-Sekunden.[2]

---

[2] Genau sind es 9,81 J. Wenn Sie das in einer Sekunde geschafft haben, haben Sie 9,81 W Leistung erbracht. Leistung ist die Arbeit pro Zeiteinheit.

Durch Ihre Arbeit haben Sie dem Gewicht eine potenzielle Energie (oder Lageenergie) übertragen. Und zwar exakt in Höhe Ihrer Arbeit.

Damit haben Sie das Gewicht in die Lage versetzt, seinerseits wiederum Arbeit zu leisten. Diese Energieform heißt eben potenziell, weil sie gespeichert ist in der Position eines Objekts in einem Kraftfeld (deshalb auch Lageenergie) und potenziell wieder genutzt werden kann. Wenn Sie das Gewicht loslassen, beginnt die Schwerkraft, es nach Newton zu beschleunigen. Die Schwerkraft leistet also diesmal die Arbeit und nicht Sie. Die Lageenergie wird beim Fallen kleiner, dafür wächst die andere generelle Form der Energie, nämlich die kinetische oder Bewegungsenergie. Wenn das Objekt um einem Meter gefallen ist, hat die Arbeit der Schwerkraft ihm exakt die kinetische Energie übertragen, die ihre Muskeln beim Anheben aufgewendet hatten. Die Energie eines geschlossenen Systems – das hier aus Ihnen, der Erde und dem Gewicht besteht – ist eine „erhaltene Größe", sie kann sich weder selbsttätig ändern noch ohne Einwirkung von außen geändert werden.

Energie lässt sich also zwischen verschiedenen Formen übertragen, aber weder erzeugen noch vernichten. Wenn wir also salopp von Energieerzeugung oder -verschwendung sprechen, meinen wir etwas ganz anderes. Energie kann nämlich von weniger nützlichen in nützlichere Formen umgewandelt werden und umgekehrt. Dabei wird sie nicht etwa erschaffen oder verschwindet, das Universum hat immer noch die gesamte Energie, mit der es der Big Bang ausgestattet hat. Aber wenn wir z. B. Müll verbrennen, verwandeln wir chemische Energie (eine Form der potenziellen) in Wärmeenergie (eine Form der kinetischen, wie wir sehen werden). Wenn wir damit Wasser zum Kochen bringen, eine Turbine mit einem Dynamo antreiben, erhalten wir daraus elektrische Energie. Die Stufen führen von weniger nützlichen zu nützlicheren Energieformen. Dabei geht keinerlei Energie verloren, aber die Umwandlung ist bei keiner Etappe vollständig. Bei der Verbrennung bleibt chemische Energie in Form von Asche liegen, wir heizen nicht nur das Wasser, sondern auch den Kessel, die Lager von Turbine und Dynamo erhitzen sich durch Reibung. Bei unserem Beispiel nennt man das die Abwärme eines Kraftwerks.

Während die kinetische Energie also eine Eigenschaft von Materie ist, ist die potenzielle Energie eine Eigenschaft des Kraftfeldes. Also eine Eigenschaft des Raumes zu einer bestimmten Zeit, so wie das Kraftfeld selbst. Und wie sie betrifft sie natürlich den Zustand eines Materieteilchens, das sich zur dieser Zeit an diesem Ort befindet. Aber auch davon lässt sich noch abstrahieren, so wie wir es bei der Abstraktion von der Kraft zum Feld kennengelernt haben. Das führt uns zu dem Begriff des Potenzials. Er erfasst den Zustand des Raumes auch dann, wenn sich an einem gegebene Raum-

Zeitpunkt keine Materie befindet. Der Begriff ist also gut gewählt: Bringt man an den Raum-Zeitpunkt Materie mit den erforderlichen Eigenschaften – elektrische Ladung im elektrischen Feld, Masse im Gravitationsfeld –, dann verwandelt sich Potenzial in potenzielle Energie. So wie sich Kraftfeld in Kraft verwandelt. Die Einheit des elektrischen Potenzials ist das Volt, die Zahl auf Ihrer Batterie ist die Potenzialdifferenz zwischen dem Plus- und dem Minuspol. In einer Röntgenröhre herrscht zwischen Anode und Kathode eine Potenzialdifferenz von mehreren Kilovolt. Wenn ein Elektron von der Kathode zur Anode wandert (oder vielmehr rast!), wird seine potenzielle Energie (Ladung mal Potenzialdifferenz) in kinetische Energie umgewandelt ($\frac{1}{2}$ mal Masse mal Geschwindigkeit zum Quadrat). Wenn es auf die Anode auftrifft, verwandelt sich diese wiederum in Röntgenstrahlung (und Wärme). So viel zum „Grundkurs Energie". Wir kommen darauf zurück, wenn wir über den umgekehrten Vorgang sprechen, den sogenannten fotoelektrischen Effekt.

Energieerhaltung

Aber nun alles zurück auf die zweite Hälfte des 19. Jahrhunderts, wo der Begriff der Energie und das Gesetz ihrer Erhaltung konkretisiert wurde. Kein Geringerer als Max Planck hat in einer Einreichung zum Preisausschreiben der Göttinger philosophischen Fakultät von 1887 den historischen Rückblick verfasst, an dem wir uns orientieren wollen [180]. Die Preisaufgabe wurde unter Bezugnahme auf Arbeiten von Thomas Young, William Thomson (alias Lord Kelvin) und Hermann von Helmholtz formuliert, über die ich noch berichten werde. Helmholtz' Artikel von 1847 war überschrieben „Ueber die Erhaltung der Kraft" [89]. Mit „Kraft" meinte Helmholtz im damaligen Sprachgebrauch, was wir heute Energie nennen. Im Ausschreibungstext wurde neben einer genauen Beschreibung der historischen Entwicklung eine physikalische Untersuchung und Verallgemeinerung des Energiebegriffs verlangt. Planck tat dies mit bewundernswerter Klarheit auf knapp 250 Seiten, von denen er fast die Hälfte der Historie widmete. Ich greife ein paar signifikante Etappen des Prozesses heraus.

Der von Helmholtz benutzte Begriff Kraft anstelle von Energie sagt schon vieles über die Begriffsverwirrung kinematischer Größen in der Geschichte der Physik. Der Ursprung ist das lateinische Wort *vis*, das in beiden Bedeutungen benutzt wurde. Aber zurück zu Plancks Rückblick. Er stellt zunächst fest, dass man den physikalischen Begriff der Energie und das Prinzip ihrer Erhaltung „als eine Errungenschaft der neueren Zeit, und in seiner präcisen, allgemeinsten Form, der allerneuesten Zeit betrachten" müsse. Das mag erstaunen – immerhin sind wir im Jahr 1887 –, hatte doch schon Galilei bei seinen Experimenten zu Statik und Dynamik eine Annäherung an die Erhaltung der Energie gefunden. Der Begriff der lebendigen Kraft, *vis viva*, waberte aber weitgehend undefiniert durch die naturphilosophische Diskussion. Eine Kontroverse zwischen dem streitlustigen Leibniz und dem Rest der Welt – hier in Gestalt von Descartes – zeigt eine nächste Etappe der Begriffsbildung. Descartes hatte unter Zuhilfenahme der Beobachtungen von Galilei das Produkt aus Masse und Geschwindigkeit als Charakteristikum der Bewegung identifiziert, also den Impuls. Im französischen Sprachraum wird der Impuls heute noch als *quantité de mouvement*, Bewegungsgröße, bezeichnet. Und in der Tat ist ja der Impuls eine weitere erhaltene Größe, etwa bei Stößen. Leibniz vertrat dagegen 1695, dass das Produkt aus Masse und dem Quadrat der Geschwindigkeit die relevante Größe sein. Er unterschied außerdem zwischen *vis mortua* (tote Kraft oder vielmehr potenzieller Energie) und *vis viva* (lebendige Kraft oder vielmehr kinetische Energie). Beide Kontrahenten stimmten hingegen überein, dass ihre jeweiligen Größen erhalten sein müssten, meinten damit aber Verschiedenes: Descartes die Impulserhaltung, Leibniz die der Energie. Und sie hatten verschiedene metaphysische Begründungen parat, Descartes aus der Theologie, Leibniz aus der Gleichheit von Ursache und Wirkung.

Newton hat die Kraft und ihre Wirkung eindeutig definiert, sich aber für andere Bewegungsgrößen nicht sonderlich interessiert. Woher die Kraft also kommt, blieb unklar, der Verlust an Bewegung durch Reibung oder Deformation wurde anstandslos hingenommen. Der physikalische Begriff von Arbeit wurde erst im beginnenden Maschinenzeitalter benötigt und dann auch prompt geklärt. Jean-Victor Poncelet (1788–1867) – schon wieder ein *polytechnicien* – hat ihn wohl zum ersten Mal unserem heutigen Verständnis entsprechend definiert, in seinem *Cours de mécanique appliquée aux machines* von 1826 [62]. James Watt prägte den Begriff der Pferdestärke (*horsepower*) zur Charakterisierung seiner Dampfmaschinen als Arbeit pro Zeiteinheit eines genormten Pferdes, also seiner mechanischen Leistung.

Der Begriff der kinetischen Energie im heutigen Sinne stammt von Thomas Young. In seinem *Course of lectures* [36, Vol. I, Lect. VIII], von dem wir schon in Zusammenhang mit der Wellenoptik berichtet haben, leitet er die Bewegungsenergie aus den Gesetzen des elastischen Stoßes ab, mit dem richtigen Faktor $\frac{1}{2}$ vor dem Produkt aus Masse und Quadrat der Geschwindigkeit. Der nächste Schritt geht wieder auf zwei *polytechniciens* zurück. Nicolas Léonard Sadi Carnot (1796–1832) wandte den Energiebegriff 1824 auf nicht mechanische Vorgänge an [59]. Die klarere Darstellung in Bezug auf die Wärme von

Körpern stammt zehn Jahre später von Benoît Paul Émile Clapeyron (1799–1864) [66]. Allerdings ging bei beiden Energie immer noch verloren:[3]

> „Es folgt daraus, dass lebendige Kraft verloren geht oder mechanische Kraft oder Wirkungsgröße, wann immer direkter Kontakt zwischen zwei Körpern verschiedener Temperatur besteht und Wärme von einem zum anderen ohne Zwischenglied übergeht…"

William Thomson war damit überhaupt nicht einverstanden. In seinem kritischen Artikel *An account of Carnot's theory of the motive power of heat* [91] schreibt er vielmehr:[4]

> „Eine perfekte thermodynamische Maschine arbeitet so, dass in welcher Höhe auch immer sie einen mechanischer Effekt aus Wärmewirkung erzielen kann, ein gleicher Wärmeeffekt erzielt wird, wenn man die Maschine rückwärts arbeiten lässt."

Da geht also nichts „verloren" bei der Umwandlung von Wärme in Arbeit und umgekehrt. Das heißt aber nicht, dass die Umwandlung vollständig sein muss.

Ausführlich beschäftigt sich Planck mit den Veröffentlichungen des Arztes Julius Robert Mayer (1814–1878). Der war zwar mehr Philosoph als Experimentator, hatte sich aber 1842 in seinen „Bemerkungen über die Kräfte der unbelebten Natur" [81] mit den Umwandlungen zwischen Wärme, Fallkraft (potenzieller Energie) und Bewegung (kinetischer Energie) beschäftigt. Die beiden Prinzipien *Ex nihilo nihil fit* und *Nil fit ad nihilum*[5] führten ihn zur Forderung nach der vollständigen Umwandelbarkeit der verschiedenen Energieformen. Aus den Messungen anderer berechnete er das sogenannte mechanische Wärmeäquivalent. Die damalige Maßeinheit von einer Calorie (heute Kilokalorie) sei in der Lage, ein Kilogramm Masse auf 365 m anzuheben. Gar nicht so weit vom heutigen Wert von 4184 J entfernt. Mayers Arbeiten standen wohl vierzig Jahre später nicht sehr hoch im Kurs. Planck verteidigt ihn [180, S. 26]:

---

[3] *Il résulte de là qu'il y a perte de force vive, de force mécanique ou de quantité d'action, toutes les fois qu'il y a contact immédiat entre deux corps de température différente, et que la chaleur passe de l'un é l'autre sans intermédiaire…*

[4] *A perfect thermo-dynamic engine is such that, whatever amount of mechanical effect it can derive from a certain thermal agency; if an equal amount be spent in working it backwards, an equal reverse thermal effect will be produced.*

[5] „Von nichts kommt nichts" und „Nichts wird zu nichts".

„Allein unumstösslich fest steht es, dass er der Erste war, der den Gedanken, welcher für unsere heutige Naturanschauung charakteristisch ist, nicht nur öffentlich ausgesprochen, sondern auch, worauf es am meisten ankommt, nach Maass und Zahl verwertet und auf alle ihm zugänglichen Naturerscheinungen im einzelnen angewendet hat."

Auch heute fällt uns beim Begriff Wärmeäquivalent vielmehr das Lebenswerk des Brauers James Prescott Joule (1818–1889) ein, nach dem konsequenterweise ja auch die Einheit der Energie benannt ist. Er hat von den frühen 1840er-Jahren an über die Umwandlung verschiedener Energieformen geforscht und mechanische und elektromagnetische Wärmeäquivalente gemessen [83, 95]. Am bekanntesten ist vielleicht sein Versuchsaufbau zur Messung des mechanischen Wärmeäquivalents, den Abb. 16.1 zeigt. Ein Gewicht fällt gebremst eine bestimmte Strecke und gibt dabei potenzielle Energie ab. Es treibt eine Rührvorrichtung an, die kinetische Energie erzeugt und ein Wasserbad erwärmt. Messung der Fallhöhe und Vergleich mit der Temperaturerhöhung des Wassers liefern das Wärmeäquivalent.

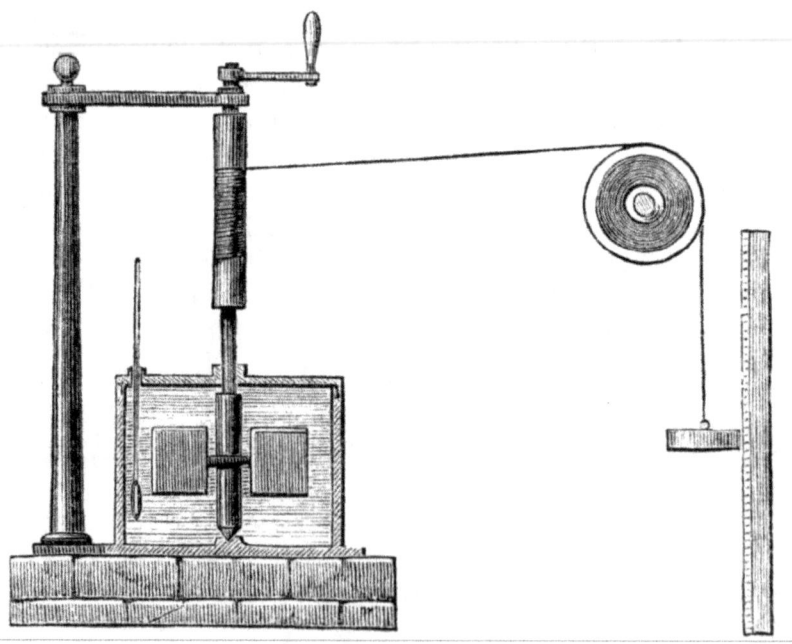

Abb. 16.1 Versuchsaufbau von James Prescott Joule zur Messung des mechanischen Wärmeäquivalents. (Bildnachweis: Wikimedia Commons)

Auch Joules Messungen fanden zunächst wenig Beachtung, ja, wurden sogar abgelehnt. Aber die Messungen verschiedener Energieäquivalente mehrten sich und es begann sich ein konsistentes Bild abzuzeichnen. In seinem Vortrag vor der Berliner Physikalischen Gesellschaft von 1847 [89] hat dann Hermann von Helmholtz die Vielzahl von Energieformen auf die zwei Grundformen vereinfacht, die wir in der Einleitung zu dieser Abschweifung schon unterschieden haben. Er nannte die kinetische Energie „lebendige Kraft", die potenzielle Energie „Spannkraft", angelehnt an die in einer Feder gespeicherte Energie. Und dabei fiel auch die Wärmeenergie unter die kinetischen, wurde also mit der Bewegungsenergie der Moleküle in Gasen, Flüssigkeiten und Festkörpern identifiziert. Die mechanische Theorie der Wärme war geboren. Auch dies war nach Planck unpopulär und ich muss zugeben, dass die Lektüre von Helmholtz' sperrigen Werken mir auch schwerfällt. Die eher populärwissenschaftlichen Vorträge von 1862/63 lesen sich da schon leichter [121].

Die weitere Ausformulierung der Thermodynamik stammt von Rudolf Clausius (1822–1888). In einem Vortrag in Zürich [124] hat er 1865 formuliert, was man heute die ersten beiden Hauptsätze der Wärmelehre nennt. Der erste Hauptsatz ist die Erhaltung der Energie, die uns schon genügend beschäftigt hat. Die Energieerhaltung erfordert, dass man die Energie eines thermischen Systems auf zwei Arten erhöhen kann: indem man ihm eine gewisse Menge Wärme zuführt oder durch Einwirkung einer Arbeit. Umgekehrt nimmt seine Energie ab, wenn dem System Wärme oder Arbeit entzogen wird.

Der zweite Hauptsatz beschäftigt sich damit, wie thermisches Gleichgewicht erreicht wird. Stellen Sie sich zwei thermische Systeme vor, die nicht die gleiche Temperatur haben. Wenn sie in Kontakt gebracht werden, wird die Wärme auf natürliche Weise von dem wärmeren auf das kältere Objekt übertragen, nicht umgekehrt. Die Wärmeübertragung wird fortgesetzt, bis beide die gleiche Temperatur erreichen. Die Temperaturen der beiden Systeme driften nicht auseinander, sondern nähern sich einer gemeinsamen Temperatur an. Beim Kontakt der beiden Systeme kann es sich um eine Vermischung, also einen Stoffaustausch, oder auch um einen nur thermischen Kontakt handeln. Das Gesetz formalisiert damit die Tatsache, dass thermische Systeme zur räumlichen Homogenität von Materie, Energie und Temperatur tendieren.

Den Piloten dieser irreversiblen Aktion hat Clausius Entropie genannt. Nach ihm nimmt diese Größe bei jedem selbstständig ablaufenden Vorgang zu. Was Entropie wirklich ist, wurde schließlich in den 1870er-Jahren vom Österreicher Ludwig Eduard Boltzmann (1844–1906) gefunden [205]. Er interpretierte die Entropie im Rahmen der statistischen Theorie der Wärme. Wenn es N verschiedene Möglichkeiten gibt, den Zustand eines Systems aus mikroskopischen Bestandteilen zu bilden, dann ist die Entropie des

Zustands proportional zum Logarithmus dieser Anzahl. Die Proportionalitätskonstante wird die Boltzmann-Konstante genannt. Die Anzahl N kann als Wahrscheinlichkeit des makroskopischen Zustands angesehen werden: Je mehr Möglichkeiten es gibt, ihn zu realisieren, desto wahrscheinlicher wird er. Dass die Entropie in Systemen steigt, wenn man sie freier Entwicklung überlässt, liegt also einfach daran, dass sie sich von weniger wahrscheinlichen zu wahrscheinlicheren Zuständen entwickeln. In isolierten Systemen ist die Entropieänderung zwischen Anfangs- und Endzustand daher immer positiv und die Entwicklung irreversibel. Wenn das System nicht isoliert ist, erhöht sich die Summe der Entropien von System und Umgebung. Daraus ergibt sich insbesondere, dass es unmöglich ist, Arbeit aus nichts zu gewinnen. Dem hatte schon 1775 die *Académie Royale* Rechnung getragen, indem sie beschloss, künftig keine Beiträge zur Konstruktion eines *perpetuum mobile* mehr anzunehmen [25].

Der dritte Hauptsatz der Thermodynamik kümmert sich schließlich um die Temperaturskala. Wenn die Temperatur des makroskopischen Systems proportional zur durchschnittlichen kinetischen Energie seiner mikroskopischen Komponenten ist, muss es ein Minimum für die Temperatur geben, völlige Erstarrung bei $T = 0$ in Temperatureinheiten von Lord Kelvin. Allerdings bedeutet dies auch, dass man sich dieser Temperatur zwar annähern kann, sie aber nicht wirklich erreicht wird. Dieses dritte Gesetz wurde 1905 vom physikalischen Chemiker Walter Nernst (1864–1941) formuliert [498].

Wärmestrahlung

Und das bringt uns zurück zu unserem Thema, dem Licht. Wenn nämlich Licht Materie erwärmen kann, und das demonstriert uns die Sonne jeden Tag, dann muss auch dem Licht Energie eigen sein. Die Wechselwirkung zwischen Materie und Licht hatte schon Herschel im Zusammenhang mit seiner Entdeckung der infraroten Strahlung im Jahr 1800 zur kinetische Theorie der Wärme geführt [31]:[6]

> „...wie auch immer Strahlung hervorgerufen wird, wird im Folgenden vollständig bewiesen werden, dass die Evidenz, dass Strahlen oder Schwingungen

---

[6]*For, in what manner soever this radiance may be effected, it will be fully proved hereafter, that the evidence, either for rays, or for vibrations which occasion heat, stands on the same foundation on which the radiance of the illuminating principle, light, stands.*

Wärme auslösen, auf dem gleichen Fundament steht wie die Strahlung des beleuchtenden Prinzips, Licht, selbst."

Analoge Überlegungen hatten Sadi Carnot dazu geführt, die damals noch nicht gänzlich verschwundene Theorie der Wärme als unzerstörbare Flüssigkeit lächerlich zu finden. Er schrieb 1824 [59]:[7]

> „Es soll uns erlaubt sein, hier eine Hypothese aufzustellen über die Natur der Wärme.
> Man betrachtet heute generell das Licht als das Resultat einer Schwingungsbewegung der Ätherflüssigkeit. Das Licht erzeugt Wärme oder begleitet wenigstens die Wärmestrahlung und bewegt sich mit der gleichen Geschwindigkeit. Die Wärmestrahlung ist also eine Schwingungsbewegung. Es wäre lächerlich anzunehmen, dass sie eine Emission von Materie ist, während das sie begleitende Licht nur eine Bewegung sei.
> Kann eine Bewegung (diejenige der Wärmestrahlung) einen Körper produzieren (das *calorique*)?
> Nein, sie kann ohne Zweifel nur eine Bewegung hervorrufen. Die Wärme ist also das Resultat einer Bewegung."

Auch Ampère hatte in den 1830er-Jahren die Wechselwirkung zwischen Licht und Materie umgetrieben [64, 71]. William Thomson (alias Lord Kelvin) griff diese Gedanken 1853 wieder auf und argumentiert, dass, wenn die Wärme von Materie auf Bewegung beruht und man sie durch Licht übertragen kann, es eine Wechselwirkung zwischen den Schwingungen des Äthers und denen der „ponderablen Moleküle" geben müsse [105]. In seiner mechanistischen Wärmetheorie von 1892 [102] vertiefte er diese Überlegungen. Und dachte auch gleich nach über die Beziehung zur belebten Natur und die für Menschen nutzbaren Energiequellen.

Der Befund ist schnell zusammengefasst. Die Energie der „ponderablen Moleküle" ist nicht für alle gleich, vielmehr folgt sie einer Verteilung. In einem klassischen idealen Gas mit massiven Teilchen ist dies die Maxwell-Boltzmann-Verteilung. Das Gleichgewicht wird durch die Teilchen selbst hergestellt: Sie kollidieren miteinander und tauschen dabei Energie und

---

[7] *Qu'il nous soit permis de faire ici une hypothèse sur la nature de la chaleur. On regarde aujourd'hui généralement la lumière comme le résultat d'un mouvement de vibration du fluide éthéré. La lumière produit de la chaleur ou, au moins, elle accompagne la chaleur rayonnante, et se meut avec la même vitesse qu'elle. La chaleur rayonnante est donc un mouvement de vibration. Il serait ridicule de supposer que c'est une émission de corps, tandis que la lumière qui l'accompagne ne serait qu'un mouvement. Un mouvement (celui de la chaleur rayonnante) pourrait-il produire un corps (le calorique)? Non, sans doute, il ne peut produire qu'un mouvement. La chaleur est donc le résultat d'un mouvement.*

Impuls aus. Maxwell [117, 118] hatte seine Ableitung der Energieverteilung auf einen Newton'schen Ansatz zur kinetischen Theorie gestützt. Ludwig Boltzmann [150, 157] gab ihm eine solide Grundlage in der statistischen Thermodynamik. Die Maxwell-Boltzmann-Verteilung ist eine Näherung für allgemeinere Verteilungen bei hohen Temperaturen und niedrigen Dichten. Varianten gelten für Teilchen mit zusätzlichen Freiheitsgraden wie z. B. Spin.

Ein weiteres Mitglied der Familie der Gleichgewichtsverteilungen ist das Planck'sche Gesetz der Schwarzkörper- oder Hohlraumstrahlung, ein Sonderfall für Teilchen, die überhaupt nicht miteinander, sondern nur mit den Wänden wechselwirken. Seine Ableitung durch Planck und seine Verbindung durch Einstein mit der Wechselwirkung zwischen Licht und Materie lösten die Quantenrevolution des ersten Jahrzehnts des 20. Jahrhunderts aus. Um das zu verstehen, müssen wir erst einmal klären, was ein idealer schwarzer Körper ist und was das mit Licht zu tun hat.

Ein schwarzer Körper ist ein ideales Objekt, das alles Licht aussendet und absorbiert, also elektromagnetische Strahlung in allen Frequenzbereichen. Die entsprechende Strahlung ist tatsächlich ein perfektes Beispiel für ein thermodynamisches System. Erste experimentelle Ansätze zur Messung der Energieverteilung dieser Strahlung im Infrarotbereich für realistische Temperaturen nutzten aufgeraute oder geschwärzte Metalloberflächen, um zumindest annähernd einen schwarzen Körper zu realisieren. Später wurde erkannt, dass jeder Hohlraum mit fester Temperatur, der für elektromagnetische Strahlung undurchdringlich ist, Licht mit dem Spektrum eines schwarzen Körpers enthält. Gustav Kirchhoff schrieb 1860 [116]: „Wenn ein Raum von Körpern gleicher Temperatur umschlossen ist, und durch diese Körper keine Strahlen hindurchdringen können, so ist ein jedes Strahlenbündel in Innern des Raumes seiner Qualität und Intensität nach gerade so beschaffen, als ob es von einem vollkommen schwarzen Körper derselben Temperatur herkäme, ist also unabhängig von der Beschaffenheit und Gestalt der Körper und nur durch die Temperatur bedingt." Diese Aussage bedeutet, dass die Strahlung eines schwarzen Körpers ein Gas aus Licht ist, dessen Temperatur durch die der Wände bestimmt wird.

Ein solcher schwarzer Hohlraumstrahler wurde Ende der 1890er-Jahre von Otto Lummer (1860–1925), Ferdinand Kurlbaum (1857–1927) und Ernst Pringsheim senior (1859–1917) an der Physikalisch-Technischen Reichsanstalt (PTR, heute Bundesanstalt, PTB) in Berlin erfolgreich untersucht. Er bestand aus einem elektrisch beheizten Platinzylinder, der innen geschwärzt war,[8] eingeschlossen in einem zweiten Isolierzylinder. Strahlung konnte den schwarzen Körper durch Membranen am Ende der Zylinder verlassen. Ihre Intensität als Funktion der Wellenlänge wurde gemessen.

Ein Detektor für ein weites Spektrum von Licht, das sogenannte Bolometer, wurde 1878 vom amerikanischen Astronomen Samuel P. Langley (1834–1906) erfunden. Es handelt sich im Wesentlichen um ein sehr empfindliches Kalorimeter, also ein Messgerät für Wärme. Der empfindliche Teil besteht aus einem dünnen Metallstreifen mit geringer Wärmekapazität wie Platin, sodass er bei geringer Strahlungsintensität möglichst stark erwärmt wird. Seine Temperatur wird über seinen elektrischen Widerstand gemessen. Bei der PTR verfeinerten Lummer und Kurlbaum [193] das Bolometer so weit, dass es eine beeindruckende Auflösung und Stabilität aufwies und in der Lage war, Temperaturunterschiede von 10^{-7} Grad zu messen. Die spektroskopische Trennung der Wellenlängen wurde mit speziellen Prismen und Linsen aus Halit, Fluorit und Sylvin erreicht, die Licht effizient bis zu Wellenlängen im fernen Infrarot übertragen. Kombiniert mit einem Bolometer mit schmalem empfindlichen Streifen erhält man so ein Spektrobolometer, mit dem sich Präzisionsmessungen des Schwarzkörperspektrums bis zu hohen Temperaturen durchführen lassen.

Im Jahr 1893 leitete Wilhelm Wien (1864–1928) ein erstes Gesetz für das Spektrum eines schwarzen Körpers [199] ab, also für die Strahlungsleistung pro emittierender Fläche, Raumwinkel und Frequenzbereich. Aus thermodynamischen Überlegungen schloss er, dass die Wellenlänge im Maximum des Spektrums linear von der Temperatur abhängt. Diese Beziehung wird Wien'sches Verschiebungsgesetz genannt. Wien erhielt für seine Beiträge 1911 den Nobelpreis für Physik. Lummer wurde mehrfach vorgeschlagen, erhielt aber keine Auszeichnung.

Lummer und Pringsheim [218] fanden an der PTR heraus, dass das Wien'sche Gesetz zwar recht gut zu ihrem beobachteten Spektrum zwischen $T \simeq 800\,\mathrm{K}$ und $1400\,\mathrm{K}$ und Wellenlängen zwischen $1\mu m$ und $6\mu m$ passte, es gab aber auch systematische Abweichungen. Durch die Vergrößerung des Temperaturbereichs bis auf $1650\,\mathrm{K}$ und des Wellenlängenbereichs auf $83\mu m$ verschwanden die Abweichungen nicht [219]. Abb. 16.2 zeigt diese Ergebnisse. Das beobachtete Spektrum liegt systematisch über dem Wien'schen Gesetz

---

[8]Schwarze Oberflächen wurden damals durch die Verwendung von Kohlenstoffpigmenten erhalten, typischerweise Ruß aus Öllampen. Moderne Technologie auf Basis von Kohlenstoff-Nanoröhren erreicht einen Rekord im Absorptionsvermögen von 99,995 % im Bereich von ultravioletten bis zu Terahertzfrequenzen [572].

für lange Wellenlängen und hohe Temperaturen. Am anderen Ende, im sichtbaren und nahen Infrarotbereich und für niedrige Temperaturen, stützten dagegen Daten von Friedrich Paschen (1865–1947) das Wien'sche Gesetz [216, 220, 228].

Was erst wie eine kleine Abweichung von einem etablierten Gesetz aussah, bekam durch Fortschritte in der experimentellen Technik neue Dringlichkeit. Ein experimenteller Durchbruch gelang im Jahr 1900 [269], als Lummer und Pringsheim ein Sylvinprisma (Kaliumchlorid KCl) einsetzten. Sie erweiterten den Wellenlängenbereich ihrer Experimente auf Temperaturen über

Abb. 16.2 Die spektrale Leistungsdichte eines schwarzen Körpers als Funktion der Wellenlänge für verschiedene Temperaturen [219]. Die gemessenen Werte von Lummer und Pringsheim (durchgezogene Kurve) werden verglichen mit dem Wien'schen Gesetz (gestrichelte Kurve). Bei großen Wellenlängen und hohen Temperaturen gibt es systematische Abweichungen. (Bildnachweis: Verhandlungen der DPG, 1899)

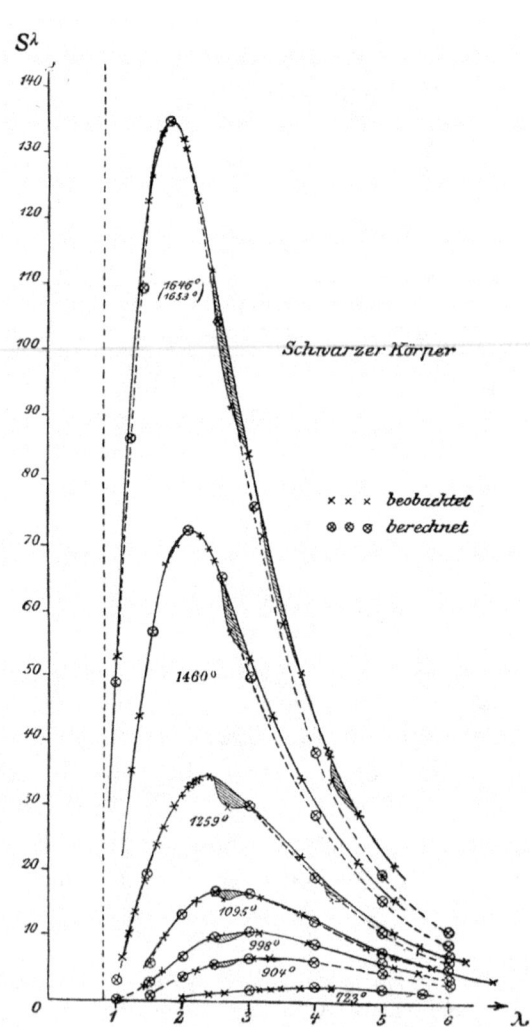

1770 K [223] und große Wellenlängen zunächst auf 12 bis 18 μm und mithilfe eines neuen Verfahrens von Heinrich Rubens (1865–1922) auf über 50 μm [229]. In der Zwischenzeit hatte Lord Rayleigh [226] ad hoc eine heuristische Modifikation des Wien'schen Gesetzes vorgeschlagen. Sie verlangte, dass die spektrale Strahlungsdichte bei langen Wellenlängen proportional zur Temperatur sei. Dies stimmte mit den Ergebnissen zur Hohlraumstrahlung überein.

Zu Beginn des 20. Jahrhunderts identifizierte Lord Kelvin zwei „Wolken", die über der Wärmetheorie schwebten [232], wie im Eingangsmotto dieses Kapitels zitiert. Als Erste nannte er den Gegensatz zwischen der Wellentheorie des Lichts und der Nichtexistenz des Äthers. Diese erste Wolke wurde 1905 von Einstein in seiner Relativitätstheorie beseitigt, wir haben im Abschn. 13 darüber gesprochen. Kelvins zweite Wolke war die „Doktrin bezüglich der Verteilung der Energie", also die Abweichung vom Wien'schen Gesetz. Dieses Problem wurde im gleichen Zeitraum von Max Planck und Albert Einstein behandelt. Die Lösung lag in der Hypothese, dass Licht in kleine Paketchen aufgeteilt ist, die Planck Quanten nannte, als Plural von Quantum. Und dazu kommen wir jetzt.

17

Lichtquanten

*Ende des 17. Jahrhunderts traten die Wellentheorie von HUYGENS und die
Korpuskulartheorie von NEWTON in Konkurrenz. Im 18. Jahrhundert herrschte
die Korpuskulartheorie. Der Anfang des 19. Jahrhunderts brachte durch die
Interferenzversuche von THOMAS YOUNG den Sieg der Wellentheorie. Aber am
Anfang des 20. Jahrhunderts erlebte die Korpuskulartheorie eine Wiedergeburt
durch die Arbeit von EINSTEIN [239]. Diese Arbeit ist viel radikaler als die aus
dem gleichen Jahr stammende Relativitätstheorie. Während letztere die klassische
Physik krönte, hat jene sie revolutioniert.*

Arnold Sommerfeld, 1943 [319, Bd. IV, S. 69]

Das 20. Jahrhundert brach an. Der Kolonialismus erreichte seine schlimmsten
Auswüchse in Afrika und Asien. Der belgische König Leopold II. verwaltete
den sogenannten Kongo-Freistaat wie seinen Privatbesitz, mithilfe von Kon-
zessionsgesellschaften wie der *Société générale de Belgique*. Ungeheure Grau-
samkeiten bei der Kautschuk-Gewinnung durch Sklaverei und Zwangsarbeit
lösten eine internationale Welle der Empörung auf. Die europäischen Groß-
mächte teilten Afrika praktisch unter sich auf, Großbritannien und Frankreich
sicherten sich den Löwenanteil. In der Kolonie „Deutsch Südwestafrika", dem
heutigen Namibia, begingen Truppen bei der Niederschlagung eines Aufstan-
des Völkermord an den einheimischen Hereros und Nama. Internationale
Truppen unter deutscher und amerikanischer Führung – darunter auch einer
meiner Großväter – schlugen den sogenannten Boxeraufstand in China blutig
nieder und sicherten europäischen Großmächten den Zugang zu chinesischen
Häfen. Im August 1911 wird da Vincis Gemälde *La Gioconda* aus dem Louvre

© Der/die Autor(en), exklusiv lizenziert an Springer-Verlag GmbH, DE,
ein Teil von Springer Nature 2025
M. Pohl, *Licht*, https://doi.org/10.1007/978-3-662-70486-8_17

gestohlen. Im April 1912 kollidiert die *Titanic* auf ihrer Jungfernfahrt mit einem Eisberg und sinkt. Krisen in Nordafrika und im Balkan verstärkten die Spannungen zwischen den europäischen Großmächten, die in den Ersten Weltkrieg von 1914 bis 1918 mündeten. Im Russisch-Japanischen Krieg um die Vormachtstellung in der Mandschurei und Korea erlitt das Zarenreich eine demütigende Niederlage, die zu den Auslösern der Revolution von 1917 gehörte. Der Imperialismus teilte die Welt in Einflussbereiche mächtiger Staaten auf.

Gleichzeitig erlebten Wissenschaft und Technologie einen atemberaubenden Fortschritt. Wärmekraftmaschinen wie der Ottomotor und der Dieselmotor profitierten vom besseren Verständnis der Thermodynamik. Bei der Weltausstellung von 1900 in Paris erhielt Rudolf Diesels (1858–1913) Erfindung den *Grand Prix*, ab 1902 wird das erste Mercedes-Automobil vermarktet. In den USA erfand Henry Ford (1863–1947) die Fertigung am Fließband, 1908 wurde mit dem Ford Model T das Automobil massentauglich. In Wuppertal nahm 1901 die Schwebebahn ihren Betrieb auf. 1903 fand die erste *Tour de France* statt. 1900 startete das erste lenkbare Luftschiff, der Zeppelin LZ1, zu seinem Jungfernflug über dem Bodensee. Die ersten motorgetriebenen Flugzeuge der Gebrüder Wright in den USA (1903) und von Alberto Santos-Dumont in Frankreich (1906) hoben sich in die Lüfte.

In der Kunst erreichte die Bewegung des *Art Nouveau* zu Beginn des Jahrhunderts ihren Höhepunkt. Viele Gebäude in Brüssel und die historischen Metro-Eingänge in Paris zeugen noch heute von diesem Stil in Architektur und Gebrauchskunst. Pablo Ruiz Picasso (1881–1973) schuf die Werke seiner sogenannten blauen und rosa Perioden, ab 1906 begründete er mit Georges Braque (1882–1963) den Kubismus. Wie die bildende Kunst experimentierte die literarische Moderne in ihren vielen Strömungen wie Impressionismus, Expressionismus und Avantgarde mit neuen Methoden des sprachlichen Ausdrucks, vielfach in Ablehnung gesellschaftlicher Normen. Die Gedichte von Rainer Maria Rilke und Stefan George, die Romane und Dramen von Arthur Schnitzler oder Hugo von Hofmannsthal sind Beispiele für die sich entwickelnde Vielfalt der Stilmittel. Von 1913 an veröffentlichte Marcel Proust (1871–1922) sein Monumentalwerk *A la recherche du temps perdu* auf eigene Kosten bei Grasset. In der Musik wurden Werke von Sergej Rachmaninov, Maurice Ravel und Gustav Mahler uraufgeführt. 1905 das berühmte Stück *La mer* von Claude Debussy (1862–1918), das zunächst eine kühle Aufnahme fand, im gleichen Jahr veröffentlicht mit der ebenso berühmten Tsunami-Welle von Katsushika Hokusai auf dem Titelblatt. Dank der Erfindung elektromechanischer Klaviere wie dem Pianola haben Kompositionen wie Scott Joplins (1868–1917) Rag *The Entertainer* (und später George Gershwins

Piano Rolls) quasi im Original überlebt. Fußball eroberte von England aus den Kontinent. Der VfB Leipzig wurde in der Saison 1902/03 der erste deutsche Fußballmeister.

Während die im vorigen Kapitel geschilderten experimentellen Fortschritte bei der Erforschung der Wärmestrahlung erreicht wurden, verfolgte Max Planck (1858–1947) ein völlig anderes, eher fundamentalistisches wissenschaftliches Programm. In einem Artikel, der den kurvenreichen Weg zu seinem Strahlungsgesetz [318] beschreibt, heißt es: „Was mich an der Physik immer interessiert hat, waren die großen universellen Gesetze, die für alle natürlichen Prozesse wichtig sind, unabhängig von deren Eigenschaften". Er interessierte sich besonders für die Grundlagen der Thermodynamik. Hier war er nach eigener Einschätzung von den Schriften von Clausius inspiriert „aufgrund ihrer hervorragenden Klarheit und Überzeugungskraft in der Sprache". Entropie wurde so zum Thema seiner Dissertation [162] in München im Jahr 1879. Nach einem ersten Ruf nach Kiel wurde er 1889 zum Nachfolger von Kirchhoff an der Friedrich-Wilhelms-Universität in Berlin ernannt. Ab 1895 veröffentlichte er in den Berichten der Berliner Akademie eine Reihe von Aufsätzen, die den Fortschritt seiner Arbeit dokumentierten. Ziel war es, den zweiten Hauptsatz der Thermodynamik auf der Grundlage der kinetischen Wärmetheorie zu beweisen, ohne statistische Argumente zur Hilfe zu nehmen. Plancks Arbeitsmodell war ein schwarzer Hohlraum gefüllt mit einem harmonischen Oszillator. Mit diesem Modell gelang es ihm, Wiens Spektralverteilung abzuleiten, die weiteren Fortschritte waren jedoch begrenzt. Als er von Lummers und Pringsheims Erkenntnissen über Abweichungen vom Wien'schen Strahlungsgesetz erfuhr und Rubens ihm vom langwelligen Verhalten der Schwarzkörperstrahlung berichtete, näherte er sich dem Problem erneut, diesmal beginnend mit der Entropie.

Allerdings verlangte sein neuer Ansatz, dass er seine bisherige Abneigung gegen die statistische Thermodynamik überwinden und Boltzmanns Ansatz verwenden musste. Also die Entropie formulieren als Maß für die Wahrscheinlichkeit eines makroskopischen Zustands anhand mikroskopischer Bestandteile, „da sich kein anderer Ausweg bot" [318]. Statt nur eines Oszillators innerhalb des Hohlraums stützte er seine Berechnung nun auf eine große Anzahl n von Oszillatoren. Die innere Energie wird dann ebenfalls in p gleiche Teile ϵ zerlegt. Die Anzahl der Mikrozustände, die den makroskopischen Zustand bilden, ergibt sich dann aus der Kombination von n und p. Aus der Boltzmann'schen Konstante und der Lichtgeschwindigkeit erhält man die Energiepaketchen zu $\epsilon = h\nu$, proportional zur Lichtfrequenz ν. Die Planck'sche Konstante h hat die Dimension eines Produkts aus Energie und

Zeit (oder Impuls und Länge), er nannte sie daher ein Wirkungsquantum. Die Energie der Strahlung in einem schwarzen Körper ist also nicht kontinuierlich, sondern wird in winzigen Anteilen proportional zur Frequenz der Strahlung quantisiert.

Das so erhaltene Strahlungsgesetz interpolierte erfolgreich zwischen Wiens Näherung und Rayleighs Vermutung und beschrieb die experimentellen Ergebnisse ausgezeichnet. Dieses Ergebnis teilte Planck Rubens noch am selben Tag auf einer Postkarte mit [269]. Er präsentierte seine Ergebnisse im Dezember 1900 der Deutschen Physikalischen Gesellschaft [225], wie im Protokoll ihrer Sitzung vermerkt ist, das Abb. 17.1 zeigt. Der zugehörige Artikel wurde 1901 veröffentlicht [233].

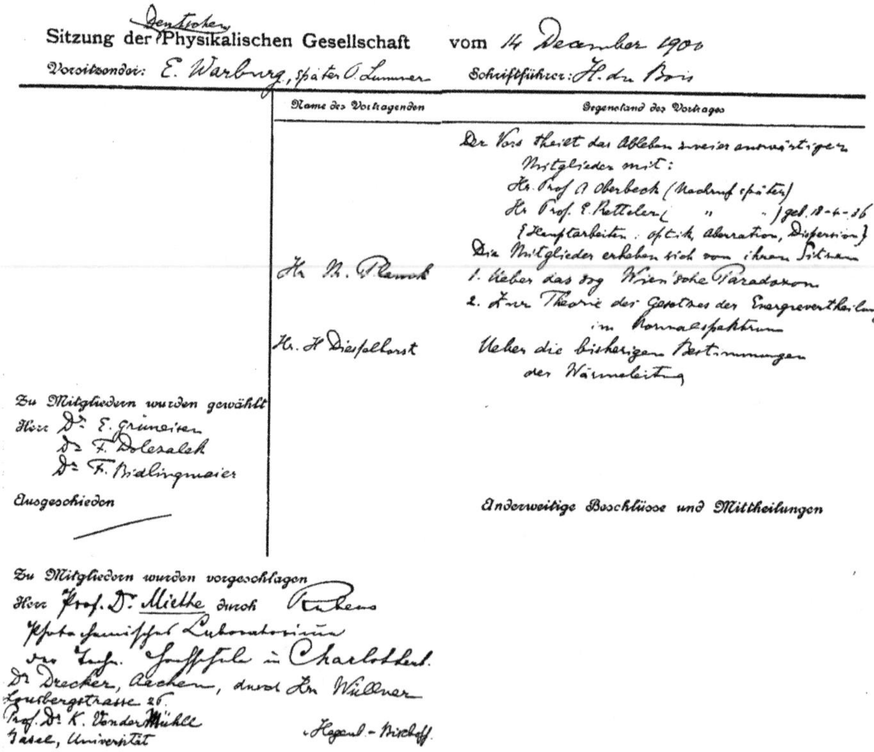

Sitzung der Deutschen Physikalischen Gesellschaft vom 14 December 1900
Vorsitzender: E. Warburg, später O. Lummer — Schriftführer: H. du Bois

	Name des Vortragenden	Gegenstand des Vortrages
		Der Vors. theilt das Ableben zweier auswärtiger Mitglieder mit: Hr. Prof. A. Oberbeck (Nachruf später) Hr. Prof. E. Ketteler (" ") {Hauptarbeiten: Optik, Aberration, Dispersion} Die Mitglieder erheben sich von ihren Sitzen
	Hr. M. Planck	1. Ueber das sog. Wien'sche Paradoxon 2. Zur Theorie des Gesetzes der Energievertheilung im Normalspektrum
	Hr. H. Diesselhorst	Ueber die bisherigen Bestimmungen der Wärmeleitung
Zu Mitgliedern wurden gewählt Herr Dr. E. Grüneisen, Dr. F. Dolezalek, Dr. F. Bidlingmaier		
Ausgeschieden		Anderweitige Beschlüsse und Mittheilungen

Zu Mitgliedern wurden vorgeschlagen
Herr Prof. Dr. Miethe durch Rubens
Photochemisches Laboratorium der Techn. Hochschule in Charlottenburg.
Dr. Drecker, Aachen, durch Hn Wüllner
Lousbergstrasse 26.
Prof. Dr. K. VonderMühll
Basel, Universität — Hagenb.-Bischoff.

Abb. 17.1 Kopie des Protokolls der Sitzung der Deutschen Physikalischen Gesellschaft vom 14. Dezember 1900 [466]. Es verzeichnet zwei Beiträge von Max Planck, „Über das sog. Wien'sche Paradoxon" und „Zur Theorie des Gesetzes der Energieverteilung im Normalspektrum". (Bildnachweis: Archiv der Deutschen Physikalischen Gesellschaft, Signatur 10008)

Dies markiert die Geburtsstunde der Quantenphysik. Arnold Sommerfeld [275, S. 36] schrieb im Nachhinein: „Die Quantentheorie ist ein Produkt des 20. Jahrhunderts. Sie erwachte am 14. Dezember 1900 zum Leben". Doch laut dem Historiker Helge Kragh [469] „schien niemand davon Notiz zu nehmen, dass es im Dezember 1900 zu einer Revolution in der Physik kam". Die wahre Bedeutung der Energiequantisierung kam erst mit Einsteins Interpretation des fotoelektrischen Effekts ans Licht, der die Strahlung des schwarzen Körpers mit der Wechselwirkung zwischen Licht und Materie verknüpfte.

Fotoelektrischer Effekt

Um das zu verstehen, müssen wir in der Zeit ein wenig zurückgehen, auf die Entdeckung J.J. Thomsons, dass Kathodenstrahlen Elektronen sind. Ich habe am Ende von Kap. 12 schon erwähnt, dass Thomson sofort überzeugt war, dass Elektronen in jedem Material enthalten sein müssen Kap. 12. Er vermutete dies, da Kathodenstrahlen in seinen Röhren emittiert wurden unabhängig vom Kathodenmaterial oder der Beschaffenheit des Restgases. Den überzeugenden Beweis erbrachte die experimentelle Untersuchung direkter Wechselwirkungen zwischen Licht und Atomelektronen, des fotoelektrischen Effekts.[1] Während seiner Experimente mit elektromagnetischen Wellen hatte Heinrich Hertz bereits festgestellt, dass die Intensität der Funken in seinem Sender im Dunkeln schwächer und bei Beleuchtung stärker war [177]. Sein Assistent Wilhelm Hallwachs beobachtete, dass die Fokussierung von ultraviolettem Licht auf eine mit einer Batterie verbundene Zinkplatte einen Stromfluss verursachte [181]. Er verwendete unterschiedlich vorgeladene Platten und kam zu dem Schluss, dass die Platten negative Ladungen emittierten. J.J. Thomson zeigte schließlich 1899, dass es sich dabei um die gleichen „Korpuskeln" handelte, die er entdeckt hatte [221]: Licht stimuliert die Emission von Elektronen. Philipp Lenard knüpfte an diese Experimente an und verwendete eine leistungsstarke Bogenlampe, um Licht unterschiedlicher Intensität zu erzeugen [234].

Der Versuchsaufbau, mit dem damals der fotoelektrische Effekt untersucht wurde, ist in Abb. 17.2 skizziert. Er besteht aus einer Entladungsröhre mit einem Quarzfenster, das UV-Licht einer Bogenlampe durchlässt, sodass es auf die metallische Kathode trifft. Dadurch fließt ein Strom, wenn die Energie der

---

[1]Eine ausführlichere Geschichte der fotoelektrischen Emission finden Sie z. B. in [442].

Abb. 17.2 Schematischer Versuchsaufbau zum Studium des fotoelektrischen Effekts

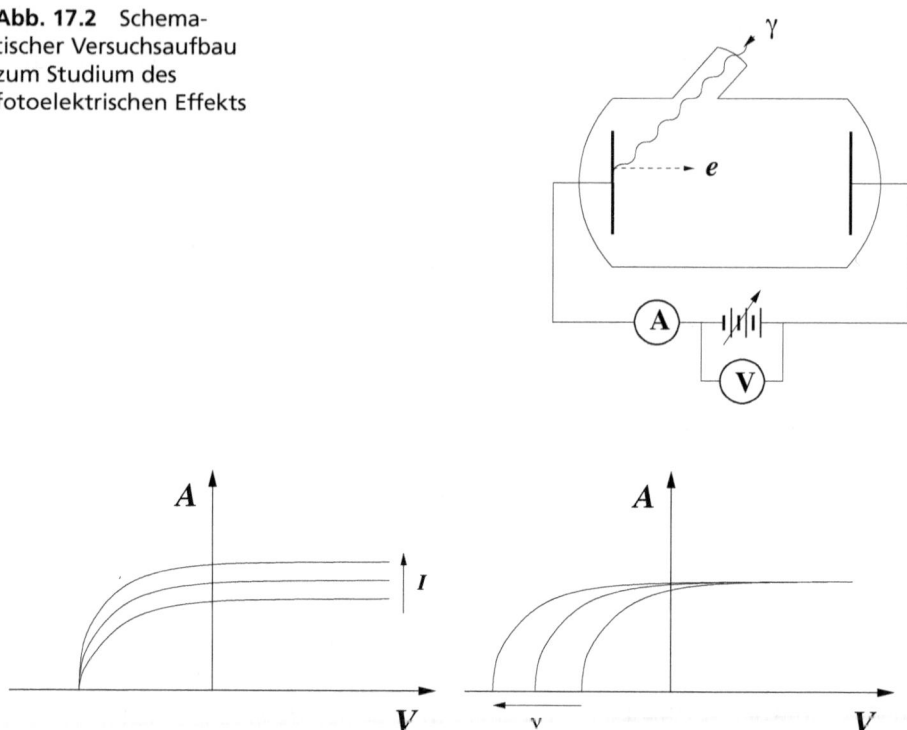

Abb. 17.3 Links: Kathodenstrom in Abhängigkeit von der Anodenspannung V für verschiedene Lichtintensitäten I. Rechts: Kathodenstrom A in Abhängigkeit von der Anodenspannung V für verschiedene Lichtfrequenzen ν

durch das Licht freigesetzten Elektronen ausreicht, um die Anode zu erreichen. Die Spannung zwischen Kathode und Anode kann sowohl positiv als auch negativ reguliert werden.

Wenn die Spannung negativ ist, bremst die Anode Elektronen durch elektrostatische Abstoßung. Ab einer bestimmten negativen Stoppspannung fließt also kein Strom mehr. In diesem Fall ist die Differenz der potenziellen Energie zwischen Kathode und Anode gerade gleich der kinetischen Energie der von der Kathode freigesetzten Elektronen. Bei positiven Spannungen erreicht der Fotostrom schnell die Sättigung.

Zur generellen Überraschung stieg aber der Sättigungsstrom, wenn die Lichtintensität erhöht wurde. Die Stoppspannung ändert sich jedoch nicht, wie schematisch im linken Diagramm von Abb. 17.3 dargestellt. Die kinetische Energie der Elektronen ist somit unabhängig von der Lichtintensität. Dagegen werden mehr Elektronen emittiert, wenn die Lichtintensität wächst.

Die Stoppspannung ändert sich nur, wenn die Frequenz des Lichts variiert wird, wie im rechten Diagramm von Abb. 17.3. Sie ist tatsächlich proportional zu dieser Frequenz oder umgekehrt proportional zur Wellenlänge. Je kürzer die Wellenlänge, desto höher ist die kinetische Energie der freigesetzten Elektronen. Außerdem gibt es eine maximale Wellenlänge, oberhalb derer unabhängig von der Spannung kein Strom mehr fließt. Dies kann mit klassischer Elektrodynamik nicht verstanden werden. Dort ist die Energie einer elektromagnetischen Welle proportional zu ihrer Intensität, also sollte das Gegenteil passieren: Die kinetische Energie herausgeschleuderter Elektronen sollte proportional zur Lichtintensität sein, die Wellenlänge sollte keinen Einfluss haben. Um das Phänomen zu verstehen, muss man den Lichtstrahl als eine Ansammlung von Teilchen, Photonen, betrachten, jedes mit seiner eigenen festen Energie. Genau das tat Albert Einstein in seiner Arbeit „Über einen die Erzeugung und Verwandlung des Lichts betreffenden heuristischen Gesichtspunkt" [239] aus seinem „Wunderjahr" 1905.[2] Allerdings verwandte er den Begriff Photon nicht.

Um den „heuristischen Gesichtspunkt" zu verstehen, bietet sich ein Gedankenexperiment mit einem einzelnen Elektron an. Wir beschleunigen es in einer Röntgenröhre, an der eine Spannung von 10 kV anliegt.[3] Wenn wir die Austrittsarbeit aus der Kathode vernachlässigen, dann hat das Elektron bei seiner Ankunft auf der Anode eine Energie von etwa 1.6×10^{-15} J. Es wird abrupt abgebremst und sendet Licht mit einer Frequenz von etwa $2{,}4 \times 10^{18}$ Hz aus. Unser Elektron hat eine Punktquelle erzeugt. Wieder haben wir Verluste durch die Erwärmung der Anode vernachlässigt. Die Wellenlänge des Lichts ist damit etwa 0,12 nm, also im Bereich der Röntgenstrahlung, wie zu erwarten war. Wir lassen nun dieses Licht auf die Kathode einer Röhre zum Nachweis des fotoelektrischen Effekt fallen, so wie in Abb. 17.2. Aus dieser tritt dann wieder ein Elektron aus. Nun gibt es zwei Möglichkeiten:

- Nach Maxwells Wellentheorie hat das Licht die Röntgenröhre in etwa sphärisch verteilt verlassen. Wir vernachlässigen die Anisotropie, die Sommerfeld berechnet hat. Die verfügbare Energie verteilt sich dann auf einer Kugeloberfläche, die mit Lichtgeschwindigkeit wächst. Auf der Kathode

---

[2] Sie finden hier nicht viel zu Einsteins Leben und Werk, aus Gründen, die ich schon erläutert habe (Stichwort: Eulen nach Athen tragen). Für mich bleibt die definitive wissenschaftliche Biografie die von Abraham Pais [403].

[3] Die damaligen Experimente wurden mit Bogenlampen oder Funkenstrecken als Lichtquellen durchgeführt. Ich finde aber ein Gedankenexperiment mit Bremsstrahlung und dem umgekehrten Fotoeffekt didaktisch zielführender. Schon 1900 war von Pierre Curie und George Sagnac gezeigt worden, dass auch Röntgenlicht den Fotoeffekt auslöst [224].

unseres Fotoeffektexperiments kommt nur ein kleiner Bruchteil an, der dazu noch mit dem Abstand der beiden Röhren quadratisch abnimmt. Das durch fotoelektrischen Effekt ausgelöste Elektron hat also eine Energie, die deutlich unterhalb der Endenergie des Elektrons in der Röntgenröhre liegt. Es wird mit einer Spannung weit unterhalb von 10 kV davon abgehalten, die Anode zu erreichen.

- Nach Plancks Quantenhypothese erzeugt das Elektron in der Röntgenröhre ein einzelnes Lichtquant mit (ungefähr) der Energie des Elektrons. Dieses Quant trifft auf die Kathode des Fotoeffektexperiments auf und schlägt aus ihr ein Elektron mit wiederum (ungefähr) derselben Energie heraus. In diesem Fall brauchen wir also eine Sperrspannung von knapp 10 kV, damit kein Strom fließt. Allerdings tritt ein Strompuls nur auf, wenn das Lichtquant die Kathode trifft. Die Wahrscheinlichkeit dafür folgt der Sommerfeld'schen Intensitätsverteilung.

Nur die Quantenhypothese stimmt mit den experimentellen Ergebnissen, also der Erfahrung, überein.

Einsteins heuristisches Argument beginnt dagegen mit der Hohlraumstrahlung. Wenn das Licht im Hohlraum eines schwarzen Körpers nicht mit sich selbst wechselwirken kann, muss es die Reflexion an den Wänden sein, die das thermische Gleichgewicht herstellt. Nach dem Planck'schen Gesetz liegt die im Licht gespeicherte Energie in Quanten vor, also in winzigen Portionen, die gezählt werden können. In Einsteins Worten [239]: „Nach der hier ins Auge zu fassenden Annahme ist bei Ausbreitung eines von einem Punkte ausgehenden Lichtstrahles die Energie nicht kontinuierlich auf größer und größer werdende Räume verteilt, sondern es besteht dieselbe aus einer endlichen Zahl von in Raumpunkten lokalisierten Energiequanten, welche sich bewegen, ohne sich zu teilen und nur als Ganzes absorbiert und erzeugt werden können". Das bedeutet, dass die Atome in den Wänden nur Quanten einer bestimmten Energie aussenden oder absorbieren können. In seiner bahnbrechenden Arbeit demonstriert Einstein zunächst das Planck'sche Strahlungsgesetz auf der Grundlage dieser Annahme. Anschließend stellt er die Verbindung zum fotoelektrischen Effekt her. Dort gilt das gleiche Prinzip: „In die oberflächliche Schicht des Körpers dringen Energiequanten ein, und deren Energie verwandelt sich wenigstens zum Teil in kinetische Energie von Elektronen". Dies erklärt offensichtlich, warum die Energie der durch fotoelektrischen Effekt emittierten Kathodenstrahlen proportional ist zur Frequenz des auf die Kathode scheinenden Lichts. Bis auf die Bindungsenergie der Elektronen in ihrem Atom muss die gesamte Energie eines Quantums in kinetische Energie umgewandelt werden. Die Quantisierungshypothese erklärt auch, warum der

Strom in der Kathodenstrahlröhre mit der Lichtintensität zunimmt: Mehr Quanten lösen mehr Elektronen aus ihrem Atomverband.

Einstein führt die Folgen seiner Teilchenhypothese des Lichts in einem Folgeartikel aus dem Jahr 1906 aus [240]. Dazu benutzt er ein Modell, in dem Materie aus elementaren Resonatoren besteht, die nur durch bestimmte Wellenlängen angeregt werden können. Man kann das als ein einfaches elektromagnetisches Atommodell verstehen. Er erklärt:[4] „Die Energie eines Elementarresonators kann nur Werte annehmen, die ganzzahlige Vielfaches von [$h\nu$] sind; die Energie eines Resonators ändert sich nur durch Absorption und Emission sprungweise, und zwar um ein ganzzahliges Vielfache von [$h\nu$]". Diese Aussage formuliert den Zusammenhang zwischen dem Quantenverhalten von Licht und dem Quantenverhalten von Materie. Letzteres hat in der Folge zum quantenmechanischen Atommodell geführt. Aber das ist nicht unser Thema. Wenn es Sie interessiert, finden Sie eine Einführung in [600, Kap. 5].

Ein überzeugender experimenteller Beweis, dass die Lichtenergie beim Fotoeffekt bis auf die Austrittsarbeit des Elektrons vollständig in Bewegungsenergie umgewandelt wird, gestaltete sich schwierig. Eine ganze Folge von mehr oder weniger gelungenen Experimenten zählt Robert A. Millikan (1868–1953) 1914 in seinem ausführlichen Papier zu diesem Thema auf [256, 264]. Zu den Schwierigkeiten gehört die Herstellung einer monochromatischen Lichtquelle im UV-Bereich, also mit Wellenlängen von ein paar bis ein paar Tausend Ångström. Außerdem muss man eine Kathode aus einem reinen Material mit geringer Austrittsarbeit verwenden, am besten geht das mit Alkalimetallen, die allerdings leicht oxydieren. Und drittens muss man den Fotostrom in Abhängigkeit von der Spannung sorgfältig messen, um die Stoppspannung zu bestimmen. Alles nicht einfach, und so beginnt Millikan die Publikation seiner Ergebnisse mit einer Generalabrechnung. Millikans eigenes Experiment erforderte eine Entwicklungszeit von fast zehn Jahren. Wenn man den komplexen und raffinierten Aufbau in Abb. 17.4 betrachtet, wundert das nicht. Millikan erwähnte ausdrücklich auch den Beitrag, den sein Mechaniker Julius Pearson an Konzeption und Herstellung des Experiments hatte.

Der gesamte linke Teil der in einem evakuierten Glaskörper befindlichen Anlage ist dafür konzipiert, im Vakuum eine von Oxydation freie Oberfläche der Probe herzustellen. Die drei Proben aus verschiedenen Alkalimetallen trägt der drehbare Probenteller W auf der rechten Seite. Zunächst wird die

---

[4]Ich habe Einsteins Notation in die moderne für Plancks Wirkungsquantum h umgewandelt.

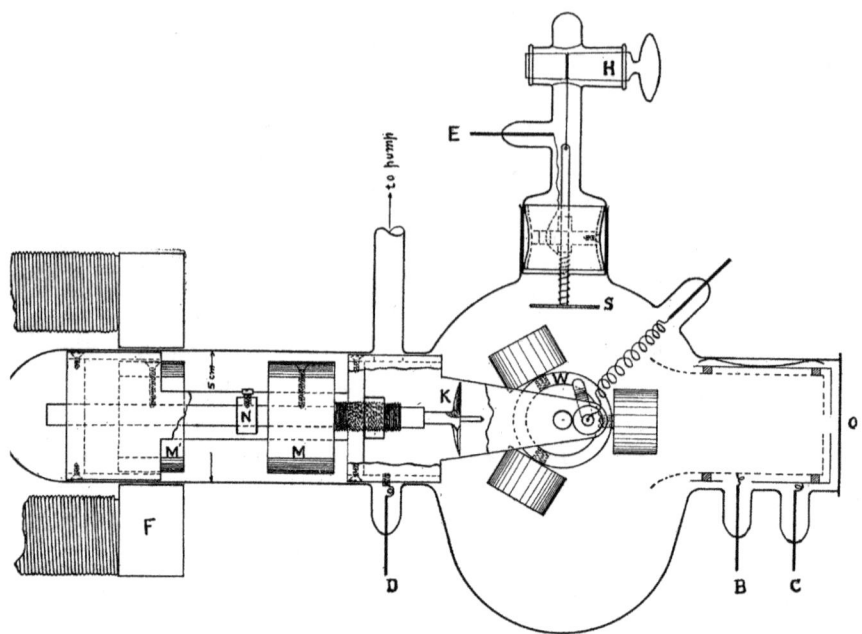

Abb. 17.4 Experimenteller Aufbau des Experiments von Millikan zur Messung des fotoelektrischen Effekts [264]. (Bildnachweis: American Physical Society)

Oberfläche der Probe gereinigt. Der Magnet F führt das Messer K an den Probenteller heran, der Elektromotor M lässt das Messer rotieren, sodass es einen etwaigen Oxydfilm von der Oberfläche der Probe schabt. Die Probe wird dann so gedreht, dass sie dem Eintrittsfenster O gegenüberliegt. Sie wird beleuchtet durch eine Quarz-Quecksilber-Bogenlampe der Firma Heraeus, die noch heute solche Lichtquellen herstellt. Das Licht der Lampe besteht aus mehreren eng begrenzten Frequenzbändern, die durch ein Beugungsgitter und einen Spalt scharf voneinander getrennt werden.[5] Das Licht mit einer festen Frequenz fällt von rechts auf die Oberfläche der Probe und löst Elektronen aus dem Atomverband. Sie werden durch eine Spannung gebremst oder beschleunigt, die zwischen der Probe und einem Faraday-Becher auf der Seite des Eintrittsfensters anliegt. Der dadurch entstehende Strom wird gemessen in Abhängigkeit von der anliegenden Spannung. Diese Messung wird für jede der Frequenzen durchgeführt, die Lampe und Monochromator mit genügender Intensität liefern. Die Spannung, bei der der Fotostrom versiegt, multipliziert mit der elektrischen Ladung des Elektrons, die ebenfalls Millikan als Erster

---

[5]Man nennt eine solche Anordnung im Jargon einen Monochromator.

bestimmt hat [253], liefert die Energie des emittierten Fotoelektrons bei der jeweiligen Lichtfrequenz. Dabei ist eine Korrektur durch die Austrittsarbeit des Elektrons zu berücksichtigen. Sie entspricht der Bindungsenergie des Elektrons in seinem Atom; für Alkalimetalle ist sie besonders klein, weil sie ein einzelnes Elektron in ihrer äußeren Schale aufweisen. Millikan bestimmt sie durch Messung der Kontaktspannung[6] mit der Kupferplatte S, die nach Ende der Messung mit der Probe in Kontakt gebracht wird. Die Kontaktspannung mit einem exzellenten Leiter wie Kupfer misst die Austrittsarbeit, sie kann verglichen werden mit der extrapolierten unteren Grenzfrequenz, bei der auch bei verschwindender Stoppspannung kein Strom mehr fließt.

Abb. 17.5 zeigt ein Beispiel für die Beziehung zwischen Stoppspannung und Lichtfrequenz, die Millikan gemessen hat. Tatsächlich zeigt sich mit hoher Genauigkeit über einen weiten Frequenzbereich eine lineare Abhängigkeit der Stoppspannung von der Lichtfrequenz, nach Einstein also der Lichtenergie. Die Lichtintensität hat dagegen keinen Einfluss. Der „heuristische Gesichtspunkt", den Einstein zehn Jahre früher wagemutig vorgeschlagen hatte, war mit einem Präzisionsexperiment endlich bestätigt. Einstein wurde mit dem Nobelpreis von 1921 ausgezeichnet, „insbesondere für seine Entdeckung des Gesetzes des photoelektrischen Effekts". Der Preis wurde allerdings erst 1922 rückwirkend verliehen.[7] Robert A. Millikan erhielt 1923 den Nobelpreis für Physik für seine Messungen zur Elementarladung und zum fotoelektrischen Effekt.

Millikan benutzte seine Messungen, um die Planck'sche Konstante experimentell zu bestimmen. Wie die Einfügung in Abb. 17.5 zeigt, ist die Steigung der Geraden proportional zum Verhältnis von Planckscher Konstante und Elementarladung. Millikan findet (in heutigen Einheiten) $h = 6{,}569 \times 10^{-34}$ J/Hz für Natrium und $h = 6.584 \times 10^{-34}$ J/Hz für Lithium, mit einem sorgfältig abgeschätzten Fehler von $0{,}5\%$. Sein Wert ist also verträglich mit der thermodynamischen Bestimmung von Planck, $h = 6{,}55 \times 10^{-34}$ J/Hz. Und mit unserem heutigen festen Wert im Internationalen Einheitensystem von $6{,}62607015 \times 10^{-34}$ J/Hz, wo die Konstante zusammen mit anderen zur Definition der Masseneinheit kg benutzt wird.

Es gibt eine lebhafte Debatte darüber, ob diese Art von Experimenten tatsächlich beweist, dass das elektromagnetische Feld quantisiert ist.[8] Verste-

---

[6]Eine Kontaktspannung bildet sich zwischen zwei Metallen, eines mit einer kleinen, eines mit einer größeren Austrittsarbeit. Elektronen wandern von einem zum anderen, dadurch bildet sich eine Potenzialdifferenz.

[7]Siehe https://www.nobelprize.org/prizes/physics/1921/summary/.

[8]Für eine Übersicht siehe z. B. [393, 454].

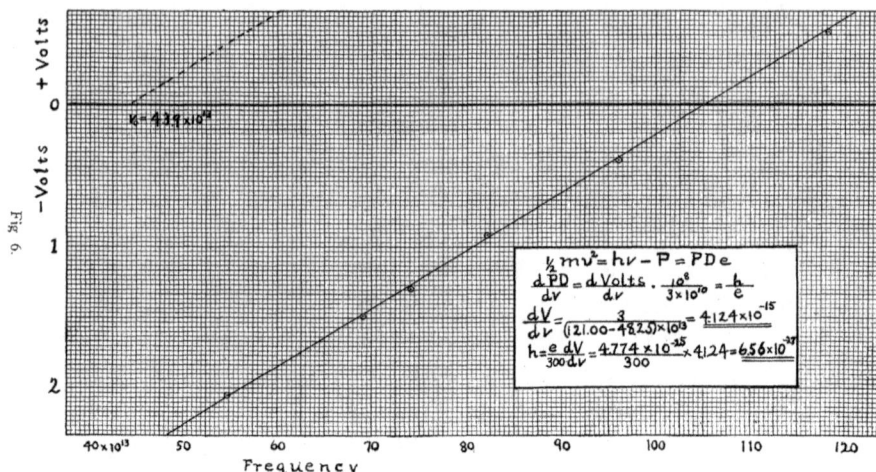

Abb. 17.5 Beispiel eines Resultats von Millikans Experiment zum Fotoeffekt [264]. Die beobachtete Stoppspannung ist aufgetragen gegen die Frequenz des Lichts. Es resultiert eine lineare Beziehung, deren Steigung proportional ist zur Planck'schen Konstante. Aus dem Schnittpunkt mit der Nulllinie bestimmt man die Austrittsarbeit des Elektrons in dem verwendeten Material. (Bildnachweis: American Physical Society)

hen wir uns recht: Niemand bezweifelt heute noch ernsthaft, dass das der Fall ist. Es wird vielmehr diskutiert, ob gerade der fotoelektrische Effekt nur durch Lichtquanten zu erklären ist. In der Tat ist ja das Experiment von Millikan grundverschieden von unserem Gedankenexperiment zum photoelektrischen Effekt, beginnend mit einem einzelnen Elektron.[9] Vielmehr tritt aus der Bogenlampe ein immenser Fluss von Lichtquanten aus, der mit einer immensen Anzahl von Atomelektronen wechselwirkt. Willis E. Lamb und Marlan O. Scully [368] berechnen diesen Fall unter der Annahme, dass das Licht durch eine klassische ebene Welle à la Maxwell beschrieben wird und nur die Energiezustände der Elektronen in der Fotokathode der Quantenmechanik folgen (siehe dazu den Abschnitt Quantenmechanik weiter unten im Kapitel). Das Argument der Energieerhaltung aus unserem Gedankenexperiment trifft nicht zu, schließlich ist es kein einzelnes Elektron, das die einlaufende elektromagnetische Welle erzeugt, sondern eine enorme Anzahl. Die Emission eines Fotoelektrons erfolgt dann durch Resonanz zwischen den Elektronen der Kathode und dem klassischen elektrischen Wechselfeld

---

[9]In einer Röntgenröhre fließt typischerweise ein Strom von etwa 1 A, also treffen nicht weniger als $6,242 \times 10^{18}$ Elektronen pro Sekunde auf die Anode auf.

der einlaufenden Welle.[10] Es reicht also bei genügender Lichtintensität aus, wenn für das Elektron die Differenz zwischen der Energie im Grundzustand und der kinetischen Endenergie quantisiert ist. In diesem Fall erhält man die lineare Beziehung zwischen kinetischer Elektronenenergie und Frequenz der Lichtwelle, auch ohne dass Letztere zwingend aus Lichtquanten bestehen muss. Nur konnte das alles vor der Mitte der 1920er-Jahre niemand wissen, die Quantentheorie des Atoms gab es ja noch nicht.

Warum ist es eine revolutionäre These, dass Licht in Quanten, kleinen Energiepaketen strukturiert ist? Millikan schreibt in seinem Papier [264]:[11]

„Im Jahr 1905 stellte Einstein die erste Kopplung von Fotoeffekten mit irgendeiner Form der Quantentheorie her, indem er die kühne, um nicht zu sagen rücksichtslose Hypothese aufstellte eines elektromagnetischen Lichtteilchens mit der Energie $h\nu$, dessen Energie bei der Absorption auf ein Elektron übertragen werde. Diese Hypothese kann durchaus als rücksichtslos bezeichnet werden, erstens, weil eine elektromagnetische Störung, die im Raum lokalisiert bleibt, eine Verletzung der Vorstellung einer elektromagnetischen Welle zu sein scheint, und zweitens, weil sie einen Schlag ins Gesicht darstellt zu den gründlich nachgewiesenen Tatsachen der Interferenz."

Man war also bereit zuzugestehen, dass Licht von Materie nur in kleinen Energiepaketchen absorbiert und ausgesandt werden kann, wie es das Planck'sche Strahlungsgesetz forderte. Über diese Vorgänge war ja noch wenig bekannt. Aber dass das freie elektromagnetische Feld, über das man ja seit Maxwell alles zu wissen glaubte, aus ebensolchen punktförmigen Paketchen bestehen sollte, war doch eine ziemliche Zumutung. Zudem fehlte dem Lichtquant zum Teilchen noch ein wesentlicher Aspekt. Außer einer bestimmten Energie musste ihm ein bestimmter Impuls zukommen. Das war aber weder in der klassischen Theorie Maxwells noch in der thermodynamisch motivierten „alten" Quantenmechanik ein Thema. Genauso wenig wie die Polarisationszustände des Lichts.

---

[10]Bei einer Energie mit genügendem Abstand zum Grundzustand liegen die Energieniveaus so nahe zusammen, dass es für praktisch jede Lichtenergie $h\nu$ zu Resonanz kommt.

[11]*It was in 1905 that Einstein' made the first coupling of photo effects and with any form of quantum theory by bringing forward the bold, not to say the reckless, hypothesis of an electro-magnetic light corpuscle of energy $h\nu$, which energy was transferred upon absorption to an electron. This hypothesis may well be called reckless first because an electromagnetic disturbance which remains localized in space seems a violation of the very conception of an electromagnetic disturbance, and second because it flies in the face of the thoroughly established facts of interference.*

Energie, Impuls und Raumzeitsymmetrien

Vielleicht ist hier für fortgeschrittene Leser eine kleine Erklärung zu Energie und Impuls von Licht am Platz. Die Newton'sche Theorie der Bewegung definiert die zentrale Bewegungsgröße Impuls als Produkt aus Masse und Geschwindigkeit. Da die Geschwindigkeit eine Richtung hat, trifft das auch auf den Impuls zu. Bei Stößen wird die Bedeutung dieser erhaltenen Größe offensichtlich. Auf Licht ist das Konzept – mangels Masse – nicht ohne Weiteres übertragbar. Dagegen hat und transportiert Licht natürlich Energie. Wird an einem bestimmten Ort eine elektromagnetische Leistung erzeugt, dann bedeutet Energieerhaltung, dass die Summe aus zeitlicher Änderung der lokalen Energiedichte und räumlicher Änderung des Energieflusses dieser Leistung entsprechen muss. Der sogenannte Poynting-Vektor gibt Richtung und Stärke des Energieflusses an. Stellen Sie sich eine beliebige geschlossene Oberfläche um den Produktionspunkt vor. Der Energiefluss, also diejenige Energie, die eine Einheitsfläche pro Zeiteinheit durchquert, ist proportional zum Quadrat der elektrischen Feldstärke. Bei einer Kugelwelle, wie sie z. B. eine punktförmige Lichtquelle aussendet, nimmt die elektrische Feldstärke umgekehrt proportional zum Radius ab [352]. Der Energiefluss vermindert sich also mit dem Quadrat des Abstandes. In der klassischen Maxwell-Theorie ist der zeitlich gemittelte Energiefluss die Lichtintensität. Eine Kugelwelle hat aber keine bevorzugte Richtung, es wird also Energie transportiert, aber kein Impuls.

Wenn dagegen Lichtquanten Teilchen sind, löst die Aussendung eines jeden von Ihnen einen (kleinen) Rückstoß des Senders (z. B. eines Elektrons) aus, weil das Lichtquant ja in eine bestimmte Richtung fliegt und nicht wie die Kugelwelle in alle Richtungen gleichzeitig. Ein Lichtquant trägt also außer Energie notwendigerweise auch Impuls nach außen. Nur die Summe aller Impulse und Rückstöße ist gleich null. Die Flächendichte der Quanten nimmt mit dem Quadrat des Abstandes ab. Und damit auch die Flächendichte der gesamten Strahlungsenergie, wie im klassischen Fall. Wenn wir monochromatisches Licht betrachten, tragen alle Quanten die gleiche Energie $h\nu$ und den gleichen Impulsbetrag $h|\mathbf{k}|$, mit der Frequenz ν und dem Wellenvektor $\mathbf{k}$. Letzterer zeigt in Ausbreitungsrichtung, steht also klassisch senkrecht auf der Wellenfront, für ein Quant zeigt er in Flugrichtung. Sein Betrag ist umgekehrt proportional zur Wellenlänge λ, $|\mathbf{k}| = 2\pi/\lambda$. Quantenmechanisch ist $h\mathbf{k}$ der Impulsvektor des Lichtquants. Die Lichtintensität ist proportional zur Anzahl der Quanten.

Sie haben sich vielleicht schon gefragt, warum sich Physiker so sehr an erhaltene Größen wie Energie, Impuls und elektrische Ladung klammern. Und natürlich gehört auch die Lichtgeschwindigkeit – oder vielmehr die vierdimensionale Länge – zu den sakrosankten Erhaltungsgrößen, die sich nicht ändern. Den Grund dafür hat die geniale Mathematikerin Amalie Emmy Noether (1882–1935) in ihrer Habilitationsschrift für die Universität Göttingen 1918 aufgedeckt.

Emmy Noethers schwieriger Karriereanfang ist es wert, geschildert zu werden.[12] Ihr Vater Max Noether hatte den Lehrstuhl für Mathematik an der Universität Erlangen inne. Ihre Familie gehörte zum liberalen Judentum und eine gute Ausbildung war auch für Töchter eine Selbstverständlichkeit, um die Jahrhundertwende eher die Ausnahme. Mangels anderer Karriereaussichten legt Emmy 1900 die Staatsprüfung für Lehrerinnen in Englisch und Französisch ab, hatte aber wohl nicht die Absicht zu unterrichten. Stattdessen schrieb sie sich als Gasthörerin an der Erlanger Universität ein, Studentinnen waren damals zur regulären Immatrikulation noch nicht zugelassen. Sie besuchte Kurse in Mathematik und anderen Fächern und bereitete sich gleichzeitig in Privatunterricht auf die Abiturprüfung vor, die sie 1903 bestand. Seit diesem Jahr waren Frauen in Bayern zum Studium zugelassen. Nach einem kurzen Aufenthalt in der Mathematik-Hochburg Göttingen begann Emmy 1903 in Erlangen ein vierjähriges Mathematikstudium. Ihre Promotionsarbeit über Invariantentheorie wurde mit *summa cum laude* ausgezeichnet. Sie war damit erst die zweite Deutsche, die in Mathematik promoviert hatte.

Nach ihrer Promotion arbeitete sie unentgeltlich an der Erlanger Universität weiter als Assistentin ihres Vaters, ihres Doktorvaters Paul Gordan[13] und dessen Nachfolger. 1913 begleitete sie ihren Vater erneut nach Göttingen, damals die Hochburg der deutschen Mathematik und mathematischen Physik. Der eminente Mathematiker Felix Klein (1849–1925) war von ihren mathematischen Kenntnissen beeindruckt. Der Papst der Göttinger Mathematik war aber David Hilbert (1862–1943), der nicht nur die Mathematischen Annalen herausgab – damals das führende mathematische Publikationsorgan –, sondern auch eine beeindruckende Reihe von bedeutenden Mathematikern und mathematischen Physikern zu seinen Doktoranden zählte. Zwei Jahre

---

[12]Lesenswerte Biografien sind die mathematisch orientierte von David E. Rowe [587], zugänglichere die von Rowe und Mechthild Koreuber [598] und Lars Jaeger [596]. Zu meinen Quellen gehört auch die breit angelegte Studie von Cordula Tollmien, siehe https://www.emmy-noether.net.

[13]Teilchenphysiker unter Ihnen werden sich vielleicht an die Clebsch-Gordan-Koeffizienten der Gruppentheorie und Atomphysik erinnern.

später luden Klein und Hilbert Emmy Noether als Assistentin nach Göttingen ein. Die direkte Motivation war wohl, dass sich Hilbert von ihr Hilfe bei der Klärung der Energieerhaltung in Einsteins Allgemeiner Relativitätstheorie erhofft, die sich damals in Entwicklung befand. Ermutigt und unterstützt durch Klein und Hilbert reichte sie eine Habilitationsschrift ein, um die Lehrerlaubnis *venia legendi* zu erlangen. Ein für eine Frau unerhörtes Unterfangen, das die Göttinger Fakultät nicht intern entscheiden konnte oder wollte. Sie wandte sich in der Sache an das Kultusministerium, das sich ebenfalls weigerte, im Sinne eines Rechts von Frauen, an einer Universität zu lehren, einen Präzedenzfall zu schaffen. Man einigte sich also in Göttingen darauf, „Fräulein Noether" Vorlesungen halten zu lassen, aber nur unter Hilberts Namen.

Nach dem Ende des Ersten Weltkriegs änderte sich die Situation grundlegend. Noethers neuerliche Habilitationsschrift „Invariante Variationsprobleme", die schon 1918 veröffentlicht worden war [267], wurde endlich angenommen. Diese Arbeit enthält die beiden Noether-Theoreme, die uns in diesem Abschnitt und in Kap. 18 beschäftigen werden. Am 4. Juni 1919 hielt sie ihre Antrittsvorlesung als Privatdozentin. 1922 wurde sie zur außerordentlichen Professorin ernannt, aber immer noch ohne Besoldung. Erst 1923 erhielt sie einen Lehrauftrag mit einem kleinen, festen Gehalt. Obwohl sie nach dem Tod ihres Vaters an ein sehr bescheidenes Leben gewöhnt war, machte ihr die Hyperinflation der 1920er-Jahre sicher schwer zu schaffen. Sie begründete in dieser Zeit in Göttingen die Noether-Schule und legte die Grundlagen für die moderne abstrakte Algebra. Gastwissenschaftler wie Bartel van der Waerden aus Amsterdam[14] und Pavel Alexandrov aus Moskau verstärkten ihre Schule. 1932 wurde Noether mit dem Alfred Ackermann-Teubner-Gedächtnispreis zur Förderung der Mathematischen Wissenschaften ausgezeichnet, eine Art Vorläufer der Fields-Medaille, die heute mangels Nobelpreis für Mathematik die höchste Auszeichnung für junge Mathematiker darstellt.

Mit dem „Gesetz zur Wiederherstellung des Berufsbeamtentums" von 1933 war Noethers Karriere in Nazi-Deutschland beendet. Trotz Intervention zahlreicher Kollegen gehörte sie zur ersten Welle der Entlassungen von Juden aus Universitäten und Forschungseinrichtungen. Sie erhielt Angebote aus Oxford und Moskau, entschied sich aber für eine Gastprofessur am renommierten Bryn Mawr College in Pennsylvania, die sie 1934 antrat. Zusätzlich hielt sie Vorträge im benachbarten Institute of Advanced Studies in Princeton, das auch Albert Einstein eine zweite Heimat wurde. Tragischerweise starb Emmy

---

[14]Von van der Waarden stammt das erste Lehrbuch der abstrakten Algebra, „Moderne Algebra" [299], das u. a. auf Vorlesungen von Noether beruht.

Noether schon im April 1934 an Komplikationen nach einer Operation, laut der Rede von Hermann Weyl auf ihrer Trauerfeier „mitten aus vollster Schaffenskraft".[15] Noethers jüngerer Bruder Fritz, ebenfalls Mathematiker, hatte sich nach Moskau geflüchtet. Nach dem Überfall von Hitlers Armee auf die Sowjetunion wurde er 1941 wegen angeblicher antisowjetischer Propaganda zum Tod verurteilt und erschossen.

Für ihre Arbeiten auf dem Gebiet der abstrakten Algebra war und ist Emmy Noether unter Mathematikern berühmt, die Noether-Theoreme gerieten dagegen in Vergessenheit bis in die 1950er-Jahre. Ihre Arbeit von 1918, „Invariante Variationsprobleme", enthält zwei Theoreme, die für unser Thema relevant sind. Beide beschäftigen sich mit Variationsproblemen. Das sind solche, die sich mit dem Auffinden von Maxima und Minima einer Funktion mithilfe kleiner Variationen beschäftigen. Die Methode ähnelt dem alltäglichen „Versuch und Irrtum", den auch Sie sicher schon oft angewendet haben. Die Argumentation ist auch in der Mathematik uralt. In der Optik haben wir sie schon bei Heron von Alexandria kennengelernt, der das Reflexionsgesetz mit dem kürzesten Lichtweg erklärt hat (siehe Abb. 3.14). Bei Fermat war es dagegen die minimale Laufzeit des Lichts, das das Brechungsgesetz erklären sollte (siehe Abb. 7.3). Sie sehen an den Beispielen zwei relevante Züge. Zum ersten Zug zeigt der Erklärungspfeil von einem postulierten allgemeinen Prinzip hin zu einem physikalischen Phänomen. Das Prinzip *erklärt* das Phänomen und je mehr Phänomene es erklärt, umso sicherer ist die Gültigkeit des Prinzips. Der zweite Zug ist die Methode des Beweises durch kleine Variationen. Maupertuis hat das 1750 zuerst auf die physikalische Wirkung bezogen [21], das Produkt aus Energie und Zeitintervall oder Impuls und Ortsintervall. Uns war schon bei Heron und Fermat klar geworden, dass beide ein Minimum einer Funktion der Koordinaten durch Versuch und Irrtum bestimmen. Das lässt sich natürlich generalisieren und genau das haben Joseph-Louis Lagrange und William Hamilton getan. Wir nehmen unsere Intuition zur Hilfe, um die Idee zu verstehen.

Die Idee hinter der Methode ist, dass die tatsächliche Entwicklung eines Systems stabil sein muss. Das heißt, dass kleine Variationen in der Entwicklung keinen großen Unterschied machen dürfen. Wir suchen also eine charakteristische Größe, die für den tatsächlichen Weg, den das System nimmt, ein Minimum hat. Schauen Sie die Abb. 17.6 an. Sie zeigt eine Größe, nennen wir sie die Wirkung S als Funktion einer einzigen Koordinate q. Im Minimum der Funktion liegt die Tangente an die Kurve waagerecht, d. h., dass sich S für

---

[15] Siehe http://www.rzuser.uni-heidelberg.de/~ci3/weyl+noether.pdf.

Abb. 17.6 Skizze, die
die Lage der Tangente an
eine Kurve $S(q)$ in
verschiedenen
Situationen zeigt. Im
Minimum ist die
Tangente zur q-Achse
parallel. In unmittelbarer
Umgebung des
Minimums ändert sich S
so gut wie nicht

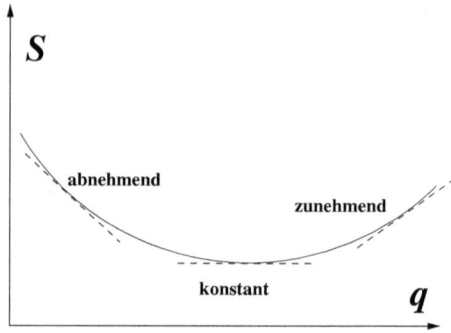

infinitesimale Änderungen δq nicht ändert.[16] Für Heron war S die vom Licht
zurückgelegte Wegstrecke, für Fermat die Laufzeit des Lichts zwischen einem
Anfangs- und einem Endpunkt. Das Variationsprinzip besagt nun, dass sich
S nicht ändert, wenn man kleine Variationen der Bahnkurve ausprobiert. Am
einfachsten ist das für ein einzelnes Teilchen einzusehen. Wenn verschiedene
Wege zwischen einem Anfangspunkt A und einem Endpunkt B eingeschlagen
werden könne, dann hat für die wahre Trajektorie des Systems eine gut
gewählte Größe S ihr Minimum.

Aber was ist nun eine gute gewählte Größe S? Heron und Fermat haben
eine eher einfache, naive Wahl getroffen, die aber unmittelbar einleuchtet.
Aber wie soll die Natur wissen, welches die *richtige* Trajektorie ist, ohne erst
einmal – so wie wir – alle ausprobiert zu haben? Eine gute Wahl muss etwas
mit dem sparsamen Umgang mit Energie zu tun haben. Für unsere Zwecke
ist S die klassische Wirkung, das Integral über die Differenz der kinetischen
und potenziellen Energie des Systems, genommen über einen angenommenen
Weg, wieder zwischen einem festen Anfangs- und Endzustand.[17] Man kann
auch mit Feynman sagen, die klassische Wirkung ist der Durchschnitt dieser
Differenz [365, S. 55]. Wenn diese Wirkung minimal wird, ist der optimale

---

[16]Das Gleiche gilt streng genommen auch für Maxima (und Sattelpunkte). Allerdings gibt es bei unserem
Problem kein Maximum, zu jedem beliebigen Weg gibt es immer einen längeren. Und ein Sattelpunkt
weist auch keine Stabilität auf. Dagegen gibt es genau einen minimalen Weg und dazu keine kürzere (oder
schnellere) Alternative.

[17]Im mathematischen Jargon ist die klassische Wirkung ein Funktional, also eine Funktion, die einen
Vektorraum (oder einen Teil davon) auf Skalare abbildet. Hier ist es eine Abbildung des Phasenraums
(gebildet aus den Orten und Geschwindigkeiten der beteiligten Teilchen) auf die klassische Wirkung
$S = \int_{t_1}^{t_2} L(\mathbf{q}_i, \dot{\mathbf{q}}_i, t)\, \mathrm{d}t$, also das Zeitintegral über die Lagrange-Funktion L, die von den Ortskoordinaten
$\mathbf{q}_i$ aller Beteiligten i, ihren Geschwindigkeiten $\dot{\mathbf{q}}_i$ und der Zeit t abhängen kann. In der klassischen Physik
und für konservative Systeme ist $L = T - V$ die Differenz zwischen kinetischer T und potenzieller
Energie V.

Weg erreicht. Und eine kleine Variation des Weges hat keinen Einfluss mehr, das Variationsproblem ist gelöst.[18]

Diese etwas langatmige Einleitung dient nur dazu, den Begriff des Variationsproblems zu definieren, weil die Noether-Theoreme darauf beruhen. Das erste Theorem besagt Folgendes: Wenn sich die charakteristische Funktion S unter einer bestimmten Art von Transformationen nicht ändert, dann gibt es eine erhaltene Größe.[19] Noch einmal Schritt für Schritt:

- Eine Transformation ist eine Änderung der Bedingungen, unter denen ein physikalisches System funktioniert. In unserem Fall sind diese Bedingungen z. B. die Koordinaten, mit denen wir das System beschreiben.
- Wenn das System durch die Transformation ungeändert bleibt, wir also das System *nachher* nicht von dem *vorher* unterscheiden können, dann hat es eine Symmetrie bezüglich dieser Transformation.
- Woran erkenne ich, dass sich das System vorher und nachher gleich verhält? An der charakteristischen Funktion S! Wenn sie sich nicht ändert, ändert sich die Evolution des Systems auch nicht. Dann nennt man das eine Invarianz.
- Das erste Noether-Theorem sagt nun, dass es zu einer Transformation, die S invariant lässt, immer eine erhaltene Größe gibt. Vorausgesetzt, die Transformation ist kontinuierlich, d. h., sie lässt sich als eine Abfolge kleiner Änderungen verstehen.

Es ist unmittelbar einsichtig, dass Invarianz physikalischer Systeme gegenüber dem gewählten Koordinatensystem gelten muss. Schließlich ist die Wahl von Ursprung und Orientierung der Achsen in einem kartesischen Koordinatensystem völlig willkürlich und geht die Natur nicht das Geringste an. Ebenso ist unsere Festlegung des Beginns unserer Zeitmessung frei gewählt und kann die Entwicklung des Systems nicht beeinflussen. Und fast genauso intuitiv ist die Verbindung zu den erhaltenen Größen, die aus diesen Tatsachen folgt. Wenn ein Objekt keinen Impuls hat, dann bleibt es, wo es ist. Der Impuls ist also verantwortlich für die Änderung der Position. Damit folgt umgekehrt, dass der Impuls erhalten ist, wenn die Positionskoordinate keine Rolle spielt. Wir haben schon mehrmals die Energie als den Motor der Entwicklung identifiziert. Also ist die Energie dafür verantwortlich, ein System von der

---

[18]Die Bewegungsgleichungen ergeben sich aus der Bedingung $\delta S = 0$, die zu den Euler-Lagrange-Gleichungen für den Beteiligten i führt: $\frac{d}{dt}\left(\partial L/\partial \dot{\mathbf{q}}_i\right) - \partial L/\partial \mathbf{q}_i = 0$.

[19]Genauer gesagt gibt es einen erhaltenen Strom, den Noether-Strom $\mathbf{j}$, und eine Noether-Ladung mit der Dichte ρ, für die eine Kontinuitätsgleichung gilt: $\partial\rho/\partial t + \nabla\mathbf{j} = 0$. Für ein elektrisches Beispiel siehe Die Überlegung zu Strom- und Ladungsdichte in Kap. 12.

Gegenwart in die Zukunft zu transportieren. Wenn also die absolute Zeit keine Rolle spielt, dann ist die Energie erhalten. Als dritte Klasse von Transformation zählen auch globale Rotationen des Koordinatensystems dazu, für die der Drehimpuls verantwortlich ist. Ist also der Raum nicht nur homogen, sondern auch isotrop, dann ist der Drehimpuls erhalten.

Alle Transformationen, von denen wir bisher gesprochen haben, sind globale Transformationen der Koordinaten. Sie betreffen alle Objekte im Universum. Mathematiker nennen sie rigide Transformationen, weil sie sich von Ort zu Ort und Zeitpunkt zu Zeitpunkt nicht ändern. Und es sind kontinuierliche Transformationen, also solche, die sich als eine Abfolge kleiner Änderungen der Koordinaten ergeben.[20] Naturphilosophisch betrachtet bedeutet das Theorem, dass Homogenität und Isotropie des Raumes die Erhaltung von linearem und Drehimpuls erklären. Die Homogenität der Zeit erklärt die Erhaltung der Energie. Allerdings hat Emmy Noether auch die Umkehr ihrer Theoreme bewiesen. Also gilt auch der umgekehrte Erklärungspfeil.[21] Für mich sind trotzdem die Eigenschaften von Raum und Zeit die profunderen und dienen mir als Erklärung der Erhaltungssätze von Energie und Impuls. Sie sind geradezu sinnstiftend für jede wissenschaftliche Aktivität. Wie sollte man Physik sinnvoll betreiben, wenn die Naturgesetze weder räumlich noch zeitlich universell wären? Der Quantenfeldtheoretiker Anthony Zee spricht mir da aus dem Herzen [465, S. 121]:[22]

> „Die Erkenntnis, dass diese Erhaltungssätze [für Energie, Impuls und Drehimpuls] aus der Annahme folgen, dass Physik gestern, heute und morgen dieselbe ist: hier, dort und überall; im Osten, Westen, Norden und Süden, war für mich, wie Einstein sagt, im Grunde spirituell."

Das zweite Noether-Theorem verschärft die Symmetrie-Forderung auf solche Transformationen, die die Bedingungen nicht nur global, sondern lokal ändern. Man kann sie – im Gegensatz zu den rigiden – formbare Symmetrien nennen [595]. Sie waren wichtig für die Energieerhaltung in der Allgemeinen Relativitätstheorie – Einstein und Hilbert waren begeistert [493]. Das ist nicht unser Thema. Lokale Transformation spielen aber eine tragende Rolle

---

[20] Genauer gesagt beziehen sich die Theoreme auf Transformationen, die eine Lie'sche Gruppe bilden, benannt nach dem norwegischen Mathematiker Sophus Lie (1842–1899) [198]. Wenn Sie das Thema interessiert, müssen Sie unbedingt Harry Lipkins Klassiker *Lie Groups for Pedestrians* [363] lesen.

[21] Für eine vertiefte Diskussion der Richtung, in die die Erklärung geht oder gehen sollte, siehe z. B. [590].

[22] *The revelation, that these basic conservation laws [for energy, linear and angular momentum] follow from the assumption that physics is the same yesterday, today and tomorrow; here, there and everywhere; east, west north and south, was for me, as Einstein put it, essentially spiritual.*

in der Quantenfeldtheorie, den Eichtheorien, die uns im nächsten Kap. 18 beschäftigen werden. Wir kommen also dort auf das zweite Noether-Theorem zurück.

Die Rezeption der beiden Noether-Theoreme war zunächst von kurzer Dauer, praktisch auf die Auftraggeber Klein, Hilbert und Einstein beschränkt. Vielleicht liegt die mangelnde Verbreitung auch daran, dass die Theoreme und ihre Beweise von beeindruckender Allgemeinheit sind. Ihr Anwendungsbereich geht weit, sehr weit über das hinaus, was ich hier versucht habe, intuitiv begreiflich zu machen. Eine detaillierte Analyse der Literatur von Yvette Kosmann-Schwarzbach [493] belegt, dass die Noether'sche Arbeit bis in die 1950er-Jahre im Wesentlichen vergessen war. Einen großen Anteil an ihrer Wiederentdeckung hatte ein Artikel des Physikers Edward L. Hill von 1951, *Hamilton's Principle and the Conservation Theorems of Mathematical Physics* [334], der das Thema für Physiker aufbereitet. Allerdings auch nur in Bezug auf die Beispiele, die wir gerade besprochen haben, und die Lorentz-Transformationen. Die ganze Bandbreite der Noether-Theoreme wurde erst allgemein bekannt im Zusammenhang mit Quantenelektrodynamik und den Quantenfeldtheorien der schwachen und starken Wechselwirkungen. Heute bilden sie eine der tragenden Säulen der modernen Teilchenphysik. Das ist aber das Thema des nächsten Kap. 18, hier sind wir noch in der „Zwischenkriegszeit".[23]

Photonen

Dass Licht in der Tat aus Teilchen mit bestimmter Energie und Impuls besteht, wurde durch die Arbeit des amerikanischen Physikers Arthur H. Compton im Jahr 1923 [272] endgültig klar. Er streute monochromatische Röntgenstrahlen an einen Graphitblock und stellte fest, dass die Wellenlänge der ausgehenden Strahlen im Vergleich zur einfallenden vergrößert war. Er erklärte dies quantitativ als eine elastische Streuung von Lichtteilchen, Photonen γ, an ursprünglich ruhenden Elektronen e^-: $\gamma(h\mathbf{k}) + e^-(0) \rightarrow \gamma(h\mathbf{k}') + e^-(\mathbf{p})$, mit den jeweiligen Impulsen in Klammern hinter dem Teilchensymbol. Dabei verhalten sich Photonen wie einzelne Teilchen mit der Energie $h\nu$, genau wie Einstein es angenommen hatte. Den Schritt zum Teilchen erfordert aber der Rückstoß $\mathbf{p}$ der Elektronen, der die Änderung der Wellenlänge $|\mathbf{k}| \rightarrow |\mathbf{k}'|$ zur

---

[23]Während ich das schreibe, fällt mir wieder einmal auf, dass wir immer in einer Zwischenkriegszeit leben. Anscheinend sind wir weder willig noch fähig, aus vergangenen Katastrophen zu lernen.

Folge hat. Dieser Rückstoß bedeutet, dass das einzelne Photon einen Impuls trägt, $h\mathbf{k}$ mit dem Wellenvektor $\mathbf{k}$ des Lichts, den es teilweise auf das Elektron überträgt.

Der Name Photon, den wir heute für Lichtquanten benutzen, wurde 1926 vom physikalische Chemiker Gilbert N. Lewis (1875–1946) in einem Brief an den Herausgeber von *Nature* vorgeschlagen [285]. Er hatte allerdings etwas anderes im Sinn, ein „hypothetisches neues Atom", das von einem gewöhnlichen Atom nur dann emittiert werden kann, wenn ein anderes Atom bereitsteht, es zu absorbieren. Der Begriff hat sich praktisch sofort durchgesetzt, der fünfte *Congrès Solvay* von 1927 trug bereits den Titel *Électrons et photons*. Die Theorie dahinter war praktisch sofort vergessen. Ein Photon, das emittiert und sofort wieder absorbiert wird, gibt es aber. Dieses Konzept stammt aus der Quantenelektrodynamik, man nennt es ein virtuelles Photon. Aber das greift zu weit vor, wir müssen erst ein paar Fakten über die Quantenmechanik der 1920er- und 30er-Jahre zusammentragen. Der dänische Wissenschaftshistoriker Helge Kragh hat für Sie die Geschichte des Begriffs Photon zusammen mit anderen physikalischen Neologismen dokumentiert [550].

Einen noch intuitiveren Beweis dafür, dass ein Lichtstrahl aus einzelnen Photonen besteht, haben Philippe Grangier, Gérard Roger und Alain Aspect vom *Institut d'Optique Théorique et Appliquée* in Orsay bei Paris 1986 veröffentlicht [417]. Sie benutzten dazu Paare von einzelnen Photonen, die von einem Atom in einem festen Zeitabstand emittiert werden, eine sogenannte atomare Kaskade. Das erste Photon der Kaskade dient als Auslöser der Messung und öffnet ein Zeitfenster nach dem erwarteten Abstand der beiden Emissionen. Damit werden zwei schnelle Fotodetektoren hinter einem Strahlteiler aktiviert. Der eine befindet sich in der ursprünglichen Richtung des Photons, der zweite senkrecht dazu, wie Abb. 17.7 zeigt. Es wird nun die Anzahl der Fälle gezählt, wo ein einzelnes Photon entweder den einen Detektor, den anderen oder beide erreicht. Es stellt sich heraus, dass eine Koinzidenz zwischen den beiden Zählern nicht auftritt. Mithin wird ein einzelnes Photon entweder reflektiert oder durchgelassen. Beides zusammen tritt nicht auf, auch wenn die klassische Elektrodynamik genau das vorhersagt. Eine klassische Welle würde am Strahlteiler in zwei Wellen aufgeteilt, deren Amplituden zusammen der einlaufenden Amplitude entsprächen. Es würde also Licht in beiden Detektoren gleichzeitig nachgewiesen werden. Genau das findet aber nicht statt. Es gibt keine „halben Photonen".

Damit nicht genug, haben die Autoren die erzeugten einzelnen Photonen auch noch auf einen Doppelspalt gelenkt und ein kumulatives Interferenzmuster nachgewiesen. Mithin ist das Paradoxon perfekt: Ein einzelnes Photon kann mit sich selbst (!) an einem Doppelspalt interferieren. J.J. Thorn und

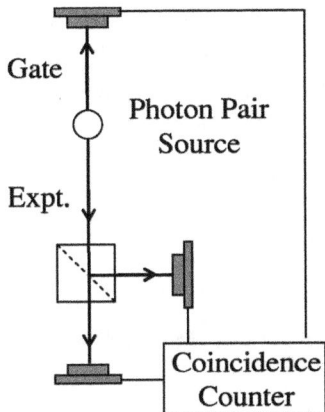

Abb. 17.7 Prinzipskizze [489] des Experiments von Alain Aspect und Mitarbeitern zum Nachweis einzelner Photonen [417]. Die atomare Kaskade sendet ein Photonenpaar aus, deren erstes Photon ein Zeitfenster zur Koinzidenzmessung auslöst. Das zweite Photon trifft auf einen Strahlteiler aus zwei Prismen. Es wird entweder in den rechten Detektor gestreut oder es durchquert die Grenzfläche und trifft auf den unteren Detektor. Eine Koinzidenz zwischen beiden wird nicht beobachtet. (Bildnachweis: American Association of Physics Teachers)

Mitarbeiter haben 2004 eine Variante des Experiments entwickelt, die mit einfacheren Mitteln realisiert werden kann [489]. Wir kommen in Kap. 19 auf quantenmechanische Doppelspaltexperimente zurück.

Licht hat also zwei Gesichter. Einerseits handelt es sich um eine Maxwell'sche elektromagnetische Welle, die sich in allen Bezugssystemen mit konstanter Geschwindigkeit ausbreitet und mit anderen Wellen und sich selbst interferieren kann. Andererseits handelt es sich um ein masseloses, ungeladenes Teilchen, das mit geladenen Teilchen wechselwirkt und dessen Energie quantisiert ist.

Wie passt das zusammen mit der Verlangsamung von Licht in transparenten Medien? Für die Wellentheorie haben wir die physikalische Erklärung der reduzierten Lichtgeschwindigkeit schon mir dem mechanischen Modell von Abb. 10.3 veranschaulicht. Sie beruht auf der Interferenz zwischen der einlaufenden Welle und derjenigen, die von den Atomen des Materials nach Anregung ausgesandt wird. Für Teilchen ist die Geschichte ein klein wenig komplizierter. Wie wir etwas später sehen werden, ist die Energieerhaltung in der Quantenmechanik nur über lange Zeiträume hinweg garantiert. Es ist also möglich, dass ein Molekül für einen kleinen Zeitraum Energie von einem Photon „borgt" und in einen angeregten Zustand übergeht, ohne das Photon vollständig zu absorbieren. Nach einer kleinen Weile fällt das Molekül in seinen Grundzustand zurück und gibt die geborgte Energie zurück. Und das auch dann, wenn die Wellenlänge des Photons nicht im Absorptionsband des Materials liegt. Da das angeregte Molekül verglichen mit der Lichtgeschwindigkeit praktisch ruht, entspricht dieser Vorgang einer Verlangsamung der Bewegung des Photons. Wenn Sie der Beweis interessiert, dass ein solches Modell den Brechungsindex korrekt wiedergibt, finden Sie die Rechnung z. B. bei Urban und Mitarbeitern [518].

Abschweifung: „Deutsche" Physik

Spätestens mit Nationalismus und Imperialismus drängte sich wieder Politik in die internationale Wissenschaftsgemeinschaft. Chemie hatte wegen des Einsatzes von Giftgas einiges mit der Führung des Ersten Weltkriegs von 1914 bis 1918 zu tun, Physik hat keine große Rolle gespielt. Dagegen haben sich – für mich höchst irritierend – bekannte deutsche Wissenschaftler vor den Karren der Kriegspropaganda spannen lassen. Plakativ und irreführend wird das gelegentlich als „Krieg der Geister" bezeichnet [259]. Der Chemiker Fritz Haber (1868–1934) war ein Kriegsbegeisterter der ersten Stunde und unterzeichnete im Oktober 1914 zusammen mit anderen Wissenschaftlern, Schriftstellern und Künstlern das sogenannte „Manifest der Dreiundneunzig" [450]. Unter den 15 angesehenen Wissenschaftlern finden sich nicht weniger als sechs Nobelpreisträger: Planck, Röntgen, Ostwald, Wien, Fischer und Baeyer. Von einer Welle des Patriotismus mitgerissen, ohne Informationen aus erster Hand zur Untermauerung ihrer Behauptungen zu haben und manchmal gar ohne den genauen Text zu kennen, unterzeichneten sie einen „Protest gegen die Lügen und Verleumdungen, mit denen unsere Feinde Deutschlands reine Sache in dem ihm aufgezwungenen schweren Daseinskampfe zu beschmutzen trachten".[24] Ein bemerkenswerter Abwesender auf der Unterschriftenliste ist Albert Einstein, der im März 1914 nach Berlin gekommen war, um das Kaiser-Wilhelm-Institut für Physik zu leiten, das 1917 gegründet werden sollte. Einstein war in seinem Leben schon Deutscher gewesen, Staatenloser, Bürger von Österreich-Ungarn und der Schweiz. Er war zutiefst desinteressiert am Konzept von Nationen [261]:

> „Es liegt mir ferne, aus meiner internationalen Gesinnung ein Geheimnis zu machen. Wie nahe mir ein Mensch oder eine menschliche Organisation steht,

---

[24]Sie finden den Text auf der Seite: Der Aufruf der 93 „An die Kulturwelt!" (1914), im Themenportal Europäische Geschichte, 2006, www.europa.clio-online.de/quelle/id/q63-28308.

hängt nur davon ab, wie ich deren Wollen und Können beurteile. Der Staat, dem ich als Bürger angehöre, spielt in meinem Gemütsleben nicht die geringste Rolle; ich betrachte die Zugehörigkeit zu einem Staate als eine geschäftliche Angelegenheit, wie etwa die Beziehung zu einer Lebensversicherung.“

Mit nur drei anderen[25] unterzeichnete Einstein Mitte Oktober 1914 einen „Aufruf an die Europäer“ [451], in dem es hieß, „dass noch nie ein Krieg die kulturelle Gemeinschaftlichkeit des Zusammenarbeitens so intensiv unterbrochen [hat], wie der gegenwärtige“. Die klarsichtigen Autoren sagten voraus:

„Denn der heute tobende Kampf wird kaum einen Sieger, sondern wahrscheinlich nur Besiegte zurücklassen. Darum scheint es nicht nur *gut*, sondern bitter *nötig, dass gebildete Männer aller Staaten* ihren Einfluss dahin aufbieten – wie auch der heute noch ungewisse Ausgang des Krieges sein mag –, die *Bedingungen des Friedens nicht die Quelle künftiger Kriege werden*, dass vielmehr die Tatsache, dass durch diesen Krieg alle europäischen Verhältnisse in einen gleichsam *labilen und plastischen Zustand* geraten sind, dazu benutzt werde, um aus Europa eine organische *Einheit* zu schaffen.“

Inmitten des nationalistischen Eifers blieb dies der Standpunkt einer kleinen Minderheit.

Das „Manifest der Dreiundneunzig“ ging völlig nach hinten los und löste außerhalb Deutschlands empörte Reaktionen aus. Britische Gelehrte reagierten mit einem Gegenmanifest, das von 117 Kollegen unterzeichnet wurde, darunter Bragg, Rayleigh und Thomson, als „Antwort an die deutschen Professoren“. [257]. Es kam zu dem Schluss:[26]

„Wir bedauern zutiefst, dass [Deutschland], das wir einst geehrt haben, unter dem unheilvollen Einfluss eines Militärsystems und seiner gesetzlosen Eroberungsträume nun als gemeinsamer Feind Europas und aller Völker, die das Völkerrecht respektieren, entlarvt wird.“

Beide Seiten behaupteten, ihnen sei der Krieg aufgezwungen worden, was die Ansicht ihrer jeweiligen Regierungen widerspiegelte. Der Würzburger Professor Wilhelm Wien ging noch einen Schritt weiter und forderte seine

---

[25] Es wurde vom Physiologen Georg Friedrich Nikolai redigiert und von Einstein, dem Astronomen Wilhelm Julius Förster und dem Philosophen Otto Buek unterzeichnet, aber in Deutschland erst viel später veröffentlicht.

[26] *We grieve profoundly that, under the baleful influence of a military system and its lawless dreams of conquest, she whom we once honoured now stands revealed as the common enemy of Europe and of all peoples which respect the law of nations.*

Kollegen dazu auf, die Anzahl der Zitate britischer Autoren stets mit der gleichen Anzahl deutscher Arbeiten in Einklang zu bringen. Stefan L. Wolff vom Deutschen Museum hat die Geschichte von Wiens lächerlicher Initiative [476] anhand der umfangreichen Korrespondenz von Physikern dieser Zeit akribisch analysiert. Er stellte fest, dass sie neben der Ablehnung einer vermeintlichen „Engländerei" deutscher Forscher auch durch eine Abneigung gegen die Dominanz der liberalen Berliner Wissenschaftler motiviert war. Bald wurde die Initiative von radikaleren völkisch-nationalistischen Physikern wie Philipp Lenard und Johannes Stark übernommen, die versuchten, eine Antinomie zwischen „deutscher" und ausländischer Physik zu konstruieren. Der Widerstand gegen die Initiative war gering, aber bemerkenswert. Friedrich Paschen, bekannt für seine Beiträge zur Atomspektroskopie, und Emil Warburg, der Präsident der Physikalisch-Technischen Reichsanstalt, lehnten sie energisch ab. Max Planck, ein eher gemäßigter Nationalist, vertrat die Auffassung, dass Wissenschaft und Politik strikt getrennt werden müssten. Arnold Sommerfeld muss die antiwissenschaftliche Natur der Initiative gespürt haben, da er empfahl, sie wenigstens geheim zu halten. Auf jeden Fall markiert dieser Angriff auf den globalen Charakter der Wissenschaft die Ansteckung eines Teils der deutschen Wissenschaftsgemeinschaft mit Ansichten, die dem wissenschaftlichen Denken fremd sein sollten. Sie gipfelte im Dritten Reich in einer Bewegung zugunsten einer vermeintlichen „arischen Physik".

Der Erste Weltkrieg forderte etwa 8,5 Mio. Tote und mehr als 20 Mio. Verletzte.[27] In der deutschen öffentlichen Meinung wurden die Nobelpreise, die deutschen Wissenschaftlern kurz nach dem Ende des Ersten Weltkriegs verliehen wurden – 1918 in Physik (zugeschrieben 1919) für Max Planck und der Doppelpreis von 1919 für Johannes Stark in Physik und Fritz Haber in Chemie – als „deutscher Sieg" [448] stilisiert. Doch am Ende des Krieges waren deutsche Wissenschaftler zehn Jahre lang von internationalen Konferenzen ausgeschlossen [553]. Deutsch, eine ehemalige Wissenschaftssprache, wurde vollständig durch Englisch ersetzt.

Bigotterie, Nationalismus, Rassismus und andere nichtwissenschaftliche Eingriffe in die Wissenschaft kamen 1914 natürlich nicht plötzlich aus dem Nichts. Wissenschaftler leben nicht in einem politischen Vakuum, sie sind Bürger und engagieren sich häufig für die politischen und sozialen Fragen ihrer Zeit. Ein positives Beispiel könnte Max Planck [468] sein, der Hierarchien respektierte, ein Befürworter der Monarchie während des Ersten Weltkriegs und Unterzeichner des „Manifests der Dreiundneunzig" war. Er behielt jedoch

---

[27] Siehe https://www.britannica.com/event/World-War-I/Killed-wounded-and-missing.

eine respektable konservative Haltung bei, lehnte jeden Boykott ausländischer Institutionen ab und setzte sich für den Zugang von Frauen zur Hochschulbildung ein.

In der Zeit zwischen den beiden Weltkriegen beteiligte sich Planck aktiv am Wiederaufbau des geistigen Lebens in Deutschland. Tatsächlich führte der Erste Weltkrieg dazu, dass die Universitäten praktisch bankrottgingen. 1920 beteiligte sich Planck gemeinsam mit Fritz Haber und dem ehemaligen preußischen Kultusminister Friedrich Schmidt-Ott an der Gründung der „Notgemeinschaft der Deutschen Wissenschaft". Ziel war es, der akademischen Gemeinschaft eine zentrale Institution zur Mittelbeschaffung sowohl aus staatlichen als auch aus industriellen Quellen zu bieten. Diese Organisation bestand während des Dritten Reiches als „Deutsche Forschungsgemeinschaft" (DFG) fort und wurde 1945 neu gegründet. Planck intervenierte zugunsten der Grundlagenforschung und wandte sich gegen die völkisch-nationalistischen und rassistischen Ansichten von Lenard und Stark. In den 1920er-Jahren veröffentlichte Stark ein Buch über „Die gegenwärtige Krise der deutschen Physik" [271], in dem er eine Antinomie konstruierte zwischen einer angeblich überbewerteten theoretischen Physik, der er einen Mangel an Intuitivität attestierte, und einer unterschätzten Experimentalphysik. Max von Laue demontierte diese Argumentation in einer Rezension im Jahr 1923 [273], in der er einen wesentlichen Unterschied in der Methodik konstatierte statt einen Unterschied im Wert. Er betonte auch, dass Relativitätstheorie und Quantenphysik die etablierten Überzeugungen in allen Ländern erschüttert hatten. Er endete mit dem niederschmetternden Fazit: „Alles in allem hätten wir uns gewünscht, dass dieses Buch ungeschrieben geblieben wäre". Stark verließ die Wissenschaft 1920 und widmete sich fortan der Wissenschaftspolitik, Lenard trat fünf Jahre später aus der Deutschen Physikalischen Gesellschaft aus.

Quantenmechanik

Zu *l'air du temps* nach der Jahrhundertwende gehörten natürlich auch erfreulichere Phänomene in Kunst und Kultur. Auguste Escoffier veröffentlichte 1903 seine Bibel der *haute cuisine*, die 5000 Rezepte seines *Guide culinaire* [235]. Gabrielle „Coco" Chanel feierte erste Triumphe mit ihrer lässig-eleganten Modelinie. Die Neue Musik entstand in der Zeit von etwa 1910 an und brachte tatsächlich neue Töne hervor. Wie etwa die Wiener Schule mit Arnold Schönberg, Alban Berg und Anton Webern. Franz Kafkas Erzählung „Die Verwandlung" erschien 1915 in der Monatsschrift „Die Weißen Blätter". Mit der Aufführung von Hugo von Hofmannsthals „Jedermann" in der Regie von Max Reinhardt am 22. August 1920 auf dem Domplatz schlug die Geburtsstunde der Salzburger Festspiele, trotz aller Vorbehalte in einer Zeit des Hungers und der Entbehrung. Von 1918 bis 1920 erschien der Roman *Ulysses* des Iren James Joyce zunächst in Fortsetzungen in einem amerikanischen Magazin, 1922 in Buchform bei der Pariser Buchhandlung *Shakespeare and Company* der Exilamerikanerin Sylvia Beach.[28] Virginia Woolfs Novellen *Mrs. Dalloway* (1925) und *To the Lighthouse* (1927) beleuchteten auf neue Weise das Innenleben ihrer Protagonisten. 1924 erschien Thomas Manns „Zauberberg", Erich Maria Remarque verarbeitete in „Im Westen nichts Neues" 1928 Erfahrungen aus dem Ersten Weltkrieg. Im gleichen Jahr wurde bei Milano die erste Autobahn eröffnet, die *Autostrada dei Laghi*, schon damals mautpflichtig. Der Roman „Berlin Alexanderplatz" machte Alfred Döblin 1929 zu einem bei den Eliten populären Autor in der Weimarer Republik, schon 1931 erlebte er eine erste Verfilmung mit Heinrich George in der Hauptrolle. Das breite Publikum las dagegen wohl eher die Romane von Hermann Löns, Karl May und Hedwig Courths-Mahler. Salons spielten in der Elitekultur wieder eine tragende Rolle. In Paris brachten Gertrude Steins Abende in der Rue de Fleurus No. 27 Autoren wie Ernest Hemingway und F. Scott Fitzgerald mit bildenden Künstlern wie Pablo Picasso und Henri Matisse zusammen. Im New York der Prohibition versammelten sich Kunstinteressierte im Algonquin Hotel. Anfangs der 1930er-Jahre feierte Edward Hopper erste Verkaufs- und Ausstellungserfolge. 1933 zeigte das *Museum of Modern Art* eine erste große Retrospektive seiner Werke.

Die „Dreigroschenoper" von Bertold Brecht und Kurt Weill, uraufgeführt im August 1928 im Theater am Schiffbauerdamm mit Lotte Lenya in der Hauptrolle, war mit über 400 Aufführungen in zwei Jahren ein erster großer Erfolg der kurzen Zusammenarbeit der beiden grundverschiedenen Charaktere. Gefolgt von „Aufstieg und Fall der Stadt Mahagonny", aufgeführt zuerst 1930 in Leipzig, ein Jahr später in Berlin unter großem Protest der braunen Horden. Beide emigrierten wenig später, Weill zunächst nach Frankreich, wo er seine mitreißende zweite Symphonie vollendete, die 1934 vom *Concertgebouworkest* Amsterdam unter Bruno Walter uraufgeführt wurde. Die Weill-typischen Melodiebögen werden immer wieder abrupt unterbrochen

---

[28]Da es sich um eines der wichtigsten Werke der modernen Literatur handelt (und eines meiner Lieblingsbücher), mögen ein paar Tipps zur Entstehungsgeschichte erlaubt sein. Sylvia Beach beschreibt die Geschichte ihrer Buchhandlung in *Shakespeare and Company* [346]. Meine Lieblingsbiografie von James Joyce stammt von Gordon Bowker [529].

von Zäsuren oder Marschmusik-Parodien, die Musik scheint uns zuzurufen: Leute, die Party ist vorbei. Brecht und Weill fanden beide in den USA Asyl. Weill hatte am Broadway weitere Erfolge, Brecht erlitt einen eigentlichen Kulturschock und landete vor dem McCarthy-Komitee für unamerikanische Umtriebe, das er zur Theaterbühne umfunktionierte.

Die „neue" Quantenmechanik der 1920er- und 30er-Jahre, die die auf thermodynamische Befunde gestützte „alte" Quantenmechanik von Planck und Einstein abgelöst hat, beschäftigte sich im Wesentlichen mit der Theorie der Atomspektren. Ernest Rutherford, Hans Geiger und Richard Marsden hatten in den frühen 1910er-Jahren durch Streuexperimente herausgefunden, dass sich Atome in einen kompakten, positiv geladenen Kern und eine um vier Größenordnungen ausgedehntere Elektronenhülle gliedern. Damit wurde rasch klar, dass man verstehen muss, wie sich Elektronen in einem durch den Kern erzeugten statischen Feld atomarer Dimensionen verhalten, um in einem zweiten Schritt zu verstehen, wie Emission und Absorption von Licht durch solcher Atome vor sich geht. 1913 schickte Niels Bohr, der nach seiner Promotion ans Cavendish Laboratory in Oxford gekommen war, Rutherford seine berühmte Aufsatztrilogie [250–252], in der er schilderte, was wir heute das Bohr'sche Atommodell nennen. Es brach auf spektakuläre Weise mit dem klassischen Elektromagnetismus, der die Bewegung von Ladungen bei großen Abständen korrekt beschreibt. In heuristischen Axiomen forderte Bohr:

- Dem Elektron stehen nicht alle klassischen Umlaufbahnen um den Atomkern zur Verfügung, sondern nur die sogenannten stationären, auf denen es entgegen klassischer Erwartung keine elektromagnetische Energie abstrahlt. Die stationären Zustände können durch eine Hauptquantenzahl n nummeriert werden, $n = 1$ bezeichnet den Grundzustand des Atoms. Zu jedem dieser Zustände gehört eine bestimmte Energie E_n.

- Das Elektron kann von einem stationären Zustand i in einen anderen j springen. Dieser „Quantensprung" liegt außerhalb des Bereichs der klassischen Physik. Wenn das Elektron diesen Prozess durchläuft, wird Energie durch Aussenden oder Absorbieren einer elektromagnetischen Welle mit einer Frequenz v verloren oder gewonnen, sodass ihre Energie, $hv = E_i - E_j$, der Energiedifferenz zwischen den beiden stationären Zuständen entspricht.

Starke Unterstützung für Bohrs Theorie quantisierter Energieniveaus für Elektronen lieferten 1914 die Experimente [254, 255] von James Franck und Gustav Hertz, dem Neffen von Heinrich Hertz (siehe Abb. 17.8). Sie demonstrierten diskrete Energieniveaus in Quecksilber mithilfe inelastischer Elektronenstreu-

Abb. 17.8 Physiker und Chemiker bei einem Treffen in Berlin-Dahlem im Jahr 1920 anlässlich der Ernennung von James Franck zum Professor an der Universität Göttingen [574]. Hintere Reihe, von links nach rechts: Walter Grotrian, Wilhelm Westphal, Otto von Baeyer, Peter Pringsheim, Gustav Hertz. Vordere Reihe, von links nach rechts: Hertha Sponer, Albert Einstein, Ingrid Franck, James Franck, Lise Meitner, Fritz Haber, Otto Hahn. (Bildnachweis: Archiv der Max-Planck-Gesellschaft, Berlin-Dahlem)

ung.[29] Inelastische Kollisionen von Elektronen übertragen genau diejenige Energie auf Atomelektronen, die erforderlich ist, um von einem Energieniveau in ein anderes zu gelangen. Wenn sie in den Grundzustand zurückfallen, wird Licht mit der gleichen Energie emittiert, die für ihre Anregung aufgewendet wurde.

Der Bohr'sche Ansatz löste eine Welle von weltweiten Aktivitäten aus und führte zur Entwicklung der neuen, nicht thermodynamisch motivierten Quantenmechanik. Eine Übersicht über die relevanten „Schulen" der theoretischen Physik dieser Zeit zeigt Abb. 17.9, gezeichnet von einem der Gründerväter des Europäischen Zentrums für Teilchenphysik CERN, Viktor Weisskopf. Das wird Sie überzeugen, dass wir dieser Entwicklung nicht einmal im Ansatz folgen können, auch gibt es dazu zu viel relevante Literatur, um

---

[29]Das Experiment und seine Resultate werden vertieft diskutiert von Robert E. Robson, Malte Hildebrandt und Ronald D. White [555].

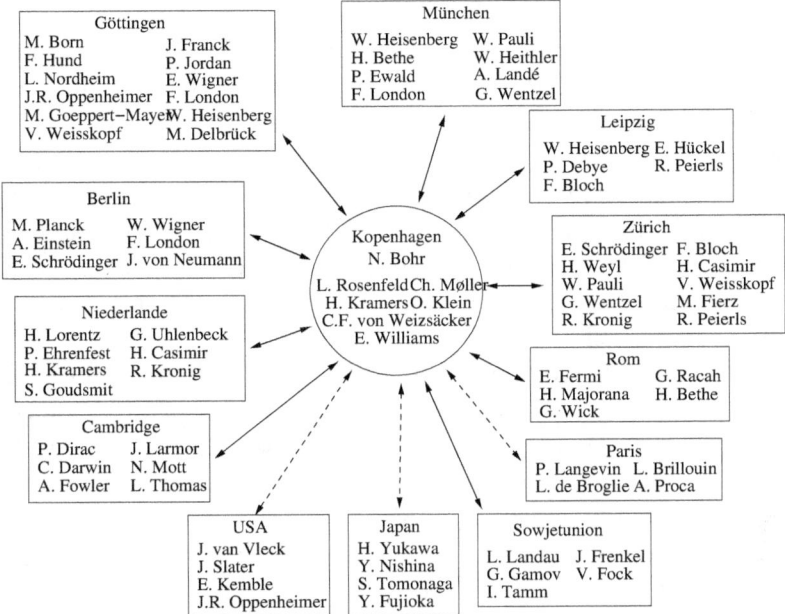

Abb. 17.9 Schulen der theoretischen Physik während der Entwicklung der klassischen Quantenmechanik, nach [404]

auch nur eine Auswahl zu zitieren. Stattdessen begnüge ich mich mit einer Rekapitulation der wesentlichen Befunde in einer weiteren Abschweifung. Triggerwarnung: Es wird abstrakt. Anhänger absoluter Anschaulichkeit und Mathematikallergiker müssen jetzt ganz stark sein. Oder die Abschweifung überschlagen.

Abschweifung: Wellenmechanik

Die nichtrelativistische Wellenquantenmechanik beschäftigte sich damit, wie sich ein geladenes Teilchen, z. B. ein Elektron, in einem statischen Zentralfeld von der Größe eines Atoms bewegt. Die Befunde lassen sich aber verallgemeinern. Wir konzentrieren uns auf zwei Aspekte, die für unser Thema besonders relevant sind. Der eine ist die sogenannte Wellenfunktion, die zur Beschreibung von Quantenzuständen dient. Der andere ist die Heisenberg'sche Unschärferelation, die die Werte einschränkt, die beobachtbare Größen auf Quantenniveau annehmen können.

Man kann Quantenmechanik in einem abstrakten Raum von Zuständen beschreiben, der nach Emmy Noethers Chef Hilbert-Raum genannt wird. Die dort definierte abstrakte Zustandsfunktion enthält alle Informationen über den physikalischen Zustand eines Systems, die prinzipiell gewonnen werden können. Wir interessieren uns aber mehr für die Darstellung dieser Funktion in Raumzeitkoordinaten. Sie wird Wellenfunktion genannt, weil sie einer Wellengleichung folgt. Es handelt sich um eine komplexe Funktion, die neben den klassischen Koordinaten und Impulsen auch von typischen Quantengrößen wie dem Spin abhängt. Die Wellenfunktion selbst ist für ein einzelnes Teilchen nicht beobachtbar.

Dagegen ist das Quadrat der Wellenfunktion eine messbare Größe. Es gibt die Wahrscheinlichkeitsdichte an, dass das System sich in dem entsprechenden Zustand befindet, etwa bei einer Messung. Um eine Wahrscheinlichkeit daraus zu machen, muss man diese Dichte über einen Raumbereich integrieren. Die Verbindung zwischen Wellenfunktion und Wahrscheinlichkeit wird als Born'sche Regel bezeichnet, benannt nach Max Born (1882–1970), Nobelpreisträger von 1956. Der Nobelpreisträger von 1979, Steven Weinberg (1933–2021), nennt sie das „grundlegende interpretative Postulat der Quantenmechanik" [564, S. 29].

Andere physikalische Größen wie Energie und Impuls werden aus der Wellenfunktion „herausoperiert" durch sogenannte Operatoren. Das sind mathematische Operationen wie die Ortsableitung für den Impuls und die Zeitableitung für die Energie. Die zeitliche Entwicklung eines Systems wird beschrieben durch die Schrödinger-Gleichung [286–288]. Sie hat die Struktur einer Wellengleichung, daher die Bezeichnung Wellenmechanik. Die Gleichung besagt im Wesentlichen, dass sich ein System umso dynamischer entwickelt, je höher seine Energie ist. Das überrascht uns nicht, schließlich haben wir schon die Energie als Motor der klassischen Bewegung identifiziert. Etwas genauer gesagt ist nach Schrödinger die Zeitableitung der Wellenfunktion – also die Rate, mit der sie sich ändert – proportional zum Energieoperator, angewandt auf dieselbe Wellenfunktion.

In dem ganzen Schema gibt es erhaltene Größen, Emmy Noether sei Dank. Zum einen sind das Energie und Impuls.[30] Eine weitere wichtige Konstante ist die Wahrscheinlichkeit. Wenn die Wahrscheinlichkeitsdichte in einem Raumbereich abnimmt, muss Wahrscheinlichkeit aus dessen geschlossener Oberfläche ausgetreten sein. Wir sprechen hier von Wahrscheinlichkeit wie

---

[30] Hier sind Drehimpulse, sowohl klassische als auch Spin, durchaus mitgemeint. Ich diskutiere diese um der Einfachheit willen nicht explizit.

von einer Art erhaltener Ladung, die fließen kann. Und tatsächlich ist die Mathematik dieselbe.[31] Auch die Bedeutung ist durchaus ähnlich. So wie Ladung nicht verloren geht, muss auch die Wahrscheinlichkeit irgendwo bleiben. Das bedeutet insbesondere, dass in der nicht relativistischen Quantenmechanik die Teilchenzahl erhalten ist.

Die einfachste Lösung für die Schrödinger-Gleichung ist eine ebene Welle. Im leeren Raum folgt dann die Wellenfunktion der Form, die wir aus Abb. 12.9 schon für das elektromagnetische Feld kennen. Sie ist charakterisiert durch die Amplitude, die Frequenz und den Wellenvektor, der Wellenlänge und -richtung angibt.[32]

Ich habe Ihnen absichtlich verschwiegen, dass Werner Heisenberg etwas früher als Erwin Schrödinger einen ganz anderen Zugang zur Quantenmechanik entwickelt hat, nämlich die Matrixmechanik [279–281]. Beide Zugänge sind vollständig äquivalent [282], einer soll uns also genügen. Ich habe Schrödingers Wellenmechanik gewählt, weil sie auf die Wechselwirkung zwischen Teilchen angewendet werden kann, wie wir im folgenden Abschnitt sehen werden. Einen Befund der Matrixmechanik dürfen wir aber nicht unter den Teppich kehren, er ist genauso wichtig wie das Konzept der Wellenfunktion selbst. Sie werden es vielleicht schon vermutet haben, es handelt sich um Heisenbergs Unschärferelation. Der Name ist meiner Meinung nach irreführend, aber so im kollektiven Sprachgebrauch verwurzelt, dass man nicht gegen Windmühlenflügel kämpfen sollte. Wir halten uns an die Fakten.

Das Heisenberg'sche Prinzip ist immer dann von Bedeutung, wenn zwei Observable gleichzeitig bestimmt werden sollen.[33] Wir zeigen das am Beispiel von Ort und Impuls. Bei der Anwendung beider Operatoren auf einen Quantenzustand kommt es auf die Reihenfolge an.[34] Wenn man erst Ort und dann Impuls bestimmt, bekommt man nicht dasselbe Ergebnis, wie wenn man erst Impuls und dann Ort bestimmt. Nehmen wir die Wellenfunktion eines einzelnen Teilchens. Dann bedeutet Heisenbergs Prinzip, dass das Teilchen nicht gleichzeitig einen festen Ort und Impuls haben kann. Vielmehr sind die Bandbreiten, innerhalb derer beide Observablen liegen, mit einer einfachen Gleichung verbunden. Bezeichnen wir mit x eine bestimmte Ortskoordinate

---

[31]Eine Kontinuitätsgleichung verbindet die Wahrscheinlichkeitsdichte ρ mit dem Wahrscheinlichkeitsfluss $\mathbf{j}$, $\partial\rho/\partial t + \nabla\mathbf{j} = 0$. Für die elektrische Ladung gilt eine analoge Gleichung, siehe Kap. 12.

[32]Hier ist eine solche Wellenfunktion $\psi(\mathbf{r}, t)$ für ein freies Teilchen als Funktion von Ortskoordinate $\mathbf{r}$ und Zeit t: $\psi(\mathbf{r}, t) = \psi_0 e^{i(\mathbf{kr}-\omega t)}$, mit der Amplitude ψ_0, der Kreisfrequenz $\omega = 2\pi\nu$, der Ausbreitungsrichtung $\mathbf{k}/k$ und der Wellenzahl $k = 2\pi/\lambda$.

[33]Genauer gesagt muss es sich um inkommensurable Operatoren handeln, wie Ortskoordinate und Impulskoordinate in derselben Richtung oder Energie und Zeit.

[34]Im Jargon heißt das, dass die beiden Operatoren nicht miteinander kommutieren.

und mit p den Impuls in der gleichen Richtung, dann gilt $\Delta x \Delta p \geq h/4\pi$. Das analoge Ergebnis findet man für Energie E und Zeit t, $\Delta E \Delta t \geq h/4\pi$. Da $h = 6{,}62607015 \times 10^{-34}$ Js tatsächlich eine sehr kleine Aktion ist, manifestiert sich das Prinzip nur in Quantensystemen. Sie können es nicht als Ausrede benutzen, wenn Sie bei der Geschwindigkeitsüberschreitung in Ihrem Auto erwischt werden. Aber es manifestiert sich eben überall auf der Quantenskala. Und man kann es klassisch überhaupt nicht verstehen.

Um meine Interpretation klarzumachen: Die Unschärferelation bedeutet *nicht*, dass man Ort und Impuls nicht gleichzeitig *genau messen* kann. Sie bedeutet, dass ein Teilchen mit genau bekanntem Impuls nicht an einem bestimmten Ort *ist*, sondern überall. Und umgekehrt: Wenn man den Ort eines Teilchens beliebig einschränkt, kann es alle beliebigen Impulse haben, sogar einen unendlichen. Ja, das ist nicht anschaulich. Sei's drum: Das Heisenberg'sche Prinzip ist so vielfältig experimentell bestätigt, dass wir einfach akzeptieren müssen: Die Natur ist so beschaffen. Und man kann z. B. die Nicht-Lokalität quantenmechanischer Zustände technisch nutzen! Wir gehen in Kap. 19 darauf ein.

Wie klein allerdings die relevante Skala ist, gegeben durch die Planck'sche Konstante, zeigt das Beispiel einer Atomuhr. In dieser erzeugt man einen angeregten Atomzustand, der unter Aussendung eines Photons in den Grundzustand zurückfällt. Die Lebensdauer des angeregten Zustands muss so lang wie möglich sein, sie liegt typisch im Bereich von ein paar hundertstel Sekunden. Damit lässt sich eine Frequenz im Petahertz-Bereich (10^{15} Hz) auf etwa ein tausendstel Hz festlegen. Es resultiert eine Grenze für die Genauigkeit in der Zeitmessung von etwa 10^{-18} s. Das entspricht einer Ungenauigkeit von nicht einmal einer Sekunde für das Alter des Universums von ca. 15 Mrd. Jahren.

Die Kleinheit von h erklärt auch, warum uns die Trajektorien von Teilchen wie Elektronen und Protonen in makroskopischen Dimensionen durchaus kontinuierlich vorkommen. Nehmen wir ein Blasenkammerbild wie das von Abb. 17.10 als Beispiel. Es macht die Spuren von Teilchen sichtbar als Abfolge von kleinen Bläschen in einer überhitzten Flüssigkeit. Die Bläschen reihen sich wie an einer Perlenschnur auf, es ist also keineswegs so, dass Teilchen, die als Wellen reisen, an einer Stelle verschwinden, um an einer anderen wieder aufzutauchen. Die Kontinuität der Wahrscheinlichkeit (siehe die Fußnote 31) verhindert das. Aber auch kleine Abweichungen von einer glatten Kurve bleiben unsichtbar. Das war schon dem Nobelpreisträger Neville Francis Mott (1905–1996) [294] und Heisenberg selbst [295] Ende der 1920er-Jahre aufgefallen. John S. Bell hat das Argument später aufgegriffen [376], ein Teilchenphysiker, von dem in Kap. 19 noch ausführlich die Rede sein wird.

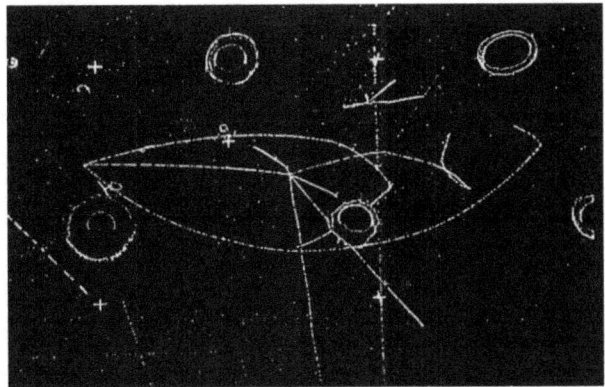

Abb. 17.10 Aufnahme des Endzustandes einer Neutrinoreaktion in der Blasenkammer Gargamelle des CERN. Die Spuren geladener Teilchen manifestieren sich durch Abfolgen kleiner Bläschen in einer überhitzten Flüssigkeit, ungeladene Teilchen sieht man nicht. Die Teilchen werden durch ein Magnetfeld auf kreisförmige Bahnen abgelenkt

Zum makroskopischen Nachweis einer Trajektorie brauchen wir mindesten ein Atom, also ein Objekt von etwa 10^{-10} m Größe. Der Winkelbereich, auf den das Heisenberg'sche Prinzip ein Teilchen eingrenzt auf seinem Weg von einem Nachweis-Atom zum nächsten, liegt dann bei einem hundertstel Grad. Sie sehen, die Kleinheit der Planck'schen Konstante macht, dass wir uns im täglichen Leben um Quanteneffekte und Heisenberg'sches Prinzip keine Sorgen zu machen brauchen.

Wir müssen noch einmal auf die Aussagen über Quantensysteme und Kausalität zurückkommen, die Einstein so sehr beschäftigt hat. Die klassische Physik ist nach Newton streng kausal. Wenn man Orte und Impulse aller Ingredienzien eines Systems einmal weiß und die Kraftgesetze kennt, ist die Entwicklung des Systems für alle Zukunft festgelegt (und seine gesamte Vergangenheit natürlich auch). Dass das für Quantensysteme nicht gelten kann, macht schon das Heisenberg'sche Prinzip klar. Die Quantenmechanik macht Aussagen über die Entwicklung der Wellenfunktion in Wahrscheinlichkeiten. Sie legt sozusagen eine Karte der Möglichkeiten an, aus denen kann das System „wählen". Aber nicht frei, sondern nach Maßgabe der berechenbaren Wahrscheinlichkeiten. Damit das aber nicht zu anschaulich wird, macht die Quantenmechanik nur Aussagen über die Wellenfunktion, erst deren Quadrat ist dann die Wahrscheinlichkeit pro Volumeneinheit, die wir mit wiederholten Messungen nachmessen können. Wenn wir mit der klassischen elektromagnetischen Welle vergleichen, wird der Unterschied klar. Dort sind die elektrischen und magnetischen Felder der Wellenfunktion messbar, ihr

Quadrat bestimmt die Intensität der Welle. Hier ist die Amplitude der Quantenwelle nicht messbar, nur ihre Intensität hat eine direkte physikalische Bedeutung. Ich nenne die Wellenfunktion gern eine Wahrscheinlichkeitsamplitude, um die Analogie zur klassischen Welle auszunutzen.

Teilchen und Welle

Über die Bedeutung der Wellenfunktion selbst gibt es auch nach über hundert Jahren keine Einigkeit. Ich bin sicherlich nicht in der Lage, Ihnen einen Überblick über die vielen Interpretationen der Quantenmechanik zu geben, die seit ihren Anfängen aufgetaucht sind. Für eine vertiefte Beschäftigung damit empfehle ich Ihnen die einleitenden Artikel von Franck Laloë [597] und Wayne C. Myrvold [599] aus dem dicken Wälzer *The Oxford Handbook of the History of Quantum Interpretations*. Ich will Ihnen nur kurz meine sehr naive Sicht formulieren darüber, was „wirklich" in einem Quantensystem passiert, damit Sie mir widersprechen können.

Meiner Meinung nach gibt es mindestens zwei Aspekte der Quantenmechanik, die im Mittelpunkt ihrer Interpretationen und der Diskussion ihrer Schwierigkeiten stehen oder zumindest stehen sollten. Zum einen, ob die Wellenfunktion real ist, zum anderen, welche Rolle sie bei der Wechselwirkung von Teilchen spielt. Im ersten Fragenkreis geht es darum, was die Wellenfunktion „wirklich" bedeutet. Ich habe sie oben eine Wahrscheinlichkeitsamplitude genannt. Diese probabilistische Bezeichnung hat die gleiche Bedeutung wie die Amplitude in klassischen Wellen: Sie beschreibt eine Größe, die sich in der Raumzeit entwickelt, wie die Schrödinger-Gleichung vorgibt. Ihr Quadrat gibt Ihnen für jeden Punkt in der Raumzeit die Wahrscheinlichkeit an, dass sich das Quant dort befindet, genauso wie das Quadrat der Amplitude der elektromagnetischen Welle ihre Intensität an jedem Punkt in der Raumzeit angibt. Der Unterschied besteht natürlich darin, dass die Amplituden einer elektromagnetischen Welle beobachtbare elektrische und magnetische Felder sind, während die Wahrscheinlichkeitsamplitude nur über ein Produkt mit sich selbst oder mit einer anderen Welle beobachtbar ist.

Eine Wahrscheinlichkeit ist mathematisch gesehen ganz einfach eine reelle Zahl zwischen null und eins. Für das Verständnis von Wahrscheinlichkeiten gibt es zwei Ansätze, die man frequentistisch und bayesianisch nennt. In der frequentistischen Sicht macht die Wahrscheinlichkeit einer Aussage nur Sinn, wenn sie einen wiederholbaren Vorgang betrifft. Die Wahrscheinlichkeit gibt dann das Verhältnis an aus der Anzahl Fälle, in denen die Aussage zutrifft, und der Gesamtzahl der Versuche. Für einen Frequentisten ist der

Satz in der Wettervorhersage, dass es morgen mit 30 % Wahrscheinlichkeit regnet, sinnlos. Schließlich gibt es nur ein Morgen. In der bayesianischen Interpretation ist dagegen die Wahrscheinlichkeit ein Maß für die Sicherheit einer Erwartung. Sie quantifiziert einen Wissensstand. Und dann ist die Wettervorhersage mit Regenwahrscheinlichkeit absolut sinnvoll.

Für einen Frequentisten kann die Beobachtung eines Quants als Einzelfall eines sich wiederholenden Messvorgangs interpretiert werden. Nur eine große Anzahl von Messungen unter identischen Bedingungen würde die Wahrscheinlichkeit der Anwesenheit des Quants als Funktion von Raum und Zeit abbilden. Daher ist die Frage, wo das Teilchen war, bevor ich seine Position gemessen habe, bedeutungslos. Und mindestens auf diese Aussage könnten sich die Väter der sogenannten Kopenhagener Interpretation der Quantenmechanik, Born, Bohr und Heisenberg, wohl einigen. Heisenberg schrieb in seinem Aufsatz *The Development of the Interpretation of the Quantum Theory* [341]:[35]

> „Die Kopenhagener Interpretation basiert in der Tat auf der Existenz von Prozessen, die einfach räumlich und zeitlich, also mit klassischen Konzepten, beschrieben werden können und somit unsere „Wirklichkeit" im eigentlichen Sinne ausmachen. Wenn wir versuchen, hinter diese Realität in die Details atomarer Ereignisse vorzudringen, lösen sich die Konturen dieser „objektiv realen" Welt auf – nicht im Nebel einer neuen und noch unklaren Vorstellung von Realität, sondern in der transparenten Klarheit der Mathematik, deren Gesetze das Mögliche und nicht das Wirkliche regeln."

Deshalb weigerte er sich, weiterzugehen und zu diskutieren, in welchem Sinn die Wellenfunktion „real" ist. In seiner Einleitung zur englischen Ausgabe von Heisenbergs „Physik und Philosophie" [351] verschärft Paul Davies diese Aussage: „Die Realität liegt in den Beobachtungen, nicht im Elektron".[36]

Ein Versuch, die Wellenfunktion mit den Hilfsmitteln der klassischen Physik zu verstehen, stammt von Louis de Broglie [289], aufgegriffen von David Bohm [336, 337] in den 1950er-Jahren. Er wird manchmal als Pilotwelleninterpretation bezeichnet. De Broglie interpretierte die Wellenfunktion als Pilot, der alle möglichen Wege beschreibt, die ein Teilchen nehmen kann. Ihre

---

[35] *The Copenhagen interpretation is indeed based upon the existence of processes which can be simply described in terms of space and time, i.e. in terms of classical concepts, and which thus compose our "reality" in the proper sense. If we attempt to penetrate behind this reality into the details of atomic events, the contours of this "objectively real" world dissolve—not in the mist of a new and yet unclear idea of reality, but in the transparent clarity of mathematics whose laws govern the possible and not the actual.*

[36] *...the reality is in the observations, not in the electron.*

Entwicklung aus einem Anfangszustand wird durch die Bewegungsgleichung für Quanten beschrieben, die Schrödinger-Gleichung im nicht relativistischen Fall. Das Teilchen nimmt dann einen bestimmten Weg, der in der Messung aufgedeckt wird. Dies ist eine Vorstellung, die einem Bayes'schen Statistiker gefallen würde. Bohm hatte einen ähnlichen holistischen Ansatz. Beider Theorie ist ausdrücklich nicht lokal, aber jedes Teilchen hat zu jedem Zeitpunkt eine bestimmte Position.

Bohm und de Broglie vermuteten hinter dem Mangel an „vollständiger Bestimmung" in der Quantenmechanik das Wirken sogenannter versteckter Variablen, die – wenn sie denn aufgedeckt werden könnten – die Kausalität, die Einstein so wichtig war, wiederherstellen würden. Darin können wir ihnen aber sicher nicht folgen. Dass versteckte Variable nicht existieren, haben Experimente zur Bell'schen Ungleichung, die wir in Kap. 19 diskutieren, eindeutig gezeigt. Man muss sich also mit dem Wahrscheinlichkeitscharakter der Quantenmechanik abfinden. Welchen der von der Pilotwelle vorgezeichneten Wege ein Teilchen nimmt, bestimmt der Zufall nach Maßgabe von Wahrscheinlichkeiten und keine versteckten Variablen. Vielleicht erklärt deren Postulat aber wenigstens teilweise, wie Bohm in seinem späteren Leben in etwas esoterische Gedankengänge abgeglitten ist [455].

Der nicht lokale Charakter der Wellenfunktion ist dagegen experimentell vielfältig bestätigt und technisch nutzbar. Roger Penrose fasst die Bedeutung der Wellenfunktion für ein einzelnes Teilchen in seinem Meisterwerk *The Road to Reality* so zusammen [494, S. 512]:[37]

„Wir müssen denken, dass die ganze Welle nur ein einzelnes Teilchen beschreibt (oder „ist"). Obwohl sie definitiv die Wahrscheinlichkeit bestimmt, dass ein Lichtpunkt an verschiedenen Orten des Schirms erscheint, bezieht sich diese Wahrscheinlichkeit auf dieses einzige Teilchen. Die Interpretation wird nicht funktionieren, wenn wir die Wellenfunktion in lokaler Weise auffassen, als ob sie Wahrscheinlichkeiten zur Bildung eines Lichtpunkts unabhängig bei jeder verschiedenen Position auf dem Schirm beschriebe. Wir müssen die Wellenfunktion als ein Ganzes auffassen. Wenn sie einen Lichtpunkt an einem

---

[37] *We have to think of the entire wave as describing (or 'being') just a single particle. Although it does, in a definite sense, determine the probability that a spot will occur at the various places on the screen, this probability refers to just the one particle. The interpretation will not work if we think of the wavefunction in a local way, as independently providing a probability of spot formation at each separate place on the screen. We must think of the wavefunction as one entire thing. If it causes a spot to appear at one place, it has done its job, and this apparent act of creation forbids it from causing a spot to appear somewhere else as well. Wavefunctions are quite unlike the waves of classical physics in this important aspect. The different parts of the wave cannot be thought of as local disturbances, each carrying on independently of what is happening in a remote region. Wavefunctions have a strongly non-local character, in this sense they are completely holistic entities..*

Ort auslöst, hat sie ihre Schuldigkeit getan, und dieser ersichtlich kreative Akt verhindert, dass der Lichtpunkt irgendwo anders auf dem Schirm erscheint. Wellenfunktionen sind in diesem wichtigen Aspekt sehr verschieden von den Wellen der klassischen Physik. Die verschiedenen Teile der Welle können nicht als lokale Störungen gedacht werden, die sich unabhängig davon fortpflanzen, was in entfernten Regionen geschieht. Wellenfunktionen haben einen stark nicht lokalen Charakter, in diesem Sinn sind sie vollständig ganzheitliche Größen."

Bei Systemen mit mehr als einem Teilchen führt dieser ganzheitliche Charakter der Wellenfunktion zum Phänomen der Verschränkung, das uns ebenfalls in Kap. 19 beschäftigen wird.

Der zweiten Fragenkreis betrifft die Wechselwirkung zwischen Quanten und zwischen Quanten und makroskopischer Materie. Zunächst einmal gibt es einen fundamentalen Unterschied zwischen klassischen und Quantenkräften. Wenn ein klassisches Teilchen einem Kraftfeld ausgesetzt ist, hat es keine andere Wahl, als mit dem Feld zu wechselwirken, wie schwach auch immer. Auf dem Quantenniveau ist das anders. Ein Elektron kann mit einem Photon wechselwirken, es kann es aber auch lassen. Und Letzteres ist sogar der Normalfall, Wechselwirkungen sind rare Phänomene. Die Wahrscheinlichkeit für eine Wechselwirkung ist die fundamentale Observable der Teilchenphysik. Wir kommen im nächsten Kapitel darauf zurück.

Wie sieht es nun aus mit der Wechselwirkung eines Quants mit makroskopischer Materie, also mit einem Messvorgang? Wenn Sie in einem Experiment den Schirm hinter einem Doppelspalt aufleuchten sehen, haben Sie keinen Zweifel, dass ein einzelnes Lichtquant an diesem Ort aufgetroffen ist. Lassen Sie ein bisschen Zeit vergehen und senden Sie ein weiteres einzelnes Lichtquant und so fort [543]. Wenn Sie geduldig die Häufigkeitsverteilung der Lichtpunkte aufzeichnen, werden Sie ein Interferenzmuster erkennen, wie es Alain Aspect und seine Mitarbeiter [417] mit einzelnen Photonen beobachtet haben (siehe Abb. 17.7). Da nie mehr als ein Photon den Doppelspalt gleichzeitig passiert hat, müssen die Quanten mit sich selbst interferiert haben. In der Pilotwelleninterpretation ist das klar, weil die gesamte Wellenfunktion jedes einzelnen Photons alle Möglichkeiten enthält: Passage durch den einen Spalt und (nicht oder!) durch den anderen Spalt, beide Wege ununterscheidbar. Trotzdem trifft auf dem Schirm jedes einzelne Photon an einem bestimmten Ort auf. Man sagt, die Wellenfunktion „kollabiert" bei einer Messung in ein punktförmiges Teilchen. Plakativ gesagt, reisen also Photonen als Welle und kommen als Teilchen an. Dieser scheinbare Widerspruch ist demnach gar keiner. Es gibt den von Menschen künstlich konstruierten Unterschied zwischen Teilchen und Welle einfach nicht. Wir haben keinerlei sinnliche

Erfahrung, die auf Quantenphänomene übertragbar wäre. Also ist unsere künstliche Charakterisierung vom Augenschein gedeckt, bei näherem Hinsehen aber unhaltbar.

Allerdings ist die Grenze zwischen quantenmechanischer und klassischer Domäne nicht gut definiert. Wo endet die Beschreibung der Evolution eines Systems durch die Schrödinger-Gleichung und wo beginnt die Beobachtung mit Instrumenten, die der klassischen Physik unterliegen? Roger Penrose führt dazu zwei getrennte Operatoren ein, einen Operator U, der die quantenmechanische Evolution kontinuierlich beschreibt, und einen anderen R, der für die probabilistische Reduktion auf ein Teilchen zuständig ist. Wo die Grenze zwischen beiden liegen sollte, definiert John S. Bell wie folgt [376]: „Packe ausreichend viel in das Quantensystem, sodass mehr die praktischen Voraussagen nicht signifikant ändern würde".[38] Für Philosophen ist das vielleicht unbefriedigend, für mich reicht es.

Wenn auch die Materie als Welle reist, müssen auch massebehaftete Teilchen interferieren können. Elektronen, Atomkerne und ihre Bestandteile, ja, ganze Atome und Moleküle müssen sich wie Wellen verhalten. Diese Idee stammt von Louis de Broglie (1892–1987), der uns schon im Zusammenhang mit der Pilotwellentheorie begegnet ist. In seiner Dissertation von 1924, *Recherches sur la théorie des quanta* [278] erweiterte er die Beziehungen zwischen den Teilcheneigenschaften Energie und Impuls auf der einen Seite und den Welleneigenschaften Frequenz und Wellenlänge auf der anderen Seite, die Planck und Einstein für Photonen gefordert hatten, auf die gesamte Materie. Ein Teilchen hat demnach wie das Licht eine Wellenlänge, die dem Produkt aus Impuls und Planck'scher Konstante entspricht. Für Materie wird sie de-Broglie-Wellenlänge genannt. Für Elektronen wurde diese Hypothese noch in den 1920er-Jahren durch eine Serie von Experimenten bestätigt. Clinton Davisson (1881–1958) und Lester Germer (1896–1971) haben sie zwischen 1923 und 1927 am Labor der Firma Western Electric (später Bell Labs) durchgeführt. Sie demonstrierten, dass an einem Kristallgitter gestreute Elektronen ein Beugungsmuster wie das von Photonen zeigen [290]. Louis de Broglie wurde 1929 mit dem Nobelpreis ausgezeichnet, Clinton Davisson 1937. Nach dem Zweiten Weltkrieg, als die Wissenschaft mit dem Rest von Europa in Trümmern lag, gehörte de Broglie zu den visionären Gründervätern des CERN.[39]

---

[38] *Put sufficiently much into the quantum system that the inclusion of more would not significantly alter practical predictions.*

[39] Siehe: https://timeline.web.cern.ch/timeline-header/89.

Richard Feynman verortet in der Interferenz einzelner Teilchen die Essenz der Quantenmechanik [355, Kap. 1] und nennt sie „ein Phänomen, das unmöglich, absolut unmöglich in irgendeiner klassischen Weise erklärt werden kann und das in sich das Herz der Quantenmechanik birgt".[40] Und er hat auch gleich noch einen Experimentvorschlag parat, ein Doppelspaltexperiment mit Elektronen, das er allerdings in den 1960er-Jahren nur als Gedankenexperiment für realisierbar hielt. Das hat natürlich den Experimentatoren keine Ruhe gelassen. Seit den Fortschritten in der Herstellung von Nanostrukturen lassen sich Spalte mit winzigen Dimensionen und Abständen herstellen, sodass nicht nur für Elektronen [514, 571], sondern auch für Atome [434], ja sogar für C60-Moleküle [482] Interferenz festgestellt werden kann, bei de-BroglieWellenlängen zwischen dem Nano- und dem Picometer-Bereich.

Bei alle ihre Erfolgen bleibt die Quantenmechanik einige Antworten schuldig. Sie enthält keinen Mechanismus, der die Zahl der Teilchen – inklusive Photonen – in einem geschlossenen System ändert. Aber Photonen werden von Atomen absorbiert und ausgesandt, ihre Zahl ist nicht erhalten. Und spätestens seit der Entdeckung des Positrons wissen wir auch, dass Teilchen in Paaren entgegengesetzter Ladung erzeugt und vernichtet werden können. Erwin Schrödinger schlug deshalb vor [288], die Teilchendichte mit der Ladungsdichte zu ersetzen. Damit ist die elektrische Gesamtladung erhalten, nicht die Anzahl geladener Teilchen, und Photonen sind ausgenommen, weil sie keine Ladung tragen. Wir werden diesen „Trick" im nächsten Kapitel wiederfinden, aber mit einer ganz anderen Begründung.

Das zweite Manko der Quantenmechanik ist die Tatsache, dass sie den dynamischen Teil des Elektromagnetismus, den die Maxwell-Gleichungen enthalten, nicht nutzt. Zwar wird das Photon als elektromagnetische Welle beschrieben, aber wie z. B. das Potenzial zustande kommt, in dem atomare Elektronen ihre stationären Zustände bilden, wird nicht behandelt. Der Name ist also korrekt gewählt, es handelt sich um Mechanik, eine Bewegungslehre für Quanten, die herrschenden Kräfte werden als gegeben behandelt. Das ändert sich mit der Quantenfeldtheorie, von der wir jetzt sprechen wollen. Ihre Geschichte ist eng verwoben mit derjenigen der Quantenmechanik und ich werde nicht versuchen, das Gewirr aufzudröseln. Stattdessen rapportiere ich die konzeptionellen Aspekte, die für unser Thema wichtig sind. Dabei orientiere ich mich nicht an der Chronologie der Erkenntnisse, sondern an ihrem logischen Zusammenhang.

---

[40] *We choose to examine a phenomenon which is impossible, absolutely impossible, to explain in any classical way, and which has in it the heart of quantum mechanics.*

| 1831 | 1841 | **1851** | 1861 | 1871 | 1881 | 1891 | **1901** | 1911 | 1921 | 1931 | 1941 | **1951** | 1961 | 1971 | 1981 | 1991 | **2001** | 2011 | 2021 | 2031 |

Lorenz
1829 - 1891

Breton
1896 - 1966

Planck
1858 - 1947

Sommerfeld
1868 - 1951

Lenard
1868 - 1934

't Hooft
1946 - Present

Stark
1874 - 1957

Einstein
1879 - 1955

Noether
1882 - 1935

Franck
1882 - 1964

Schrödinger
1887 - 1961

Chaplin
1889 - 1977

Compton
1892 - 1962

Gordon
1893 - 1939

Klein
1894 - 1977

Kästner
1899 - 1974

Pauli
1900 - 1958

Rühmann
1902 - 1994

Dalí
1904 - 1989

Weisskopf
1905 - 2002

Stückelberg
1905 - 1984

Anderson
1905 - 1991

Tomonaga
1906 - 1979

Möllenstedt
1912 - 1997

Bohm
1917 - 1992

Feynman
1918 - 1988

Schwinger
1918 - 1994

Dyson
1923 - 2020

Chambers
1924 - 2016

Veltman
1931 - 2021

Aharonov
1932 - Present

Weinberg
1933 - 2021

18

Quantenfelder

Das Photon ist das einzige Teilchen, das als Feld bekannt war, bevor es als Teilchen entdeckt wurde. Es ist daher natürlich, dass der Formalismus der Quantenfeldtheorie zuerst im Zusammenhang mit Strahlung entwickelt und erst später auf andere Teilchen und Felder angewandt werden sollte.

Steven Weinberg, 1995 [445, S. 15]

Nach dem Krieg ist vor dem Krieg. Das galt mindestens für die Zeit zwischen den beiden Weltkriegen des 20. Jahrhunderts. Im Oktober 1929 brach die Weltwirtschaftskrise aus mit dem „Schwarzen Freitag" an der New Yorker Börse und breitete sich wie eine Druckwelle über alle Industriestaaten aus. Ein starker Rückgang der Industrieproduktion, des Welthandels und der internationalen Finanzströme war die Folge. Zahllose Konkurse, Massenarbeitslosigkeit und soziale Verelendung polarisierten die Gesellschaft. Den USA half Präsident Roosevelts Wirtschaftspolitik des *New Deal* zwischen 1933 und 1938 aus der Talsohle, die Demokratie konnte bewahrt werden. Gleichzeitig war die Periode der Prohibition beendet, dem Gangstertum war ein Teil seines Nährbodens entzogen. Al Capone in Chicago wanderte ins Gefängnis.

In der deutschen Literatur verarbeiteten z. B. Erich Kästner und Hans Fallada die Folgen der Wirtschaftskrise. Kästner schilderte in seinem Roman „Fabian" von 1931 seinen Protagonisten auf dem Höhepunkt der Krise als Lebenskünstler mit Galgenhumor, aber tragischem Ende. Hans Fallada beschrieb in seinem Roman „Kleiner Mann – was nun?" 1932 den rasanter Abstieg seines Titelhelden in die Arbeitslosigkeit.

© Der/die Autor(en), exklusiv lizenziert an Springer-Verlag GmbH, DE, ein Teil von Springer Nature 2025

M. Pohl, *Licht*, https://doi.org/10.1007/978-3-662-70486-8_18

In Europa waren die jungen Demokratien nicht stabil. In Italien bildeten die Faschisten nach dem sogenannten Marsch auf Rom 1922 eine Koalitionsregierung mit Enrico Mussolini als Ministerpräsidenten, die ab 1925 in eine Einparteiendiktatur mündete. In Deutschland erreichte die NSDAP bei den Reichstagswahlen von 1932 die meisten Stimmen, 1933 ernannte Reichspräsident Paul von Hindenburg Adolf Hitler zum Reichskanzler. Das Ende der Weimarer Republik nahm seinen Lauf. In Spanien gingen die Faschisten von Francisco Franco mit Unterstützung ihrer deutschen und italienischen Bundesgenossen aus dem Bürgerkrieg von 1936 bis 1939 siegreich hervor. Die Zweite Spanische Republik ging unter, Franco errichtete eine Diktatur, die bis 1975 überlebte. In Portugal baute António de Oliveira Salazar den *Estado Novo* auf, eine autoritäre Diktatur, die bis zur „Nelkenrevolution" von 1974 bestand.

In der populären Musikkultur waren die 1920er- und 30er-Jahre die große Zeit der Big Bands und des Swing. Bandleader wie Benny Goodman oder Timmy Dorsey unterhielten die Welt, Ausnahmekünstler wie Louis Armstrong oder Billy Holiday feierten Triumphe. In Frankreich spielte Boris Vian Jazztrompete in verschiedenen Formationen und schrieb neben seinen Kultromanen für zahlreiche Musikzeitschriften. In Deutschland und auch international zählte das Männerensemble Comedian Harmonists zwischen 1928 und 1934 zu den erfolgreichsten Formationen. Filme wie Charly Chaplins „Lichter der Großstadt" und die Slapstick-Komödien der Marx-Brothers zogen die Massen in die Kinos. Der „Blaue Engel" von 1929/30 mit Marlene Dietrich ist noch heute Kult. Filme mit Heinz Rühmann und Hans Albers waren nicht nur in Lichtspieltheatern erfolgreich, viele Lieder aus diesen Streifen wurden zu Volksgut. Rühmann war trotz guter Verbindungen zu Propagandaminister Goebbels und Reichsmarschall Göring kein Nazi und wurde auch weder damals noch nach dem Zweiten Weltkrieg so wahrgenommen. Albers lebte mit Hansi Burg zusammen, die aus einer prominenten jüdischen Künstlerfamilie stammte. Formal trennten sich die beiden auf Druck der Nazis. Burg emigrierte über die Schweiz nach England, erst nach dem Krieg lebten die beiden wieder zusammen.

In der bildenden Kunst waren abstrakte Malerei und Surrealismus bedeutende Strömungen der Zeit. Ein Beispiel für Letzteres ist das kleine Gemälde von Salvador Dalí „Die Beständigkeit der Erinnerung" von 1931. Surrealismus war eine mindestens europaweite Bewegung in Auflehnung gegen überkommene Normen. Sie hatte auch politische Dimensionen, wie sich in André Bretons „Zweitem surrealistischen Manifest" von 1930 zeigte, das klare Stellung gegen den Faschismus bezog. Pablo Picasso schuf für den spanischen Pavillon auf der Pariser Weltausstellung von 1937 sein bewegendes Antikriegsgemälde „Guernica", eine Reaktion auf die Bombardierung seiner baskischen Heimat durch Nazi- und Franco-Truppen im spanischen Bürgerkrieg.

Es erstaunt nicht, dass diese Art von Kunst im engstirnigen Verständnis von Nationalsozialisten und Faschisten keinen Platz hatte. Schon am 10. Mai 1933 wurden in deutschen Städten tausende Bücher verbrannt. Diese „Aktion wider den undeutschen Geist" der nationalsozialistisch dominierten Deutschen Studentenschaft richtete sich gegen jüdische und andere verfemte Autorinnen und Autoren.[1] Unter der Parole von der „entarteten Kunst" bekämpften die neuen Machthaber alle Formen von modernem Kunstschaffen. Auftakt zu einer groß angelegten Säuberungswelle war die Schließung der Neuen Abteilung in der Berliner Nationalgalerie im Oktober 1936. In der Folge wurden aus im öffentlichen Besitz befindlichen Museen „Produkte der Verfallszeit" entfernt, viele davon vernichtet. Parallel dazu erging ein totales Verbot jeglicher Kunst der Moderne, das Siegfried Lenz zum zentralen Motiv seines Romans „Deutschstunde" von 1968 gemacht hat.

Auch der Wissenschaftsbetrieb wurde von dieser rassistischen und nationalistischen Grundwelle erfasst. Ich nehme als Beispiel das Verhalten zweier Nobelpreisträger, Philipp Lenard und Johannes Stark, die sich schon im Ersten Weltkrieg hervorgetan hatten, wie wir im vorangegangenen Kapitel gesehen haben.

Abschweifung: „Arische" Physik

Lenard und Stark hatten schon früh eine Verbindung zur NSDAP. Während Adolf Hitler in der Festung Landsberg eingesperrt war und sein programmatisches Buch „Mein Kampf" schrieb, veröffentlichten sie einen Aufsatz mit dem Titel „Hitlergeist und Wissenschaft" [277]. In pathetischer Rhetorik bekennen sie sich zur nationalsozialistischen Bewegung, „wobei Hitler die Trommel rührt". Die Zeitung „Der Sozialdemokrat" machte sich prompt lustig über den Artikel des „berüchtigten Lenard aus Heidelberg" [276], der es wage, Hitler, Geist und Wissenschaft in einem Atemzug zu nennen. Der Artikel sei aber ein „journalistisches Schwerfuhrwerk", vor das man gleich zwei Professoren spannen musste. Der geborene Ungar Lenard war klarer Antisemit. Bei Stark wird auch in seinen späteren Schriften aus dem Dritten Reich [304, 305] deutlich, dass er überzeugter Nationalsozialist war, Ties Behnke nennt ihn den

---

[1]Siehe https://www.bpb.de/kurz-knapp/hintergrund-aktuell/268884/tag-des-buches-erinnerung-an-die-ns-buecherverbrennungen-vor-85-jahren/.

politischen Kopf der „arischen" Physik [406]. Wie Lenard setzte er „jüdische" Physik praktisch mit theoretischer Physik gleich und versuchte dagegen, einen „nordischen" experimentellen Zugang in Stellung zu bringen. Der alte unsinnige Konflikt zwischen theoretischer und experimenteller Physik lebt hier wieder auf, fortschrittsfeindliche und antisemitische Vorurteile sind vereint. Die einzige zusammenhängende Schrift zum Thema ist allerdings Lenards vierbändiges Lehrbuch „Deutsche Physik" [311] geblieben. Die Bewegung der „arischen" Physik hatte nur eine Handvoll zweitklassiger Anhänger, meist unter Lenards eigenen Studenten und Mitarbeitern.

Der zunehmende Antisemitismus begann aber bald, prominente Wissenschaftler anzugreifen, darunter Albert Einstein. Als Hitler 1933 Reichskanzler wurde, beschloss Einstein, von einem Besuch in den USA nicht zurückzukehren. Stark wurde gegen den Rat von Experten zum Präsidenten der Physikalisch-Technischen Reichsanstalt ernannt. Außerdem wurde er 1934 Präsident der DFG. Im Mai 1933 traf Planck Hitler und versuchte, zugunsten seiner jüdischen Kollegen einzugreifen. Umsonst. Die Gleichschaltung der deutschen Wissenschaft mit der nationalsozialistischen Macht schritt voran. Planck gab 1938 endgültig alle offiziellen Ämter auf. Die NS-Regierung und -Partei versuchten, die linientreue Besetzung akademischer Positionen durchzusetzen, jedoch mit begrenztem Erfolg.

Die Verfolgung der Juden in Deutschland nahm dagegen verhängnisvollen Schwung auf, als am 9. November 1938 ein organisiertes Pogrom von paramilitärischen SA-Kräften und Zivilisten jüdische Häuser, Krankenhäuser, Geschäfte und Schulen verwüstete. In ganz Deutschland wurden mehr als 250 Synagogen zerstört. Zehntausende jüdische Männer wurden in Konzentrationslagern inhaftiert. Über die Ereignisse wurde weltweit ausführlich berichtet. Der Korrespondent des Telegraf schrieb am 11. November [313]:[2]

„Heute wurde Deutschland von einem offiziell genehmigten Pogrom von beispielloser Brutalität und Grausamkeit heimgesucht. Von den frühen Morgenstunden bis weit in die Nacht hinein besiegelt es die Ächtung des deutschen Judentums endgültig. Den ganzen Nachmittag und Abend lang herrschte in Berlin das Gesetz des Mobs und Horden von Hooligans frönten einer Orgie der Zerstörung. Ich habe in den letzten fünf Jahren mehrere antijüdische Ausbrüche in Deutschland erlebt, aber noch nie etwas so Ekelhaftes wie diesen."

---

[2] *An officially countenanced pogrom of unparalleled brutality and ferocity swept Germany today. Beginning in the early hours of this morning and continuing far into tonight, it puts the final seal to the outlawry of German Jewry. Mob law ruled in Berlin throughout this afternoon and evening and hordes of hooligans indulged in an orgy of destruction. I have seen several anti-Jewish outbreaks in Germany during the last five years, but never anything as nauseating as this.*

Der Exodus der deutschen Juden hatte begonnen, als Hitler an die Macht kam. Nun beschleunigte er sich.[3] Bis 1935, als die sogenannten Nürnberger Rassengesetze in Kraft traten, waren nach einer von der „Notgemeinschaft deutscher Wissenschaftler im Ausland" erstellten Liste etwa 65.000 jüdische Bürger ausgewandert, darunter etwa 1600 Gelehrte. Die Nürnberger Gesetze formalisierten die Politik, Juden, Sozialisten, Kommunisten und andere unliebsame Akteure aus dem öffentlichen Dienst zu entfernen. Dies führte bis 1936 zur Entlassung von mehr als 1600 Universitätsprofessoren, etwa 20 % des gesamten Lehrpersonals, darunter 124 Physiker, wiederum nach Angaben der „Notgemeinschaft". Bis 1942 wurden etwa 330.000 weitere Juden vertrieben, sie mussten ihr gesamtes Hab und Gut zurücklassen. Nach dem „Anschluss" Österreichs im Jahr 1938 kamen 150.000 österreichische Juden zu den Zwangsaussiedlern dazu.

Die Rassensäuberungen an den Universitäten betrafen aufgrund ihrer Größe und liberalen Ausrichtung vor allem die Physikfakultäten in Berlin und Göttingen. Laut Hentschel [446] hat dies die wissenschaftliche Produktion in Deutschland praktisch um die Hälfte reduziert, wie die Bibliometrie offenlegt. Darüber hinaus stellt er fest, dass „die Zahl der Arbeiten künftiger Emigranten positiv mit der Neuheit der Themen und negativ mit der Konservativität einer Zeitschrift korreliert". Der Verlust war also größer, als die reinen Zahlen vermuten lassen, da die innovativeren Physiker ausgewandert waren. Auch die Technik litt. Zwischen 1930 und 1940 halbierte sich die Zahl der Patente nahezu. Schrödinger, Franck und Haber verließen ihre Positionen aus Protest gegen die Nazi-Politik, Sommerfeld ging 1939 nach Oxford.

Bevorzugte Aufnahmeländer der Expatriates waren Großbritannien mit etwa 10 % und insbesondere die USA mit fast 50 %. Unmittelbar nach Beginn der Massenauswanderung wurden in vielen Ländern Hilfsorganisationen gegründet. Darüber hinaus taten einflussreiche Persönlichkeiten wie Rudolf Ladenburg, Eugene Wigner, Einstein und Weyl ihr Bestes, um vertriebenen Kollegen zu helfen. Trotz der Schwierigkeiten vieler Emigranten, sich in ihren Aufnahmeländern zu integrieren, profitierten diese sowohl quantitativ als auch qualitativ eindeutig vom Zustrom an Intelligenz. Vor allem die USA mit ihrem schnell wachsenden Forschungs- und Entwicklungssektor in der Kernphysik boten viele Möglichkeiten für neu ankommende Physiker. Trotz strenger Sicherheitskontrollen schlossen sich viele von ihnen dem Nuklearwaffenprogramm an, nachdem die USA 1941 in den Krieg eingetreten waren.

---

[3]Hentschel [446] hat die verfügbaren Statistiken zur Auswanderung im Allgemeinen und zur Auswanderung von Wissenschaftlern im Besonderen zusammengestellt. Die hier genannten Zahlen basieren auf seinen Erkenntnissen.

In der Zeit zwischen 1939 und 1941 eskalierte die Politik der NS-Regierung von der Zwangsauswanderung zum Massenmord [508]. Im Januar 1942 formulierten Nazi-Funktionäre auf der Wannsee-Konferenz in der Nähe von Berlin den Plan für eine „Endlösung der Judenfrage", der im Holocaust gipfelte, bei dem zwei Drittel der jüdischen Bevölkerung in Europa ermordet wurden. Bruno Tesch, ein ehemaliger Schüler von Fritz Haber, war maßgeblich an der Vernichtung von Menschen im industriellen Maßstab beteiligt. Das von ihm mitbegründete Hamburger Unternehmen Tesch & Stabenow lieferte die körnigen Blausäurepatronen (HCN) unter dem Markennamen Cyclon B in die Gaskammern. Bis 1945 überlebten in Deutschland nur etwa 25.000 Juden von einer ursprünglichen Bevölkerung von mehr als 560.000. Tesch und sein Stellvertreter Weinberger wurden 1946 von einem britischen Militärgericht zum Tod verurteilt und hingerichtet. Prominente Führer des nationalsozialistischen Deutschlands, die den Holocaust und andere Kriegsverbrechen geplant und durchgeführt hatten, wurden kurz nach dem Krieg vor einer Reihe von Militärgerichten in Nürnberg vor Gericht gestellt. Die strafrechtliche Verfolgung des KZ-Personals dauert bis heute an.

Es ist hier nicht möglich, die Gesamtzahl der Todesopfer im Zweiten Weltkrieg ernsthaft zu schätzen [533]. In Europa starben Dutzende Millionen Menschen, darunter sechs Millionen Juden und andere Opfer des Holocaust. Der Verlust an Menschenleben im Pazifikkrieg war ebenso schrecklich, insbesondere in China, wo während der japanischen Besatzung schätzungsweise 15 bis 20 Mio. Menschen starben. Die Gesamtzahl der Todesopfer wird oft mit etwa 65 Mio. Menschen angegeben, wobei allein in der Sowjetunion etwa 27 Mio. Opfer zu beklagen waren. Ein kleiner, aber nicht vernachlässigbarer Teil war Opfer des ersten und bisher einzigen Einsatzes von Kernwaffen. Die Rolle der Kernphysik bei deren Entwicklung habe ich anderswo beschrieben [600, Kap. 6].

Johannes Stark war wohl der einzige deutsche Nobelpreisträger, der sich nach Kriegsende einer Spruchkammer zur „Entnazifizierung" stellen musste [410]. In erster Instanz wurde er – wohl hauptsächlich aufgrund lokaler Querelen – als Hauptschuldiger eingeordnet und zu vier Jahren Arbeitslager verurteilt. In der Haft erlitt er einen Tag nach seiner Verurteilung einen Schlaganfall. Das Revisionsverfahren beschäftigte sich genauer mit seinen professionellen Aktivitäten, Sommerfeld, von Laue und Einstein äußerten sich schriftlich dazu. Für Letzteren war Stark „ein höchst egozentrischer Mensch von ungewöhnlich starkem Geltungsbedürfnis". Die Kammer konnte allerdings kaum etwas strafrechtlich Relevantes feststellen, vielmehr hinterließ die Beweisaufnahme den Eindruck eines Konflikts unter Kollegen. In ihrem

Beschluss korrigierte sie die erste Instanz und stellte Stark einen „Persilschein" gegen Zahlung von 1000 DM Strafe aus.

Stark selbst äußerte sich in einer Antwort [323] auf einen polemischen Artikel in der Mitgliederzeitschrift „Physikalische Blätter" der DPG [320]. Nicht nur, dass er für sich in Anspruch nahm, schlimmere Übergriffe der NS-Diktatur auf die Wissenschaft verhindert zu haben. Etwa die Organisation der Forschung in „Säulen", die nach dem Führerprinzip geleitet werden sollten, oder die Gründung einer nationalen Akademie unter der Leitung von 34 „Wissenschaftsführern". Er stilisierte sich darüber hinaus zu einem unerschrockenen Kämpfer für die Freiheit der Wissenschaft, in eklatantem Widerspruch zu seinen wiederholten Aufrufen, die Wissenschaft von Juden zu säubern und die Reihen hinter dem Führer zu schließen. Max von Laue mochte Starks Selbsteinordnung nicht so stehen lassen und veröffentlichte daran gleich anschließend [322] den Text einer Rede, mit der er 1933 die Wahl Starks in die Preußische Akademie der Wissenschaften verhindert hatte. Dort zitierte er aus einer Rede Starks, in der dieser sich selbst als „Diktator der Physik" bezeichnete und sich für eine Gleichschaltung wissenschaftlicher Publikationen stark gemacht hatte. Gott sei Dank ist es zu alledem nicht einmal in der NS-Diktatur gekommen, größtenteils meiner Einschätzung nach durch passiven Widerstand der Forscher.

Relativistische Wellen

Aber zurück zur Physik des Lichts. Die Schrödinger-Gleichung ist auf Geschwindigkeiten weit unterhalb der Lichtgeschwindigkeit begrenzt, kann also die Bewegung von Lichtquanten nicht beschreiben. Schrödinger selbst hatte in seiner Veröffentlichung von 1926 eine relativistische Version diskutiert, die aber verworfen, weil sie die Energieniveaus in Atomen nicht korrekt beschrieb. Es sei denn, man berücksichtigt den Spin, den quantenmechanischen Eigendrehimpuls des Elektrons. Der Spin ist hier wichtig, da seine magnetische Wechselwirkung bei relativistischer Bewegung nicht vernachlässigbar ist. Parallel dazu veröffentlichten Oskar Klein [284] und Walter Gordon [283] die gleiche Idee, nach ihnen ist die relativistische Bewegungsgleichung für Teilchen ohne Spin benannt [414]. Die Idee ist relativ einfach zu verstehen. Wir haben den Begriff des Operators schon im vorangehenden Kapitel kennengelernt. Es handelt sich um eine mathematische Operation, die aus der Wellenfunktion eine bestimmte Größe wie die Energie herausschält. Formuliert man das Gesetz der Energieerhaltung für Observable, dann muss ein analoges Gesetz für die entsprechenden Operatoren von Energie und Impuls gelten.

Die Schrödinger-Gleichung folgt aus der nicht relativistischen Energie-Impuls-Erhaltung. Ebenso folgt die Klein-Gordon-Gleichung aus ihrem relativistischen Äquivalent. Allerdings gilt Letzteres für die Quadrate von Energie, Impuls und Masse.[4] Also ist die Klein-Gordon-Gleichung von zweiter Ordnung in der Zeit, die Lösung braucht daher mehr Anfangsbedingungen. Sie geriet eine Zeit lang in Vergessenheit, bis Wolfgang Pauli und Victor Weisskopf sie 1934 wieder in die Diskussion brachten [306].

Die relativistische Gleichung hat Lösungen zu positiven und negativen Energiewerten. Während wir negative potenzielle Energien aus der klassischen Physik gebundener Systeme kennen, machen negative kinetische Energien für freie Teilchen keinen Sinn. Darüber hinaus sind die Vorzeichen von Energie und Wahrscheinlichkeitsdichte gleich, sodass negative Energien negativen Wahrscheinlichkeiten entsprechen. Dies macht noch weniger Sinn, da Wahrscheinlichkeiten per Definition positive reelle Zahlen zwischen 0 und 1 sind. Das Problem kann mit demselben „Trick" gelöst werden, der die Wahrscheinlichkeitsdichte als Ladungsdichte à la Schrödinger uminterpretiert. Das verknüpft das Vorzeichen der Teilchenladung mit dem Vorzeichen seiner Energie, eine überaus bedeutsame Tatsache.[5]

Der Genfer Ernst Stückelberg (1905–1984) [316, 317] und der Amerikaner Richard Phillips Feynman (1918–1988) [325] fanden in den 1940er-Jahren eine überzeugende Erklärung für negative Energiezustände. Ihr Ansatz bestand darin, negative Energien mit Teilchen zu identifizieren, die sich zeitlich rückwärtsentwickeln, oder gleichwertig mit Antiteilchen, die sich zeitlich vorwärtsentwickeln. Das war schlüssig möglich, weil Carl David Anderson (1905–1991) das Positron, Antiteilchen des Elektrons mit positiver Ladung, 1932 in der kosmischen Strahlung entdeckt hatte [609, Kap. 2], das Erste von vielen anderen Antiteilchen. Er erhielt dafür den Nobelpreis in Physik von 1936. Was hat die Ladung eines Teilchens mit der Richtung zu tun, in der es fliegt? Nehmen wir ein klassisches Beispiel, ein Elektron in einem

---

[4]Der nicht relativistische Energiesatz für freie Teilchen lautet (mit dem Impuls p, Masse m): Die kinetische Energie, $E = p^2/2m$, ist eine erhaltene Größe. Die relativistisch gültige Version lautet: Die quadratische Summe aus kinetischer Energie und Masse, $E^2 = p^2c^2 + m^2c^4$, ist eine erhaltene Größe.

[5]Der Trick ist nicht immer und überall nötig. Die zeitlich lineare Bewegungsgleichung von Paul Adrien Maurice Dirac (1902–1984) löst dieses Problem mit einer Wahrscheinlichkeitsdichte, die immer positiv ist [292, 293, 310]. Da Teilchen, die sich nach der Dirac-Gleichung bewegen, jedoch auch die Energieerhaltung und damit die Klein-Gordon-Gleichung respektieren müssen, gibt es immer noch negative Energien. In den 1930er-Jahren schlugen Dirac und Fowler vor [297], das Vakuum anzusehen als ein unendliches „Meer" von Elektronen mit negativer Energie, in dem ein Loch die gesuchte Lösung darstellt. Man nennt das die Löchertheorie, sie hat offensichtlich erhebliche Probleme und daher nicht lange überlebt.

homogenen Magnetfeld. Es folgt einer Kreisbahn, deren Radius vom Betrag seines Impulses abhängt. Ein Positron mit dem gleichen Impuls folgt exakt der gleichen Kreisbahn, aber wegen seiner umgekehrten Ladung in umgekehrter Richtung. Es bewegt sich also wie ein rückwärtslaufendes Elektron. Nach Feynman und Stückelberg gilt das auch auf Quantenniveau.

In der Interpretation von Feynman und Stückelberg ist damit die Emission eines Positrons mit positiver Energie identisch mit der Absorption eines Elektrons mit negativer Energie. Man kann auch sagen, dass Teilchenlösungen mit negativer Energie immer durch Antiteilchenlösungen mit positiver Energie und umgekehrter Impulsrichtung ersetzt werden können. Das hat dramatischere Folgen, als es auf den ersten Blick scheint. Schauen Sie sich die Raumzeit-Skizze von Abb. 18.1 an. Im linken Diagramm streut das einfallende Elektron zweimal am Potenzial, das durch eine Wolke symbolisiert wird, zuerst an Position (1), dann an (2). Im rechten Diagramm ist die zeitliche Reihenfolge umgekehrt. Das intermediäre Elektron bewegt sich nun zeitlich rückwärts. Wir ersetzen es durch ein Positron, das sich vorwärtsbewegt. So entsteht zunächst bei (1) ein Elektron-Positron-Paar, das entstehende Positron wird mit dem einfallenden Elektron bei (2) vernichtet, nur das Elektron verbleibt im Endzustand. Gemäß Heisenbergs Prinzip ist die zeitliche Reihenfolge von (1) und (2) nicht festgelegt, wenn die Energie ausreichend fixiert ist. Damit sind die beiden Prozesse nicht unterscheidbar. Gleichzeitig unterscheiden sie sich nur dadurch, dass ein in der Zeit rückwärtswanderndes Elektron durch ein vorwärtsbewegtes Positron ersetzt wird, wodurch sich laut Feynman und Stückelberg die Wahrscheinlichkeit des Prozesses nicht ändert. Ihre Interpretation negativer Energielösungen führt daher auf natürliche Weise zu Prozessen der Entstehung und des Verschwindens von Teilchen, bei gleichzeitiger Erhaltung der Ladung.

Die beiden Hauptprotagonisten, Stückelberg und Feynman, könnten unterschiedlicher nicht sein.[6] Stückelberg, 1905 in Basel geboren und dort aufgewachsen, stammte aus einer alten Patrizierfamilie und führte ab 1911 die Namenszusätze seiner Mutter, Ernst Carl Gerlach von Breidenbach zu Breidenstein und Melsbach. Er studierte in München bei Sommerfeld und promovierte in Basel mit einer experimentellen Arbeit über Kathodenstrahlen. Während eines Aufenthalts in Princeton bei Karl Taylor Compton wandte er sich der theoretischen Quantenphysik zu und wurde 1930 Assistenzprofessor

---

[6]Zu Ernst Stückelbergs Biografie gibt es nicht viel Literatur. Ich kenne nur die Diplomarbeit von Ruth Wenger [420] und die Biografie von Jan Lacki und Mitarbeitern [520]. Zu Richard Feynmans Leben und Werk gibt es dagegen viele Quellen. Ich nenne zunächst seine eigenen Erinnerungen [423, 426], eher Anekdoten, gesammelt von Ralph Leighton. Dann die Biografie von John und Mary Gribbin [470], die ich konsultiert habe. Schließlich die Aufbereitung als *graphic novel* von Ottaviani und Myrick [544].

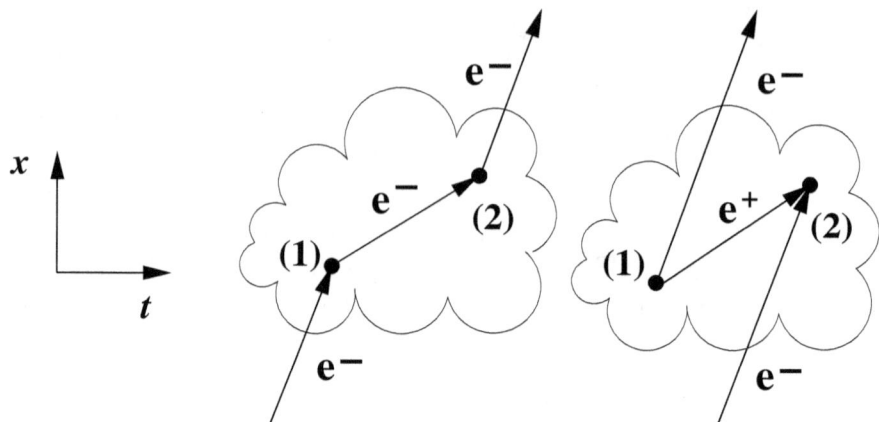

Abb. 18.1 Raumzeitdiagramm für die Streuung eines Elektrons an einem durch eine Wolke symbolisierten Potenzial. Links streut das Elektron zweimal bei den Positionen (1) und (2). Im rechten Diagramm folgt auf die Entstehung eines Elektron-Positron-Paares bei (1) eine Vernichtung des Positrons mit dem einfallenden Elektron bei (2). Aufgrund des Heisenberg'schen Prinzips sind die beiden Prozesse auf dem Quantenniveau nicht zu unterscheiden

an der dortigen Universität. Während der Depression kehrte er 1932 in die Schweiz zurück und habilitierte sich an der Universität Zürich. Ab 1935 war er 40 Jahre lang Professor an der Universität Genf, ab 1956 gleichzeitig an der Universität Lausanne. Sein Vorschlag zur Interpretation der Zustände negativer Energie als Antiteilchen stammt von 1941/42 [316, 317]. Seine Arbeiten erschienen auf Französisch in den wenig verbreiteten *Helvetica Physica Acta* und fanden kaum Resonanz. Später in seinem Leben litt Stückelberg an einer in Schüben auftretenden psychischen Erkrankung, die sich auch bei seinen Vorlesungen bemerkbar machte, wie mir ältere Kollegen berichtet haben. Er liegt wie Jean Calvin auf dem Genfer *Cimetière des rois* begraben.

Richard Feynman wurde 1918 in New York in eine gläubige jüdische Familie hineingeboren, bezeichnete sich selbst aber als Atheisten [472]. Schon auf der High School fiel er auf durch seine außergewöhnlichen mathematischen Fähigkeiten, die er sich größtenteils autodidaktisch erworben hatte. Er bewarb sich bei der New Yorker Columbia University, wurde aber abgewiesen aufgrund einer Quote für Studenten jüdischen Glaubens. Er schrieb sich daraufhin am Massachusetts Institute of Technology ein, wo er 1939 den Bachelor erwarb. Nach einem Eintrittsexamen mit voller Punktzahl und mit einem Stipendium, das verlangte, dass er unverheiratet bleiben musste, nahm er das Graduiertenstudium an der Universität Princeton auf. Vier Jahre später erhielt er den Doktortitel mit einer Arbeit über „Das Prinzip der minimalen Wirkung in der Quantenmechanik" [500] unter seinem Doktorvater John Archibald Wheeler (1911–2008). Diese Arbeit enthält die Idee der Symmetrie zwischen Elektronen und Positronen, die Stückelberg gleichzeitig entwickelte. Mit 23 Jahren war also Feynman auf dem Gipfel seiner Schaffenskraft angelangt, ein Gipfel, der sehr lange anhalten sollte.

Sobald Feynman promoviert war, heiratete er seine Jugendliebe Arline Greenbaum, die bereits damals an Tuberkulose erkrankt war. Ab 1943 baute der charismatische Robert J. Oppenheimer in New Mexico das Los Alamos Laboratory auf, um im Manhattan-Projekt Kernwaffen zu entwickeln.[7] Praktisch das gesamte Physikpersonal von Princeton wurde eingezogen, unter den Ersten auch Feynman. Oppenheimer fand ein geeignetes Krankenhaus für Arline in Albuquerque und Feynman arbeitete fortan in der Abteilung für theoretische Physik unter der Leitung von Hans Bethe. Er interessierte sich aber auch für die neuartigen automatisierten Rechentechniken mit frühen Computern, wie z. B. die Simulationen des Pioniers der Monte-Carlo-Methode Nicholas Metropolis. Anscheinend leicht unterfordert mit seinen offiziellen Aufgaben, knackte er aus Spaß die Zahlenkombinationen der Aktenschränke seiner Kollegen. Von seinem Freund Klaus Fuchs, der sich später als Spion der Sowjetunion herausstellte, lieh er sich an Wochenenden das Auto, um Arline zu besuchen, die schließlich 1945 ihrer Krebserkrankung erlag. Feynman war einer der Augenzeugen beim *Trinity*-Test der ersten Plutonium-Bombe im Juli 1945. Er schilderte dieses Erlebnis und seine Erinnerungen an Los Alamos 1975 sehr lebhaft in einem Vortrag an der Universität Santa Barbara, den Sie auf YouTube verfolgen können.[8]

Während seines Dienstes beim *Manhattan Engineer District* war Feynman von der Universität Wisconsin in Madison beurlaubt, wo er eine Assistenzprofessur innehatte. Da er auch nach Ende des Krieges nicht die Absicht hatte, dorthin zurückzukehren, wurde sein Vertrag nicht verlängert. Bei einem späteren Vortrag in Madison kommentierte er in seiner typischen Art [487]:[9] „Es ist großartig zurück zu sein bei der einzigen Universität, die jemals so vernünftig war, mich zu feuern". Stattdessen erreichte ihn auf Veranlassung von Hans Bethe ein Ruf an die Cornell University in Ithaka, New York. Feynman war der erste leitende Physiker, der Los Alamos im Oktober 1945 verließ. Allerdings drohte ihm die Einberufung zum Militärdienst, von dem er nach psychiatrischer Untersuchung aber befreit wurde. Der Tod seiner Frau und seines

---

[7] Zum *Manhattan Engineer District* siehe z. B. [600, Sect. 6.4].
[8] Ein Mitschnitt ist zu sehen auf https://www.youtube.com/watch?v=uY-u1qyRM5w.
[9] *It's great to be back at the only University that ever had the good sense to fire me.*

Vaters hatten zu einer Depression geführt. Wie viele ehemalige Mitarbeiter des gigantischen unter Hochdruck durchgeführten Projekts Manhattan fühlte er sich wohl ausgebrannt.

Im Juni 1947 traf sich die Elite der amerikanischen Physiker zur legendären ersten *Shelter Island Conference on the Foundations of Quantum Mechanics*.[10] Motiviert von der Konferenz und von Fortschritten bei experimentellen Ergebnissen machte sich Feynman an die Arbeit, um zu verstehen, wie relativistische Quantenfelder miteinander wechselwirken. Das Ergebnis, veröffentlicht in mehreren Papieren zwischen 1948 und 1951 [324, 328–330, 332], nennen wir heute Quantenelektrodynamik. Was daraus für unser Thema relevant ist, überfliegen wir im folgenden Abschnitt. Schon 1949 brauchte Feynman aber eine Auszeit von ein paar Wochen, die er in Brasilien verbrachte [423]. Selbst geübter Schlagzeuger, schloss er sich einer Samba-Schule an. Zur gleichen Zeit begann in den USA nach dem ersten sowjetischen Kernwaffentest die Hysterie des *Un-American Activities Committee*, personifiziert durch Senator Joseph McCarthy. Nach der Verhaftung von Klaus Fuchs geriet Feynman unter Verdacht, David Bohm wurde kurzzeitig verhaftet und setzte sich nach Brasilien ab. Ein Sabbatjahr verbrachte Feynman 1951–1952 ebenfalls dort. Er kehrte nicht nach Ithaka zurück, sondern nahm ein Angebot des California Institute of Technology (Caltech in Pasadena, Kalifornien) an, wo er bis zu seinem Krebstod 1988 lehrte und arbeitete. Mit dem sogenannten Parton-Modell [370] leitete er die Entwicklung der Theorie der starken Wechselwirkung ein. Als Mitglied der Untersuchungskommission trug er zur Aufklärung des Unfalls der Raumfähre Challenger 1986 bei, der sieben Astronauten das Leben kostete [426, Teil 2].

Feynman war aber nicht nur ein genialer Physiker, sondern auch ein charismatischer Pädagoge. Bill Gates nennt ihn auf seinem Blog den besten Lehrer, den er niemals hatte.[11] Sie können sich von Feynmans mitreißendem

---

[10]Sie finden eine Geschichte dieser Konferenzserie auf der Webseite der National Academy of Sciences https://www.nasonline.org/about-nas/history/archives/milestones-in-NAS-history/the-shelter-island-conference.html.

[11]Siehe https://www.gatesnotes.com/The-Best-Teacher-I-Never-Had.

Vortragsstil selbst in einigen Videos auf YouTube ein Bild machen. Ein kleines Beispiel aus Feynmans populärwissenschaftlichen Büchern finden Sie auch im folgenden Abschnitt.

Quantenfeldtheorie

Wenn man weiß, wie sich Quantenfelder bewegen, muss man noch verstehen, wie sie miteinander wechselwirken. Relativistische Quantenfeldtheorie[12] sorgt für dieses Verständnis. Es ist jedoch ein zusätzlicher konzeptioneller Schritt erforderlich: Nicht nur die Observablen, sondern auch die Teilchenfelder selbst werden zu Operatoren. Dadurch verschiebt sich der Fokus von der Bewegung eines Teilchens in einem Potenzial hin zur Wechselwirkung zwischen Quanten. Das Materiefeld ist ein Operator für die Entstehung oder das Verschwinden eines Materieteilchens an einem bestimmten Raumzeitpunkt. Für das Strahlungsfeld gilt das Gleiche: Der Operator erzeugt ein Photon oder lässt es verschwinden. In der deutschen Literatur werden sie häufig Erzeugungs- und Vernichtungsoperatoren genannt. Mit Freeman Dyson [340] können wir sie auch Emissions- und Absorptionsoperatoren nennen. Ich finde das treffender, da der Raumzeitpunkt, über den wir sprechen, typischerweise ein Wechselwirkungsvertex ist. Ein ankommendes Teilchen wird an diesem Punkt absorbiert, ein Teilchen im Endzustand wird emittiert.

Materieteilchen wie das Elektron sind die Quanten von Materiefeldern. Kraftfelder (oder vielmehr Potenzialfelder) haben Quanten wie das Photon, das Quant des elektromagnetischen Potenzials. Die Form der quantisierten Elektrodynamik, die wir heute kennen, wurde in den 1940er-Jahren von Richard P. Feynman (1918–1988), Julian S. Schwinger (1918–1994), Shinichiro Tomonaga (1906–1979) und Freeman J. Dyson (1923–2020) entwickelt. Die ersten drei erhielten dafür den Nobelpreis in Physik von 1965. Ihre Methode – in der Version von Feynman – zerlegt den Vorgang einer Wechselwirkung zwischen einem ersten Elektron und einem weiteren in die folgenden Schritte, die Abb. 18.2 zeigt:

• Das erste Elektron des Anfangszustandes verschwindet am Punkt A (Absorptionsoperator).
• Am selben Ort wird das erste Elektron des Endzustandes erzeugt (Emissionsoperator).

---

[12]Eine kompakte Geschichte der Quantenfeldtheorie mit vollständiger Dokumentation finden Sie in [445, S. 1–38].

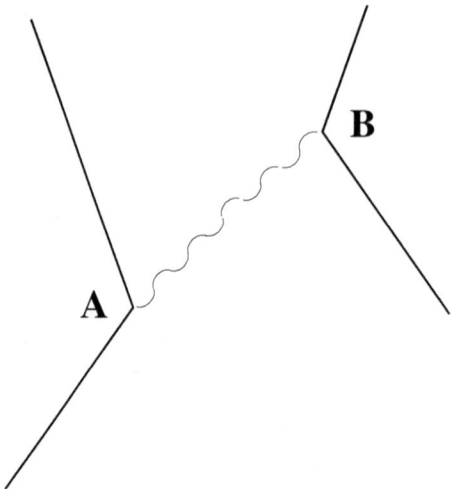

Abb. 18.2 Grafische Darstellung der Wechselwirkung zwischen zwei Elektronen (gerade Linien) durch Austausch eines Photons (Schlangenlinie). Eine solche Grafik wird nach ihrem Erfinder Feynman-Graph genannt. Man kann die Elemente wahlweise als Flugbahnen ansehen (z. B. mit dem Ort als x- und der Zeit als y-Achse) oder als Diagramm im Phasenraum. In diesem Fall repräsentieren die Linien Impulsrichtungen von Teilchen mit gegebener Masse

- Gleichzeitig entsteht bei A ein Photon (Vertexfaktor).
- Das Photon bewegt sich von A nach B (Propagator).
- Es wird dort vom zweiten Elektron des Anfangszustandes absorbiert (Vertexfaktor).
- Gleichzeitig verschwindet das zweite Elektron des Anfangszustandes bei B (Absorptionsoperator).
- Ebenfalls bei B entsteht das zweite Elektron des Endzustandes (Emissionsoperator).

Zu jedem dieser Schritte gibt die Quantenelektrodynamik eine Wahrscheinlichkeitsamplitude an. Ich habe in Klammern die entsprechenden Größen angegeben, die man nach den sogenannten Feynman-Regeln dafür einsetzen muss. Die Vertexfaktoren geben die Wahrscheinlichkeitsdichte für die Erzeugung eines Photons durch eine elektromagnetische Stromdichte an; sie sind proportional zur elektrischen Ladung des Teilchens. Die Wahrscheinlichkeit für den Gesamtprozess erhält man, indem man alle Amplituden nach den Regeln der Wahrscheinlichkeitsrechnung multipliziert und das Quadrat des Resultats bildet. Die grafische Darstellung wird nach ihrem Erfinder Feynman-Graph genannt. Sie ist nicht nur eine intuitive Darstellung der

Wechselwirkung zwischen Teilchen, sondern gleichzeitig eine Rechenvorschrift für die zugehörige Wahrscheinlichkeitsamplitude.

Meistererklärer Feynman hat zu alledem eine grafische Analogie erdacht [436, S. 37 ff.]. Sie ist so genial, dass ich sie hier einfach in etwas erweiterter Form, aber weiterer Vereinfachung wiedergebe. Keiner hat meines Wissens nach eine bessere anschauliche Erklärung gefunden. Feynman macht sich die Tatsache zunutze, dass die Wellenfunktion (in Koordinaten) an jedem Ortszeitpunkt die Wahrscheinlichkeitsamplitude als komplexe Zahl angibt. Komplexe Zahlen erweitern den Bereich der reellen um eine weitere Dimension, die man imaginär nennt. Eine imaginäre Zahl ist ein Vielfaches der imaginären Einheit $i = \sqrt{-1}$. Und eine komplexe Zahl ist eine, die aus der Addition einer reellen Zahl a und einer imaginären ib hervorgeht, wie die Skizze Abb. 18.3 zeigt.

Feynmans Erklärung repräsentiert nun die Wellenfunktion ψ an einem bestimmten Raumzeitpunkt durch einen kleinen Pfeil. Dessen Länge ist der Betrag $|\psi|$ der Wellenfunktion. Die Richtung des Pfeiles repräsentiert die Zeit wie die Richtung des Zeigers einer Uhr. Das Quadrat der Länge des Pfeils ist dann proportional zur Wahrscheinlichkeit, dass ein Teilchen bis zu diesem Punkt gelangt ist.

Wir machen das vielleicht am besten mit einem Beispiel klar, das der Meister selbst auch verwendet, nämlich anhand der Ableitung des Reflexionsgesetzes in der Quantenelektrodynamik. Betrachten Sie bitte die linke Skizze in Abb. 18.4.

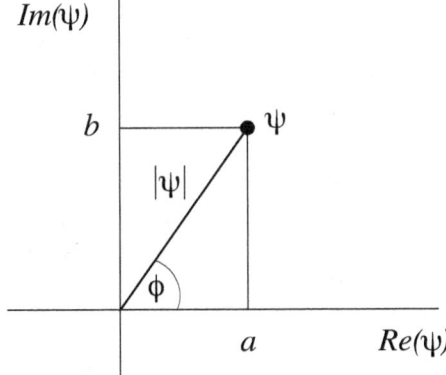

Abb. 18.3 Die komplexe Wellenfunktion dargestellt als Punkt in der komplexen Ebene. An einem bestimmten Raumzeitpunkt hat sie den eingezeichneten Wert $\psi = a + ib$. Die horizontale Achse ist der Realteil a der Funktion, die vertikale Achse der Imaginärteil b. Man kann die Funktion auch mit ihrem Betrag $|\psi| = \sqrt{a^2 + b^2}$ und dem Phasenwinkel $\phi = \arctan b/a$ parametrisieren, $\psi = |\psi|e^{i\phi}$

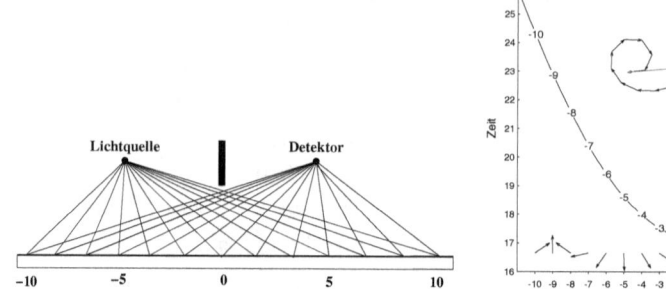
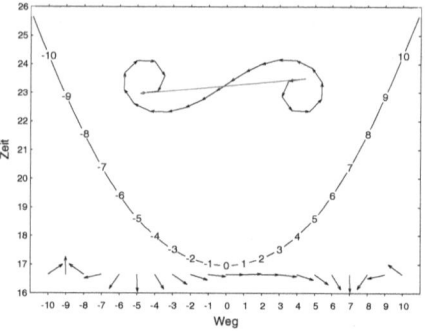

Abb. 18.4 Anwendung des Feynman'schen Pfadintegrals auf die Reflexion an einem Spiegel. Die linke Skizze zeigt einige Pfade, die das Licht von der Quelle zum Detektor nehmen könnte. Einige Reflexionspunkte sind durchnummeriert. Die rechte Kurve zeigt die Zeit, die das Licht braucht als Funktion des Reflexionspunkts. Die Pfeile an der unteren Achse symbolisieren die Wellenfunktion in der im Text erklärten Konvention, die von Feynman selbst stammt. Der Einsatz zeigt die aufsummierten Pfeile, die das Pfadintegral andeuten. Das Quadrat der roten Resultierenden ist die Gesamtwahrscheinlichkeit. Die Reflexionspunkte, die am meisten dazu beitragen, liegen nahe beim Minimum

Wir erzeugen Photonen eines nach dem anderen bei der linken Lichtquelle. Ein jedes fliegt in einer beliebigen Richtung. Wenn es an irgendeiner Stelle auf den unteren Spiegel trifft, wird es reflektiert. Nehmen wir an, dass es in Richtung auf den Detektor rechts im Bild reflektiert wird. Nur dann wird ja eine Reflexion gezählt. Nehmen wir weiter an, dass für die Wahrscheinlichkeit einer Reflexion weder Ort noch Richtung eine Rolle spielen.[13]

Wir zeichnen nun für jeden potenziellen Lichtweg einen Pfeil mit einer konstanten Länge, der dieser Wahrscheinlichkeitsamplitude entspricht. Wir wählen als Phase der komplexen Amplitude einen Winkel, der zu der Laufzeit des Photons zwischen Quelle und Detektor proportional ist.[14] Diese Laufzeit für einige Reflexionsorte zeigt die rechte Grafik von Abb. 18.4. Nahe der horizontalen Achse habe ich für diese Punkte die zugehörigen Pfeilchen skizziert. Feynmans Anweisung zur Berechnung der Gesamtwahrscheinlichkeit verlangt nun, dass wir die Pfeilchen addieren, indem wir am Ende jedes Pfeils den Anfang des nächsten ansetzen. Das Ergebnis zeigt der Einsatz in Abb. 18.4. Verbinden wir nun den Anfangspunkt mit dem Endpunkt, erhalten

---

[13] Das wird Sie an das Huygens'sche Prinzip erinnern: Jeder Punkt einer Wellenfront ist der Ausgangspunkt einer Kugelwelle.

[14] Wenn Sie nach Huygens an Quelle und Reflexionspunkt eine Kugelwelle annehmen, also $\psi \propto e^{i(kr-\omega t)}$, dann ist in der Tat $\phi = \omega t$ der relative Phasenwinkel der Wellenfunktion zwischen Abflug und Ankunft am Detektor.

wir die Gesamtamplitude, ihr Quadrat ist dann die Wahrscheinlichkeit für die Gesamtheit aller möglichen Lichtpfade. Welche Pfade tragen nun wesentlich zur Gesamtwahrscheinlichkeit bei und welche nicht? Wir sehen, dass die Gesamtamplitude im Wesentlichen nur wächst durch die Pfade in der Nähe der minimalen Laufzeit. Also die, bei denen Einfallswinkel und Ausfallswinkel am nächsten beieinanderliegen. Für alle anderen drehen sich die Pfeilchen umeinander, ohne die Gesamtamplitude zu vergrößern. Die Quantenelektrodynamik reproduziert also das Reflexionsgesetz. Mit der gleichen intuitiven Methode zeigt Feynman, dass die QED das Brechungsgesetz, die Beugung an Spalten und Gittern reproduziert, mit wirklich minimalen Annahmen. Ja, sogar das Phänomen der Luftspiegelung, die *Fata Morgana*. Genial, oder?

Im Jargon der Quantenfeldtheorie nennt man die mathematische Ausformulierung dieser intuitiven Methode das Feynman'sche Pfadintegral. Die Aussage ist die nämliche. Wenn man über alle möglichen Pfade integriert, die ein Lichtquant von einem zu einem anderen Punkt nehmen kann, erhält man die gesamte Wahrscheinlichkeitsamplitude für diesen Vorgang. Und die ist dominiert von den Pfaden in unmittelbarer Nachbarschaft der minimalen Wirkung, genau wie Maupertuis, Lagrange und Hamilton gefordert haben. Wobei unmittelbare Nachbarschaft allerdings Abstände in der Wirkung von der Größenordnung der Planck'schen Konstante bedeutet. Damit wird die Wahrscheinlichkeit für den Austausch eines Photons zwischen zwei geladenen Teilchen berechenbar. Man nennt deren Amplitude treffend den Propagator.

Feynman hat damit das elektromagnetische Feld praktisch aus der Diskussion genommen. Wenn zwei geladene Teilchen miteinander wechselwirken, dann geschieht das durch den Austausch eines Photons. Es wird an einem bestimmten Raumzeitpunkt von einem Reaktionspartner ausgesandt, an einem anderen vom zweiten Partner absorbiert. Dabei überträgt es Energie und Impuls von einem Teilchen auf ein anderes. Damit ist die elektromagnetische Kraft auf dem Quantenniveau geklärt. Aber wie kann das überhaupt sein? Wenn man die Orte von Emission und Absorption festhält, dann haben doch nach Heisenberg weder die geladenen Partner noch das Photon feste Energien und Impulse. Das entspricht aber nicht dem normalen experimentellen Vorgehen. In Experimenten werden vielmehr Energien und Impulse durch Beobachtung oder experimentellen Aufbau möglichst genau bestimmt. Dann sind aber Ort und Zeit von Emission und Absorption nicht bekannt.

Bei der Lösung kommt uns wieder die Wellenfunktion zur Hilfe. Wir haben schon in Feynmans grafischem Beispiel ihre Phase als wichtiges Charakteristikum kennengelernt. Diese Phase enthält aber sowohl die Energie- und Impulsgrößen Frequenz und Wellenvektor als auch die Zeit und den Ort, wo diese zu nehmen sind.[15] Wir können also Feynmans Raumzeitdiagramm von Abb. 18.2 genauso gut als Impuls-Energie-Diagramm lesen. Dann sind Emissions- und Absorptionspunkt des Photons dieselben, können aber irgendwo sein. Wir müssen also über alle Raumzeitpunkte der Wechselwirkung integrieren. Und genau das tut ja das Feynman'sche Pfadintegral, es integriert über alle möglichen Wege des Photons.

Eine zweite Besonderheit dieses Ansatzes ist, dass das Photon nicht die Eigenschaften eines freien Lichtquants hat. Es ist nämlich nicht möglich, von einem mit Masse behafteten Teilchen ein masseloses auszusenden, ohne die sakrosankte Energie- und Impulserhaltung zu verletzen. Für die Absorption gilt das ebenso. Also muss das Photon, das zwischen den beiden Teilchen ausgetauscht wird, eine Masse haben, die nicht gleich null ist. Man nennt es deshalb ein virtuelles Photon. Das stört uns nicht wirklich, weil dieses Teilchen ja keine raumzeitliche Distanz zu überwinden hat. Solange die Kinematik stimmt, darf es also ruhig ein wenig ungewöhnliche Eigenschaften haben.

Die dritte Schwierigkeit mit der Quantenfeldtheorie ist die, dass bei genauerer Berechnung von messbaren Observablen unendliche Resultate auftreten. Das kommt daher, dass es natürlich möglich sein muss, mehr als ein Photon zwischen den Reaktionspartnern auszutauschen. Und es muss möglich sein, dass ein geladenes Teilchen ein Photon aussendet und es selbst wieder absorbiert. Man nennt das Beiträge höherer Ordnung zu einer Observablen, sie haben die Diskussion der Quantenfeldtheorie in der zweiten Hälfte der 1940er-Jahre dominiert. Julian Schwinger und Freeman Dyson waren diejenigen,[16] die dem Problem mit einer Methode zu Leibe rückten, die Feynman scherzhaft ein Hütchenspiel[17] genannt hat. Im Prinzip sollten unendliche Ergebnisse nicht auftreten, wenn man über alle unendlich vielen Möglichkeiten zum Austausch einer beliebigen Anzahl von Photonen summiert. Wenn man annimmt, dass Quantenfeldtheorien die Physik richtig beschreiben, kann man aber auch fordern, dass dies so sein soll, wenn man im praktischen Leben nur endlich viele Prozesse berechnen kann. Das bedeutet, dass man die dann auftretenden künstlichen Unendlichkeiten durch genau bekannte Messgrößen wie die elektrische Ladung oder die Masse des Elektrons ersetzt. Man nennt diese Methode im Fachjargon Renormierung und könnte flapsig

---

[15]Ich erinnere an die ebene Welle $\psi = \psi_0 e^{i(\mathbf{k}\mathbf{x}-\omega t)}$. Die Phase wird bestimmt durch das Wertepaar Wellenvektor-Frequenz $(\mathbf{k}, \omega)$ zusammen mit dem Raumzeitpunkt $(\mathbf{x}, t)$.

[16]Nachdrucke aller relevanten Publikationen aus dieser Zeit findet man in Schwingers Buch *Quantum Electrodynamics* [345]. Schwingers persönliche Erinnerungen fasst er in einem Konferenzbeitrag von 1980 zusammen [394].

[17]Im Original *shell-game*.

sagen, dass man so die praktischen Schwierigkeiten unter den Teppich kehrt. Die Methode funktioniert aber nur, wenn man mit endlich vielen solchen Renormierungsgrößen auskommt, im Jargon ist eine solche Theorie dann renormierbar. Unter welchen Umständen das der Fall ist, dazu befragen wir im nächsten Abschnitt Emmy Noether.

Vergleicht man die Ergebnisse der Quantenelektrodynamik mit experimentellen Messungen, kann man nicht anders, als das Hütchenspiel bewundernd zu akzeptieren. Ein einziges Beispiel, das schon kurz nach dem Zweiten Weltkrieg als Benchmark gedient hat, soll uns genügen. Es handelt sich um das magnetische Moment des Elektrons. Diese Eigenschaft hängt mit dem Eigendrehimpuls, dem Spin, zusammen. Hat ein geladenes Teilchen einen solchen Spin, dann folgt daraus ein magnetisches Dipolmoment, ähnlich demjenigen eines Stabmagneten. In einem äußeren Magnetfeld orientiert sich das Dipolmoment entlang den magnetischen Feldlinien wie die Magnetnadel eines Kompasses. Die Stärke dieses Dipolmoments ist schon in den 1940er-Jahren von Isidor Rabi ziemlich genau gemessen worden, dank der im Zweiten Weltkrieg entwickelten Radar- und Mikrowellentechnologie. Parallel dazu machten die Berechnungen mit der Quantenelektrodynamik rasante Fortschritte [445, Sect. 1.3]. Ich zitiere heutige Werte für das magnetische Moment des Elektrons, in Einheiten, die uns nicht zu kümmern brauchen. Der Messwert $1{,}001\,159\,652\,180\,59(13)$ (mit der experimentellen Unsicherheit der letzten beiden Stellen in Klammern) [602] stimmt mit dem Ergebnis der Berechnung $1{,}001\,159\,652\,181\,643(764)$ [539, 559] auf ein Teil in 10 Mrd. überein. Wenn Sie das nicht vom Funktionieren des Taschenspielertricks der Renormierung überzeugt, dann würden weitere Beispiele wohl auch nicht helfen.

Noether 2.0: Eichsymmetrien

Unter welchen Voraussetzungen eine Theorie renormierbar ist, hatte Emmy Noether schon 1918 geklärt, aber niemand hat es bemerkt. Noethers Theoreme gehen weit über die Symmetrien hinaus, die wir im Abschnitt zu Raumzeitsymmetrien besprochen haben. Dort hatten wir betrachtet, was mit einem physikalischen System passiert, wenn man das Koordinatensystem verschiebt oder dreht. Und es passiert natürlich nichts. Nach Noethers erstem Theorem führt das zur Erhaltung von Energie, Impuls und Drehimpuls. Noethers erstes Theorem betrifft aber auch Symmetrien von Feldern, die man Eichsymmetrien nennt. Sie haben nichts mit den Koordinaten zu tun, sondern betreffen die Felder selbst. Wie der Name schon sagt, gibt es physikalische Größen, die man

„umeichen" kann, ohne dass sich die Physik darum kümmert. Ein Beispiel ist das elektrische Potenzial. Was auf Ihrer Batterie in Volt angegeben ist, ist nicht etwa das Potenzial selbst, sondern die Differenz der Potenziale an Plus- und Minuspol, also die elektrische Spannung. Ich kann also zu beiden Potenzialen eine beliebige Konstante dazu addieren – wenn Sie wollen 10.000 V –, ohne dass Ihr Smartphone in Flammen aufgeht. Eben das ist die Eichfreiheit des elektrischen Potenzials, das magnetische hat eine analoge Symmetrie. Dass der klassische Elektromagnetismus eine solche Symmetrie aufweist, war seit Maxwell, Lorenz und Hertz bekannt.[18] Jeder hatte seine eigene bevorzugte Eichung der elektromagnetische Potenziale, für Feldgleichungen spielte das bekanntermaßen keine Rolle. Aus meinem Grundstudium in den 1970er-Jahren hatte ich daher das Vorurteil mitgenommen, dass die relevanten Größen die elektrischen und magnetischen Felder sind, die Potenziale nur theoretische Hilfsgrößen ohne große physikalische Bedeutung. Schließlich kann man Letztere fast nach Belieben ändern und nichts passiert. Das war und ist eine totale Fehleinschätzung. Nach Noethers erstem Theorem folgt daraus schließlich eine erhaltene Größe.

Welche erhaltene Größe das ist, sieht man an einem einfachen Beispiel. Betrachten wir beide, Sie und ich, einen bestimmten Punkt im Raum. Ich sage, er hat ein Potenzial von $U = 0$ V. Sie benutzen die eben gewonnene Eichfreiheit und behaupten genauso zutreffend, er habe ein Potenzial von $U = -10.000$ V. Nun können wir beide ja zaubern und lassen an diesem Punkt ein Elektron erscheinen. Das meine hat dann eine potenzielle Energie von $eU = 0$ J und ist ziemlich nutzlos, Ihr Elektron hat dagegen eine potenzielle Energie von immerhin $1,6 \times 10^{-15}$ J. Nicht viel, aber auch nicht null! Mit häufiger Wiederholung Ihres Zaubertricks könnten Sie also beliebig viel Energie aus dem Nichts erzeugen. Schade, dass das nicht funktioniert. Das Noether-Theorem verhindert nämlich unseren Zaubertrick. Elektrische Ladungen kann man nicht einzeln erzeugen, sondern nur in Paaren entgegengesetzter Ladung. Zu Ihrem und meinem Elektron müssen wir daher ein Positron am gleichen Ort erzeugen. Ihr Positrone hat dann aber eine potenzielle Energie von $-1,6 \times 10^{-15}$ J, netto haben Sie also genauso wenig gewonnen wie ich. Die Eichsymmetrie des elektrischen Potenzials führt also

---

[18]Bitte verwechseln Sie nicht (wie ich früher) den dänischen Physiker Ludvig Lorenz (ohne t) (1829–1891) [435] mit dem Niederländer Henrik Antoon Lorentz (mit t), der uns schon im Zusammenhang mit der Relativität begegnet ist. Wenn Sie die Frühgeschichte der Eichinvarianz interessiert, empfehle ich Ihnen den Artikel [474] von den Großmeistern John David Jackson und Lev Okun. Ich habe aus Jacksons Standardwerk [352] alles gelernt, was ich über klassische Elektrodynamik weiß.

zur Erhaltung der elektrischen Ladung. Ein weiterer grandioser Erfolg von Emmy Noethers Theorem.

Wir haben zwar ein klassisches Beispiel gewählt, aber auf dem Niveau der Wellenfunktion gilt eine analoge globale Eichsymmetrie. Das hat wieder mit der Phase der Wellenfunktion zu tun. Wenn man zu allen Phasen an allen Raumzeitpunkten einen beliebigen Phasenwinkel addiert, passiert wieder genau gar nichts. Das liegt daran, dass nur die Differenzen zwischen den Phasen zweier Wellen beobachtbar sind, etwa in einem Interferenzexperiment, nicht aber die absolute Phase. Also genauso wie beim elektrischen Potenzial, von dem auch nur Differenzen von Bedeutung sind. Aber was hat das mit der elektrischen Ladung zu tun? Der erstaunliche Zusammenhang ist, dass das elektromagnetische Potenzial die Phase der Wellenfunktion beeinflusst. Und zwar unabhängig davon, ob ein elektromagnetisches Feld anwesend ist.

Potenzial ohne Feld, geht das denn? Doch, das geht. Nehmen Sie z. B. eine sehr lange Spule, die von einem Strom durchflossen wird, beispielsweise in Form eines Solenoiden, also einer Zylinderspule. Der Strom erzeugt innerhalb der Spule ein Magnetfeld, außerhalb dagegen nicht. Das magnetische Potenzial hat sein Maximum beim Radius der Spule und nimmt außerhalb mit dem Abstand ab, ist aber noch vorhanden. Also kann man experimentell testen, ob beispielsweise ein Elektron vom Potenzial außerhalb der Spule beeinflusst wird. Yakir Aharonov und David Bohm haben Ende der 1950er-Jahre ein solches Experiment vorgeschlagen [347, 350]. Die Skizze Abb. 18.5 zeigt die

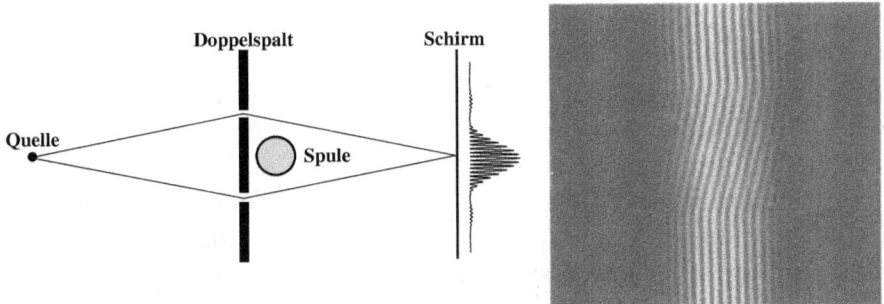

Abb. 18.5 Links: Prinzipskizze des Experimentvorschlags von Aharonov und Bohm [347, 350]. Im Schatten eines Doppelspalts befindet sich ein winziger Solenoidmagnet. Rechts: Nachweis der Phasenverschiebung durch das magnetische Potenzial [353]. Ein Film auf dem Beobachtungsschirm wurde während der Änderung des Magnetfeldes in Richtung der Streifen verschoben. Die Phasenverschiebung durch das magnetische Potenzial äußert sich dann in einer Schrägstellung der Interferenzstreifen relativ zur Einhüllenden. Letztere verschiebt sich dagegen nicht, weil keine magnetische Kraft wirkt

Idee des Experiments. Aus einer Quelle (etwa einem Elektronenmikroskop) treten Elektron aus und treffen auf einen Doppelspalt. In dessen Schatten befindet sich eine zylindrische Spule, deren Achse senkrecht zur Zeichenebene steht. Das Interferenzmuster wird auf dem Schirm dahinter beobachtet. Außerhalb der Spule herrscht kein Magnetfeld. Variiert man den Strom in der Spule, so ändert sich daher nur das magnetische Potenzial. Eine magnetische Kraft wirkt nicht auf die Elektronen, die Einhüllende des Interferenzmusters verschiebt sich also nicht. Dagegen verschieben sich die Streifen innerhalb der Einhüllenden, wenn die Elektronen mit dem Potenzial wechselwirken. Robert G. Chambers (1924–2016) hat an der Universität Bristol 1960 ein solches Experiment mit einem konischen Permanentmagneten durchgeführt und tatsächlich genau das gefunden. Gottfried Möllenstedt (1912–1997) und Mitarbeiter haben kurz danach das Experiment an der Universität Tübingen mit einer Luftspule wiederholt [353]. Die Abb. 18.5 zeigt das Ergebnis. Eine moderne Version des Experiments [418] benutzt eine supraleitende Spule, die das Magnetfeld perfekt im Inneren konzentriert. Es ist also tatsächlich wahr: Das elektromagnetische Potenzial verschiebt die Phase von Materiefeldern. Wenn man also alle elektromagnetischen Felder global umeicht – und das darf man ja –, verschiebt sich die Phase aller geladenen Teilchenfelder um einen festen Winkel.

Wenn diese globale Eichung unbeobachtbar bleiben soll, darf sich die Bewegungsgleichung von Teilchen nicht ändern. Das ist in der Tat der Fall. Wenn die Änderung des Phasenwinkels nicht von Ort und Zeit abhängt, hat sie auf die Bewegung keinen Einfluss. Das gilt für die nichtrelativistische Schrödinger-Gleichung genauso wie für die relativistischen Klein-Gordon- und Dirac-Gleichungen.[19]

Das ist aber nicht der Fall, wenn man statt der rigiden Transformation eine formbare anwendet, wenn also die willkürliche Änderung des Phasenwinkels von Ort und Zeit abhängen darf. Dann könnte sie durch eine Interferenzmessung sichtbar gemacht werden. In der Tat sind die quantenmechanischen Bewegungsgleichungen für freie Teilchen nicht lokal eichinvariant. Die Orts- und Zeitableitungen führen zu zusätzlichen Termen. Dagegen ist die Bewegung eines Teilchens in einem elektromagnetischen Potenzial selbst für

---

[19]Die Orts- und Zeitableitungen in der Schrödinger-Gleichung für ein freies Teilchen, $i\hbar \frac{\partial \psi}{\partial t} \psi = \frac{\hbar^2}{2m} \nabla^2 \psi$ werden von einer Drehung der Phase $\psi' = e^{ie\chi} \psi$ um einen beliebigen festen Winkel χ nicht verändert. Die Gleichung für ψ' ist dieselbe wie die für ψ.

lokale Umeichungen unempfindlich.[20] Die Eichfreiheit der elektromagnetischen Potenziale erlaubt also die lokale Phasenverschiebung der Materiefelder, vorausgesetzt, ein geladenes Teilchen trägt immer ein elektromagnetisches Potenzial mit sich herum. Und das ist in Photonen quantisiert. Also ist ein geladenes Teilchen immer von einer Wolke von Photonen umgeben, die es unaufhörlich aussendet und wieder absorbiert, um lokale Phasenverschiebungen auszulösen und aufzufangen. Aus der Forderung nach lokaler Eichinvarianz und dem zweiten Noether-Theorem folgt also die gesamte Struktur der elektromagnetischen Wechselwirkung.

Damit Noethers Theoreme Gültigkeit haben, müssen die Phasentransformationen der Felder eine Lie'sche Gruppe bilden. Unter anderem müssen sie also als Aneinanderreihung winzig kleiner Transformationen dargestellt werden können. Das ist für die Drehungen der Feynman'schen Pfeilchen in der Ebene der komplexen Zahlen ganz sicher der Fall.[21] In unserem Fall sind es Drehungen, die die Länge der Pfeilchen konstant lassen und von einem kontinuierlichen, reellen Parameter abhängen, dem Drehwinkel.[22]

In der Rückschau wird damit die ungeheure Kraft von Symmetrien in der Physik klar:

- Die Erhaltung von Impuls und Energie folgt aus der globalen Invarianz physikalischer Systeme gegenüber Verschiebungen und Drehungen von Raum und Zeit.
- Die Bewegungsgleichungen für Materie folgen aus diesen Erhaltungssätzen, sowohl für klassische als auch für Quantensysteme.
- Die Erhaltung der elektrischen Ladung folgt aus der Invarianz gegen globale Phasendrehungen der Materiefelder.
- Die Wechselwirkung zwischen Photonen und geladenen Teilchen – also die gesamte Elektrodynamik – folgt aus der verschärften Forderung nach Invarianz auch gegen lokale Drehungen der Phase. Damit ist die elektromagnetische Ladungsdichte auch lokal erhalten, Noethers zweitem Theorem sei Dank.

---

[20]Die Schrödinger-Gleichung für ein Teilchen in einem elektromagnetischen Potenzial $(V, \mathbf{A})$, $i\hbar \frac{\partial \psi}{\partial t} = \left[\frac{1}{2m} \left(\frac{\hbar}{i} \nabla - q\mathbf{A} \right)^2 + qV \right] \psi$, ist lokal eichinvariant, wenn sich die Potenziale transformieren wie $\mathbf{A} \rightarrow \mathbf{A}' = \mathbf{A} + \nabla \chi$ und $V \rightarrow V' = V - (1/c)\frac{\partial \chi}{\partial t}$. Solche Transformationen sind aber gerade durch die Eichfreiheit der Potenziale gedeckt. Wenn Sie der Beweis interessiert, schauen Sie das Video an mit Barton Zwiebach aus dem *MIT Open Course* https://www.youtube.com/watch?v=7Y3qcKzO_mY.

[21]Eine infinitesimal kleine Änderung der Phase der Wellenfunktion, $dS = E\,dt - \mathbf{p}\,d\mathbf{x}$, entspricht einem infinitesimal kleinen Anteil an der Wirkung $S = \int dS$.

[22]Im Jargon der Gruppentheorie bilden diese Drehungen die unitären Transformationen mit einem Parameter, $U(1)$. Siehe [363].

Ein Prinzip genügt und die ganze Elektrodynamik fächert sich vor unseren Augen auf. Wenn Sie das nicht fasziniert, müssen Sie sehr rational gestrickt sein.

Man könnte diese Tatsache als rein ästhetisches Merkmal abtun, wenn sie nicht weitreichende Konsequenzen hätte. Anfang der 1970er-Jahre fanden Gerard 't Hooft und Martinus „Tini" Veltman einen Zusammenhang zwischen Eichinvarianz und der Renormierbarkeit einer Feldtheorie [380]. Sie zeigten, dass Theorien wie die Quantenelektrodynamik, die Eichinvarianz aufweisen, renormierbar sind. Damit konnte gezeigt werden, dass die Eichinvarianz zu Theorien führt, die prinzipiell Voraussagen bis zu beliebiger Ordnung und damit hoher Präzision machen, wenn ihre Parameter genau gemessen werden. Für diesen wichtigen Beweis erhielten Veltman und sein ehemaliger Doktorand 't Hooft 1999 den Physik-Nobelpreis.

Man kann auf die Idee kommen zu fragen, ob sich dieses Eichprinzip nicht auf andere Transformationen erweitern lässt. Es ist im Nachhinein, wo man immer schlauer ist, nicht überraschend, dass das tatsächlich der Fall ist. Die Gruppen der Drehungen um zwei und drei Achsen gehören gesichert dazu. Sie leisten für die schwache Wechselwirkung, die sich z. B. in radioaktiven Zerfällen manifestiert und für die starke Wechselwirkung, die Quarks in den Kernbausteinen zusammenhält, was die Drehung um eine Achse für die elektromagnetische tut. Die Feldtheorien der elektromagnetischen, schwachen und starken Wechselwirkungen bilden zusammen das sogenannte Standardmodell der modernen Teilchenphysik. Und mit ähnlichen Symmetrieüberlegungen erklärt das Modell mit wenigen elementaren Zutaten auch die vielen hundert Teilchen, die seit Beginn der Beschleuniger-Ära entdeckt und untersucht worden sind. Das ist nicht unser Thema, aber ich erwähne es trotzdem, um die Bedeutung von Symmetrien und von Emmy Noethers Theoremen in der Physik weiter zu untermauern.

19

Lichtwerkzeuge

Manche Physiker mögen also auf Bilder verzichten, aber andere, zu denen ich gehöre, brauchen eine Visualisierung der Phänomene, um ihre Intuition zu leiten, bevor sie zu rechnen beginnen.

Alain Aspect, 2010 [524, S. 134]

Damit sind wir mitten in der Nachkriegszeit des Zweiten Weltkriegs angekommen, in der ich aufgewachsen bin. Die Spuren des Krieges waren noch überall zu sehen, aber in Westdeutschland setzte die Erholung dank alliierter Hilfe schnell ein. Der sowjetisch besetzte Teil Deutschlands litt dagegen unter den massiven Reparationsforderungen der Sowjetunion, die einen Großteil der noch brauchbaren Industrieanlagen requirierte. Ab 1948 überstürzten sich die Ereignisse im Zeichen des beginnenden kalten Krieges zwischen Ost und West. Die drei Westmächte führten in ihren Besatzungszonen im Sommer 1948 eine Währungsreform durch, die Deutsche Mark ersetzte die Reichsmark. Drei Tage später zog die Sowjetunion nach. In Reaktion auf das Vorpreschen der Westmächte blockierte sie die drei Westsektoren Berlins. Die gemeinsame Verwaltung Berlins war damit beendet, Zugang zu den Westsektoren auf dem Landwege unterbrochen. Die Westalliierten antworteten mit einer Luftbrücke, die die Versorgung der Berliner Bevölkerung sicherstellte, bis zum Ende der Blockade ein knappes Jahr später. Die Teilung in zwei deutsche Staaten war damit besiegelt. Am 23.5.1949 wurde die Bundesrepublik Deutschland gegründet, das vom Parlamentarischen Rat beschlossene Grundgesetz trat in Kraft. Am 7.10.1949 folgte die Deutsche Demokratische Republik im

© Der/die Autor(en), exklusiv lizenziert an Springer-Verlag GmbH, DE,
ein Teil von Springer Nature 2025
M. Pohl, *Licht*, https://doi.org/10.1007/978-3-662-70486-8_19

Ostteil des Landes, der sozialistische „Arbeiter- und Bauernstaat". Getrennte politische Systeme, verschiedene Staatsformen, eingeschränkter Waren- und Personenverkehr für vierzig Jahre waren die Folge.

Während der jungen Bundesrepublik das sogenannte Wirtschaftswunder unter tatkräftiger Mithilfe der Westalliierten einen schnellen marktwirtschaftlichen Aufschwung bescherte, hatte die DDR einen wesentlich schwierigeren Start. Planwirtschaft ist nur so gut wie der jeweils gültige Plan, eine ganze Volkswirtschaft damit bis ins Detail zu steuern, ist eine gewaltige Aufgabe. So führten Fehlentscheidungen der Führung Mitte Juni 1953 zu einem beginnenden Volksaufstand in der DDR.[1] Durch massiven militärischen Einsatz der Sowjetarmee wurde er unter Beteiligung der Volkspolizei der DDR niedergeschlagen und im Nachhinein als Ergebnis von „faschistischen Provokationen" dargestellt. 1961 befestigte die DDR-Regierung die innerdeutsche Grenze, in Berlin mit dem Bau der Mauer, um die anhaltende Fluchtbewegung von Ost nach West zu stoppen.

In der Kultur der Bundesrepublik erneuerten lockere Gruppierungen wie die Gruppe 47 ohne Organisationsstruktur oder Programm die Nachkriegsliteratur. Dagegen stand Kultur in der DDR im Spannungsfeld von staatlichen Vorgaben und Kunstfreiheit. Der Staat verlangte von Künstlern, die im Kulturbund, dem Schriftstellerverband und ähnlichen Strukturen organisiert und alimentiert wurden, einen Beitrag zum Aufbau des Sozialismus. Otto Grotewohl formulierte 1951 in einer Rede zur Berufung einer Staatlichen Kommission für Kulturangelegenheiten [333]: „Literatur und bildende Künste sind der Politik untergeordnet, aber es ist klar, dass sie einen starken Einfluss auf die Politik ausüben. Die Idee der Kunst muss der Marschrichtung des politischen Kampfes folgen". Lange Zeit war der Leitbegriff für künstlerische Aktivitäten der sozialistische Realismus. Die nur durch Papiermangel gebremste Buchproduktion unterlag der staatlichen Zensur, deren Strenge periodisch wechselte. Die DDR wurde zu einem Leseland erklärt, systemkonforme Literatur war in hohen Auflagen zu niedrigen Preisen verfügbar. Bürger hatten einen niederschwelligen Zugang zu einem vielfältigen Kulturangebot.

Mit Winston Churchills Begriff vom „Eisernen Vorhang" und der Truman-Doktrin, die der amerikanische Präsident 1947 zur Zurückdrängung kommunistischer Einflüsse verkündete, war die Trennung der Welt in zwei Macht- und Einflussbereiche besiegelt und der sogenannte Kalte Krieg nahm seinen Lauf.[2] Als Folge einer Politik der systematischen Intervention in fremden

---

[1]Siehe: https://www.hdg.de/lemo/kapitel/geteiltes-deutschland-gruenderjahre/weg-nach-osten/17-juni-1953-volksaufstand.html.

Staaten engagierten sich die USA militärisch unter anderem in Korea und Vietnam. Mithilfe ihres Geheimdienstes nahmen sie Einfluss in Südamerika und zahlreichen anderen Weltgegenden. Die Kubakrise im Oktober 1962 brachte die Welt an den Rand eines nuklearen Schlagabtauschs. Die Sowjetunion hatte nach dem Zweiten Weltkrieg kommunistische Regimes in ganz Osteuropa installiert, 1968 verhinderte sie gewaltsam Reformen in der Tschechoslowakei. Von 1980 bis 1983 stand die Volksrepublik Polen unter Kriegsrecht, nachdem die Sowjetunion mit Invasion gedroht hatte. Andererseits lösten sich koloniale Abhängigkeiten ab den 1960er-Jahren auf der ganzen Linie, während wirtschaftliche und politische Abhängigkeiten bestehen blieben.

Auch wissenschaftlich und kulturell waren die 1960er-Jahre geprägt vom Wettbewerb der politischen Systeme. In der Weltraumfahrt gab der erste aktive Satellit *Sputnik 1* der Sowjetunion 1957 und der erste bemannte Raumflug von Yuri Alekseyevich Gagarin (1934–1968) 1961 den Startschuss zu einem Wettlauf in der Raumfahrt. Er führte in einem Crashprogramm 1969 mit der NASA-Mission *Apollo 11* zur ersten Landung von Menschen auf dem Mond. Im Westen waren die 1960er-Jahre ein Jahrzehnt der Auseinandersetzung mit überkommenen Normen. Popmusik der Beatles, Folk- und Protestsongs à la Bob Dylan und die Hippie-Bewegung repräsentierten die Gegenkultur in dieser Dekade, genauso wie die durch den Vietnamkrieg ausgelöste Antikriegsbewegung. 1967 brachte die Firma Raytheon den ersten einigermaßen massentauglichen Mikrowellenofen heraus, den ihr Angestellter Percy L. Spencer (1894–1970) schon gegen Ende des Zweiten Weltkriegs unter dem Eindruck der Radartechnik erfunden hatte. Mit dem ersten kommerziellen Mikroprozessor, dem Intel 4004 von 1971, begann die Schrumpfung der bis dahin zimmergroßen Computer auf Büroformat. Die Firma Apple leitete das Zeitalter der Computer in Privatbesitz ein mit dem ersten massentauglichen Modell Apple II von 1977.

Die 1970er-Jahre sahen eine politische Entkrampfung des Ost-West-Konflikts. Insbesondere die Beziehungen der beiden deutschen Staaten erhielten durch den Grundlagenvertrag von 1972 ein neues Fundament. Ulrich Plenzdorf (1934–2007) veröffentlichte 1973 seinen Roman „Die neuen Leiden des jungen W.", die Geschichte eines Unangepassten in der DDR. Der Literatur-Nobelpreisträger Heinrich Böll (1917–1985) kritisierte ein Jahr später in „Die verlorene Ehre der Katharina Blum" die Macht der Medien in Westdeutschland, insbesondere der Bild-Zeitung. Woody Allen (geb. 1935)

---

[2] Für eine ausführliche Geschichte des Kalten Krieges siehe z. B. Odd Arne Westad *The Cold War: A World History* [568].

drehte 1977 seinen ersten Erfolgsfilm *Annie Hall* mit Dianne Keaton in der Hauptrolle, der mit vier Oscars ausgezeichnet wurde. 1979 folgte der Kultfilm *Manhattan*.

Die digitale Revolution schritt fort mit dem ersten IBM PC, dem Modell 5150 von 1981, und dem Apple Macintosh 128K von 1984. Für mich war die definierende Strömung in der Literatur der 1980er-Jahre die Postmoderne. Emblematisch möge hier das verstörende Werk *White Noise* (1985) von Don Delillo (geb. 1936) stehen, das sich mit dem akademischen Milieu inmitten von Konsumgesellschaft, Übersättigung durch die Medien und industrieller Umweltverschmutzung auseinandersetzt. Aber auch Umberto Ecos Roman „Der Name der Rose" (1980), Sten Nadolnys „Die Entdeckung der Langsamkeit" (1983) und „Das Parfüm" (1985) von Patrick Süskind prägen für mich diese Epoche der vielfältigen Stilmittel und neuen Subjektivität. Und natürlich die *New York Trilogy* (1985–1987) eines meiner Lieblingsautoren, des kürzlich verstorbenen Paul Auster (1947–2024). Stephen Hawking (1942–2018) landete 1988 mit *A Brief History of Time* einen unerwarteten Weltbestseller, der sich sagenhafte 237 Wochen auf der Bestsellerliste der Londoner Times hielt. Salman Rushdie (geb. 1947) wurde für *Satanic Verses* im gleichen Jahr mit einer lebensbedrohlichen Fatwa der iranischen Mullahs belegt.

Ende der 1980er-Jahre gerieten die Regierungen sozialistischer Länder unter wachsenden Druck ihrer Bevölkerungen. In Ungarn, Polen, der Tschechoslowakei und Rumänien wurden sie teils friedlich, teils gewaltsam abgelöst. Der Fall der Berliner Mauer signalisierte 1989 eine geopolitische Verschiebung, in der manche schon den endgültigen Sieg des Kapitalismus und das „Ende der Geschichte" sehen wollten [431]. Die Bürger der DDR leiteten mit ihrem friedlichen Protest das Ende der deutschen Teilung ein. Am 23. August 1990 beschloss die neu gewählte Volkskammer der DDR den Beitritt zur Bundesrepublik.

Und mit dieser viel zu langen Einleitung endet auch meine Sammlung politischer und kultureller „vermischter Meldungen". Den Rest haben Sie mindestens zum Teil selbst erlebt. Wenn nicht, fragen Sie doch einfach ältere Mitbürger nach den Ereignissen und Werken, die *l'air du temps* des ausgehenden 20. und des beginnenden 21. Jahrhunderts geprägt haben. Wir kommen auf unser eigentliches Thema zurück, indem wir subjektiv ausgewählte Erkenntnisse und Technologien diskutieren, die mit Licht als Werkzeug arbeiten. Wir beginnen im Kleinen und weiten zum Abschluss den Blick auf kosmische Dimensionen.

Laserlicht

Das Instrument *par excellence* in der modernen Anwendung von Licht ist ohne Zweifel der Laser. Dieses Kunstwort ist eine Abkürzung für *Light Amplification by Stimulated Emission of Radiation*. Stimulierte Emission ist ein Quanteneffekt, bei dem eine große Menge von Atomen, angeregt durch eine äußere elektromagnetische Welle einen gerichteten, kohärenten und monochromatischen Lichtstrahl aussendet. Dieser Effekt wurde zuerst von Albert Einstein in seiner Arbeit „Zur Quantentheorie der Strahlung" beschrieben, veröffentlicht während des Ersten Weltkriegs, 1916 zunächst in der Schweiz [262], wenig später und mit größerer Verbreitung auch in Deutschland [265].

Einstein diskutierte das Gleichgewicht zwischen Absorption und Emission von Photonen durch ein Atom mit zwei Energieniveaus – z. B. einem Grundzustand mit E_0 und einem angeregten mit E_1 – unter der Einwirkung äußerer Strahlung. Und zwar Strahlung derjenigen Frequenz ν, die dem Übergang zwischen beiden Zuständen entspricht. Letzteres bedeutet, dass die Photonen, aus denen das äußere Strahlungsfeld besteht, genau die Energie aufweisen, die dem Übergang zwischen den beiden Zuständen entspricht, also $h\nu = E_1 - E_0$. Das Atom kann also diese Photonen absorbieren, wenn es sich im Grundzustand befindet, wie in Abb. 19.1a. Es wird Photonen der gleichen Wellenlänge emittieren, wenn es aus dem angeregten Zustand in den Grundzustand zurückfällt, Abb. 19.1b.

Einstein fand zunächst in den Abschnitten §1–3 aus der Energiebilanz, dass ein Gleichgewichtszustand zwischen Atom und Strahlungsfeld nur dann dem Planck'schen Strahlungsgesetz entspricht (siehe Kap. 17), wenn neben Absorption und spontaner Emission auch eine stimulierte Emission durch das äußere Strahlungsfeld induziert wird wie in Abb. 19.1c. Bei diesem Vorgang befindet sich das Atom bereits in einem angeregten Zustand, das einlaufende Photon stimuliert resonant den Rückfall in den Grundzustand. Dabei wird ein Photon emittiert, das mit dem einlaufenden in Phase ist, es werden also zwei kohärente Photonen ausgesandt. Die Anzahl Photonen wird dabei verdoppelt.

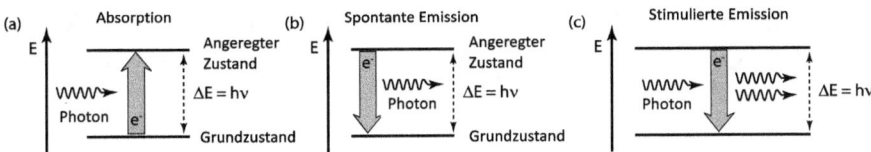

Abb. 19.1 (a) Absorption, (b) spontane Emission und (c) stimulierte Emission von Licht durch ein Atom mit zwei Energieniveaus

Die Tatsache, dass Photonen zu den Bosonen mit ganzzahligem Spin gehören, führt dazu, dass sich beide bevorzugt im selben Quantenzustand befinden. Wenn man diese Verstärkung nutzen will, müssen allerdings möglichst viele Atome im angeregten Zustand gehalten werden.

In den Abschnitten §4–7 diskutierte Einstein die Impulserhaltung bei spontanen und stimulierten Emissionen. Man könnte annehmen, dass das vom Atom abgestrahlte Licht sich in Form einer Huygens'schen Kugelwelle ausbreitet, das Atom also keinen Rückstoß erleidet. Stattdessen zeigt Einstein, dass sich eine konsistente Verbindung zwischen Atom und Strahlung nur dann ergibt, wenn das ausgesandte Photon einen Impuls $h\nu/c$ auf das Atom überträgt (mit der Lichtgeschwindigkeit c). Die Richtung dieses Impulses ist bei der spontanen Emission zufällig. Der Rückstoß führt zu der sogenannten Maxwell'schen Geschwindigkeitsverteilung der Atome, die man aus der Wärmelehre kennt.

Anders bei der durch die einfallende Strahlung stimulierten Emission. Aus der Impulserhaltung leitete Einstein ab, dass dieser Vorgang Photonen erzeugt, die in Richtung desjenigen Photons fliegen, das die Emission stimuliert hat.[3] Das bedeutet, dass stimulierte Emission einen einfallenden monochromatischen Strahl verstärkt, wenn dessen Frequenz einer Resonanzfrequenz der beteiligten Atome entspricht und genügend Atome in angeregtem Zustand sind. Dieser Teil von Einsteins Papier legte die Grundlage für das Verständnis des Laser-Effekts.

In den 1950er-Jahren entwickelte Charles H. Townes (1915–2015) einen Mikrowellenverstärker, der auf dem Prinzip der stimulierten Emission beruhte, mit Ammoniak als aktivem Material. Er nannte ihn Maser, ein Kunstwort ähnlich wie Laser, bei dem der erste Buchstabe für Mikrowellen steht. Er patentiert diese Erfindung im Jahr 1958. Im gleichen Zeitraum entwickelten in der Sowjetunion Nikolay Gennadiyevich Basov (1922–2001) und Alexander Mikhailovich Prokhorov (1916–2002) ähnliche Verfahren. Ein Maser kam z. B. im *Project Echo* zum Einsatz, von dem ich im letzten Abschnitt dieses Kapitels berichte. Townes, Basov und Prokhorov wurden für ihre Arbeiten mit dem Physik-Nobelpreis von 1964 ausgezeichnet. Die Erhöhung der Frequenzen auf sichtbares Licht gelang 1960 als Erstem Theodore H. Maiman (1927–2007); er veröffentlichte seine Erfindung, die künstlichen Rubin als aktives Material nutzte, in einem ultrakurzen Artikel in Nature [349] von gerade einmal 3000 Worten.

---

[3]Richard M. Friedberg hat eine erhellende Ableitung dieses Zusammenhangs in moderner Notation vorgelegt [440].

Um den angeregten Zustand der Atome maximal zu bevölkern, benutzt man den sogenannten Pumpprozess. Dabei wird der aktiven Substanz im Laser Energie zugeführt. Verschiedene Wege stehen dafür zur Verfügung, etwa Bestrahlung mit Licht einer Bandbreite, die die Anregungsfrequenz enthält. Man nennt das optisches Pumpen. Die Anregung kann aber auch z. B. durch elektrischen Strom erfolgen. Für den Pumpvorgang ist es offensichtlich günstig, wenn der angeregte Zustand eine möglichst lange Lebensdauer hat. Das trifft besonders auf metastabile Energieniveaus zu, die Lebensdauern bis in den Mikrosekundenbereich haben können. Abb. 19.2 zeigt zwei Beispiele. Im Fall (a) wird das metastabile Niveau 1 über einen strahlungslosen Übergang von irgendeinem höhergelegenen Niveau 2 erreicht. Ein solcher Übergang ohne Emission eines Photons kommt zustande, wenn das Atom die Energiedifferenz auf andere Weise loswerden kann, etwa durch Stöße mit anderen Atomen oder durch die Aussendung sogenannter Auger-Elektronen. Der Fall (b) zeigt das Prinzip eines Lasermaterials mit zwei Zwischenzuständen, bei dem der Grundzustand in drei Schritten erreicht wird, von denen der mittlere ein Laserphoton erzeugt. Dieses Prinzip ist beispielsweise im Nd:Yag-Laser realisiert.

Bedingung ist allerdings, dass eine sogenannte Inversion der Besetzungszahlen erreicht werden kann. Normalerweise verhält sich die Anzahl n_1 der Elektronen im angeregten Zustand zu der Anzahl n_0 im Grundzustand nach dem Stefan-Boltzmann-Gesetz, $n_1/n_0 = e^{-(E_1 - E_0)/kT}$, mit der Temperatur T der Substanz und der Boltzmann-Konstanten k. Offensichtlich kann man also mit ausschließlich thermischen Mitteln allerhöchstens einen Gleichstand der Besetzungszahlen erreichen. Inversion bedeutet dagegen, dass die Anzahl angeregter Zustände deutlich höher ist als die Anzahl Grundzustände. Durch ausreichendes Pumpen muss eine solche Inversion erreicht und gehalten werden. Trotzdem wird die Vervielfachung der Photonen durch die Konkurrenz zwischen Absorption und stimulierter Emission bestimmt. Es ist also vorteilhaft, wenn der Laserstrahl zusätzlich das aktive Medium mehrmals durchläuft.

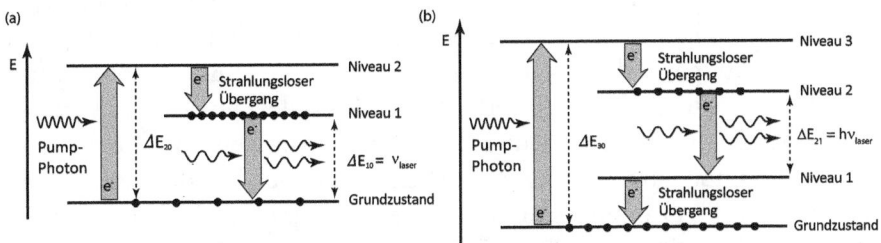

Abb. 19.2 Laserprozesse bei Atomen mit (**a**) zwei und (**b**) drei angeregten Zuständen

Das Prinzip zeigt Abb. 19.3. Spiegel an beiden Enden werfen den Lichtstrahl hin und her, nur ein Teil wird durch den teilweise durchlässigen Spiegel am rechten Ende ausgekoppelt. Spiegel können wie bei Maimans Rubinlaser auch direkt auf das aktive Material aufgedampft werden.

Als aktives Material können Gase oder Festkörper eingesetzt werden, ja sogar organische Stoffe. Einen kompakten Überblick über die verschiedenen Lasertypen gibt z. B. Kapitel 6 des superb illustrierten Buchs von Dennis F. Vanderwerf [567]. Eine Variante, die einem ehemaligen Teilchenphysiker wie mir am Herzen liegt, ist der Freie-Elektronen-Laser (FEL), der heute ein unverzichtbares Werkzeug für Festkörper- und Biophysik darstellt. Es handelt sich um einen Laser, der keine Atome, sondern einen Elektronenstrahl als aktives Medium benutzt. Dabei macht man sich zunutze, dass jede Impulsänderung geladener Teilchen zur Folge hat, dass sie Photonen abstrahlen. Röntgenlicht stammt aus der abrupten Abbremsung (siehe den entsprechenden Abschnitt in Kap. 15), Synchrotronlicht aus der magnetischen Ablenkung relativistischer Teilchen in einem Beschleuniger. Letzteres stellt eine Art Abfallprodukt der Teilchenphysik dar, ist aber spektakulär nutzbar. Abb. 19.4 zeigt das Prinzip. Ein sogenannter Ondulator, eine periodische Abfolge entgegengesetzt gerichteter Magnetfelder lenkt einen Elektronenstrahl auf eine wellenförmige Bahn mit einer „Wellenlänge", die durch die räumliche Periode der Magnetfelder gegeben ist. Sie strahlen dabei kohärentes Licht mit einer Wellenlänge ab, die um einen Faktor $2\gamma^2$ kleiner ist als die Wellenlänge des Ondulators. Der relativistische Faktor γ (siehe Abb. 13.17) erreicht für leichte Teilchen enorme Werte, wenn ihre Geschwindigkeit nahe an die Lichtgeschwindigkeit rückt. Ein FEL kann damit kurze Lichtpulse mit Wellenlängen im Röntgenbereich erzeugen, die sich zur Auflösung kleinster Strukturen einsetzen lassen und z. B. biochemische Prozesse abbilden können. Dazu sind allerdings Großforschungsanlagen erforderlich, wie der Europäische FEL in Hamburg, über den die Webseite https://www.xfel.eu informiert.

Ein Laser erzeugt Licht in einem sehr engen Frequenzbereich. Dieser Bereich ist nur begrenzt durch die Linienbreite atomarer Zustände, verbreitert durch den Dopplereffekt. Es ist offensichtlich, dass eine Lichtquelle, die einen intensiven Lichtstrahl aus monochromatischen Photonen erzeugt, völlig neue Anwendungen erlaubt. Insbesondere ist die Ausnutzung von Interferenzeffekten dadurch sehr stark erleichtert, dass alle Photonen automatisch in Phase sind. Anwendungen und Weiterentwicklungen von Lasern haben eine Fülle von nobelpreiswürdigen Entdeckungen und Erfindungen ausgelöst. Beispiele sind die Durchbrüche in der Spektroskopie mit Nobelpreisen 1981 für Nicolaas Bloembergen (1920–2017), Arthur L. Schawlow (1921–1999) und Kai Siegbahn (1918–2007), 2005 für Roy J. Glauber (1925–2018), John L.

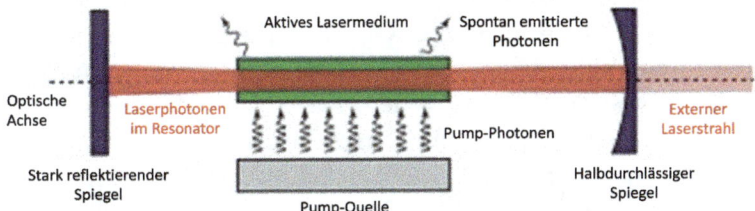

Abb. 19.3 Prinzipskizze eines Resonators für Laserlicht. Das aktive Medium wird gepumpt. Der Laserstrahl wird durch Spiegel an beiden Enden im Resonator gespeichert und am rechten Ende nur teilweise ausgekoppelt

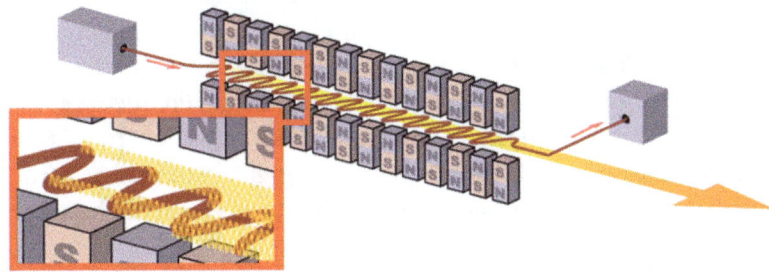

Abb. 19.4 Prinzipskizze eines Freie-Elektronen-Lasers. Ein intensiver Strahl relativistischer Elektronen wird in einem periodisch wechselnden Magnetfeld, einem sogenannten Ondulator (*wiggler*), zur Aussendung eines Strahls von Laser-Photonen angeregt. (Bildnachweis: Wikimedia Commons)

Hall (geb. 1934) und Theodor W. Hänsch (geb. 1941). Weitere Beispiele sind Anwendungen auf die Beobachtung und Manipulation von Quantensystemen mit Nobelpreisen 1997 für Steven Chu (geb. 1948), Claude Cohen-Tannoudji (geb. 1933) und William D. Phillips (geb. 1948), und 2012 für Serge Haroche (geb. 1944) und David J. Wineland (geb. 1944). Wir kommen im nächsten Abschnitt darauf zurück.

Mir scheinen aus der Fülle von Entwicklungen zwei Techniken erklärenswert, weil sie Fenster zu neuen Anwendungen geöffnet haben. Es handelt sich um den Frequenzkamm und die *Chirped Pulse Amplification*, wörtlich „Gezwitscherte Pulsverstärkung". Beide haben mit der Dualität zwischen Frequenzverhalten und Pulsdauer zu tun, auf die wir noch näher eingehen müssen.

Wir müssen dazu noch einmal auf das Heisenberg'sche Prinzip zurückkommen. Es sagt aus, dass die genaue örtliche Lokalisierung eines Quantums nicht kompatibel ist mit einem festen Impuls. Oder seine zeitliche Fixierung mit einer festen Energie. Wir wollen das anhand eines Wellenpakets anschaulich machen. Viele Verfechter der Kopenhagener Interpretation der Quantenmechanik sehen in Wellenpaketen die Repräsentation eines Photons, also eines Teilchens, unter Zuhilfenahme von Begriffen aus der Wellenmechanik.[4] Ein Wellenpaket besteht aus einer ebenen Trägerwelle, deren Amplitude eine zeitliche oder örtliche Begrenzung aufgeprägt ist.[5] Ein Beispiel zeigt die unterste Grafik in Abb. 19.5, ein Wellenpaket in Form einer zeitlichen Gauß-Verteilung. Eine solches Wellenpaket lässt sich aus ebenen Wellen, wie wir sie bisher immer als Beispiel benutzt haben, synthetisieren. Dazu braucht man allerdings solche mit vielen verschiedenen Frequenzen, die wiederum einer Gauß-Verteilung um eine Trägerfrequenz folgen.[6] Man nennt die Breite der Frequenzverteilung auch die Bandbreite, ein Begriff, der aus der Radiotechnik stammt. Die erforderliche Bandbreite ist umso größer, je schmaler die zeitliche Verteilung des Pakets ist. Auch das ist in Abb. 19.5 anschaulich gemacht. Ich habe bei der obersten Grafik zwei benachbarte Frequenzen mit einer Trägerwelle gemischt, in der nächsten sechs und so weiter. In der untersten Grafik erzeugen kontinuierliche Frequenzen das glockenförmige Wellenpaket mit einer Bandbreite, die umgekehrt proportional zur zeitlichen Breite des grün gezeichneten Signals ist.

Der sogenannte Frequenzkamm treibt dieses Prinzip einen Schritt weiter. Er löst damit das Problem der genauen Frequenzbestimmung für Lichtwellen. Für Radiowellen existieren seit Langem präzise Frequenzzähler, Sie können sie im Internet problemlos bestellen. Solche Instrumente tun genau, was ihr Name sagt, sie zählen die Extrema einer Welle über einen bestimmten Zeitraum. Etwa bei einem Zehntausendstel des untersten optischen Frequenzbereichs stößt diese Methode aber an ihre Grenzen und nur großtechnische Anlagen zur Erzeugung harmonischer Vielfache der Frequenz erlaubten früher die Frequenzbestimmung von Lichtwellen. Der Frequenzkamm löst dieses Problem durch einen eleganten Trick. Man moduliert eine Trägerwelle mit einer hohen Frequenz in regelmäßigen Abständen durch z. B. eine Amplitude in Form einer Gauß-Funktion, wie Abb. 19.6 zeigt. Ist der Abstand der Modulationen

---

[4]Diese Analogie findet allerdings schnell ihre Grenzen, wenn der Teilchencharakter des Lichts dominiert, wie etwa bei einem Strahlteiler. Klassische Wellenmechanik würde verlangen, dass Teile der Amplitude in die beiden Richtungen ausgestrahlt werden. Photonen sind aber unteilbar, sie fliegen entweder in die eine oder die andere Richtung.

[5]Ein Beispiel für die Amplitude a eines solchen Pakets um sein Zentrum bei t_0, deren Beschränkung einer Gauß-Funktion folgt, ist $a(t) = e^{-(t-t_0)^2/2\sigma_t^2} \cos(\omega_0 t)$. ω_0 ist die Kreisfrequenz der Trägerwelle, σ_t die Breite der Gauß-Funktion, also ein Maß für die zeitliche Ausdehnung des Pakets.

[6]Man nennt das eine Fourier-Analyse der gewünschten Funktion. Die Fourier-Transformierte einer Gauß-Verteilung in der Zeit ist eine Gauß-Verteilung in der Frequenz der beitragenden ebenen Wellen. Für unser Beispiel eines Gauß'schen Wellenpakets findet man $\tilde{a}(\omega) = \frac{\sigma_t}{\sqrt{2\pi}} e^{-(\omega-\omega_0)^2 \sigma_t^2/2} \cos(-t_0(\omega - \omega_0))$.

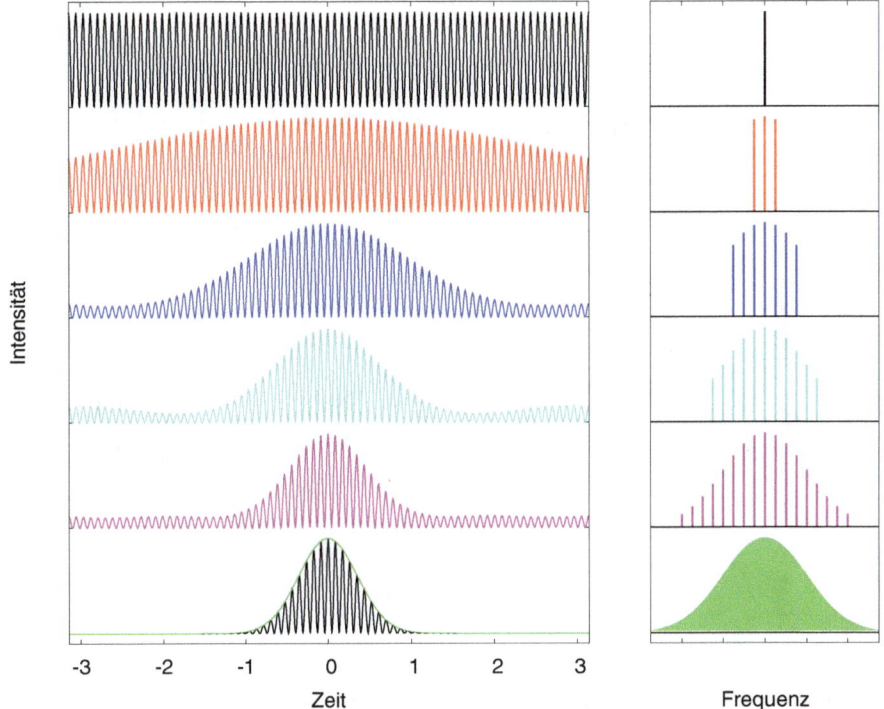

Abb. 19.5 Beispiel für die Zusammensetzung eines Wellenpakets aus verschiedenen Frequenzen, die um eine zentrale Trägerfrequenz (schwarz in der obersten Grafik) verteilt sind. Von oben nach unten nimmt die Anzahl und Bandbreite der für die Synthese verwendeten Frequenzen immer weiter zu. In der untersten Grafik verfolgt die Synthese mit gaußverteilten, kontinuierlichen Frequenzen die Zielfunktion (grüne Kurve) getreu

ein ganzzahliges Vielfaches n der Periode der Trägerwelle, dann ergibt sich eine kammförmige Aufteilung der Frequenzen in der resultierenden Welle, also eine Art Frequenzteiler. Nehmen wir als Beispiel einen monochromatischen Lichtstrahl am Rand des Infrarotbereichs bei $\nu = 400\,\text{THz}$ und $n = 10^5$. Dann liegen niedrige Frequenzen im resultierenden Lichtstrahl im Bereich GHz und können gezählt werden. Damit macht der Frequenzkamm Licht praktisch im gesamten Spektrum einer genauen Frequenzbestimmung zugänglich. Wie man einen Frequenzkamm technisch herstellt und wie man sicherstellt, dass die Frequenzteilung genau ganzzahlig ist, können wir hier nicht diskutieren. Wenn es Sie interessiert, finden Sie eine Einführung in der Zeitschrift *Science* [582].

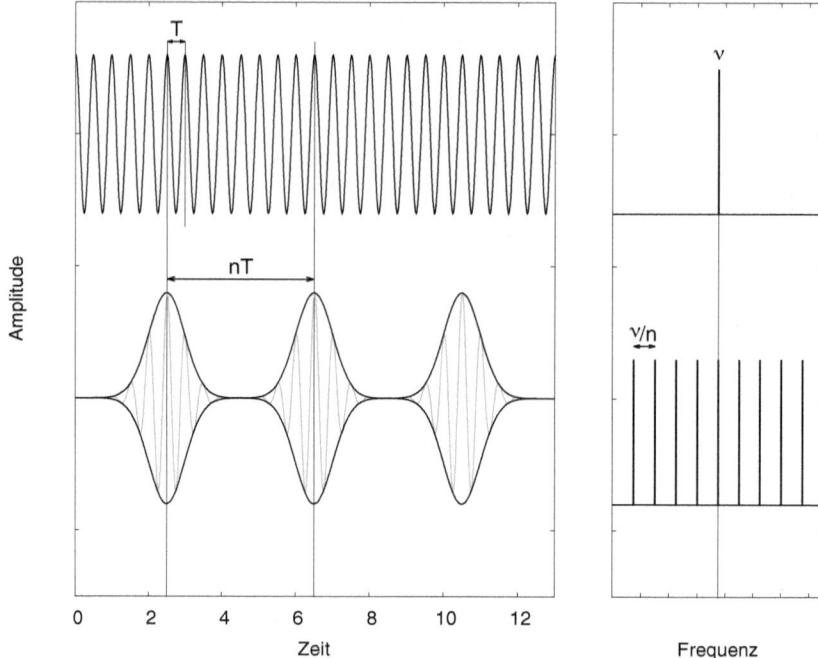

Abb. 19.6 Beispiel für die Erzeugung eines Frequenzkamms durch periodische Modulation einer monochromatischen Welle. Die Trägerwelle hat eine Periode $T = 1/\nu$. Die Modulation hat eine Periode nT, also ein ganzzahliges Vielfaches der Trägerperiode. Dies erzeugt einen Strahl aus Photonen mit Frequenzen, die einen Abstand von ν/n aufweisen

Ein Laserstrahl mit Frequenzkamm liefert eine riesige Anzahl paralleler Laserstrahlen mit genau bekannten Frequenzen, die nicht nur in sich, sondern auch untereinander kohärent sind. Anwendungen solcher Strahlen erlauben z. B. in der Spektroskopie, Hunderte von Messungen parallel durchzuführen.

Die *Chirped Pulse Amplification* löst ein Problem mit der erreichbaren Intensität von Laserstrahlen. Kurze Pulse innerhalb eines Lasers erreichen relativ schnell hohe Intensitäten von Gigawatt pro Quadratzentimeter. Das tritt speziell dann auf, wenn im Inneren eines Resonanzhohlraums eine stehende Welle gespeichert ist oder es zu Selbstfokussierung des Strahls kommt. Das aktive Lasermedium kann dann leicht Schaden nehmen.

Die CPA-Methode vermeidet dies, indem sie den Puls vor der Verstärkung durch Laserstufen verlängert und nachher wieder staucht. Wie man das z. B. mithilfe von Dispersionsgittern anstellt, zeigt die Abb. 19.7. Man nutzt dabei die Tatsache, dass an einem Gitter langwelliges rotes Licht stärker abgelenkt wird als kurzwelliges blaues (siehe Abb. 10.6). Mit zwei solchen Gittern lässt

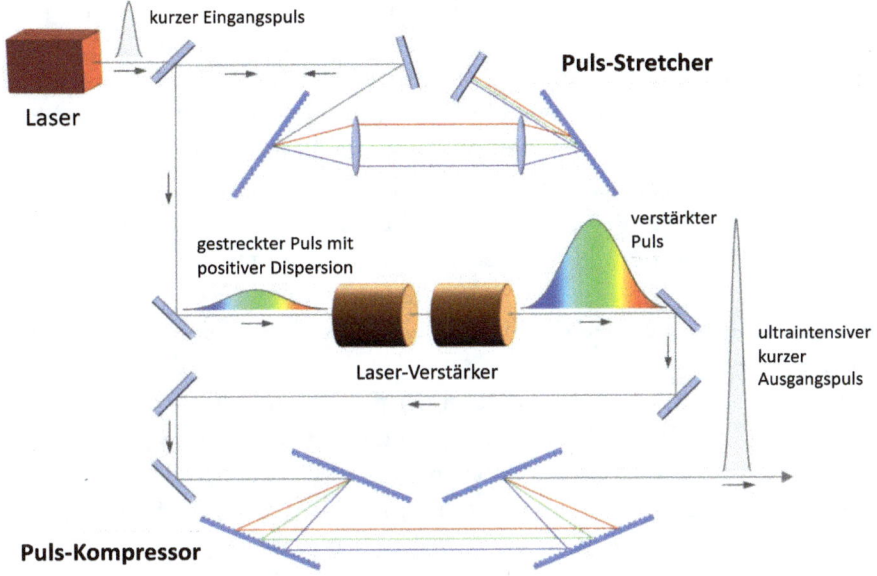

Abb. 19.7 *Chirped Pulse Amplification* unter Verwendung von Dispersionsgittern. Der ursprüngliche Laserpuls wird in einem Stretcher so gelenkt, dass niederfrequentes rotes Licht einen kürzeren Weg nimmt als höherfrequentes blaues. Der zeitlich verbreiterte Puls wird dann in weiteren Laserstufen verstärkt. In einem Kompressor wird die Dispersion wieder aufgehoben und der Puls zeitlich gestaucht. (Bildnachweis: nach https://www.plymouthgrating.com/applications/chirped-pulse-amplification-cpa/)

sich ein sogenannter Stretcher realisieren, wie im oberen Teil von Abb. 10.6 gezeigt. Der Lichtweg für rotes Licht ist darin länger als der für blaues. Der Puls nach dem Stretcher ist also nicht nur gestreckt, seine zeitliche Abfolge ist auch nach Wellenlängen geordnet, mit langwelligem Licht am Anfang und kurzwelligem am Ende. Wenn Sie sich diese Abfolge akustisch vorstellen, verstehen Sie den Namen, den die Erfinder augenzwinkernd für ihr Verfahren gefunden haben: ein zu Beginn leiser tiefer Ton, der schnell lauter und höher wird, ehe er eine Oktave höher verklingt. Eben ein Zwitscher.

Damit ist der Puls ausreichend gedehnt, um einen Faktor 1000 bis 100.000, sodass bei erneuter Verstärkung in Lasern das aktive Medium keiner zerstörerischen Energiedichte ausgesetzt ist. Die Mitte der Grafik in Abb. 19.7 deutet einen solchen Verstärker an. Der verstärkte, immer noch gestreckte Puls wird dann wieder komprimiert, in einem zum Stretcher umgekehrten Kompressor mit vier Gittern, dessen Prinzip der untere Teil der Grafik zeigt. Es resultiert ein ultraverstärkter kurzer Strahl, der wieder die ursprünglichen Wellenlängen gemeinsam enthält. Damit sind Lichtintensitäten von Terawatt pro Quadratzentimeter erreichbar, mit einer Apparatur, die auf einen Labortisch passt. Also einige Joule Energie in einem Femtosekunden-Puls, wie beim Laser Hercules der Universität Michigan [512]. Großtechnische Anwendungen solcher Hochenergie-Laser sind z. B. die Erhitzung von Plasma in einem Fusionsreaktor an der US National Ignition Facility [588] oder die Untersuchung von schweren Ionen mit PHELIX am GSI.[7] 2018 wurden Gérard Mourou (geb. 1944) und Donna Strickland (geb. 1959) für die Erfindung von CPA mit dem Nobelpreis für Physik ausgezeichnet. Sie teilten ihn mit Arthur Ashkin (1922–2020), der die sogenannte optische Pinzette oder Laserpinzette erfunden hat, die man in der Manipulation biologischer Systeme einsetzt.

Und da wir gerade bei ultrakurzen Lichtpulsen sind: 2023 ging der Nobelpreis in Physik an Pierre Agostini (geb. 1941), Ferenc Krausz (geb. 1962) und Anne l'Huillier (geb. 1941) für experimentelle Methoden zur Erzeugung von Pulsen mit einer Länge von Attosekunden, also 10^{-18} s. Wer weiß, wo das Ende dieser Reise zu immer schnelleren Prozessen liegen wird.

Verschränkung und Vereinzelung

In Quantenprozessen sind Aussagen über die Zukunft eines Systems nur statistisch möglich, wir können „nur" Wahrscheinlichkeiten berechnen. Genauso gilt logischerweise auch, dass ein Quantensystem keine feste Vergangenheit hat, sondern eine Gemengelage von Vergangenheiten mit berechenbarer Wahrscheinlichkeit. Wie wir in Kap. 17 gesehen haben, war es Max Born, der die Interpretation der Quantenmechanik in Wahrscheinlichkeiten geprägt hat, mit der zentralen Aussage, dass das Quadrat der Wellenfunktion die Wahrscheinlichkeit dafür angibt, dass ein Prozess stattfindet. Einstein hat sich damit nicht recht anfreunden können. Das lag daran, dass er kompromisslos vertrat, dass physikalische Theorien zwei Grundzüge aufweisen müssten:

- Lokalität: Zwei Ereignisse, die in Zeit und Raum einen Abstand aufweisen, der nicht mit einem Photon zu überbrücken ist, können sich nicht beeinflussen.
- Realismus: Das Ergebnis einer Messung steht vor ihrer tatsächlichen Durchführung fest, physikalischer Zustand und Messung sind unabhängig voneinander.

---

[7] Siehe https://www.gsi.de/work/forschung/appamml/plasmaphysikphelix/phelix.

Einstein und seine Mitarbeiter Boris Podolsky (1896–1966) und Nathan Rosen (1909–1995) am Institute of Advanced Studies in Princeton haben 1935 den Widerspruch zwischen Lokalität und Realismus in einem berühmten Gedankenexperiment auf den Punkt gebracht [308]. Sie verwandten als Beispiel für inkompatible Eigenschaften eines Teilchens seinen Ort und seinen Impuls. Nehmen wir an (wie die Autoren es taten), das Teilchen habe einen festen Impuls. Dann lässt sich für seinen Ort nur die Wahrscheinlichkeit berechnen, dass er sich zwischen zwei Grenzwerten befindet. Will man Gewissheit, also eine Wahrscheinlichkeit 1, liegen diese Grenzen bei null und unendlich. Nach den Autoren gilt also: „…wenn der Impuls eines Teilchens bekannt ist, hat seine Koordinate keine physikalische Realität".

Genau zu diesem Befund konstruierten Einstein, Podolsky und Rosen ein Paradoxon anhand eines Beispiels, das ich sinngemäß wiedergebe. Stellen Sie sich ein Teilchen vor, dass in zwei Photonen zerfällt.[8] Es befinde sich zum Zeitpunkt des Zerfalls in Ruhe an einem bestimmten Ort, sagen wir bei $(t = 0, \mathbf{x} = 0)$. Wegen der Energie- und Impulserhaltung haben beide Photonen einen entgegengesetzt gleichen Impuls. Sagen wir, das eine fliegt nach links in Richtung $-\mathbf{x}$, das andere nach rechts, $+\mathbf{x}$. Beide natürlich mit Lichtgeschwindigkeit, sodass sie keinerlei Informationen austauschen können. Hat nun das erste Photon einen festen Impuls $\mathbf{p}_1$, so hat das andere notwendigerweise den Impuls $\mathbf{p}_2 = -\mathbf{p}_1$. Misst man also den Impuls von Teilchen 1, so ist der Impuls von Teilchen 2 „real" im Sinn der Realismus-Doktrin: Er steht fest, bevor er gemessen wird, ja sogar, wenn er gar nicht gemessen wird. Lokalisiert man das eine Elektron am Ort $\mathbf{x}_1$, so befindet sich das andere Photon mit Wahrscheinlichkeit 1 am Ort $\mathbf{x}_2 = -\mathbf{x}_1$, auch das genügt der Forderung des Realismus. Allerdings sind für beides nicht lokale Messungen notwendig. Ort und Impuls von Teilchen 2 spiegeln also eine Realität wider, die aber nicht lokal festgelegt wurde. Will man lokale Realität, dann gibt es zwei: eine für den Ort, eine andere für den Impuls. Das definiert, was man das Paradoxon von Einstein-Podolsky-Rosen nennt, abgekürzt EPR.

Man kann also nicht beides haben. Wenn die Quantenmechanik Zustände nur lokal beschreibt, dann ist sie keine vollständige Beschreibung der Realität. Wenn sie die Realität vollständig beschreibt, kann sie nicht auf lokale Größen beschränkt sein. Einstein hat das nicht geschmeckt. In einem Brief an Max Born schrieb er 1947 [378]:

---

[8] Ein gutes Beispiel für ein solches Teilchen ist das leichte Hadron π^0, ein gebundener Zustand aus einem leichten Quark und seinem Antiquark.

„Ich kann aber deshalb nicht ernsthaft daran glauben, weil die Theorie mit dem Grundsatz unvereinbar ist, dass die Physik eine Wirklichkeit in Zeit und Raum darstellen soll, ohne spukhafte Fernwirkungen."

Verschränkung, englisch *entanglement*, nennt man nach Erwin Schrödinger die Tatsache [309], dass Quanten in einem System miteinander Informationen teilen können, ohne sie auszutauschen. Also auch über Entfernungen, die durch Informationsaustausch nicht überbrückbar sind. Seitdem spukt diese Fernwirkung als *spooky action at a distance* durch die Literatur. Der experimentelle Nachweis, dass es sie wirklich gibt, hat allerdings auf sich warten lassen.

Was nun die Messung von Observablen angeht, kann man zwei Grundannahmen machen. Die eine ist die, dass Observable vor der Messung keinen festen Wert haben, sondern überlagert alle Werte, die die Wellenfunktion enthält. Der aktuelle und lokale Wert der Observablen entsteht dann erst durch die Messung. Die Vertreter der Kopenhagener Interpretation sagen, dass die Wellenfunktion „kollabiert".[9] Das kommt daher, dass bei einer Messung der Quantenzustand mit der makroskopischen Welt in Berührung kommen muss. Er wird also in Bedingungen hineinkatapultiert, die der klassischen Physik unterliegen. Damit kommt ihm sein Quantencharakter erst einmal abhanden. Die Messung ist nicht störungsfrei möglich. Das glauben auch die Anhänger der Pilotwellentheorie nach de Broglie und Bohm. Allerdings haben nach ihnen die Observablen des Teilchens durchaus schon vor der Messung einen bestimmten Wert gehabt, den die Messung nur offenlegt. Wenn man dann will, dass die Quantenmechanik die Realität vollständig beschreibt – immer im Sinne der Realismus-Doktrin –, muss man einen Mechanismus fordern, der die Werte regiert, die nicht gleichzeitig gemessen werden können. Ein solcher Mechanismus funktioniert notwendigerweise vermittels „versteckter Variablen". Deren Wertebereich simuliert dann sozusagen die Heisenbergsche Unschärfe. Und ob es sie gibt, kann man experimentell nachprüfen.

Dazu muss man Korrelationen zwischen zwei Messungen aufspüren, wie versteckte Variable sie erzeugen könnten. Das Problem dabei ist natürlich, dass man deren Wirkungsmechanismus nicht kennt, wenn es sie denn gibt. Die ursprüngliche Form des Paradoxons von Einstein, Podolsky und Rosen benutzte kontinuierliche Messgrößen wie Ort und Impuls, Korrelationen sind experimentell schwierig zu bestimmen. Das hat sich durch eine Idee radikal verändert, die David Bohm und Yakir Aharonov zehn Jahre nach dem EPR-

---

[9]Nach der Messung beschreibt also eine sogenannte δ-Funktion die Wahrscheinlichkeitsverteilung der Observablen. Was das ist, können Sie googlen.

Papier veröffentlicht haben [344]. Sie schlugen vor, statt kontinuierlicher Observablen solche zu benutzen, die nur zwei Werte annehmen können. Ein Beispiel ist der Spin eines Teilchens, der entlang einer beliebigen Achse nur die Werte $+1$ und -1 annehmen kann. Im modernen Jargon nennt man so eine Observable ein *Qubit*, für Quantenbit. Der Unterschied zum normalen Bit, das auch nur zwei Werte annehmen kann, ist, dass die Wellenfunktion alle möglichen Werte des Qubit in Überlagerung enthält. Gleichzeitig rückt unser Thema in den Fokus, weil auch Licht sich auf zwei orthogonale Spinstellungen begrenzen lässt. Bohm und Aharonov hatten auch gleich ein Experiment der späteren Nobelpreisträgerin Chien-Shiung Wu (1912–1997) zur Verfügung [331], das allerdings zu ungenau war, um zwischen den beiden Hypothesen zu unterscheiden.

Basierend auf diesem Vorschlag hat dann John Steward Bell (1928–1990) 1964 den konkreten Unterschied zwischen Theorien mit und ohne versteckte Variable berechnet [356, 490]. Das Ergebnis nennt man die Bell'sche Ungleichung. Wir diskutieren sie in der Form, die John F. Clauser und andere 1969 ausgearbeitet haben [371]. Ich vermute, dass Sie keine grundsätzliche Abneigung gegen ein bisschen Mathematik haben, wenn Sie dieses Buch tatsächlich bis hierher durchgeackert haben. Ich erlaube mir also im Folgenden ein paar Formeln, um einen komplexen Sachverhalt hoffentlich klarzumachen.

Nehmen wir eine Quelle S von Photonenpaaren an, von denen immer eines die eine Spinrichtung bezüglich einer Achse aufweist, sagen wir $+$, während das zweite immer die andere hat, also $-$. Nun ist es eine Besonderheit des Spin, dass seine Projektion auf eine *beliebige* Achse quantisiert ist, also nur diskrete Werte annehmen kann. Mit einer Anordnung wie in Abb. 19.8

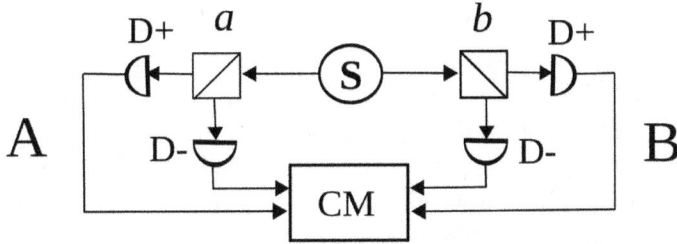

Abb. 19.8 Prinzip eines Tests der Bell'schen Ungleichung mit einem Zweikanalexperiment. Die Quelle S erzeugt Photonenpaare mit antikorrelierten Spinrichtungen. Die Strahlteiler a und b senden Photonen eines Spins zum Detektor $D+$, die anderen zum Detektor $D-$. Die Richtungen der beiden Strahlteiler können um einen Winkel θ gegeneinander verdreht werden. Der Koinzidenz-Zähler CM zählt die vier möglichen Koinzidenzen $(++)$, $(--)$, $(+-)$ und $(-+)$. (Bildnachweis: Wikimedia Commons)

kann man dann Korrelationen zwischen den Spinrichtungen durch Zählen von Photonenpaaren feststellen. Und zwar für verschiedene Achsen auf den beiden Seiten der Anordnung. Die beiden Strahlteiler a und b lassen sich unabhängig voneinander orientieren. Nennen wir die Stellung des linken Strahlteilers $\mathbf{a}$, und betrachten für den rechten zwei verschiedene Stellungen $\mathbf{b}$ und $\mathbf{b}'$. Die Signale auf beiden Seiten bezeichnen wir mit A und B, sie werden vom zentralen Koinzidenzzähler gleichzeitig registriert. Das Ergebnis auf der linken Seite kann abhängen von den Stellungen der beiden Strahlteiler und einer eventuellen versteckten Variablen λ, also $A(\mathbf{a}, \mathbf{b}, \lambda)$. Das Ergebnis auf der rechten Seite ist dann $B(\mathbf{a}, \mathbf{b}, \lambda)$. Damit sie ihren Zweck erfüllt, muss die versteckte Variable λ die Ergebnisse so miteinander verbinden, dass die beiden Spins immer antikorreliert sind, also bezüglich derselben Achse immer $B(\mathbf{b}, \lambda) = -A(\mathbf{b}, \lambda)$ gilt. Lokalität würde bedeuten, dass das Ergebnis auf der A-Seite nur von der Stellung $\mathbf{a}$ abhängt, $A(\mathbf{a}, \mathbf{b}, \lambda) = A(\mathbf{a}, \lambda)$, das der B-Seite nur von $\mathbf{b}$, $B(\mathbf{a}, \mathbf{b}, \lambda) = B(\mathbf{b}, \lambda)$.

Der Koinzidenzzähler in der Mitte zählt die vier Kombinationen N_{++}, N_{--}, N_{+-} und N_{-+} gleichzeitiger Signale von den beiden Seiten der Apparatur. Wir bilden daraus eine Größe, die auf Korrelationen zwischen der A- und der B-Seite empfindlich ist:

$$E(a, b) = \frac{N_{++} - N_{+-} - N_{-+} + N_{--}}{N_{++} + N_{+-} + N_{-+} + N_{--}}$$

Im Nenner erkennen Sie die Gesamtzahl der gemessenen Photonenpaare, die Größe ist also gebildet aus den jeweiligen Mittelwerten der vier Kombinationen. Wir vergleichen nun die Korrelationen, die man bei zwei Stellungen $\mathbf{b}$ und $\mathbf{b}'$ des rechten Strahlteilers misst, mithilfe der Größe $1 + |E(a, b) - E(a, b')|$. Und wir untersuchen, wie diese Differenz vom Winkel $\theta = \angle(\mathbf{b}, \mathbf{b}')$ zwischen den beiden B-Richtungen abhängt. Wenn versteckte Variable beide Seiten korrelieren, erhalten wir für den Wert der Korrelation nur eine untere Grenze, weil wir ja den Mechanismus der Vermittlung nicht kennen. Sie ist gegeben durch die sogenannte Bell'sche Ungleichung. Für die Quantenmechanik können wir dagegen die Korrelation berechnen. Abb. 19.9 zeigt beide Ergebnisse. Die Korrelation, die die Quantenmechanik voraussagt, liegt für alle Werte des Winkels θ unterhalb der Grenze, über der sie nach der Bell'schen Ungleichung liegen sollte, wenn versteckte Variable im Spiel wären.

Die Experimente, die die Verschränkung von Photonen untersuchen, sind seit den frühen 1970er-Jahren Legion. Der Wikipedia-Eintrag *Bell test* gibt Ihnen einen Überblick und lässt auch Schwachstellen nicht unerwähnt. Mich beeindrucken besonders die frühen Experimente der Amerikaner Steward J.

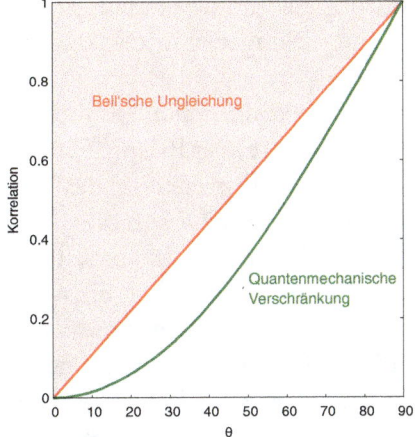

Abb. 19.9 Korrelation zwischen den Zählraten in beiden Armen eines Zweikanal-Experiments in Abhängigkeit vom Winkel θ zwischen den beiden koplanaren Strahlteilern **a** und **b** [421, S. 87]. Erlaubte Werte für die im Text definierte Korrelation liegen nach der Bell'schen Ungleichung oberhalb der roten Kurve, wenn versteckte Variable die Korrelation vermitteln. Wenn die Quantenmechanik das Experiment richtig beschreibt, liegen die Werte auf der grünen Kurve

Freedman und John F. Clauser [379], die als erste genau genug waren, um eine Verletzung der Bell'schen Ungleichung zu beobachten.[10] Und natürlich diejenigen von Alain Aspect [396, 402] an der Universität Orsay, von denen eines auf geniale Weise sicherstellte, dass keinerlei lokale Theorie die Ergebnisse erklären kann. Dabei verwendete Aspect einen schnell schaltbaren Polarisations-Analysator, dessen Stellung verändert wurde, noch während die beiden Photonen auf dem Wege waren. Die Fachzeitschrift *European Physical Journal* hat den Arbeiten von Aspect und Mitarbeitern 2022 eine Sonderausgabe gewidmet [605]. Experimente mit Photonen, die mit fiberoptischen Lichtleitern kilometerweit voneinander entfernt wurden, haben meine Kollegen Nicolas Gisin und Hugo Zbinden Ende der 1990er-Jahre am Genfer See durchgeführt [460]. Sie haben gezeigt, dass selbst bei mehr als 10 km Entfernung zwischen den beiden Detektoren die Verschränkung erhalten bleibt. Im gleichen Zeitraum perfektionierte die Wiener Forschungsgruppe unter der Leitung von Anton Zeilinger [459] den Ansatz von Alain Aspect, indem sie

---

[10]Clauser ist auch ein prominenter Leugner des menschengemachten Klimawandels. Siehe https://www.washingtonpost.com/climate-environment/2023/11/16/john-clauser-nobel-climate-denial/.

die Stellung des Analysators durch einen zufälligen Quantenprozess steuern ließen. Aspect, Clauser und Zeilinger wurden 2022 mit dem Nobelpreis für Physik ausgezeichnet.

Anwendungen der Verschränkung stehen wohl eher am Anfang ihrer Entwicklung. Ich will zwei faszinierende Beispiele nennen, die auch immer wieder in der Presse aufscheinen. Das erste ist das Phänomen der Quanten-Teleportation, die den nicht-lokalen Charakter der Wellenfunktion ausnutzt. Zu diesem Thema gibt es jede Menge verschwurbelte Ideen, die alle höchstens in der Science Fiction realisierbar sind, aber nicht in der Wirklichkeit. All diesem Unsinn gemeinsam ist das Missverständnis, dass man mithilfe der Verschränkung weit entfernte Qubits nicht nur augenblicklich lesen, sondern auch schreiben könne. Genau das geht aber nicht, wie wir an einem Beispiel klarmachen wollen. Es stammt von meinem Freund und Kollegen Dr. Rolf Nahnhauer aus Berlin, dem kundigen Probeleser dieses Textes. Sein Gedankenexperiment geht so. Ich möchte von A(ltona) aus mithilfe verschränkter Photonen bei ihm in B(erlin) das Licht einschalten. Dazu muss ich ein Qubit auf seiner Seite auf 1 (Licht an) setzen, das vorher auf 0 (Licht aus) gestanden hat. Eine Quelle verschränkter Photonen befindet sich irgendwo zwischen den beiden Orten, sie erzeugt Paare verschränkter Polarisation. Wir haben je einen Polarisationsfilter und dahinter einen Detektor für Photonen. Diese beiden Detektoren sind mit einer Koinzidenzeinheit in Berlin konventionell verbunden wie in Abb. 19.8. Diese Einheit kompensiert auch kleine Wegunterschiede Δd.

Man kann sich nun zwei Mechanismen ausdenken, um das Licht in Berlin anzuschalten. Die naheliegende Lösung ist es, den Lichtschalter über die Koinzidenzeinheit zu bedienen, also das Licht einzuschalten, sobald je ein Photon von beiden Seiten die Filter passiert. Dazu stellt man in der Ausgangssituation die beiden Filter senkrecht zueinander wie in der oberen Skizze Abb. 19.10. Dann gibt es keine Koinzidenz, das Licht bleibt aus. Dann drehe ich den Filter in Altona auf einen anderen Winkel. Koinzidenzen treten dann auf mit einer Wahrscheinlichkeit $\cos^2(\alpha - \beta)$ nach dem Gesetz von Malus (siehe Seite 217). In der unteren Skizze Abb. 19.10 habe ich die Filter aligniert, also tritt eine Koinzidenz sicher beim ersten eintreffenden Photon auf. Und das Licht geht an. Aber nicht instantan sondern mit einer Verzögerung $(2d + \Delta d)/c$, weil Detektoren und Koinzidenzeinheit konventionell verbunden sind. Teleportation ja, überlichtschnell nein, genauso schnell wäre ich per Telefon.

Man könnte nun auf die Idee kommen, das Licht mit dem Signal des Berliner Detektors allein zu steuern, bei beliebigem Winkel zwischen den beiden Filtern. Dann geht es aber ständig an und aus, weil die Quelle alle

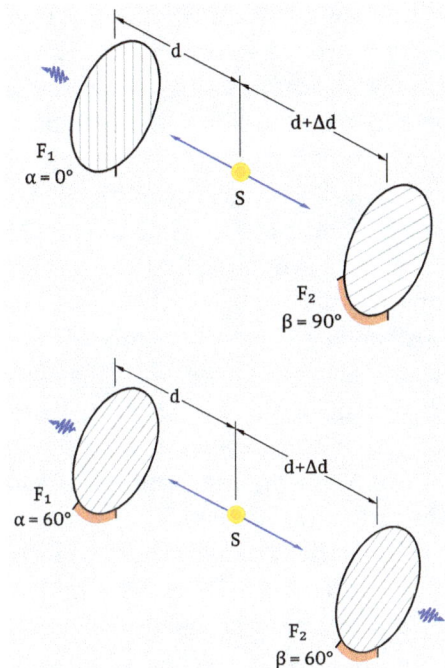

Abb. 19.10 Gedankenexperiment zu einem Schalter, der auf verschränkten Photonen beruht. In der oberen Stellung der Polarisationsfilter, also bei einem relativen Winkel von $|\alpha - \beta| = 90°$, tritt keine Koinzidenz auf. Bei jedem anderen Winkel können dagegen Koinzidenzen auftreten mit einer Wahrscheinlichkeit von $\cos^2(\alpha - \beta)$. (Bildnachweis: Physik Libre, Kap. 17.8, https:// physikbuch.schule/epr-paradox.html)

Polarisationsrichtungen in zufälliger Folge aussendet. Zwar weiß ich in Altona dank der Verschränkung sofort, ob in Berlin das Licht gerade an oder aus ist. Beeinflussen kann ich das aber nicht.

So einfach geht Teleportation eines Bits von Altona nach Berlin also nicht. Was man in der Quantentechnologie Teleportation nennt, benutzt ebenfalls zwei Kanäle, einen Quantenkanal, der durch Verschränkung zweier Qubits zustande kommt, und einen klassischen Kanal. Durch beide kann Information transportiert werden, beim Quantenkanal durch Teilen, beim klassischen Kanal durch Übertragung. An den beiden Enden der Kanäle befinden sich zwei Qubits a und b, die miteinander verschränkt sind, wie bei einem Bell'schen Experiment. Man fügt nun auf der a-Seite ein weiteres Qubit c hinzu, sodass wir es nun mit einem Drei-Teilchen-System zu tun haben. Die Stellung dieses dritten Qubits soll von der a- auf die b-Seite übertragen werden. Dazu führt man eine Messung am System (a, c) durch, die dessen Verschränkung zerstört. Das Ergebnis, also zwei Qubits mit bekannten Werten, wird durch den konventionellen Kanal zur b-Seite transportiert und auf das dortige Qubit angewendet. Damit wird b in den ursprünglichen Zustand von c versetzt. Die Stellung dieses Bits ist also von A nach B teleportiert worden.

Im Gegensatz zur Teleportation in der Science Fiction – Stichwort: *"beam me up, Scotty"* – erfolgt der Transport allerdings wieder nicht instantan, sondern höchstens mit Lichtgeschwindigkeit. Er erfordert außerdem einen präparierten Empfänger, das Qubit muss auf der Empfängerseite vorhanden sein. Und drittens enthält schon allein die menschliche DNA Informationen in der Größenordnung von 10^{10} Bits. Wirkliche Quantenteleportation hat aber eine Bedeutung beim Aufbau von Quanten-Netzwerken.

Heute schon alltäglich eingesetzt wird Verschränkung in der Verschlüsselungstechnik. Dabei wird die Tatsache ausgenutzt, dass man bei verschränkten Zuständen sicherstellen kann, dass kein intermediärer Messvorgang stattgefunden hat. Ein solcher würde ja die Verschränkung aufheben. Also kann man feststellen, ob ein Dritter etwa beim Austausch von Schlüsseln „mitgehört" hat. Sie können die Hardware für solche Anwendungen der Verschränkung kaufen, etwa bei der Firma *ID Quantique*, einer Ausgründung von Nicolas Gisins Institut in Genf.

Das letzte Beispiel zeigt, wie empfindlich Quantensysteme auf äußere Einwirkungen reagieren. Sie sind leicht absichtlich oder unabsichtlich in die klassische makroskopische Welt zu katapultieren. In der Tat hat ja jede Messung genau einen solchen Übergang zwischen der Quantenwelt und unserer alltäglichen zum Ziel. Die Messung muss sich manifestieren als Stellung eines Zeigers, Anzeige eines Zählers oder Lichtsignal auf einem Bildschirm. Die Grenze zwischen den beiden Domänen ist schwer zu ziehen.

Wie empfindlich Quantensysteme auf makroskopische Einflüsse reagieren, sieht man beispielhaft am Doppelspalt, also der Interferenz von Licht- oder Materieteilchen mit sich selbst. Wie wir in unserer Abschweifung zur Wellenmechanik in Kap. 17 schon gesehen haben, hat Richard Feynman in der Interferenz von Quanten mit sich selbst das zentrale Mysterium der Quantenmechanik gesehen. Das Experiment mit dem Young'schen Doppelspalt, das wir schon *in extenso* bemüht haben, ist und bleibt das beste Beispiel für die Unterscheidung zwischen Quanten- und klassischen Prozessen. Beim Doppelspalt sind die Forderungen nach Lokalität und Realität nicht erfüllt. Die einlaufende Welle erreicht beide Spalte gleichzeitig (oder in einem festen zeitlichen Abstand), die beiden Pfade „sprechen" also nicht miteinander. Trifft das Photon auf dem Schirm auf und löst einen Lichtpunkt aus, so lässt sich nicht feststellen, durch welchen Spalt es gekommen ist. Wo es sich manifestiert, steht vor seinem Auftreffen nicht fest, und eine feste Vergangenheit seines Pfades existiert auch nicht.

Sie könnten nun einwenden, dass man beim Lottospiel vor der Ziehung schließlich auch nicht weiß, welche Zahlen gezogen werden. Das ist schade, hat aber mit Quantenmechanik nichts zu tun. Vielmehr hat das praktische

Gründe. Wüssten wir alle relevanten Eigenschaften der Kugeln und des Ziehungsgeräts, alle Unreinheiten der Oberflächen, winzigen Ungleichgewichte, Imperfektionen der Anfangszustände und vieles andere mehr, so könnten wir mithilfe der Newtonschen Gleichungen im Prinzip den Ausgang berechnen. Aber eben nur im Prinzip. Für quantenmechanische Zustände gilt das nicht. Das zeigt schon Heisenbergs Prinzip. Ist ein Zustand ein Eigenzustand der Energie mit einem festen Energie-Eigenwert, dann ist er es nicht bezüglich der Zeit, und umgekehrt. Wir haben in Abb. 19.5 genau das gesehen. Um ein unendlich schmales Wellenpaket zu erzeugen, muss man Licht mit einer unendlichen Bandbreite mischen.

Was hat das mit Interferenzen zu tun? Zurück zum Doppelspalt. Nach der Quantenmechanik wird das System Photon-Doppelspalt durch die Überlagerung – also die Addition – von zwei komplexen Wellenfunktionen ψ_1 und $e^{i\theta}\psi_2$ beschrieben. Die eine beschreibt die Passage durch Spalt 1, die andere durch Spalt 2, verschoben um den Phasenunterschied θ. Die Verteilung der Wahrscheinlichkeit, dass ein Photon an einem bestimmten Ort auf dem Schirm auftrifft, ist nach Max Born das Quadrat der gesamten Wellenfunktion. Das enthält aber drei Terme: je einen für die beiden Teilwellen, ψ_1^2 und ψ_2^2, und einen Interferenzterm $\psi_1\psi_2\cos\theta$. Die Teilwellen sind miteinander untrennbar verwoben. Der Interferenzterm verschwindet sofort, wenn in das Experiment irgendein Mechanismus eingeführt wird, der auch nur im Prinzip erlauben würde, den Pfad eines einzelnen Photons nachzuvollziehen. Ein berühmtes Beispiel sind Experimente, bei denen vor den Spalten Polarisationsfilter angebracht werden. Die Intensitätsverteilung weist dann keine Interferenz mehr auf, obwohl auf dem Schirm nur die Intensität gemessen wird, unabhängig von der Polarisation der Photonen. Führt man in den Strahlengang einen weiteren gemeinsamen Filter hinter dem Doppelspalt ein, so erscheinen die Streifen sofort wieder. Schließlich hat der zusätzliche Filter die Spuren der beiden anderen vollständig verwischt. Einstein und seine Diskussionspartner haben in den Kinder- und Jugendtagen der Quantenmechanik eine Fülle von Gedankenexperimenten erfunden, um den Einfluss von makroskopischer Messung auf quantenmechanische Systeme zu diskutieren. Die meisten dieser Gedankenexperimente sind heute tatsächlich mit einzelnen Quanten realisierbar und natürlich auch realisiert worden. Dazu gibt es tonnenweise Literatur, der ich nichts Originelles hinzuzufügen habe.

Wir kommen stattdessen auf Qubits zurück und was sich damit anfangen lässt. Mich fasziniert insbesondere die beginnende Anwendung von Quanteneffekten in der Computertechnik. Das liegt vielleicht daran, dass ich fast die gesamte bisherige Entwicklung der Computer von den saalfüllenden Monstern der 1970er-Jahre bis zu den miniaturisierten Wunderwerken der Industrie,

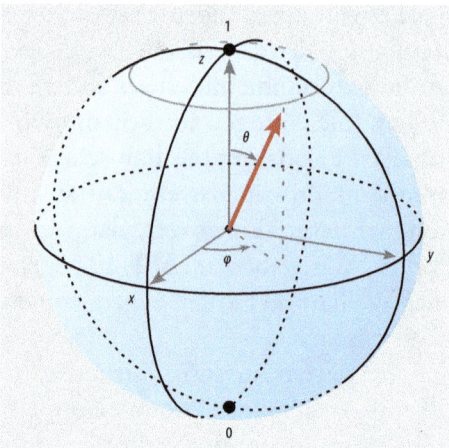

Abb. 19.11 Darstellung eines Qubits auf der Bloch-Kugel [603]. Der rote Pfeil mit fester Länge stellt das Qubit dar. Die Punkte an den beiden Polen der Kugel markieren, wo die makroskopisch messbaren Stellungen bzgl. der z-Achse liegen. Die augenblicklichen Zustände des Qubits sind deren Überlagerungen, die auf der Kugeloberfläche liegen. Sie sind gekennzeichnet durch den Polarwinkel θ, der die Projektion auf die z-Achse und damit den Grad der Überlagerung bestimmt, und den Azimuth ϕ, der für die Phase der Wellenfunktion steht. (Bildnachweis: pro-physik, Wiley and Sons)

auf denen ich diesen Text schreibe. Parallel dazu deren weltweite Vernetzung, die den Zugang zu der Fülle von Literatur ermöglicht hat, die ich hier benutzt habe. Ich gebe aber besser gleich zu, dass mein Wissensstand über Quantencomputer nicht über ein paar elementare Fakten hinausgeht. Und die stammen mehrheitlich aus einer Sammlung von Artikeln zum Thema im Physik Journal der DPG [601].

Beginnen wir mit den grundlegenden Elementen eines Computers. Da sind zum ersten die Speichereinheiten, also die Bits, Objekte der binären Rechenoperationen. Ein klassisches Bit kann genau zwei Werte annehmen, 0 und 1. Die Technik sorgt durch Kontrolle und eventuelle Korrektur dafür, dass dieser Wert sich nicht ungewollt ändert. Bei einem Qubit, dem Element des Quantencomputers, ist das anders. Man erkennt das anschaulich vielleicht am Besten in der Darstellung der Bloch-Kugel, die Abb. 19.11 zeigt. Sie stellt den Wert eines einzelnen Qubits in einem komplexen Raum dar. In Analogie zum Spin ist die Projektion des Qubit auf eine beliebige Achse quantisiert, in unserem Beispiel die z-Achse. Der Polarwinkel θ gibt den Grad der Überlagerung zwischen den zwei Zuständen an. Der Winkel ϕ steht für die Phase der Wellenfunktion. Der Zustand des Qubits wird also beschrieben durch eine Wellenfunktion $\psi = \frac{1}{\sqrt{2}}\left(\psi_0 \cos\theta + e^{i\phi}\psi_1 \sin\theta\right)$.

Will man diese Konfiguration nutzen, müssen die beiden messbaren Zustände zu verschiedenen Energien gehören. Sie können dann durch Strahlung mit einer Frequenz, die der Energiedifferenz entspricht, gesetzt und ausgelesen werden. Im unbeeinflussten Leerlauf (Fachbegriff *idling*) prädiert das Qubit auf einem Kegel mit der zeitabhängigen Phase $\phi(t) = 2\pi\,Et/h$. Diese Phase kann bei der Benutzung herausgerechnet werden.

Wenn man mit Qubits rechen will, muss man sie einzeln erzeugen und manipulieren können, ohne ihren Quantencharakter zu zerstören. Dazu haben Serge Haroche von der *École Normale Supérieure* in Paris und David J. Wineland vom National Institute of Standards and Technology und der Universität Bolder in den USA zwei bahnbrechende Methoden entwickelt. Beide teilten sich 2012 den Nobelpreis für Physik. Sie finden eine spannende Beschreibung von Haroches Weg zu photonischen Qubits in seinem Buch „Licht: Eine Geschichte" [594]. Er und seine Mitarbeiter benutzten Mikrowellen, die in einem Hohlraumresonator gespeichert sind, als Material für Qubits. Ein Photon wird zwischen zwei Spiegeln hin- und hergeschickt und legt auf engem Raum mehrere zehntausend Kilometer Flugstrecke zurück, bis es am Ende verloren geht. Zur Messung verwendeten die Pariser Wissenschaftler hochangeregte Rubidium-Atome, sogenannte Rydberg-Atome [462]. Bei diesen befindet sich das äußerste Elektron auf einer fast makroskopischen Bahn mit einem Radius von mehr als hundert Nanometern. Dort liegen die Energieniveaus so dicht, dass eine absolut minimale Wechselwirkung mit dem Photon sie beeinflusst. Diese Wechselwirkung ist sanft genug, um das Photon nicht zu stören, aber trotzdem durch Interferenz messbar, wenn das Atom die Kavität wieder verlassen hat. Die linke Skizze in Abb. 19.12 zeigt das Prinzip schematisch. Durch Beschuss mit einigen Hundert Rydberg-Atomen pro Sekunde konnte Haroches Gruppe sogar die Entwicklung eines photonischen Qubits von der quantenmechanischen Superposition bis zum klassischen „0 oder 1" verfolgen.

Die rechte Skizze zeigt, wie Wineland und Mitarbeiter einzelne Beryllium-mionen im elektrischen Feld einer Ionenfalle einfingen [458], im Hochvakuum und bei extrem tiefen Temperaturen. Danach wurden die Ionen durch Laserkühlung [481] in ihren Grundzustand versetzt. Ein weiterer kontrollierter Laserpuls versetzte sie in eine Überlagerung aus zwei Energieniveaus, also ein Qubit. Andere Realisierungen von Qubits basieren auf Halbleitern bei kryogenischen Temperaturen [580]; das interessiert aus offensichtlichen Gründen besonders die Halbleiterindustrie. Wie man Qubits zur Herstellung verschränkter Zustände nutzen kann, beschreibt ein Übersichtsartikel von Rainer Blatt und David Wineland [513].

Die generische Theorie des klassischen Computers, wie wir ihn heute benutzen, stammt von Alan Mathison Turing (1912–1954). In seiner grundle-

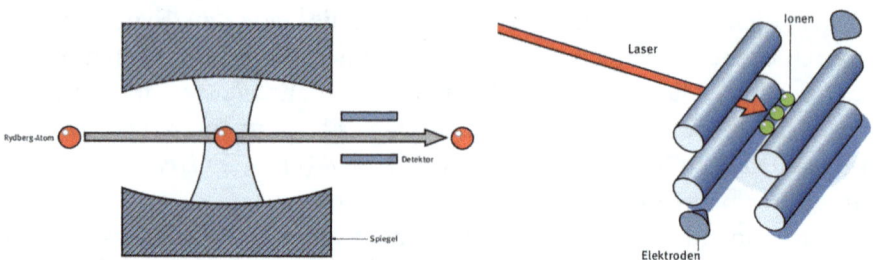

Abb. 19.12 Prinzipskizze der Messung von Photonen-Qubits in einem Hohlraumresonator durch Haroche und Mitarbeiter (links), von Ionen-Qubits in einer Ionenfalle durch Wineland und Kollegen (rechts). (Bildnachweis: CC by-ny-nd, www.weltderphysik.de)

genden Arbeit von 1937 [312] beschreibt Turing eine automatische Maschine, die mithilfe eines festen Programms Element für Element einen Input in einen Output verwandelt. Der Unterschied zwischen diesem Prinzip und dem Quantencomputer liegt in zwei Faktoren. Im Gegensatz zu Bits mit ihren zwei festen Werten können einzelne Qubits viele Zustände annehmen, also viele Zahlen gleichzeitig darstellen. Die Verschränkung zwischen Qubits bietet zusätzlich die Möglichkeit, Relationen zwischen Qubits darzustellen und auszunutzen. Damit steigt die darstellbare Komplexität einer Rechnung – mindestens theoretisch – exponentiell mit der Anzahl n der Qubits, anstatt als Potenz 2^n wie beim klassischen Computer. Diese Möglichkeit hat Richard Feynman schon Anfang der 1980er-Jahre fasziniert. In seinem visionären Vortrag „Physik simulieren mit Computern" [401], gehalten bei einer Konferenz am MIT, skizziert er zwei Anwendungen, die noch heute die Entwicklung dominieren. Einmal die phantastischen Möglichkeiten, mit an Quantencomputer angepasste Algorithmen ungeahnt komplexe Rechnungen durchzuführen, ohne dass die Größe des Rechners oder die Rechenzeit explodieren. Zum anderen die revolutionäre Möglichkeit, Quantenphysik mit den Mitteln der Quantenmechanik selbst zu simulieren. Diese Idee beruht auf der Tatsache, dass Quantencomputer probabilistisch arbeiten, also Wahrscheinlichkeiten – oder ihre Amplituden – auf natürliche Weise simulieren können.

Die erste Möglichkeit – also komplexe Probleme effizienter zu lösen, als klassische Computer es vermögen – skizziert Feynman im Detail. Er spezifiziert sogar die quantenmechanischen Operatoren, die das erlauben. Da ist zunächst einmal die Erzeugung und Vernichtung eines Qubits. Dazu kommt die Zählung der Zustände und eine Einheitsoperation, die nichts ändert. Realisiert werden Operationen durch Einstrahlung eines äußeren Feldes, also von Licht mit einer bestimmten Frequenz, Amplitude und Zeitdauer. Absorption eines solchen Photons kann Qubits setzen und ihre Phase gezielt verändern. Letzteres wird gesteuert durch Amplitude und Zeitdauer des elektromagnetischen Potenzials, wie es das Aharonov-Bohm-Experiment gezeigt hat (siehe Abb. 18.5).

Verschränkung zwischen Qubits erlaubt die Implementierung von logischen Operationen mithilfe von sogenannten Gattern. Diese vergleichen und verändern gezielt die Stellung von gleichzeitig mehreren Qubits. Allerdings hält Verschränkung nicht ewig. Sie geht nicht nur durch Messung verloren, sondern auch schleichend durch mangelnde Isolation von der makroskopischen Umgebung. Somit spiegelt dann die Messung, also die Projektion des Resultats auf klassische „0 oder 1", nicht mehr die ursprüngliche Korrelation wieder. Außerdem sind Quantengatter analoge Prozesse und keine digitalen. Sie sind damit fehlerbehaftet und müssen mindestens gegen Fehlstellungen einzelner Qubits geschützt werden.

Prototypen von Quantencomputern existieren sowohl für photonische Qubits [612] also auch für festkörperbasierte supraleitende Qubits wie das IBM Quantum System One [610] und andere Technologien.[11] Auf solchen Prototypen können Algorithmen für diese völlig neue Art von Rechnungen implementiert und getestet werden. Firmen wie Google, Microsoft und Apple sind sowohl in der Technologie als auch in ersten Anwendungen stark engagiert. Nur eine Kristallkugel könnte sagen, wann Sie und ich einen Quantencomputer auf dem Tisch stehen haben. Aber die Geschwindigkeit der Entwicklungen in der Informationstechnologie hat uns ja schon mehr als einmal überrascht.

Kosmisches Licht

Wir wollen aber zum Schluss die Welt des unendlich Kleinen verlassen und uns kosmischen Dimensionen zuwenden. Man könnte meinen, dass ich über die Rolle von Licht in der Astronomie und Astrophysik schon genügend geschrieben habe, etwa in Kap. 6. Aber das ist beileibe nicht der Fall, schließlich haben wir nur über sichtbares Licht gesprochen. Licht verschiedenster Wellenlängen und neue Methoden zur Vermessung von Licht haben diesen Disziplinen ganz neue Wege eröffnet. Eine Gesamtschau traue ich mir hier nicht zu, aber einige Beispiele bieten sich an.

---

[11]Einen kompakten Überblick gibt der Artikel https://thequantuminsider.com/2023/06/06/types-of-quantum-computers/.

Beginnen wir mit dem großen Ganzen, also mit der Kosmologie, der Wissenschaft vom Universum als solchem. Hier hat Licht bei der Etablierung unserer heutigen Theorien einen entscheidenden Beitrag geleistet. Ich spreche von der Kosmologie des Big Bang[12] und der kosmischen Hintergrundstrahlung im Bereich der Mikrowellen. Deren Entdeckung hat eine etwas kuriose Geschichte, die ein paar Sätze wert ist, weil sie wieder einmal belegt, dass man bei Experimenten selten das entdeckt, was man eigentlich gesucht hat. Die Hardware und das Personal für das Experiment stammen aus den Bell Labs, einem industriellen Forschungslabor in den USA. Im *Project Echo* wollte man in der Frühzeit der Raumfahrt zusammen mit der NASA die Telephonübertragung via Satellit ausprobieren. Dazu wurde ein riesiger passiver Reflektor-Ballon aus mit Aluminium beschichtetem Mylar entwickelt und mit einer Rakete in die Umlaufbahn gebracht. Ein Mikrowellensignal, verstärkt durch einen Maser, wurde von einer großen Parabolantenne von einer Küste des amerikanischen Kontinents aus in Richtung des Ballons gesendet. Eine Empfangsantenne in Hornform, die nach einem ähnlichen Prinzip funktioniert wie ein Höhrrohr,[13] wurde am anderen Ende des Kontinents ebenfalls auf die augenblickliche Position des Ballons gerichtet. Abb. 19.13 zeigt diese Antenne, die man heute noch besichtigen kann. Sie steht auf dem Crawford Hill in Monmouth County, New Jersey, in der Nähe des Holmdel Laboratory von Bell Labs. Damit gelangen 1960 erste Übertragungen nach Kalifornien und zurück, unter anderem mit der Tonbandaufzeichnung einer kurzen Ansprache von Präsident Dwight D. Eisenhower. Wenn Sie dieses urprüngliche Experiment interessiert, finden Sie einen kurzen Film dazu auf YouTube.[14] Der erste Echo-Ballon mit 30 m Durchmesser erwies sich als viel langlebiger als erwartet, er verglühte erst 1968 in der Atmosphäre. Ein zweiter mit 40 m Durchmesser kam 1964 dazu, er war groß genug, um mit bloßem Auge von der Erde aus sichtbar zu sein. Heute stützt sich die drahtlose Telefon- und Datenübertragung über große Entfernungen auf ein ganzes Netzwerk von aktiven Transponder-Satelliten.

Uns interessiert aber vielmehr die darauffolgende wissenschaftliche Verwendung der Mikrowellen-Empfangsantenne. Sie wies ein extrem niedriges Niveau von Untergrundrauschen auf, der Empfänger war auf die Temperatur von flüssigem Helium gekühlt, etwa 4 K. Deshalb entschieden sich Arno A.

---

[12] Bewundernswerte Einführungen in die Kosmologie finden Sie in den Bestsellern von Steven Weinberg [457] und Stephen Hawing [606].

[13] Eine genaue Beschreibung finden Sie in einem technischen Papier von Ball Labs auf https://ia903209.us.archive.org/33/items/bstj40-4-1095/bstj40-4-1095.pdf.

[14] Siehe NASA project Echo, https://www.youtube.com/watch?v=19kAuAVAnDc.

Abb. 19.13 Die Holmdel-Horn-Antenne in Monmouth County, N.J. Hinter der großen Öffnung wird die einlaufende Mikrowelle um 90° reflektiert und in einem konischen Wellenleiter zur eigentlichen Antenne in der Mündung des Horns geleitet. Die Hütte dahinter enthielt die Elektronik des Empfängers. Die Antenne ist um zwei Achsen drehbar, damit sie die Bewegung des Satelliten-Ballons nachverfolgen kann. (Bildnachweis: Alamy)

Penzias (1933–2024) und Robert W. Wilson (geb. 1936), ebenfalls Angestellte von Bell Labs, die Antenne für Radioastronomie zu nutzen. Sie beabsichtigten, die Helligkeit von Galaxien im Mikrowellenbereich zu messen. Allerdings wurde ihre Messung durch ein hartnäckiges Rauschen gestört, dass unabhängig von der Orientierung der Antenne auftrat. Sie hatten erwartet, dass die Temperatur des Untergrundes, also diejenige des leeren Weltraums, in der Nähe des absoluten Nullpunkts der Temperaturskala liegen sollte. Tatsächlich entsprach das gemessene Spektrum einer Temperatur von $(3,5 \pm 1,0)$ K. Nach einer gründlichen Suche nach möglichen Fehlerquellen veröffentlichten sie ein Jahr später die Beobachtung dieser Strahlung, die „isotropisch, unpolarisiert und frei von saisonalen Variationen"[15] war [360].

---

[15] *...isotropic, unpolarized, and free from seasonal variations...*

Zur gleichen Zeit hatten Robert H. Dicke (1916–1997) und Mitarbeiter in Princeton ähnlich Pläne, aber zu einem ganz anderen Zweck. Sie wollten die Temperatur einer eventuellen kosmischen Hintergrundstrahlung messen, um kosmologische Modelle zu testen. Nach Theorien, in denen das Universum aus einer Singularität entsteht, eben dem Big Bang, war die Temperatur von Strahlung und Materie noch recht lange nachher extrem hoch. Das Universum glich daher einem heißen Plasma mit einer hohen Dichte an geladenen Teilchen, in thermischem Gleichgewicht mit Photonen. Die Photonen kamen nicht weit, ohne mit dem heißen Materieplasma zu wechselwirken, das Universum war darum opak. Durch die Expansion der Raumzeit, die vom Big Bang ausging und bis heute andauert, kühlte sich das Universum aber nach und nach ab. Etwa 378.000 Jahre nach dem Big Bang war die Temperatur und damit die Energie der Photonen niedrig genug, dass sich Atome bilden konnten, ohne durch das nächstbeste Photon gleich wieder ionisiert zu werden. In diesem Moment wurde der Kosmos plötzlich durchsichtig. Man nennt das den Moment der Entkopplung zwischen Materie und Strahlung. Die Photonen, die zu jener Zeit entstanden sind, konnten also bis heute überleben und bilden die älteste noch sichtbare elektromagnetische Strahlung. Allerdings haben sie sich durch die Expansion des Universums enorm abgekühlt, auf nur wenige Grad Kelvin. Die Idee, dass diese Strahlung noch heute existiert, stammt wohl von George Gamow (1904–1968) und seinem Doktoranden Ralph A. Alpher (1921–2007) [326, 327]. Dicke und Mitarbeiter haben sie zwanzig Jahre später unabhängig entwickelt und eine entsprechende Antenne ähnlich der von Penzias und Wilson gebaut. Bevor sie die aber einsetzen konnten, erfuhren sie von den Messung bei den Bell Labs. Ihr Papier mit der Interpretation der Hintergrundstrahlung als Relikt der Entkopplung wurde Seite an Seite mit dem experimentellen Papier von Penzias und Wilson veröffentlicht [358]. Penzias und Wilson wurden für ihre Entdeckung 1978 mit dem Nobelpreis für Physik ausgezeichnet, Dickes Mitautor James Peebles erst 2019.

Da der Weltraum der ideale schwarze Körper ist, bildet die kosmische Hintergrundstrahlung die Temperaturverteilung des frühen Universums ab. Die Satelliten COBE und WMAP der NASA sowie der Planck-Satellit der ESA haben diese Verteilung mit immer höherer Winkel- und Temperaturauflösung gemessen. Die beiden führenden Wissenschaftler der bahnbrechenden COBE-Mission, George F. Smoot (geb. 1945) und John C. Mather (geb. 1946), erhielten 2006 für ihre Arbeit an dem Projekt den Nobelpreis für Physik. Die Temperatur erweist sich als überraschend homogen, global 2,725 K mit Schwankungen von nur einem Teil in hundert Tausend. Das ist schwer zu verstehen, da es Regionen am Himmel gibt, die so weit voneinander entfernt sind, dass sie nie in thermischem Kontakt gestanden hätten, wenn das Universum sich mit niedriger Geschwindigkeit ausgedehnt hätte. Es muss also eine Phase sehr viel schnellerer Expansion gegeben haben, die sogenannte Inflationsperiode weit vor der Entkopplung. Während dieser Zeit expandierte das Universum mit mehr als Lichtgeschwindigkeit. Das ist kein Widerspruch zur speziellen Relativitätstheorie, da es der Raum selbst ist, der sich ausdehnt.

Allerdings ist die Temperatur nicht vollständig konstant, es gibt winzige Schwankungen auf verschiedenen Distanzskalen. Man kann diese Schwankungen benutzen, um verschiedene kosmische Parameter wie das Alter des Universums und die Dichte von Materie und anderen Energieformen einzugrenzen. Man nimmt außerdem an, dass die winzigen Dichteschwankungen, von denen die Temperaturdifferenzen ausgehen, zur Bildung der heute existierenden großen Strukturen wie Galaxien und ihren Clustern geführt haben.

Für das nächste Beispiel begeben wir uns auf das Niveau einzelner Sterne. Am Ende ihres Lebens sind manche von ihnen massiv genug, um unter dem Einfluss der Schwerkraft sogenannte Schwarze Löcher zu bilden. Das sind extrem massive Gebilde, so massiv, dass aus ihrem Inneren weder Materie noch Licht entweichen kann. Auch Photonen unterliegen ja – obwohl masselos – wegen $E = mc^2$ der Schwerkraft. Schwarze Löcher ziehen mit ungeheurer Gewalt die umgebende Materie an. Bevor dieses „Futter" im Loch unwiederbringlich verschwindet, strahlt es aber Licht aus. Außerdem bildet sich durch rotierende elektromagnetische Felder oft ein nach außen gerichteter Strom von relativistischer Teilchen, den man Jet nennt. Diese Teilchen – sicher Elektronen und Positronen, vielleicht auch Hadronen – strahlen ihrerseits in verschiedenen Wellenlängen. Multifrequenzkampagnen untersuchen die Spektren solcher relativ naher Objekte im Detail. Beobachtungen mit vielen verschiedenen Teleskopen erfolgen idealerweise quasi gleichzeitig, um den gleichen physikalischen Zustand des Objekts zu erfassen. Ein besonders beeindruckendes Ergebnis zeigt Abb. 19.14, veröffentlicht von der EHT Multi-Wavelength Working Group [585]. Die Abbildung zeigt die aktive Galaxie Messier 87. Bei der kleinsten Skala sieht man den Ereignishorizont ihres zentralen Schwarzen Lochs, gesehen vom Event Horizon Telescope (EHT), das die höchste räumliche Auflösung in Radiofrequenzen aufweist. Bilder und Spektroskopie reichen von Radiofrequenzen über sichtbares Licht und Röntgenbereich bis hin zu Gammastrahlenenergien. An der Kampagne im April 2017 waren mehr als ein Dutzend Instrumente mit sehr unterschiedlicher räumlicher Auflösung beteiligt. Die Morphologie zeigt einen Jet, der aus dem Zentrum austritt, mit hellen Knoten, die im Radio- bis Röntgenfrequenzbereich deutlich sichtbar sind. Solche Jets spielen eine wichtige Rolle bei der Beschleunigung der kosmischen Strahlung auf höchste Energien. M87 war tatsächlich der erste astrophysikalische Jet, der 1918 von Heber D. Curtis

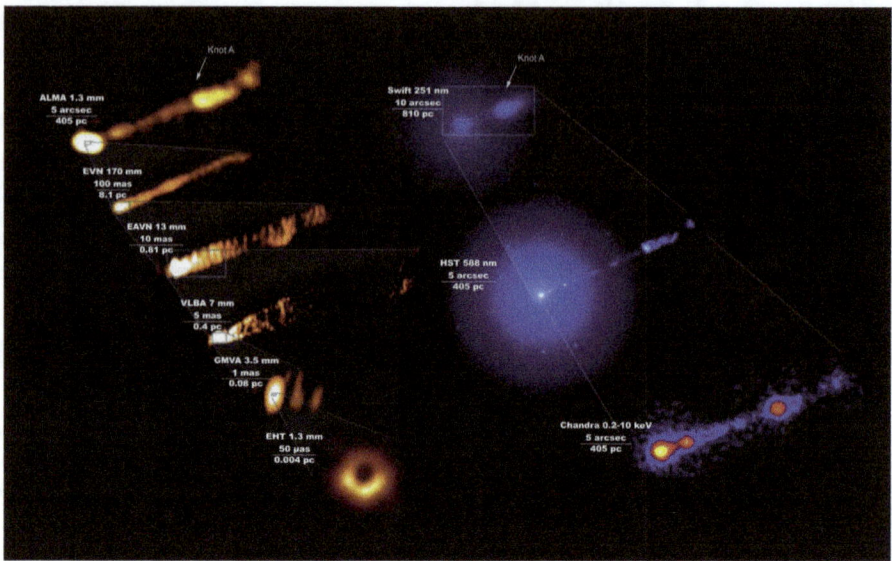

Abb. 19.14 Zusammenstellung von astronomischen Aufnahmen der Galaxie Messier 87 in verschiedenen Maßstäben während der Multifrequenz-Kampagne von 2017 [585]. Instrument, Wellenlänge und Maßstab werden oben links in jedem Einzelbild angezeigt. (Bildnachweis: EHT Multi-Wavelength Working Group, American Astronomical Society)

beobachtet [266] und in einem astronomischen Katalog beschrieben wurde als „merkwürdiger gerader Strahl…, der offenbar durch eine dünne Materielinie mit dem Kern verbunden ist". Für ihre theoretischen Arbeiten zu schwarzen Löchern wurden 2020 der Brite Roger Penrose (geb. 1931), die Amerikanerin Andrea Ghez (geb. 1965) und Reinhard Genzel (geb. 1952), Direktor des Max-Planck-Instituts für extraterrestrische Physik in Garching, mit den Nobelpreis für Physik ausgezeichnet.

Für unser letztes Beispiel von Lichtwerkzeugen in der modernen Astronomie gehen wir wieder eine gehörige Anzahl von Größenordnungen zurück und wenden uns der Erforschung von Planeten außerhalb des Sonnensystems zu, die man verkürzt auch Exoplaneten nennt. Dass solche existieren und weit verbreitet sind, ist keine wirkliche Überraschung. Allein die ungeheure Zahl von Sternen im Universum macht eine Alleinstellung des Sonnensystems unmöglich. Aber die Entdeckung und Erforschung von Exoplaneten eröffnet die faszinierende Möglichkeit, erdähnliche Planeten zu identifizieren. Damit könnte in naher Zukunft extraterrestrisches Leben entdeckt und so auch die Alleinstellung unseres Planeten ausgeschlossen werden.

Der erste Nachweis eines Exoplaneten gelang 1995 meinen Kollegen Michel Mayor (geb. 1942) und Didier Queloz (geb. 1966) vom Genfer Observatorium [443], das gemeinsam von der Universität Genf und der ETH Lausanne betrieben wird. Die beiden beobachteten den sonnenähnlichen Stern 51 Peg mithilfe des präzisen Spektrografen ELODIE des *Observatoire de Haute-Provence* nördlich von Marseille. Sie suchten nach einer radialen Bewegung des Sterns, also einer Bewegung entlang der Sichtlinie, wie man sie erwartet, wenn der Stern und ein naher, schwerer Planet um einen gemeinsamen Schwerpunkt kreisen. Diese Methode ist für die Charakterisierung von Doppelstern-Systemen seit Langem in Gebrauch. 1951 hat der baltische Astronom Otto Lyudvigovich Struve (1897–1963) sie zum ersten Mal für die Entdeckung von Exoplaneten vorgeschlagen [338]. Wegen der gegenüber dem Kompagnon eines Doppelsterns viel geringeren Masse eines Planeten verlangt sie eine hohe Genauigkeit. Man misst die radiale Geschwindigkeit des Sterns durch die Doppler-Fizeau-Verschiebung von Spektrallinien (siehe Kap. 13). Eine periodische Variation der radialen Geschwindigkeit ergibt sich, wenn die Bahnebene des Planeten die Sichtlinie enthält, ein eher seltener Zufall. Die Schwankung ist immer dann maximal, wenn sich der Stern gerade auf den Beobachter zu- oder von ihm wegbewegt. Das tritt in zwei Phasen jeder

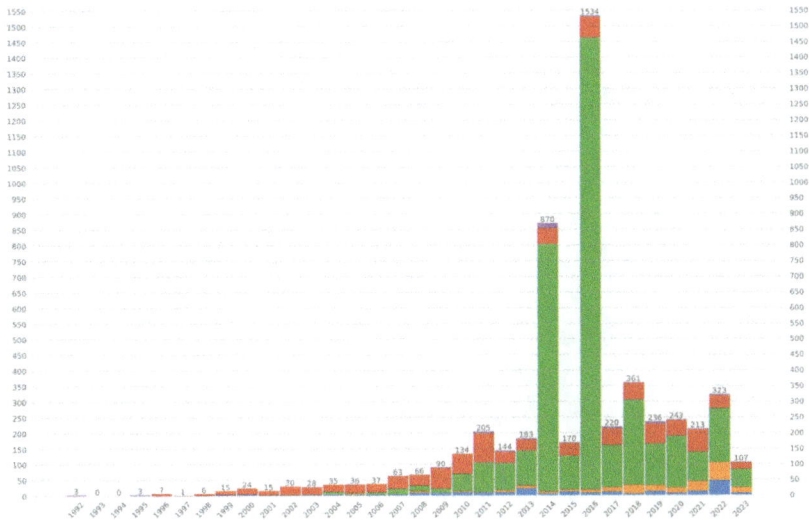

Abb. 19.15 Statistik der bestätigten Beobachtungen von Exoplaneten bis 2023, sortiert nach der verwendeten Methode. Die häufigsten sind Transit-Fotometrie (Grün) und Doppler-Spektroskopie der radialen Geschwindigkeit (rot). (Bildnachweis: Wikimedia Commons)

Periode des Umlaufs ein. Mayor und Queloz bestimmten daraus für 51 Peg eine Periode von 4.2 Tagen und eine Masse des Planeten vergleichbar mit der von Jupiter. Die beiden Genfer wurden 2019 für die Entdeckung des ersten Exoplaneten mit dem Nobelpreis für Physik ausgezeichnet, zusammen mit dem Kosmologen James Peebles (geb. 1935), Mitautor der ersten Interpretation der kosmischen Hintergrundstrahlung [358].

Der erste gesicherte Nachweis hat aus naheliegenden Gründen eine gewaltige Welle von Forschungsaktivitäten zu Exoplaneten ausgelöst. Systematische Beobachtungen hin zu immer weniger massiven Planeten auf immer erdähnlicheren Umlaufbahnen waren die Folge. Sie können das auf der Webseite https://exoplanet.eu/home/ verfolgen, die einen ständig aktualisierten Überblick enthält. Abb. 19.15 zeigt eine Statistik der gesicherten Nachweise bis 2023, aufgeschlüsselt nach Methoden. Sie sehen, dass weitaus die meisten Exoplaneten mithilfe der sogenannten Transit-Fotometrie entdeckt werden. Sie macht sich die Tatsache zunutze, dass die Lichtintensität eines Stern periodisch ein kleines bisschen abnimmt, wenn ein Planet seinen (winzigen) Schatten auf den Beobachter wirft. Diese Methode eignet sich besonders für simultane Beobachtungen einer großen Menge von Sternen, wie z. B. mit den Weltraumteleskopen Kepler der NASA (2009–2018) und CHEOPS der ESA (2020 bis mindestens 2026). Es ist wohl nur eine Frage der Zeit, wann ein Planet identifiziert wird, der gute Bedingungen für die Entstehung von Leben bietet.

20

Nachleuchten

Da ist so viel, was sich noch entdecken und erfinden lässt. Ich stelle mir gern vor,
wie Galilei, Newton, Fresnel, Maxwell und Einstein staunen würden, wenn sie
noch einmal zu uns zurückkehrten und erführen, was nachfolgende Forscher durch
das Jonglieren mit Photonen begriffen und erreicht haben.

Serge Haroche, *Licht, eine Geschichte,* 2022 [594]

Wir sind damit am Ende unseres Überflugs der vielen Ideen über Licht angelangt, die von den ersten Gedanken über den Augenschein bis zur modernen
quantitativen Physik die gesamte Wissenschaftsgeschichte begleitet haben. Sie
reichen von den kleinsten Dimensionen der Quantenskala bis zu den größten,
die unser Universum der menschlichen Beobachtung zu bieten hat. Ich hoffe,
Sie teilen mit mir die Faszination für dieses zentrale Thema der Physik. Und
Sie glauben wie Serge Haroche und ich, dass auf diesem Gebiet noch viele
spannende Entdeckungen und radikal neue Ideen auf uns warten. Sollte das
passieren, während mir noch genügend vernetzte Neuronen übrig bleiben,
dürfen Sie sich auf eine Fortsetzung dieses Buchs freuen. Einen Titel habe
ich schon: „Mehr Licht!"

© Der/die Autor(en), exklusiv lizenziert an Springer-Verlag GmbH, DE,
ein Teil von Springer Nature 2025
M. Pohl, *Licht,* https://doi.org/10.1007/978-3-662-70486-8_20

Literatur

1. A.F. Doni. *I Marmi del Doni, Academico Peregrino*. Francesco Marcolini, 1552.
2. J. Keppler. *Tertius interveniens, Das ist, Warnung an etliche Theologos, Medicos vnd Philosophos, sonderlich Philippum Feselium, dass sie bey billicher Verwerffung der Sternguckerischen Aberglauben, nicht das Kindt mit dem Badt aussschütten, vnd hiermit ihrer Profession vnwissendt zuwider handlen*. Tambach, Frankfurt, 1610.
3. A. Kircher. *Ars magna lucis et umbrae*. Lodovico Grignani, Rome, 1646.
4. R. Boyle. *Experiments und Considerations Touching Colours*. Henry Harringman, London, 1664.
5. R. Descartes. *Le monde de Mr Descartes ou Le traité de la lumière et des autres principaux objects des Sens*. Théodore Girard, Paris, 1664.
6. R. Hooke. *Micrographia: or Some Physiological Descriptions of Minute Bodies Made by Magnifying Glasses. With Observations und Inquiries Thereupon*. J. Martyn, London, 1665.
7. I. Newton. „A Letter of Mr. Isaac Newton, Professor of Mathematics in the University of Cambridge; Containing His New Theory about Light und Colours: Sent by the Author to the Publisher from Cambridge, Febr. 6 1672; In Order to be Communicated to the Royal Society". In: *Phil. Trans. R. Soc.* 7 (1672), S. 3075–3087.
8. I. Newton. „An Accompt of a New Catadioptrical Telescope Invented by Mr. Newton, Fellow of the R. Society, und Professor of the Mathematiques in the University of Cambridge". In: *Phil. Trans. R. Soc.* 7 (1672), S. 4004–4010.
9. H. Wotton. *Reliquiae Wottonianae, or, A collection of lives, letters, poems with characters of sundry personages: und other incomparable pieces of language und art: also additional letters to several persons, not before printed*. R. Marriott, F. Tyton, T. Collins und J. Ford, London, 1672.

© Der/die Herausgeber bzw. der/die Autor(en), exklusiv lizenziert an
Springer-Verlag GmbH, DE, ein Teil von Springer Nature 2025
M. Pohl, *Licht*, https://doi.org/10.1007/978-3-662-70486-8

10. O.C. Rømer. „Démonstration touchant le mouvement de la lumière trouvé par M. Roemer de l'Académie des sciences". In: *Le Journal des Sçavans* (1676), S. 233–236.

11. R. Hooke. *Lectures und collections: Cometa, Microscopium.* J. Martyn, London, 1678.

12. G.W. Leibniz. „Nova Methodus pro Maximis et Minimis". In: *Acta Eruditorum* (1684), S. 233–236.

13. I. Newton. *Philosophiae naturalis principia mathematica.* Joseph Straeter, London, 1687.

14. G.D. Cassini. „Monsieur Cassini His New und Exact Tables for the Eclipses of the First Satellite of Jupiter, Reduced to the Julian Stile, und Meridian of London". In: *Phil. Trans. R. Soc.* (1694), S. 237–256.

15. I. Newton. *Opticks: or, A Treatise of the Reflexions, Refractions, Inflexions und Colours of Light. Also two treatises of the species und magnitude of curvilinear figures.* Sam. Smith und Benj. Walford, London, 1704.

16. J.H. Schulze. „Scotophorus pro Phosphoro Inventus". In: *Acta physio-medica Academiae Caesareae* 1 (1727), S. 528.

17. J. Bradley. „A Letter from the Reverend Mr. James Bradley Savilian Professor of Astronomy at Oxford, und F.R.S. to Dr. Edmond Halley Astronom. Reg. &c. Giving an Account of a New Discovered Motion of the Fix'd Stars". In: *Phil. Trans. R. Soc.* 35 (1728), S. 637–661.

18. I. Newton. *The Method of Fluxions und Infinite Series, With Its Applications to the Geometry of Curve-Lines.* Woodfall, London, 1736.

19. J. Hellot. „Sur une nouvelle encre simpatique". In: *Histoire de l'Académie royale des sciences* (1737), S. 54–58.

20. E. Halley. *Edmundi Halleii Astronomi dum viveret regii Tabulæ astronomicæ. Accedunt de usu tabularum præcepta.* apud Gulielmum Inneys, London, 1749.

21. P. de Maupertuis. *Essai de cosmologie.* Amsterdam, 1751.

22. Z.C. von Uffenbach. *Herrn Zacharias Conrad von Uffenbachs Merkwürdige Reisen durch Niedersachsen, Holland und Engelland.* Bd. 3. Gaum, Frankfurt, 1754.

23. Th. Birch. *The History of the Royal Society of London for Improving of Natural Knowledge from Its First Rise, in which the Most Considerable of Those Papers Communicated to the Society, which Have Hitherto Not Been Published, are Inserted as a Supplement to the Philosophical Transactions.* Bd. III. A. Millar, London, 1775.

24. L. Euler. *Lettres à une princesse d'Allemagne sur divers sujets de physique et de philosophie.* Barthelemi Chirol, Genève, 1775.

25. „Résolution". In: *Histoire de l'Académie royale des sciences* (1775), S. 61–65.

26. Friedrich II. von Preussen. „Lettre IV". In: *Oeuvres du philosophe de Sans-Souci, Seconde Partie.* Au Donjon du Chateau, 1780, S. 137–141.

27. L. Euler. „Ueber das Licht und die Farben". In: *Physikalische und medicinische Abhandlungen der Königlichen Academie der Wissenschaften zu Berlin; Band III.* Ettinger, Gotha, 1783, S. 7–15.

28. A. Volta und L. Galvani. „Account of Some Discoveries Made by Mr. Galvani, of Bologna; With Experiments und Observations on Them". In: *Phil. Trans. R. Soc.* 83 (1793), S. 10–44.

29. G.W. Jordan. *The Observations of Newton Concerning the Inflections of Light; Accompanied by Other Observations Differing From his; und Appearing to Lead to a Change of his Theory of Light und Colours.* T. Ladell und W. Davies, London, 1799.

30. F.W. Herschel. „Experiments on the Refrangability of the Invisible Rays of the Sun". In: *Phil. Trans. R. Soc.* 90 (1800), S. 284–292.

31. F.W. Herschel. „Experiments on the solar, und on the terrestrial rays that occasion heat; with a comparative view of the laws to which light und heat, or rather the rays which occasion them, are subject, in order to determine whether they are the same, or different". In: *Phil. Trans. R. Soc.* 90 (1800), S. 437–538.

32. A. Volta. „On the Electricity Excited by the Mere Contact of Conducting Substances of Different Kinds". In: *Phil. Trans. R. Soc.* 90 (1800), S. 403–431.

33. J.W. Ritter. „Auffindung nicht-sichtbarer Sonnenstrahlen ausserhalb des Farbenspectrums, an der Seite des Violetts". In: *Ann. Phys.* 7 (1801), S. 527.

34. H. Davy. „An Account of a method of copying Paintings upon Glass, und of making Profiles, by the agency of Light upon Nitrate of Silver". In: *J. Royal Inst.* 1 (1802), S. 170–174.

35. E.L. Malus. „Mémoire sur la mesure du pouvoir réfringent des corps opaques". In: *Nouveau bulletin des sciences de la Société philomathique de Paris* 1 (1807), S. 77–81.

36. Th. Young. *A Course of Lectures on Natural Philosophy und the Mechanical Arts.* Joseph Johnson, London, 1807.

37. E.L. Malus. „Sur une propriété de la lumière réfléchie par les corps diaphanes". In: *Nouveau bulletin des sciences de la Société philomathique de Paris* 1 (1808), S. 266–279.

38. E.L. Malus. „Sur la mesure du pouvoir réfringent des corps opaques". In: *Journal de l'Ecole polytechnique* 8 (1809), S. 219–228.

39. „XXXII. Intelligence und miscellaneous articles". In: *The Philosophical Magazine* 34 (1809), S. 237–238.

40. J.W. von Goethe. *Zur Farbenlehre.* Cotta, Stuttgart, 1810.

41. E.L. Malus. „Mémoire sur de nouveaux phénomènes d'optique". In: *Nouveau bulletin des sciences de la Société philomathique de Paris* 2 (1811), S. 291–295.

42. Anne Germaine de Staël. *De l'Allemagne.* H. Nicolle, Paris, 1813.

43. Anne Germaine de Staël. *Über Deutschland.* Vollständige Ausgabe als Insel Taschenbuch, Frankfurt am Main 1985. J. J. Mäcken, Reutligen, 1814.

44. D. Brewster. „On the laws which regulate the polarisation of light by reflexion from transparent bodies". In: *Phil. Trans. R. Soc.* 105 (1815), S. 125–159.

45. J. Fraunhofer. „Bestimmung des Brechungsund des Farbenzerstreuungs-Vermögens verschiedener Glasarten, in Bezug auf die Vervollkommnung achromatischer Fernröhre". In: *Denkschriften der königlichen Akademie der Wissenschaften zu München für die Jahre 1814 und 1815* 5 (1815), S. 193–226.

46. F. Arago. „Remarques sur l'influence mutuelle de deux Faisceaux lumineux qui se croisent sour un très-petit angle". In: *Annales de chimie et de physique* 1 (1816), S. 332–337.

47. A. Fresnel. „Lettre de M. Fresnel à M. Arago sur l'influence du mouvement terrestre dans quelques phénomènes d'optique". In: *Annales de chimie et de physique* 9 (1818), S. 57–66.

48. A.-M. Ampère. „Conclusions d'un Mémoire sur l'Action mutuelle de deux courans électriques, sur celle qui existe entre un courant électrique et un aimant, et celle de deux aimans l'un sur l'autre; lu à l'Académie royale des Sciences, le 25 septembre 1820". In: *Journal de Physique, de Chimie, d'Histoire Naturelle et des Arts* 91 (1820), S. 76–88.

49. A.-M. Ampère. „De l'Action mutuelle de deux courans électriques." In: *Annales de chimie et de physique* 15 (1820), S. 59–75.

50. A.-M. Ampère. „Mémoire sur l'Action mutuelle entre deux courans électriques. entre un courant électrique et un aimant ou le globe terrestre, et entre deux aimans." In: *Annales de chimie et de physique* 15 (1820), S. 170–218.

51. A. Fresnel. „Note sur des Essais ayant pour but de décomposer l'eau avec un aimant". In: *Anales de chimie et de physique* 15 (1820), S. 219–222.

52. H.C. Ørsted. „Experiments on the effect of a current of electricity on the magnetic needles". In: *Annals of Philosophy* 16 (1820), S. 273–277.

53. H.C. Ørsted. „Expériences sur l'effet du conflit électrique sur l'aiguille aimantée". In: *Annales de chimie et de physique* 14 (1820), S. 417–425.

54. F. Arago. „Expériences relatives à l'aimantation du fer et de l'acier par l'action du courant électrique". In: *Collection de Mémoires Relatifs a la Physique.* Hrsg. von Société Française de Physique. Gauthier-Villars, Paris, 1821, S. 55–63.

55. A.-L. Cauchy. *'Analyse Algébrique'. Cours d'Analyse de l'Ecole royale polytechnique. Vol. 1.* L'Imprimerie Royale, Paris, 1821.

56. J.-B. Biot und F. Savard. „Sur l'aimantation imprimée aux métaux par l'électricité en mouvement". In: *Collection de Mémoires Relatifs a la Physique.* Hrsg. von Société Française de Physique. Gauthier-Villars, Paris, 1821, S. 80–125.

57. H. Davy. „On the Electrical phenomena exhibited in vacuo". In: *Phil. Trans. R. Soc.* 112 (1822), S. 64–75.

58. A. De la Rive. „Sur l'Action qu'exerce le globe terrestre sur une portion mobile du circuit voltaique". In: *Annales de chimie et de physique* 21 (1822), S. 24–48.

59. S. Carnot. *Réflexions sur la puissance motrice du feu et sur les machines propres à développer cette puissance.* Bachelier, Paris, 1824.

60. A.-M. Ampère. „Mémoire sur la théorie mathématique des phénomènes électrodynamiques uniquement déduite de l'expérience". In: *Mémoires de l'Académie des sciences de l'Institut de France* année 1823 (1825), S. 175–388.

61. G.S. Ohm. „Bestimmung des Gesetzes, nach welchem Metalle die Contactelektricität leiten, nebst einem Entwurfe zu einer Theorie des Voltaschen Apparates und des Schweiggerschen Multiplicators". In: *Journal für Physik und Chemie* 46 (1826), S. 137–166.

62. J.-V. Poncelet. *Cours de mécanique appliquée aux machines.* Metz, 1826.

63. T.J. Seebeck. „Ueber die magnetische Polarisation der Metalle und Erze durch Temperaturdifferenz". In: *Ann. Phys.* 82 (1826), S. 253–286.

64. A.-M. Ampère. „Idées de M. Ampère sur la chaleur et la lumière". In: *Bibliothèque universelle des sciences, belles lettres et arts* 49 (1832), S. 225–235.

65. J. Henry. „On the production of currents und sparks of electricity from magnetism". In: *Am. J. of Science und Arts* 22 (1832), S. 403–408.

66. E. Clapeyron. „Mémoire sur la puissance motrice de la chaleur". In: *J. de l'École Polytechnique* 14 (1834), S. 153–190.

67. W.R. Hamilton. „On the application to dynamics of a general mathematical method previously applied to optics". In: *Report of the Fourth Meeting of the British Association for the Advancement of Science; held at Edinburgh in 1834.* John Murray, London, 1834, S. 513–518.

68. E. Lenz. „Ueber die Bestimmung der Richtung der durch elektrodynamische Vertheilung erregten galvanischen Ströme". In: *Ann. Phys.* 107 (1834), S. 483–494.

69. C. Wheatstone. „An Account of Some Experiments to Measure the Velocity of Electricity und the Duration of Electric Light". In: *Phil. Trans. R. Soc.* 124 (1834), S. 583–591.

70. W. Whewell. „On the Connexion of the Physical Sciences. By Mrs. Somerville". In: *Quarterly Review* 51 (1834), S. 54–68.

71. A.-M. Ampère. „Note de M. Ampère sur la chaleur et la lumière considérées comme résultant de mouvements vibratoires". In: *Annales de chimie et de physique* 58 (1835), S. 433–444.

72. H. Heine. *De l'Allemagne.* Renduel, Paris, 1835.

73. F. Rückert. *Die Weisheit des Brahmanen, ein Lehrgedicht in Bruchstücken.* Bd. 4. Weidmannsche Buchhandlung, Leipzig, 1837.

74. F. Arago. „Le Daguerréotype". In: *Comptes rendus de l'Académie des sciences* 9 (1839), S. 250–267.

75. J.-B. Biot. „Sur les effets chimiques des radiations, et sur l'emploi qu'en a fait M. Daguerre, pour obtenir des images persitantes dans la chambre noire". In: *J. des savants* (1839), S. 173–183.

76. M. Faraday. *Experimental Researches in Electricity.* Bd. I. Taylor und Francis, London, 1839.

77. H. Gaucheraud. *Nouvelle Découverte.* Gazette de France, 6 janvier. 1839.

78. H. F. Talbot. *'An account of the process employed in photogenic drawing.* AP/23/20, The Royal Society Archives, London, https://makingscience.royalsociety.org/items/ap_23_20/unpublished-letter-an-account-of-the-process-employed-in-photogenic-drawing-from-henry-fox-talbot-to-samuel-hunter-christie. unpublished letter to Samuel Hunter Christie. 1839.

79. J.L.M. Daguerre und N. Niépce. *Das Daguerreotyp und das Diorama, oder genaue und authentische Beschreibung meines Verfahrens und meiner Apparate zu Fixierung der Bilder der* Camera obscura *und er von mir bei dem Diorama angewendeten Art und Weise der Malerei und der Beleuchtung.* J.B. Metzler, Stuttgart, 1839.

80. Ch. Doppler. „Ueber das farbige Licht der Doppelsterne und einiger anderer Gestirne des Himmels". In: *Abhandlungen der k. böhm. Gesellschaft der Wissenschaften* 2 (1842), S. 465–482.

81. J.R. von Mayer. „Bemerkungen über die Kräfte der unbelebten Natur". In: *Ann. der Chem. und Pharm.* 42 (1842), S. 233–240.

82. W. Thomson. „LXXX. On the uniform motion of heat in homogeneous solid bodies, und its connexion with the mathematical theory of electricity". In: *Phil. Mag.* 7.48 (1842), S. 502–515.

83. J.P. Joule. „On the calorific effects of magneto-electricity, und on the mechanical value of heat". In: *Phil. Mag.* 23 (1843), S. 435–443.

84. Ch. Doppler. „Über die bisherigen Erklärungs-Versuche des Aberrations-Phänomens". In: *Abhandlungen der k. böhm. Gesellschaft der Wissenschaften* 3 (1844), S. 747–765.

85. M. Faraday. *Experimental Researches in Electricity.* Bd. II. Taylor und Francis, London, 1844.

86. Ch. Buijs-Ballot. „Akustische Versuche auf der Niederländischen Eisenbahn, nebst gelegentlichen Bemerkungen zur Theorie des Herrn Prof. Doppler". In: *Ann. Phys.* 66 (1845), S. 321–351.

87. J. Clerk Maxwell. „On the description of oval curves and those having a plurality of foci, with remarks by Professor Forbes". In: *Proc. Roy. Soc. Edinburgh* 2 (1846), S. 89–91.

88. G.G. Stokes. „On Fresnel's Theory of the Aberration of Light". In: *Philosophical Magazine* 28 (1846), S. 76–81.

89. H. von Helmholtz. *Ueber die Erhaltung der Kraft, eine physikalische Abhandlung, vorgetragen in der Sitzung der physikalischen Gesellschaft zu Berlin am 23sten Juli 1847.* Reimer, Berlin, 1847.

90. L. Foucault. „Mesure de la vitesse de la lumière à la surface de la terre". In: *Journal des débats politiques et littéraires du jeudi 20 décembre 1849* (1849), S. 1–42.

91. W. Thomson. „XXXVI. An Account of Carnot's Theory of the Motive Power of Heat; with Numerical Results deduced from Regnault's Experiments on Steam." In: *Transactions of the Royal Society of Edinburgh* 16 (1849), S. 541–574.

92. F. Arago. „Note sur le système d'expériences, proposé en 1838, pour prononcer définitivement entre la théorie des ondes et la théorie de l'émission". In: *Compte rendu des séances de l'Académie des sciences* 30 (1850), S. 489–495.

93. L. Blanc. *L'Organisation du travail, 9ième édition refondue et augmentée de chapitres nouveaux.* Frühere Ausgaben verwendeten den Begriff Kapitalismus nicht. Bureau du nouveau monde, Paris, 1850.

94. L. Foucault. „Méthode générale pour mesurer la vitesse de la lumière dans l'air et les milieux transparents. Vitesses relatives de la lumière dans l'air et dans l'eau.

Projet d'expérience sur la vitesse de propagation du calorique rayonnant". In: *Compte rendu des séances de l'Académie des sciences* 30 (1850), S. 551–560.

95. J.P. Joule. „On the Mechanical Equivalent of Heat". In: *Phil. Mag.* 140 (1850), S. 61–82.

96. H. Fizeau und L. Breguet. „Note sur l'expérience relative à la vitesse comparative de la lumière dans l'air et dans l'eau". In: *Compte rendu des séances de l'Académie des sciences* 30 (1850), S. 562–563.

97. H. Fizeau und L. Breguet. „Sur l'expérience relative à la vitesse comparative de la lumière dans l'air et dans l'eau". In: *Compte rendu des séances de l'Académie des sciences* 30 (1850), S. 771–774.

98. H. Fizeau. „Sur les hypothèses relatives à l'éther lumineux". In: *Compte rendu des séances de l'Académie des sciences* 33 (1851), S. 349–355.

99. L. Foucault. „Démonstration physique du mouvement de rotation de la Terre au moyen du pendule". In: *Compte rendu des séances de l'Académie des sciences* 32 (1851), S. 135–138.

100. P. Leroux. „De la doctrine du progrès continu". In: *Oeuvres de Pierre Leroux*. Bd. 2. Louis Nétré, Paris, 1851, S. 60–100.

101. M. Faraday. „On the Physical Character of the Lines of Magnetic Force". In: *Phil. Mag.* 3 (1852), S. 401–428.

102. W. Thomson. „XL. On the mechanical action of radiant heat or light: On the power of animated creatures over matter: On the sources available to man for the production of mechanical effect". In: *Phil. Mag.* 4 (1852), S. 256–260.

103. F. Arago. „Mémoire sur la vitesse de la lumière, lu à la prémière classe de l'Institut, le 10 décembre 1810". In: *Comptes rendus de l'Académie des Sciences* 36 (1853), S. 38–49.

104. A. de la Rive. *Treatise on Electricity in Theory und Practice.* 1854 erschienen als *Traité d'électricité théorique et appliquée* bei J.-B. Baillère, Paris. Longman, Brown, Green und Longmans, 1853.

105. W. Thomson. „On the Dynamical Theory of Heat". In: *Transactions of the Royal Society of Edinburgh* 20 (1853), S. 261–288.

106. F. Arago. *Histoire de ma jeunesse.* Kiessling, Schnée et Cie, Bruxelles et Leipzig, 1854.

107. F. Arago. „Letter from M. Arago to Dr. Young". In: *Miscellaneous Works of the Late Thomas Young.* Hrsg. von G. Peacock. Bd. I. John Murray, London, 1855, S. 378–380.

108. M. Faraday. *Experimental Researches in Electricity.* Bd. III. Taylor und Francis, London, 1855.

109. J.C. Maxwell. „On Faraday's Lines of Force". In: *Transactions of the Cambridge Philosophical Society* 10 (1855), S. 27–83.

110. Th. Young. „Letter from Dr. Young to M. Arago". In: *Miscellaneous Works of the Late Thomas Young.* Hrsg. von G. Peacock. Bd. I. John Murray, London, 1855, S. 380–384.

111. Th. Young. „On the Theory of Light und Colours". In: *Miscellaneous Works of the Late Thomas Young*. Hrsg. von G. Peacock. Bd. I. John Murray, London, 1855, S. 140–169.

112. Th. Young. „Outlines of Experiments und Inquiries Respecting Sound und Light". In: *Miscellaneous Works of the Late Thomas Young*. Hrsg. von G. Peacock. Bd. I. John Murray, London, 1855, S. 64–98.

113. J.C. Maxwell. „XVIII. Experiments on Colour, as perceived by the Eye, with Remarks on Colour-Blindness". In: *Transactions of the Royal Society of Edinburgh* 21 (1857), S. 275–298.

114. R. Kohlrausch und W. Weber. „Elektrodynamische Maassbestimmungen, insbesondere Zurückfuhrung der Stromintensitäts-Messungen auf mechanisches Maass". In: *Abh. der königl. sächsischen Ges. der Wiss.* 5 (1857), S. 219–290.

115. J.C. Maxwell. „On the Stability of the Motion of Saturn's Rings; an Essay which obtained the Adams' Prize for the Year 1856, in the University of Cambridge". In: *Monthly Notices of the Royal Astronomical Society* 19 (1859), S. 297–304.

116. G. Kirchhoff. „Ueber das Verhältnis zwischen dem Emissionsvermögen und dem Absorptionsvermögen der Körper für Wärme und Licht". In: *Ann. Phys.* 19 (1860), S. 275–301.

117. J.C. Maxwell. „Illustrations of the dynamical theory of gases. Part I. On the motions und collisions of perfectly elastic spheres". In: *Phil. Mag.* 19 (1860), S. 19–32.

118. J.C. Maxwell. „Illustrations of the dynamical theory of gases. Part II. On the process of diffusion of two or more kinds of moving particles among one another." In: *Phil. Mag.* 20 (1860), S. 21–37.

119. J.C. Maxwell. „On Physical Lines of Force". In: *Phil. Mag.* 21 (1861), S. 161–175, 281–291,338–348.

120. L. Foucault. „Détermination expérimentale de la vitesse de la lumière". In: *Compte rendu des séances de l'Académie des sciences* 55 (1862), S. 792–796.

121. H. von Helmholtz. *Ueber die Erhaltung der Kraft, Einleitung zu einem Cyclus von Vorlesungen, gehalten zu Karlsruhe im Winter 1862/63*. Tredition Classics, Hamburg, 1862.

122. J.C. Maxwell. „On Physical Lines of Force". In: *Phil. Mag.* 23 (1862), S. 12–24, 85–95.

123. F. Arago. *Astronomie populaire*. Bd. 4. Théodore Morgand, Paris, 1865.

124. R. Clausius. „Ueber verschiedene für die Anwendung bequeme Formen der Hauptgleichungen der mechanischen Wärmetheorie". In: *Annalen der Physik* 201 (1865), S. 353–400.

125. J.W. Hittorf und J. Plücker. „On the Spectra of Ignited Gasses and Vapours with Especial Regard to the Same Elementary Gaseous Substance". In: *Phil. Trans. R. Soc.* 155 (1865), S. 1.

126. J.C. Maxwell. „A Dynamical Theory of the Electromagnetic Field". In: *Phil. Trans. R. Soc.* 155 (1865), S. 459–512.

127. F. Arago. „Lettre de F. Arago à A. Fresnel, 8 novembre 1815". In: *Oeuvres complètes d'Augustin Fresnel.* Hrsg. von H. de Senarmont und É. Verdet und L. Fresnel. Imprimerie Impériale, 1866, S. 38–39.

128. F. Arago. „Rapport fait par M. Arago à lAcadémie des sciences au nom de la commission qui avait été chargé d'examiner les mémoires envoyés au concours pour le prix de la diffraction". In: *Oeuvres complètes d'Augustin Fresnel.* Hrsg. von H. de Senarmont und É. Verdet und L. Fresnel. Bd. 1. Imprimerie Impériale, 1866, S. 229–246.

129. A. Fresnel. „Complément au premier mémoire sur la diffraction de la lumière". In: *Oeuvres complètes d'Augustin Fresnel.* Hrsg. von H. de Senarmont und É. Verdet und L. Fresnel. Bd. 1. Imprimerie Impériale, 1866, S. 41–60.

130. A. Fresnel. „De la lumière". In: *Oeuvres complètes d'Augustin Fresnel.* Hrsg. von H. de Senarmont und É. Verdet und L. Fresnel. Bd. 2. Imprimerie Impériale, 1866, S. 3–146.

131. A. Fresnel. „Deuxième mémoire sur la diffraction de la lumière". In: *Oeuvres complètes d'Augustin Fresnel.* Hrsg. von H. de Senarmont und É. Verdet und L. Fresnel. Bd. 1. Imprimerie Impériale, 1866, S. 89–122.

132. A. Fresnel. „Lettre de A. Fresnel à F. Arago, 20 novembre 1815". In: *Oeuvres complètes d'Augustin Fresnel.* Hrsg. von H. de Senarmont und É. Verdet und L. Fresnel. Bd. 1. Imprimerie Impériale, 1866, S. 64–69.

133. A. Fresnel. „Mémoire sur la diffraction de la lumière, couronnée par l'Académie des sciences". In: *Oeuvres complètes d'Augustin Fresnel.* Hrsg. von H. de Senarmont und É. Verdet und L. Fresnel. Bd. 1. Imprimerie Impériale, 1866, S. 247–382.

134. A. Fresnel. „Mémoire sur l'influence de la polarisation dans l'action que les rayons lumineux exercent les uns sur les autres". In: *Oeuvres complètes d'Augustin Fresnel.* Hrsg. von H. de Senarmont und É. Verdet und L. Fresnel. Bd. 1. Imprimerie Impériale, 1866, S. 385–439.

135. A. Fresnel. „Mémoire sur un nouveau système d'éclairage des phares". In: *Oeuvres complètes d'Augustin Fresnel.* Hrsg. von H. de Senarmont und É. Verdet und L. Fresnel. Bd. 3. Imprimerie Impériale, 1866, S. 97–126.

136. A. Fresnel. „Note sur la théorie de la diffraction". In: *Oeuvres complètes d'Augustin Fresnel.* Hrsg. von H. de Senarmont und É. Verdet und L. Fresnel. Bd. 1. Imprimerie Impériale, 1866, S. 171–181.

137. A. Fresnel. „Note sur le calcul des teintes que la polarisation développe dans les lames christallines". In: *Oeuvres complètes d'Augustin Fresnel.* Hrsg. von H. de Senarmont und É. Verdet und L. Fresnel. Bd. 1. Imprimerie Impériale, 1866, S. 609–653.

138. A. Fresnel. „Premier mémoire sur la diffraction de la lumière". In: *Oeuvres complètes d'Augustin Fresnel.* Hrsg. von H. de Senarmont und É. Verdet und L. Fresnel. Bd. 1. Imprimerie Impériale, 1866, S. 9–33.

139. A. Fresnel. „Supplément au deuxième mémoire sur la diffraction de la lumiè-re". In: *Oeuvres complètes d'Augustin Fresnel.* Hrsg. von H. de Senarmont und É. Verdet und L. Fresnel. Bd. 1. Imprimerie Impériale, 1866, S. 129–181.

140. G. Mendel. „Versuche über Pflanzenhybriden". In: *Verhandlungen des Naturfor-schenden Vereines in Brünn* 4 (1866), S. 3–47.

141. H. von Helmholtz. *Handbuch der physiologischen Optik.* Leopold Voss, Leipzig, 1867.

142. W. Huggins. „Further observations on the spectra of some of the stars und nebulæ, with an attempt to determine therefrom whether these bodies are moving towards or from the Earth, also observations on the spectra of the Sun und of comet, II". In: *Phil. Trans. R. Soc.* 158 (1868), S. 529–1564.

143. B. Riemann. „Über die Hypothesen, welche der Geometrie zu Grunde liegen. (Mitgetheilt durch R. Dedekind)". In: *Abhandlungen der Königlichen Gesellschaft der Wissenschaften in Göttingen* 13 (1868), S. 133–152.

144. E. Saveney. „Histoire des sciences: I. La physique de Voltaire". In: *Revue des Deux Mondes* 79 (1869), S. 5–40.

145. J.-B. Dumas. *Éloge historique de Michel Faraday.* 1870. URL: https://books. google.de/books?id=Tco4HAAACAAJ.

146. Johannes Scotus Eruigena. *Über die Eintheilung der Natur.* Hrsg. von L. Noak. Dürr, Leipzig, 1870.

147. H. Fizeau. „Des effets du mouvement sur le ton des vibrations sonores et sur la longueur d'onde des rayons de lumière". In: *Annales de chimie et de physique* 19 (1870), S. 211–221.

148. J. Clerk Maxwell. *Theory of Heat.* Clarendon Press Series, Macmillan & Co., London, 1871.

149. E. Du Bois-Reymond. *Über die Grenzen des Naturerkennens.* Veit & Comp., Leipzig, 1872.

150. L. Boltzmann. „Weitere Studien über das Wärmegleichgewicht unter Gasmo-lekülen". In: *Sitzungsber. der Kaiserli. Akad. der Wiss. in Wien, math.-natur. Classe* 66 (1872), S. 275–370.

151. I. Newton. *Mathematische Prinzipien der Naturlehre. Scholium generale,* hrsg. von J. Ph. Wolfers. R. Oppenheim, Berlin, 1872.

152. E. Abbe. „Beiträge zur Theorie des Mikroskops und der mikroskopischen Wahrnehmung". In: *Archiv für mikroskopische Anatomie* 9 (1873), S. 413–468.

153. J. Clerk Maxwell. *A Treatise on Electricity und Magnetism.* Longmans, Green & Co., London, 1873.

154. H. Helmholtz. „Die theoretische Grenze für die Leistungsfähigkeit der Mikro-skope". In: *Ann. Phys.* Jubelband (1874), S. 557–584.

155. A. Cornu. *Détermination de la vitesse de la lumière: d'après des expériences exécutées en 1874 entre l'Observatoire et Montlhéry.* Gauthier-Villars, Paris, 1876.

156. E. Goldstein. „Vorläufige Mittheilungen über elektrische Entladungen in ver-dünnten Gasen". In: *Monatsberichte der Königl. Preuss. Akad. der Wiss.* (1876), S. 279–295.

157. L. Boltzmann. „Über die Beziehung zwischen dem zweiten Hauptsatz der mechanischen Wärmetheorie und der Wahrscheinlichkeitsrechnung respektive den Sätzen über das Wärmegleichgewicht". In: *Sitzungsber. der Kaiserli. Akad. der Wiss. in Wien, math.-natur. Classe* 76 (1877), S. 373–435.

158. H.A. Lorentz. „De l'influence du mouvement de la terre sur les phénomènes lumineux". In: *Archives Néerlandaises des Sciences exactes et naturelles.* 21 (1877), S. 103–176.

159. L. Foucault. *Recueil des Travaux Scientifiques de Léon Foucault.* Hrsg. von J. Bertrand. Gauthier-Villars, Paris, 1878.

160. A.A. Michelson. „Experimental Determination of the Velocity of Light made at the U.S. Naval Academy, Annapolis". In: *Astronomical papers prepared for the use of the American ephemeris und nautical almanac* 1 (1878), S. 115–145.

161. E. du Bois-Reymond. „Preisfrage der physikalisch-mathematischen Klasse". In: *Monatsbericht der Königl. Pr. Akad. der Wiss.* (1879), S. 528–529.

162. M. Planck. *Über den zweiten Hauptsatz der mechanischen Wärmetheorie.* Ackermann, München, 1879.

163. J. Clerk Maxwell. „On a possible mode of detecting a motion of the solar system through the luminiferous ether." In: *Proc. R. Soc. Lond.* 30 (1880), S. 108–110.

164. Voltaire. *Oeuvres complètes, Vol. 22, Éléments de la philosophie de Newton.* Garnier Frères, Paris, 1880. URL: https://fr.wikisource.org/wiki/Elements_de_ la_philosophie_de_Newton/Edition_Garnier.

165. G. Ch. Wittstein. *Die Naturgeschichte des Gaius Plinius Secundus.* Gressner & Schramm, Leipzig, 1880.

166. A.A. Michelson. „The Relative Motion of the Earth und the Luminiferous Ether". In: *Am. J. of Science* 22 (1881), S. 120–129.

167. J.J. Thomson. „XXXIII. On the electric und magnetic effects produced by the motion of electrified bodies". In: *Phil. Mag.* 68 (1881), S. 229–249.

168. J. Bertrand. *Éloge historique de Léon Foucault.* F. Didot, Paris, 1882.

169. E. Du Bois-Reymond. *Über die Grenzen des Naturerkennens. Die sieben Welträthsel.* Veit & Comp., Leipzig, 1882.

170. T. Calzecchi-Onesti. „Sulla conduttività elettrica delle limature metalliche". In: *Nuovo Cim.* 16 (1884), S. 58–64.

171. C.A. de Coulomb. „Recherches théoriques et expérimentales sur la force de torsion et sur l'élasticité des files de métal". In: *Collection de mémoires relatifs à la physique, Tome I.* Gauthier-Villars, Paris, 1884, S. 65–103.

172. L. Campbell und W. Garnett. *The Life of James Clerk Maxwell, 2nd Edition.* Macmillan, London, 1884.

173. A.-M. Ampère. „Réponse de M. Ampère à la lettre de M. Van Beck sur une nouvelle expérience électro-magnétique". In: *Journal de physique, de chimie, d'histoire naturelle et des arts* 93 (1885), S. 447–467.

174. C.A. de Coulomb. „Premier mémoire sur l'électricité et le magnétisme: Construction et usage d'une balance électrique, fondée sur la propriété qu'ont les fils de métal d'avoir une force de torsion proportionnelle à l'angle de torsion". In:

Collection de mémoires relatifs à la physique, Tome I. Gauthier-Villars, Paris, 1885, S. 108–115.

175. A.A. Michelson und E.W. Morley. „Influence of Motion of the Medium on the Velocity of Light". In: *Am. J. of Sci.* 31 (1886), S. 377–386.

176. A.A. Michelson und E.W. Morley. „On the Relative Motion of the Earth und the Luminiferous Ether". In: *Am. J. of Science* 34 (1887), S. 333–345.

177. H. Hertz. „Über einen Einfluss des ultravioletten Lichtes auf die electrische Entladung". In: *Ann. Phys.* 267 (1887), S. 983–1000.

178. H. Hertz. „Über sehr schnelle elektrische Schwingungen". In: *Ann. Phys.* 267 (1887), S. 421–448.

179. W. Larden. *Electricity for Public Schools und Colleges.* Longmans, Green und Co., London, 1887.

180. M. Planck. *Das Princip der Erhaltung der Energie.* Teubner, Leipzig, 1887.

181. W. Hallwachs. „Über den Einfluss des Lichtes auf electrostatisch geladene Körper". In: *Ann. Phys.* 33 (1888), S. 301–312.

182. J. Clark Maxwell. *Matter und Motion.* Society for Promoting Christian Knowledge, London, 1888.

183. G.F. FitzGerald. „The Ether und the Earth's Atmosphere". In: *Science* 13 (1889), S. 390.

184. O. Heaviside. „XXXIX. On the electromagnetic effects due to the motion of electrification through a dielectric". In: *Phil. Mag.* 27 (1889), S. 324–339.

185. H. Hertz. „Die Kräfte electrischer Schwingungen, behandelt nach der Maxwell'schen Theorie". In: *Annalen der Physik* 272 (1889), S. 1–22.

186. W. E. Ayrton und T. Mather und W. E. Sumpner. „VI. Galvanometers". In: *The London, Edinburgh, und Dublin Philosophical Magazine und Journal of Science* 30 (1890), S. 58–95.

187. E. Branly. „Variation de conductibilité des substances isolantes". In: *Comptes rendus de l'Académie des Sciences* 112 (1891), S. 90–93.

188. A. Holz. *Die Kunst. Ihr Wesen und ihre Gesetze.* Wilhelm Issleib, Berlin, 1891.

189. A.A. Michelson. „Supplementary Measures of the Velocities of white und colored Light in air, water und carbon disulphide, made with the aid of the Bache fund of the National Academy of Sciences". In: *Astronomical papers prepared for the use of the American ephemeris und nautical almanac* 2 (1891), S. 231–258.

190. S. Newcomb. „Measures of the Velocity of Light made under the direction of the Secretary of the Navy during the years 1880–1882". In: *Astronomical papers prepared for the use of the American ephemeris und nautical almanac* 2 (1891), S. 107–230.

191. W. E. Ayrton und J. Perry und W. E. Sumpner. „Quadrant Electrometers". In: *Phil. Trans. R. Soc.* 182 (1891), S. 519–564.

192. H. Ziegler. *Cleomediis de Motu Circulari Corporum Caelestium Libri,* Teubner, Leipzig, 1891.

193. O. Lummer und F. Kurlbaum. „Bolometrische Untersuchungen". In: *Ann. Phys.* 46 (1892), S. 204–224.

194. H. Hertz. *Untersuchungen über die Ausbreitung der elektrischen Kraft.* Johann Ambrosius Barth, Leipzig, 1892.

195. H.A. Lorentz. „De relatieve beweging van de aarde en den aether". In: *Verslagen der Zittingen v.d. Wis-en Natuurk. Afd. der Kon. Akad. v. Wet.* 1 (1892), S. 74–79.

196. W. Weber. *Wilhelm Weber's Werke. Bd. 3 Galvanismus und Elektrodynamik.* Königliche Gesellschaft der Wissenschaften zu Göttingen, Julius Springer, Berlin, 1892/94.

197. J.-D. Colladon. „Expérience d'induction électromagnétique tentée à Genè-ve en 1825". In: *Recherches et expériences sur l'électricité: Huit notices publiées de 1825 à 1837.* Aubert-Schuchardt, Genève, 1893.

198. S. Lie und F. Engel. *Theorie der Transformationsgruppen.* Teubner, Leipzig, 1893.

199. W. Wien. „Eine neue Beziehung der Strahlung schwarzer Körper zum zweiten Hauptsatz der Wärmetheorie". In: *Sitzungsber. der Königl. Pr. Akad. der Wiss. zu Berlin* (1893), S. 55–62.

200. G.J. Stoney. „Of the „Electron" or Atom of Electricity". In: *Phil. Mag. 38* (1894), S. 418–420.

201. J.J. Thomson. „On the Velocity of Cathode Rays". In: *Phil. Mag.* 38 (1894), S. 358–385.

202. H.A. Lorentz. *Versuch einer Theorie der electrischen und optischen Erscheinungen in bewegten Körpern.* E.J. Brill, Leiden, 1895.

203. J.B. Perrin. „Nouvelles propriétés des Rayons Cathodiques". In: *Compt. Ren. Hebd. Seances Acad. Sci.* 121 (1895), S. 1130–1134.

204. W.C. Röntgen. „Über eine neue Art von Strahlen, I. Mittheilung". In: *Sitzungsberichte der phys.-med. Ges. zu Würzburg* (1895), S. 132.

205. L. Boltzmann. *Vorlesungen über Gastheorie, Teil I und II.* J.A. Barth, Leipzig, 1896 und 1898.

206. H. de Parville. *Le cinématographe.* Les Annales politiques et littéraires, 26 avril. 1896.

207. G.G. Stokes. „On the Nature of the Röntgen Rays". In: *Proc. Cambridge Phil. Soc.* 9 (1896), S. 216–216.

208. W.C. Röntgen. „Über eine neue Art von Strahlen, II. Mittheilung". In: *Sitzungsberichte der phys.-med. Ges. zu Würzburg* (1896), S. 110.

209. W. Kaufmann und A. Aschkinass. „Über die Deflexion der Kathodenstrahlen (und Nachtrag)". In: *Ann. d. Phys. u. Chem.* 62 (1897), S. 588–598.

210. W. Kaufmann. „Die magnetische Ablenkbarkeit der Kathodenstrahlen und ihre Abhängigkeit vom Entladungspotential". In: *Ann. d. Phys. u. Chem.* 61 (1897), S. 544–552.

211. J.J. Thomson. „Cathode Rays". In: *Proceedings of the Royal Institution* 15 (1897), S. 419.

212. J.J. Thomson. „Cathode Rays". In: *Phil. Mag.* 44 (1897), S. 295.

213. E. Wiechert. „Experimentelles über die Kathodenstrahlen". In: *Schriften der Phys.-ökon. Ges. zu Königsberg in Pr.* 3 (1897), S. 3–18.

214. W. E. Ayrton und T. Mather. „XXXVI. Galvanometers.– third paper". In: *The London, Edinburgh, und Dublin Philosophical Magazine und Journal of Science* 46 (1898), S. 349–379.

215. J.J. Thomson. *The Discharge of Electricity through Gases*. Scribner, London, 1898.

216. F. Paschen und H. Wanner. „Eine photometrische Methode zur Bestimmung der Exponentialkonstanten der Emissionsfunktion". In: *Sitzungsber. der Königl. Pr. Akad. der Wiss. zu Berlin* (1899), S. 5–11.

217. E. Haeckel. *Die Welträthsel*. Emil Strauß, Bonn, 1899.

218. O. Lummer und E. Pringsheim. „Die Verteilung der Energie im Spektrum des schwarzen Körpers". In: *Verh. der DPG* 1 (1899), S. 23–41.

219. O. Lummer und E. Pringsheim. „Die Verteilung der Energie im Spektrum des schwarzen Körpers und des blanken Platins". In: *Verh. der DPG* 1 (1899), S. 215–235.

220. F. Paschen. „Über die Vertheilung der Energie im Spectrum des schwarzen Körpers bei niederen Temperaturen". In: *Sitzungsber. der Königl. Pr. Akad. der Wiss. zu Berlin* (1899), S. 405–420.

221. J.J. Thomson. „On the masses of the ions in gases at low pressures". In: *Phil. Mag. 48* (1899), S. 547–567.

222. H. Becquerel. „Sur la dispersion du rayonnement du radium dans un champ magnétique". In: *Compt. Rend. Hebd. Seances Acad. Sci.* 130 (1900), S. 372–276.

223. O. Lummer und E. Pringsheim. „Über die Strahlung des schwarzen Körpers für lange Wellen". In: *Verh. der DPG* 2 (1900), S. 163–180.

224. P. Curie et G. Sagnac. „Électrisation négative des rayons secondaires produits au moyen des rayons Röntgen". In: *Compt. Rend. Hebd. Seances Acad. Sci.* 130 (1900), S. 1013–1016.

225. M. Planck. „Zur Theorie des Gesetzes der Energieverteilung im Normalspektrum". In: *Verh. der DPG* 2 (1900), S. 237–245.

226. Lord Rayleigh. „Remarks upon the law of complete radiation". In: *Phil. Mag.* 49 (1900), S. 539–540.

227. J.J. Thomson. „Some Speculations as to the Part Played by Corpuscles in Physical Phenomena". In: *Nature* 62 (1900), S. 31–32.

228. H. Wanner. „Photometrische Messung der schwarzen Strahlung". In: *Ann. Phys.* 2 (1900), S. 141–157.

229. H. Rubens und F. Kurlbaum. „On the Heat Radiation of Long Wave-Length Emitted by Black Bodies at Different Temperatures". In: *Astrophys. J.* 14 (1901), S. 335–348.

230. Ch. Huygens. „No. 2473 Christiaan Huygens à N. Fatio de Duillier, 11 Juillet 1687." In: *Oeuvres complètes de Christiaan Huygens*. Bd. IX, Correspondance 1685–1690. Martinus Nijhoff, La Haye, 1901, S. 190.

231. W. Kaufmann. „Die Entwicklung des Elektronenbegriffs". In: *Phys. Z.* 3 (1901), S. 9–15.

232. Right. Hon. Lord Kelvin. „Nineteenth Century Clouds over the Dynamical Theory of Heat und Light". In: *Phil. Mag.* 2 (1901), S. 1–40.

233. M. Planck. „Ueber das Gesetz der Energieverteilung im Normalspectrum". In: *Ann. Phys.* 4 (1901), S. 553–563.

234. P. Lenard. „Über die lichtelektrische Wirkung". In: *Ann. Phys.* 8 (1902), S. 149–198.

235. A. Escoffier. *Le Guide Culinaire, Aide-mémoire de cuisine pratique*. Emile Colin, Paris, 1903.

236. C.G. Barkla. „Polarised Röntgen Radiation". In: *Proc. Royal Soc.* (1905), S. 474–475.

237. A. Einstein. „Ist die Trägheit eines Körpers von seinem Energieinhalt abhängig," In: *Ann. Phys.* 18 (1905), S. 639–641.

238. A. Einstein. „Zur Elektrodynamik bewegter Körper". In: *Ann. Phys.* 17 (1905), S. 891–921.

239. A. Einstein. „Über einen die Erzeugung und Verwandlung des Lichtes betreffenden heuristischen Gesichtspunkt". In: *Ann. Phys.* 17 (1905), S. 132–148.

240. A. Einstein. „Zur Theorie der Lichterzeugung und Lichtabsorption". In: *Ann. Phys.* 20 (1906), S. 199–206.

241. J.J. Thomson. *Conduction of electricity through gases*. Cambridge Univ. Press, 1906.

242. M. von Laue. „Die Mitführung des Lichtes durch bewegte Körper nach dem Relativitätsprinzip". In: *Ann. Phys.* 23 (1907), S. 989–990.

243. E. Bassler. *Polarisation der X-Strahlen nachgewiesen mittels Sekundärstrahlung*. Dissertation, Ludwig-Maximilians-Universität München. 1908.

244. A. Sommerfeld. „Über die Verteilung der Intensität bei der Emission von Röntgenstrahlen". In: *Phys. Z.* 10 (1909), S. 969–976.

245. J. P. Eckermann. *Gespräche mit Goethe in den letzten Jahren seines Lebens*. Th. Knaur Nachf., Berlin, 1911.

246. *Encyclopædia Britannica, 11th Edition*. Entry "Young, Thomas (1773–1829)". 1911.

247. *Encyclopædia Britannica, 11th Edition*. Entry "Electrometers". 1911.

248. *Encyclopædia Britannica, 11th Edition*. Entry "Galvanometers". 1911.

249. W. Friedrich und P. Knipping und M. Laue. „Interferenz-Erscheinungen bei Röntgenstrahlen". In: *Sitzungsberichte K.B. Akad. Wiss. zu München* (1912), S. 303–322.

250. N. Bohr. „On the constitution of atoms und molecules". In: *Phil. Mag.* 26 (1913), S. 857–875.

251. N. Bohr. „On the constitution of atoms und molecules I". In: *Phil. Mag.* 26 (1913), S. 1–25.

252. N. Bohr. „On the constitution of atoms und molecules II". In: *Phil. Mag.* 26 (1913), S. 476–502.

253. R.A. Millikan. „On the Elementary Electrical Charge und the Avogadro Constant". In: *Phys. Rev.* 2 (1913), S. 109–143.

254. J. Franck und G. Hertz. „Über die Erregung der Quecksilberresonanzlinie 253,6 nm durch Elektronenstöße". In: *Verh. der DPG* 16 (1914), S. 512–517.

255. J. Franck und G. Hertz. „Über Zusammenstöße zwischen Elektronen und Molekülen des Quecksilberdampfes und die Ionisierungsspannung desselben". In: *Verh. der DPG* 16 (1914), S. 457–467.

256. R.A. Millikan. „A Direct Determination of *h*". In: *Phys. Rev.* 4 (1914), S. 73–75.

257. Various. *Reply to the German professors – Reasoned Statement by British Scholars.* The Times, October 21. 1914.

258. P. Zeeman. „Fresnel's coefficient for light of different colours. (First part)". In: *Proc. Kon. Acad. Van Weten.* 17 (1914), S. 445–451.

259. H. Kellermann. *Der Krieg der Geister: Eine Auslese deutscher und ausländischer Stimmen zum Weltkriege 1914.* Vereinigung Heimat und Welt, Weimar, 1915.

260. P. Zeeman. „Fresnel's coefficient for light of different colours. (Second part)". In: *Proc. Kon. Acad. Van Weten.* 18 (1915), S. 398–408.

261. A. Einstein. *Meine Meinung über den Krieg.* Zitiert nach: Die Zeit No. 10/2014. 1916.

262. A. Einstein. „Zur Quantentheorie der Strahlung". In: *Mitt. Phys. Ges. Zürich* 18 (1916), S. 47–62.

263. H.A. Lorentz. *The Theory of Electrons und its Applications to the Phenomena of Radiant Heat, 2nd Edition.* Teubner, Leipzig, 1916.

264. R.A. Millikan. „A Direct Photoelectric Determination of Planck's *h*". In: *Phys. Rev.* 7 (1916), S. 355–388.

265. A. Einstein. „Zur Quantentheorie der Strahlung". In: *Phys. Z.* 18 (1917), S. 121–128.

266. H.D. Curtis. „Descriptions of 762 nebulae und clusters photographed with the Crossley reflector". In: *Publ. of the Lick Observatory* 13 (1918), S. 9–42.

267. E. Noether. „Invariante Varianzprobleme". In: *Nachr. d. König. Ges. d. Wiss. zu Göttingen, Math-Phys. Klasse* (1918), S. 235.

268. E.W. Stone. *Elements of radiotelegraphy.* D. Van Nostrand, New York, 1919.

269. G. Hettner. „Die Bedeutung von Rubens' Arbeiten für die Plancksche Strahlungsformel". In: *Die Naturwissenschaften* 10 (1922), S. 1033–1038.

270. J.P.C. Southall. „Huygens' Dioptrica". In: *Bulletin of the American Mathematical Society* 28 (1922), S. 211–214.

271. P. Stark. *Die gegenwärtige Krise in der deutschen Physik.* J.A. Barth, Leipzig, 1922.

272. A.H. Compton. „A Quantum Theory of the Scattering of X-Rays by Light Elements". In: *Phys. Rev.* 21 (1923), S. 483–502.

273. M. von Laue. „Johannes Stark: Die gegenwärtige Krise in der deutschen Physik". In: *Naturwissenschaften* 11 (1923), S. 29–30.

274. Ch. Schreiner. *Oculus hoc est, fundamentum opticum.* University of California Libraries, 1923.

275. A. Sommerfeld. *Atomic structure und spectral lines.* E.P. Dalton und Company, New York, 1923.

276. Anonymus. *Wer lacht da? „Hitlergeist und Wissenschaft".* Der Sozialdemokrat, 9. August. 1924.

277. P. Lenard und J. Stark. *Hitlergeist und Wissenschaft.* Großdeutsche Zeitung, 8. Mai. 1924.
278. L. de Broglie. „Recherches sur la théorie des quanta". In: *Ann. de Phys.* 3 (1925), S. 22.
279. W. Heisenberg. „Über die quantentheoretische Umdeutung kinematischer und mechanischer Beziehungen". In: *Z. f. Phys.* 33 (1925), S. 879–893.
280. M. Born und P. Jordan. „Zur Quantenmechanik". In: *Z. f. Phys.* 34 (1925), S. 858–888.
281. M. Born und W. Heisenberg und P. Jordan. „Zur Quantenmechanik II". In: *Z. f. Phys.* 35 (1925), S. 557–615.
282. P.A.M. Dirac. „On the Theory of Quantum Mechanics". In: *Proc. Roy. Soc. A* 112 (1926), S. 661–677.
283. W. Gordon. „Der Comptoneffekt nach der Schrödingerschen Theorie". In: *Z. f. Phys.* 39 (1926), S. 117–133.
284. O. Klein. „Quantentheorie und fünfdimensionale Relativitätstheorie". In: *Z. f. Phys.* 37 (1926), S. 895–906.
285. G.A. Lewis. „The Conservation of Photons". In: *Nature* 118 (1926), S. 874–875.
286. E. Schrödinger. „Quantisierung als Eigenwertproblem (Dritte Mitteilung)". In: *Ann. Phys.* 79 (1926), S. 437–490.
287. E. Schrödinger. „Quantisierung als Eigenwertproblem (Erste und zweite Mitteilung)". In: *Ann. Phys.* 79 (1926), S. 361–376, 489–527.
288. E. Schrödinger. „Quantisierung als Eigenwertproblem (Vierte Mitteilung)". In: *Ann. Phys.* 81 (1926), S. 109–139.
289. L. de Broglie. „La mécanique ondulatoire et la structure atomique de la matière et du rayonnement". In: *J. Phys. Radium* 8 (1927), S. 225–241.
290. C. Davisson und L.H. Germer. „Diffraction of Electrons by a Crystal of Nickel". In: *Phys. Rev.* 30 (1927), S. 705–740.
291. A.A. Michelson. „Measurement of the Velocity of Light between Mount Wilson und Mount San Antonio". In: *Astrophys. J.* 65 (1927), S. 1–22.
292. P.A.M. Dirac. „The quantum theory of the electron". In: *Proc. Roy. Soc.* A117 (1928), S. 610–624.
293. P.A.M. Dirac. „The quantum theory of the electron. Part II". In: *Proc. Roy. Soc.* A118 (1928), S. 351–361.
294. N.F. Mott. „The Wave Mechanics of α-Ray Tracks". In: *Proc. Roy. Soc. A* 126 (1929), S. 79–84.
295. W. Heisenberg. *Die physikalischen Prinzipien der Quantentheorie.* Hirzel, Leipzig, 1930.
296. G. Joos. „Die Jenaer Wiederholung des Michelson Versuchs". In: *Ann. Phys.* 7 (1930), S. 385–407.
297. P.A.M. Dirac und R.H. Fowler. „A theory of electrons und protons". In: *Proc. Roy. Soc.* 126 (1930), S. 360–365.
298. M. von Rohr. „Kepler und seine Erklärung des Sehvorganges". In: *The Science of Nature* 18 (1930), S. 941–945.

299. B.L. van der Waarden. *Moderne Algebra. Unter Benutzung von Vorlesungen von E. Artin und E. Noether.* Springer, Berlin, 1930.

300. J.J. Thomson *u. a. James Clerk Maxwell, a Commemoration Volume 1831–1931.* Cambridge University Press, Cambridge, 1931.

301. A. Sommerfeld. „Über die Beugung und Bremsung der Elektronen". In: *Ann. Phys.* 403 (1931), S. 257–330.

302. C. Dobell. *Antony van Leeuwenhoek und his "Little animals"; being some account of the father of protozoology und bacteriology und his multifarious discoveries in these disciplines.* Harcourt, Brace und Company, New York, 1932.

303. A.A. Michelson und F.G. Pease und F. Pearson. „Measurement of the Velocity of Light in a Partial Vacuum". In: *Astrophys. J.* 82 (1933), S. 260–261.

304. J. Stark. *Adolf Hitler und die deutsche Forschung.* Ansprachen auf der Versammlung der Deutschen Forschungsgemeinschaft in Hannover. 1934.

305. J. Stark. *Nationalsozialismus und Wissenschaft.* German History in Documents und Images. 1934. URL: https://germanhistorydocs.org/de/deutschland-nationalsozialismus-1933-1945/ghdi:document-5159.

306. W. Pauli und V.F. Weisskopf. „On Quantization of the Scalar Relativistic Wave Equation". In: *Helv. Phys. Acta* 7 (1934), S. 709–731.

307. H. Bethe und W. Heitler. „On the stopping of fast particles und on the creation of positive electrons". In: *Proc. Royal Soc.* 146 (1934), S. 83–112.

308. A. Einstein und B. Podolsky und N. Rosen. „Can Quantum-Mechanical Description of Physical Reality Be Considered Complete;' In: *Phys. Rev.* 47 (1935), S. 777–780.

309. E. Schrödinger. „Die gegenwärtige Situation in der Quantenmechanik", in: *Die Naturwissenschaften* 23 (1935), S. 807–812, 823–828, 844–849.

310. P.A.M. Dirac. „Relativistic Wave Equations". In: *Proc. Roy. Soc. A* 155 (1936), S. 447–459.

311. P. Lenard. *Deutsche Physik.* Bd. 1–4. J.F. Lehmann-Verlag, München, 1936.

312. A.M. Turing. „On Computable Numbers, with an Application to the Entscheidungsproblem". In: *Proc. London Math. Soc.* 42 (1937), S. 230–265.

313. Various. *German Mobs' Vengeance on Jews.* The Telegraph, November 11. 1938.

314. E.S. Loomis. *The Pythagorean Proposition.* Edwards Brothers, Ann Arbor, 1940.

315. R.T. Birge. „The general physical constants: As of August 1941 with details on the velocity of light only". In: *Reports on Progress in Physics* 8 (1941), S. 90–134.

316. E.C.G. Stückelberg. „La mécanique du point matériel en théorie de relativité et en théorie des quanta". In: *Helv. Phys. Acta* 15 (1942), S. 23–37.

317. E.C.G. Stückelberg. „Remarque à propos de la création de paires de particules en théorie de relativité". In: *Helv. Phys. Acta* 14 (1942), S. 588–594.

318. M. Planck. „Zur Geschichte der Auffindung des physikalischen Wirkungsquantums". In: *Die Naturwissenschaften* 31 (1943), S. 153–159.

319. A. Sommerfeld. *Vorlesungen über theoretische Physik.* Bd. I.–VI. Harri Deutsch, Leipzig, 1943–52.

320. Anonymus (*Br.*) „‚ Deutsche Physik' und die deutschen Physiker". In: *Phys. Bl.* 2 (1946), S. 232–236.

321. J.M. Keynes. „Newton, the man". In: *The Royal Society Newton Tercentenary Celebrations, July 1946.* Cambridge University Press, Cambridge, 1947, S. 27–34.

322. M. von Laue. „Bemerkungen zu der vorstehenden Veröffentlichung von J. Stark". In: *Phys. Bl.* 3 (1947), S. 272–273.

323. J. Stark. „Zu den Kämpfen in der Physik während der Hitler-Zeit". In: *Phys. Bl.* 3 (1947), S. 271–272.

324. R.P. Feynman. „Relativistic Cut-Off for Quantum Electrodynamics". In: *Phys. Rev.* 74 (1948), S. 1430–1438.

325. R.P. Feynman. „Space-time approach to nonrelativistic quantum mechanics". In: *Rev. Mod. Phys.* 20 (1948), S. 367–387.

326. G. Gamow. „The Evolution of the Universe". In: *Nature* 162 (1948), S. 680–682.

327. R. Alpher und R. Herman. „The Evolution of the Universe". In: *Nature* 162 (1948), S. 774–775.

328. R.P. Feynman. „Space-Time Approach to Quantum Mechanics". In: *Phys. Rev.* 76 (1949), S. 769–789.

329. R.P. Feynman. „The Theory of Positrons". In: *Phys. Rev.* 76 (1949), S. 749–759.

330. R.P. Feynman. „Mathematical Formulation of the Quantum Theory of Electromagnetic Interaction". In: *Phys. Rev.* 80 (1950), S. 440–457.

331. C.S. Wu und I. Shaknov. „The Angular Correlation of Scattered Annihilation Radiation". In: *Phys. Rev.* 77 (1950), S. 136–136.

332. R.P. Feynman. „An Operator Calculus Having Applications in Quantum Electrodynamics". In: *Phys. Rev.* 84 (1951), S. 108–128.

333. O. Grotewohl. „Die Kunst im Kampf um Deutschlands Zukunft". In: *Dokumente zur Kunst-, Literatur- und Kulturpolitik der SED*. Hrsg. von E. Schunne. Seewald, Stuttgart, 1951.

334. E.L. Hill. „Hamilton's Principle und the Conservation Theorems of Mathematical Physics". In: *Rev-Mod. Phys.* 23 (1951), S. 253–260.

335. P. Paillat. „Les salaires et la condition ouvrière en France à l'aube du machinisme (1815–1830)". In: *Revue économique* 2 (1951), S. 767–776.

336. D. Bohm. „A Suggested Interpretation of the Quantum Theory in Terms of „Hidden" Variables I". In: *Phys. Rev.* 85 (1952), S. 166–179.

337. D. Bohm. „A Suggested Interpretation of the Quantum Theory in Terms of „Hidden" Variables. II". In: *Phys. Rev.* 85 (1952), S. 180–193.

338. O. Struve. „Proposal for a project of high-precision stellar radial velocity work". In: *The Observatory* 72 (1952), S. 199–200.

339. A. Donjon. „François Arago". In: *L'Astronomie* 67 (1953), S. 445–463.

340. F.J. Dyson. *On the relation between Scattering Matrix Elements und Cross-Section. Les Houches: Ecole d'été de physique théorique.* 1954.

341. W. Heisenberg. „The Development of the Interpretation of the Quantum Theory". In: *Niels Bohr und the Development of Physics*. Hrsg. von W. Pauli. London: Pergamon, 1955, S. 12–29.

342. A. Lejeune. *L'Optique de Claude Ptolémée dans la version latine d'après l'arabe de l'émir Eugène de Sicile*. Publications universitaires, Louvain, 1956.

343. U. Stille. „Die Konstante *c* in der Elektrodynamik". In: *Physikalische Blätter* 13 (1956), S. 14–22.

344. D. Bohm und Y. Aharonov. „Discussion of Experimental Proof for the Paradox of Einstein, Rosen und Podolsky". In: *Phys. Rev.* 108 (1957), S. 1070–1076.

345. J. Schwinger (Edt.) *Quantum Electrodynamics*. Dover Publ., New York, 1958.

346. S. Beach. *Shakespeare und Company*. Harcourt, Brace, 1959.

347. Y. Aharonov und D. Bohm. „Significance of electromagnetic potentials in the quantum theory". In: *Phys. Rev.* 115 (1959), S. 485–491.

348. G. Hennemann. *Naturphilosophie im 19. Jahrhundert*. Karl Alber, Freiburg/München, 1959.

349. T.H. Maiman. „Stimulated Optical Radiation in Ruby". In: *Nature* 187 (1960), S. 493–494.

350. Y. Aharonov und D. Bohm. „Further Considerations on Electromagnetic Potentials in the Quantum Theory". In: *Phys. Rev.* 123 (1961), S. 1511–1524.

351. W. Heisenberg. *Physics und Philosophy: The Resolution in Modern Science*. Harper & Row, New York, 1962.

352. J.D. Jackson. *Classical Electrodynamics*. John Wiley und Sons, New York, 1962.

353. G. Möllenstedt und W. Bayh. „Messung der kontinuierlichen Phasenschie-bung von Elektronenwellen im kraftfeldfreien Raum durch das magnetische Vektorpotential einer Luftspule". In: *Die Naturwissenschaften* 49 (1962), S. 81–82.

354. C.-T. Sah und F. Wanless. „Nanowatt logic using field-effect metal-oxide semiconductor triodes." In: *1963 IEEE International Solid-State Circuits Conference. Digest of Technical Papers.* 6 (1963), S. 32–33.

355. R.P. Feynman und R.B. Leighton und M.L. Sands. *Feynman Lectures on Physics*. Bd. 3. Addison Wesley, New York, 1963.

356. J.S. Bell. „On the Einstein Podolsky Rosen Paradox". In: *Physics* 1 (1964), S. 195–200.

357. G.W. Jones. „Robert Boyle as a Medical Man". In: *Bulletin of the History of Medecine* 38 (1964), S. 139–152.

358. R.H. Dicke und P.J.E. Peebles und P.G. Roll und D.I. Wilkinson. „Cosmic Black-Body Radiation". In: *Astrophys. J.* 142 (1965), S. 414–419.

359. S. Ross. „The Search for Electromagnetic Induction: 1820–1831". In: *Notes und Records of the Royal Society of London* 20 (1965), S. 184–219.

360. A.A. Penzias und R.W. Wilson. „A Measurement of Excess Antenna Temperature at 4080 Mc/s". In: *Astrophys. J.* 142 (1965), S. 419–421.

361. B. Widmer. „Thierry von Chartres, ein Gelehrtenschicksal des 12. Jahrhunderts". In: *Historische Zeitschrift* 200 (1965), S. 552–571.

362. A.C. Crombie. *Von Augustinus bis Galilei, die Emanzipation der Wissenschaft.* Büchergilde Gutenberg, Frankfurt am Main, 1966.

363. H.S. Lipkin. *Lie Groups for Pedestrians.* North Holland, Amsterdam, 1966.

364. B. Brecht. „Der Rundfunk als Kommunikationsapparat." In: *Gesammelte Werke.* Hrsg. von E. Hauptmann. Bd. 18. Suhrkamp, Frankfurt, 1967, S. 127–134.

365. R.P. Feynman. *The Character of Physical Law.* MIT Press, Boston, 1967.

366. A.I. Sabra. *Theories of Light from Descartes to Newton.* Oldbourne, London, 1967.

367. D.C. Lindberg. „The Theory of Pinhole Images from Antiquity to the Thirteenth Century". In: *Archive for History of Exact Sciences* 5 (1968), S. 154–176.

368. W.E Lamb Jr. und M.O. Scully. „The photoelectric effect without photons". In: *Polarization, Matière et Rayonnement.* Presses Universitaires de France, Paris, 1968, S. 1–12.

369. B.L. van der Waerden. *Erwachende Wissenschaft.* Bd. 2. Springer, Berlin, 1968.

370. R.P. Feynman. „The Behavior of Hadron Collisions at Extreme Energies". In: *High Energy Collisions: Third International Conference at Stony Brook,* Gordon & Breach, New York, 1969, S. 237–249.

371. J.F. Clauser und M.A. Horne und A. Shimony und R.A. Holt. „Proposed Experiment to Test Local Hidden-Variable Theories". In: *Phys. Rev. Lett.* 23 (1969), S. 880–884.

372. W.S. Boyle und G.E. Smith. „Charge Coupled Semiconductor Devices". In: *Bell Syst. Tech. J.* 4 (1970), S. 587–593.

373. D.M. Knight. „The Physical Sciences und the Romantic Movement". In: *History of Science* 9 (1970), S. 54–57.

374. D.C. Lindberg. „The Theory of Pinhole Images in the Fourteenth Century". In: *Archive for History of Exact Sciences* 6 (1970), S. 299–325.

375. M.F. Tompsett u. a. „Charge-coupled imaging devices: Experimental results". In: *IEEE Transactions on Electron Devices* 18 (1971), S. 992–996.

376. J.S. Bell. *On the Hypothesis that the Schroedinger Equation Is Exact.* CERN Report TH.1424. 1971.

377. M. Cramer und G. de Morsier. „L'importance des expériences faites à Genève par Gaspard et Auguste De la Rive pour la découverte de l'électromagnétisme". In: *Gesnerus* 25 (1971), S. 234–245.

378. A. Einstein. In: *Albert Einstein – Hedwig und Max Born: Briefwechsel 1916–1955.* Hrsg. von Max Born. Rowohlt, Reinbeck bei Hamburg, 1972, S. 161.

379. S.J. Freedman und J.F. Clauser. „Experimental test of local hidden-variable theories". In: *Phys. Rev. Lett.* 26 (1972), S. 938–942.

380. G. 't Hooft und M.J.G. Veltman. „Regularization und Renormalization of Gauge Fields". In: *Nucl. Phys.* B 44 (1972), S. 189–213.

381. L.S. Swenson. *The Etheral Aether: A History of the Michelson-Morley-Miller Aether-Drift Experiments, 1880–1930.* University of Texas Press, Austin, 1972.

382. L. Euler. „Nova theoria lucis et colorum". In: *Leonardi Euleri Opera omnia III 5, Commentationes opticae.* Hrsg. von W. Habicht und E.A. Fellmann. Birkhäuser, Basel, 1973, S. 169–244.

383. T.S. Kuhn. *Die Struktur wissenschaftlicher Revolutionen.* Suhrkamp, Frankfurt, 1973.

384. D.M. Livingston. *The Master of Light; A Biography of Albert A. Michelson.* Charles Scribner und Sons, New York, 1973.

385. R.H. Silliman. „Fresnel und the Emergence of Physics as a Discipline". In: *Historical Studies in the Physical Sciences* 4 (1974), S. 137–162.

386. D.C. Lindberg. *Theories of Vision from al-Kindi to Kepler.* University of Chicago Press, Chicago, 1976.

387. H. de Balzac. „Histoire de la grandeur et de la décadence de César Birotteau: Marchand parfumeur, adjoint au maire du deuxième arrondissement de Paris, chevalier de la Légion d'honneur, etc". In: *Étude des moeurs: Scènes de la vis parisienne.* Bd. 6. La comédie humaine. Gallimard, Paris, 1977, S. 35–312.

388. J.Z. Buchwald. „William Thomson und the Mathematization of Faraday's Electrostatics". In: *Historical Studies in the Physical Sciences* 8 (1977), S. 101–136.

389. N. Sivin. „Shen Kua: A Preliminary Assessment of his Scientific Thought und Achievements". In: *Song Studies Newsletter* (1977), S. 31–56.

390. P.E. Spargo und C.A. Pounds. „Newton's ‚Derangement of the Intellect': new light on an old problem". In: *Notes und Records of the Royal Society of London* 34 (1979), S. 11–32.

391. J.Z. Buchwald. „Optics und the Theory of the Punctiform Ether". In: *Archive for History of Exact Sciences* 21 (1980), S. 245–278.

392. A. Hall. *Philosophers at War: The Quarrel between Newton und Leibniz.* Cambridge University Press, Cambridge, 1980.

393. R. Loudon. „Non-classical effects in the statistical properties of light". In: *Rep. Prog. Phys.* 43 (1980), S. 913–949.

394. J.S. Schwinger. „Renormalization Theory of Quantum Electrodynamics: An Individual View". In: *1st International Symposium on the History of Particle Physics.* 1980, S. 329–535.

395. A.F. Anderson. „Forces of inspiration". In: *New Scientist* (1981), S. 712–713.

396. A. Aspect und Ph. Grangier und G. Roger. „Experimental Tests of Realistic Local Theories via Bell's Theorem". In: *Phys. Rev. Lett.* 47 (1981), S. 460–463.

397. J.H. Hammond. *The Camera Obscura: A Chronicle.* CRC Press, Boca Raton, 1981.

398. T.S. Kuhn. *Die kopernikanische Revolution.* Springer, Berlin, 1981.

399. A. Vernet. *Études Médiévales.* Brepols Publishers, 1981.

400. N. Teranishi u. a. „No image lag photodiode structure in the interline CCD image sensor". In: *1982 International Electron Devices Meeting* (1982), S. 324–327.

401. R.P. Feynman. „Simulating Physics with Computers". In: *Int. J. Theor. Phys.* 21 (1982), S. 467–488.

402. A. Aspect und J. Dalibard und G. Roger. „Experimental Test of Bell's Inequalities Using Time-Varying Analyzers". In: *Phys. Rev. Lett.* 49 (1982), S. 1804–1807.

403. A. Pais. *Subtle is the Lord: The Science und the Life of Albert Einstein*. Oxford Univ. Press, 1982.

404. V.F. Weisskopf. „The places where quantum mechanics was born". In: *J. de Phys.* 43 C8 (1982), S. 325–328.

405. K. Andersen. „The Mathematical Technique in Fermat's Deduction of the Law of Refraction". In: *Historia Mathematica* 10 (1983), S. 48–62.

406. T. Behnke. „Arische Physik". In: *Naturwissenschaft im NS-Staat*. Hrsg. von R. Brämer. Redaktionsgemeinschaft Soznat, Marburg, 1983, S. 76–87.

407. R. Bernoulli. „Leonhard Eulers Augenkrankheiten". In: *Leonhard Euler 1707– 1783: Beiträge zu Leben und Werk*. Birkhäuser, Basel, 1983, S. 471–488.

408. G.N. Cantor. *Optics after Newton: Theorie of Light in Britain und Ireland*. Manchester Univ. Press, 1983.

409. H. Gernsheim. *Geschichte der Photographie: Die ersten hundert Jahre*. Propyläen Verlag, Frankfurt a. M., 1983.

410. A. Kleinert. „Das Spruchkammerverfahren gegen Johannes Stark". In: *Sudhoffs Archiv*. Bd. 67. Franz Steiner Verlag, 1983, S. 13–24.

411. Bureau International des Poids et Mesures. *17e Conférence Générale des poids et mesures, Comptes rendus*. BIPM, 1983.

412. D. Speiser. „Eulers Schriften zur Optik, zur Elektrizität und zum Magnetismus". In: *Leonhard Euler 1707–1783. Beiträge zu Leben und Werk. Gedenkband des Kantons Basel-Stadt*. Hrsg. von E. Fellmann. Birkhäuser, Basel, 1983, S. 215–228.

413. B.R. Wheaton. *The tiger und the shark: Empirical roots of wave-particle dualism*. Cambridge Univ. Press, 1983.

414. H. Kragh. „Equation with many Fathers: The Klein-Gordon Equation in 1926". In: *Am. J. of Phys.* 52 (1984), S. 1024–1033.

415. J.Z. Buchwald. *From Maxwell to Microphysics*. University of Chicago Press, 1985.

416. G. Galilei. *Unterredungen und mathematische Demonstrationen über zwei neue Wissenszweige, die Mechanik und die Fallgesetze betreffend*. Hrsg. von A. von Oettingen. Wissenschaftliche Buchgesellschaft, Darmstadt, 1985.

417. P. Grangier und G. Roger und A. Aspect. „Experimental Evidence for a Photon Anticorrelation Effect on a Beam Splitter: A New Light on Single-Photon Interferences". In: *Europhys. Lett.* 1 (1986), S. 173–179.

418. A. Tonomura *et al*. „Evidence for Aharonov-Bohm Effect with Magnetic Field Completely Shielded from Electron wave". In: *Phys. Rev. Lett.* 56 (1986), S. 792–795.

419. D.C. Lindberg. „The Genesis of Kepler's Theory of Light: Light Metaphysics from Plotinus to Kepler". In: *Osiris* 2 (1986), S. 4–42.

420. R. Wenger. *Ernest C. G. Stueckelberg von Breidenbach étude biographique*. http:// cours-physique.org/pdf/Biographie-Stueckelberg-fr.pdf. 1986.

421. J.S. Bell. *Speakable und unspeakable in quantum mechanics*. Cambridge Univ. Press, 1987.

422. I. Falconer. „Corpuscles, Electrons und Cathode Rays: J.J. Thomson und the ,Discovery of the Electron'". In: *Br. J. Hist. Sci.* 20 (1987), S. 241–276.

423. R.P. Feynman. *Sie belieben wohl zu scherzen, Mr. Feynman! Abenteuer eines neugierigen Physikers.* Hrsg. von E. Hutchins. Piper, München, 1987.

424. G. Galilei. *Schriften, Briefe, Dokumente, Band 1 und 2.* Hrsg. von Anna Mudry. Rütten & Loening, Berlin, 1987.

425. G. Sines und Y.A. Sakellarakis. „Lenses in Antiquity". In: *American Journal of Archaeology* 91 (1987), S. 191–196.

426. R.P. Feynman. *What Do You Care What Other People Think?* W.W. Norton, New York, 1988.

427. R.W. Home. „Leonard Euler's 'anti-Newtonian' theory of light". In: *Annals of Science* 45 (1988), S. 521–533.

428. B. Haubold und H.J. Haubold und L. Pyenson. „Michelson's first ether-drift experiment in Berlin und Potsdam". In: *AIP Conference Proceedings* 179.1 (1988), S. 42–54.

429. J.Z. Buchwald. „The Battle between Arago und Biot over Fresnel". In: *J. Optics* 20 (1989), S. 109–117.

430. J.Z. Buchwald. *The Rise of the Wave Theory of Light.* University of Chicago Press, 1989.

431. F. Fukuyama. „The End of History¿' In: *The National Interest* 16 (1989), S. 3–18.

432. A.I. Sabra. *The Optics of Ibn al-Haytham, Books I—III, On Direct Vision.* Warburg Institute, London, 1989.

433. A.E. Shapiro. „Huygens' 'Traité de la Lumière' und Newton's 'Opticks': Pursuing und Eschewing Hypotheses". In: *Notes und Records of the Royal Society of London* 43 (1989), S. 223–247.

434. O. Carnal und J. Klynek. „Young's Double-Slit Experiment with Atoms: A Simple Atom Interferometer". In: *Phys. Rev. Lett.* 66 (1991), S. 2689–2692.

435. H. Kragh. „Ludvig Lorenz und nineteenth century optical theory: the work of a great Danish scientist". In: *Appl. Opt.* 30 (1991), S. 4688–4695.

436. R.P. Feynman. *QED: Die seltsame Theorie des Lichts und der Materie.* Piper, München, 1992.

437. F.A.J.L. James. „Michael Faraday, The City Philosophical Society und The Society of Arts". In: *RSA Journal* 140 (1992), S. 192–199.

438. J.L. Marignier. „L'invention de la photographie". In: *Bulletin de la Société Vaudoise des Sciences Naturelles* 81 (1992), S. 199–215.

439. R. Anderson. „The Referees' Assessment of Faraday's Electromagnetic Induction Paper of 1831". In: *Notes und Records of the Royal Society of London* 47 (1993), S. 243–256.

440. R. Friedberg. „Einstein and stimulated emission: A completely corpuscular treatment of momentum balance". In: *Am. J. Phys.* 62 (1994), S. 26–32.

441. K.H. Wiederkehr. „Wilhelm Weber und Maxwells elektromagnetische Licht-theorie". In: *Gesnerus* 51 (1994), S. 256–267.

442. H.P. Bonzel und Ch. Kleint. „On the History of Photoemission". In: *Prof. Surf. Sci.* 49 (1995), S. 107–153.

443. M. Mayor und D. Queloz. „A Jupiter-mass companion to a solar-type star". In: *Nature* 387 (1995), S. 355–359.

444. C. Hakfoort. *Optics in the Age of Euler: Conceptions of the Nature of Light, 1700–1795.* Cambridge Univ. Press, Cambridge, 1995.

445. S. Weinberg. *The Quantum Theory of Fields.* Bd. 1. Cambridge Univ. Press, 1995.

446. K. Hentschel und A.M. Hentschel (Edts.) *Physics und National Socialism: An Anthology of Primary Sources.* Birkhäuser Verlag, Basel, 1996.

447. F.J. Dijksterhuis. „Huygens's Dioptrica". In: *De Zeventiende Euuw* 12 (1996), S. 117–125.

448. G. Metzler. „'Welch ein deutscher Sieg!'" In: *Vierteljahreshefte für Zeitgeschichte* 44 (1996), S. 173–200.

449. A.M. Smith. *Ptolemy's Theory of Visual Perception: An English Translation of the Optics.* American Philosophical Society, Philadelphia, 1996.

450. J. und W. von Ungern-Sternberg. *Der Aufruf 'An die Kulturwelt!': Das Manifest der 93 und die Anfänge der Kriegspropaganda im Ersten Weltkrieg.* Steiner, Stuttgart, 1996.

451. A. Einstein u. a. „Manifesto to the Europeans". In: *Collected Papers of Albert Einstein, Vol. 6: The Berlin Years.* New York: Princeton Univ. Press, 1997, S. 28–29.

452. J.L. Marignier. „Experimenteller Nachvollzug der Forschungsarbeiten von Nicéphore Niépce". In: *Spektrum der Wissenschaften* 2 (1997), S. 56.

453. A. McCauley. „Arago, l'invention de la photographie et le politique". In: *Études photographiques* 2 (1997), S. 1–25.

454. P.W. Milonni. „Answer to Question #45: What (if anything) does the photoelectric effect teach us;' In: *Am. J. Phys.* 65 (1997), S. 11–12.

455. F.D. Peat. *Infinite Potential: The Life und Times of David Bohm.* Basic Books, 1997.

456. T.K. Simpson. *Maxwell on the Electromagnetic Field: A Guided Study.* Rutgers University Press, New Brunswick, 1997.

457. S. Weinberg. *Die ersten drei Minuten: Der Ursprung des Universums.* Piper, München, 1997.

458. D.J. Wineland u. a. „Experimental Issues in Coherent Quantum-State Manipulation of Trapped Atomic Ions". In: *J. Res. Natl. Inst. Stand. Technol.* 103 (1998), S. 259–328.

459. G. Weihs und T. Jennewein und C. Simon und H. Weinfurter und A. Zeilinger. „Violation of Bell's inequality under strict Einstein locality conditions". In: *Phys. Rev. Lett.* 81 (1998), S. 5039–5943.

460. W. Tittel und J. Brendel und B. Gisin und T. Herzog und H. Zbinden und N. Gisin. „Experimental demonstration of quantum-correlations over more than 10 kilometers". In: *Phys. Rev. A* 57 (1998), S. 3229–3232.

461. K. Weinrich. *Die Lichtbrechung in den Theorien von Descartes und Fermat.* Bd. 40. Sudhoffs Archiv Beihefte, Franz Steiner, Stuttgart, 1998.

462. G. Nogues u. a. „Seeing a single photon without destroying it". In: *Nature* 400 (1999), S. 239–328.

463. J.-L. Marignier. *Nicéphore Niépce 1765–1833: L'invention de la photographie.* Belin, Paris, 1999.

464. A.M. Smith. *Ptolemy und the Foundation of Ancient Mathematical Optics: A Source Based Guided Study.* American Philosophical Society, Philadelphia, 1999.

465. A. Zee. *Fearful Symmetry: The Search for Beauty in Modern Physics.* Princeton Univ. Press, 1999.

466. Anonymus. „100 Jahre Quantenphysik". In: *Phys. Blätter* 56 (2000), S. 36.

467. O. Darrigol. *Electrodynamics from Ampère to Einstein.* Oxford University Press, 2000.

468. J.L. Heilbron. *The Dilemmas of an Upright Man: Max Planck und the Fortunes of German Science.* Harvard Univ. Press, 2000.

469. H. Kragh. „Max Planck: the reluctant revolutionary". In: *Physics World* 13 (2000), S. 31–35.

470. J. Gribbin und M. Gribbin. *Richard Feynman: Die Biographie eines Genies.* Piper, München, 2000.

471. L. Weschler. „The Looking Glass". In: *The New Yorker,* January 12 (2000).

472. D. Brian. *The Voice of Genius: Conversations with Nobel Scientists und Other Luminaries.* Perseus, Cambridge Mass., 2001.

473. K. Hentschel. „Das Brechungsgesetz in der Fassung von Snellius". In: *Arch. Hist. Exact Sci.* 55 (2001), S. 297–344.

474. J.D. Jackson und L.B. Okun. „Historical roots of gauge invariance". In: *Rev. Mod. Phys.* 73 (2001), S. 663–680.

475. A.M. Smith. *Alhacen on the Principles of Reflection, A Critical Edition, with English Translation und Commentary, of the First Three Books of Alhacen's De Aspectibus, the Medieval Latin Version of Ibn-al-Haytham's Kitab alManazir.* American Philosophical Society, Philadelphia, 2001.

476. S.L. Wolff. „Physiker im 'Krieg der Geister'". In: *Working Paper, Munich Center for the History of Science und Technology* (2001).

477. W.H. Auden. „Criticism in a Mass Society". In: *The Complete Works of W. H. Auden: Prose.* Hrsg. von E. Mendelson. Bd. II. Princeton University Press, 2002, S. 90–103.

478. D.O. Forfar. „James Clerk Maxwell: his qualities of mind und personality judged by his contemporaries". In: *Mathematics Today* 38 (2002), S. 83.

479. A. Kleinert. „Johann Andreas (von) Segner (1704–1777)". In: *Aspekte der Mathematikgeschichte in Halle (Reports on Didactics und History of Mathematics No.19, 2002).* Hrsg. von M. Goebel und K. Richter. 2002, S. 15–19.

480. M. Morgan. „Thomas Young's Lectures on Natural Philosophy und the Mechanical Arts". In: *Perception* 31 (2002), S. 1509–1511.

481. J. Eschner u. a. „Laser cooling of trapped ions". In: *J. Opt. Soc. Am. B* (2003), S. 1003–1015.

482. O. Nairz und M. Arndt und A. Zeilinger. „Quantum interference experiments with large molecules". In: *Am. J. Phys.* 71 (2003), S. 319–325.

483. S. Chandrasekhar. *Newton's Principia for the Common Reader*. Clarendon Press, Oxford, 2003.

484. D. Hockney und C.M. Falco. „Optics at the Dawn of Renaissance". In: *Proc. Symposium on Effective Presentation und Interpretation in Museums* (2003).

485. D. Hockney und C.M. Falco. „Optics at the Dawn of Renaissance". In: *Proc. Education und Training in Optics und Photonics* (2003).

486. P. Galison. *Einstein's Clocks, Poincaré's Maps*. W.W. Norton & Co., 2003.

487. R.H. March. „Physics at the University of Wisconsin: A History". In: *Phys. perspect.* 5 (2003), S. 130–149.

488. S. Weinberg. *The Discovery of Fundamental Particles*. Cambridge Univ. Press, 2003.

489. J.J. Thorn u. a. „Observing the quantum behavior of light in an undergraduate laboratory". In: *Am. J. Phys* 72 (2004), S. 1210–1219.

490. J.S. Bell und A. Aspect. „On the Einstein-Podolsky-Rosen paradox". In: *Speakable und Unspeakable in Quantum Mechanics: Collected Papers on Quantum Philosophy*. Cambridge University Press, 2004, 14?21.

491. D. Bardell. „The Invention of the Microscope". In: *Bios* 75 (2004).

492. D. Hockney und C.M. Falco. „Optics und the Old Masters". In: *Proc. Symposium on Renaissance Art und Optics* (2004).

493. Y. Kosmann-Schwarzbach. *Les théorèmes de Noether: invariance et lois de conservation au XXème siècle*. Ecole polytechnique, Paris, 2004.

494. R. Penrose. *The Road to Reality: A Complete Guide to the Laws of the Universe*. Alfred A. Knopf, New York, 2004.

495. A.M. Smith. „What Is the History of Medieval Optics Really about? " In: *Proc. American Philosophical Society* 148 (2004), S. 180–194.

496. F. Tuinstra. „Rømer und the Finite Speed of Light". In: *Physics Today* 57 (2004), S. 16–17.

497. G. Zemplén. „Newton's Rejection of the Modificationist Tradition". In: *Form, Zahl, Ordnung: Studien zur Wissenschafts-und Technikgeschichte*. Hrsg. von U. Hashagen R. Seising M. Folkerts. Franz Steiner, 2004.

498. H.-G. Bartel. „Das fehlende Axiom". In: *Phys. J.* 4 (2005), S. 24–36.

499. Carl Zeiss AG. *Innovation 15*. https://www.zeiss.de/content/dam/Corporate/pressandmedia/downloads/innovation_ger_15.pdf. 2005.

500. R.P. Feynman. „The Principle of Least Action in Quantum Mechanics". In: *Feynman's Thesis – A New Approach to Quantum Theory*. Hrsg. von L.M. Brown. World Scientific, 2005.

501. J. Frercks. „Fizeau's Research Program on Ether Drag: A Long Quest for a Publishable Experiment". In: *Phys. Perspect.* 7 (2005), S. 35–65.

502. I. Grattan-Guinness. „The Ecole Polytechnique, 1794–1850: Differences over Educational Purpose und Teaching Practice". In: *The American Mathematical Monthly* 112 (2005), S. 233–250.

503. L. Russo. *Die vergessene Revolution oder die Wiedergeburt des antiken Wissens.* Springer, Berlin, 2005.

504. G.A. Zemplén. *The History of Vision, Colour, & Light Theories, Introductions, Texts, Problems.* Bern Studies in the History und Philosophy of Science, Bern, 2005.

505. D. Hockney. *Secret Knowledge: Rediscovering the Lost Techniques of Old Masters.* Avery, New York, 2006.

506. E. de Rubercy. *Heinrich Heine dans la "Revue des Deux Mondes".* Revue des Deux Mondes, février. 2006.

507. L. Smolin. *The Trouble with Physics, The Rise of String Theory, The Fall of a Science, und What Comes Next.* Houghton Mifflin Harcourt, Boston, 2006.

508. C.R. Browning. *The Origins of the Final Solution: The Evolution of Nazi Jewish Policy, September 1939 – March 1942.* Univ. of Nebraska Press, 2007.

509. R.W. Home. „Leonhard Euler und the Wave Theory of Light". In: *The Reception of the Work of Leonhard Euler (1707–1783).* Hrsg. von H. Pulte I. Grattan-Guinness. Mathematisches Forschungsinstitut Oberwolfach Report No. 38, 2007, S. 2266–2269.

510. D.C. Lindberg. *The Beginnings of Western Science, the European Scientific Tradition in Philosophical, Religious, und Institutional Context, Prehistory to A.D. 1450.* University of Chicago Press, Chicago, 2007.

511. R. Safranski. *Romantik: Eine deutsche Affäre.* Carl Hanser, München, 2007.

512. V. Yanovsky u. a. „Ultra-high intensity-300TW laser at 0.1 Hz repetition rate". In: *Opt. Express* 16 (2008), S. 2109–2114.

513. R. Blatt und D. Wineland. „Entangled states of trapped atomic ions". In: *Nature* 453 (2008), 1008?1015.

514. S. Frabboni und G.C. Gazzadi und G. Pozzi. „Nanofabrication und the realization of Feynman's two-slit experiment". In: *Appl. Phys. Lett.* 93 (2008), S. 073108.

515. M. Keynes. „Balancing Newton's Mind: His Singular Behaviour und His Madness of 1692–1693". In: *Notes und Records of the Royal Society of London* 62 (2008), S. 289–300.

516. K. Møller Pedersen. „Leonhard Euler's Wave Theory of Light". In: *Perspectives on Science* 16 (2008), S. 392–416.

517. E. Tretkoff. „May 1801: Thomas Young und the Nature of Light". In: *APS News* 17 (2008). URL: https://www.aps.org/publications/apsnews/200805/physicshistory.cfm.

518. M. Urban u. a. *Corpuscular description of the speed of light in a homogeneous medium.* 2009. arXiv: 0906.3018v1 [physics.gen-ph].

519. R. Descartes. *Oevres complètes, III. Discours de la Méthode et Essais.* Gallimard, Paris, 2009.

520. J. Lacki und H. Ruegg und G. Wanders (Edts). *E. C. G. Stueckelberg, An Unconventional Figure of Twentieth Century Physics.* Birkhäuser, Basel, 2009.

521. K. Hentschel. „Zur Begriffs-und Problemgeschichte von 'Impetus'". In: *Das Wagnis des Neuen. Kontexte und Restriktionen der Wissenschaft.* Hrsg. von H.R. Yousefi und Ch. Dick. Bautz, Nordhausen, 2009, S. 479–500.

522. A. Hirshfeld. *The Electric Life of Michael Faraday*. Bloomsbury Publishing, 2009.

523. Ph. Molinié und S. Boudia. „Mastering picocoulombs in the 1890s: The Curies' quartz-electrometer instrumentation, und how it shaped early radio- activity history". In: *Journal of Electrostatics* 67 (2009). 11th International Conference on Electrostatics, S. 524–530.

524. J.-F. Dars und A. Papillault. *Le plus grand des hasards: surprises quantiques*. Bélin, Paris, 2010.

525. G. Bossong. *Das maurische Spanien*. C.H. Beck'sche Verlagsbuchhandlung, München, 2010.

526. Uta C. Merzbach und Carl B. Boyer. *A History of Mathematics*. Jossey-Bass, Hoboken, 2010.

527. F.A.J.L. James. *Michael Faraday: A Very Short Introduction*. Oxford University Press, 2010.

528. M. Valleriani. *Galilei Engineer*. Springer, Dordrecht, 2010.

529. G. Bowker. *James Joyce: A Biography*. Weidenfeld und Nicolson, London, 2011.

530. E. Dolnick. *The Clockwork Universe, Isaac Newton, the Royal Society und the Birth of the Modern World*. HarperCollins, New York, 2011.

531. E. Friedell. *Kulturgeschichte des Altertums*. Diogenes, Zürich, 2011.

532. A. van Helden (Edt.) u. a. *The Origins of the Telescope*. Amsterdam Univ. Press, 2011.

533. M White. *The Great Big Book of Horrible Things*. W.N. Norton & Co., New York, 2011.

534. Verschiedene Autoren. *Heinrich Hertz: Vom Funken bis zum Rundfunk*. Hrsg. von R. Burmester und A. Niehaus. Deutsches Museum, Bonn, 2012.

535. N. Welsch und C.C. Liebmann. „Theorien des Farbensehens". In: *Farben*. Spektrum Akademischer Verlag, Heidelberg, 2012, S. 227–232.

536. M. Eckert. „Heinrich Hertz: Eine biographische Skizze". In: *Heinrich Hertz: Vom Funken bis zum Rundfunk*. Hrsg. von R. Burmester und A. Niehaus. Deutsches Museum, Bonn, 2012, S. 17–38.

537. J.E. Gordon. *Structures, or Why Things Don't Fall Down*. Springer, New York, 2012.

538. R. Burmester und J. Bradenahl. „Vom Funkensprung zur Radiowelle". In: *Heinrich Hertz: Vom Funken bis zum Rundfunk*. Hrsg. von R. Burmester und A. Niehaus. Deutsches Museum, Bonn, 2012, S. 101–105.

539. T. Aoyama und M. Hayakawa und T. Kinoshita und M. Nio. „Tenth-Order QED Contribution to the Electron $g - 2$ und an Improved Value of the Fine Structure Constant". In: *Phys. Rev. Lett.* 109 (2012), S. 111807.

540. J. Clark Maxwell. *Substanz und Bewegung*. VDM Verlag Dr. Müller, Saar- brücken, 2012.

541. R. Tweney. „Metaphor und Model-Based Reasoning in Maxwell's Mathematical Physics". In: *Model-Based Reasoning in Science und Technology: Studies in Applied Philosophy, Epistemology und Rational Ethics*. Springer, Berlin, 2012, S. 395–414.

542. S.L. Wolff. „Jüdische oder nichtjüdische Deutsche.‘ In: *Heinrich Hertz: Vom Funken bis zum Rundfunk*. Hrsg. von R. Burmester und A. Niehaus. Deutsches Museum, Bonn, 2012, S. 39–57.

543. W. Rueckner und J. Peidle. „Young's double-slit experiment with single photons und quantum eraser". In: *Am. J. Phys.* 81 (2013), S. 951–958.

544. J. Ottaviani und L. Myrick. *Feynman – Ein Leben auf dem Quantensprung*. Egmond, Köln, 2013.

545. C. Callender und R. Edney. *Zeit: Ein Sachcomic*. TibiaPress, 2013.

546. F. Steger. *Neues aus Halle (Saale): Entdeckungen, Erfindungen und Innovationen*. Universitätsverlag Halle-Wittenberg, 2013.

547. E.R. Fossum und D.B. Hondongwa. „A Review of the Pinned Photodiode for CCD und CMOS Image Sensors". In: *IEEE Journal of the Electron Devices Society* 2 (2014), S. 33–43.

548. P. Fara. „Newton shows the light: a commentary on Newton (1672) 'A letter...- containing his new theory about light und colours...'" In: *Phil. Trans. R. Soc. A* 373 (2014), S. 20140213.

549. H. Kissinger. *Weltordnung*. Bertelsmann, München, 2014.

550. H. Kragh. „The names of physics: plasma, fission, photon". In: *Eur. Phys. J. H* 39 (2014), S. 263–281.

551. J. Lequeux. *Hippolyte Fizeau, physicien de la lumière*. edp sciences, Le Ulis, 2014.

552. J.S. Cybulski und J. Clements und M. Prakash. „Foldscope: Origami-Based Paper Microscope". In: *PLOS ONE* 9 (2014), S. 1–11.

553. G. Neuneck. „Physiker im Ersten Weltkrieg". In: *Wissenschaft & Frieden* 3 (2014), S. 41–45.

554. I. Newton. „New Theory about Light und Colours". In: *Newton: Philosophical Writings*. Hrsg. von A. Janiak. Cambridge University Press, 2014, S. 1–14.

555. R.E. Robson und M. Hildebrandt und R.D. White. „Ein Grundstein der Atomphysik". In: *Physik Journal* 13 (2014), S. 43–49.

556. H. Siebert. *Die ptolemäische Optik in Spätantike und byzantinischer Zeit*. Bd. 67 Boethius. Franz Steiner, Stuttgart, 2014.

557. C. Huygens. *Traité de la lumière*. Dunod, Paris, 2015.

558. J. Kocka. „Arbeit im Kapitalismus: Lange Linien der historischen Entwicklung bis heute". In: *Aus Politik und Zeitgeschichte/bpb.de* (2015). URL: https://www.bpb.de/shop/zeitschriften/apuz/211041/arbeit-im-kapitalismus/.

559. T. Aoyama und M. Hayakawa und T. Kinoshita und M. Nio. „Tenth-Order Electron Anomalous Magnetic Moment – Contribution of Diagrams without Closed Lepton Loops". In: *Phys. Rev. D.* 91 (2015), S. 033006.

560. C. Rovelli. „Aristotle's Physics: A Physicist's Look". In: *J. Am. Philos. Assoc.* (2015), S. 23–40.

561. A.M. Smith. *From Sight to Light, the Passage from Ancient to Modern Optics*. University of Chicago Press, Chicago, 2015.

562. B. Daneshfard u. a. „Ibn al-Haytham (965–1039 AD), the original portrayal of the modern theory of vision". In: *J Med. Biogr.* 24 (2015), S. 227–231.

563. L.-A. Wu u. a. „Optics in Ancient China". In: *AAPPS Bulletin IYL 2015* (2015).

564. S. Weinberg. *To Explain the World*. Penguin, 2015.

565. S. Marks. *The Information Nexus*. Cambridge University Press, 2016.

566. C. Callender. *What Makes Time Special?* Oxford University Press, Oxford, 2017.

567. D.F. Vanderwerf. *The Story of Light Science*. Springer, Cham, 2017.

568. O.A. Westad. *The Cold War: A World History*. Allan Lane, London, 2017.

569. A. Angberg-Pedersen, Hrsg. *Olafur Eliasson: Experience*. Phaidon Press, London und New York, 2018.

570. J. Purtle. „Double Take: Chinese Optics und their Media in Postglobal Perspective". In: *Ars Orientalis* 48 (2018), S. 7–117.

571. A.H. Tavabi u. a. „The Young-Feynman controlled double-slit electron interference experiment". In: *Sci. Rep.* 9 (2019), S. 10458.

572. K.H. Cui und B.L. Wardle. „Breakdown of Native Oxide Enables Multifunctional, Free-Form Carbon Nanotube-Metal Hierarchical Architectures". In: *ACS Appl. Mater. Interf.* 11 (2019), S. 35212–35220.

573. L. Fabbrizzi. „Strange Case of Signor Volta und Mister Nicholson: How Electrochemistry Developed as a Consequence of an Editorial Misconduct". In: *Angewandte Chemie International Edition* 58 (2019), S. 5810–5822.

574. B. Friedrich. „Fritz Haber at one hundred fifty: Evolving views of and on a German Jewish Patriot". In: *Bunsen-Magazin* 21 (2019), S. 130–144.

575. A. Sandemose und G. Haefs (Übers.) *Ein Flüchtling kreuzt seine Spur*. Guggolz Verlag, Berlin, 2019.

576. C. Connelly und H. Chang. „Galvanometers und the Many Lives of Scientific Instruments". In: *The Whipple Museum of the History of Science: Objects und Investigations, to Celebrate the 75th Anniversary of R. S. Whipple's Gift to the University of Cambridge*. Hrsg. von J. Nall und L. Taub und F. Willmoth. Cambridge University Press, 2019, S. 159–186.

577. P. Flowers *u. a. Chemistry 2e*. XanEdu Publishing, 2019.

578. J.A. Díaz. „Comment on ‚Computer simulation of Fresnel diffraction from rectangular apertures and obstacles using the Fresnel integrals approach'". In: *Optics & Laser Technology* 121 (2020), S. 105819.

579. B. Houchmandzadeh. „The Hamilton-Jacobi equation: An alternative approach". In: *American Journal of Physics* 88 (2020), S. 353–359.

580. R. Aguado und L.P. Kouwenhoven. „Majorana qubits for topological quantum computing". In: *Physics Today* 73 (2020), S. 44–50.

581. O. Marty und R. Amirault. *Nicolas de Condorcet: The revolution of French higher education*. Springer, 2020.

582. S.A. Diddams und K. Vahala und T. Udem. „Optical frequency combs: Coherently uniting the electromagnetic spectrum". In: *Science* 369 (2020), S. 267–279.

583. T.Y. Zhao. *Alles unter dem Himmel, Vergangenheit und Zukunft der Weltordnung*. Suhrkamp, Frankfurt, 2020.

584. F.W. Zonneveld. „Spectacular rediscovery of the original prints of radiographs Roentgen sent to Lorentz in 1896". In: *Insights into Imaging* 11 (2020), S. 46.

585. J.C. Algaba u. a. „Broadband multi-wavelength properties of M87 during the 2017 Event Horizon Telescope campaign". In: *Astrophys. J. Lett.* 911 (2021), S. L11.

586. A. Kleinert. „Friedrich II. von Preußen über Leonard Euler – Die Geschichte eines Zitats". In: *Lebenswerk Welterbe*. Hrsg. von M. Farrenkopf und F. Hansell N. Pohl. GNT-Verlag, Berlin, 2021, S. 285–294.

587. D.A. Rowe. *Emmy Noether – Mathematician Extraordinaire*. Springer, Cham, 2021.

588. A.B. Zylstra u. a. „Burning plasma achieved in inertial fusion". In: *Nature* 601 (2022), S. 542–548.

589. S.G. Jarmak u. a. „Solar occultation observations of Saturn's rings with Cassini UVIS". In: *Icarus* 388 (2022), S. 115237.

590. H.R. Brown. „Do Symmetries 'Explain' Conservation Laws?' In: *The Philosophy und Physics of Noether's Theorems: A Centenary Volume*. Hrsg. von J. Read und N.J. Teh. 2022, S. 144–168.

591. R. Descartes. *Le Monde de Mr Descartes ou Le Traité de la limière*. Hachette Bnf, Paris, 2022.

592. F. Freistetter. *Newton: Wie ein Arschloch das Universum neu erfand*. Rowohlt Taschenbuch Verlag, Reinbeck, 2022.

593. I. Galili. *Scientific Knowledge as a Culture, the Pleasure of Understanding*. Springer, Cham, 2022.

594. S. Haroche. *Licht, eine Geschichte*. Klett-Cotta, Stuttgart, 2022.

595. H. Gomes und B.W. Roberts und J. Butterfield. „The Gauge Argument: A Noether Reason". In: *The Philosophy und Physics of Noether's Theorems: A Centenary Volume*. Hrsg. von J. Read und N.J. Teh. 2022, S. 354–376.

596. L. Jaeger. *Emmy Noether, ihr steiniger Weg an die Weltspitze der Mathematik*. Südverlag, Konstanz, 2022.

597. F. Laloë. „Quantum Mechanics is Routinely Used in Laboratories with Great Success, but no Consensus on its Interpretations has Emerged". In: *The Oxford Handbook of the History of Quantum Interpretations*. Hrsg. von O. Freire u. a. Oxford Univ. Press, 2022, S. 7–51.

598. D.A. Rowe und M. Koreuber. *Proving It Her Way: Emmy Noether, a Life in Mathematics*. Springer, Cham, 2022.

599. Q.C. Myrvold. „Philosophical Issues Raised by Quantum Theory und its Interpretations". In: *The Oxford Handbook of the History of Quantum Interpretations*. Hrsg. von O. Freire u. a. Oxford Univ. Press, 2022, S. 53–75.

600. M. Pohl. *Particles, Fields, Space-Time: From Thomson's Electron to Higgs' Boson*. CRC Press, Boca Raton, 2022.

601. J. Eisert u. a. „Schwerpunkt Quantencomputer". In: *Phys. J.* 20 (2023), S. 25–59.

602. X. Fan u. a. „Measurement of the Electron Magnetic Moment". In: *Phys. Rev. Lett.* 130 (2023), S. 071801.

603. F.K. Wilhelm-Mauch und A. Simm. „Die Physik des Baus von Quantencomputern". In: *Physik J.* 22 (2023), S. 33–37.

604. Verschiedene Autoren. *100 Jahre Radio in Deutschland.* Hrsg. von D. Roether und H. Sarkowicz und C. Zimmermann. Bundeszentrale für politische Bildung, 2023.

605. Ph. Grangier und J.H. Thywissen D. Clément. „Quantum Optics of Light und Matter: Honouring Alain Aspect". In: *Eur. Phys. J. D* 77 (2023), S. 12–103.

606. S. Hawking. *Eine kurze Geschichte der Zeit: Die Suche nach der Urkraft des Universums.* Klett-Cotta, Stuttgart, 2023.

607. E. Hecht. *Optik (8. überarbeitete Aufl.)* De Gruyter, Oldenburg, 2023.

608. A.I. Sabra und J. Hogendijk. *The Optics of Ibn al-Haytham, Books IV—V, On Reflection und Images Seen by Reflection.* Warburg Institute, London, 2023.

609. V. Bindi und M. Paniccia und M. Pohl. *Cosmic Ray Physics: An Introduction to the Cosmic Laboratory.* CRC Press, Boca Raton, 2023.

610. M. Pfalz. „Der Falke ist gelandet". In: *Phys. J.* 20 (2023), S. 54–57.

611. L. Sloman. *2 High School Students Prove Pythagorean Theorem. Here's What That Means.* Scientific American, April 10. 2023.

612. E. Lomonte und C. Schuck und W. Pernice. „Die leuchtende Zukunft optischer Quantencomputer". In: *Phys. J.* 20 (2023), S. 38–41.

613. O. Quiring u. a. „Zurück zum Niveau vor der Pandemie – Konsolidierung von Vertrauen und Misstrauen. Mainzer Langzeitstudie Medienvertrauen 2023". In: *Media Perspektiven* 9 (2024), S. 1–14.

614. B. Braunecker, Hrsg. *Das wissenschaftliche Erbe Keplers und Bürgis.* Sonderheft der Jost-Bürgi-Stiftung Lichtensteig (SG) zur Ausstellung „Schlüssel zum Kosmos – Jost Bürgi (15512–1632) bringt den Himmel in Ordnung" im Kulturmuseum St. Gallen. 2024.

615. J.Z. Buchwald. „Maxwell und seine Nachfolger". In: *Physik Journal* 23 (2024), S. 33–38.

616. T. Mappes und M. Dienerowitz. „Abbes Auflösung". In: *Physik Journal* 23 (2024), S. 25–30.

617. O. Piegsa. *Fotografie-Museen: Plötzlich sind alle gefordert, über Bilder anders nachzudenken.* Zeit Online, 13. April. 2024. URL: https://www.zeit.de/hamburg/2024-04/fotografie-museen-kuenstliche-intelligenz-nadine-henrichs-kuratorin-deichtorhallen.

Namens- und Sachverzeichnis

© Der/die Herausgeber bzw. der/die Autor(en), exklusiv lizenziert an
Springer-Verlag GmbH, DE, ein Teil von Springer Nature 2025
M. Pohl, *Licht*, https://doi.org/10.1007/978-3-662-70486-8

GPSR Compliance
The European Union's (EU) General Product Safety Regulation (GPSR) is a set
of rules that requires consumer products to be safe and our obligations to
ensure this.

If you have any concerns about our products, you can contact us on

ProductSafety@springernature.com

In case Publisher is established outside the EU, the EU authorized
representative is:

Springer Nature Customer Service Center GmbH
Europaplatz 3
69115 Heidelberg, Germany

www.ingramcontent.com/pod-product-compliance
Lightning Source LLC
LaVergne TN
LVHW011255200326
834410LV00007B/275